粒状填料对橡胶的补强

——理论及实践

王梦蛟
（美）迈克尔 · 莫里斯（Michael Morris） 著

化学工业出版社
· 北 京 ·

内容简介

填料作为硫化胶的一种主要成分，对改善橡胶制品的性能发挥着重要的作用。本书的第一部分着重论述填料的基本性能及其表征，其后的章节介绍了填料在橡胶中的作用。在此基础上，详细讨论了混炼胶的加工性能和填充硫化胶的性能。最后几章阐述了填料在轮胎中的特殊应用、与填料相关的轮胎新材料的开发以及气相法二氧化硅在硅橡胶中的应用。

本书适用于在橡胶和填料领域进行学术研究和从事工业制造的人士阅读参考。

图书在版编目（CIP）数据

粒状填料对橡胶的补强：理论及实践/王梦蛟，（美）迈克尔·莫里斯（Michael Morris）著．—北京：化学工业出版社，2021.3

ISBN 978-7-122-38468-3

Ⅰ.①粒…　Ⅱ.①王…②迈…　Ⅲ.①橡胶-补强-理论　Ⅳ.①TQ330.1

中国版本图书馆CIP数据核字（2021）第026058号

责任编辑：仇志刚　赵卫娟　　装帧设计：关　飞
责任校对：张雨彤

出版发行：化学工业出版社（北京市东城区青年湖南街13号　邮政编码100011）
印　　装：北京建宏印刷有限公司
710mm×1000mm　1/16　印张35¼　字数658千字　2021年6月北京第1版第1次印刷

购书咨询：010-64518888　　售后服务：010-64518899
网　　址：http://www.cip.com.cn
凡购买本书，如有缺损质量问题，本社销售中心负责调换。

定　　价：298.00元

序言

在十八世纪发现橡胶这种具有重要意义的材料后不久，硫化和粒状填料的应用即成为控制橡胶制品性能最重要的因素。实际上，粒状填料的消耗量仅次于橡胶本身。填料之所以具有举足轻重的地位，除通过增容节省制品的成本之外，更重要的是它可改善橡胶的物理性能，这种现象一般称为橡胶的“补强”。实际上，“填料”一词有一定的误导性，因为对于很多橡胶制品，尤其是对轮胎而言，单位体积填料的成本甚至高于聚合物的成本。这对于使用超细填料如炭黑和二氧化硅补强的弹性体来讲尤其如此。G. Kraus 编写的《弹性体补强》（1964）、J.-B. Donnet 和 A. Voet（1975）撰写的《炭黑：物理、化学和弹性体补强》（1975）以及 J.-B. Donnet、R. C. Bansal 和王梦蛟编写的《炭黑：科学与技术》（1993）已经对该主题作了全面的论述。此后，在橡胶补强机理的理解、传统填料的应用以及改善橡胶制品性能的新产品开发等方面都取得了很大的进展。

尽管近年来在填料如何影响混炼胶的加工性能及硫化胶的力学性能方面提出了很多新的想法和理念，也进行了不少的实践和观察，但系统的论述尚感欠缺。虽然填充胶的真实世界是非常复杂的，填料的作用也涉及多种机理，但作者认为，可以用一种统一的理论来解释所有填料对橡胶性能的影响。也就是说，与各种填料参数相关的现象应遵循某种普遍规则或原理。现已证明，填料对橡胶性能的影响，主要取决于填料的性质，诸如微观结构、形态和表面特性，并通过它们在橡胶中的各种效应决定橡胶制品的性能。这些效应包括流体动力学效应、界面效应、包容效应以及填料的聚集效应。

本书的前三章除简单介绍某些填料的生产制造外，着重论述填料的基本性能及其表征和填料在橡胶中的效应。在此基础上，详细讨论了混炼胶的加工性能和填充硫化胶的性能。最后几章阐述了填料在轮胎中的应用、与填料相关的轮胎新材料的开发以及气相法二氧化硅对硅橡胶的补强。所有章节都强调内部逻辑连贯和一致性，从而完整展现粒状填料对橡胶的补强作用。因此，本书适用于在橡胶和填料领域进行学术研究和从事工业制造的人士参考。

衷心感谢怡维怡橡胶研究院的同事贾维杰先生、王从厚先生、郭隽奎先生、张皓博士、王滨博士、宋禹奠博士、卢帅先生、钟亮博士、谢明秀博士、赵文荣博士、姚冰博士和张丹博士为编写本书提供的帮助，特别感谢怡维怡橡胶研究院和卡博特公司，没有他们的理解和支持，这项工作是不可能完成的。

王梦蛟

迈克尔·莫里斯

目录

第 1 章　填料的生产制造　001

1.1　炭黑的生产制造　002
　　1.1.1　炭黑的生成机理　003
　　1.1.2　炭黑的生产工艺　006
1.2　白炭黑的生产制造　013
　　1.2.1　沉淀法白炭黑生成的机理　013
　　1.2.2　沉淀法白炭黑的加工工艺　014
　　1.2.3　气相法白炭黑生成的机理　016
　　1.2.4　气相法白炭黑的加工工艺　016
参考文献　018

第 2 章　填料的表征　020

2.1　化学组成　021
　　2.1.1　炭黑　021
　　2.1.2　白炭黑　023
2.2　填料的微观构造　025
　　2.2.1　炭黑　025
　　2.2.2　白炭黑　027
2.3　填料的形态　028
　　2.3.1　初级粒子比表面积　028
　　2.3.2　结构——聚结体的尺寸和形状　060
　　2.3.3　着色强度　082
2.4　填料的表面特征　091
　　2.4.1　填料的表面化学表征——表面化学基团　091
　　2.4.2　填料表面物理化学的表征——表面能　091
参考文献　138

第 3 章　填料在橡胶中的效应　149

3. 1　液动效应——应变放大　150
3. 2　填料与聚合物之间的界面相互作用　151
3. 2. 1　结合胶　151
3. 2. 2　橡胶壳　155
3. 3　包容胶　157
3. 4　填料的聚集作用　159
3. 4. 1　填料聚集的观察　159
3. 4. 2　填料聚集的模式　160
3. 4. 3　填料聚集热力学　163
3. 4. 4　填料聚集动力学　165
参考文献　167

第 4 章　填料的分散　172

4. 1　填料分散的基本概念　172
4. 2　影响填料分散的因素　174
4. 3　液相混炼　181
参考文献　185

第 5 章　填料对混炼胶性质的影响　187

5. 1　结合胶　187
5. 1. 1　结合胶的意义　188
5. 1. 2　结合胶的测量　189
5. 1. 3　结合胶的结合性质　190
5. 1. 4　聚合物在结合胶中的运动性　195
5. 1. 5　聚合物对结合胶的影响　196
5. 1. 6　填料对结合胶的影响　197
5. 1. 7　混炼条件对结合胶的影响　208
5. 2　填充混炼胶的黏度　219
5. 2. 1　影响填充混炼胶黏度的因素　220
5. 2. 2　黏度-炭黑有效体积的主曲线　222

5.2.3 白炭黑胶料的黏度 226
5.2.4 黏度增长-储存硬化 230
5.3 口型膨胀和挤出胶外观 233
5.3.1 炭黑胶料的口型膨胀 233
5.3.2 白炭黑胶料的口型膨胀 238
5.3.3 挤出胶外观 238
5.4 生胶强度 240
5.4.1 聚合物的影响 241
5.4.2 填料性质的影响 243
参考文献 247

第 6 章 填料对硫化胶性质的影响 254

6.1 溶胀 254
6.2 应力-应变性质 261
6.2.1 低应变 261
6.2.2 硬度 264
6.2.3 中等和高应变-模量的应变相关性 265
6.3 应变能量损耗-应力软化效应 269
6.3.1 应力软化效应机理 271
6.3.2 填料对应力软化的影响 277
6.4 破裂性质 284
6.4.1 裂口引发 284
6.4.2 撕裂 285
6.4.3 拉伸强度和扯断伸长率 305
6.4.4 疲劳 308
参考文献 310

第 7 章 填料对硫化胶动态性能的影响 318

7.1 硫化胶的动态性能 318
7.2 填充硫化胶的动态性能 321
7.2.1 填充胶的弹性模量与应变的关系 321
7.2.2 填充胶的黏性模量与应变的关系 329

7.2.3 填充胶的损耗因子与应变的关系 332
7.2.4 填充橡胶中关于不同模式填料聚集的滞后损失机理 337
7.2.5 填充胶的动态性能与温度的关系 338
7.3 动态应力软化效应 342
7.3.1 模式2的填充胶动态应力软化效应 343
7.3.2 温度对动态应力软化的影响 346
7.3.3 频率对动态应力软化的影响 348
7.3.4 模式3测试的填充胶的动态应力软化效应 350
7.3.5 填料的性质对动态应力软化及滞后损失的影响 357
7.3.6 液相混炼白炭黑胶料的动态应力软化 358
7.4 填充硫化胶动态性能的时温等效性 363
7.5 生热 372
7.6 回弹性 374
参考文献 377

第8章 与轮胎性能有关的橡胶补强 381

8.1 滚动阻力 381
8.1.1 滚动阻力机理（滚动阻力和滞后损失之间的关系） 381
8.1.2 填料对动态性能温度相关性的影响 383
8.1.3 混炼的影响 408
8.1.4 预交联的影响 411
8.2 抗湿滑性能（摩擦） 413
8.2.1 抗滑机理 417
8.2.2 橡胶与刚性固体表面之间的摩擦 417
8.2.3 轮胎的抗湿滑性能 432
8.3 填料对轮胎耐磨性能的影响 449
8.3.1 磨耗机理 449
8.3.2 填料参数对磨耗的影响 457
参考文献 472

第 9 章　轮胎用新补强材料的发展　484

9. 1　炭黑的化学改性　484
9. 2　炭-二氧化硅双相填料（CSDPF）　486
　9. 2. 1　化学特性　487
　9. 2. 2　胶料特性　489
　9. 2. 3　CSDPF 4000 在乘用胎中的应用　490
　9. 2. 4　CSDPF 2000 在卡车胎中的应用　491
9. 3　连续液相混炼工艺制造天然胶/炭黑母炼胶　492
　9. 3. 1　混炼、凝固和脱水的机理　493
　9. 3. 2　配合特性　494
　9. 3. 3　硫化特性　498
　9. 3. 4　CEC 硫化胶的物理性能　498
9. 4　连续液相混炼工艺制造合成胶/白炭黑母炼胶　504
　9. 4. 1　EVEC 的制造工艺　505
　9. 4. 2　混炼胶性能　506
　9. 4. 3　硫化胶特性　510
9. 5　粉末橡胶　521
　9. 5. 1　粉末橡胶的生产　522
　9. 5. 2　粉末橡胶的混炼　522
　9. 5. 3　粉末橡胶的性质　523
9. 6　其他填料　524
　9. 6. 1　淀粉　524
　9. 6. 2　有机黏土　525
参考文献　526

第 10 章　硅橡胶的补强　530

10. 1　气相法与沉淀法白炭黑基本概况　531
10. 2　白炭黑和硅橡胶之间的相互作用　531
　10. 2. 1　反相气相色谱法表征表面能　532
　10. 2. 2　白炭黑-硅橡胶体系中的结合胶　533
10. 3　皱片硬化　534
10. 4　白炭黑表面改性　535
10. 5　白炭黑的形态特性　536

10.5.1 比表面积 537
10.5.2 气相法白炭黑的结构特性 537
10.6 硅橡胶的混炼和加工 539
10.7 白炭黑在硅橡胶中的分散 543
10.8 静态力学性能 544
10.8.1 拉伸模量 544
10.8.2 拉伸强度和扯断伸长率 547
10.8.3 压缩永久变形 548
10.9 动态力学性能 549
参考文献 551

第1章

填料的生产制造

橡胶出现伊始便有了粒状填料在橡胶中的应用[1-3]。填料的使用一方面提升了胶料的性能，同时也降低了橡胶的成本。1820 年 Hancock 发明了世界上第一台单辊槽式炼胶机，而后 Chaffee 也在 1836 年和 1841 年申请了开炼机塑炼和混炼的专利。自此，惰性的细粒子填料开始在橡胶中广泛使用。石灰石粉、重晶石、黏土、高岭土等均可用于天然橡胶中，不仅降低了材料成本，对产品性能也无明显害处。氧化锌最初用作白色颜料，但随后发现其具有一定补强效果，是一种“活性”填料。而炭黑作为一种黑色颜料，即使在填充量很低的情况下也能够显著提高硫化胶的性能，尤其是刚性。1891 年 Heinzerling 和 Pahl 对炭黑在橡胶中的效应进行了系统研究，认为出现这些效应的部分原因可能与其对含氧化锌的硫化体系具有一定活化作用有关。1904 年，Mote 在英格兰发现炭黑具有补强作用。当填充炭黑后，硫化胶的拉伸强度大大提高。当时橡胶轮胎的使用已经 10 年以上，人们立刻认识到这一发现的重要性，并进一步进行了深入研究。结果表明填充炭黑的轮胎比填充氧化锌的轮胎具有更优异的耐磨性能。如今，炭黑已经是橡胶中最重要的填料，其生产和制造技术在 20 世纪得到长足发展。2018 年全世界的炭黑产量达到了 1277 万吨，其中 75%应用于轮胎制造，超过了其他所有填料的总和。

同时，非炭黑类填料也在不断发展。1939 年第一种补强型非炭黑类填料硅酸钙问世。它是由氯化钙和硅酸钠在溶液中用沉淀法制备的。随着这一工艺的进一步发展，用盐酸将钙除去，得到颗粒尺寸合适的补强型白炭黑。大约 10 年后，人们可以在硅酸钠溶液中直接用沉淀法制备二氧化硅（在橡胶界因其功能像炭黑而称为白炭黑）。这一方法实现了白炭黑的工业化生产，时至今日仍然是白炭黑最主要的生产工艺。在1950年，出现了一种无水白炭黑，它是由四氯化硅或三氯硅烷与水蒸气在氢-氧焰中反应制得。由于制备温度很高（1400℃），这种气相热解法白炭黑表面的硅羟基浓度要比沉淀法白炭黑低。后者二氧化硅含量为88%～92%，灼烧减量为10%～14%，但气相法白炭黑的二氧化硅含量高达99.8%。由于其表面硅羟基浓度较低、纯度超高（通常杂质含量少于100ppm，1ppm=10^{-6}）以及价格较贵，气相法白炭黑通常只用于高端产品，诸如硅橡胶等。

自从1948年沉淀法白炭黑及其硅酸盐衍生物实现工业化生产以来，生产商一直致力于将其应用在轮胎之中。虽然在鞋底材料中白炭黑很快全部替代了炭黑，也在工业制品中占据了一席之地，但是在轮胎中的应用仅限于两方面：在非公路胎胎面胶中，用10～15份白炭黑与炭黑并用以提高抗撕裂性能；纤维帘线或钢帘线的黏合胶中，用15份白炭黑与炭黑并用，配合间苯二酚/甲醛体系使用，以提高胶料的黏合性能[4]。

20世纪70年代的石油危机导致炭黑价格暴涨，白炭黑在轮胎中替代炭黑的议题再度引起广泛关注。但是当石油价格回落，炭黑供应充足时，白炭黑价格偏高的问题又凸显出来，尤其是在日本和北美地区。所以，要想替代炭黑，白炭黑需要展现它的技术优势。

随着社会的不断发展，人们逐渐认识到轮胎工业严重的污染问题。从环保角度考虑，对驾驶安全、低油耗的长行驶里程轮胎的需求也愈加紧迫。这为白炭黑在轮胎中的应用创造了新的机会。另一方面，双官能硅烷偶联剂的使用可以通过化学方法调控白炭黑的补强性能[4,5]。通过对白炭黑表面特性、聚合物-填料相互作用的系统研究和对混炼工艺的优化，白炭黑作为主填料替代炭黑，已应用于“绿色轮胎”胎面胶中。Michelin公司在1992年公开了相关专利[6]。自此，沉淀法白炭黑在轮胎中的应用蓬勃发展，不仅局限于胎面胶，在轮胎的其他部位也都有白炭黑的身影。

在过去的20年中，细粒子填料的补强研究以及新型填料的发明应用均得到了广泛关注。但炭黑与白炭黑仍然是橡胶工业中最为主要的两种填料，因此本书主要围绕这两种填料及其衍生产品进行论述。

1.1 炭黑的生产制造

炭黑历史悠久。在大约公元前3000年，中国人就在燃烧植物油的小灯焰中，把炭黑收集在陶片上，当作颜料使用。古埃及人曾用炭黑使涂料着色。1870年开始，天然气成为生产炭黑的主要原料。几十年后，槽法工艺发展了起来。该法是在有限的空气中，天然气火焰与槽钢相接触制造炭黑。1976 年，由于严重的烟气污染，美国关闭了最后一家槽法炭黑工厂。

如前所述，1904 年发现炭黑可以作为橡胶的补强剂使用，这是炭黑工业发展史上的里程碑式事件[1]。20 世纪 20 年代，随着汽车的普及，充气轮胎的应用迅速增长，也带动了炭黑在其他领域的应用，导致炭黑的消耗量猛增。当时出现了两种新的生产方法，均以天然气为原料，但是比槽法工艺产率更高，排放更少。其中一个是热裂法工艺，它使用耐火砖交替吸收天然气火焰的热量，然后放热使天然气裂解成炭黑和氢气。另外一种是气炉法工艺，现在已经不再使用。

油炉法制造炭黑是美国 Phillips 公司在 1943 年首创的，最初在得克萨斯州的 Borger 工厂进行生产。这种方法迅速取代了炭黑的其他生产工艺。现代的油炉法工艺，随产品比表面积的不同，收率也不尽相同，但一般不超过 65%。由于采用高效袋滤器，产品的收集效率几乎是 100%。当今绝大多数的炭黑反应炉，都是基于油炉法工艺制造的。

1.1.1 炭黑的生成机理

粒状炭黑是由烃类物质经过高温热解，或经过不完全燃烧而生成的。自从 Faraday 于 19 世纪 40 年代在伦敦的英国皇家学会发表的一系列演讲[2]，到近来 Bansal 和 Donnet 发表的综述[7]，描述炭黑生成机理的文献，浩如烟海。自 Faraday 以来，出现了许多理论说明炭黑的生成过程，但是至今为止，仍存在着许多争议。

炭黑的生成机理必须能够解释实验中所观测到的炭黑形貌和微观结构。其中包括了初级粒子的生成、某些初级粒子内的多重生长中心、初级粒子熔结成聚结体、聚结体的准晶体结构或同心层面结构等。目前普遍认为炭黑的生成过程分为如下几个阶段。

(1) 高温下生成气态炭黑前驱体 此过程涉及烃类原料的脱氢反应，该反应使烃类转化为碳原子或初级自由基和离子，并凝结成为半固态的炭黑前驱体（或多环芳烃碎片）和/或聚合成大的烃类分子，然后继续脱氢生成初级粒子的前驱体[3]。以使用高芳烃含量原料的炉法炭黑生产过程为例，图 1.1 为原料在反应炉中与初始火焰混合转化为炭黑前驱体的几种途径。火焰中含有过量氧气、二氧化碳和水等物质，这些都是使原料燃烧（或氧化）的反应物。一旦与原料发生反应，就会将原料分子分解为很小的可燃性分子，致使无法生成最终的产品炭黑。但氧化反应不会无终止地进行下去，剩余的原料或者热裂解，或者在此阶段不发生任何反应，最终都能转化为炭黑。热裂解的典型产物是氢气、乙炔或者链状聚乙炔。炭黑前驱体的生成至少有两种途径。第一种是乙炔、聚乙炔或多环芳烃（PAH）与其他PAH分子间的结合，使PAH分子中芳环数量不断增加，直至达到5个或6个芳环时，成为热稳定性分子，只会受到残余氧化剂的进攻；这些PAH分子相互碰撞最终堆叠在一起，演变为炭黑初级粒子中的微晶结构。另外一种生成炭黑的机理是乙炔发生聚合反应，生成长链多聚乙炔，达到热稳定的大小后开始与PAH分子碰撞；这些长链多聚乙炔可以自行发生重排，进而增加微晶的尺寸，也能够演变成为初级粒子中的无定形组分。一旦这些颗粒增长到1～2nm，就会逐渐变成球形，即炭黑前驱体。

（2）晶核形成 由于炭黑粒子的前驱体相互碰撞、结合，其质量不断增大，一些较大的碎片不稳定，会从气相中凝结出来，形成晶核或生长中心。

（3）初级粒子的增长和聚结 在这一阶段，同时存在三种演变过程，如图1.2所示：晶核表面不断发生炭黑前驱体的凝结；小粒子合并成较大的粒子；新晶核的形成。粒子的合并和增长似乎是这一阶段的主要过程，最终生成了“原始的不规则球状粒子结合体”。

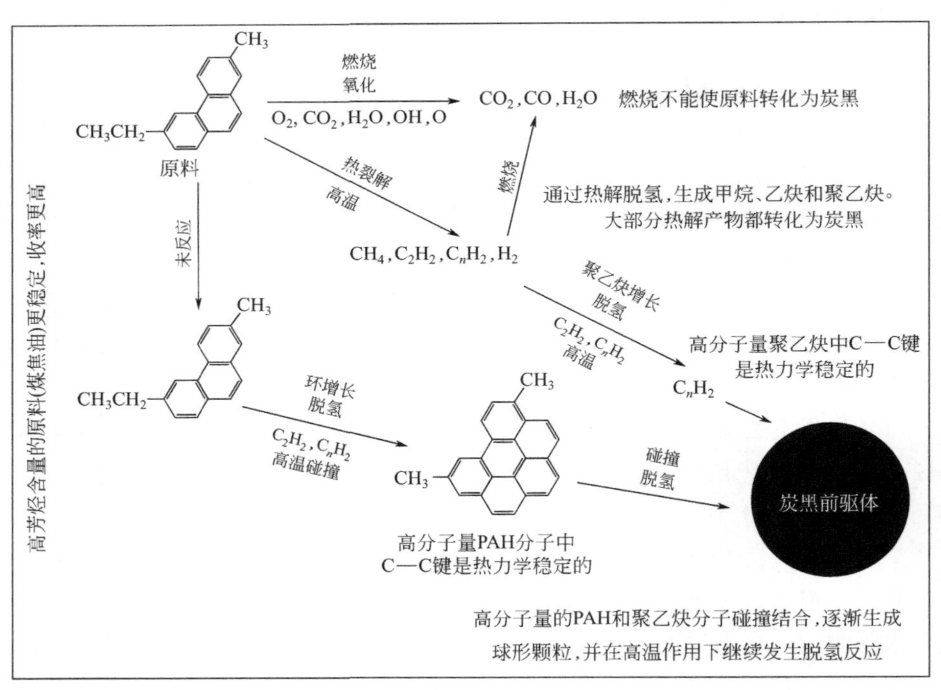

图1.1 炭黑前驱体的生成过程

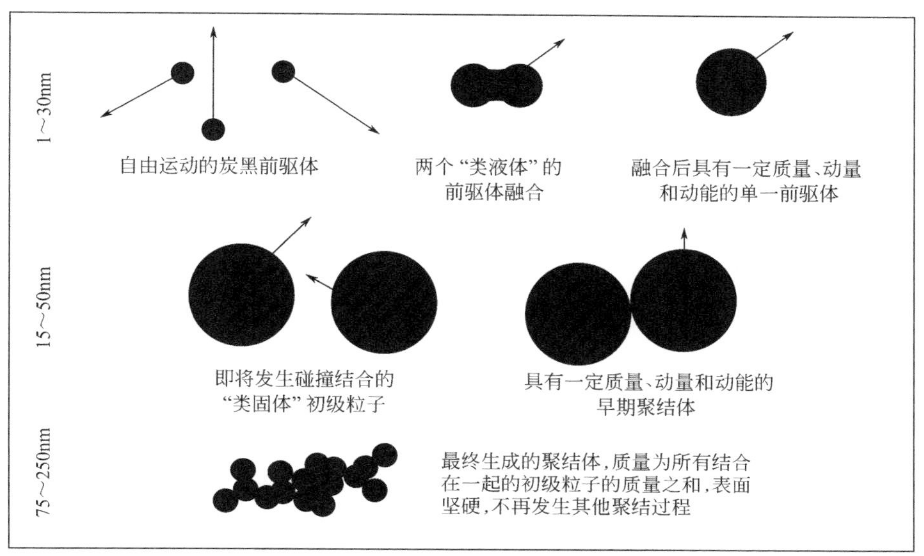

图 1.2　初级粒子的增长和聚结

(4) 表面增长　表面增长是指小的烃类分子结合或沉积在已有的初级粒子或聚结体表面，形成具有洋葱状微观结构的不规则球状粒子结合体或聚结体（聚结体是炭黑初始粒子黏结在一起不可分割的结构）。最终炭黑产品中 90%的质量来源于表面增长过程。这一阶段形成了碳原子的三维网络结构，生成了非常稳定的炭黑聚结体。

(5) 聚集　一旦没有更多的炭生成，聚结过程停止，聚结体相互碰撞并通过范德华力黏附在一起，形成了一种临时性的结构，即通常所说的聚集体。

(6) 聚结体气化　当聚结体形成并停止增长后，炭黑会与反应炉内的气态物质反应，使表面受到侵蚀。二氧化碳、水以及残余的氧气会进攻炭黑表面。反应程度取决于气态物质的温度、浓度、流速等。

实际上，通过调节反应参数，可以很好地控制炭黑形态和表面化学特性。对于炉法炭黑，反应温度是控制产品比表面积的关键变量。炉温越高，热裂解速率越快，生成晶核数量越多，由于起始原料的量是固定的，这使得初级粒子和聚结体的增长提前结束，粒径变小，比表面积增加。因此，通过控制空气、燃料和原料的流速提高炉温，就可以提高炭黑的比表面积。在反应炉内添加碱金属盐，可以影响初级粒子的聚结过程，进而调控产品的结构。碱金属盐，如钾盐，在炉温下会发生离子化。阳离子吸附在初级粒子表面，静电相互作用会阻止其他带有正电荷的初级粒子与之碰撞、结合，因此降低了炭黑的结构[8]。

炭黑生成过程所需要的时间随比表面积的不同，差异也很大。例如比表面积 120m²/g 的炉法炭黑，从原料原子化到急冷只需要不到 10ms；而对于比表面积 30m²/g 的炉法炭黑，这一过程可能需要零点几秒才能完成。

1.1.2 炭黑的生产工艺

1.1.2.1 油炉法

全球超过 95%的炭黑都是采用油炉法工艺生产的。该工艺凭借其高收率和齐全的产品品类，自 1943 年诞生起，就迅速取代了以天然气为原料的其他各种生产方法。该工艺收集粉尘的效率高，可大大改善炭黑工厂周围的环境。如前文所述，这种生产方式的基本原理是基于含芳烃原料油的不完全燃烧。由于含芳烃的渣油产量巨大，运输方便，这种生产工艺几乎不受地理位置的限制，在世界各地均可以建立工厂，但通常选择在轮胎和其他橡胶制品生产厂的附近地区。因为炭黑密度低，运输成本远高于原料油。

问世近 80 年以来，油炉法工艺经过了数次技术改进，提高了收率、扩大了生产线产能、降低了能耗且改善了产品性能。图 1.3 为现代油炉法的工艺流程示意图[9]。此图综合了多家生产商的流程要点，可以代表目前通用的生产工艺。主要设备包括风机、空气和油的预热器、反应炉、急冷塔、袋滤器、造粒机和旋转干燥机。基本流程是在热空气中点燃燃料，形成火焰，通入预热的油进行热解反应，原子化过程在剧烈的湍流混合区完成。其中一些原子化的原料被火焰中过量的氧化剂所氧化。形成炭黑的区域温度达到 1400～1800℃，甚至更高。但每个生

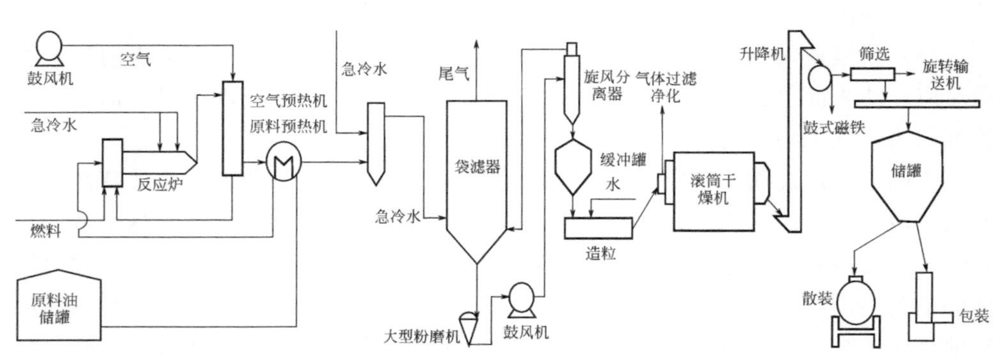

图 1.3 现代油炉法工艺流程图

产厂所使用的反应炉是不同的，具体的构造属于保密信息。含有炭黑的烟气离开生成区后，喷淋冷水进行急冷。尚未完全冷却的烟气通过热交换器，可以用于预热通入的空气。若温度仍然高于袋滤器材料的使用上限，则继续喷水降温。袋滤器将炭黑从烟气中分离出来，副产物为包含了氮气、氢气、一氧化碳、二氧化碳和水蒸气等的尾气，但以氮气和水蒸气为主。这种尾气多用作干燥机的燃料，有时也可以在燃烧后生产动力蒸汽或用于发电，既可自用，也可以出售。

袋滤器分离出的炭黑是十分蓬松的。通常在搅齿造粒机中与水混合，形成湿的颗粒。然后在旋转干燥机中干燥，成品在储罐中存放。若有特殊要求，也可在旋转干燥鼓中进行干法造粒。大部分炭黑使用铁路或大型卡车进行运输，也可使用半散装方式进行运输，如 IBC 罐或大型半散装袋。某些特种炭黑，是用纸袋或塑料袋包装的。

尽管反应炉和相关的空气输送、热交换设备决定了炭黑产品的性能，但与袋滤器、干燥机，特别是储罐相比，它们的体积是很小的。

(1) 原料 油炉法工艺所使用的原料为重质燃料油。首选高芳烃含量、无固体悬浮物、低沥青含量的油品。一般来源于催化裂化渣油（除去残余催化剂）、乙烯裂解渣油和煤焦油重质馏分。需要说明的是原料油中不能含有固体，硫含量中等或偏低，碱金属含量也要保持在较低水平。能够在储罐、泵、运输管线及喷嘴间良好输送，也是对油料最基本的要求。

(2) 反应炉 反应炉是炭黑工厂的核心设备。反应炉的设计和建造，要求能够在极端苛刻的工况下长时间运行。对反应炉运行状态的常态化监测可以确保产品质量的稳定性。对大多数橡胶和颜料用的炭黑而言，其反应炉的构造和尺寸是不同的。但是性能相近的炭黑品类，可以通过调节反应炉的技术参数进行生产。高比表面积和补强型炭黑要求反应炉具备气体流速高、高温以及湍流强的条件，以确保燃烧气和原料油能够快速混合。而生产低比表面积和非补强型炭黑的反应炉则尺寸较大、温度和气体流速较低、停留时间较长。表 1.1 为不同橡胶用炭黑的生成温度、停留时间等参数。

表 1.1 不同炭黑的生产条件

炭黑	比表面积/(m^2/g)	温度/℃	停留时间/s	最大速率/(m/s)
N100 系列	145	1800	0.008	
N200 系列	120		0.010	180～400
N300 系列	80	1550	0.031	
N500 系列	42		1	30～80
N700 系列	25	1400	1.5	0.5～1.5
N990	8	1200～1350	10	10

20 世纪 60 年代初开发的多段轴流式补强型炭黑反应炉是炭黑反应炉技术的一次重大突破[8]。反应炉由三段组成：第一段为燃烧段，燃料在过量氧气下完全燃烧，形成燃烧气；第二段是混合段，燃烧气被加速到很高的流速，呈现强湍流态，原料油可以在混合段加入，也可以在混合段之前加入；第三段是反应段，反应气从混合段喷出，以湍流扩散射流的形式进入第三段。射流可以自由膨胀，也可通过耐火砖壁进行限制。反应段的下游是急冷区。不同厂家制造的反应炉生产能力是不同的，即便是同一反应炉，在生产不同炭黑时，其产量也存在差异。最大的反应炉每年可以生产 3 万吨炭黑。很多生产商同时运行多台小反应炉。反应炉的设计一般要求可以生产一系列相近品种的炭黑。原料可沿轴向或径向注入混合段高速区的主火焰中。高速区可以是文丘里管，也可以是小直径的缩口。各个工厂可以装备一条或多条生产线。

炭黑反应炉由内衬若干层耐火材料的碳钢外壳建造而成。燃烧段和混合段的工况最为苛刻。不同厂家对这两段设备的处理方式也不同。有的采用新型材料或水冷式金属表面；有的采用传统耐火材料，但将温度限制在材料的承受范围内。大多数厂家耐火材料的使用期限从一年到数年不等。对生产橡胶用炭黑的反应炉，至少有 3 种不同的设计形式。图 1.4[10] 和图 1.5[11] 所示为公开的专利中描述的反应炉结构。

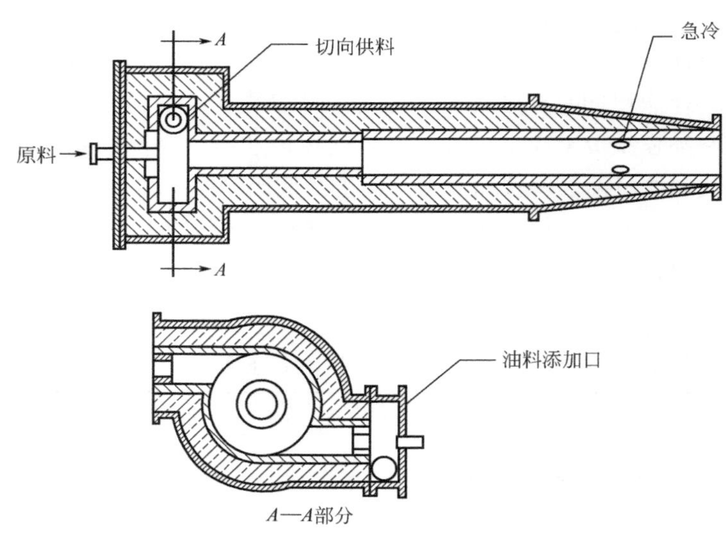

图 1.4　生产 N300-N200 炭黑的反应炉

炭黑的品质和收率，取决于原料的质量和碳含量、反应炉的构造以及工艺参数。反应段的温度是控制比表面积的关键参数。而通过向燃烧气中加入钾盐可以调控炭黑的结构。钾盐的加入方式，可以通过多种方法实现。

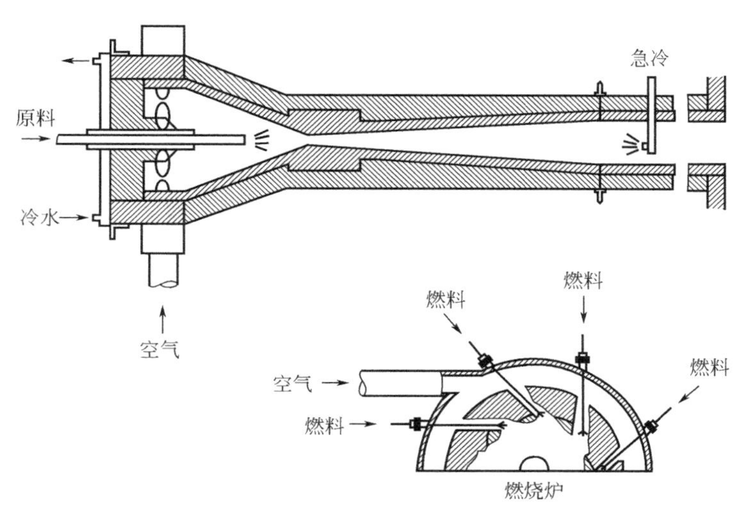

图 1.5　生产胎面炭黑的反应炉

每生产 1kg 炉法炭黑，能耗在 $(9\sim16)\times10^7$J 左右。而 1m^3 的原料油，可生产炭黑 300～660kg，依不同品种而异。输入到反应炉中的能量包括了预热原料油和空气的热能等。反应炉输出的能量包括炭黑产品的燃烧热、尾气的燃烧热和显热、水急冷的热量损失、辐射损失以及用于预热空气的热量损失等。

1.1.2.2　热裂法

热裂炭黑是一种粒径较大、结构度较低的炭黑。通常由天然气、焦炉煤气或液态烃类物质在无氧或无明火条件下热裂解而成。它是目前橡胶制品用炭黑中最昂贵的一种。只有天然气价格足够低时才有利润空间。当它填充在橡胶或塑料制品中时，赋予产品许多独特的性能，如硬度低、伸长率高、压缩永久变形低、滞后低以及优异的加工性能等。因此广泛用于 O 形圈、密封制品、软管、轮胎内衬层、V 形带以及其他机械制品中，也可用在电缆中的交联聚乙烯中。

热裂炭黑的生产可以追溯至 1922 年。该方法是利用两座直径 4m、高 10m，内衬耐火材料的圆柱形反应炉进行循环操作。其中一个反应炉，利用来自另外一座反应炉的尾气和接近化学计量的空气，燃烧蓄热至约 1300℃，再通入天然气，高温下进行裂解。两座反应炉以 5min 为一个周期，交替进行炭黑生产和蓄热过程，向下游设备持续输出产品和尾气。反应炉排出的烟气含有约90%的氢气。将炭黑输送至急冷塔，喷水降温后进入袋滤器。尾气经冷却和干燥后，可以用作蓄热的燃料。袋滤器收集的炭黑输送至磁选机、筛选机和锤磨机，然后包装或者造粒。造粒产品可以用袋装方式包装，或者散装存放。

1.1.2.3 乙炔裂解法

乙炔的碳含量高达92%，其分解为碳和氢气的反应为放热反应。这使得乙炔成为一种生产炭黑的理想原材料。乙炔炭黑，是乙炔在大气压下，于800～1000℃，在内衬耐火材料的水冷式金属反应炉中分解而成。乙炔气进入裂解炉后，由于分解反应放热，需通入冷却水维持恒定的反应温度。载有炭黑的氢气流经冷却、分离后，得到炭黑和氢气尾气。尾气既可以用火炬方式放空，也可以当作燃料使用。而从尾气中分离的乙炔炭黑非常蓬松，堆积密度仅为19kg/m^3。它难以压缩和造粒，市售的一些压缩产品，堆积密度最高也不超过200kg/m^3。

乙炔炭黑非常纯净，碳含量高达99.7%，比表面积大约65m^2/g，初级粒子平均直径约为40nm，DBP值（炭黑吸油值）为250mL/100g，结构度很高但是非常脆弱。它是结晶度或者说石墨化程度最高的一种炭黑。这些独特的性质赋予了乙炔炭黑较高的导电和导热性能、较低的吸潮性和较高的吸液量。

乙炔炭黑主要用于干电池中，它能够降低电池电阻，提高电池容量。而应用于橡胶制品中时，则能够使胶料具备良好的导电性能，常用于加热装置胶垫、磁带、防静电传动带、输送带以及鞋底等。它也可以在导电塑料中使用，用于制造屏蔽电磁干扰的防护罩。而良好的导热性能使乙炔炭黑可以用于生产轮胎时使用的硫化胶囊。

1.1.2.4 灯烟法

灯烟法是现今仍在使用的最古老和最原始的炭黑生产工艺。古埃及人和古代中国人使灯烟炭黑沉积在冷的表面上，再进行收集，这与现代工艺极为类似。这一工艺的大体过程就是在内衬砖块的烟道下，放置直径0.5～2m，深度16cm的敞口浅盘，在限制空气流量的条件下燃烧液体原料或熔融的固体原料。浅盘中产生的烟气缓慢通过沉降室，经过电动刮板可以将沉降室中的炭黑收集起来。在更现代化的工艺流程中，是利用旋风分离器和袋滤器将炭黑分离的。通过控制燃烧盘的尺寸和空气进气量，可以在一定程度上调节炭黑粒子的粒径和比表面积。灯烟炭黑与低比表面积的炉法炭黑性能类似。典型灯烟炭黑的平均粒径65nm，比表面积22m^2/g，DBP值为130mL/100g。灯烟炭黑产量很少，其主要在涂料中使用，用于调制蓝色色调。灯烟炭黑在橡胶工业中也有一些特殊用途。

1.1.2.5 接触法（槽法、滚筒法）

从第一次世界大战到第二次世界大战期间，橡胶和颜料中所使用的炭黑大多为槽法炭黑。美国最后一座槽法炭黑工厂是在1976年关闭的。槽法炭黑工艺的没落，主要是由于烟气污染严重和成本过高。同时，油炉法工艺生产的炭黑与槽法炭黑相差无几，甚至更适合生产轮胎用的合成橡胶，这也加速了槽法炭黑工艺的消亡。

“槽法炭黑”这一名称，来源于收集炭黑用的槽钢。天然气火焰接触槽钢后，炭黑就沉积在槽钢表面。目前，除天然气外，焦油馏分也可以作为槽法炭黑的生产原料。在现代化生产线上，槽钢已经被水冷滚筒取代。滚筒表面的炭黑被刮下来后，尾气输送至袋滤器，收集残余的炭黑。净化后的尾气排放入大气中。当使用油状原料时，必须将原料气化，用可燃气体作为载气，输送至燃烧室。生产橡胶用炭黑的收率约为60%，生产高端颜料用炭黑的收率在10%～30%之间。

滚筒法炭黑与槽法炭黑性能相似。pH值呈酸性，挥发分约为5%，比表面积$100m^2/g$，平均粒径10～30nm。粒径较小的炭黑品种常用于颜料，而粒径在30nm左右的品种则多用于橡胶之中。

1.1.2.6 回收炭黑

炭黑橡胶制品的高温热解可以解决废旧轮胎的污染问题。通常是在转炉中，于无氧条件下进行间接加热。橡胶和填充油裂解为液态烃类物质，收集后可以作为燃料或石化原料进行销售，而气态的裂解产物则直接燃烧，为转炉供热。钢丝帘线可以用磁铁进行筛选，残渣经过研磨，即为“热解炭黑”。这种热解炭黑，含有原橡胶制品中已有的炭黑、白炭黑和金属氧化物，也有一些新产生的烧焦的物质。这类炭黑的灰分一般在8%～10%，残渣较为粗糙。这类产品大都难以造粒。平均来说，此类炭黑的补强性能类似于N300系列的炭黑。但由于它们是N600和N700炭黑与N100和N200炭黑的混合物，因此不适合用作补强或半补强型填料。迄今为止，此类产品只能在对性能要求不高的橡胶制品中应用，例如覆盖运动场和地面的胶垫。

1.1.2.7 炭黑的表面改性

长期以来，在炭黑工业中一直把比表面积和结构作为调控产品性能、区分产品种类的关键参数。直到最近人们才意识到，炭黑与介质之间界面的性质，也是十分重要的。

炭黑的表面改性可以追溯至20世纪40年代和50年代，包括了化学物质的物理吸附、热处理和氧化等。在20世纪50年代和60年代的法国、美国和日本，以炭黑表面的含氧官能团为反应点，纷纷开展聚合物接枝改性的研究。到了80

年代和90年代，等离子体处理的改性方法也见诸报道。但是，由于炭黑在多个领域中的应用技术不断进步，以及其他细粒子补强填料对炭黑传统应用领域的挑战，在最近的几十年中，炭黑表面改性技术得以迅猛发展。这其中包括了表面活性剂改性、化学改性以及在炭黑生成过程中或生成后其他物质的沉积等。

(1) 炭黑表面的芳环接枝 有两种方法可以在炭黑表面接枝芳环化合物。在Cabot公司的专利中[12,13]，利用取代芳胺或脂肪胺重氮化衍生物的分解反应，可以在炭黑表面接枝芳香环或脂肪链。这种接枝十分稳定，对水不敏感。实例中包括了胺类、阴离子和阳离子、可与聚合物交联的多硫基团、烷基、聚乙氧基以及乙烯基等的接枝。实际上根据炭黑用途的不同，其表面化学和物理化学性质是可以量身定制的。例如改善在水性介质中的分散[14]，改善在油性涂料和油墨中的分散[15]，以及降低橡胶制品的滞后损失、提高耐磨性能等[16]。接枝在炭黑表面的官能团，也可以作为进一步改性的反应点。另外一种方法由Xerox公司开发。利用稳定自由基聚合制备低聚物，这些低聚物中稳定的自由基可以与炭黑表面发生反应，从而将低聚物接枝到炭黑表面[17]。

(2) 通过含氧官能团接枝芳环 炭黑表面由于氧化而存在许多酸性官能团，这是接枝的天然反应点。通常，化学反应发生在炭黑表面的酚羟基或羧基上。大部分炭黑表面都存在这些官能团。通过臭氧、硝酸或次氯酸盐的氧化可以增加这些酸性官能团的浓度[18-20]。与前文所述的接枝相比，这类碳-氧键的接枝不稳定，特别容易水解。有许多专利已经报道利用酚羟基作为反应点，接枝硅烷偶联剂，在填料表面引入多硫基团。硫化时这些多硫基团可以与聚合物发生交联，降低胶料的滞后损失[21]。也曾有专利利用炭黑表面的酸性基团与胺类发生反应。这种改性可以提高胶料的稳定性、改善导电塑料中炭黑的分散[22]。

(3) 金属氧化物处理 相比炭黑，填充白炭黑（全部或部分替代炭黑）的胎面胶料滚动阻力更低。这对炭黑来讲是很大的挑战。炭黑行业对此积极应对。Cabot公司开发了一类双相填料，并申请了相关专利。该填料是由白炭黑或金属氧化物与炭黑在反应炉中共生而成的[23-26]。在这种产品中，炭黑与白炭黑在炭黑微晶的尺度上深度共混。Cabot公司后来又开发了一系列新品种，这是一类白炭黑主要分布在炭黑表面的双相炭黑[27]。在这些填料中，白炭黑的含量是较少的。其主要特点是填料-填料相互作用较低，填料-聚合物相互作用较高。根据实际需求，可以通过加入硅烷偶联剂调节这些相互作用的大小。这类填料与常规含硫的偶联剂配合使用，可以降低轮胎的滚动阻力，提高抗湿滑性能和耐磨性能[28,29]，与烷基或烯基类硅烷配合使用，也可用于硅橡胶之中[30]，专利文献中也报道了此类填料的一些其他用途[31]。也有专利报道了另外一种改性方法，即在硅酸钠溶液中，通过用酸调节pH值，使白炭黑沉积在炭黑表面，形成一种包覆的炭黑[32-34]。

1.2 白炭黑的生产制造

白炭黑分为两大类：天然白炭黑和合成白炭黑。前者一般是晶体，如石英或硅藻。这类白炭黑即使经过研磨，颗粒仍然很大且不规则，无法在橡胶制品中使用。而人工合成的白炭黑，颗粒形态良好，特别是在亚微米尺度，性能优异。合成白炭黑有两种方法，高温水解和沉淀法。这两种方法生产的白炭黑均为无定形产品。前者以气态的含硅化合物（主要为四氯化硅）、空气和氢气为原料，在高温下反应生成白炭黑。这种白炭黑被称为“无水”白炭黑或气相法白炭黑。其结合水和吸附水的含量均小于 1.5%，后者在 105℃下可以除去，前者在高温真空条件下可以除去，二者均被定义为白炭黑的挥发分。而沉淀法白炭黑是利用水溶性硅酸盐制备的，结合水和吸附水的含量均在 5%左右。

1.2.1 沉淀法白炭黑生成的机理

沉淀法白炭黑的生成是一个复杂的过程。含硅的物质（如硅酸钠）在溶液中聚合成核，在不同的温度和浓度下可以生长成为不同尺寸的球状颗粒（图 1.6）。

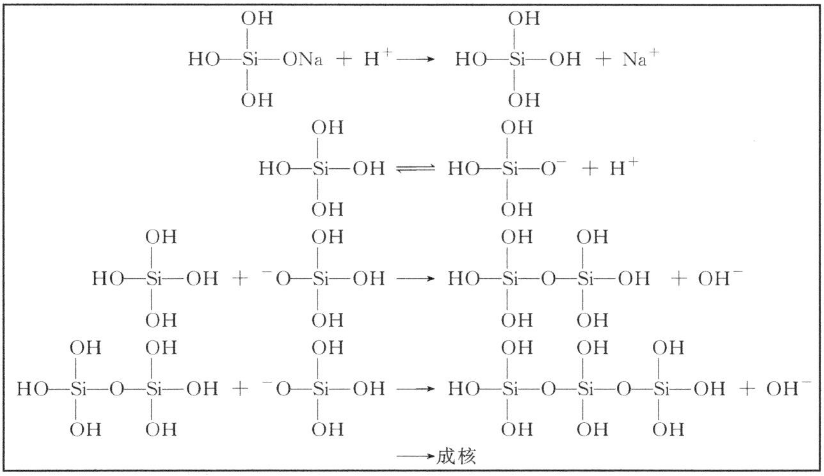

$$\mathrm{HO{-}Si(OH)_2{-}ONa + H^+ \longrightarrow HO{-}Si(OH)_2{-}OH + Na^+}$$

$$\mathrm{HO{-}Si(OH)_2{-}OH \rightleftharpoons HO{-}Si(OH)_2{-}O^- + H^+}$$

$$\mathrm{HO{-}Si(OH)_2{-}OH + {}^-O{-}Si(OH)_2{-}OH \longrightarrow HO{-}Si(OH)_2{-}O{-}Si(OH)_2{-}OH + OH^-}$$

$$\mathrm{HO{-}Si(OH)_2{-}O{-}Si(OH)_2{-}OH + {}^-O{-}Si(OH)_2{-}OH \longrightarrow HO{-}Si(OH)_2{-}O{-}Si(OH)_2{-}O{-}Si(OH)_2{-}OH + OH^-}$$

$$\longrightarrow \text{成核}$$

图 1.6　硅酸盐的聚合

聚合产生的胶体粒子相互碰撞、凝聚，形成凝胶或白炭黑聚结体。溶液中的二氧化硅不断沉积在聚结体上，聚结体渐渐生长、合并，最终沉淀出来，如图1.7所示[35]。碱性条件下胶体粒子带有负电荷，由于静电相互作用，粒子间相互排斥。而加入电解质，如钠的阳离子，则可以很好地消除这种排斥作用，使胶体粒子顺利发生凝聚。凝聚产生的絮状物是比较脆弱的，加入水后可以重新变为胶体溶液。但是可溶性的二氧化硅在絮状物表面不断聚合、沉积，可以使它不断生长、变硬，最终成为白炭黑聚结体。白炭黑初级粒子的形态特征，即粒径和比表面积，决定了聚结体的形状和大小及其分布。调节白炭黑形态的关键参数有碱性硅酸盐溶液中二氧化硅的含量、硅酸盐溶液中碱金属盐（如氯化钠）的浓度、反应温度、酸的投料速度及酸中的其他成分[36]。

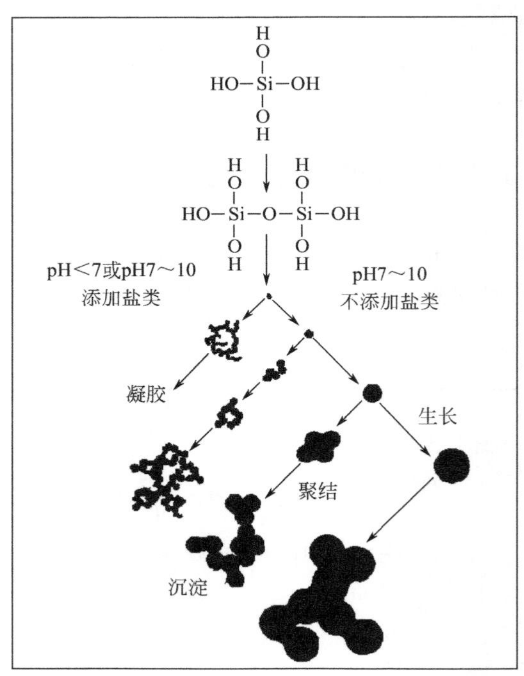

图1.7 沉淀法白炭黑的生成、生长、聚结过程

1.2.2 沉淀法白炭黑的加工工艺

细粒子沉淀法白炭黑是用硫酸或碳酸中和硅酸钠溶液制得的[36,37]，生产流

程如图 1.8 所示。基本原材料是石英砂、碳酸钠和水，将二氧化硅和氧化钠的比例控制在 2.5～3.5，在反应炉或反应池中可以生成硅酸钠（水玻璃）。实际生产时，在震荡反应器中将硅酸盐溶解，形成稀溶液，进而加酸完成沉淀过程。当 pH 值为 3 或 6～7 左右时，溶液中形成白炭黑凝胶，但是这种白炭黑凝胶干燥后，在弹性体中难以分散，因此通常将 pH 值控制在 7.5～9.5 之间，最优值是 8.0～8.5 左右。当 pH 值超过 9 时，可溶性白炭黑（以硅酸盐计）含量将大大增加，沉淀出的白炭黑粒径非常小，不方便过滤。这种情况下通常用水洗涤，以除去可溶性硅酸盐，并进行循环利用。

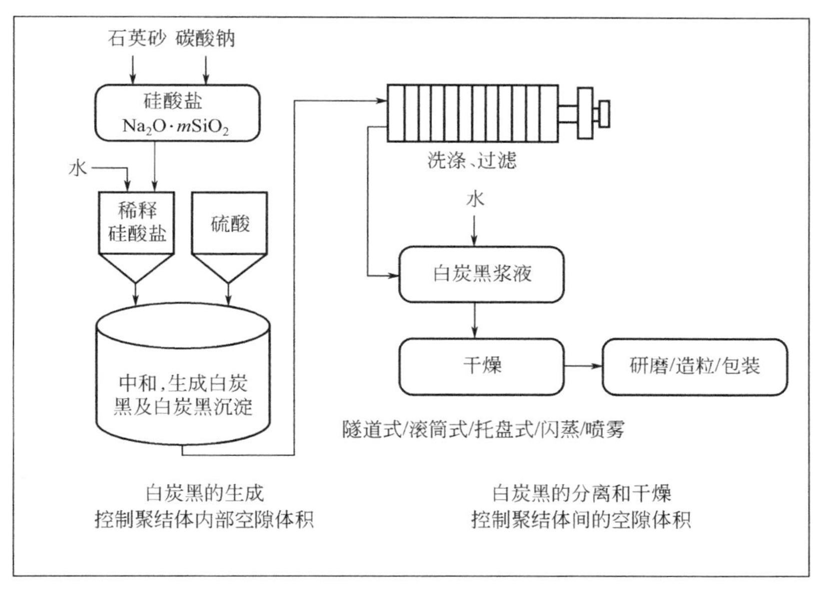

图 1.8 沉淀法白炭黑的生产流程

沉淀产生的浆液中固体含量较低，取决于中和所用的酸的不同，主要成分为白炭黑、硫酸钠或碳酸钠。其中钠盐可以用逆流倾析法除去或在压滤过程中用水洗除。水洗后钠盐含量通常降低至 1%～2%。在滚筒干燥机或托盘干燥机中进一步浓缩并用框式过滤器过滤得到固体滤饼。滤饼中白炭黑含量为 15%～25%。由于滤饼中水含量过高，在接下来的干燥过程中，不论采用滚筒式、托盘式、皮带式还是闪蒸干燥或喷雾干燥，能耗都是很大的。

生产橡胶用白炭黑通常采用闪蒸干燥和喷雾干燥。传统烘干机在低温下的干燥速度是很慢的，这会令白炭黑聚结体紧密聚集在一起，不利于在橡胶中的分散。

闪蒸干燥过程中，温度较高，但是白炭黑在干燥机中停留时间很短。过滤和干燥过程中，聚结体发生聚集。聚结体与聚集体的不同之处在于，在聚结体中，初级粒子通过化学键合连接在一起，而在聚集体内，各个颗粒之间只存在物理相互作用。喷雾干燥是生产高分散白炭黑的重要工艺。这一过程中生成了很多小的含水颗粒，在水快速汽化时会发生爆破。这些白炭黑之间相互作用很弱，在分散介质的摩擦和渗透作用下更容易分散。但喷雾干燥过程中，已干白炭黑的温度不能超过 180℃。因为在此温度下白炭黑表面的硅羟基开始发生缩合（中等速率），这会引起颗粒之间的熔结，致使分散性变差。干粒子干燥的最佳温度控制在 140～150℃。尽管空气温度要大大高于这一温度，但其保留时间较短，可防止干粒子大量吸热。

干燥后的白炭黑经研磨、压缩或造粒，以使分散性能和扬尘之间达到最佳平衡。

1.2.3 气相法白炭黑生成的机理

气相法白炭黑通常是由氯硅烷，如四氯化硅，在氢-氧焰中于气态下水解制得。这一过程常被称为热解工艺。以四氯化硅为例，整个反应为：

$$SiCl_4 + 2H_2 + O_2 \rightarrow SiO_2 + 4HCl$$

有机硅烷也可以作为热解工艺的原材料生产气相法白炭黑。在气态有机硅烷水解的过程中，含碳部分被氧化生成二氧化碳，同时生成的副产物还有氯化氢。

Ulrich[38] 认为在热解的过程中，原生粒子是通过化学反应迅速形成的，而不是通过二氧化硅的表面沉积。原生粒子在高温的火焰中互相撞击、结合，形成初级粒子。结合的速率取决于熔融氧化物的黏度。当火焰温度在 1500K 左右时，二氧化硅的黏度是非常高的。初级粒子形成后继续发生碰撞，并熔结在一起，形成具有三维结构和一定支化度的链状聚结体。最终的产品性能与火焰温度密切相关。在较低的温度下，初级粒子间的碰撞和结合只能使粒子部分熔结，形成稳定的聚结体。聚结体离开火焰并冷却后，相互之间仍会发生碰撞。由于此时聚结体表面已经是固态，因此聚结体通过表面间的物理-化学相互作用形成了聚集体（图 1.9）[39]。

1.2.4 气相法白炭黑的加工工艺

用热解法生产气相法白炭黑的方法很多[39-41]。图 1.10 为气相法白炭黑的典型生产流程。这一工艺要求原料为气体，或者可以气化的原料。原料中包含两部

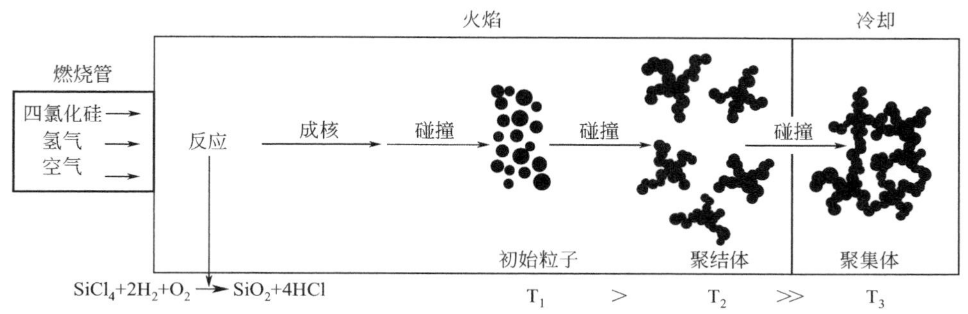

图 1.9 气相法白炭黑的生成、生长和聚结过程[39]

分，燃料和含硅化合物。燃料为氢气或甲烷以及氧气或空气，其中氧气含量为化学当量或者过量。含硅化合物要求易挥发，如四氯化硅。将含硅化合物以不同速率通入火焰中，就可以生成气相法白炭黑。根据文献中的报道，对各气体组分的体积比要求并不十分严格。有机硅烷与燃料的摩尔可以从 1∶0 至 1∶12，最佳比例是 1∶3 至 1∶4.5。燃气在氧气中燃烧后生成水，水继续与四氯化硅反应生成白炭黑粒子，再经过碰撞结合和聚结，形成最终的气相法白炭黑。燃烧室中的气体经过冷却后，即可进行气相法白炭黑的收集。

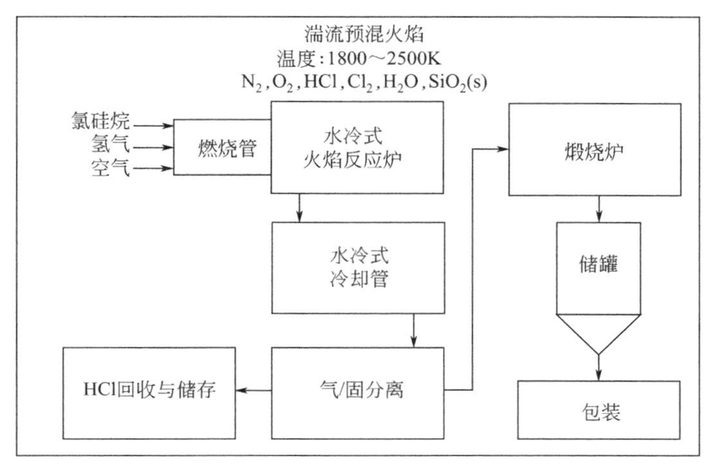

图 1.10 气相法白炭黑的生产流程

参考文献

[1] Dannenberg E M. The Carbon Black Industry: Over a Century of Progress, Rubber World Mag. Spec. Pub.-Rubber Div. 75th Anniv. (1907-1984).

[2] Faraday M. The Chemical History of a Candle. New York: Viking Press, 1960.

[3] Wang M-J, Gray C A, Reznek S A, et al. "Carbon Black" Encyclopedia of Chemical Technology, vol. 4, p. 761, 2004.

[4] Wolff S, Görl U, Wang M-J, et al. Silica-based Tread Compounds: Background and Performance. Paper presented at *TyreTech'93 Conference*, Basel, Switzerland, October 28-29, 1993.

[5] Wolff S, Görl U, Wang M-J, et al. *European Rubber Journal*, 1994, 16.

[6] Roland R. Rubber Compound and Tires Based on such a Compound. EP. Patent, 0501227A1, 1992.

[7] Bansal R C, Donnet J-B, Wang M-J. Chapter 2. Carbon Black, Science and Technology. New York: Marcel Dekker, Inc., 1993.

[8] Frianf G F, Thorley B. Carbon Black Process. U. S. Patent, 3010794, 1961.

[9] Rivin D, Smith R G. Environmental Health Aspects of Carbon Black. *Rubber. Chem. Technol.*, 1982, 55: 707.

[10] Krejci J C. Production of Carbon Black. U. S. Patent, 2564700, 1951.

[11] Heller G L. Vortex Reactor for Carbon Black Manufacture. U. S. Patent, 3490869, 1970.

[12] Belmont J A. Process for Preparing Carbon Materials with Diazonium Salts and Resultant Carbon Products. U. S. Patent, 5554739, 1996.

[13] Belmont J A, Amici R M, Galloway C P. Reaction of Carbon Black with Diazonium Salts, Resultant Carbon Black Products and Their Uses. U. S. Patent, 5851280, 1998.

[14] Belmont J A. Aqueous Inks and Coatings Containing Modified Carbon Products. U. S. Patent, 5672198, 1997.

[15] Belmont J A, Adams C E. Non-aqueous Inks and Coatings Containing Modified Carbon Products. U. S. Patent, 5713988, 1998.

[16] Belmont J A, Amici R M, Galloway C P. Reaction of Carbon Black with Diazonium Salts, Resultant Carbon Black Products and Their Uses. U. S. Patent, 6494946, 2002.

[17] Keoshkerian B, Georges M K, Drappel S V. Ink Jettable Toner Compositions and Processes for Making and Using. U. S. Patent, 5545504, 1996.

[18] Bansal R C, Donnet J-B. Chapter 4. Donnet J-B, Bansal R C, Wang M-J. Carbon Black, Science and Technology. New York: Marcel Dekker, Inc., 1993.

[19] Eisenmenger E, Engel R, Kuehner G, et al. Carbon Black Useful for Pigment for Black Lacquers. U. S. Patent, 4366138, 1982.

[20] Amon F H, Thornhill F S. Process of Making Hydrophilic Carbon Black. U. S. Patent, 2439442, 1948.

[21] Wolff S, Görl U. Carbon Blacks Modified with Organosilicon Compounds, Method of Their Production and Their Use in Rubber Mixtures. U. S. Patent, 5159009, 1992.

[22] Joyce G A, Little E L. Thermoplastic Composition Comprising Chemically Modified Carbon Black and Their Applications. U. S. Patent, 5708055, 1998.

[23] Mahmud K, Wang M-J, Francis R A. Elastomeric Compounds Incorporating Silicon-treated Carbon

Blacks. U. S. Patent, 5830930, 1998.

[24] Mahmud K, Wang M -J, Francis R A. Elastomeric Compounds Incorporating Silicon-treated Carbon Blacks and Coupling Agents. U. S. Patent, 5877238, 1999.

[25] Mahmud K, Wang M -J. Method of Making a Multi-phase Aggregate Using a Multi-stage Process. U. S. Patent, 5904762, 1999

[26] Mahmud K, Wang M -J. Method of Making a Multi-phase Aggregate Using a Multi-stage Process. U. S. Patent, 6211279, 2001.

[27] Mahmud K, Wang M -J, Kutsovsky Y. Method of Making a Multi-phase Aggregate Using a Multi-stage Process. U. S. Patent, 6364944, 2002.

[28] Wang M -J, Mahmud K, Murphy L J, et al. Carbon-silica Dual Phase Filler, a New Generation Reinforcing Agent for Rubber-Part Ⅰ. Characterization. *Kautsch. Gummi Kunstst.*, 1998, 51: 348.

[29] Wang M -J, Kutsovsky Y, Zhang P, et al. New Generation Carbon-Silica Dual Phase Filler Part Ⅰ. Characterization and Application to Passenger Tire. *Rubber Chem. Technol.*, 2002, 75: 247.

[30] Anand J N, Mills J E, Reznek S R. Silicone Rubber Compositions Incorporating Silicon-treated Carbon Blacks. U. S. Patent, 6020402, 2000.

[31] Reed T, Mahmud K. Use of Modified Carbon Black in Gas-phase Polymerizations. U. S. Patent, 5919855, 1999.

[32] Kawazura T, Kaido H, Ikai K, et al. Surface-treated Carbon Black and Rubber Composition Containing Same. U. S. Patent, 5679728, 1997.

[33] Mahmud K, Wang M -J, Reznek S R, et al. Elastomeric Compounds Incorporating Partially Coated Carbon Blacks. U. S. Patent, 5916934, 1999.

[34] Mahmud K, Wang M -J, Belmont J A, et al. Silica Coated Carbon Blacks. U. S. Patent, 6197274, 2001.

[35] Iler R K. The Chemistry of Silica. New York: Wiley, 1979.

[36] Chevallier Y, Morawski J C. Precipitated Silica Having Improved Morphological Characteristics and Process for the Production Thereof. U. S. Patent, 4590052, 1986.

[37] Thornhill F S. Method of Preparing Silica Pigments. U. S. Patent, 2940830, 1960.

[38] Ulrich G D. Aggregation and Growth of Submicron Oxide Particles in Flames. *J. Colloid Interf. Sci.*, 1982, 87: 257.

[39] Barthel H, Rösch L, Weis J. Organosilicon Chemistry Ⅱ: From Molecules to Materials. Weinheim: VCH, 1996.

[40] Pratsinis S E. Flame Aerosol Synthesis of Ceramic Powders. *Prog. Energy Combust. Sci.*, 1998, 47: 197.

[41] Kratel G. Process for the Manufacture of Silicon Dioxide. U. S. Patent, 4108964, 1978.

（张皓、郭隽奎译）

第 2 章 填料的表征

各种填料，是以其化学组成、微观结构、形态以及表面的物理化学性质来表征的。炭黑和白炭黑的基本结构分别如图 2.1 和图 2.2 所示。这两种填料的基本分

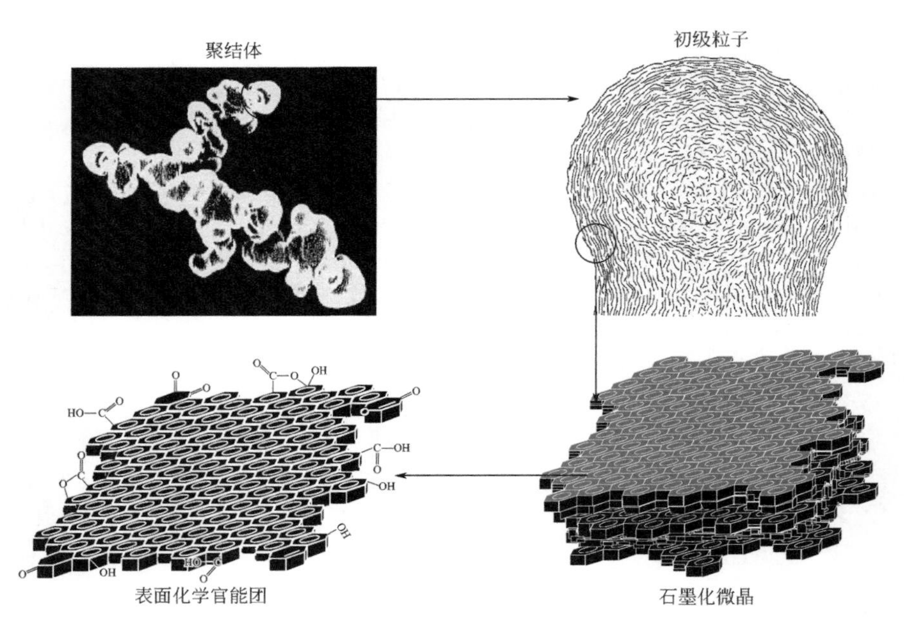

图 2.1 炭黑的结构

散单元称为“聚结体”，它是一种不规则的刚性胶体状态的实体。在分散良好的系统中，聚结体是功能单元。对于大多数炭黑和白炭黑而言，其聚结体是由若干熔合在一起的球状体所组成。这些球状体，通常称为初级“粒子”或“不规则的瘤状体”。各种白炭黑的初级粒子是由无定形二氧化硅所组成，而在炭黑聚结体中，这些瘤状体是由许多微小的类石墨层堆积而成的。在这种不规则的瘤状体内，堆积层的方向应使其 c 轴垂直于瘤状体表面，至少在靠近瘤状体表面的那些堆积层，是呈这样的排列方式。

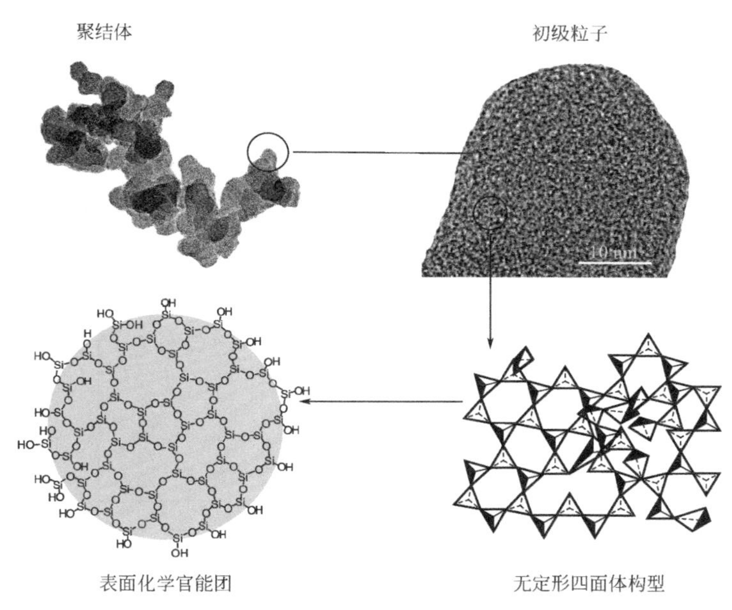

图 2.2　白炭黑的结构

2.1
化学组成

2.1.1　炭黑

橡胶工业用的油炉法炭黑，碳元素的含量在 97% 以上。热裂炭黑和乙炔炭黑的碳含量高于99%。橡胶用炭黑的元素分析结果示于表2.1。炉法炭黑中，除了碳元素之外，还有氢、氧、硫和氮元素；此外，它还含有无机氧化物、无机盐类，并且吸附有痕量的烃类物质。氢和硫分布在聚结体的表面和内部。氧是以复杂的 C_xO_y 化合物的形式位于聚结体的表面。

由于炭黑是由烃类物质转化而来，石墨层基面边缘上悬空的价键，大部分被氢所饱和。这些石墨层是由巨大的多环芳香环体系构成的。

复杂的含氧化合物是最重要的表面基团。各种炭黑的含氧量不同，大多数的炉法炭黑含氧量为0.2%～1.5%，而槽法炭黑含氧量为3%～4%。用作色素颜料的某些特种炭黑，要比普通炉法炭黑的含氧量更多。这类炭黑，单独经过硝酸、臭氧、空气或其他氧化剂的某种氧化过程，其含氧量可达2%～12%。这些含氧基团，影响着炭黑的物理化学性质，例如它的化学反应性、润湿性能、催化性能、电性能以及吸附性能等。炭黑的氧化作用，改善了它在着色体系，如平板印刷油墨、涂料和搪瓷中的分散性和流动性。橡胶用炭黑的表面氧化作用，会降低其pH值，改变胶料的硫化动力学过程，减缓硫化速度。

测定挥发分含量，是评价表面氧化程度的一种简单方法。挥发分的标准测定方法是，在惰性气氛下从120℃加热到950℃，测量因挥发掉的气体而引起的重量损失。这些挥发掉的气体，主要含有3种成分，氢、一氧化碳以及二氧化碳。普通炉法炭黑的挥发分含量低于1.5%，而氧化后的特种炭黑，其挥发分含量在2%～22%之间。

表2.1　各种炭黑的化学组成

炭黑类型	碳/%	氢/%	氧/%	硫/%	氮/%	灰分/%	挥发分/%
橡胶用炉法炭黑	97.3～99.3	0.20～0.80	0.20～1.50	0.20～1.20	0.05～0.30	0.10～1.00	0.60～1.50
中热裂炭黑	99.4	0.30～0.50	0.00～0.12	0.00～0.25	NA	0.20～0.38	—
乙炔炭黑	99.8	0.05～0.10	0.10～0.15	0.02～0.05	NA	0.00	<0.40

注：NA表示未测。

这些挥发性气体，来自附着在炭黑上的，特别是表面上的那些官能团。键合在炭黑石墨层边缘的表面氧化物，它们是酚类、氢醌类、醌类、羧酸类、内酯类、含一个氧原子的各类中性基团，以及一些含两个氧原子的各类中性基团[1,2]。图2.1显示，一种理想化的石墨表层平面，在该平面的周边附带有各种官能团。炭黑的含氧基团的数量不多时，其表面呈碱性，具有阴离子交换效应[3,4]。

炭黑，除了结合氧与结合氢之外，它也可含有多达1.2%的结合硫；这些硫来源于芳烃原料中所含的噻吩类、硫醇类化合物及其他硫化物。大多数的硫没有反应性，所以它难以键合到炭黑粒子的内部，当胶料在硫化交联期间，也不能发挥作用。

炭黑中的氮，是由原料中的含氮杂环化合物残留下来的。因而，由煤焦油系油品生产的炭黑，其氮含量远远高于由石油系油品生产的炭黑。

炉法炭黑的灰分含量，通常为千分之几；但是，在某些产品中，灰分含量可高达1%。灰分主要来源于生产过程中用于急冷反应炉中高温炭黑烟气的急冷水和湿法造粒过程用的造粒水。

2.1.2 白炭黑

人们所关注橡胶补强用的白炭黑，它在化学成分上不是“理想的二氧化硅”。Wanger[5] 在1978年发表了有关白炭黑的化学性质和微观结构的综述文章。他的这篇文献至今仍是对白炭黑化学性质的最佳总结。

至于白炭黑的组成，二氧化硅的纯度是影响其橡胶补强能力的一项参数，而这种纯度在生产过程和后处理过程中是变化的。气相法白炭黑的纯度很高，其二氧化硅含量为98%以上，而沉淀法白炭黑的二氧化硅含量仅为88%～92%。其杂质包括硅酸盐和钙或铝等元素；然而，主要的杂质是硅羟基吸附和结合水中的氧和氢元素。

人们发现，在理想状态下，表面硅羟基的含量为每平方纳米（nm^2）表面上4.6个Si—OH基团，这与二氧化硅晶格构型所允许存在表面硅原子数相对应[6-10]。表面上的晶格缺陷，甚至在蓬松的粒子内的晶格缺陷，允许硅羟基的含量高于4.6个。在新制备的未经逐渐冷却的白炭黑中，存在着缩合不完全的硅羟基，以及偕位羟基（即一个硅原子上有两个羟基）。气相法白炭黑要比沉淀法白炭黑更接近于理想状态。通过高温脱水（约450℃）和逐渐冷却，然后再经水合过程，这两种类型的白炭黑表面硅羟基的含量均接近4.6个/nm^2的理想状态。

研究表明[11]，这两种白炭黑的原始表面之间存在着相当大的差异。首先，沉淀法白炭黑非常强地保持有物理吸附的水分，导致高度水合效应。气相法白炭黑在室温下（真空中）脱气，足可除去物理吸附水；而沉淀法白炭黑，在25～150℃加热过程中才会失去大量强吸附的水。沉淀法白炭黑对水的再吸附效应表明，硅羟基浓度可达12.5个/nm^2，远高于4.6个的理想状态值。同样，经真空脱气后的气相法白炭黑，经再吸附水之后，其硅羟基浓度为2.19个/nm^2，经再度水合作用后增加到 3.31，仍低于上述“完全水合”的水平[8-10]。此外，当把这两种白炭黑的异丙醇吸附作用进行对比后发现，沉淀法白炭黑表面上的羟基足够近，其空间位阻效应阻碍了硅羟基和异丙醇之间呈 1∶1 的相互作用。气相法白炭黑的硅羟基，即使经再水合作用之后，仍完全呈分离状态，容许水和异丙醇基本上以等同的位点吸附。Wang[12] 的研究结果表明，当白炭黑在 200℃下用甲醇进行烷基化后，沉淀法白炭黑上的硅羟基浓度达到 19 个/nm^2；而对气相法白炭黑而言，则为 4 个/nm^2。在这两种白炭黑上 Si—OH 基团如此高的浓度，可归因于二氧化硅晶格缺陷和表面上的微孔，因为甲醇烷基化处理是在非常高的压力下进行的。

有证据表明，温度高达 300℃时各种白炭黑仍含吸附水[13]。这可归因于硅羟基浓度非常高[11]，而吸附水进一步提供了额外的吸附点。

硅羟基在表面上的浓度取决于表面上单位面积的硅原子数和每个硅原子上存在的羟基数。无定形的白炭黑与二氧化硅玻璃非常相似，硅原子是短程有序的，而相距较远的硅原子则是随机排列的。为了方便起见，假设 *β*-方石英或 *β*-鳞石英的一个或多个晶面是相似的。这两种石英的表面硅原子的差异很小，每 nm^2 表面分别有 3.95 个和 4.6 个硅原子，但前者可以容纳两个羟基，得到 7.9 个 OH/nm^2。在表面上，另一种形式的硅原子只能容纳一个羟基，但空间排列可以允许第二层硅原子参与，生成 4.6 个 Si—OH/nm^2 或 13.8 个 Si—OH/nm^2。稍后将会看到，有证据表明，完全水合的无定形白炭黑的表面羟基为 7.9 个/nm^2。

表面羟基的数量确实不能完全表征白炭黑的表面状态。羟基的分布，特别是两个密切接近羟基的分布，会影响各种极性分子的吸附，并在一定程度上影响它们的反应性。

白炭黑的表面羟基已确认有 3 种类型[6,14-16]：孤立羟基、邻位羟基（在相邻的两个硅原子上的羟基）和偕位羟基（在同一硅原子上的两个羟基），如图 2.3 所示。甚至有文献[17] 认为，还有一些“异常的吸附点”。

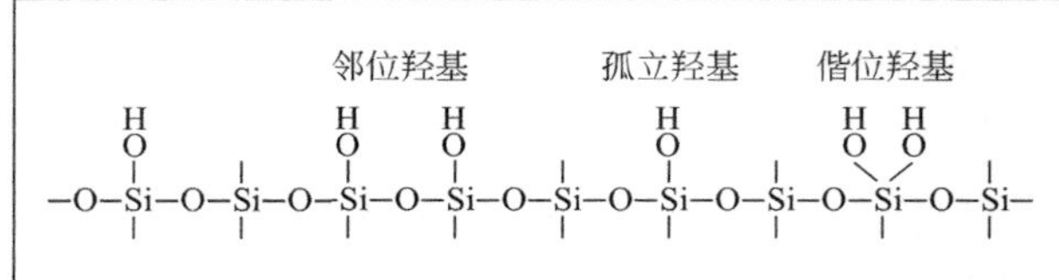

图 2.3　白炭黑表面上各种羟基的类型

完全有理由相信，白炭黑表面上存在着几种类型的吸附点，是由于其表面的羟基构型不同而引起的。Hockey 和 Pethica[18] 从红外光谱和热重分析的结果证实，在完全水合的、未经热处理过的白炭黑表面上存在着偕位羟基。这是由于白炭黑表面第一层和第二层硅原子之间的硅羟基发生不完全缩合，迫使第一层的硅原子携带两个羟基。经 400℃以上热处理的白炭黑，再经水合作用其表面上则不再形成偕位羟基。

孤立羟基，即与近邻的羟基不发生相互作用的羟基，主要存在于彻底脱水的表面上。孤立羟基多存在于气相法白炭黑上，而在沉淀法白炭黑上则不多。随着水合程度的增加，孤立羟基在减少，而邻位羟基在增多[14]。

这对于水和其它极性吸附质的吸附具有重要意义。对水的吸附而言，邻位羟基与孤立羟基相比，前者是更强的吸附点[13,14]。对于其它极性化学品来说，也是如此。当白炭黑从 105℃ 加热至 900℃ 时，甲醇在白炭黑上的吸附热显著降低[19]，而对非极性吸附质（如四氯化碳）的吸附热则变化不明显。显然，邻位硅羟基的这种有利的布局，对极性物质的吸附作用是更强的。这将在用反气相色谱法表征填料表面的章节中再进行详细的讨论。

2.2
填料的微观构造

2.2.1 炭黑

用 X 射线衍射法已经充分探明了炭黑中碳原子的排列方式[20,21]。炭黑的衍射图谱表明，它的漫射环与纯石墨的衍射环在同一位置。当炭黑加热到 3000℃ 时，它与石墨的这种相关性，变得更加明显；该衍射图形中，漫射环的轮廓变得更加清晰，但绝不等同于纯石墨的衍射图形。如上所述，炭黑具有一种退化了的石墨微晶构造。然而，正如从图 2.4 的结构模型所看到的那样，石墨呈现出三维有序性，而炭黑是二维有序。X 射线衍射法的数据表明，炭黑是由一些比较扩展的，大体上呈相互平行的石墨层堆积而成，相邻各石墨层的取向是随机的。如图 2.4 所示，在炭黑的石墨构造中，碳原子构成许多大片的浓缩芳环体系，在同一石墨层中的原子间距为 0.142nm。然而，各层面间的距离，是完全不相同的。石墨的层间距是 0.335nm，其相对密度为 2.26；由于炭黑层面的随机取向，或通常所说的以乱层方式排列，其层间距更大，在 0.350～0.365nm 范围。市售炭黑的相对密度为 1.76～1.90，依不同品种而异。炭黑密度的下降，大约有一半是因为微晶中的叠层高度（L_c）造成的。X 射线的衍射数据，可用来估算微晶尺寸。对典型的炭黑而言，微晶的平均直径（L_a）约为 1.7nm，平均高度为 1.5nm。这相当于，每个微晶平均有 4 个层面，大约含有 375 个碳原子。

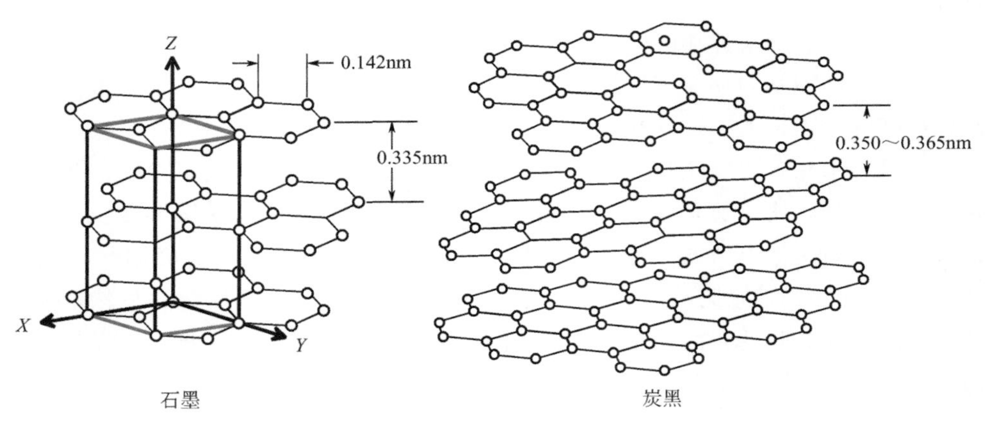

图 2.4　石墨和炭黑的原子结构模型

人们以前曾认为，这些不连续的微晶，在炭黑粒子中是随意取向的。后来，石墨化炭黑和氧化炭黑的电子显微图片证实，这些微晶更多地是以同心层方式排列；人们才抛弃了早先的那种观点，开始用准晶体模型来描述它。这种构造，已由高倍率相衬电子显微技术所证实[22]；这种相衬电子显微技术，可把炭黑中的石墨层面直接成像。炭黑和石墨化炭黑的高倍率透射式电子显微图片示于图 2.5。对炭黑而言，粒子表面，以及似乎是粒子成长中心周围的这些石墨层面，明显地呈同心状排列。炭黑在氮气氛中进行高温热处理时，炭黑中的所有碳原子看起来几乎全都石墨化了。

人们借助于扫描隧道显微技术（STM），对炭黑表面的显微构造进行了研究[23,24]。以恒定电流扫描模式分别测得的石墨、石墨化炭黑和普通的 N234 炭黑的 STM 图像，示于图 2.6。在 2700℃的惰性气氛中经 24h 石墨化的炭黑，其构造与石墨相比，在有条理的区域中呈现不同的隧道电流图纹，这表明它仍然保留有某些不完美的状态。

炭黑的表面显微构造可以分成两类：有条理的区域和无条理的区域。有条理的区域，占据了绝大多数的炭黑表面，它的区域尺寸通常随着粒径的减小而降低。

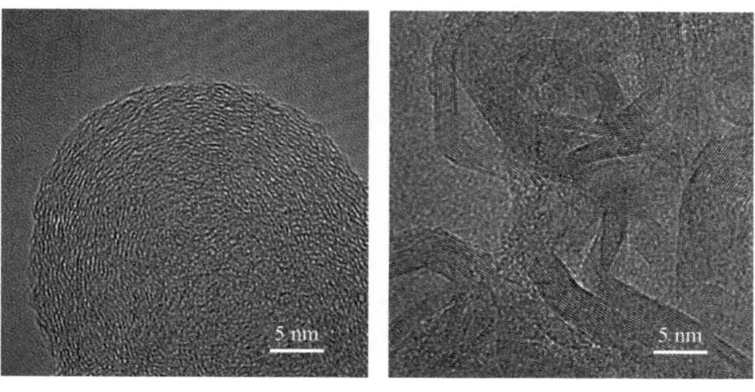

(a) 热处理前　(b) 热处理后

图 2.5　炭黑形态和微观结构

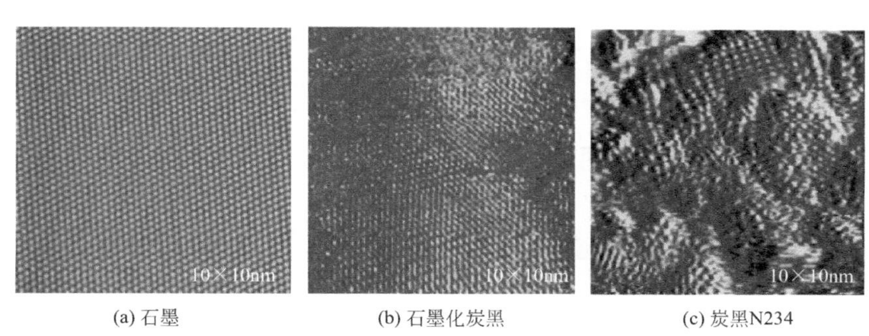

(a) 石墨　(b) 石墨化炭黑　(c) 炭黑N234

图 2.6　石墨、石墨化炭黑和炭黑 N234 的扫描隧道图

2.2.2　白炭黑

沉淀法白炭黑和气相法白炭黑都是无定形材料，它们都是由硅和氧呈四面体结合成不完美的三维结构（参见图 2.2）。其晶格的缺陷程度，取决于白炭黑的生产工艺条件，并导致如下三种结果。首先，各晶体之间仅是短程有序的，不存在长距离的有序排列，相隔较远的晶体之间是随机排列的。在这一点上，它类似于石英玻璃。其次，这种晶格结构中的缺陷会产生游离的硅羟基基团。这些硅羟基基团在红外光谱和热重分析研究中可明显地观测到，但无法测定它们对外部试剂的吸附或反应。最后，表面含有未缩合的硅羟基基团，它们结合在硅氧烷晶格上，而该硅氧烷晶格具有 β-方石英的（100）晶面和 β-鳞石英的（001）晶面的特

征。硅羟基基团的数量、它们的分布以及表面硅氧烷晶格的构象，也取决于白炭黑的生产方法和热处理过程。

无定形白炭黑的结构，人们已采用红外光谱法、热重分析法、化学反应性实验和特定吸附性实验进行了广泛的研究。这有助于半定量地描述白炭黑的表面构造，它对橡胶补强作用是十分重要的。

2.3 填料的形态

各种填料，除了其组成和微观结构不同之外，它们的初级“粒子”或不规则瘤状体的尺寸、比表面积、聚结体尺寸、聚结体形状，以及聚结体的尺寸分布彼此都各有差异。形态学是一门研究有关聚结体尺寸的平均大小和其尺寸的频率分布，以及初级粒子在聚结体中的连接方式的科学。

2.3.1 初级粒子比表面积

尽管填料最小独立存在的实体是聚结体，但“粒子”的大小及其分布是其最终应用中最重要的形态参数之一；纵然，除了热裂炭黑和一些特殊的非黑色填料外，粒子不是作为独立实体而存在的。粒径与比表面积直接相关，随着粒径的减小，比表面积呈指数关系而增加。比表面积是在橡胶配方中广泛采用的一项参数，它决定了橡胶和填料之间的界面面积；因为，胶料配方总是以各种材料的重量为计量单位的。因此，填料的比表面积至关重要，也是橡胶填料品种分级的主要参数。在几乎所有类型的炭黑和白炭黑填料中，单一聚结体内的各个初级粒子都是相似的。但是，不同类型填料的聚结体，其初级粒子的均匀性可能也不一样。尽管许多类型填料的初级粒子的分布范围很窄，而另一些类型的填料，则是各种初级粒子尺寸或比表面积各不相同的聚结体的混合体，其分布范围也相当宽。电子显微镜是普遍认可的仪器，常用来测量粒径、比表面积、聚结体尺寸和聚结体的形态；而吸附法（气相吸附法和液相吸附法）是既方便又准确地测量比表面积的主要方法。

2.3.1.1 透射电子显微镜

几乎所有的橡胶用填料，特别是轮胎用填料，其聚结体的尺寸都是纳米级的，不同品种的炭黑，是根据其初级粒子的大小来分类的，而初级粒子的尺寸决定了其比表面积。粒子大小和聚结体的形态，只有利用透射电子显微镜（TEM）才能观测到，因为 TEM 的分辨率可以达到纳米级，再利用自动图像分析技术，进一步对填料的显微图片进行二维统计分析。

橡胶用炭黑和沉淀法白炭黑的典型电子显微图片如图 2.7 和图 2.8 所示。

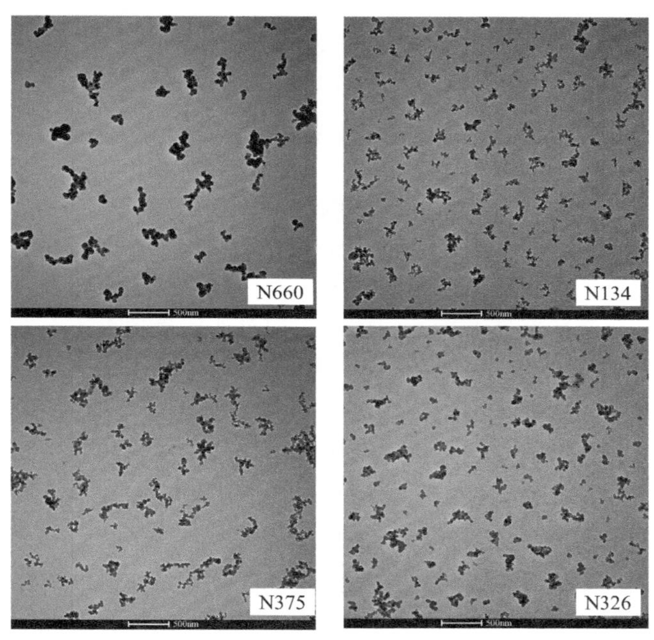

图 2.7　橡胶用炭黑的电子显微镜图

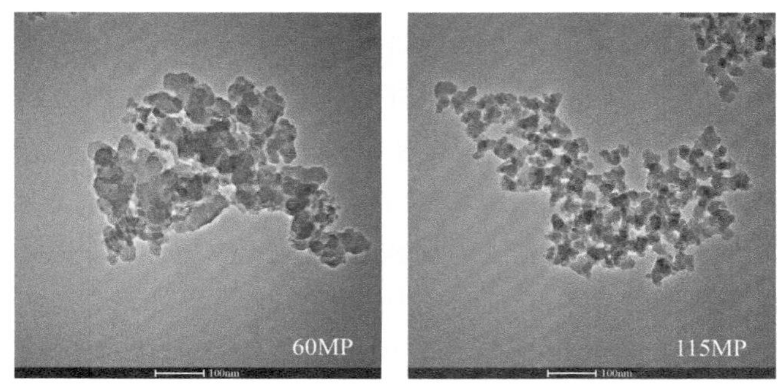

图 2.8

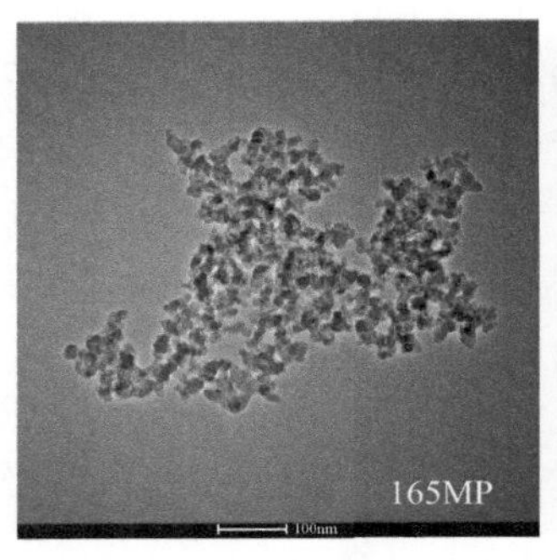

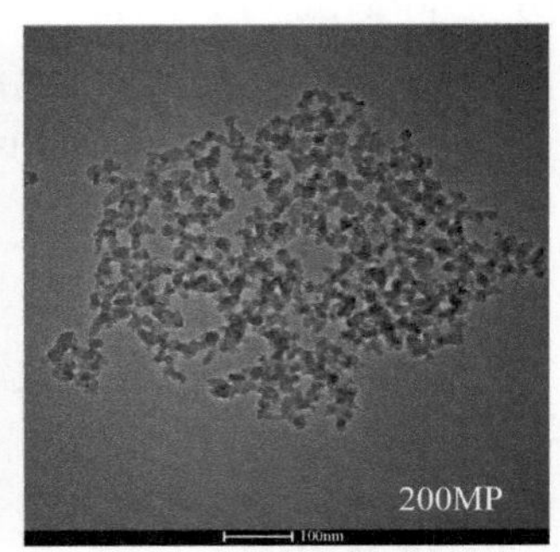

图 2.8　橡胶用沉淀法白炭黑的电子显微镜图

填料形态分析的主要制约因素是，分析操作的速度相对较慢，也与所研究聚结体的各种错综复杂的状态有关。因此，人们对如何提高形态学图像数据的处理速度进行了大量的尝试。

目前，利用全自动图像分析仪（AIA），可以极大地发挥TEM的潜力。这种全自动的图像分析仪可测定出填料的若干几何参数，如初级粒子尺寸与体积、聚结体的尺寸与体积，以及表征聚结体形貌特征的各种形态参数，如不对称度和疏松度等。这些参数的定量数据足可用来描述填料的精细结构。

1969年，Hess和McDonald[24]发表了他们利用全自动分析仪测定的炭黑在干燥状态下粒子和聚结体尺寸的工作成果。他们利用Quantimet（QTM）图像分析计算机，借助于电视扫描设备能够对显微图像进行直接观测和分析。1974年末，他们又发表一种更实用的炭黑尺寸自动分析法[25]，该自动分析法后来作为ASTM D3849方法的一部分纳入标准。

从那时起，许多新的成像技术和分析系统得到商业化应用，图像分析技术由于图像的采集方式、算法和软件开发的进步，无论是在一般的应用场合还是在特定领域的应用，都得到了快速发展。由于这些原因，Conzatti、Costa、Falqui[26]等人对填料形态的测定，获得了更可靠的定量结果。自动图像分析仪从TEM的数字化图像中，获得了单个聚结体的面积和周长的测量结果。根据这两个参数，可以导出一组反映聚结体和粒子大小及形态的参数。

一个炭黑聚结体的图像示于图2.9中，该聚结体的投影面积为A，而周长为P。

根据Hess和McDonald[27]发表的文献，每一单个聚结体的平均粒径d_p（nm）是由它的平均弦长$\pi A/P$来确定的：

$$d_p = \alpha\pi A/P \tag{2.1}$$

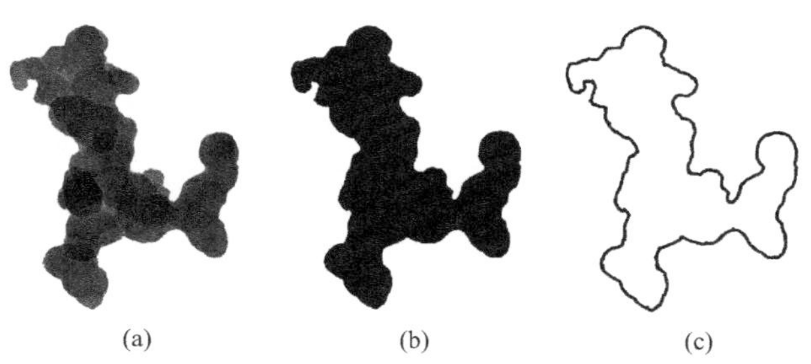

图 2.9 炭黑聚结体（a）、聚结体投影面积（b）和聚结体投影周长（c）

式中，α 是聚结程度校正因子，因为平均弦长通常是度量跨过多个粒子的平均距离。为了获得每个聚结体内更准确的平均粒径测量结果，推导出 α 自测公式，其表示为：

$$\lg\alpha = C_1\lg(P^2/A) + C_2 \tag{2.2}$$

式中，P^2/A 是表征聚结体不规则性的无量纲因子，C_1 和 C_2 是该关系式中与斜率和截距相关的两个常数。如图 2.10 所示，它给出了 P^2/A 与 α 计算值之间相关关系的平均值，依靠经验确立了该方程的通式。利用一系列无孔炭黑已获公认的粒径和比表面积数据导出的 C_1 和 C_2，对式(2.3) 进行微调。系统地改变 C_1 和 C_2，以便整体上得出最吻合的数据，但有一个限制条件，即所有公式必须给出完美球体（$4/\pi$）正确的 α 值。球体的 α 值大于 1，因为直径实际上代表最长的弦。球体投影的 P^2/A 值等于 4π，两常数 C_1 和 C_2 的数值分别为 -0.92 和 1.117。把这两个常数代入式(2.2)，公式可变换为：

$$\alpha = 13.092(P^2/A)^{-0.92} \tag{2.3}$$

采用这个公式，无需再用式(2.1) 来计算 d 的尺寸截止值。然而，人们发现，把 α 的下限值定在 0.45 是可取的。显然，P^2/A 曲线在这段区域内逐渐变得平坦（参见图 2.10）。这个 0.45 下限是按照 C_1 和 C_2 相同的方式确定的。在 α 值不设限的情况下，粒度分布的较高阶矩相对不受影响，但各种数均值往往偏低。α 采用 0.45 这个极限值，也可将该公式用来鉴别原始炭黑和从胶料中分离出的炭黑。当计算的 α 值小于 0.4 时，则采用 $\alpha=0.4$。

对于一种填料而言，根据几千个已知放大倍数的聚结体图像的 d_p，可计算出粒子的平均粒径 d_{sm}（nm）：

$$d_{sm} = [\sum(nd_p^3)]/[nd_p^2] \tag{2.4}$$

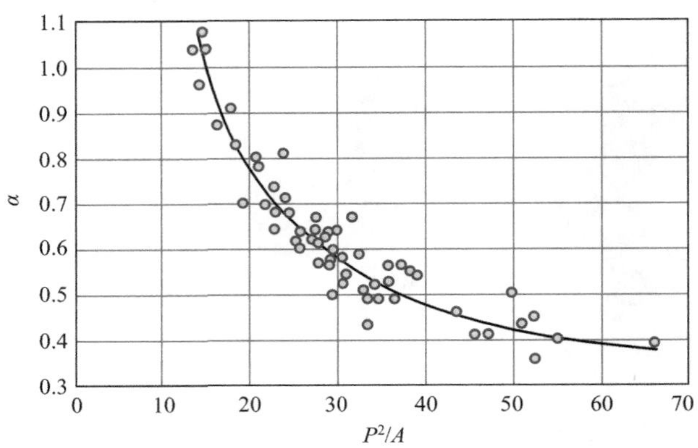

图 2.10 α 的计算值与 P^2/A 的关系曲线[27]

电子显微镜比表面积，EMSA（m^2/g），可以通过下式求得：

$$\text{EMSA}=6000/(\rho d_{\text{sm}}) \tag{2.5}$$

式中，ρ 是填料的密度，对炭黑而言假定为 1.8g/cm^3。

通常，对橡胶用炭黑而言，以 TEM 法测定的比表面积与氮吸附法测定的比表面积，二者的测定结果相当一致。然而，一些富含微孔的炭黑，特别是色素炭黑和导电炭黑，由于气体吸附法测定的比表面积包含了微孔中的内比表面积，所以由 TEM 法从粒径计算出的比表面积值往往会低于气体吸附法的测定结果。

因而，与 BET 比表面积（即 NSA 值）相比，EMSA 值更接近于 STSA（统计层厚度比表面积）值；以氮吸附法测定的外比表面积作为 TEM 的测定结果，把显微镜设置到适当的放大倍率，求得的比表面积值就与 STSA 值相类似（参见 2.3.1.2 节）。

应当指出，TEM 法是获得填料粒径分布的唯一途径，而粒径分布可能与填料在胶料中的某些性能相关。

2.3.1.2 气相吸附

虽然 TEM 图像包含非常详细的统计学信息，但填料的这种比表面积测定方法是非常昂贵且费时的。直接测量比表面积的方法更快捷，且费用也低得多。气相和液相吸附就是进行这种测量的简单方法，其原理是测量吸附质在填料表面形成单分子层所需的吸附量。若已知单个吸附质分子所占据的面积，则经过简单的运算，即可求得比表面积值。

对于气相吸附而言，气体吸附质在固体吸附剂上的吸附量是该固体的质量、温度、气体压力，以及气体和固体的性质的函数。根据 Brunauer、Emmett 和 Teller[28] 的理论，吸附等温线分为五种类型，如图 2.11 所示。Ⅰ型吸附等温线，也称为 Langmuir 等温线为单分子层吸附，即在已吸附的分子上面不会再发生进一步的吸附。然而，对大多数吸附质-吸附剂体系而言，特别是对弹性体中使用的填料来说，当温度接近于气体吸附质的冷凝点附近时，对大多数吸附剂来说，气体吸附等温线呈现出两段区域：在低压下，该等温线沿压力轴呈凸形，而在较高的压力下呈凹形（Ⅱ型吸附等温线）。这些吸附等温线表明，形成了多分子层吸附。基于 Brunauer 等人的多分子层吸附建立的 BET 方程，是唯一能够解释所有各种类型吸附等温线的理论。

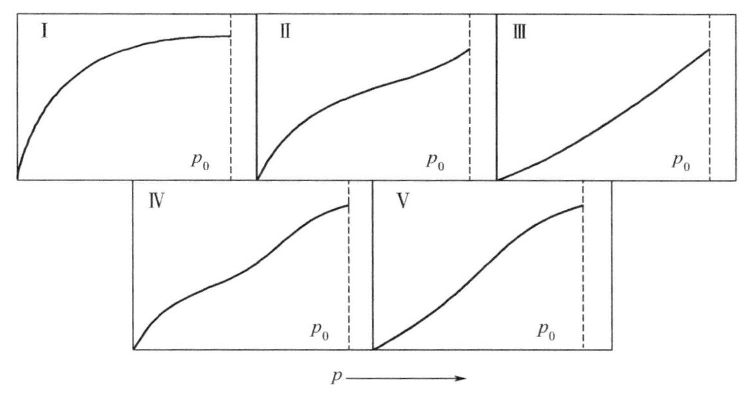

图 2.11　气体分子的吸附等温线类型[28]

以 Brunauer、Emmett 和 Teller（BET）[29] 原方法为基础的低温氮吸附法，已被 ASTM D6556 采纳作为标准方法。这种标准测试方法，对炭黑表面化学性质的变化，诸如表面的氧化程度以及存在的微量焦油状物质等均不敏感。氮分子直径小于 0.5nm，它足可进入炭黑的微孔空间；因此，由 BET 法测量出的比表面积是包括微孔在内的总比表面积。炭黑在用作诸如橡胶补强剂等某些应用场合，橡胶大分子是无法进入直径小于 2nm 的微孔中的内比表面积的；因此，这些微孔对橡胶的补强不起作用，或对补强没有作用或有负面影响。橡胶大分子可接近的比表面积，被称作“外比表面积”。这种外比表面积，可用氮的多分子层吸附法很方便地测量出来，也作为标准方法列入 ASTM D6556 中，并称之为统计层厚度比表面积（STSA）[30]。

(1) 氮吸附法测定总比表面积（BET/NSA 比表面积） BET 理论认为，气体在吸附剂上的吸附，不仅取决于吸附质-吸附剂的相互作用，也取决于吸附质分子之间的相互作用。这意味着，当一些气态吸附质分子与已被吸附到该吸附剂上的吸附质分子发生相互撞击时，它们可能也会吸附到该固体的表面上，形成多分子层吸附。这种现象如图 2.12 所示。

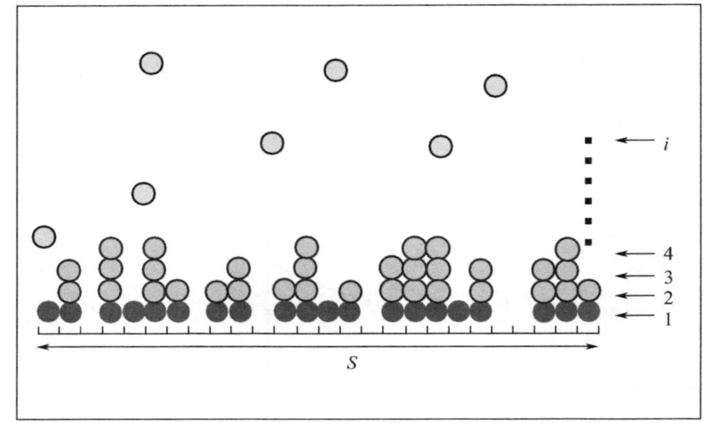

图 2.12 气体分子的多层吸附示意图

如图 2.13 所示，在给定压力下，S_0、S_1、$S_2 \cdots S_i$ 分别表示被 0、1、2… i 层吸附质分子所覆盖的表面积。当吸附作用达到平衡时，S_0 必须保持恒定。在这种情况下，这些气体分子在裸露表面上的吸附速率，等于已吸附在第一层的吸附质的解吸速率。虽然气体的吸附速率与压力 p，以及裸露的表面积 S_0 成正比，而已被吸附的吸附质的解吸速率与能从单分子层中挥发的分子数成正比。根据 Boltzmann 定律，如果第一层的吸附热为 E_1，则能从该层挥发的分子数与 $\exp(-E_1/RT)$ 成正比，其中，R 为气体常数，T 为温度。于是，公式为：

$$a_1 p S_0 = b_1 S_1 e^{(-E_1/RT)} \tag{2.6}$$

式中，a_1 和 b_1 是两个常数，假定它们与第一层中已被吸附的分子数量无关。

可以理解，S_1 可以有四种不同的变化方式：即吸附在裸露表面上、从第一吸附层上解吸、在第一吸附层上凝结和从第二吸附层中蒸发。当吸附达到平衡时，S_1 也必须保持恒定。由此可得：

$$a_2 p S_1 + b_1 S_1 e^{(-E_1/RT)} = b_2 S_2 e^{(-E_2/RT)} + a_1 p S_0 \tag{2.7}$$

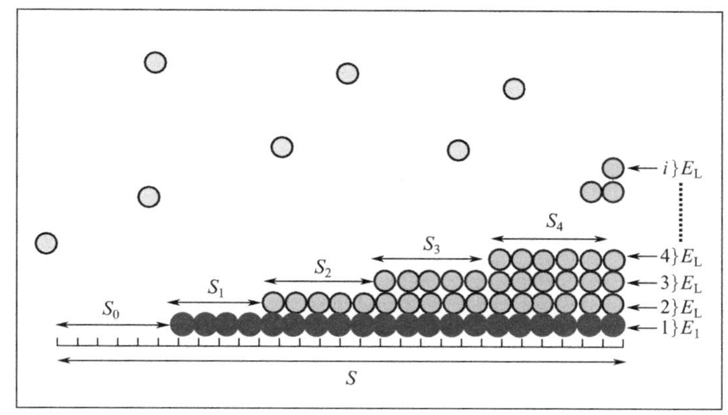

图 2.13 多层吸附和不同吸附层的相互作用能示意图

式中，常数 a_2、b_2 和 E_2 的定义与 a_1、b_1 和 E_1 相类似。从式(2.6) 和式(2.7) 可知：

$$a_2 pS_1 = b_2 S_2 e^{(-E_2/RT)} \tag{2.8}$$

这表明，在第一层顶上的吸附速率也等于第二层的脱附速率。以相同的论据应用于第二层和连续的各层，则公式如下：

$$a_3 pS_2 = b_3 S_3 e^{(-E_3/RT)}, \cdots \tag{2.9}$$

$$a_i pS_{i-1} = b_i S_i e^{(-E_i/RT)}. \tag{2.10}$$

该固体填料的总表面积 S 和吸附气体的总体积 V 分别为：

$$S = S_0 + S_1 + S_2 + \cdots + S_i = \sum_{i=0}^{\infty} S_i \tag{2.11}$$

$$V = V_0 (S_1 + 2S_2 + \cdots + iS_i) = V_0 \sum_{i=1}^{\infty} iS_i \tag{2.12}$$

式中，V_0 是吸附剂被吸附质的单分子层完全覆盖时，其单位表面积上吸附的气体体积。因此，

$$\frac{V}{SV_0} = \frac{V}{V_m} = \frac{\sum_{i=1}^{\infty} iS_i}{\sum_{i=0}^{\infty} S_i} \tag{2.13}$$

式中，V_m 为当整个吸附剂表面被一完整的单分子层吸附时，被吸附气体的体积。

若如下两个简化的假设成立的话，公式(2.13）中的两项求和可以计算：

$$E_2=E_3=\cdots=E_i=E_L \tag{2.14}$$

E_L 为该吸附质的液化热，以及

$$\frac{b_2}{a_2}=\frac{b_3}{a_3}=\cdots=\frac{b_i}{a_i}=K \tag{2.15}$$

式中，K 为一适当常数。

这表明，在第二吸附层和更高吸附层中，气态吸附质分子的吸附-脱附性质与该气态吸附质相同的液态吸附质的蒸发-冷凝性质完全一样。这是完全合理的，因为唯一与固体表面直接接触的吸附分子是第一层中的分子。从第二层来看，所有被吸附的分子都与同一类型的分子接触，它们不会受到或很少受到固体表面的影响。如果

$$x=\frac{p}{K}e^{E_L/RT} \tag{2.16}$$

$$y=\frac{a_1}{b_1}pe^{E_1/RT} \tag{2.17}$$

由此可得：

$$S_1=yS_0 \tag{2.18}$$

$$S_2=xS_1 \tag{2.19}$$

$$S_3=xS_2=x^2S_1 \tag{2.20}$$

$$S_i=xS_{i-1}=x^{i-1}S_1=yx^{i-1}S_0 \tag{2.21}$$

因此

$$S_i=Cx^iS_0 \tag{2.22}$$

$$C\equiv\frac{y}{x}=\frac{a_1K}{b_1}e^{(E_1-E_L)/RT} \tag{2.23}$$

将公式(2.22）代入公式(2.13）中，可得：

$$\frac{V}{V_m}=\frac{CS_0\sum_{i=1}^{\infty}ix^i}{S_0(1+C\sum_{i=1}^{\infty}x^i)} \tag{2.24}$$

该公式中分母表示的求和只是无穷几何级数之和：

$$\sum_{i=1}^{\infty}x^i=\frac{x}{1-x} \tag{2.25}$$

至于公式(2.24）中分子的求和，可表示为：

$$\sum_{i=1}^{\infty} i x^{i} = x \frac{\mathrm{d}}{\mathrm{d}x} \sum_{i=1}^{\infty} x^{i} = \frac{x}{(1-x)^{2}} \tag{2.26}$$

因此，公式(2.24) 可表示为：

$$\frac{V}{V_{\mathrm{m}}} = \frac{Cx}{(1-x)(1-x+Cx)} \tag{2.27}$$

当吸附过程发生在自由表面时，在气体的饱和压力 p_0 下，吸附剂上可以吸附无限层的吸附质，即 $V \rightarrow \infty$。根据公式(2.27)，在 $p=p_0$ 时，要使 $V=\infty$，x 必须等于 1，即：

$$\frac{p_0}{K} \mathrm{e}^{E_1/RT} = 1 \tag{2.28}$$

$$x = \frac{p}{p_0} \tag{2.29}$$

式中，x 是相对压力。将其代入公式(2.27)，吸附等温线可表示为：

$$V = \frac{V_{\mathrm{m}} C p}{(p_0 - p)\left[1 + (C-1)\frac{p}{p_0}\right]} \tag{2.30}$$

这就是著名的 BET 二常数方程。

如果吸附层的厚度不能超过某个有限数 n，例如在多孔表面上，则公式(2.24) 中的两个级数的求和仅限于 n 项，而不是无穷大。在这种情况下，公式(2.27) 变成了：

$$\frac{V}{V_{\mathrm{m}}} = \frac{Cx}{(1-x)}\left[\frac{1-(n+1)x^{n} + n x^{n+1}}{1+(C-1)x - C x^{n+1}}\right] \tag{2.31}$$

这就是 BET 三常数方程。对于 $n=1$ 而言，即单层吸附，公式(2.31) 可以简化为：

$$V = V_{\mathrm{m}} \frac{Cp}{p_0} \Big/ \left(1 + \frac{Cp}{p_0}\right) \tag{2.32}$$

这就是单层吸附的 Langmuir 方程。

公式(2.31) 代表 Brunauer[28] 及其同事报道的前三种类型的吸附等温线。如果 $n=1$，则为Ⅰ型吸附等温线。当 $E_1 > E_{\mathrm{L}}$ 时，则为Ⅱ型吸附等温线；而在 $E_1 < E_{\mathrm{L}}$ 的情况下，是Ⅲ型吸附等温线。Ⅳ型和Ⅴ型吸附等温线表明，除了是多层吸附之外，还涉及到毛细管凝结现象（毛细管凝结现象本书以后还会讨论），不影响 BET 方程在各种粉末状物质比表面积测量中的应用。

尽管 BET 理论的假设条件与实际情况之间存在一些争议，但是用它来测定比表面积，似乎没有任何显著的影响。这些争议主要与吸附能有关，如能量非均匀性和第二层与吸附剂表面的相互作用，吸附剂对第二层吸附能的贡献很小，因为它随着距离的增加呈指数递减。在一般情况下，吸附剂的表面能分布很不均匀，第二层的吸附能会受到固体表面能的影响，特别是在很低压力下的吸附过程。在吸附剂的表面覆盖率相对较高的情况下，即以 V/V_m 计算的表面覆盖率至少为 0.5～1.5 时，吸附分子的分子间相互作用可以明显地补偿表面非均一性的影响。当利用公式(2.30) 测定比表面积时，相对压力 p/p_0 的适用范围为 0.05～0.35，这可能是在这个相对压力范围内其表面覆盖率相当于 0.5～1.5 之故。

如果已知标准温度和标准压力下吸附质的 V_m 值和已知在吸附温度下吸附质的有效截面积 σ_a，即可根据以下公式计算出固体的比表面积（NSA，单位为 m^2/g）：

$$NSA = 4.35 V_m \tag{2.33}$$

式中，4.35 为在标准状态下 $1cm^3$ 氮所占据的面积。

① V_m 的测定　为了便于测试，可把公式(2.30) 改写成线性方程形式：

$$\frac{p}{V(p_0 - p)} = \frac{1}{V_m C} + \frac{C-1}{V_m C} \times \frac{p}{p_0} \tag{2.34}$$

将公式(2.34) 中的 $p/V(p_0-p)$ 对 p/p_0 作图，得出一条直线，该直线的斜率 M 为 $(C-1)/V_mC$，而截距 B 为 $1/V_mC$。由斜率 M 和截距 B 可求出 V_m 和 C 值：

$$V_m = \frac{1}{M+B} \tag{2.35}$$

$$C = \frac{M}{B} + 1 \tag{2.36}$$

实验结果表明，在相对压力 p/p_0 在 0.05～0.35 之间，实验数据与公式(2.34) 吻合得相当好。

实验可用氩[31]、氪[32]、氙[33]、丙烷[34]和丁烷[35]等气体作为吸附质。对各种橡胶用填料而言，以氮作为吸附质在其沸点（−196℃）下测定，可得到唯一可靠的测定结果。

通常，在相对压力为 0.05～0.35 的范围内测定多个点进行计算。实际上，对于氮吸附而言，采用 p/p_0 为 0.05～0.3 范围内的一组数据来计算出 V_m 和 C 值。然而，对于大多数吸附质来说，公式(2.34) 的直线图中的截距 $1/V_mC$ 的数值都很小。

为了简化测定过程，可采用所谓的“单点”法来测定 V_m 值；在这种情况下，可将该直线图的一个压力点与原点连接起来的直线的斜率来测得 V_m 值。该标准测试方法，是在 (0.30±0.01)kPa 的单点分压下测量比表面积。单点法所需的操作时间要比多点测试所需的时间短，但由于表面性质的影响，其精度可能较低。但是，由于设备和测试过程更简单，根据生产者和客户的要求，它可足以用来进行质量控制。

以传统的玻璃真空装置测定氮吸附等温线，是一种既耗时又昂贵的操作过程。从氮与其它气体（尤其是氦气）的混合气中选择性吸附氮的方式，是一种不需要真空系统也可测得吸附等温线的方法，而且由于可很快达到吸附平衡，节省了测定时间[36]。Nelsen 和 Eggertsen[37-39] 进一步改进了这种方法，称作所谓的连续流动色谱法。在该项技术中，让氮-氦混合气通过浸在液氮中的样品管中的填料，当吸附完成之后，迅速移除液氮杜瓦瓶，样品管被放置在加热套筒中。然后，这些已被吸附的氮开始脱附，而脱附量被热导池鉴定器记录下来，由脱附峰面积计算出氮吸附量，通过改变混合气的浓度，逐点测得吸附等温线。

② 计算 σ_a 值　在得到 V_m 值之后，为了计算吸附剂的比表面积，需要知道每个分子在表面上的平均面积 σ_a 值。σ_a 可能不是吸附质分子的实际尺寸，即使对同一类型的吸附质而言，这个数值也可能因吸附状态的不同，如吸附温度和吸附剂的表面性质的差异而不一样。

在通常情况下，可以把吸附层看作是液态的。因此，吸附质的分子面积 σ_a 可从液体密度来确定，而该液态吸附质是以最密实的球状模型以面心堆积方式排布[40]，即：

$$\sigma_a = 1.091\times 10^{16}\left(\frac{M_W}{\rho N_A}\right)^{2/3} \tag{2.37}$$

式中，M_W 是吸附质的分子量；ρ 是实验温度下吸附质的密度；N_A 为阿伏伽德罗常数。

根据公式(2.37)，在吸附温度为-196℃时，氮的密度为 0.808g/cm^3，用来测定吸附剂比表面积的氮分子截面积 σ_a 为 16.2Å^2。该 σ_a 值与一些已知比表面积的同一吸附剂反算出的 σ_a 值是一致的。

应该指出，在测定比表面积之前，必须清除吸附剂表面上可能已经存在的任何物质。这种处理是必要的（通常是在真空下加热处理），因为它可能导致两种潜在的误差来源。已吸附在填料表面的这类物质，首先会影响吸附剂的质量，另外它也会干扰氮对吸附剂表面的接近。

(2) 用氮吸附法测定外比表面积 (STSA)

填料的比表面积是用来对其进行品种分类、生产控制和预测橡胶补强特性的重要指标。人们普遍认为，通常用来测定比表面积的氮分子，是可进入填料一些微孔的内表面，而弹性体分子似乎是不可能进入这些微孔的。因此，填料的这部分内比表面积，是不会影响胶料的应用性能。所以，仅用 NSA 或总比表面积来评估各种含微孔填料的补强性能是不够的。因此，当以填料的比表面积来预测胶料性能时，应当采用其外比表面积的测量结果。

人们一直广泛采用－196℃下的氮吸附等温线来计算各种炭黑中的孔径尺寸和孔径尺寸分布[41-46]。这类分析方法，是将所研究样品的吸附等温线与标准的无孔平坦表面的吸附等温线进行比较。

起初，采用对比法，把绘制的两条氮吸附等温线进行比较，即把 V_a/V_m 作为氮的相对压力 p/p_0 的函数作图，其中 V_a 为吸附达到平衡时的吸附体积，V_m 为形成单分子层的吸附体积［单位均为标准温度和标准压力下的体积(cm^3)］。如果标准的无孔吸附剂的对比用吸附等温线与试样的吸附等温线相重合，则该试样也是无孔的。偏离这种标准吸附等温线，则说明该试样有微孔填充现象[44,45]。

后来，提出了一种所谓的 t 图法，即样品在相对压力 p/p_0 下可把 N_2 的吸附体积 V_a 转换为 t 的函数。t 是在同样 p/p_0 下从标准吸附等温线读取的氮分子的统计层厚度。这是由于吸附的气体分子实际上不会以单层递增的方式(单层递增即吸附满一层之后，再吸附第二层）覆盖孔壁的整个表面。这是由 de Boer 及 Lippens[47] 提出一种特别巧妙的吸附等温线分析法。

如前所述（参见 BET)，氮于－196℃下在无孔固体表面上的吸附过程中，在该无孔固体表面的各个部位都会随意地形成氮的多分子吸附层。假定该吸附层的密度等于液氮的密度，则可以根据如下公式计算出统计层厚度 t（单位为 Å)：

$$t=(V_L/\text{NSA})\times 10^4 \tag{2.38}$$

式中，V_L 是以液态计的吸附体积，cm^3；NSA 是吸附剂的比表面积，m^2/g。假定在－196℃时，已吸附的氮分子呈球形，并以六方紧密堆积方式排列，其密度等于液氮的密度，即 0.808g/cm^3，而分子的有效截面积为 16.2$Å^2$，当氮吸附量 V_a，以标准温度和标准压力下的吸附体积表示时：

$$t=3.54V_a/V_m \tag{2.39}$$

式中，V_a/V_m 为统计吸附层数，而 3.54 是单位以 Å 计的单层厚度。

根据由 V_m 计算出的 NSA［见公式(2.33)]，氮吸附统计层厚度 t（以 Å 计）为：

$$t=15.47V_a/\text{NSA} \tag{2.40}$$

式中，15.47 是把气态氮体积转换成为液氮体积的常数，于是公式(2.40) 也可以改写为：

$$V_a=0.0646\text{NSA}t \tag{2.41}$$

这表明，对于无孔吸附剂而言，当吸附体积对统计层厚度作图时，呈一条通过原点的直线。另一方面，对同一种吸附剂而言，氮吸附体积 V_a 仅仅取决于相对压力 p/p_0。也就是说，统计层厚度 t 也是 p/p_0 的单一函数。

de Boer[48] 等人，利用几种无孔粉末材料，测得 t 值与相对压力之间函数关系的一组数据，并由此建立一条普遍适用的曲线，即所谓的 t 主曲线。用这条通用主曲线，在给定的 p/p_0 下测量出 V_a 可很容易地换算出 t 值。以这条标准等温线查出的 t 值作为 V 的函数作图，即是所谓的 t 图。该方法能在 V_a 和 t 之间呈现一种线性关系；因此，它比前面所述的方法更有优势，它与更复杂的 S 形吸附等温线相比，凡背离这种线性关系的情况，则更容易检测出来。这种 t 图的斜率，提供了一种评估外表面的方法，称之为统计层厚度比表面积（STSA），由以下关系式可知：

$$\mathrm{STSA}=15.47V_a/t \tag{2.42}$$

如果 t 图是线性的，且通过原点，则可认为该样品是无孔的（参见图 2.14）。由这条直线的斜率得出的 STSA 值会与 NSA 值相一致。如果 t 图是线性的，但不通过原点而有一段正截距的话，则表示该样品有孔隙度，其 STSA 值低于总比表面积，即低于 NSA 值。如果填料表面有许多不同尺寸孔隙的话，其 V_a-t 图是一条曲线。在这种情况下，各种不同尺寸孔隙的内比表面积，可从它们的斜率计算出来，如图 2.15 所示。

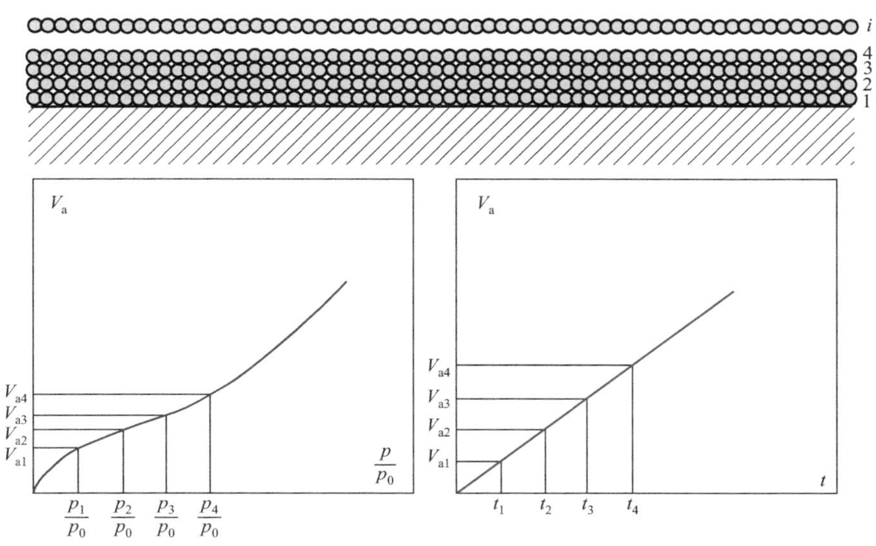

图 2.14　非多孔吸附剂 t 图示意图

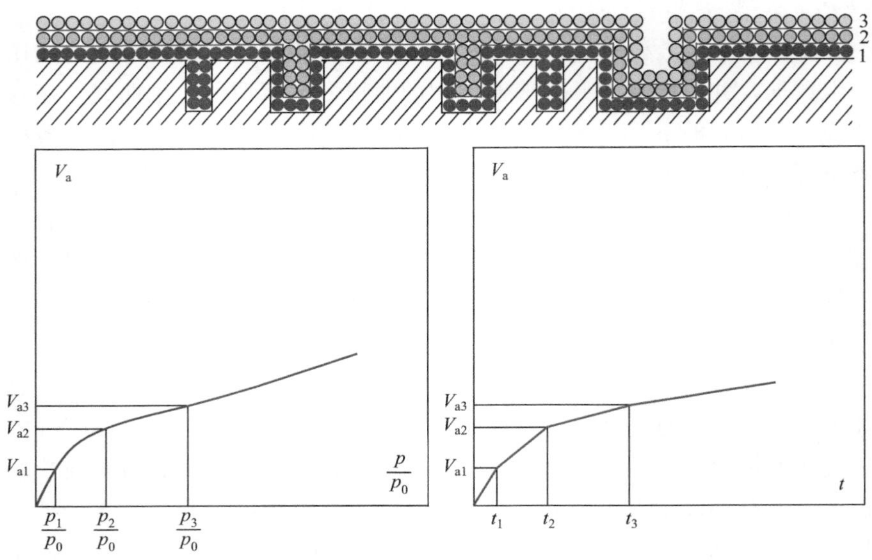

图 2.15 多孔吸附剂 t 图的示意图

需要指出的是，当以 t 图法作为检测各种填料孔隙度的一种相对方法时，它可以为其在橡胶中的补强能力提供最有用的信息。但是，这种 t 图法是一种经验方法，因为 STSA 值高度依赖于所采用的 V_a-p/p_0 或 V_a-t 的函数关系。为了消除某些不确定因素，需要用一种无孔吸附剂作为标准，与其他样品进行比较。de Boer 是以一种煅烧的氧化铝作为标准物质，建立一种通用主曲线。事实上，各种物质的表面是存在某些差异的[49,50]。例如，在炭黑孔隙度的研究中发现，以表面极性较低的炭黑作为标准吸附剂，要比诸如表面极性较高的氧化物[51]作为标准物质要好得多。因此，Smith 和 Kasten 选择了一种细粒子热裂炭黑作为 t 曲线的标准物质。后来，Magee[52]以一种 N762 炉法炭黑作为测定 t 层厚度的标准物质，是由于这种炉法炭黑的比表面积较低而聚结程度也不高（即低结构）。该 t 值与 p/p_0 的函数关系，可用如下回归公式近似表达：

$$t_{CB}=0.88(p/p_0)^2+6.45(p/p_0)+2.98 \tag{2.43}$$

Magee 的研究表明，各种炉法炭黑的 V_a-t 图呈现一种典型的形状，而绝不会是负截距（如图 2.15）。炉法炭黑的这种 t 图的线性部分与 de Boer 图的线性部分，它们的相对压力 p/p_0 的范围是相同的。

图 2.16 表明，在相对压力为 0.2～0.5 范围内，可由 V_a-t 图求得 STSA 值；

在这个相对压力范围内，其统计吸附层厚度相应为 4.31Å 和 6.43Å，这分别相当于单层吸附量的 1.22 倍和 1.82 倍。正截距代表“微孔体积”，表示为氮气在标准温度和标准压力下的吸附体积。尽管 t 图中是以气体吸附体积来表示，但可把它看作是类似于液氮以某一平均厚度填充的结果。

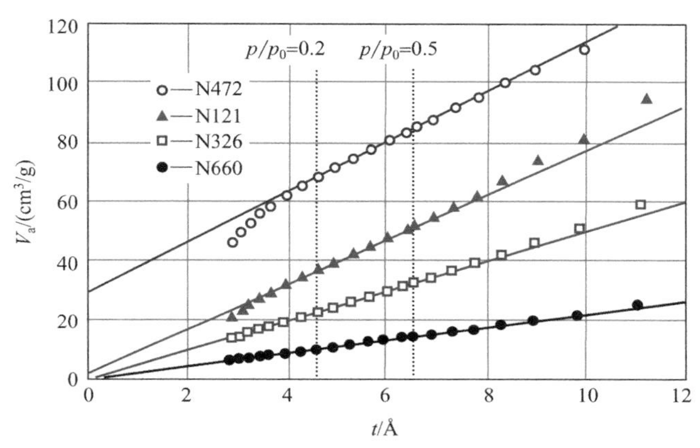

图 2.16　各种炉法炭黑的 t 图[52]

在实际操作中可以看到，在相对压力大于 0.5 时的一些吸附量会偏离这条回归直线。对于某些炭黑如 N472 而言，在相对压力为 0.5 时，其吸附量低于这条回归直线，这可能是由于仍然存在一些无法填充的微孔所致（参见图 2.16）。对于像 N121 和 N326 这类炭黑，当相对压力高于 0.5 时，吸附量向上偏离这条直线，这可能反映出由于聚结体粒子之间出现氮的毛细凝结现象（见图 2.17），或存在着较大直径的微孔，导致吸附量增加。如果在相对压力低于 0.5 的区域就出现毛细凝结现象，那么回归直线应为负截距，从而导致 STSA 值高于 NSA 值。对于那些结构较低而比表面积较高的炭黑品种（如 N326），很容易出现回归直线为负截距的现象，因为在这种情况下会形成更多的接触点（请参见本书第 4 章“填料的分散”）。

添加钾盐作为结构调节剂表明，在较高的相对压力下，结构会影响氮凝结的接触点数量。随着钾盐添加量的增多，结构降低，这会导致氮更多地凝结（参见图 2.18）。另一方面，氮的凝结也与液氮的接触角（θ）有关，如：

$$F=4\pi(1/R_1+1/R_2)^{-1}\gamma\cos\theta \tag{2.44}$$

式中，F 是由于这种毛细凝结现象引起的两颗粒子之间的吸引力，即凝结的驱动力；R_1 和 R_2，分别是粒子 1 和粒子 2 的半径；γ 是液氮的表面能。从这个公式可以推断，由于高浓度的钾改变了炭黑的表面特性，也可能影响到氮的凝结。

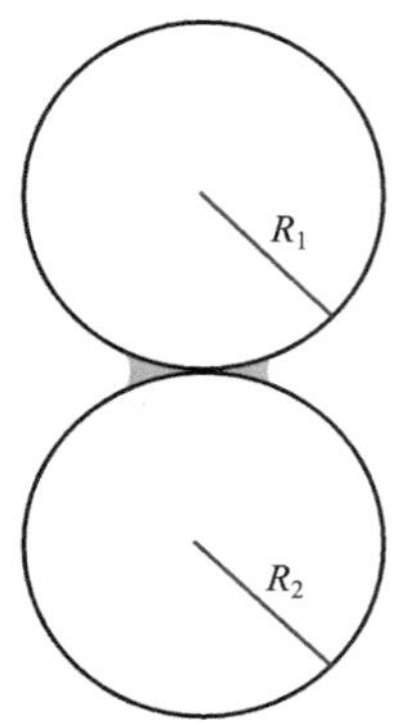

图 2.17 两个粒子之间的毛细凝结现象

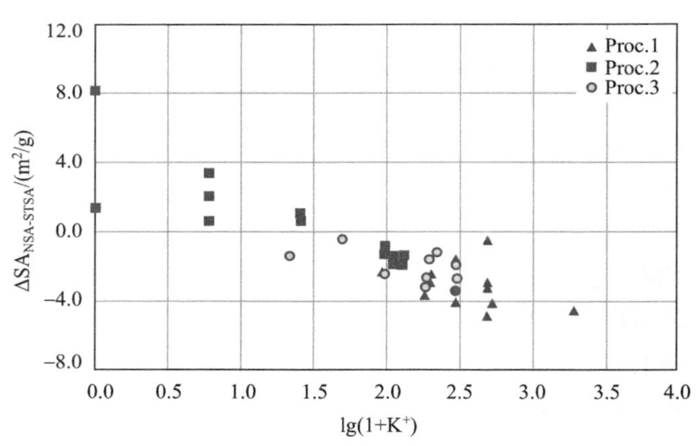

图 2.18 炭黑生产过程中 K^+ 的添加量与炭黑孔隙度之间的函数关系[53]

对于炭黑而言，从 t 图法求得的外比表面积与许多橡胶用炭黑的 CTAB（十六烷基三甲基溴化铵）比表面积具有可比性[52]。CTAB 比表面积试验，是基于测定不能进入微孔的大分子的吸附量，是测量橡胶分子可接近的外比表面积（参见 2.3.1.3 节所述）。在所使用的炭黑范围内，这两种方法之间的线性关系表明，它们测量的比表面积的性质本来是相同的。这两种方法之间的线性关系的斜率略大于 1，说明 CTAB 法对炭黑的外比表面积有一定程度的高估。

然而，也曾报道不同的测定结果，这将在 CTAB 吸附一节中予以进一步的讨论。

目前，橡胶工业的实践表明，人们更倾向于使用 t 图法，而不是用 CTAB 法来测量炭黑的外比表面积。这是因为 t 图法具有以下优点：其测定结果更精确，较少受到表面氧化作用的影响；测试时间较短；测定过程与 NSA 的测试同时进行；不需要配制特定的试剂溶液。

(3) 由氮吸附法测定表面微孔分布

现已研究出多种测定方法[42,54-56]用气体（通常是氮气）在多孔固体上的吸附数据计算固体表面的孔径分布。一般来说，吸附等温线的脱附环路，常常用来把理论脱附阶段吸附质的损失量与该阶段中已排空微孔的平均尺寸进行分析。Dollimore 和 Heal[57]归纳了这些方法的基本原理，又提出了更加精确而不那么繁琐的新方法。尽管有些新的计算方法不断出现[58,59]，在本节中主要介绍他们的综述和改进的方法。

① 早期的方法　各种蒸汽在多孔固体上的吸附等温线，通常在压力远低于该吸附质的主体蒸气压的情况下，即在某种微孔结构内出现吸附质的凝结现象。从经典热力学推导出的，众所周知的 Kelvin 方程式[60]说明了蒸气压的降低与几何形状比较简单的微孔尺寸之间的关系（假设微孔是圆柱形的，这对橡胶用填料，尤其是对炭黑和白炭黑而言，基本上是正确的）：

$$r=-\frac{2\gamma V}{RT\ln p/p_0}\cos\theta \tag{2.45}$$

式中，p 是作用在半径为 r 的微孔上的填充压力；p_0 是吸附质在温度 T 下的饱和蒸气压；γ 是液态吸附质的表面张力；V 是吸附质的摩尔体积；R 是气体常数；θ 是吸附质与吸附剂的接触角（当该吸附剂已被润湿时 θ 为零）。

根据 Dollimore 和 Heal[57]的理论，如果等温线上任何一点的吸附质的量转换成液态体积，并且在脱附阶段中这种液态吸附质的减量为 ΔV；那么，ΔV 是毛细管脱附量 ΔV_c 和多层的脱附量 ΔV_m 之和，即：

$$\Delta V=\Delta V_c+\Delta V_m \tag{2.46}$$

整个表面上的多层吸附的分子数目是变化的，但是对任何相对压力 p/p_0 下的吸附层的平均厚度 t 是可以测定的，而且也可以测出脱附阶段中多层厚度 Δt 的减少。如果假设目前可以计算出 ΔV_m 的话，则可获得脱附阶段中毛细管的脱附量 ΔV_c。该体积 ΔV_c 是在两个相对压力 p_1/p_0 和 p_2/p_0 之间，脱附开始和结束之间损失的毛细管液体体积。当毛细管失去液体时，在孔壁上会留下多层吸附质，因此毛细凝结液的弯月面半径要比微孔的真实半径小 t 层厚度。公式(2.45)表明，毛细凝结液的半径 r_{k1} 和 r_{k2} 与 p_1/p_0 和 p_2/p_0 相关：

$$\ln p/p_0=-\frac{2\gamma V}{RTr_k}\cos\theta \tag{2.47}$$

下式表明两个毛细凝结液的半径 r_{k1} 和 r_{k2} 与微孔的真正半径 r_1 和 r_2 的关系为：

$$r_{k1}=r_1-t_1 \tag{2.48}$$

$$r_{k2}=r_2-t_2 \tag{2.49}$$

式中，t_1 和 t_2 是在给定压力下的多层吸附的厚度。ΔV_c 的值可理解为微孔半径为 r_1 和 r_2 的平均值 r_p 的脱附体积。类似地，毛细凝结液的平均半径 $\overline{r_k}$ 是 r_{k1} 和 r_{k2} 的平均值。

ΔV_c 的量必须乘以一项校正因子 $[r/(r-t)]^2$，才是微孔真实的脱附体积 ΔV_p 值，因为孔壁上保留有厚度为 t 的多层吸附质。在脱附阶段开始时，这项称为 R_n 的校正因子变成了 $[r_1/(r_{k1}+\Delta t)]^2$，其中 $r_{k1+}\Delta t$ 是该脱附阶段结束时半径为 r_1 的微孔中留下多层内空间的半径。由于该校正因子在 r_1 至 r_2 范围内的微孔中是变化的，因此在实际的脱附阶段中采用平均值 $[r_p/(\overline{r_k}+\Delta t)]^2$，于是：

$$\Delta V_p=R_n\Delta V_c \tag{2.50}$$

在该脱附阶段中所涉及的微孔的表面积 S_p 可用以下公式表示：

$$S_p=2\Delta V_p/r_p \tag{2.51}$$

随着若干个脱附阶段的进行，这些微孔面积也可以相加和，得到 $\sum S_p$。对某一特定的脱附阶段而言，其多层的脱附量 ΔV_m 将显示为 $\Delta t\sum S_p$，其中 Δt 是同一脱附阶段中多层变薄的程度，而 $\sum S_p$ 值是前一脱附阶段的微孔面积之和。然而，假设这面积 $\sum S_p$ 是平面的，而实际上是由微孔的弯曲壁面组成的。因此，$\Delta t\sum S_p$ 会高估了 ΔV_m 值。于是，需要一项孔壁曲率校正因子。不幸的是，当把脱附过程分为几个阶段进行计算时，各孔径的变化范围是相当大的，并且对于所有这些微孔而言，各孔壁曲率校正因子都略有差异。

Barret 及其同事[55]，采用一项孔壁曲率校正因子 C，它等于 $(r_p-t)/r_p$，并为其选择了一组常数值，即 0.9、0.85、0.80 和 0.75（根据预计的微孔尺寸的范围进行选择）。对于半径小于 3.5nm 的微孔，这种处置方法可得到合理而准确的结果。但是，对于 0.7nm 的微孔（该方法的下限值[55]），C 值应取为 0.55，并且该 C 值会随着孔径的增加而变化得太快，而无法准确地指定一个常数值。最终公式变为：

$$\Delta V_p=R_n(\Delta V_p-C\Delta t\sum S_p) \tag{2.52}$$

事实上，Cranston 和 Inkley[56] 是用变量 C 值来消除这种误差的，它既可用于正在计算的脱附阶段，也可用来计算先前各脱附阶段中涉及的每个孔径范围。他们是把每个孔径范围的 S_p 乘以其单独的 C 值，而不是将 S_p 求和。

根据 Dollimore 及其同事的方法，随着计算过程逐步涉及到较小的孔径，这种方法需要运算多达 14 次的乘法和加法，方可求得 ΔV_m 值，因此是非常费力和耗时的。

② Dollimore 改进的方法　另外，Dollimore 和 Heal[57] 根据 Wheeler[61] 发表的研究报告，提出一种计算孔径分布的新方法。但是，采用此方法，在计算过程中必须要用到一些表格和一些公式，而这些表格已附在他们的论文中[57]。先前的研究报告所采用的 t 值，是从一系列无孔吸附剂的吸附数据求得的[54]。Wheeler 提出，采用 Halsey 方程式[62] 来求得 t 值：

$$t=4.3\left(\frac{5}{\ln p/p_0}\right)^{1/3} \tag{2.53}$$

对氮吸附而言，是在－196℃下进行的。

在相对压力 $p/p_0>0.5$ 时，经公式(2.52) 算出的 t 值，与早先测得的数值相一致，但在更低压力下的 t 值则偏高。Wheeler 认为，这是在狭窄的微孔中进行吸附的情况，这些微孔周围孔壁的吸附作用更强。为推导出脱附过程的一般通式，他采用以下各项参数，ΔV_c 为毛细管脱附总体积，S 为面积，L 为微孔的长度，n 是完成该脱附过程所划分出的阶段数：

$$V_c[<r_{pn}]=\int_0^{r_{pn}}\pi r_p^2 L(r_p)\mathrm{d}r_p \text{（用于下几个脱附阶段的微孔）} \tag{2.54}$$

$$S[>r_{pn}]=\int_{r_{pn}}^{\infty}2\pi r_p L(r_p)\mathrm{d}r_p \text{（用于上几个脱附阶段的微孔）} \tag{2.55}$$

$$L[>r_{pn}]=\int_{r_{pn}}^{\infty}L(r_p)\mathrm{d}r_p \text{（用于上几个脱附阶段的微孔）} \tag{2.56}$$

公式左边方括号中的各项，表示它们的计算范围。微孔长度是 r_p 的连续函数，即 L（r_p）；这正是我们所需要的孔径分布。

与公式(2.46) 相类似，有如下等式：

$$\Delta V_c=\Delta V-\Delta V_m \tag{2.57}$$

或对 n 阶段而言：

$$\Delta V_c=\Delta V_n-\Delta V_m \tag{2.58}$$

在半径为 $r_p(>r_{pn})$ 的微孔中，孔壁上吸附质的体积可由圆柱体的几何结构而求出：

$$\text{一个微孔中在孔壁上的吸附量}=\pi[r_p^2-(r_p-t_n)^2]L(r_p)=\pi(2r_pt_n-t_n^2)L(r_p) \tag{2.59}$$

式中，t_n 是在第 n 个脱附阶段，孔壁上的多层吸附厚度。

半径尺寸从 r_{pn} 到∞的所有微孔中，孔壁的吸附总量为：

$$V_m=\int_{r_{pn}}^{\infty}\pi(2r_p t_n-t_n^2)L(r_p)dr_p=t_n\int_{r_{pn}}^{\infty}2\pi r_p L(r_p)dr_p$$

$$-\pi t_n^2\int_{r_{pn}}^{\infty}L(r_p)dr_p=t_nS[>r_{pn}]-\pi t_n^2L[>r_{pn}] \tag{2.60}$$

脱附量的变化，可由如下微分表示：

$$dV_m=dt_nS[>r_{pn}]-2\pi t_n dt_nL[>r_{pn}] \tag{2.61}$$

对有限的脱附阶段而言，可把上述微分方程改写成 Δ 项：

$$\Delta V_m=\Delta t_nS[>r_{pn}]-2\pi t_n\Delta t_nL[>r_{pn}] \tag{2.62}$$

微孔长度和面积函数也可以用有限项来表示，因为在先前各脱附阶段中涉及到了微孔长度和微孔面积的总和：

$$\Delta V_m=\Delta t_n\sum S_p-2\pi t_n\Delta t_n\sum L_p \tag{2.63}$$

式中，$\sum L_p$ 是每前一脱附阶段中各孔的长度之和。然后，代入公式(2.58)，得到如下公式：

$$\Delta V_c=\Delta V_n-\Delta t_n\sum S_p+2\pi t_n\Delta t_n\sum L_p \tag{2.64}$$

由于 $\Delta V_p=R_n\Delta V_c$ ［公式(2.50)］，则：

$$\Delta V_p=R_n(\Delta V_n-\Delta t_n\sum S_p+2\pi t_n\Delta t_n\sum L_p) \tag{2.65}$$

因此，可以某一特定脱附阶段的真实体积 ΔV_p 即可求出。

正如公式(2.51) 所示，$S_p=2\Delta V_p/r_p$，同样

$$L_p=S_p/2\pi r_p \tag{2.66}$$

然后，可逐行对这两项求和。实际上无需求得 L_p，由于需要求得 $2\pi\sum L_p$ 的值，即把 $2\pi L_p$ 相加，而 $2\pi L_p$ 由下式求得：

$$2\pi L_p=S_p/r_p \tag{2.67}$$

正如 Dollimore 所指出的那样，利用公式(2.65) 既不需要多层脱附的任何近似值，也不需要繁琐的计算过程，即可求出微孔脱附的真实体积 ΔV_p。

③ Dollimore 法的应用　为了利用该方法来计算孔径分布，必须编制一张显示各主要参数的表格。在表 2.2 中，每个脱附阶段结束时的孔半径为 r，根据 Kelvin 方程式，在相对压力 p/p_0 下的实际微孔半径 r_k，如上所述可由公式 $r_k=r-t$ 求出。在该表中，Kelvin 方程式是以列入的 5 项必要的常数来表达的。选择不同的 p/p_0 值，很方便地查得 r 值。Δt 值是两个脱附阶段之间吸附层厚度 t 的变化，而 r_p 是两个脱附阶段之间孔半径 r 的平均值。等温线上任何一点的吸附量都转换成该吸附质的液态体积 V_{liq}。

表 2.2 计算孔径分布的主要参数

p/p_0	t/nm	r_k/nm	r/nm	Δt/nm	r_p/nm
0.894	1.523	8.477	10	—	—
0.881	1.465	7.535	9.0	0.058	9.5
0.866	1.401	6.599	8.0	0.064	8.5
0.854	1.332	5.668	7.0	0.069	7.5
0.818	1.256	4.744	6.0	0.076	6.5
0.780	1.169	3.831	5.0	0.087	5.5
0.754	1.121	3.379	4.5	0.048	4.75
0.722	1.069	2.931	4.0	0.052	4.25
0.682	1.012	2.488	3.5	0.057	3.75
0.628	0.949	2.051	3.0	0.063	3.25
0.556	0.878	1.622	2.5	0.071	2.75
0.538	0.862	1.538	2.4	0.016	2.45
0.519	0.846	1.454	2.3	0.016	2.35
0.499	0.830	1.370	2.2	0.016	2.25
0.477	0.813	1.287	2.1	0.017	2.15
0.453	0.795	1.205	2.0	0.018	2.05
0.428	0.777	1.123	1.9	0.018	1.95
0.401	0.758	1.042	1.8	0.019	1.85
0.371	0.738	0.962	1.7	0.020	1.75
0.340	0.717	0.883	1.6	0.021	1.65
0.306	0.695	0.805	1.5	0.022	1.55
0.270	0.672	0.728	1.4	0.023	1.45
0.232	0.648	0.652	1.3	0.024	1.35
0.192	0.622	0.578	1.2	0.026	1.25
0.152	0.595	0.505	1.1	0.027	1.15
0.111	0.566	0.434	1.0	0.029	1.05
0.074	0.534	0.366	0.9	0.032	0.95
0.042	0.500	0.300	0.8	0.034	0.85
0.018	0.462	0.238	0.7	0.038	0.75

从$-196℃$下氮吸附等温线和脱附等温线的测量结果，可以计算出每个 r 区间的脱附体积 ΔV_p，即 $\Delta V_p/\Delta r$ 的值。

2.3.1.3 液相吸附

液相吸附法测定填料比表面积的基本原理类似于气相吸附法。填料的比表面积是由溶液中吸附质的吸附量计算而来。苯酚、脂肪酸和苯甲酸是常用的吸附质，可用它们来研究粉末状固体比表面积与吸附量之间的关系。然而，各种橡胶填料，尤其是对炭黑而言，可从碘和十六烷基三甲基溴化铵（CTAB）获得最有用的比表面积信息。

(1) 碘吸附 自 20 世纪初以来，人们一直在研究炭黑表面在水溶液中对碘的吸附过程[63]。1921 年，Carson 和 Sebrell[64] 发表了炭黑的碘吸附与填充橡胶性能之间的一些相关性。他们采用含有少量碘化钾的碘溶液来研究碘吸附。后来，Smith、Thornhill 和 Bray[65] 发现，碘吸附与氮吸附测定的比表面积之间呈现出良好的线性关系。他们也发现，除了挥发分含量超过 10%的两种炭黑之外，其他炭黑的碘吸附与其表面特性无关。然而，当以热解法除去挥发分之后，碘吸附的测定结果和比表面积的一致性更好。根据他们的实验数据，130mg 的碘吸附量约相当于 $100m^2$ 的表面积；这相当于每个吸附的碘分子的覆盖能力为 $32Å^2$，而碘分子的直径为 6.4Å。由扩散法测定碘的碰撞直径为 4.6Å[66]，这与 Smith 及其同事测得的近似值充分吻合，表明吸附的碘可能形成了单分子层。

Kendall[67] 系统地研究了碘从水溶液中的吸附过程，其结果表明吸附机理比以前报道的更为复杂。在碘-碘化钾水溶液中，当达到平衡时有碘化钾、三碘化钾和碘分子在该溶液中共存，即

$$KI + I_2 \rightleftharpoons KI_3$$

因此，需要考察吸附物究竟是什么成分。Kendall 所做的空白实验表明，碘化钾并没有被吸附。许多炭黑的碘吸附等温线表明，吸附量与游离碘浓度呈函数关系，与溶液中碘化钾的含量无关。吸附前后的碘溶液分析结果表明，碘化物（$KI+KI_3$）的总浓度下降得很少。这些事实证明，只有中性碘分子被吸附。

几种炭黑的碘吸附数据，很好地符合 Langmuir 吸附方程：

$$m = m_1 K(c/c_0)/[1+K(c/c_0)] \tag{2.68}$$

式中，m 是溶质的吸附量，mg/g；m_1 为形成单分子层所需吸附质的质量；c 为溶质的浓度；c_0 为吸附质在该溶剂中的溶解度；K 为常数，可由下式求得：

$$K = e^{\Delta H/RT} \tag{2.69}$$

式中，ΔH 为净吸附热。

公式(2.68) 表明，吸附量除了取决于溶液中吸附质的浓度之外，还取决于其溶解度。因此，当测量碘吸附时，必须要考虑实验温度和溶剂的性质。

Watson 和 Parkinson[68] 发现，炉法炭黑和石墨化炭黑的净吸附热多为 2000cal/mol（1cal=4.2J）左右，表明这些炭黑的吸附性质是属于可逆的物理吸附。一些槽法炭黑则偏离 Langmuir 方程，表明它们的表面可能是不均匀的。他们把槽法炭黑的碘吸附数据代入不同的模型，其中包括 BET 方程，提出了一种二元表面模型。呈二元表面吸附的 Langmuir 方程可以写为：

$$m=\frac{m_1^1 K_1\left(\frac{c}{c_0}\right)}{1+K_1\left(\frac{c}{c_0}\right)}+\frac{m_2^1 K_2\left(\frac{c}{c_0}\right)}{1+K_2\left(\frac{c}{c_0}\right)} \tag{2.70}$$

式中，m 的下标 1 或 2，如果指同一尺寸的两种类型的表面，那么 $m_1^1=m_2^1$，然而它们的吸附热不同，对应于两种不同的 K 值，即一部分表面的吸附热高于另一部分表面。

几种槽法炭黑，其挥发分含量均约为 5%（以重量计），它们的比表面积在 $100\sim227\text{m}^2/\text{g}$ 的范围之内，那么每单位比表面积的挥发分含量会随着比表面积的减小而增加。这些槽法炭黑的实验数据表明，随着单位表面上挥发分含量的增加，其碘吸附量也在减少。显然，挥发分是表面活性较低的部分。因此，这几种炭黑的单位面积的吸附量逐渐减少，这与二元表面理论相一致。

把这种二元表面理论逻辑延伸到某些炉法炭黑时，它们的 Langmuir 等温线相当于表面活性较低部分变得非常少（其挥发分含量<1%）的情况。这也证实了，石墨化炭黑（商品名为“Graphon”）相当于挥发分含量（即表面活性较低的部分）为零的状况。在这种情况下，石墨化炭黑的吸附量甚至高于炉法炭黑的吸附量。这些发现与 Smith 等[65] 的观察结果相一致。他们的研究结果证实，挥发分含量较高的炭黑，其碘吸附量要比挥发分较低炭黑的碘吸附量低得多。当加热除去挥发分时，碘吸附量急剧增加，随后其比表面积与低挥发分炭黑的比表面积趋于一致。换句话说，脱除挥发分可使碘吸附等温线符合 Langmuir 方程，而并非是比表面积发生了变化。

对槽法炭黑而言，通常认为其挥发分的主要成分是（但不仅仅是）各种含氧基团。在高温惰性气氛中脱除挥发分的过程与这些含氧基团的分解有关。这表明，被含氧基团覆盖的那些表面，对碘的吸附活性较低。Sweitzer、Venuto 和 Estelow[69] 的观察结果进一步证实，热裂炭黑经氧化后，其碘吸附量会降低。吸附量的减少可以很好地解释为，由于炭黑表面上引入的含氧基团，碘的吸附热较低，而不是因为在炭黑的未氧化表面上发生了化学吸附。

根据上面的讨论，对于低挥发分含量的炭黑而言，碘值与 NSA 之间呈一种线性关系。因此，可将碘值作为比表面积的度量。

Snow[70] 在分析了各种炭黑大量的碘吸附数据之后，提出了一种快速而简便的实验方法，用来测定碱性炭黑的比表面积。依据如下的一些观测结果，该实验方法适合用于炉法炭黑工厂和橡胶加工厂的生产控制。

除了炭黑的表面特性外，碘吸附量也随着溶液中总碘量的增加而增加；而碘吸附量的增长速率却随总碘量的增加而迅速下降。对高浓度的碘溶液而言，在吸附达到平衡时，碘液浓度的变化率可忽略不计。在这种情况下，除了总碘量之外（如图 2.19 中的 $a+L$），其他参数都是恒定的。碘化物离子与碘的比例，以及碘溶液的浓度对碘吸附来说是非常重要的。

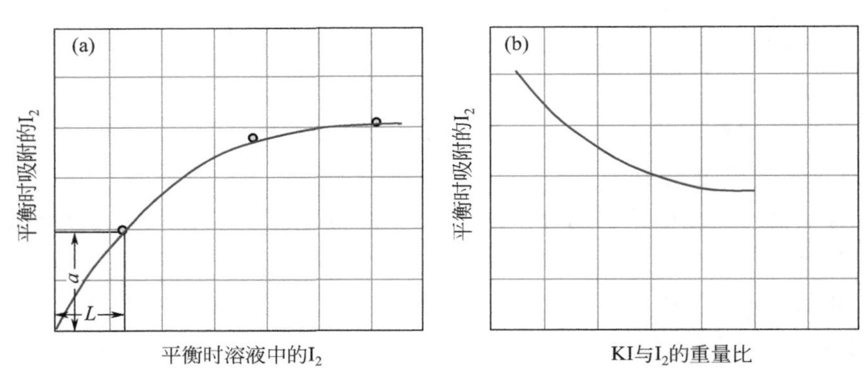

图 2.19 碘吸附量与溶液中碘浓度的函数关系示意图（a）和碘吸附量与溶液中碘化物与碘的比率的函数关系示意图（b）[70]

此外，试样的表面不应太大，从溶液中吸附的碘量大约最好不要超过 90～100mg[71]。对于无孔的和未经氧化的炉法炭黑，在 Snow 所规定的测试条件下，例如吸附质为指定的浓度，而所用的炭黑试样合乎规定的数量，这时测得的碘值，其数值大体上相当于氮吸附测得的比表面积值（m^2/g）。

为了证明该试验方法的实用性，测定了各种炭黑的碘吸附量，并将测得的碘值对 NSA 值作图（图 2.20）[71]，所有碱性炭黑的碘值与 NSA 测定结果的相关性都很好。表面有较多含氧官能团也会导致碘值的严重偏低。炭黑表面上的含氧基团实际上能与测试溶液中的碘化钾发生反应，从而释放出游离碘，使测得的比表面积似乎显得更低[72]。有两种炭黑，一种（商品名为 Vulcan SC 的导电炉法炭黑）具有非常高的比表面积和微弱的碱性（pH 值为 7.22）；另一种（商品名为 Shawinigan 的乙炔炭黑）具有强酸性（pH 值为 4.82），它们分别是偏碱性和偏酸性炭黑中的两个极端[71]。

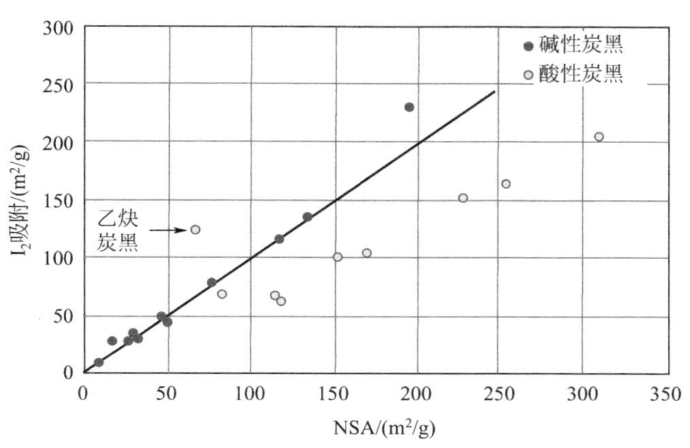

图 2.20　吸碘值和 NSA 值之间的关系[71]

碘吸附量会由于微孔的存在而增加，也会由于表面杂质的存在，如残留的油分或造粒时添加的油料而降低[72]。焦油含量的影响如图 2.21 所示。对不含焦油

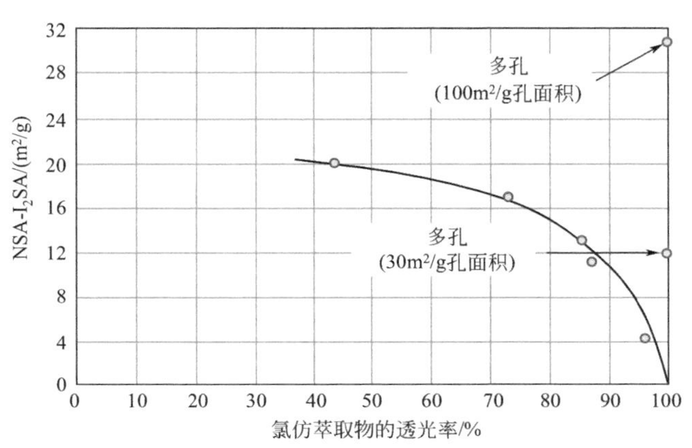

图 2.21　炭黑脱焦油不完全对碘吸附表观比表面积的影响[72]

的炉法炭黑，其苯或氯仿的变色读数（苯或氯仿萃取物的透光率百分数）为 100 时，碘吸附值和 NSA 值的一致性再次变好，但随着焦油含量的增加（即透光率的降低）碘值降至真实比表面积以下。表面不含焦油分只含微孔的炭黑，这两种比表面积测定结果再次显示出差异；这是由于碘和氮吸附进入微孔空间的程度不同所致。由于碘的分子尺寸较大，它测出的孔面积要比氮吸附比表面积小。鉴于碘吸附法对炭黑的孔隙度和表面化学组成的敏感性，碘吸附值通常不能反映出炭黑的真实比表面积，也不能准确地反映其某些化学特性。

尽管人们早已认识到这种碘吸附法的一些局限性，而 Kipling[73] 已对其局限性进行了深入的讨论；但它自 1957 年以来一直是作为 ASTM D1510 标准方法，并且被国际标准化机构（ISO）和中国国家标准（GB）所采用。显然，它依然是评估炭黑比表面积最容易的测量方法，并已被广泛使用，特别是用于炉法炭黑生产和橡胶工厂的过程控制。

(2) 大分子吸附 另一种测定比表面积的方法是利用大分子在水溶液中的吸附作用。某些吸附质的分子尺寸足够大，以致不能进入填料的微孔，这种吸附方法将是测定橡胶可接触的外比表面积，也是在测定比表面积时排除微孔的有效手段。根据 Janzen 和 Kraus 的研究[72]，大分子吸附法，还必须满足其他一些必要条件。除了要求吸附质分子对填料表面呈化学惰性（这严格限制了合适的吸附质分子的选择范围）之外，其吸附等温线必须明确地呈现出一条对应于单分子覆盖层的平坦段；其吸附量要足够大，以确保良好的测量精度；另外，所选的吸附质要有可靠且简便的分析方法。某些表面活性剂在水溶液中的吸附过程能够满足上述这些条件；常用的表面活性剂为十六烷基三甲基溴化铵（CTAB）和磺基丁二酸钠二辛酯（气溶胶 OT）。

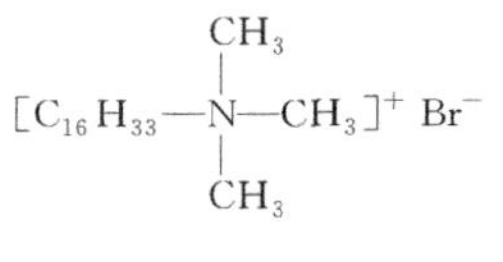

$$[C_{16}H_{33}-N(CH_3)_3]^+ Br^-$$

十六烷基三甲基溴化铵
（CTAB）

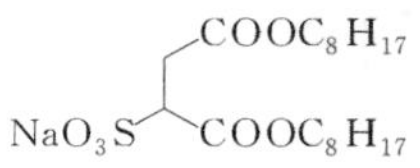

$$NaO_3S-CH(COOC_8H_{17})-CH_2-COOC_8H_{17}$$

磺基丁二酸钠二辛酯
（气溶胶 OT）

Saleeb 和 Kitchener[74,75] 首次报道以阴离子表面活性剂 OT（把气溶胶 OT 简称为 OT）和阳离子表面活性剂 CTAB 作为吸附质，测定了 6 种炭黑在这两类表面活性剂水溶液中的吸附等温线。这 6 种炭黑，其中 3 种是未经处理的原始炭黑，其余 3 种分别是这些原始炭黑经石墨化处理后的试样。从这两类表面活性剂的吸附等温线可见，在所实验的范围内，吸附过程是可逆的。所有的吸附等温线一般都属于“Langmuir 型”，呈现出一较长的平坦段。这些实验数据在实验精度内基本上都遵从于 Langmuir 等温线。然而，只有溶液浓度高于临界胶束浓度（c.m.c）时，才会达到较高的覆盖率。槽法炭黑（商品名为Spheron 6）和热裂炭黑（商品名为Sterling FT），以及它们的石墨化试样，其典型的CTAB吸附等温线示于图2.22。在该图中，这4条吸附等温线均为普通的Langmuir型。他们认为，对于这两种炭黑而言，表面活性剂在饱和溶液中，其极性基团朝外呈单分子层物理吸附状态。炭黑的石墨基面是非极性的，它对表面活性剂的吸附作用导致非极性基团从水相中出来。这两种未经处理的原始炭黑，其吸附量较低，可归因于填料表面存在一些极性基团（即含氧复合物）所致。

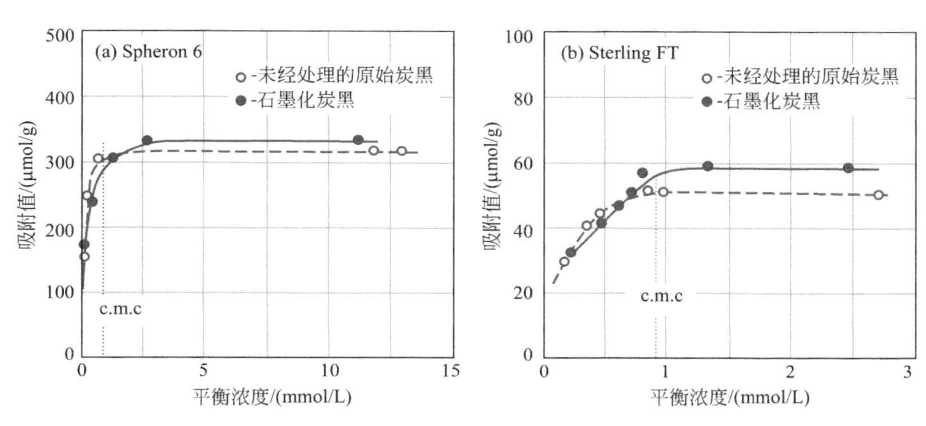

图2.22 炭黑在CTAB水溶液中的吸附等温线[74]

① CTAB和OT在单分子层中的吸附状态 当石墨化炭黑吸附CTAB时，把由吸附等温线平坦段测定的吸附量除以NSA值，可反求得每个CTAB分子所占据的面积约为40Å²，这相当于体积庞大的三甲基胺基团的尺寸，而不是十六烷基石蜡链段的大小。在未经处理的原始槽法炭黑（商品名Spheron 6）上，CTAB的吸附量较低，这可能是由于这种表面活性剂与炭黑上已有的含氧极性基团相互作用，限制了它在炭黑表面上排布的自由度。另一方面，原始炭黑对该阳离子表面活性剂的亲和力不低于石墨化炭黑，甚至比它更强。因此，这种阳离子表面活性剂与阴离子含氧复合物之间会在一定程度上生成某些盐类物质。一少部分阳离子分子可能是以“相反的排列方向”（即链段部分朝外以化学吸附方式）牢固地固定在表面上，而大多数阳离子分子则尽量以物理吸附的方式填补剩余的空间。

在OT分子中，这些链段是双乙基-己基基团，因此它们是明显可压缩的。

吸附等温线平坦段的长短取决于溶液的热力学活性和吸附单分子层的活性系数。

② CTAB和OT比表面积　对于以大分子吸附法测定填料的比表面积而言，如下两个参数很重要：一个是m_1，即形成单分子层所需吸附质的质量；另一个是σ_a，即每个吸附质分子在填料表面上所占据的平均面积。m_1很容易从吸附等温线平坦段上的吸附量来测定，而σ_a则从表面活性剂在“饱和”状态下的吸附量除以NSA值得到。

对这6种炭黑来说，Saleeb认为在两种石墨化热裂炭黑表面上，每个OT分子所占据的表面积约为70Å^2；这与Abram[76]从该表面活性剂分子在非张力状态下呈垂直取向的分子模型中测得的数值相一致。每个OT分子在Spheron 6（槽法炭黑）和Graphon（石墨化炭黑）上所占的平均面积似乎更大些，这可能是由于氮气能够进入这两种炭黑的粗糙表面或微孔中的表面，而OT不能进入。对这3种原始炭黑来说，每个OT分子所占据的表面积都稍高，可能是由于这种吸附质分子在其表面上堆积得要比它们对应的石墨化试样稍微松一些。这对槽法炭黑的石墨化试样（商品名为Graphon）来说尤其如此，这可能与其挥发分更高或含氧基团更多以及表面微孔更发达有关，从而在加热处理时很少像炉法炭黑（商品名为Sterling的品种）那样呈现出更多的结晶化。

Abram和Bennett[76]利用一系列炭黑，对这两种表面活性剂分子所占据的面积进行了标定，以便用来评估某些炭类吸附剂的活性。仔细检查这些炭黑比表面积的各种测量结果，确定每个OT分子所占据的面积为71Å^2，而每个CTAB分子所占据的面积为44Å^2。根据t图法的分析结果，CTAB分子可进入最小的孔隙宽度应该在11～15Å之间；而OT分子的这个数值为15Å。根据表面活性剂每个分子所占据的面积/分子量之比，求得CTAB和OT的有效分子直径分别为7.5Å和9.5Å。

在实践中，CTAB法和OT法一直都用作炭黑常规例行的检测项目，而在实验室中，CTAB吸附法被成功地用作测定外比表面积的方法[77]。这两种表面活性剂在以任何一种作为吸附质的情况下，炭黑试样与该表面活性剂水溶液达到吸附平衡之后，再经离心作用或超滤方式分离出炭黑，并对平衡溶液中未被吸附的表面活性剂进行分析。吸附量是根据溶液的初始浓度和最终浓度的差值来求出，只要吸附过程是在吸附等温线单分子层的平坦段区间内，吸附量就与比表面积成正比。CTAB和OT可相互滴定[72,78]。因此，无论用哪一种表面活性剂作为吸附质，或哪一种作为滴定剂，其分析结果都是一样的。

研究发现，CTAB和OT作为吸附质几乎是等效的（这两种吸附质均把微孔排除在外)。人们选择以 CTAB 作为吸附质的原因是，通过离心法更容易把炭黑从溶液中除去，同时 OT 滴定 CTAB 比用 CTAB 滴定 OT 更为方便，在滴定接近终点时有更为明显的视觉警示。也有一些迹象表明，CTAB 的分子已经足够大，足以有效地从空间排除微孔的影响。

③ 炭黑 CTAB 比表面积的测定　在实际应用中，CTAB 在炭黑上的吸附等温线有一条很长的平坦段，对应于填料表面的单分子覆盖层，并不排除这种吸附质呈立体吸附状态。炭黑对 CTAB 的吸附与其表面上的含氢或含氧基团，以及残留的焦油分等组分无关。通过机械振荡或超声振动方式快速达到吸附平衡。分离出炭黑之后，用 OT 滴定法测定溶液中未吸附的 CTAB，计算出 CTAB 的吸附量。测定结果主要是以工业着色参比炭黑（ITRB）作为标准值，其橡胶大分子可接近的比表面积值为 $83.0m^2/g$[79]。

CTAB 吸附法作为测定外比表面积的一种实验方法，它与已知的、不涉及微孔性的其他比表面积测定技术进行比较，可进一步证实其正确性。其中，外比表面积测定技术之一，当然是电子显微镜法。图 2.23 表明[72]，对于较易计数的大粒子炭黑而言，电子显微镜的比表面积测定结果会略高于 CTAB 比表面积，这是由于在对电子显微图像的计数过程中，忽略了粒子间各熔合点而失去的面积所致。对粒子很细的炭黑来说，因为很难从团簇状的聚结体中分辨出单个粒子来，会导致电子显微镜比表面积测定结果偏低，这是熔合点的影响得到过度补偿所致。

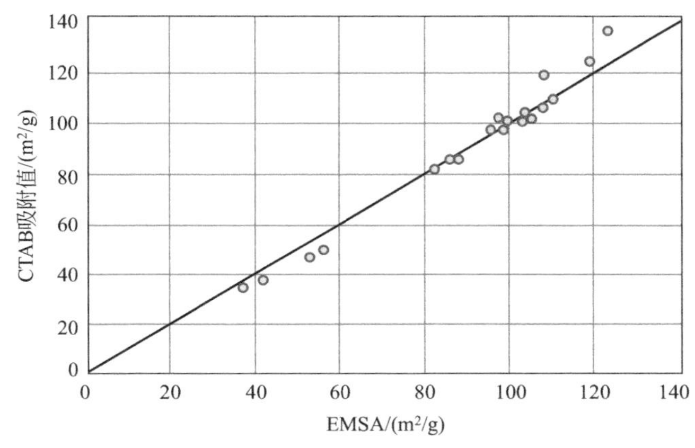

图 2.23　CTAB 比表面积与电子显微镜比表面积的相关性[72]

把 CTAB 测定法与 Harkins-Jura[80] 的绝对比表面积测定法进行比较，更具有说服力。Harkins-Jura 绝对比表面积测定法曾由 Kraus 和 Rollmann[81] 以及其他研究者[82] 详细介绍过，它是测量炭黑在正己烷中被正己烷多层覆盖后的润湿热，而在此过程中炭黑的孔隙也被充满了。释放出的热量是炭黑的比表面积和已知正己烷表面焓的乘积，只要多层吸附膜足够厚，就能遮盖住炭黑表面的引力场。Kraus 给出的 CTAB 比表面积与 Harkins-Jura 比表面积之间的相关性如图 2.24 所示[72]。图中的点可以自然地分为三类：热裂炭黑和普通炉法炭黑类，这两种比表面积测定方法的一致性较好；乙炔炭黑和槽法炭黑类，Harkins-Jura 比表面积偏高；导电炭黑（SCF 和 CC 类），其 CTAB 比表面积偏高。对于槽法炭黑和其他氧化炭黑而言，怀疑 Harkins-Jura 法的实验结果可能过于偏高，这并非是不合理的。这可能是由于预吸附的多层膜不能完全屏蔽掉填料表面（特别是某些极性基团）与浸润介质之间的相互作用。烃类吸附质在预先覆盖有含氧基团的槽法炭黑上，其吸附膜在每单位面积上的润湿热可能大于炉法炭黑的润湿热，这与 Wade 和 Deviney[83] 测得的量热法数据并不矛盾。对于高度多孔的第 3 类炭黑来说，其 CTAB 的测定结果偏高，这可能是由于存在着大于微孔的孔隙所致。很显然，第 1 类炭黑的 Harkins-Jura 法与 CTAB 法测得的比表面积是相同的。由于这种情况及固有的高精度，Kraus 认为 CTAB 法用来测定弹性体大分子可接近的比表面积，是最可靠和最直接的方法。

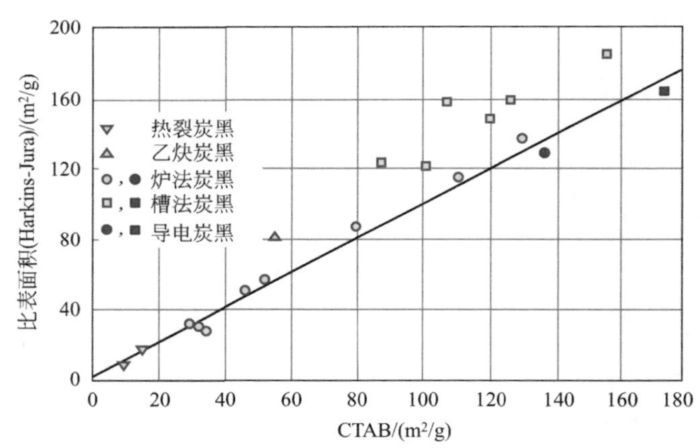

图 2.24 Harkins-Jura 法比表面积与 CTAB 比表面积的相关性[72]

从以气体吸附法测定比表面积的讨论中可以看出，t 图法测量的是相对压力在 0.5 以下氮吸附刚开始时的光滑表面；然而，CTAB 是不能进入小于 10～15Å 的孔隙的。因此，还有一个问题是，应该采用哪种方法来测量外比表面积。

Sanders[84]采用包括工业参比炭黑 IRB 3 在内的 13 种 CTAB 比表面积范围介于 18～150m^2/g 的轮胎用炭黑，对其外比表面积测量数据进行了系统研究。CTAB 试验是采用商标名为“AutoCTAB”的 CTAB 自动测试系统，而 t 图比表面积是用 Gemini 公司生产的 2370 Micromeritics 型比表面积测定仪进行测定。

图 2.25 表明 CTAB 比表面积与 t 图比表面积（每件试样均取三次测定结果的平均值）之间的关系，其回归系数 R^2 为 0.9995，斜率为 0.988，截距为 1.56，回归曲线的均方根偏差为 0.9m^2/g。

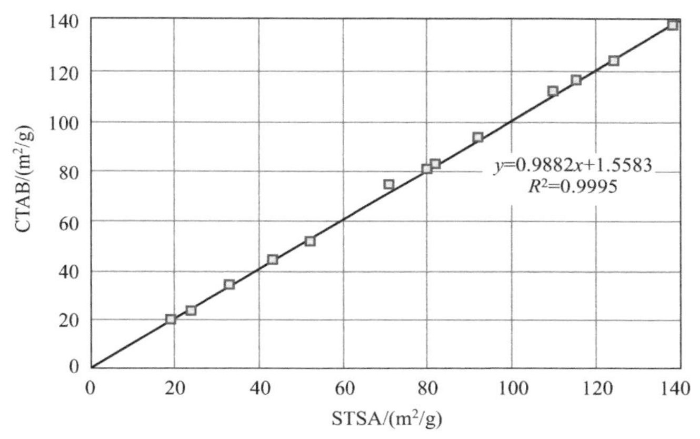

图 2.25　CTAB 比表面积与 STSA 值的相关性[84]

这些数据说明，在许多情况下 CTAB 法测得的比表面积数值高于 STSA 值，尤其对一些低比表面积炭黑而言，这种情况更为明显。这与 Magee[52] 提供的数据相一致，表明由 CTAB 法测定的外比表面积值有些偏高，尽管这两位作者在 t 图法比表面积计算过程中采用了不同的 t-(p/p_0) 转换条件。Sanders 是采用氧化铝表面形成的 de Boer t 转换，而 Magee 的 t 转换是根据低比表面积炉法炭黑 N762 上的氮吸附数据。

另一方面，CTAB 比表面积的测试，都是以 CTAB 值为 83m^2/g 的工业着色参比炭黑 ITRB（N330）为基准（假定其微孔率为零），再把所有的测定结果标准化的[79]。然而，这种参比炭黑的 STSA 值表明，它在某种程度上存在着微孔[52]。这种少量微孔的存在，可能导致 STSA 值和 CTAB 比表面积之间存在差异。

总之，CTAB 比表面积和 t 图法比表面积，均为炭黑的外比表面积，这两种测量值大致相同。然而，根据实际情况，从测试过程、操作时间、所用试剂的简单性和操作成本等方面考虑，还是 t 图法具有一定的优势。

④ CTAB 吸附在白炭黑比表面积测量中的应用　Voet、Morawsk 和 Donnet[85] 是第一个采用 CTAB 吸附法测量白炭黑外比表面积的。与炭黑一样，CTAB 水溶液在白炭黑上的吸附等温线也具有很长的平坦段，表明其性质为单分子层吸附。这种吸附与表面化学性质无关。其测试程序类似于炭黑的测试步骤，但调整测试条件，如 pH 值要用缓冲溶液来调整[86]。白炭黑比表面积的计算方法是将 CTAB 吸附量乘以每个 CTAB 分子所占据的截面积（35Å^2）。

2.3.2　结构——聚结体的尺寸和形状

聚结体的形态是影响填料应用性能的另一项重要特征。"结构"这一术语，尽管其定义有些含糊不清，但它一直广泛用于填料和橡胶工业之中，借以描述聚结体的形态学特征。它最初是在 1944 年用来描述构成聚结体的不规则瘤状体的数量和随机分布的排列状态[87]。

比表面积不同的各炭黑品种之间，其结构是不能进行比较的。众所周知，结构性质与各个聚结体的蓬松程度密切相关。对同一质量、同一比表面积和含同一瘤状体数量的聚结体来说，呈开放蓬松状态的和呈线状排列者称为高结构，而集群呈紧凑排列者称为低结构。因此，现在用结构来描述具有相同比表面积的炭黑各品种之间的相对空隙体积。结构取决于聚结体的尺寸、形状及其分布。这些几何参数影响着聚结体在填充复合材料中的堆积状态和空隙体积。因此，在复合材料体系中，炭黑结构也是决定它作为补强剂和填充剂的性能的主要特征[20]。在液态介质中，结构影响其流变性能，例如黏度和屈服点。在橡胶中，填料的结构同样也影响胶料的黏度、未硫化胶料的挤出口型膨胀及模量、耐磨性、动态性能和导电性能。

各种填料的结构，可用透射电子显微镜直接观测，也可采用转盘式离心沉降光学测定仪来测量，还可用空隙体积来表征，而着色强度测定法仅适用于表征炭黑的结构。

2.3.2.1　透射电子显微镜

炭黑结构的直接测定方法是透射电子显微镜法（ASTM D3849）。该方法是唯一能提供聚结体尺寸、形状及其分布等信息的标准测试方法。图 2.7 和图 2.8 分别为橡胶用炭黑和白炭黑的典型电子显微镜图片（参见 2.3.1.1）。从这两幅图片可见，其聚结体的尺寸范围分布得相当广。

聚结体的尺寸通常与粒子的大小有关。聚结体的形状呈无限的多样性，从紧密的葡萄团状到开放的树枝状或支叉状排列，再到纤维状排列。

根据 Hess、McDonald 和 Urban[88] 的描述，聚结体的形状通常分为四种类别，如图 2.26 所示。

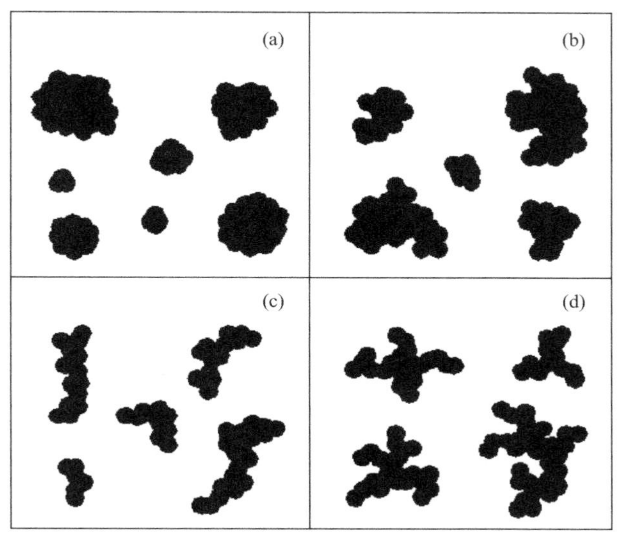

图 2.26　炭黑聚结体的形状类别

（a）球形；（b）椭球形；（c）线形；（d）支叉形[88]

尽管 ASTM 方法中列出的参数对于表征填料的形态是非常有用的，但以下各项参数更能完整地描述单个聚结体的二维图像：面积（A）、周长（P）、最大直径（D_{max}）和最小直径（D_{min}）、形状因子 F_{shape}（D_{min}/D_{max}）、多边凸形圆的周长（C_{perim}）和结构（C_{perim}/P）。以炭黑聚结体的二维图像为例（如图 2.9，参见 2.3.1.1），除了前面已描述的二维聚结体面积（A）和周长（P）的定义和度量方法之外，还定义了如下的其他参数：

D_A，等效圆直径，即：

$$D_A = 2(A/\pi)^{1/2} \tag{2.71}$$

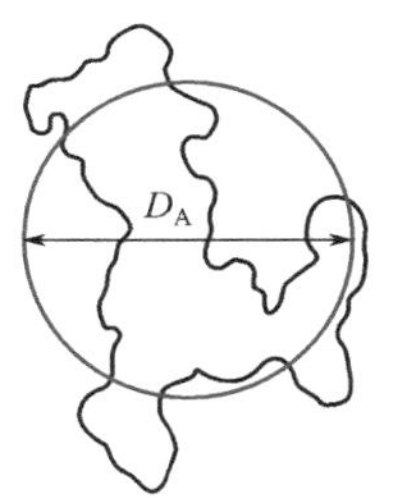

D_{max} 和 D_{min}，单个聚结体的最长直径（D_{max}）和最短直径（D_{min}）。它们是选择在 32 个方向（即角度差为 5.7°）测量的 Feret 直径的最长值和最短值。

C_{perim}，聚结体的多边凸形圆的周长，它定义为聚结体呈 64 边形凸圆的平均直径乘以 3.1416（π），即：

$$C_{perim}=\frac{1}{32}\sum_{1}^{32}(\text{Feret 直径})\pi \tag{2.72}$$

C_{perim} 也可理解为，它是围绕一个聚结体具有 64 个角的正多边形的周长。下图显示了这个仅有 6 个角的正多边形的例子。显然，实际的 C_{perim} 具有 32 个方向 64 条边，更接近于聚结体的形状。这项 C_{perim} 将始终小于聚结体的周长（P）。通常采用 P/C_{perim} 的比值来评估该聚结体表面凹凸不平的程度。

相应的，也可以计算出 ASTM D3849 标准中所列出的各种参数。

V_A，聚结体的体积：

$$V_A=(8/3)A^2/P \tag{2.73}$$

V_P，粒子体积，由下式得出：

$$V_P=\pi d_p^3/6 \tag{2.74}$$

而 n 为该聚结体中的粒子数目，它可由下式计算：

$$n=V_A/V_P \tag{2.75}$$

此外，用数千个聚结体的图像，还可以导出如下线性尺寸：

$\bar{P}$，聚结体的数均周长：

$$\bar{P}=\frac{\sum P}{N}\times\frac{k}{M} \tag{2.76}$$

式中，P 为聚结体的周长，nm；N 为测过的聚结体总数；k 是将仪器测得的聚结体尺寸转换成纳米的换算因子；M 为线性放大因子。

$\bar{A}$，聚结体数均面积：

$$\bar{A}=\frac{\sum A}{N}\times\left(\frac{k}{M}\right)^2 \tag{2.77}$$

$\bar{V}$，数均体积函数（例如，聚结体的体积）：

$$\bar{V}=\frac{\sum V}{N}\times\left(\frac{k}{M}\right)^3 \tag{2.78}$$

也可求得粒子和聚结体如下的一些分布参数：

n_t，测量过的聚结体所有粒子的总数，即$\sum n$。

m，平均粒径（nm）：

$$m=[\sum(nd_p)]/n_t \tag{2.79}$$

sd，粒子尺寸的标准偏差（nm）：

$$\mathrm{sd}=[\sum n(d_p-m)^2/(n_t-1)]^{1/2} \tag{2.80}$$

w_m，粒子的加权平均尺寸，nm：

$$w_m=[\sum(nd_p^4)]/[\sum(nd_p^3)] \tag{2.81}$$

h_i，粒径的不均匀指数：

$$h_i=w_m/m \tag{2.82}$$

N_t，已测量的聚结体的数目。

M，聚结体的平均尺寸：

$$M=\sum D_A/N_t \tag{2.83}$$

SD，聚结体尺寸的标准偏差（nm）：

$$\mathrm{SD}=[\sum(D_A-M)^2/(N_t-1)]^{1/2} \tag{2.84}$$

W_M，聚结体加权平均尺寸（nm）：

$$W_M=\sum D_A^4/\sum D_A^3 \tag{2.85}$$

HI，聚结体尺寸的不均匀指数：

$$\mathrm{HI}=W_M/M \tag{2.86}$$

例如，Cabot 公司生产的 CRX 1436 炭黑和 LM 150D 气相法白炭黑的形态参数列于表 2.3 和表 2.4 中。这些数据分别是从 2018 个炭黑聚结体和 2013 个白炭黑聚结体图像测得的平均参数。

表 2.3 由 TEM 测得的 CRX 1436 炭黑聚结体的形态参数

炭黑 CRX1436	算术数量		算术质量		几何数量		几何质量	
	平均	标准偏差	平均	标准偏差	平均	标准偏差	平均	标准偏差
A/nm^2	9221	13740	37240	31330	4613	1.15	25130	0.98
P/nm	659	644	1798	1241	475	0.78	1417	0.72
D_A/nm	91	59	199	88	77	0.57	179	0.49
D_{max}/nm	156	112	354	180	127	0.62	308	0.55
D_{min}/nm	95.6	68.2	216.8	107.2	78.0	0.62	189.5	0.55
F_{shape}	0.63	0.13	0.63	0.13	0.61	0.21	0.62	0.21
C_{perim}/nm	406	287	921	453	333	0.61	806	0.54
结构性	0.71	0.13	0.58	0.12	0.70	0.20	0.57	0.22

注：2018 个聚结体的计算结果。

表 2.4 由 TEM 测得的 LM150D 白炭黑聚结体的形态参数

气相法白炭黑 LM150D	算术数量		算术质量		几何数量		几何质量	
	平均	标准偏差	平均	标准偏差	平均	标准偏差①	平均	标准偏差①
A/nm^2	9139	8123	18563	13129	6168	0.97	14598	0.73
P/nm	907	645	1511	823	704	0.75	1299	0.57
D_A/nm	99	44	145	51	89	0.48	136	0.36
D_{max}/nm	185	97	280	119	160	0.56	256	0.43
D_{min}/nm	111	56	165	64	97	0.55	153	0.41
F_{shape}	0.62	0.13	0.61	0.13	0.60	0.22	0.60	0.22
C_{perim}/nm	479	243	723	287	417	0.55	666	0.42
结构性	0.61	0.14	0.52	0.11	0.59	0.23	0.51	0.21

① 几何标准偏差是以自然对数为单位。

注：2013 个聚结体的计算结果。

2.3.2.2 转盘式离心沉降光学测定仪

转盘式离心沉降光学测定仪（DCP）[89,90]，即带光学检测器的圆盘式离心机，是测量粒子尺寸和典型分布宽度的仪器。长期以来，DCP 一直用来测定炭黑聚结体的粒径分布[91]。这种技术的理论基础，在 Weiner、Walther 和 Tscharnuter[92,93] 以及 Bernt[94] 发表的文章中作了详细的阐述。

DCP 测定技术常分为两种：一种是线性启动方式；另一种是均匀启动方式。在测定橡胶用填料时，一般采用前者，即线性启动方式。如图 2.27 所示，试验时向充满液体的旋转空心圆盘的弯月形液面上注入少量的试样分散液。旋转空心圆盘中的液体称为旋转流体。通常，这种旋转流体保持一定的梯度，以防止流体动力学的不稳定性，它含有与试样分散液中成分相匹配的表面活性剂并保持一层非常薄的低蒸气压液层，以防止蒸发过程引起的致冷效应和热对流效应。在注入试样分散液之后，如果粒子密度大于旋转流体的密度，所有不同尺寸的粒子在高速离心力的作用下会通过旋转流体全都沿径向朝外沉降。粒子的沉降速率取决于其尺寸和密度。在特定的径向距离上，粒子挡住了光束，粒子的大小和相对浓度可根据已知的参数计算出来。在离心力的作用下，粒子的沉降过程可用 Stokes 定律来描述。对于一种球形粒子而言，粒子从弯月形液面（径向距离 R_0）移动到检测器（径向距离 R）的时间 t，可由下式求得：

$$t=\frac{18\eta_f\ln(R/R_0)}{\omega^2\Delta\rho D_p^2} \tag{2.87}$$

式中，η_f 是旋转流体的黏度；ω 是圆盘的角速度；D_p 是球形粒子的直径；$\Delta\rho$ 是粒子与流体之间的密度差：

$$\Delta\rho=\rho_p-\rho_f \tag{2.88}$$

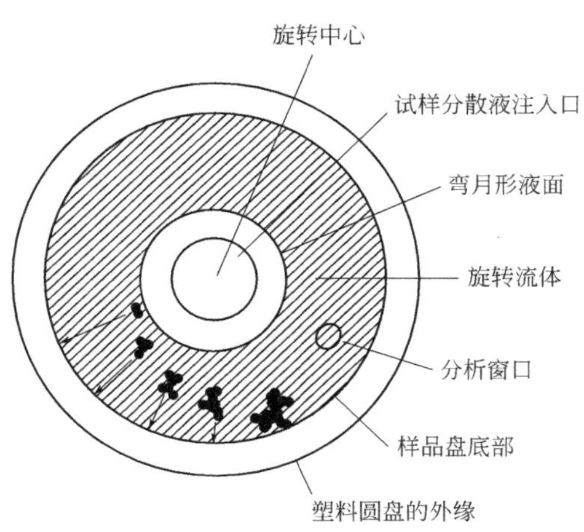

图 2.27 转盘式离心沉降光学测定仪的圆盘示意图

式中，ρ_p 和 ρ_f 分别为粒子密度和流体密度。R_0 很容易由圆盘中所用旋转流体的体积来确定。

当球体密度高于自旋流体密度的情况下，粒子沿径向朝外运动，检测器位于圆盘的内边缘附近。可根据 Stokes 定律［公式(2.87)］由重力场中的沉降速率推导出球体直径。对于水中的非球形炭黑聚结体而言，由于 $\Delta\rho>0$，等效 Stokes 直径 D_{st}，即为具有相同沉降行为的炭黑球直径。

然而，要完成填料粒子的粒度分布测试，需要知道在不同沉降时间 t 下这种填料的数量，而这要由浊度 τ 计算出来；浊度 τ 是从检测器测量输出的有粒子和无粒子的输出信号而求得。

粒径的微分体积分布（相当于假定所有粒子具有相同密度时的微分重量分布）由下式求得：

$$\frac{dV}{dD_p}=\frac{C\tau}{Q_{ext}} \tag{2.89}$$

式中，C 是固定检测器的位置常数。消光系数 Q_{ext}，在给定的光束波长、粒子大小（由上面的 Stokes 定律确定）以及粒子和液体的折射率的情况下，可从 Mie 散射理论计算而得。上述计算过程的假设是，把炭黑聚结体当作一种球体；即便它不是球状的，在对消光效应进行校正时，对光束的强吸收要比粒子形状更为重要得多。

炭黑在某一尺寸下的重量累积分布和聚结体微分尺寸分布曲线示于图 2.28 中。为了表征炭黑的结构，可从测定结果中得出一些参数，这些参数的定义如下：

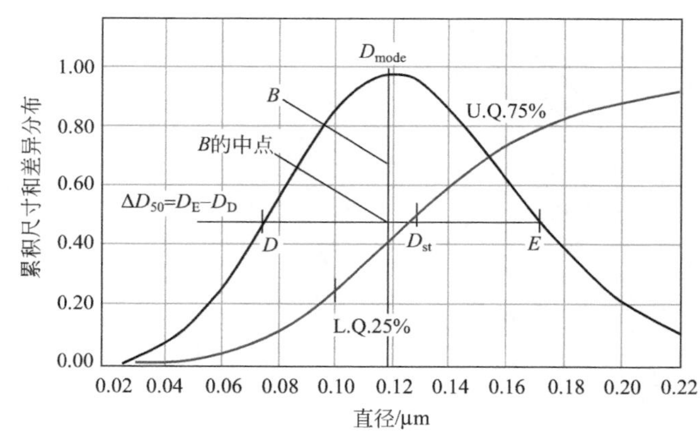

图 2.28　重量累积分布和聚结体微分尺寸分布曲线图

D_{mode} 为出现频数最多的聚结体尺寸，即重量分布曲线上的最高点；

ΔD_{50} 为在曲线峰高最大值50%处的分布曲线的宽度；

D_{st} 为Stokes直径，分布曲线的中值，即试样总重量的50%的聚结体大于该尺寸，而试样总重量的50%的聚结体小于该尺寸。

L.Q. 和 U.Q. 分别为下四分位值和上四分位值，即L.Q.为试样总重量的25%的聚结体小于该尺寸；而U.Q.为试样总重量的25%的聚结体大于该尺寸。四分比，即U.Q./L.Q.，为聚结体分布曲线宽度的度量。

应当指出，尽管大聚结体的沉积速率要比小聚结体更快，但该沉降速率也受到聚结体蓬松程度的影响，在聚结体的体积或质量恒定的情况下，蓬松状的聚结体，由于受到摩擦阻力的影响，其沉降过程要比密实的聚结体慢得多。DCP曲线是表征炭黑结构的一组参数；但是，由它测量出的几种直径需要与其他分析方法，如TEM的测定结果进行仔细地比对才行。

2.3.2.3 空隙体积的测量

填料聚结体的形状与单个球形粒子不同。这些更复杂形状在任何给定的蓬松填料样品内部都存在着空隙，而这些空隙要比球体的简单堆积形成的空隙大得多。目前，最常用的几种炭黑“结构”测量技术，都是靠测定吸收量，或靠测定在特定压力下的体积等方式来确定聚结体内部的空隙体积。实际上，在最大限度堆积填充的情况下的空隙量，几乎就是炭黑结构的同义词。目前，至少有两种广泛采用的测量方法。第一种方法是当聚结体被某种液体的表面张力吸引到一起时，测定充满聚结体之间所有空间所需的液体量。第二种方法是测定压缩体积，即测量给定重量的填料在指定压力下的体积，以此来确定炭黑内部的空隙体积。

(1) 吸油值 填料的空隙体积或蓬松程度，通常是用装有恒速滴定管的吸油计来测量的。其测定原理是根据填料和这种液体混合过程中的扭矩变化。当这种液体逐渐滴入到干粉状填料中，干粉在吸收液体时仍保持干燥状态，直到液体充满聚结体中的空隙。当快要充满聚结体之间的大多数空隙时，松散而易碎的混合物团块开始黏合；当填料从自由流动的粉末状变成半塑性的连续胶泥状时，混合物的黏度会急剧增加。然后，随着液体的持续加入，由于润滑作用，这种混合物黏度也随之降低，因此扭矩也随之下降。单位质量的炭黑，在达到预定的扭矩水平时所吸收的液体体积，即称为吸油值（参见图2.29）。

① 压缩试样的吸油值 吸油值的测定结果，在某种程度上会受到填料生产过程的后续加工处理工序的影响。此外，这项实验方法本身对测定时的剪切条件，以及先前的致密化程度也很敏感。因此，建议在吸油值实验测试之前，采用

一种繁琐的多次压缩程序，使填料的致密程度更加标准化[95]。

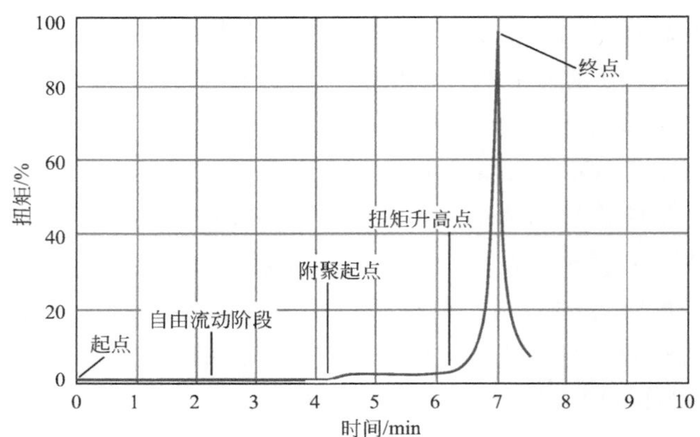

图 2.29　吸油计在加油期间力矩的变化[96]

在这一实验中，炭黑试样置于圆柱形缸筒中，用一种机械压力机在 165MPa 下重复压缩 4 次，而每次压缩之后应把试样粉碎，然后再进行下一次压缩，最后测量其吸油值。压缩试样的测定结果与胶料中的炭黑结构的相关性更好。由于相当多的填料要经过后续加工（如炭黑的造粒过程），以及填充到胶料中的混炼过程，吸油值的测定结果在很大程度上取决于施加于这些填料上的机械功。其实，施加到填料的机械功的多少，各家公司、不同的工厂，有时甚至是每小时都是不一样的。这种压缩实验，模拟了炭黑在造粒以及橡胶混炼过程中明显出现的结构破坏现象。当试样经受压缩时，填料的堆积状态更加密实，其密度进一步提高，同时加剧了聚结体最外层类似于“触角”部位之间的相互交织，强化了聚结体之间的相互交叉状态。上述这两种因素，都会降低聚结体的有效空隙，而聚结体的断裂也是有效空隙进一步减少的原因之一。因此，传统的吸油值和压缩试样吸油值之间的差值，即 ΔOAN 可以作为结构稳定性的一项指标。通常，较高结构的炭黑经压缩之后，其试样吸油值的降低程度要比低结构炭黑降低得更多。影响结构破坏的另一项因素是炭黑聚结体的线性度。通常，那些呈分支状结构的聚结体，要比线性的聚结体更容易遭到破坏。

ΔOAN 值也代表原始样品与压缩后样品之间空隙体积的差异。对同一品种的炭黑而言，ΔOAN 值越高则表明该填料在橡胶中的分散性越好，这种现象将在本书有关论述填料分散的第 4 章中予以详细讨论。

在炭黑行业中，测试常用的油是邻苯二甲酸二丁酯（DBP），但由于环保问题，也有人建议用石蜡油代替 DBP。实验结果表明，用这两种油料测出的吸油值数据存在一些差异[97]。各个聚结体的平均蓬松程度，通常可从 DBP 测定达到终点时聚结体之间所吸收的液体体积计算。

对其他补强填料而言，这种结构测量法不太令人满意。无论是气相法白炭黑还是沉淀法白炭黑，得出的结果都很高，显然是由于聚结体之间的聚集作用太强，在实验过程中不能完全打开所致。显然，这两类白炭黑填料不能在加压下以压缩试样的方式测定其 DBP 值。这是因为聚结体遭到严重破坏，导致填料高度致密，试样经压缩后成为很硬的圆片状。

② 由 TEM 图像计算 DBP 吸收值　Medalia[98] 认为，DBP 吸收值可根据 TEM 图像分析的结果计算出来。换句话说，DBP 值的物理含义应该与炭黑聚结体的尺寸和形状有一定的关联。下面将详细说明 Medalia 对这个问题的理论考量和实际的处理方法。

a. 单个聚结体的等效球模型　假定电子显微镜观察到一个聚结体的投影面积为 A，若把它看作一个与该投影面积相等，而直径为 D 的等效球的话，于是：

$$D=(4A/\pi)^{1/2} \tag{2.90}$$

这一等效球的体积 V_{es} 为：

$$V_{es}=\frac{\pi D^3}{6}=\frac{\pi}{6}\left(\frac{4A}{\pi}\right)^{3/2}=\frac{4A^{3/2}}{3\sqrt{\pi}} \tag{2.91}$$

一个聚结体（或等效球）内固态炭的体积 V_a 为：

$$V_a=N_pV_p \tag{2.92}$$

式中，N_p 是聚结体中初级粒子的数目；V_p 是每个粒子的体积。对这种 TEM 数据的理论处理方式是基于如下的假设，即测量出的聚结体（二维）的特性与计算出的聚结体（三维）性能之间的关系，与一种随机取向的模拟絮凝体的性质是一样的，至少在统计学意义上是如此。对于一个模拟的絮凝体来说，Medalia 等人[99,100]认为：

$$N_p=(A/A_p)^{\alpha} \tag{2.93}$$

或

$$A=A_pN_p^{1/\alpha} \tag{2.94}$$

式中，A_p 是单个初级粒子的投影面积；而 α 是一项指数，文献［99］认为它等于 1.15。因此：

$$V_p=\frac{4A_P^{3/2}}{3\sqrt{\pi}} \tag{2.95}$$

$$V_{es}=V_pN_p^{(1.5/\alpha)}=V_pN_p^{1.305} \tag{2.96}$$

由电子显微镜数据计算出 DBP 吸收值，正如下文所讨论的那样，它会涉及空隙率的计算问题。单个聚结体或絮凝体的空隙率 e_{floc}，是该等效球体内的空隙空间除以等效球体内固态炭的体积：

$$e_{\text{floc}}=\frac{V_{\text{es}}-V_{\text{a}}}{V_{\text{a}}}=N_{\text{p}}^{[(1.5/\alpha)-1]}-1=N_{\text{p}}^{0.305}-1$$

$$=\left(\frac{A}{A_{\text{p}}}\right)^{1.5-\alpha}-1=\left(\frac{A}{A_{\text{p}}}\right)^{0.35}-1 \tag{2.97}$$

从上述公式可以看出，确定每个聚结体中的粒子大小是很重要的。尽管当初曾假设过所有的聚结体的粒子大小都是相同的[100]，但后来的观察发现，投影面积较小的聚结体一般是由小粒子组成，而大聚结体往往是由大粒子组成的。然而，在每个聚结体尺寸范围之内，其粒子大小的分布范围却相当宽。

b. 蓬松试样的空隙率　用某种油料或 DBP 吸收滴定法测定填料的临界体积浓度或滴定终点，它是以油料作为载体来填充空隙空间，填料表面历经油料载体的剪切和润湿作用，达到良好的填充状态。在形成“软球”达到测定终点时，炭黑的等效球经过这一番填充之后，所有的空隙空间基本上都被油料所充满。因此，滴定所需的油料总量，是由两部分构成的：一部分是填满等效球中空隙空间所需的油料量，而另一部分是填满等效球之间的空隙空间所需的油料量。

蓬松炭黑试样的空隙率ϵ的定义为：

$$\epsilon=\frac{\text{各等效球之间的空隙体积}}{\text{炭体积}} \tag{2.98}$$

炭黑的空隙率，如公式(2.99)～公式(2.101) 所示，它是按照球体的堆积方式而推导出来的，这种堆积方式正是手工测定吸油值形成“软球”的终点。

$$e=\frac{\text{等效球内的空隙体积}+\text{等效球间的空隙体积}}{\text{固态炭体积}} \tag{2.99}$$

$$e=\frac{\sum(V_{\text{es}}-V_{\text{a}})}{\sum V_{\text{a}}}+\frac{\text{等效球间的空隙体积}}{\text{等效球体积}}\cdot\frac{\text{等效球体积}}{\text{固态炭体积}} \tag{2.100}$$

$$e=\frac{\sum V_{\text{es}}}{\sum V_{\text{a}}}-1+\epsilon\frac{\sum V_{\text{es}}}{\sum V_{\text{a}}}=\frac{\sum V_{\text{es}}}{\sum V_{\text{a}}}(1+\epsilon)-1 \tag{2.101}$$

Medalia 及其同事在 TEM 图像的研究过程中，测量了单个聚结体的面积，并计算了每个聚结体中各初级粒子的平均直径。他们从给定的 200 多个聚结体的计算机运算数据中，计算出$\sum(A^{3/2})$ 的值；又用该值计算出如下结果：

$$\sum V_{es}=\frac{4}{3\sqrt{\pi}}\sum(A^{3/2}) \tag{2.102}$$

把公式(2.92）和公式(2.93）合并，可计算出每个聚结体内的固态炭体积 V_a：

$$V_a=\left(\frac{4A}{\pi d_p^2}\right)^{\alpha}\left(\frac{\pi d_p^3}{6}\right) \tag{2.103}$$

从而也可求得 $\sum V_a$ 的值。为了计算出空隙率 e，公式(2.101）中所需的各项实验数据，可从 TEM 图像分析结果中得到。

到目前为止，上述的理论处理方法，都是假设絮凝体是由球形的初级粒子组成的，而且相互之间都是以点接触的方式，但是实际的炭黑聚结体中各粒子间大都呈熔合状态。因此，绝大多数粒子的外观是一种不规则的瘤状体，而不是球形粒子（参见图 2.30）。

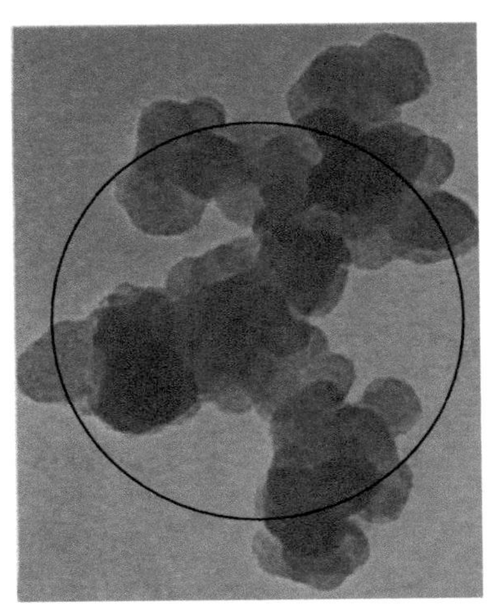

图 2.30　Vulcan 3 (N330) 炭黑聚结体电子显微镜影像，其投影面积与图中圆环面积相等[98]

基于对粒子之间熔合效应、等效球尺寸和堆积效应及聚结体不对称性的校正[101,102]，当聚结体为随机取向成像时，单位体积内的炭黑的空隙率 e_c^* 为：

$$e_c^*=\left(\frac{\sum V_{es}}{\sum V_a}\right)\left(\frac{1+\epsilon}{C}\right)g-1 \tag{2.104}$$

式中，C 是粒子熔合的校正因子；g 是不等轴校正因子[99,100]。

③ 由 TEM 影像计算 DBP 值　利用 TEM 图像分析技术，可很容易地测量每

个聚结体的投影面积 A，并通过测量每个聚结体中可分辨的粒子来确定其中的平均粒径。相应地，计算出每个聚结体内固态炭的体积 V_a 和 $A^{3/2}$ 的值，并把每个聚结体的测定结果加和，求出 $\sum V_a$ 和 $\sum A^{3/2}$，再经公式(2.102) 求出等效球总体积$\sum V_{es}$。采用这种测量程序的理由是，单个聚结体通常是由尺寸几乎相同的粒子组成的，或者至少比整个材料的粒度分布窄得多。表 2.5 列出了结构和粒径各不相同的 8 种橡胶用炭黑的 $\sum V_{es}/\sum V_a$ 的实测值。根据公式(2.104)，从 $\sum V_{es}/\sum V_a$ 比值计算出空隙率 e_c^*，式中蓬松炭黑试样的空隙率$\epsilon=0.46$；熔合部位的修正因子 $C=1.4$；不等轴度校正因子 $g=0.94$。

表 2.5 由 TEM 显微图像计算的 DBP 吸收值[98]

炭黑	ASTM 分类	$\left(\frac{\sum V_{es}}{\sum V_a}\right)$	e_c^*	DBP_{Abs}	e_{DBP}	DBP_{EM}	$\left(\frac{DBP_{EM}}{DBP_{Abs}}\right)$
Regal 660	N219	3.233	2.17	72.4	1.55	66.6	0.92
Regal 300	N326	3.92	2.84	73.1	1.56	90.6	1.24
Spheron 6	S301	3.293	2.23	97.5	2.09	68.7	0.70
Vulcan 3	N330	4.385	3.30	97.9	2.09	106.9	1.09
Sterling SO-1	N539	4.100	3.02	97.0	2.07	97.0	1.00
Vulcan 6	N220	4.959	3.86	117.4	2.51	127.1	1.08
Vulcan 3H	N347	5.039	3.94	128.9	2.76	129.9	1.01
Vulcan 6H	N242	5.602	4.49	139.5	2.98	149.6	1.07

由实验测得的 DBP 吸收值计算出空隙率 e_{DBP} 示于表 2.5 中。如前所述，在用吸油计滴定 DBP 的终点，炭黑-DBP 混合物呈易碎团块状，其中包含不确定量的空气。但是，如果再添加更多的 DBP，则可把这种物料滚成一个几乎没有可见气穴的“软球”。业已发现，由 DBP 和橡胶用炭黑形成的这种“软球”的空气含量约为 DBP 体积的 2%。对橡胶用炭黑而言，这种手工法测定 DBP 的“软球”终点，要比仪器终点的 DBP 体积大约多 13%[96]。加上这两项修正值，得出的结论是，达到仪器终点所需的 DBP 体积比空隙体积少 15%。要转换成以体积为单位，还必须乘以炭黑的密度（1.86g/cm^3）。因此：

$$e_{DBP}=DBP_{Abs}\times1.15\times1.86/100=DBP_{Abs}\times0.02139 \qquad (2.105)$$

式中，DBP_{Abs} 为用吸油计测定的 DBP 吸收值，mL/100g。

如表 2.5 所示，这 8 种炭黑由实测的 DBP 吸收值计算出的空隙率 e_{DBP} 的值均低于随机取向的聚结体熔合部位经修正后的空隙率 e_c^* 值。为了使这两项空隙率的一致性更好，必须在公式(2.104）中再引入一项经验校正因子。为了计算该因子，人们注意到表 2.5 中的（$e_{DBP}+1)/(e_c^*+1)$ 的平均比值为 0.765。因此，把公式(2.104）中的$\sum V_{es}$ 项乘以 0.765，这些数据的一致性便可达到最佳。经过这种校正之后，这项靠经验校正的空隙体积为：

$$e_c' = \frac{0.765\sum V_{es}}{\sum V_a} \times \frac{1.46}{1.4} \times 0.94 - 1 \tag{2.106}$$

而依据 TEM 数据计算出的 DBP 吸收值为：

$$DBP_{EM} = \frac{e_c' \times 100}{1.86 \times 1.15} = \frac{e_c'}{0.02139} \tag{2.107}$$

正如人们所预期的那样，该校正得出的 DBP_{EM} 值与实际测量值非常一致。DBP_{EM}/DBP_{Abs} 的平均值为 1.015，标准偏差为 0.16。

表 2.5 中列出的数据是 8 种炭黑，由其 TEM 显微图像计算出的 DBP 吸收值以及在计算过程中所涉及到的各项参数，而这 8 种炭黑的 DBP 吸收值涵盖了低结构、正常结构和高结构，而它们的平均粒径大约相差两倍。为了让电子显微图像的计算结果与 DBP 滴定数据完全一致，必须将$\sum V_{es}$ 乘以这项经验校正因子 0.765。这项经验校正因子可理解为是对等效球最初假设的修正（最初假设等效球与聚结体的投影面积完全相同）。现在看来，假设这些等效球的体积是最初假设体积的 0.765 倍，即可解决这个问题。这相当于直径为原来直径的 0.915 倍（即 $0.765^{1/3}$），或等效球直径 D 缩小了 8.5%。鉴于絮凝体的模拟工作和聚结体堆积方式分析的不确定性，这种缩小等效球直径 D 似乎并非不合理。

对这项经验校正因子的另一种解释，可能是公式(2.93）中的指数 a 的取值。从公式(2.97）可以清楚地看出，单个絮凝体的空隙率对 a 值非常敏感。对于给定的絮凝体而言，$(e_{floc}+1)$ 的计算值与 $A^{1.5-a}$ 成比例；因此，a 值的增加会导致 e_{floc} 的计算值更小。

以上 Medalia 由 TEM 图像分析数据计算出 DBP 吸收值，是基于对炭黑形态的深入了解。这也进一步提升了我们对炭黑各项性能及其在橡胶补强方面的应用的理解。

(2) 压缩体积 另一种测定炭黑聚结体结构中空隙体积的方法，是测定给定质量炭黑在特定压力下的体积。这是一种客观的方法，因为炭黑的真实密度是已知的。在给定压缩条件下，考虑到炭黑体积是恒定的，空隙体积可由其堆积密度计算出来。这样计算出的空隙体积是一个真实值，与其他方法不同的是，它不受粒子大小的影响[103]。

这种实验设备和实验程序都很简单。压缩系统的主要部件是一只圆柱形缸筒和两个与缸筒呈松散配合的堵头，可使试样中的空气逸出，而摩擦力也相对较小。把下堵头放在钢制基座上；上堵头是由与压力发生器的活塞直径相同的柱塞驱动的。实验期间可以读取施加到柱塞上的压力值。在典型的压缩实验中，把几克炭黑样品放入该缸筒中，向柱塞施加压力，这两个堵头之间的炭黑高度很快变得恒定。压缩后的炭黑体积可由下式计算：

$$V_A = h \times 3.1416D^2/4000 \tag{2.108}$$

式中，V_A 是已知质量炭黑试样真实的压缩体积，cm^3；h 是被压缩炭黑在圆柱形缸筒中的高度，mm；D 是圆柱形缸筒的内径，mm。

炭黑的理论体积可用下式表示：

$$V_T = m/d_{CB} \tag{2.109}$$

式中，V_T 是已知质量试样的理论体积，cm^3；d_{CB} 是公认的炭黑密度，为 $1.90g/cm^3$，而 m 为已称重炭黑样品的质量，g。

每单位质量（100g）的炭黑的空隙体积为：

$$V_v = V_A - V_T \tag{2.110}$$

式中，V_v 是该炭黑的空隙体积，$cm^3/100g$。

该炭黑的空隙率 e 为：

$$e = (V_A - V_T)/V_T = V_v/V_T \tag{2.111}$$

尽管这种方法已作为标准实验方法收入到 ASTM D6086 之中，但很长一段时间以来，人们对它还是进行了不少的研究工作。从历史上看，Benson[104] 等人于 1946 年在研究炭黑自身的“电阻率”时，作为研究课题的一部分，发表了有关炭黑压缩性与结构之间关系方面的数据。随后，Studebaker[71] 在 5.06MPa 的固定压力下，测定了几种橡胶用炭黑的比容，发现其比容与矿物油的吸收值之间具有很好的相关性。Mrozowski[105] 等人则在较高的压力下对实验结果的影响进行了详细的研究。同时，Medalia[103] 及其同事也对此进行了全面研究，探讨不同试验条件和不同类型的炭黑的压缩机理。Voet 和 Whitten[106,107] 在更宽的压力范围内测定了更多的橡胶用炭黑和其他类型炭黑的压缩体积。

① 压缩性和压力之间的关系　Medalia 和 Sawyer 把图 2.31 中所示的 6 种炭黑分别置于一种不锈钢筒中，逐渐施加压力，直到压力高达 51.7MPa，进行多点测量其体积的变化。为了便于理解，图中的数据以半对数方式绘制，呈现出良好的线性关系。从图 2.31 可以看出，吸油值极高（337mL/100g）的乙炔炭黑，其直线穿过其他 3 种炭黑的直线并与它们相交。由此可见，若

在单一压力下对几种炭黑的测定结果进行比较时，依据所选用的压力高低，会得出不同的结论。对高结构、正常结构和低结构的炉法炭黑和热裂炭黑而言，在压力从 5.7MPa 至 207MPa 的范围内，它们的压力与体积的半对数图都呈现出良好的线性关系。这些数据是用造粒炭黑试样测得的。粉状炭黑试样在低压下会偏离直线，但在高压下会与造粒炭黑试样给出差不多相同的结果。

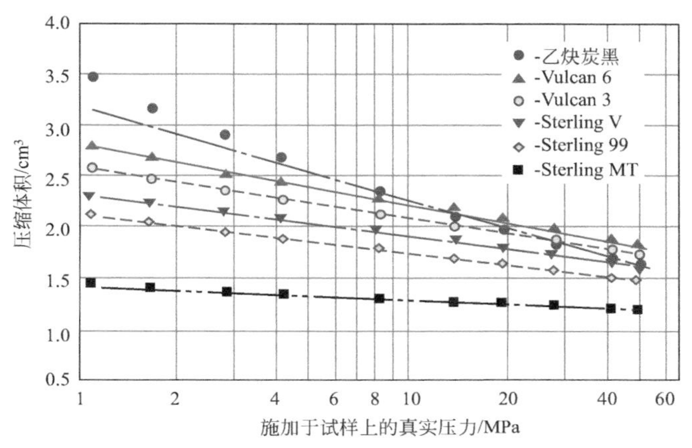

图 2.31　6 种炭黑的可压缩性数据的半对数坐标图[103]

Voet 和 Whitten[106,107] 利用 Mrozowski 的技术，在较宽的压力范围内测定了更多的橡胶用炭黑及其他类型的炭黑。除了在低于 0.07MPa 的非常低的压力或高于 69MPa 的非常高的压力之外，炭黑的比容与压力的对数呈线性关系。对于 8 种粒径范围从 N200 到 N700 的橡胶用炭黑，其比容与压力的关系如图 2.32 所示。该图清楚地表明，结构较高的炭黑，在任何给定的压力下其比容也都是最高的，而且随着压力的增加，比容也下降得最快；当压力外推至约 90MPa 处，几条直线都汇集到一点。在这点上，其空隙体积近似等于相同尺寸的球状体在随机堆积的情况下相互接触时的计算值。于是，这两位作者得出的结论是，要比较不同品种炭黑之间的比容，实验压力选在 9.79MPa 附近，会得到满意的单点测量结果。

因为压缩体积与压力对数在有限压力范围内呈线性关系，每种炭黑的空隙率 e 可表示为：

$$e = A - B(\lg p) \tag{2.112}$$

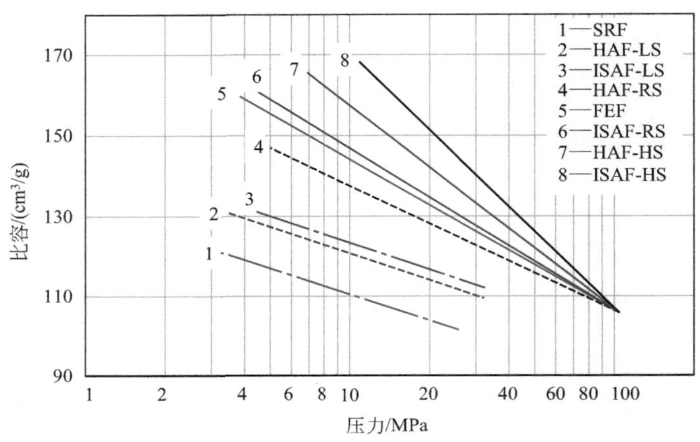

图 2.32 各种炭黑的比容-压力关系[106, 107]

式中，p 是压力；A 和 B 分别代表这条直线的截距和斜率。Medalia 等人发现对于结构范围较宽的多种炉法炭黑和热裂炭黑，其吸油量与压缩参数 B 有很好的相关性（图 2.33）。这种相关关系适用于粒径相同但结构差异较大的同一系列炭黑［图 2.33 的正方形图标代表了粒径为 ISAF（N220）的 3 种实验炭黑］，也适用于结构相似但粒径不同的炭黑，例如 HAF-LS（N326）和 SRF（N660）。

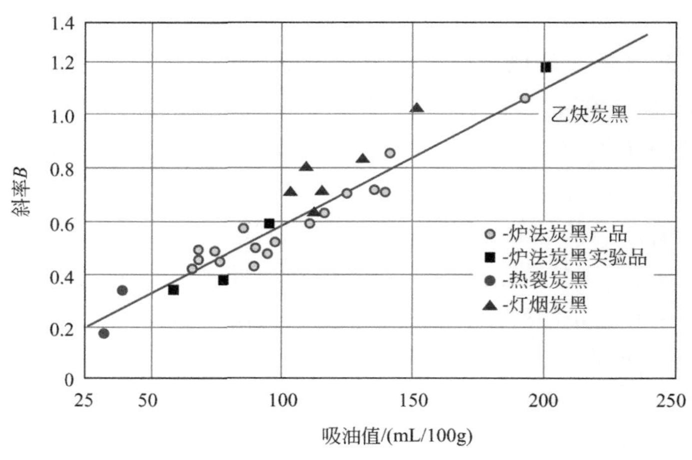

图 2.33 炉法炭黑、热裂炭黑和灯烟炭黑的压缩性的斜率 B 与吸油值的关系[103]

从炭黑可压缩性的半对数关系图的直线（如果需要的话可用外推法延长），可以计算出各种压力下的空隙率。如图 2.34 所示，对在 0.69MPa（外推的）下压缩的所有炭黑（除了两种结构最高者之外）而言，由可压缩性算出的空隙率与吸油值计算出的空隙率（图 2.34 中的虚线）非常接近。各种炭黑随着压力的增加及结构的逐渐降低，由可压缩性算出的空隙率低于由吸油值算出的空隙率[71]。

显然，可以利用单一压力下的空隙率代替 B 值来测量结构，但是为了适用于炭黑的整个结构范围，空隙率的测定压力必须相当低，不高于 7MPa，尽可能在 2～4MPa 区间内。在这种低压下，测得的空隙率在一定程度上取决于初始堆积密度，也可能取决于造粒炭黑的颗粒硬度。因此，最好用 B 度量结构，而不是用单一压力下的空隙率。

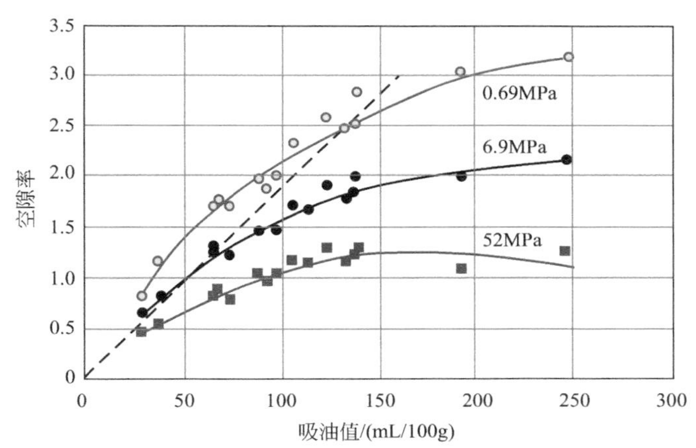

图 2.34 各种炉法炭黑，产品和热裂炭黑在不同压力下的空隙率 (e) 与吸油值的关系[103]

② 压缩的机理　根据 Medalia 的研究，有人认为，压缩破坏了填料的聚集体，随后是由此形成的碎片填充空隙。炭黑经压缩至 52MPa 后，简单地释放压力，压缩后的样品只有略微膨胀，但即使所施加的压力完全消除，其体积也要比压缩前小得多（图 2.35）。对结构最高的炭黑来说，其体积的弹性恢复最大，这表明聚结体具有类似弹簧的作用，而不是由于初级粒子的弹性压缩，Mrozowski 等人也证明了这一点[105]。

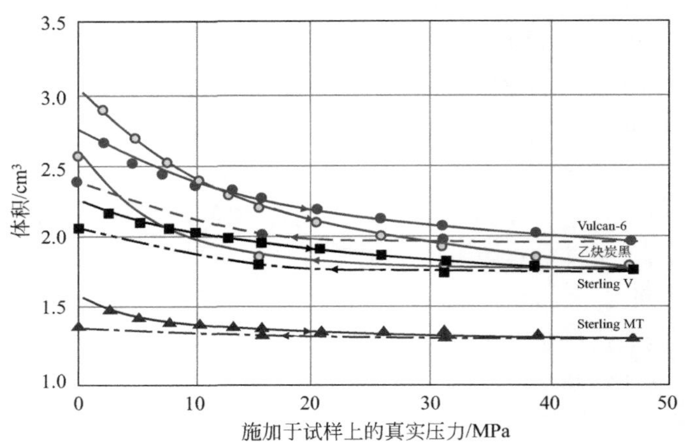

图 2.35 压力释放后炭黑体积的恢复情况[103]

粉末材料在振动或敲击的条件下可促进其填充压实的过程。图 2.36 为试样在压缩期间典型的敲击效果。每次增加压力后，无需敲击即读取出体积数值；然后再用手锤或者电锤敲击钢筒，直到体积没有变化。显而易见，在给定压力下的敲击作用，导致炭黑受到额外的压实或压缩程度，超过了给定的静压力。

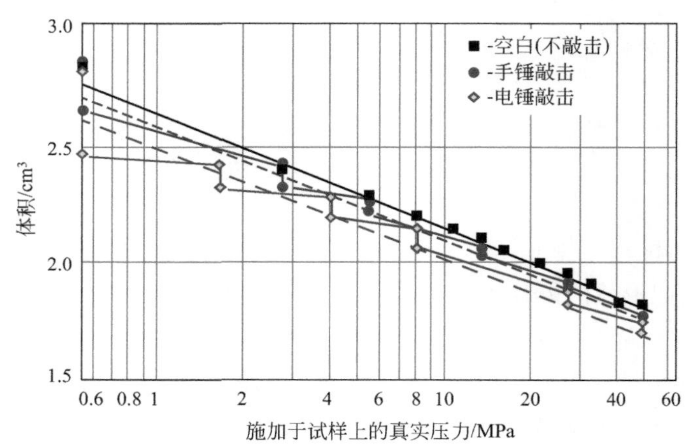

图 2.36 敲击作用对 Vulcan3 压缩性的影响[103]

在图 2.36 中，通过各敲击平衡点画出两条直线（如虚线所示），从这些直线可计算出 A 和 B 值。对以此方式研究的 5 种炭黑而言，施加敲击试样的 B 值要比无敲击的 B 值低 10%～15%。这是因为在低压下的敲击作用要比高压下产生更多的压实效果。

可以通过将压力计放置在中间堵头的下方，同时独立支撑缸筒，并测量施加的力与传递到底部堵头的力之间的差值来测量钢质堵头和缸筒内壁之间的摩擦力。业已发现，炉法炭黑和热裂炭黑的摩擦力损失仅是样品高度的函数，与其结构、粒径以及初始堆积密度或试样重量无关。

把 5g 造粒炭黑样品，置于内径为 28.7mm 的缸筒中，在较高压力下，平均摩擦损耗小于 10%。当样品量选择在 3～7.5g 之间，摩擦损失足够小，实验测定的压缩性曲线（以每克为基础）几乎与样品量无关。

(3) 压汞法 测量炭黑“结构”最常用的技术，是基于特定压力下测量其吸收量或测量压缩体积来度量内部空隙体积。然而，这两种方法的测定结果都是表征填料的总孔隙体积。压汞法，亦称水银孔隙率法，可测出填料的孔径分布，获得详细的结构信息。

压汞法测量孔隙度的原理是根据 Washburn 理论[108,109]，迫使水银进入直径为 d 的毛细微孔所需的压力 p：

$$p=(-4\gamma\cos\theta)/d \tag{2.113}$$

式中，γ 是汞的表面张力；θ 为液体与该材料表面的接触角。对于汞孔隙度测定而言，γ 取 480dyne/cm（$1\text{dyne/cm}=10^{-5}\text{N/cm}$），而 $\theta=140°$，将公式(2.113)改写为：

$$d=1.5/p \tag{2.114}$$

式中，d 的单位为 μm；p 的单位是 kgf/cm^2（$\text{kgf/cm}^2=0.1\text{MPa}$）。

压汞法是将水银压入抽真空样品的孔隙中并测定一系列压力下的压强和体积，以计算出孔径分布。

实验程序如下：将完全除气的颗粒状材料样品称重，并放入一耐压圆柱形钢筒中，然后将其抽真空，清除掉所有吸附的气体。然后，将纯净水银注入钢筒之中，并在各种压力下进行一系列压强和体积测量，直至达到所需的最高压力。

在该压力范围的任何部分中，每提升一较小的压力增量 Δp，水银体积相应减小一个 ΔV，显然这些消失的水银必定填充孔隙体积，而孔隙的有效直径介于 d 和 $d-\Delta d$ 之间。

Moscou、Lub 和 Bussemaker[109] 已把此方法用来表征炭黑的孔隙度。图 2.37 显示了所记录的孔隙率曲线的一般形状，并依据该曲线的形状来解释炭黑聚集体中存在着不同类型的孔隙。该曲线左侧非常陡峭部分（体积 A）表示聚结体中的孔隙体积，这是真实的“结构孔隙体积”；体积 B 是聚结体之间的孔隙体积；总体积 C 相当于该填料聚集体中的孔隙体积。

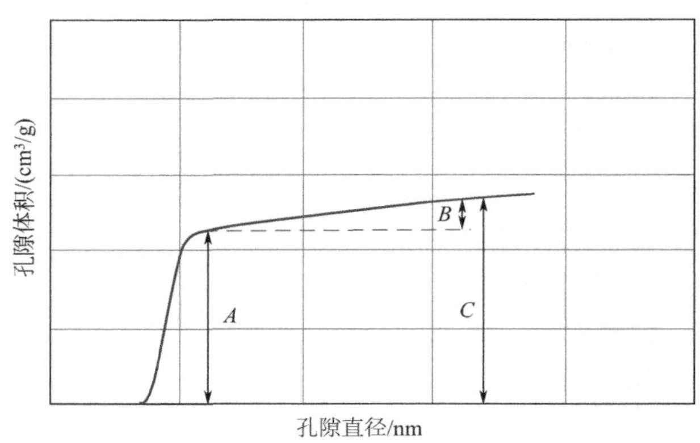

图 2.37　压汞法测定的孔隙度曲线的一般形状[109]

图 2.38 显示出 3 种不同类型的孔隙体积，即填料的孔隙体积由 3 部分组成：聚结体内部孔隙体积、聚结体之间的孔隙体积和聚集体之间孔隙体积。

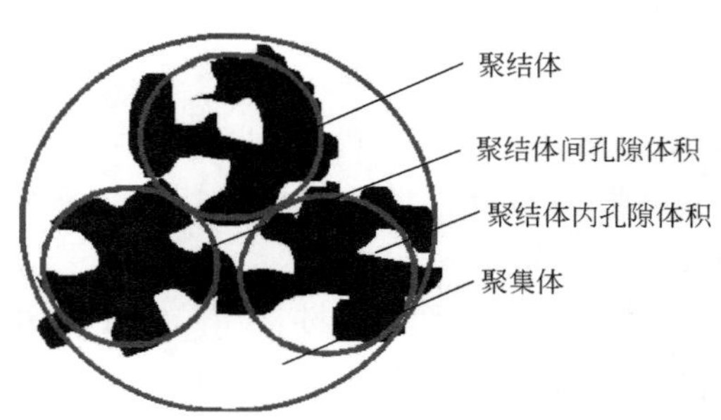

图 2.38　填料的不同类型孔隙体积的示意图

图 2.39 为两种炭黑 N234 和 N550 以及它们不同比例混合体的孔隙体积的积分曲线。N234 的比表面积为 $119m^2/g$，压缩试样的 DBP 值为 102mL/100g；N550 的比表面积为 $40m^2/g$，压缩试样的 DBP 值为 85mL/100g。所有炭黑试样的孔隙分布的形状是相同的，然而 N550 炭黑的孔径较大，孔隙体积迅速增加，

其积分孔隙体积明显较小。这些情况也可从图 2.40 的孔径微分分布曲线图中看出来。与 N550 相比，炭黑 N234 的孔隙体积更大，而且出现频率最高的孔径要小得多，其孔径分布也窄得多。当把这两种炭黑按不同比例混合时，大体上为加和函数关系。

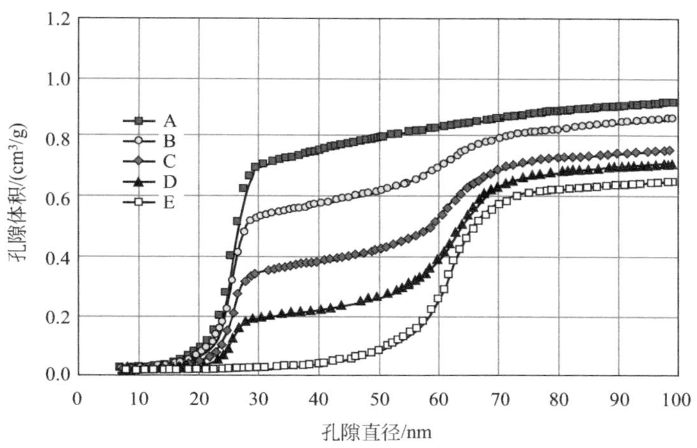

图 2.39　累积孔隙体积随炭黑 N550 和 N234 共混体系的变化

N234/N550：A—100/0；B—75/25；C—50/50；D—25/75；E—0/100

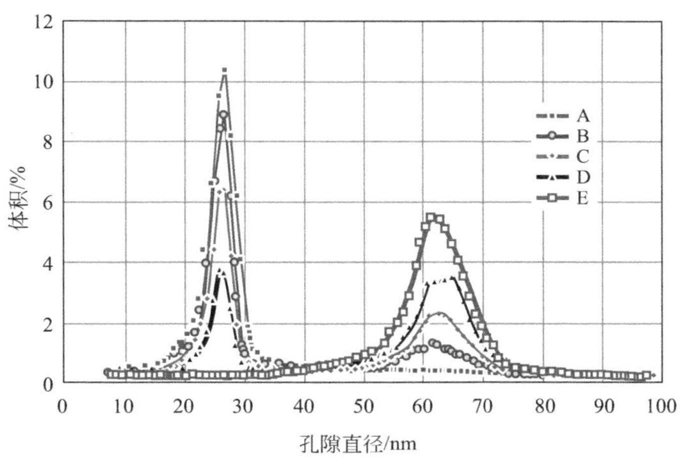

图 2.40　炭黑 N550 和 N234 共混体系孔径分布曲线

N234/N550：A—100/0；B—75/25；C—50/50；D—25/75；E—0/100

如今，水银孔隙率测定法是表征白炭黑最有用的工具。现已公认，白炭黑作为轮胎胎面胶中的主要填料之一，要比炭黑具有一些独特的优势。它改善了填充胶料的滞后性能与温度的依赖关系，为轮胎提供更低的滚动阻力和更好的牵引力。但是，由于这种材料的表面极性很高，在低极性橡胶之中很难分散，从而导致耐磨性差。人们已经开发出一种新品种，称作高分散性白炭黑，力图通过增加聚结体之间以及聚集体之间的孔隙体积来改善其分散性。正如本书第 4 章“填料分散”中将要详细讨论的那样，造粒后的填料中的孔隙体积，在填料分散过程中起着非常重要的作用。而且，填料中孔径分布测定法，已成为鉴别高分散性白炭黑必不可少的工具。

图 2.41 为用汞孔隙率法测得的普通白炭黑 165 和高分散性白炭黑 165MP 的孔隙分布曲线。这两种白炭黑的比表面积均约为 $165m^2/g$。显然，尽管它们的聚结体内部的孔径尺寸和孔隙体积是相似的（填料聚结体内部的孔径尺寸和孔隙体积是真正的“结构”性质），但高分散白炭黑中的聚结体之间的孔隙体积以及聚集体之间的孔隙体积却要高得多。这当然是高分散白炭黑 165MP 在胶料中分散得更好的根本原因。

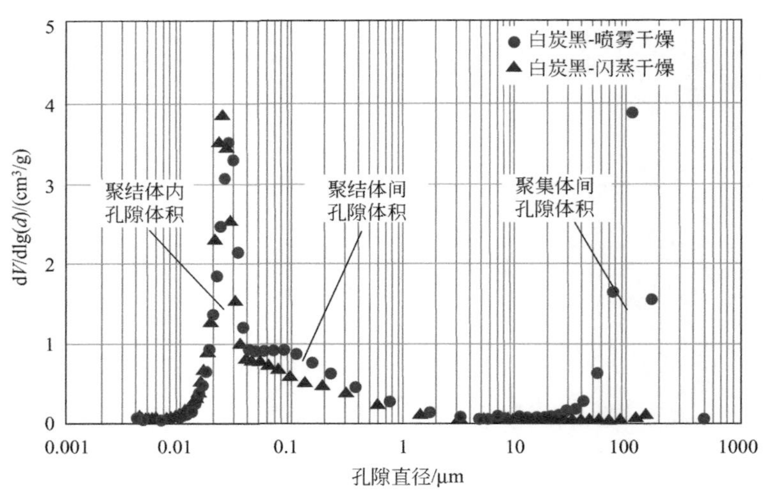

图 2.41　高分散白炭黑 165MP 和普通白炭黑 165 的汞孔隙度测定结果

2.3.3　着色强度

炭黑的着色强度是在黑色和白色颜料的混合物中使混合颜料变成灰黑色能力

的度量，即该混合颜料对整个可见光谱中的光散射或光反射的减弱程度。炭黑的着色强度长期以来一直用于炭黑的质量控制。虽然着色强度的基本原理是很好理解的，但是着色强度和炭黑结构特性的相关性并不简单。

众所周知，炭黑的着色强度主要取决于其粒径[87,110]，这种关系是着色强度试验用来控制炭黑质量的主要依据。然而，通常也认为，以吸油值或邻苯二甲酸二丁酯（DBP）吸收值试验测定的炭黑结构对着色强度也有显著的影响。在给定粒径的情况下，较高的“结构”或较高的DBP吸收值，通常着色强度是比较低的。炭黑的着色强度与这两种固有形态参数之间，已建立了某些经验关系。

在实际的着色强度试验中，通常是把炭黑与一种诸如氧化锌或二氧化钛的白色颜料在适当的展色剂中混合。然后，把灰色墨浆涂成一层不透明的薄膜测其反射率。其反射率不仅取决于炭黑和白色颜料的光学性质，还取决于各种测试条件，如颜料的浓度和分散程度、展色剂的折射率、光的波长，以及测量反射率所用的光学仪器等。具体的测试方法可以参考ISO和国家标准。

(1) 着色强度的测试机理 Medalia 和 Richards[111] 认为，对测试用含黑白两色颜料的混合墨浆来说，几乎所有的光散射都是由白色颜料引起的，而几乎所有的光吸收都是来自黑色颜料。此外，这类测试都是以这样的方式进行，即白色颜料的光散射性质在每次测试当中都保持恒定。因此，Kubelka-Munk[112] 认为，这种墨浆的光散射系数 S 是个常数，而光吸收系数 K 则取决于炭黑的着色强度。由于在典型的着色强度测试中，所用的灰色墨浆的反射率 R 通常都小于 0.08，因此炭黑着色强度与光吸收系数 K 成正比。炭黑的形态性质对着色强度的影响，通常可归纳为如下 3 点：对大粒径炭黑而言，着色强度随着粒子尺寸的减小而增加；对小粒径炭黑而言，着色强度对粒子尺寸不太敏感；对粒径极小的炭黑而言，着色强度与粒子大小无关。

炭球尺寸即便低到与着色强度无关的时候也要比实验观察到聚结体内的初级粒子的尺寸大得多（约为 4 倍）。这是由于炭黑是以许多近似于球形的初级粒子熔合在一起，是以聚结体的形式而存在的。图 2.42 为典型的炭黑聚结体和两个球体的模型。图中左边的“实心球”，其所含的固态炭的体积与聚结体的相同，而右边的“等效球”则与该聚结体具有相同的投影面积。

炭黑分散体经稀释后，其聚结体是可自由移动的“工作单元”，可独自与光发生相互作用。当人们选择以 Mie 理论计算与聚结体含碳量相同的实心球尺寸时，发现该理论能很好地估算出炭黑聚结体的临界尺寸，即低于该尺寸时，着色强度与聚结体尺寸无关。每个聚结体中的含碳量取决于构成它的各个粒子的平均直径 $\bar{d}$，也取决于与该炭黑用“结构”来表征的粒子数 N_p[98]。这说明粒子大小和“结构”对实心球直径的影响，从而影响光吸收系数和着色强度。

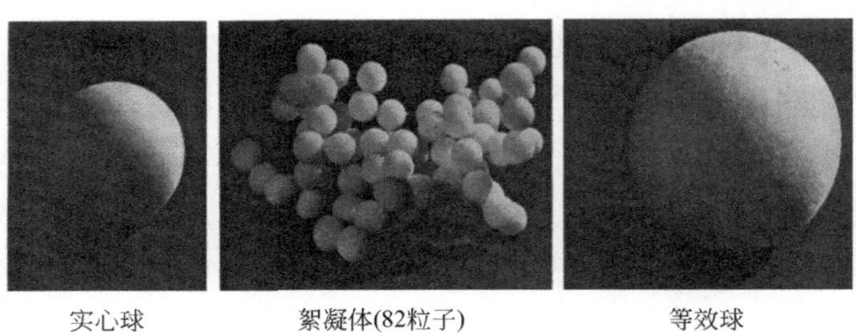

图 2.42　以“实心球”和“等效球”表征的聚结体（絮凝体）模型[111]

Medalia 推导出一项关系式，以实心球直径 D_a 来代表聚结体的粒径和 DBP 吸收值。这种处理方式，严格来说仅适用于单分散炭黑，即每个炭黑聚结体中所有粒子具有相同粒径 d，而且所有的聚结体都具有相同的粒子数 N_p。

Medalia[98] 指出，DBP 吸收值可从电子显微镜测定的 N_p 值计算出来。

为了实用目的，可以采用公式(2.115)：

$$D_a=(1.321+0.0370\mathrm{DBP})d \tag{2.115}$$

当实测的 DBP 吸收值在 30～200mL/100g 的范围内，由公式(2.115) 算出的实心球直径 D_a 值的误差在 1%以内。

实心炭球的着色强度可以用其直径 D 和相对折射率 $m'=m/n_s$，借助于 Mie 方程组来计算，其中 m 是炭黑的复合折射率，n_s 是该悬浮介质的真实折射率。

(2) 理论与实验的比较　由于这种理论中采用了许多假设和简化手段，有必要对从理论得到的数值与大范围炭黑的实测数据进行比较。

在橡胶用炭黑的生产过程中，着色强度是常用的质量控制测试项目之一。作为令人满意的炭黑质量控制实验方法，规定了标准的分散程序、炭黑和白色颜料以及展色剂的标准量。把新制备的墨浆，以光度法与一系列最接近的标准炭黑进行比较，确定其着色强度。也可用 SRF 炭黑作为参比物质，以逐步比较法来确定。

由于橡胶用炭黑通常是无孔的[49]，因此可以用比表面积 S 作为粒子大小的度量。对球形粒子而言，比表面积 S 与体积表面平均粒径 d_s 成反比：

$$d_s=(6\times10^3/\rho S)=3226/S \tag{2.116}$$

式中，d_s 为体积表面平均粒径，nm；S 为表面积，m^2/g。把体积表面平均粒径 d_s 除以一项经验因子 1.68 即可将其转换为数均粒径 d_n。这一因子是参考文献

[113] 中列出的各种无孔炭黑 d_s/d_n 的平均值；它原则上也包含了粒子熔合效应以及粒度分布的影响。因此：

$$d_n = d_s/1.68 = 1920/S \tag{2.117}$$

把上式代入公式(2.115) 中，得出：

$$D_a = (2540 + 71\text{DBP})/S \tag{2.118}$$

式中，D_a 为实心球直径，nm。

虽然文献 [113] 中的体积表面平均粒径 d_s 值是由氮吸附法测定的比表面积计算而来，然而经验证明，ASTM 吸碘值[114] 的测定结果通常与氮比表面积相差在 10%以内，因此可把它当作比表面积 S 值，用于公式(2.118) 中。因此，可以利用该公式，从这两种常用的 ASTM 标准实验方法的测定结果（即 DBP 吸收值和吸碘值）计算出实心球直径 D_a 来。

图 2.43 为着色强度与由公式(2.118) 计算出的实心球直径之间的函数关系。这些数据是用标准方法测试的，它代表了除超高结构的导电炭黑以外的所有橡胶工业用炭黑。在图 2.43 中也给出了理论曲线，其中的 D_a 值是由亚麻籽油中绿光的 α 值计算而来，曲线图的纵坐标调整为与平坦段的数据相吻合。

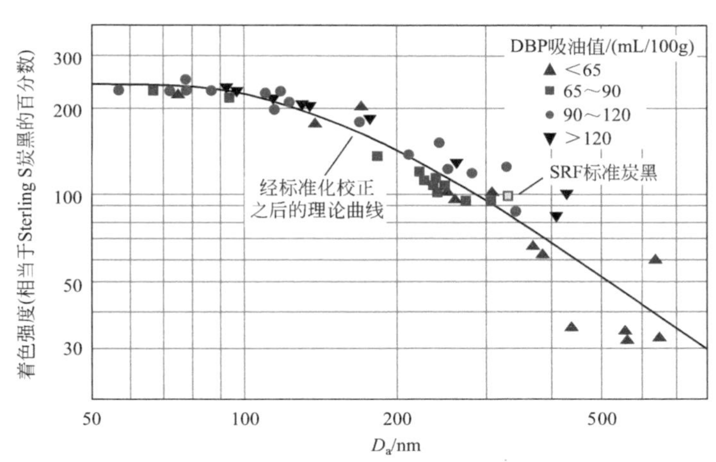

图 2.43 橡胶用炭黑的相对着色强度-相对于 Sterling S 炭黑的百分数[111]

在图 2.43 中的这些不同的坐标点，是把结构水平随意地划分为如下的 4 个级别，即“超低级”（DBP<65）、“低级”（65≤DBP<90）、“正常级”（90≤DBP≤120）和“高级”（DBP>120）。正如理论预期的那样，在曲线的平坦段，所有不同结构水平的炭黑都具有相同的着色强度。在曲线的屏蔽段中，超低结构和低结构炭黑通常落在曲线的下方（或曲线的左侧），而高结构炭黑通常处在曲线的上方（或曲线的右侧）。表明高结构炭黑的屏蔽效率大大高于低结构炭黑。这种效应在某种程度上抵消了在给定的粒径下高结构在增大实心球尺寸 D_a（参见公式 2.115），进而降低着色强度的主要影响。

表 2.6 进一步显示，结构和粒径（或比表面积）对着色强度的影响。该表中列出的前 4 种炭黑，具有大致相同的比表面积或粒径，而 DBP 吸收值相差一倍以上。在整个范围内，结构的这些差异对着色强度的影响是显著的，尽管它比刚刚讨论的实心球模型预测的结果要小一些。在表 2.6 中，最后 3 种炭黑的结构水平几乎与 SRF-HS 炭黑的相同，而比表面积的范围（与 SRF-HS 炭黑相比较）相差近 4 倍。

表 2.6　结构和比表面积对着色强度的影响

炭黑品种	$S/(m^2/g)$①	$DBP_{Abs}/(mL/100g)$	D_a/nm②	着色强度	
				由 D_a③计算值	测定值：方法 B
SRF-LS	30	66	242	129	109
SRF-MS	29	87	300	102	97
SRF-HS	31	109	335	91	90
SRF-VHS	30	137	409	74	85
FEF-LS	46	98	205	150	143
HAF	87	102	113	231	203
SAF	145	118	75	262	254

① ASTM 碘值，单位为 mg/g，视同为比表面积。

② 由公式(2.118) 计算求得。

③ 据图 2.43 的曲线求得。

这些理论计算值与实验值基本吻合，较好地说明了粒径对着色强度的影响。在理论处理的过程中，综合考虑结构的影响对于正确地获得实心球直径 D_a 的数量级是至关重要的，即便不能精确地说明结构对着色强度影响的大小，却能解释结构对着色强度影响的方向。

应当指出的是，某些高色素槽法炭黑（通常不用这种着色强度测定方法）和某些实验炉法炭黑，其着色强度要比理论值（即图 2.43 所示的曲线）高出 25%。高出该理论着色强度曲线的这些数值既出现在曲线的平坦段，也出现在曲线的其他区段。这些实验炉法炭黑的着色强度值较高，其原因似乎是，至少部分是由于聚结体的尺寸分布较窄的缘故。一些槽法炭黑，呈现出较高的着色强度，其原因尚不清楚，但其表面氧可能会影响这些炭黑的光吸收行为，从而可能影响到分散效果，以及它们在涂料体系中有发花和浮色的倾向。

(3) 聚结体尺寸分布的影响 在前面的讨论中，一直假设炭黑是单分散的。然而，实际的炭黑粒子尺寸分布得很宽[115,116]，甚至聚结体中初级粒子的数目 N_p 分布得更宽[100,115]。这两种性能参数似乎都遵循对数正态分布。d 和 N_p 的分布，二者不是孤立的[115]。最大的粒子，主要分布在低于平均 N_p 的聚结体中，因此 D_a 的分布不是对数正态分布。为了计算 D_a 的分布对炭黑着色强度的影响，有必要通过实验确定该炭黑的 D_a 分布。

在开发的表征各种炭黑的 TEM 弦长比较法[115]中，根据它们的平均粒径和聚结体尺寸将各个聚结体归属于不同的类别中。用该方法对炭黑进行分析，直接得出每个类别的 D_a 平均值下的聚结体数量。图 2.44 表明，上述 N220 炭黑将这些 D_a 值分成若干合适的区间表示的频率分布图。根据该样品的吸碘值和 DBP 值，其标称 D_a 值（84.6nm）略低于由频率分布图数据计算的数均 D_a 值（105nm），而且显著低于加权平均 D_a 值（160nm）。然而，鉴于着色强度与 D_a 的非线性关系，为了计算多分散性炭黑的着色强度，没有一个简单的平均值是“合适的”。相反，如下所述，必须对各个聚结体类别的数据进行汇总。然而，首先需要考虑，在给定的聚结体类别中相对单分散炭黑的着色强度是否可用与不均匀分散炭黑相同的一般关系式来计算（图 2.43）。

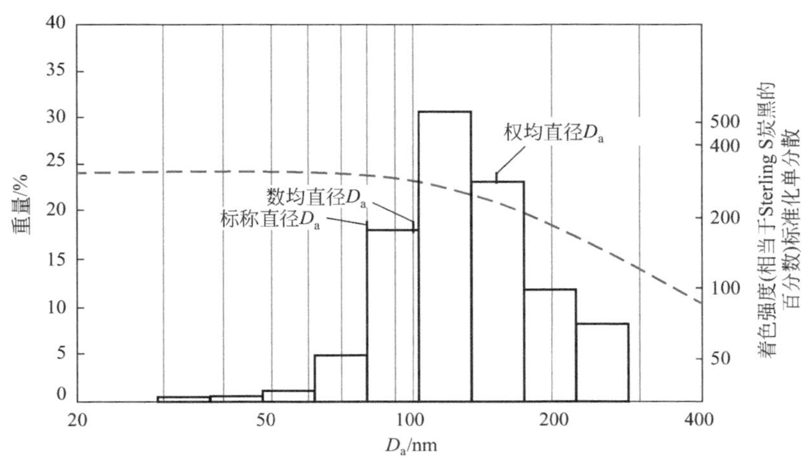

图 2.44　N220 炭黑聚结体的尺寸分布与经标准化校正后的理论着色强度曲线[111]

对图 2.43 的理论曲线进行垂直调整，以符合平整段 D_a 炭黑的着色强度。正如频率分布图（图 2.44）所示，典型炭黑所包含的聚结体的范围涵盖了近 10

倍的 D_a。很大一部分炭黑存在于比标称 D_a 大得多且着色强度低得多的聚结体中；由于在低于 D_a 的着色强度曲线趋于平缓，较小尺寸聚结体的着色强度并不高于标称 D_a 聚结体的着色强度。图 2.43 的理论曲线已显示出这种情况，图 2.44 通过如下所述的垂直调整再现了这条理论曲线。由于没有高着色的聚结体来补偿低着色的聚结体，所以（多分散的）N220 炭黑的着色强度必定会显著低于 D_a= 84.6 nm 的单分散炭黑。事实上，所有商品槽法炭黑和炉法炭黑都可能出现这种情况，因为在所有已研究的这些炭黑品种中，其 d_n 和 N_p 的分布都足够宽，足以跨越理论曲线上着色强度与实心球直径 D_a 的相关性处于非线性范围。因此，对于单分散炭黑来说，着色强度曲线的平稳段（以及整个曲线）应略高于图 2.43 所示的多分散炭黑的水平。

基于这些概念，Medalia[115]等人直接采用比较弦长法测得的聚结体的尺寸数据来计算炭黑的着色强度。每种聚结体类别中炭黑的质量分数乘以相应实心球直径 D_a 的单分散炭黑的着色强度，然后将这些着色强度的贡献值相加，得出多分散样品的着色强度。由于单分散炭黑不可用于调整着色强度曲线，因此将着色强度乘以一项经验系数。这些结果目前不足以准确地确定该经验系数值，但对于用方法 B 测定的着色强度而言，该系数约为 1.25。该经验系数已包括在图 2.44 的理论曲线的标准化过程之中，即平坦段出现在着色强度为 300 处，而不是图 2.43 的 240 处。正如所预期的那样，他们发现实心球直径 D_a 分布异常窄的炭黑，其着色强度要比由公式（2.118）和图 2.43 预测的着色强度值更高。在用比吸光率计算光吸收时，也应对聚结体的多分散性进行修正。

到目前为止，讨论了表征填料形态的各种测试方法的基本原理，而具体的实验步骤，请参阅 ISO 以及各国的国家标准或行业标准。综上所述，以橡胶工业中一些常用产品为例，表 2.7～表 2.9 汇总了各种炭黑、沉淀法白炭黑和气相法白炭黑的性能参数的具体数值。

表 2.7 炭黑的性质

ASTM 分类	目标值		典型分类值			
	吸碘值 (D1510)/(g/kg)	吸油值 (D2414) /(10^{-5} m^3/kg)	压缩样品吸油值 (D3493) /(10^{-5} m^3/kg)	NSA (D6556) /(m^2/g)	STSA (D6556) /(m^2/g)	着色强度 (D3265)
N110	145	113	97	127	115	123
N115	160	113	97	137	124	123
N120	122	114	99	126	113	129

续表

ASTM分类	目标值		典型分类值			
	吸碘值(D1510)/(g/kg)	吸油值(D2414)/($10^{-5}m^3/kg$)	压缩样品吸油值(D3493)/($10^{-5}m^3/kg$)	NSA(D6556)/(m^2/g)	STSA(D6556)/(m^2/g)	着色强度(D3265)
N121	121	132	111	122	114	119
N125	117	104	89	122	121	125
N134	142	127	103	143	137	131
N135	151	135	117	141	—	119
S212	—	85	82	120	107	115
N219	118	78	75	—	—	123
N220	121	114	98	114	106	116
N231	121	92	86	111	107	120
N234	120	125	102	119	112	123
N293	145	100	88	122	111	120
N299	108	124	104	104	97	113
S315	—	79	77	89	86	117
N326	82	72	68	78	76	111
N330	82	102	88	78	75	104
N335	92	110	94	85	85	110
N339	90	120	99	91	88	111
N343	92	130	104	96	92	112
N347	90	124	99	85	83	105
N351	68	120	95	71	70	100
N356	92	154	112	91	87	106
N358	84	150	108	80	78	98
N375	90	114	96	93	91	114
N539	43	111	81	39	38	—
N550	43	121	85	40	39	—
N582	100	180	114	80	—	67
N630	36	78	62	32	32	—
N642	36	64	62	39	—	—
N650	36	122	84	36	35	—
N660	36	90	74	35	34	—
N683	35	133	85	36	34	—
N754	24	58	57	25	24	—
N762	27	65	59	29	28	—
N765	31	115	81	34	32	—
N772	30	65	59	32	30	—

续表

ASTM分类	目标值		典型分类值			
	吸碘值(D1510)/(g/kg)	吸油值(D2414)/($10^{-5}m^3/kg$)	压缩样品吸油值(D3493)/($10^{-5}m^3/kg$)	NSA(D6556)/(m^2/g)	STSA(D6556)/(m^2/g)	着色强度(D3265)
N774	29	72	63	30	29	—
N787	30	80	70	32	32	—
N907	—	34	—	9	9	—
N908	—	34	—	9	9	—
N990	—	43	37	8	8	—
N991	—	35	37	8	8	—

表 2.8 沉淀法白炭黑的性质

分类	NSA/(m^2/g)	分类	NSA/(m^2/g)
Ultrasil® 9100 GR	235	Newsil® 115	100～130
Ultrasil® 7005	190	Newsil® 125	115～135
Ultrasil® 7000 GR	175	Newsil® 155	140～165
Ultrasil® 5000 GR	115	Newsil® 175	165～185
Ultrasil® VN 3	180	Newsil® 195	185～205
Ultrasil® VN 2	130	Newsil® HD90MP	80～100
Ultrasil® 360	55	Newsil® HD115MP	100～130
Zeosil® 1085 GR	90	Newsil® HD165MP	150～180
Zeosil® 1115MP	115	Newsil® HD175MP	160～190
Zeosil® 1165MP	165	Newsil® HD200MP	200～230
Zeosil® Premium 200MP	215	Newsil® HD250MP	220～270
ZHRS® 1200MP	200		

表 2.9 气相法白炭黑的性质

分类	NSA/(m^2/g)	分类	NSA/(m^2/g)
Cab-O-Sil-L90	89.8	Cab-O-Sil-HP60	216.0
Cab-O-Sil-LM130	122.3	Cab-O-Sil-MS75D	258.4
Cab-O-Sil-LM150	167.2	Cab-O-Sil-HS5	285.5
Cab-O-Sil-LM150D-T(Tuscola)	154.5	Cab-O-Sil-S17D	406.8
Cab-O-Sil-LM150D-B	183.4	Cab-O-Sil-EH5	417.3
Cab-O-Sil-M7D	196.3	Fumed Silica A	193.5
Cab-O-Sil-M5	208.7		

2.4 填料的表面特征

人们早就认识到，填料除了其形态参数，即比表面积和结构之外，第三项重要参数就是填料的表面活性，它对橡胶的补强也起着至关重要的作用[1,2,50,117-119]。

填料的表面活性是一强度参数，其主导着聚合物-填料之间的相互作用、填料聚结体-聚结体之间的相互作用，以及填料-其他配合剂之间的相互作用。它对前两项参数的效率有着相当大的影响。例如，如果没有聚合物-填料间的相互作用，无论其界面面积的大小如何，该种填料都不具有任何的补强能力。因此，填料的补强能力，应该是由比表面积和表面活性而产生的。另一方面，如果聚合物分子不能有效地锚固在填料表面上，在施加应力时填料聚结体内部空隙中的胶料则不被包容，而且该填料也不能缓冲其应变效应。这会降低橡胶基质的应力（或应变）放大效应。

众所周知，填料的表面活性主要取决于该填料的表面化学性质（即各种化学官能团），它关系到与其他化学物质的化学反应性，也取决于该填料的表面物理化学性质，特别是表面能，它决定了与填料表面的物理相互作用。

2.4.1 填料的表面化学表征——表面化学基团

填料表面的化学官能团现已得到很好的鉴别（见第 2.1 节），与其他化学物质或其他材料，甚至与其自身表面发生相互作用时，这些官能团在表面活性方面发挥着重要作用。填料的表面化学对其化学反应性的影响很大，用其他化合物对填料表面进行改性，可改变填料的性质。而官能团本身也会强烈地影响该填料与其他物质发生物理相互作用的效果。由于炭黑和白炭黑的表面官能团有很大的差异，在某些情况下将分别讨论它们的表征。

2.4.2 填料表面物理化学的表征——表面能

在填料的表面活性方面，虽然其表面化学现在已得到了充分的表征，但从物理化学的角度来论述其表面特性，仍不令人满意。尽管人们在很久以前就已经认识到其表面化学对橡胶补强效应的重要性，然而现有知识对表面活性与胶料性能之间的关系的认识尚不完整。其原因之一是，可以非常有效地表征填料表面性能的测试手段是有限的，而且这些测试方法又大都不够准确。

众所周知，胶料在混炼过程中，需要输入一定量的能量，以破坏填料的聚集体，并将其以聚结体的状态分散到聚合物基质之中。输入的能量，当然是与填料-填料相互作用，以及聚合物-填料相互作用有关。正如本书第 3 章所要讨论的那样，即使填料已很好地分散在聚合物之中，而填料的各聚结体之间也有絮凝倾向，发生聚集。显然，填料粒子或聚结体之间的吸引力、聚合物分子之间的相互作用，以及填料和聚合物之间的相互作用，也决定着填料在聚合物基质中的聚集。这种驱动力来自分子间的作用力，通常以分子间相互作用势能来表示。

(1) 分子间的相互作用 人们普遍认为，不同材料分子间相互作用的性质和相互作用的强度会有所差异，这取决于材料分子的组成和结构。通常，分子之间作用是由各种不同性质的相互作用之和构成的，其中包括：

- 色散相互作用；
- 诱导相互作用（诱导偶极-偶极相互作用）；
- 取向相互作用（偶极-偶极相互作用）；
- 氢键相互作用；
- 酸碱相互作用；
- 化学键合作用；
- 相互排斥作用。

从物理化学来看，填料与橡胶及其他物质分子之间只涉及上述头五种相互作用。这些相互作用又可分为两大类：色散相互作用和极性相互作用。

① 色散相互作用 分子间的色散相互作用是普遍存在的。这与电子在分子中运动时产生的瞬时偶极矩有关。这种瞬时偶极子产生一种电场，会使附近的中性分子极化，从而出现瞬间偶极矩。两个偶极子之间的相互作用，最终在两个分子之间产生了瞬时吸引力。两个分子（分别以 1 和 2 表示）之间的这种色散相互作用的吸引势能与这两个分子的极化率 α，以及电离势 I 的关系如下[120]：

$$U_{1,2}^{\mathrm{d}}=-\frac{3}{2}\frac{I_1 I_2}{I_1+I_2}\alpha_1\alpha_2\frac{1}{r_{1,2}^6} \tag{2.119}$$

式中，$r_{1,2}$ 为这两个分子之间的距离。

② 取向（偶极-偶极）相互作用 两个偶极子之间的相互作用取决于它们的偶极矩 μ，也取决于它们的相对位置及其温度。其平均吸引力可用下式表达[121,122]：

$$U_{1,2}^{\mathrm{p}}=-\frac{2\mu_1^2\mu_2^2}{3kTr_{1,2}^6} \tag{2.120}$$

式中，k 为 Boltzmann 常数；T 为开氏温标的温度，K。

③ 诱导（诱导偶极-偶极）相互作用　诱导相互作用有时也称为 Debye 力或诱导力[123,124]。这与极化分子的存在有关，在极化分子中，电场 E（$\vec{\mu}=\alpha\vec{E}$）可能诱导出偶极矩 μ。如果两个分子之间的距离小于 $r_{1,2}$，则诱导总势能可以表示为：

$$U_{1,2}^{i}=-\frac{\alpha_2\mu_1^2+\alpha_1\mu_2^2}{r_{1,2}^6} \tag{2.121}$$

对给定的分子而言，其诱导相互作用通常会小于偶极-偶极相互作用，也小于色散相互作用。

④ 氢键相互作用[125]　如果两个分子，其中一个含有氢原子，而另一个含有电负性极强的杂原子（例如氧、氮或氟原子），则这两个分子之间的作用力会非常强。Pauling 认为，氢键的相互作用不同于其他类型的相互作用力，它是偶极子间相互作用与共价键性质共同作用的结果。上述两种因素对氢键相互作用的贡献，会因价键种类的不同而变化。另一方面，氢键有非常强的“方向性”，只有在彼此非常接近的两个分子之间才起作用。

⑤ 酸-碱相互作用　酸-碱相互作用是指电子给予体-电子受体之间的相互作用。这种酸-碱相互作用是由 Fowkes[126,127] 提出来的，它是极性相互作用的重要组成部分。氢键相互作用可以认为是一种特殊的酸-碱相互作用。

⑥ 排斥力　距离相当接近的两个分子之间的排斥力为：

$$U_{1,2}^{\mathrm{r}}=+\frac{B}{r_{1,2}^{n}} \tag{2.122}$$

式中，B 是一项经验常数；指数 n 介于 10～16，而对于大多数分子来说，n 值通常为 12[128]。

⑦ 两个分子间相互吸引作用力的一般表达式　在不考虑氢键相互作用和酸-碱相互作用的情况下，把所有类型的相互作用［从公式(2.119) 到公式(2.122)］相加，即可得到两个分子间吸引力的一般表达式：

$$U_{1,2}=-\frac{1}{r_{1,2}^6}\left[\frac{3}{2}\frac{I_1I_2}{I_1+I_2}\alpha_1\alpha_2+\frac{2\mu_1^2\mu_2^2}{3kT}+\alpha_2\mu_1^2+\alpha_1\mu_2^2\right]+\frac{B}{r_{1,2}^{12}} \tag{2.123}$$

或

$$U_{1,2}=-\frac{\lambda}{r_{1,2}^6}+\frac{B}{r_{1,2}^{12}} \tag{2.124}$$

而

$$\lambda=\lambda^{\mathrm{d}}+\lambda^{\mathrm{sp}} \tag{2.125}$$

式中，λ、λ^{d} 和 λ^{sp} 分别为引力常数、色散组分引力常数和极性组分引力常数。如公式(2.123) 所示，两个分子间这种相互吸引作用力，取决于所涉及的分子性质和温度。这种相互吸引作用力也称作 Lenard-Jones 力或 6～12 势，它是两个分子之间距离的函数[129]。

(2) 两个粒子间的引力 为了更好地理解两个填料粒子或聚结体之间的吸引力，可以参考由类似分子组成的两个球体之间的引力。基于上述讨论的色散相互作用、诱导偶极-偶极相互作用和偶极-偶极相互作用产生的引力，两个球形粒子之间的引力势能 U_A，可从以下公式求出[130]：

$$U_A = -\frac{A}{12} \times \frac{r}{H_0} \tag{2.126}$$

式中，A 是所谓的 Hamaker 常数，它取决于分子间的引力常数［参见公式(2.123)］和分子的数均密度；r 是粒子的半径；H_0 是两个球形粒子表面之间的最短距离。这个公式只适用于球形粒子在真空中的短距离内的一些情况。如果这些粒子被介质所包围，如像填充的聚合物那样，填料聚结体之间的吸引力将大大降低。在这种情况下，填料形成聚集体的趋势可由填料和聚合物之间的表面能来估算，这也是分子间相互作用的结果。这种现象不仅取决于填料粒子之间的相互作用，也与聚合物与填料之间的相互作用有关。

(3) 固体的表面能和两种物质间的相互作用 由于彼此相邻的分子间存在着各种类型的相互作用，即色散相互作用、诱导偶极-偶极相互作用、取向（偶极-偶极）相互作用、氢键相互作用和酸碱相互作用等，材料中的这些相互作用均属于不同类型的内聚力。任一种物质的内部，其分子以同样的方式与它周围的所有分子发生相互作用；因此，这些相互作用的结果，使作用力为零。然而，在该物质的表面上，这种作用力不是零，而是指向内部，如图 2.45 所示。如果是液体的话，该表面趋向于收缩到最小。因此，表面自由能 γ（也称为表面张力）定义为，每增加一个单位表面所需要做的功 W：

$$\gamma = \left(\frac{\partial W}{\partial A}\right)_{T,p} \tag{2.127}$$

式中，A 是表面积；T 是温度；p 是压强。这个定义不适用于固体，因为固体分子缺乏运动性。在这种情况下，固体的表面自由能 γ_s 可定义为可逆地切开物体形成两个单位平面所需能量 $W_{cleavage}$ 的一半。于是，对于任一固体的单位表面而言，其表面自由能为：

$$\gamma_s = \frac{W_{cleavage}}{2} \tag{2.128}$$

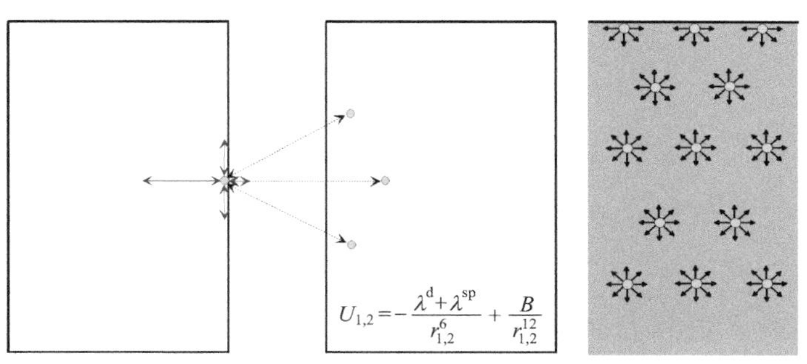

图 2.45 物质分子间的相互作用和表面能

在各种内聚力都以单独方式参与的情况下，表面自由能可以表示为几种组分的总和，每个组分对应于特定类型的相互作用（如色散组分、极性组分和氢键等）。由于色散力的影响是普遍存在的，因此表面自由能的色散组分，γ_s^d 特别重要。如果一种物质，只有其色散相互作用能与其所处环境而交换的话，则其表面自由能可表示如下：

$$\gamma_s=\gamma_s^d \tag{2.129}$$

对大多数物质而言，其表面自由能为：

$$\gamma_s=\gamma_s^d+\gamma_s^{sp} \tag{2.130}$$

式中，γ_s^{sp} 是表面自由能其他组分之总和。

现已知道，1 和 2 两种材料之间可能发生的相互作用，取决于它们的表面能。只有色散力是产生相互作用的主要因素时，根据 Fowkes 模型[131]，这两种材料间的黏附能将相当于它们 γ_s^d 的几何平均值：

$$W_a^d=2(\gamma_1^d\gamma_2^d)^{1/2} \tag{2.131}$$

式中，W_a^d 是黏附能的色散组分。同样，黏附能的极性组分 W_a^p 可相应地用其表面自由能的极性组分来描述[132,133]：

$$W_a^p=2(\gamma_1^p\gamma_2^p)^{1/2} \tag{2.132}$$

因此，总黏附能 W_a 可由如下公式表示：

$$W_a=W_a^d+W_a^p+W_a^h+W_a^{ab} \tag{2.133}$$

或

$$W_a=2(\gamma_1^d\gamma_2^d)^{1/2}+2(\gamma_1^p\gamma_2^p)^{1/2}+W_a^h+W_a^{ab} \tag{2.134}$$

式中，W_a^h 是由氢键引起的黏附能；W_a^{ab} 是由酸-碱相互作用产生的黏附能。因此，填料-聚合物相互作用和填料-填料相互作用，是橡胶补强最重要的两种参数，可分别用其对应的黏附能 W_a^{pf} 和 W_a^{ff} 表示为：

$$W_a^{pf}=2(\gamma_p^d\gamma_f^d)^{1/2}+2(\gamma_p^p\gamma_f^p)^{1/2}+W_{pf}^h+W_{pf}^{ab} \tag{2.135}$$

和

$$W_a^{ff}=2\gamma_f^d+2\gamma_f^p+W_{ff}^h+W_{ff}^{ab} \tag{2.136}$$

式中，γ_f^d 和 γ_f^p 是填料表面能的色散组分和极性组分；γ_p^d 和 γ_p^p 是聚合物表面能的色散组分和极性组分；W_{ff}^h 和 W_{fp}^h 分别是填料-填料表面、填料-聚合物表面之间的氢键能；W_{ff}^{ab} 和 W_{fp}^{ab} 分别是填料-填料表面和填料-聚合物表面的酸-碱相互作用能。

因此在给定的与填料有关的聚合物体系中，聚合物-填料相互作用和填料-填料相互作用是由填料表面能和填料的化学性质决定的，特别是在涉及物理相互作用时更是如此。

人们已采用一些测试技术来估测填料的表面能，例如测量接触角的差异[134-136]，或以量热法测定润湿热[137-139]。各种填料的表面能也可由其吸附行为，特别是气体吸附的热力学参数来评价。在这方面，IGC（反相气相色谱法）具有明显优势，因为它易于操作，所需的测试时间短，而精度高，并提供了填料表面特性的相关信息[3,140,141]。

2.4.2.1 接触角

(1) 单液相 把一滴液体滴在水平放置的、平坦的固体表面上时，它可能仍然保持为有限表面积的一滴液体，也可能会无限地在该固体表面上铺开。液滴能在固体表面铺展开的条件是，其固-液界面形成单位面积所获得的能量，应超过形成液-气界面单位面积所需要的能量，即[142]：

$$\gamma_{sv}-\gamma_{sl}>\gamma_{lv} \tag{2.137}$$

式中，γ_{sv} 是固-气界面能；γ_{sl} 是固-液界面能；γ_{lv} 是液-气界面能。

当这个不等式不能满足时，液滴的大小和平衡接触角都是有限的。Young[143] 认为，在不考虑重力效应的前提下达到平衡时，液体与固体表面之间的接触角 θ 由以下公式表示：

$$\cos\theta=\frac{\gamma_{sv}-\gamma_{sl}}{\gamma_{lv}} \tag{2.138}$$

公式(2.138) 表明，接触角的余弦值，是固-液界面形成单位表面积所获得的能量与在液-气界面形成单位表面积所需的能量之比。有限的接触角 θ 取决于作用在液体上各种力的相对大小（图 2.46）。实际上，在液滴的外围有 3 种作用力决定着接触角 θ 值的大小。

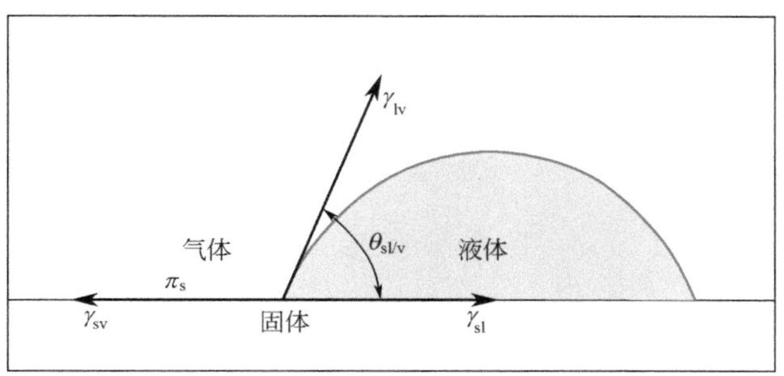

图 2.46　液体与固体表面之间在蒸气中的接触角

另一方面，据 Dupre[144] 的研究，液体和固体之间的黏附能 W_{sl} 等于：

$$W_{sl}=\gamma_s+\gamma_l-\gamma_{sl} \tag{2.139}$$

式中，γ_s 和 γ_l 分别为该种固体和液体的表面能。

把公式(2.138) 和 (2.139) 合并，得出黏附能与液体在固体表面上的接触角之间的关系，其关系式可表达如下：

$$W_{sl}=\gamma_l(1+\cos\theta)+\gamma_s-\gamma_{sv} \tag{2.140}$$

$\gamma_s-\gamma_{sv}$ 的差值，表示由于蒸气吸附而导致的表面能的降低，这种吸附作用被定义为该液体在固体上的铺展压 π_s。因此，该公式可改写为：

$$W_{sl}=\gamma_l(1+\cos\theta)+\pi_s \tag{2.141}$$

根据公式(2.134)，液体和固体之间的黏附能 W_{sl}，可用下式表达：

$$W_{sl}=2(\gamma_s^d\gamma_l^d)^{1/2}+2(\gamma_s^p\gamma_l^p)^{1/2}+W_{sl}^h+W_{sl}^{ab} \tag{2.142}$$

或

$$W_{sl}=I_{sl}^d+I_{sl}^p \tag{2.143}$$

由于

$$I_{sl}^d=2(\gamma_s^d\gamma_l^d)^{1/2} \tag{2.144}$$

和

$$I_{sl}^p=2(\gamma_s^p\gamma_l^p)^{1/2}+W_{sl}^h+W_{sl}^{ab} \tag{2.145}$$

把公式(2.141)、(2.143) 及 (2.144) 合并，可得出下式[145]：

$$W_{sl}=2(\gamma_s^d\gamma_l^d)^{1/2}+I_{sl}^p=\gamma_l(1+\cos\theta)+\pi_s \tag{2.146}$$

或

$$\cos\theta=2(\gamma_s^d)^{1/2}\frac{(\gamma_l^d)^{1/2}}{\gamma_l}+\frac{I_{sl}^p}{\gamma_l}-\frac{\pi_s}{\gamma_l}-1 \tag{2.147}$$

一般来说，接触角随表面能和铺展压而变化。然而，表面能相对较低的固体，例如聚合物，其铺展压一项可忽略不计，上式可改写成如下形式[134]：

$$\cos\theta = 2(\gamma_s^d)^{1/2}\frac{(\gamma_l^d)^{1/2}}{\gamma_l} + \frac{I_{sl}^p}{\gamma_l} - 1 \tag{2.148}$$

若所用的这种液体，其性质是非极性的，那么其 $I_{sl}^p=0$。因此，该公式为：

$$\cos\theta = 2(\gamma_s^d)^{1/2}\frac{(\gamma_l^d)^{1/2}}{\gamma_l} - 1 \tag{2.149}$$

在这种情况下，以 $\cos\theta$ 对 $(\gamma_l^d)^{1/2}/\gamma_l$ 作图，得出一条直线，其原点为 $\cos\theta=-1$，且斜率为 $2(\gamma_s^d)^{1/2}$（参见图 2.47）。此外，由于原点是固定的，因此一个接触角测量值，足可确定该固体表面能的色散组分（γ_s^d）。

对不同极性的液体而言，当它们的 $\cos\theta$ 作为 $(\gamma_l^d)^{1/2}/\gamma_l$ 的函数作图，把得到的直线与非极性液体相比较，这两种 $\cos\theta$ 值的差值，可作为固体与液体之间相互作用能的极性组分 I_{sl}^p 的度量。由公式(2.148) 和 (2.149) 得到如下公式：

$$I_{sl}^p = \gamma_l(\cos\theta_p - \cos\theta_{np}) \tag{2.150}$$

式中，θ_p 是极性液体与固体的接触角，θ_{np} 是非极性液体与同一固体的接触角[12]（参见图 2.48）。

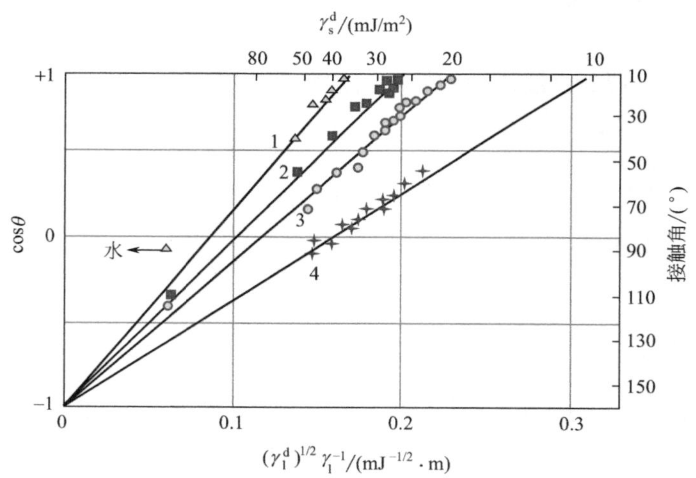

图 2.47　一些液体在 4 种低能表面（在铂层上涂上）上的接触角，箭头下方的所有点都是与水的接触角

1—聚乙烯；2—石蜡；3—$C_{36}H_{74}$；4—氟十二酸单分子膜

表 2.10　某些液体的表面能

液体	γ_l/(mJ/m²)	γ_l^d/(mJ/m²)	γ_l^p/(mJ/m²)
水	72.6	21.6	51.0
甘油	63.4	37.0	26.4
甲酰胺	58.2	39.5	18.7
乙二醇	48.3	29.3	19.0
二碘甲烷	50.8	48.5	2.3
三苄基磷酸	40.9	39.2	1.7
α-溴萘	44.6	44.6	0

表 2.11　某些液体在橡胶上的接触角和极性相互作用

液体	天然胶		丁苯胶		丁腈胶	
	θ(±2°)	I_{sl}^p/(mJ/m²)	θ(±2°)	I_{sl}^p/(mJ/m²)	θ(±2°)	I_{sl}^p/(mJ/m²)
水	97.2	13.0	96.9	14.0	68.8	47.3
甘油	86.4	1.3	82.0	6.9	64.0	23.6
甲酰胺	80.8	−2.3	75.6	4.0	64.7	12.0
乙二醇	77.9	0	76.0	1.9	62.7	10.4
二碘甲烷	62.6	−1.5	59.3	2.1	58.0	0.4
三苄基磷酸	47.2	0.65	44.8	2.8	49.8	−2.2
α-溴萘	50.9	0	52.4	0	48.1	0

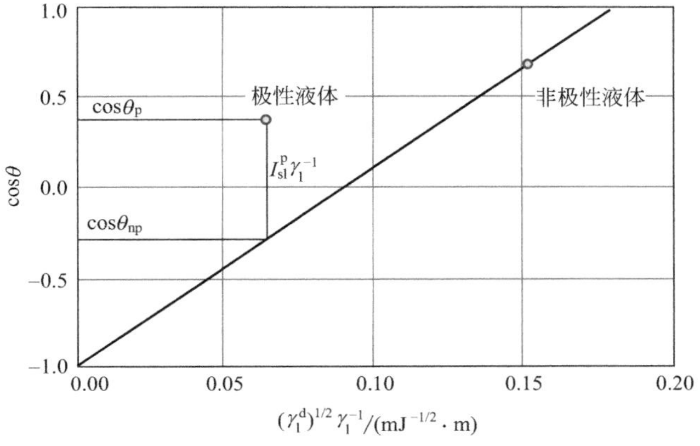

图 2.48　固体表面的极性相互作用能的估算图

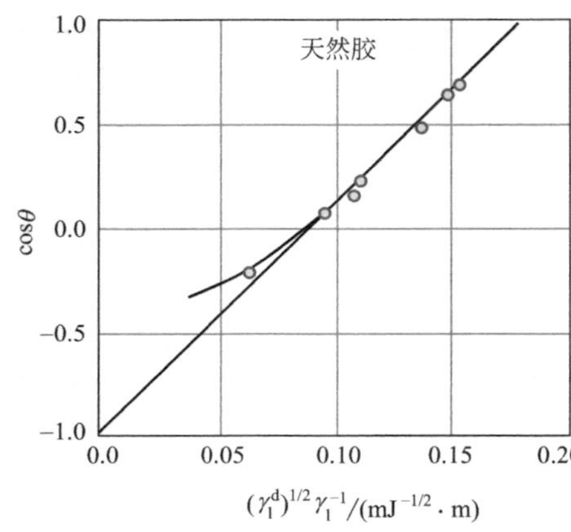

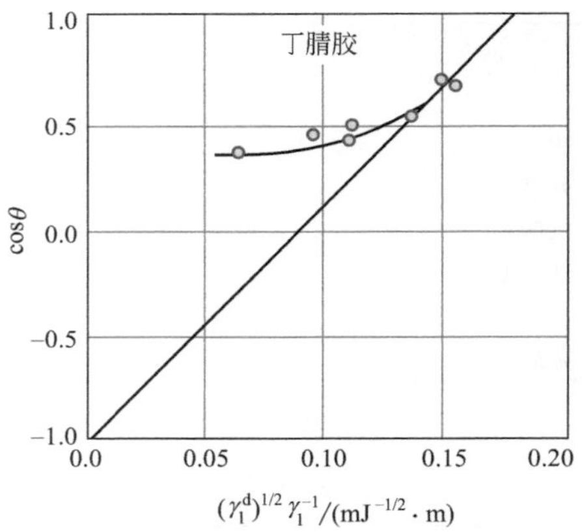

图 2.49 聚合物的 cosθ 与 $(\gamma_l^d)^{1/2}/\gamma_l$ 的函数关系

实验中，用来测量固体表面能的各种液体，及其表面能数据示于表 2.10 中。以天然胶和丁腈胶两种橡胶为例，它们的 $\cos\theta$ 对 $(\gamma_l^d)^{1/2}/\gamma_l$ 作图，其结果示于图 2.49；而天然胶、丁苯胶和丁腈胶三种橡胶与各种液体相互作用能的极性组分 I_{sl}^p 值，示于表 2.11 中。

当测量高能固体表面的接触角时，液体在这类固体上的铺展压 π_s 往往不能忽略不计。例如，水在石墨表面上的情况，Harkins[139] 在饱和状态下测得的 π_s 值为 19mJ/m^2。在这种情况下，

$$\cos\theta=-1+[2(\gamma_s^d\gamma_l^d)^{1/2}-\pi_s]/\gamma_{lv} \tag{2.151}$$

当用公式(2.151) 来计算 20℃下水在石墨表面上的表面能色散组分时，把 $\gamma_l^d=21.8$mJ/m^2、$\pi_s=19$mJ/m^2、$\gamma_{lv}=72.8$mJ/m^2 和 $\theta=85.7°$代入该公式，其表面能色散组分 γ_s^d 为 109mJ/m^2。

(2) 双液相 后来，Tamai[146] 和 Schultz[147,148] 建立了一种测量固体表面能的新方法，即双液相接触角测量法。当把一滴液体滴在平坦的水平放置的固体表面上时，它可能仍保持为有限面积的一滴液滴，或者可能会无限地散布在整个表面上。当用另一种不可混溶的液体代替空气时，也可测定该液滴在固体表面上的接触角（图 2.50)。

对于这种双液体系统而言，在达到平衡时，可将 Young 氏方程式改写成：

$$\gamma_{sl_2}=\gamma_{sl_1}+\gamma_{l_1l_2}\cos\theta_{l_1/l_2} \tag{2.152}$$

式中，γ_{sl_1}、γ_{sl_2} 和 $\gamma_{l_1l_2}$ 分别为各相之间的界面能，而 $\cos\theta_{l_1/l_2}$ 是液体 l_1 在液体 l_2 中在固体表面上的接触角。

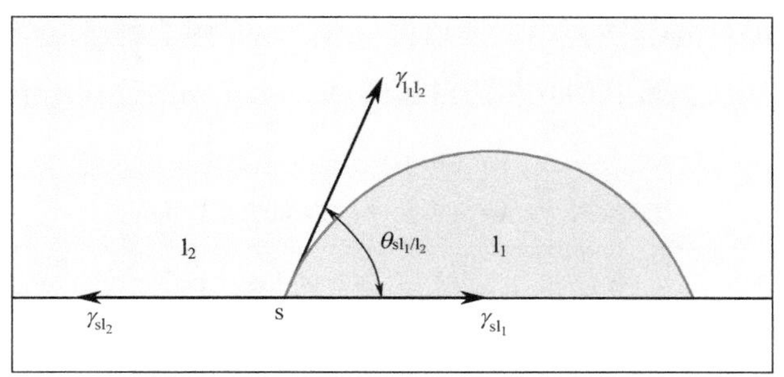

图 2.50 当存在液体 l_2 时液体 l_1 在固体表面上的接触角

根据公式(2.134)，若把 $2(\gamma_1^p\gamma_2^p)^{1/2}$、$W_a^h$ 和 W_a^{ab} 的总和作为液相 1 与液相 2 之间的黏附能的极性组分 $I_{1,2}^p$，那么该公式应为

$$W_a=2(\gamma_1^d\gamma_2^d)^{1/2}+I_{1,2}^p \tag{2.153}$$

因此，固体和液体之间的界面能可以写成

$$\gamma_{sl_1}=\gamma_s+\gamma_{l_1}-W_{a-sl_1}=\gamma_s+\gamma_{l_1}-2(\gamma_s^d\gamma_{l_1}^d)^{1/2}+I_{sl_1}^p \tag{2.154}$$

和

$$\gamma_{sl_2}=\gamma_s+\gamma_{l_2}-W_{a-sl_2}=\gamma_s+\gamma_{l_2}-2(\gamma_s^d\gamma_{l_2}^d)^{1/2}+I_{sl_2}^p \tag{2.155}$$

把公式(2.152)、(2.154) 和 (2.155) 合并，得到如下公式：

$$\gamma_{l_1}-\gamma_{l_2}+\gamma_{l_1l_2}\cos\theta_{sl_1/l_2}=2(\gamma_s^d)^{\frac{1}{2}}[(\gamma_w^d)^{\frac{1}{2}}-(\gamma_h^d)^{\frac{1}{2}}]+I_{sl_1}^p-I_{sl_2}^p \tag{2.156}$$

通常，l_1 是水（用 w 表示），而 l_2 是正烷烃（用 h 表示），它是一种非极性化学物质。在这种情况下，$I_{sl_2}^p$ 项可视为零，则公式(2.156) 可以改写为：

$$\gamma_w-\gamma_h+\gamma_{hw}\cos\theta_{sw/h}=2(\gamma_s^d)^{\frac{1}{2}}[(\gamma_w^d)^{\frac{1}{2}}-(\gamma_h^d)^{\frac{1}{2}}]+I_{sw}^p \tag{2.157}$$

在一系列正烷烃中，测量水在白炭黑表面的接触角，将 $\gamma_w-\gamma_h+\gamma_{hw}\cos\theta_{sw/h}$ 与 $(\gamma_w^d)^{\frac{1}{2}}-(\gamma_h^d)^{\frac{1}{2}}$ 作图，得出一条直线，根据斜率可以得出 γ_s^d 值，即该固体表面能的色散组分，而该直线的截距为 I_{sw}^p，即水和该固体之间相互作用能的极性组分。

接触角的测量，基本上是以适量的液体在光滑的固体表面上进行的。所使用的设备是从市场上购得的。对于诸如炭黑和白炭黑这样的颗粒状填料，必须使用高压压力机将这些填料粉末压制成片状试样进行测试。

实际上，为了用双液相接触角测量法来计算各种填料表面能的两个不同的组分，在 4 种烷烃（例如正己烷，正辛烷、正癸烷和正十六烷）存在下，测量水在片状填料试样上的一系列接触角，然后利用表 2.12 中列出的已知各种烷烃和水的数据，将 $\gamma_w - \gamma_h + \gamma_{hw}\cos\theta_{sw/h}$ 对 $(\gamma_w^d)^{\frac{1}{2}} - (\gamma_h^d)^{\frac{1}{2}}$ 作图，得到这种函数关系，并求出填料表面能的色散组分 γ_f^d，以及填料与水之间黏附能的极性组分 I_{fw}^p。图 2.51 为烷基化的沉淀法白炭黑 P 和气相法白炭黑 Aerosil 130 的这种函数关系图[12]。

表 2.12　4 种烷烃和水的表面能和界面能

正烷烃	$\gamma_h/(mJ/m^2)$	$\gamma_{hw}/(mJ/m^2)$
正己烷	16.2	51.4
正辛烷	21.3	51.0
正癸烷	23.4	51.0
正十六烷	27.1	51.3
水	$\gamma_w = 72.6mJ/m^2$ $\gamma_w^d = 21.6mJ/m^2$ $\gamma_w^p = 51.0mJ/m^2$	

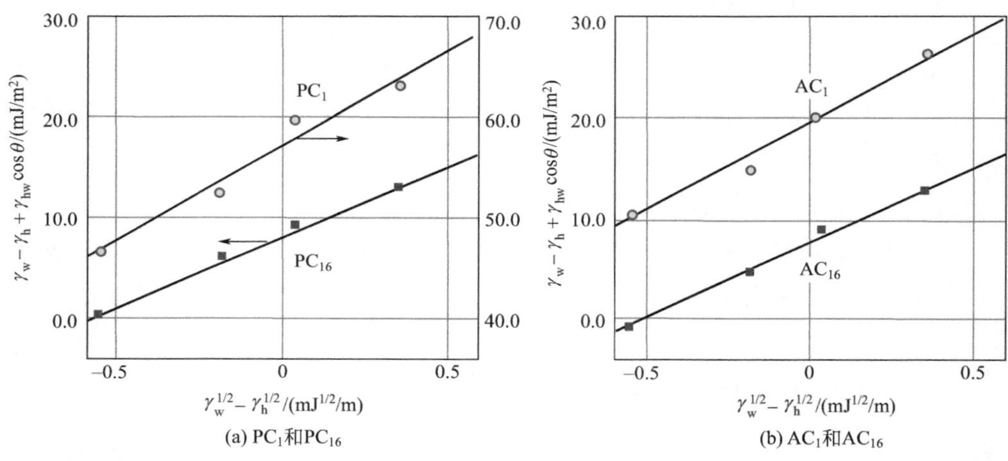

(a) PC_1和PC_{16}　　(b) AC_1和AC_{16}

图 2.51　两类白炭黑表面能的测定[12]

到目前为止，尚无法依据固体与水之间相互作用能的极性组分 I_{sw}^p 从理论上推算出固体表面能的极性组分。然而，参照表面能色散组分的估算办法，Owens 和 Wendt[132]，以及 Kaelble 和 Uy[133] 提出，固体与液体之间相互作用能的极性组分 I_{sl}^p，是该液体和固体极性组分的几何平均值，即：

$$I_{sl}^p = 2(\gamma_s^p \gamma_l^p)^{\frac{1}{2}} \tag{2.158}$$

这种估算方法可能不是很合理，因为固体和液体之间相互作用的极性组分可能不仅是源于偶极-偶极相互作用或诱导偶极相互作用。

当一相的表面能较高，而另一相的表面能较低（例如聚合物）的情况下，为计算它们之间相互作用能的极性组分，Wu[149] 提出以下公式：

$$I_{sl}^{p}=\frac{4\gamma_{s}^{p}\gamma_{l}^{p}}{\gamma_{s}^{p}+\gamma_{l}^{p}} \tag{2.159}$$

该公式一直用来计算表面能不是很高的固体表面能极性组分 γ_s^p。当以水作为测量接触角的液体时，固体表面能的极性组分 γ_s^p，可由下式获得：

$$\gamma_{s}^{p}=\frac{I_{sw}^{p}\gamma_{w}^{p}}{4\gamma_{w}^{p}-I_{sw}^{p}} \tag{2.160}$$

因此，该固体的表面能为：

$$\gamma_{s}=\gamma_{s}^{d}+\gamma_{s}^{p} \tag{2.161}$$

以 4 种改性后的白炭黑为例，用接触角测量法测定的表面能数据列于表 2.13。白炭黑 PC_1 和 PC_{16} 是比表面积为 130m^2/g，用甲醇和十六烷醇经酯化反应而改性的沉淀法白炭黑；而 AC_1 和 AC_{16} 是商品名为 Aerosil 130 的气相法白炭黑，其比表面积为 137m^2/g，也是经甲醇和十六烷醇酯化反应而改性的样品。

应当指出，在过去的几十年中，这些测试方法和设备得到很多改进，并且也对样品的制备方法、各种测试条件对接触角测量结果的影响因素进行了深入研究。这些研究成果已见诸于一些优秀的报告中[150,151]。

表 2.13 以接触角测量出的白炭黑表面能的各种组分

白炭黑	γ_s^d(±3)/(mJ/m^2)	γ_{sw}^p(±2)/(mJ/m^2)	γ_s^p(±2)/(mJ/m^2)	γ_s(±5)/(mJ/m^2)
PC_1	87.2	57.1	19.8	107.0
PC_{16}	47.3	8.3	2.2	49.5
AC_1	76.0	19.3	5.3	81.3
AC_{16}	49.6	7.6	2.0	51.6

2.4.2.2 润湿热

如 Chessick 和 Zettlemoyer[152] 描述的那样，把一滴液体滴在固体表面上时，固体表面可能被润湿。这一液滴在固体表面铺展并润湿的条件是，在固-液界面形成单位面积所获得的能量，应该等于或小于该液体-蒸气表面形成单位面积所需的能量，即：

$$\gamma_{sv}-\gamma_{sl}\leqslant\gamma_{lv} \tag{2.162}$$

从理论上讲，用来描述一种液体对一种固体的润湿性的最合适的参数，是与这两种物质相关的表面自由能。实际上，初始铺展系数为：

$$S_{lv^0/s^0}=\gamma_{s^0}-(\gamma_{sl}+\gamma_{lv^0}) \tag{2.163}$$

式中，γ_{s^0}、γ_{lv^0} 和 γ_{sl} 分别是固体在真空中的表面自由能、液体在真空中的表面自由能，以及固-液界面的表面自由能。初始铺展系数恰好是这样的一种度量参数，因为它表示液膜在该固体上铺展一定面积自由能的变化。根据如下表达式，当形成双重铺展膜时，该初始铺展系数等于该液膜的饱和蒸气压 π_e：

$$S_{lv^0/s^0}=\pi_e=\gamma_{s^0}-\gamma_{sv^0} \tag{2.164}$$

式中，π_e 等于固体在真空中的表面自由能，γ_{s^0} 与该吸附膜覆盖的固体表面自由能 γ_{sv^0} 之差值；上述的 γ_{sv^0} 值，是在吸附膜和其饱和蒸汽达到平衡时测得的。该公式不能用于非双重铺展体系，因为在这种情况下，单层铺展体系的 γ_{sv^0} 不等于（$\gamma_{sl}+\gamma_{lv^0}$）项。然而，$\pi_e$ 是这两种铺展体系润湿性的良好度量，它可通过 Gibbs 方程从吸附数据中计算出来。不幸的是，由于 Gibbs 方程中需要精确的低压吸附数据，并且由于在高平衡压力下无法避免毛细管凝结现象，尤其是小直径粒子之间的毛细管凝结，除非采取特殊的预防措施，否则很难获得准确的 π_e 值[152,153]。

对非铺展系统而言，最终铺展系数与平衡接触角相关，如以下公式所示：

$$S_{lv^0/sv^0}=\gamma_{lv^0}\cos\theta-\gamma_{lv^0} \tag{2.165}$$

因此，接触角测量法，适合用来评估低能固体的润湿性。

原则上，润湿热是把经过抽真空处理后的（表面清洁的）固体浸沉到精心提纯后的液体中而测得的。把已知润湿液预吸附量的粉末样品的润湿结果进行比较，可获得一些有用的数据。除了多孔固体、内比表面积极大的溶胀体系，或小粒子的聚集体（因其中的初级粒子之间可能会出现毛细凝结现象）之外，一般的固体，其每单位比表面积释放出的热值是很小的。在这种情况下，随着预吸附量的增加，很难确定任何时候可用的表面的剩余量[152]。对已知比表面积为 S 的固体而言，单位比表面积的润湿热为：

$$\Delta H_i/S=h_{i(sl)}\cong e_{i(sl)}=e_{sl}-e_{s^0} \tag{2.166}$$

式中，e_{s^0} 和 e_{sl} 分别是固体的表面能和固-液的界面能。这两种能量的变化与热焓的变化基本上相同，因为在润湿过程中体积的变化通常可以忽略不计。该液体对固体的黏附能可定义为：

$$e_{a(sl)}=e_{lv^0}+(e_{s^0}-e_{sl}) \tag{2.167}$$

或

$$e_{a(sl)}=e_{lv^0}-h_{i(sl)} \tag{2.168}$$

因此，为了求得该液体对固体的黏附能，除了要知道润湿热之外，只要再知道该液体的表面能即可。

吸附过程和润湿过程，也可通过这种热效应相互关联起来。在达到平衡压力 p 和平衡温度 T 下，N_A 吸附质分子在蒸气状态下的积分吸附热为：

$$h_{ads}=[h_{i(sl)}-h_{i(s/l)}]+\Gamma\Delta H_l \tag{2.169}$$

式中，$h_{i(s/l)}$ 是 N_A 吸附质分子预覆盖的固体，其吸附质表面浓度为 $\Gamma=N_A/S$ 时所释放出的润湿热；ΔH_l 是液化摩尔热。净吸附热 $[h_{i(sl)}-h_{i(s/l)}]$ 等于该液体的积分摩尔能量 E_l 与该吸附质-固体体系的积分摩尔能量 E_a' 之差值。那么，

$$[h_{i(sl)}-h_{i(s/l)}]=\Delta h_{ads}-\Gamma\Delta H_l=\Gamma(E_a'-E_l) \tag{2.170}$$

$h_{i(s/l)}$ 项，其数值可以小于，也可以等于或大于表面覆盖率超过单层时的液体表面能 γ_{lv^0}。在通常情况下，为了正确解释润湿现象，当需要进一步了解特定表面覆盖率下的 $h_{i(s/l)}$ 值时，可把固体在不同的液体之中润湿，直接比较其润湿热 $h_{i(s/l)}$ 的数值。

如下关系式：

$$[h_{i(sl)}-h_{i(s/l)}]=\Gamma(E_a'-E_l)=\int_0^{\Gamma}q_{sl}\mathrm{d}\Gamma-\Gamma\Delta H_l \tag{2.171}$$

可用来从润湿热数据求得等量吸附热 q_{sl}（即在等量吸附质条件下的吸附热）。这些等量吸附热应与由 Clausius-Claperon 方程式求出的吸附热数值相一致。用 Clausius-Claperon 方程式时需要把在不同温度、恒定覆盖率下所达到的吸附平衡压力数据代入其中，方可求出吸附热数值。

根据 Hill[154] 的研究，Chessick 和 Zettlemoyer[152] 认为，若由于物理吸附所覆盖的固体表面的变化可忽略不计，则这种吸附质自身的摩尔能量 E_a，或其它相关的热力学函数可从吸附数据和量热数据计算出来。

在表面可能发生化学吸附的严重干扰的情况下，由于平衡压力很低，甚至常常测不出来，这时的 Clausius-Claperon 方程式则不适用。然而，类似于等量吸附热的微分吸附热，可从润湿热测得，而不用依靠压力数据，其中在润湿之前的吸附量可通过重力法测量出来。

从熵数据可更简便地阐明吸附膜在固体上的状态。如果熵的整个变化都可归因于吸附质的话，Jura 和 Hill[155] 认为，吸附膜的熵 S_a 与该液体本来的熵 S_l 的差值，可由下式表示：

$$T(S_a-S_l)=\frac{[h_{i(sl)}-h_{i(s/l)}]}{\Gamma}+\frac{\pi_e}{\Gamma}-kT\ln X \tag{2.172}$$

此处，X 是相对平衡压力。同样，如果固体表面化学吸附的干扰不可忽略的话，该公式可精确地反映出 ΔS 的变化；然而，由于需要在整个平衡相对压力范

围内获得精确的吸附数据，从而严重制约了该公式的普遍应用。

表面自由能，是确定一种固体在蒸气或液体存在下，其吸附和润湿特性的最重要的参数之一。这些特性反过来会影响固体粒子表现出的絮凝聚集、晶体生长以及大多数其他的胶体性能。尽管这些表面自由能的数值很重要，但文献中的数据却不多。由于人们对真实的表面性质缺乏了解，无法从分子间的势能精确计算出这些表面能的量值。一种物质的表面能数值，可从该物质在细碎颗粒状态下与大晶体状态下的溶液热的差值测量出来。

Girifalco 及其同事[156] 推导出如下表达式，可以根据已测得的润湿热来估算出固体的表面能：

$$e_{s^0}=\frac{[e_{lv^0}-h_{i(sl)}]^2}{4e_{lv^0}\Phi^2} \tag{2.173}$$

式中，e_{lv^0} 为润湿液的表面能；$h_{i(sl)}$ 为润湿热，二者都是可测量的量。Φ 的值由公式(2.174) 求出，对于某些固-液体系而言，可假定其等于 1。

$$\Phi=\frac{\gamma_{s^0}+\gamma_{lv^0}-\gamma_{sl}}{2\sqrt{\gamma_{s^0}\gamma_{lv^0}}} \tag{2.174}$$

水在润湿热测定中是最重要的物质，无论它本身是作为润湿液还是作为杂质。因此，人们已经对各种固体-水系统的润湿过程进行了较全面的研究。不同固体的各种润湿曲线示于图 2.52，它是 3 类固体物质的润湿热与该固体在浸入水中之前在 25℃下达到平衡时的预吸附体积之间的关系。

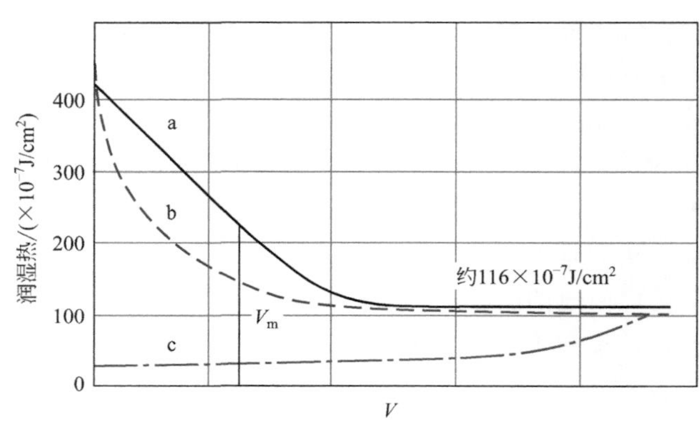

图 2.52　3 种类型固体润湿热与预吸附润湿液的关系[159]

a—均匀表面，例如水在一些亲水表面（温石棉）上；b—非均匀表面，例如水在 TiO_2 表面上；c—疏水表面，例如水在石墨表面上

图 2.52 中的曲线 a 和曲线 b 是极性固体在水中的润湿热的典型曲线。例如曲线 a 是在温石棉表面上逐渐增加物理吸附水后的润湿热曲线[157]。在大约形成单分子吸附层之前润湿热与预吸附体积呈线性关系，且放出的热量与裸露的表面成正比，表明其表面是均匀的。

对水-锐钛矿（TiO_2）体系而言，Harkins 和 Jura[158] 首次观察到，其润湿热常常随着表面覆盖率的增加而呈指数下降，如图 2.52 中的曲线 b 所示。这样的曲线表明其表面结构是非均匀的。

图 2.52 中的曲线 c，它的润湿热曲线与极性固体浸入水中得到的结果明显不同。起初，润湿热量很小，但随着预吸附水量的增加而增大。商品名为“Graphon”的石墨化炭黑-水体系[159] 就属于这种情况。这种 Graphon 基本上具有均匀的非极性表面[160]。然而，这种石墨化炭黑的固体表面上少量的非均匀能点，是导致水在其表面上出现有限吸附的主要原因。可以预期，其他的疏水性固体，其润湿热曲线会呈现出类似的形状。

Chessick 和 Zettlemoyer[152] 在对固体润湿热的综述中，也讨论了用各种类型的液体在不同性质固体表面的润湿热来表征这些固体表面的能量分布的非均匀性和极性。

有些研究人员曾用润湿热来确定炭黑的比表面积[81,161]，也用这些数据研究炭黑的氧化机理[162]，以及与气体吸附数据一起来表征炭黑表面的能量分布的非均匀性[83]。

曾用 3 种异戊二烯类烯烃和 4 种聚丁二烯、聚异戊二烯和聚苯乙烯-丁二烯型液态弹性体作为液体，对包括炉法炭黑和槽法炭黑在内的一系列炭黑的润湿热进行过研究。令人惊奇的是，一系列正烷烃在 N330 炭黑上的润湿热，随着该液体中碳原子数的增加而增高；而且，不同形态的炭黑，尤其是不同比表面积的炭黑，它们润湿热的差异却不明显[163]。Kraus[164] 也报道了类似的实验结果。

Patrick[165] 把一种气相法白炭黑（高比表面积的 Aerosil）在高达 900℃ 下脱水后，测量了其在水中的润湿热，他发现随着表面羟基含量的减少，其润湿热几乎呈线性下降。根据这些数据，Iler[166] 估算，硅氧烷和硅羟基的表面润湿热分别为 $-130mJ/m^2$ 和 $-190mJ/m^2$。

许多人研究了不同类型和不同比表面积的白炭黑在水和不同极性的有机液体中的润湿热。通常，在水中的润湿热随白炭黑表面硅羟基浓度的增加而急剧增高[167-172]，而白炭黑的比表面积对润湿热的影响较小[173-175]。

2.4.2.3 反相气相色谱法

尽管可采用多种方法测量填料的固体表面能，但反相气相色谱法（IGC）是测量填料表面能最灵敏、最方便的方法之一。在IGC中，要表征的填料作为固定相，而注入的化合物称为探针分子。当探针分子无限稀释时，净保留体积取决于该探针分子在填料表面上的吸附能，亦即取决于填料的表面能。另一方面，若该填料表面能的分布是不均匀的，则从IGC测得的各参数值，是整个填料表面能的"加权平均值"，即高能点在确定所测的吸附参数中起着非常重要的作用[176]。探针分子在有限浓度下操作时，根据保留体积与压力间的相关性，可以得到该探针分子在填料表面上的吸附等温线。从吸附等温线可得到化学探针分子吸附自由能在表面上的分布[176]。

(1) 用IGC测量填料表面能的原理 在反相气相色谱法（IGC）中，将要表征的填料用作固定相，注入作为探针分子的气体化合物。可以从色谱图的保留数据计算出这种探针分子在填料表面的吸附热力学参数，从而可以确定填料的表面能[177-179]。

在色谱学中，净保留体积的计算公式为：

$$V_N = Dj(t_r - t_m)\left(1-\frac{p_w}{p_0}\right)\frac{T_c}{T_f} \tag{2.175}$$

式中，t_r 为给定探针分子的保留时间；t_m 为用非吸附性探针分子（例如甲烷）测出的零保留时间；D 为由皂膜流量计确定的未经校正的载气（氦气）流量；p_0 是流量计显示的压力；p_w 为流量计所处的环境温度下纯水的蒸气压；T_c 为色谱柱温度；T_f 为保留流量计温度；j 为用来校正气体可压缩性的James-Martin因子，它由色谱柱入口压力 p_{in} 和出口压力 p_{out} 之间的压差计算而得。该因子为：

$$j = \frac{3}{2}\frac{(p_{in}/p_{out})^2 - 1}{(p_{in}/p_{out})^3 - 1} \tag{2.176}$$

另一方面，该吸附质（即探针分子）的总保留体积与分配等温线的梯度 $d\Gamma/dc$ 有关[180]：

$$V_N = A(1 - jY_0)\left(\frac{\partial \Gamma}{\partial c}\right)_p \tag{2.177}$$

式中，c 为探针分子在气相中的浓度；Γ 为探针分子在固体表面的浓度；p 为平衡压力；A 为色谱柱内固体吸附剂的总比表面积；Y_0 为探针分子在色谱柱出口气相中的摩尔分数。公式(2.177)中的 jY_0 项是吸附效应校正因子。

(2) 无限稀释条件下的吸附过程

① 吸附过程的热力学参数　在很低的压力下，吸附效果很小，可以忽略不计。因此，公式(2.177)可以表示为：

$$V_N = A\left(\frac{\partial \Gamma}{\partial c}\right)_p \tag{2.178}$$

当吸附作用发生在亨利定律的适用范围之内，即无限稀释时，该公式为：

$$\frac{V_N}{A}=\left(\frac{\partial \Gamma}{\partial c}\right)_{c\to 0}=\left(\frac{\pi}{p}\right)_{p\to 0}=K_s \tag{2.179}$$

当 $p=cRT$ 而 $\pi=\Gamma RT$ 时，式中的 π 是已吸附的探针分子在填料表面上的二维表面压（铺展压）；K_s 为给定探针分子在吸附态和气态之间的表面分配系数；R 是气体常数，而 T 为温度。

1 摩尔探针分子在等温转移过程中，从参比压力 p^0 到平衡状态下的吸附态，其标准自由能随气相压力 p 的变化，可由下式求出：

$$\Delta G^0=-RT\ln\left(\frac{p^0}{p}\right) \tag{2.180}$$

当用一种铺展压力为 π^0 的表面作为该表面的参比状态时，在等温下把 1mol 探针分子从压力为 p^0 的气相转移至铺展压力为 π^0 的固体表面，根据公式（2.180）可知，标准自由能的变化是：

$$\Delta G^0=-RT\ln\left(\frac{V_N p^0}{Sg\pi^0}\right) \tag{2.181}$$

式中，S 为该固体的比表面积；g 为色谱柱中该固体的质量。

若达到 de Boer 表面状态[181]的话，即认为吸附分子之间的平均距离等同于 1 标准大气压下（1.013×10^5Pa）和 0℃时气相分子之间的距离，那么 π^0 值则为 3.38×10^{-4} N/m。于是：

$$\Delta G^0=-RT\ln\left(\frac{V_N}{Sg}\times 2.99\times10^8\right) \tag{2.182}$$

出于实用的目的，V_N 通常以 cm^3 表示，于是公式可改写为：

$$\Delta G^0=-RT\ln\left(299\frac{V_N}{Sg}\right) \tag{2.183}$$

在表面覆盖率为零时，吸附焓 ΔH 可由微分吸附热来确定。根据 Gibbs-Helmholtz 方程，吸附焓 ΔH 也可根据保留体积与温度的相关性计算：

$$-\frac{\partial(\Delta G^0/T)}{\partial T}=\frac{\Delta H}{T^2}=R\frac{d(\ln V_N)}{dT} \tag{2.184}$$

或

$$\frac{\Delta H}{R}=\frac{d(\ln V_N)}{d(1/T)} \tag{2.185}$$

因此，吸附焓 ΔH 可从 $\ln V_N$ 对 $1/T$ 作图的直线斜率而求得。该参数与填料表面的参比状态的选择无关。因此，吸附熵 ΔS^0 可由下式得出：

$$\Delta S^0=\frac{\Delta H-\Delta G^0}{T} \tag{2.186}$$

② 填料表面能色散组分的测定　大量研究表明，在很低的压力下，一系列正烷烃的同系物在各种橡胶用填料和其他固体表面上的吸附自由能，随其碳原子数的增加呈线性变化。相应于一个亚甲基的吸附自由能的变化 ΔG_{CH_2}，可从一系列正烷烃的 ΔG^0 对其碳原子数作图的直线斜率而求出，也可由公式(2.183) 计算出来：

$$\Delta G_{CH_2} = -RT\ln \frac{V_{N(n)}}{V_{N(n+1)}} \tag{2.187}$$

式中，$V_{N(n)}$ 和 $V_{N(n+1)}$ 分别是碳原子数为 (n) 和 ($n+1$) 的正烷烃的保留体积。ΔG_{CH_2} 提供了—CH_2—基团与吸附剂之间的色散相互作用，因为正烷烃与固体表面之间不会发生极性相互作用。根据 Fowkes[131,182,183] 的研究和公式(2.131)，非极性液体和固体表面之间的黏附功 W_a 可由下式求得：

$$W_a = 2(\gamma_l^d \gamma_s^d)^{1/2} \tag{2.188}$$

式中，γ_l^d 和 γ_s^d 分别是液体和固体的色散表面能。

在烷烃的情况下，其表面能的色散组分 γ_l^d 等同于它的表面张力。Dorris 和 Gray 认为，黏附功大致上与—CH_2—基团相关的吸附自由能的增量 ΔG_{CH_2} 相关：

$$\Delta G_{CH_2} = N_A a W_a \tag{2.189}$$

因此

$$W_a = \frac{\Delta G_{CH_2}}{N_A a} = 2(\gamma_{CH_2} \gamma_s^d)^{1/2} \tag{2.190}$$

式中，N_A 是阿伏伽德罗常数；a 为一个—CH_2—基团覆盖的面积 ($0.06nm^2$)；而 γ_{CH_2} 为由—CH_2—基团呈紧密堆积状态组成的表面（这类似于聚乙烯的表面）的表面张力，它可由下式求得[184]：

$$\gamma_{CH_2} = 35.6 + 0.058(20 - T) \tag{2.191}$$

式中，T 为实验温度，℃。因此，注入一系列正烷烃作为探针分子，根据吸附自由能即可得到填料表面能的色散组分。

③ 填料表面能极性组分的计算方法　填料表面能的极性组分，可从填料与极性探针分子的相互作用进行估算。Fowkes[131] 提出，可把这种黏附能细分为 4 项参数之和，如公式(2.133) 所示。黏附能 W_a 大致也可简化为用以下两项参数之和来表示，即由每单位表面积的色散力形成的相互作用 W_a^d，和由所有各种非色散力产生的相互作用，即所谓的极性力形成的相互作用之和 W_a^{sp}。因此：

$$W_a = W_a^d + W_a^{sp} \tag{2.192}$$

当一种探针分子被吸附到色谱柱中的固定相的情况下，上式可改写为：

$$-\Delta G^0 = N_A a W_a^d + N_A a W_a^{sp} \tag{2.193}$$

式中，a 为一个探针分子在填料表面上的覆盖面积。若这种探针分子仅与固体表面产生色散相互作用，则该公式可简化成公式(2.189)，即为烷烃吸附的情况。

文献［185-190］中提出了多种区分色散相互作用和极性相互作用的方法。每种方法都曾成功地评估了给定表面与给定探针分子的极性相互作用[1-4,50,117-119,140,178-180]。但在不同的填料表面或采用不同的探针分子时，会出现许多实际问题。Wang 及其同事[191]提出的方法（如下所述）可以很容易用于计算探针分子与橡胶用填料，例如炭黑、白炭黑、陶土和碳酸钙之间的极性相互作用。

实际上，一系列烷烃的吸附自由能与其分子的表面积之间呈线性关系；把这条直线作为参比线。各种极性探针分子能与填料表面产生极性相互作用的实验点，始终位于这条参比线的上方，如图 2.53 所示。因此，公式(2.193) 可改写为：

$$-\Delta G^{0}=N_{A}aW_{a}^{d-ref}+N_{A}aW_{a}^{sp} \tag{2.194}$$

或改写为

$$-\Delta G^{0}=-\Delta G^{0-ref}+N_{A}aW_{a}^{sp} \tag{2.195}$$

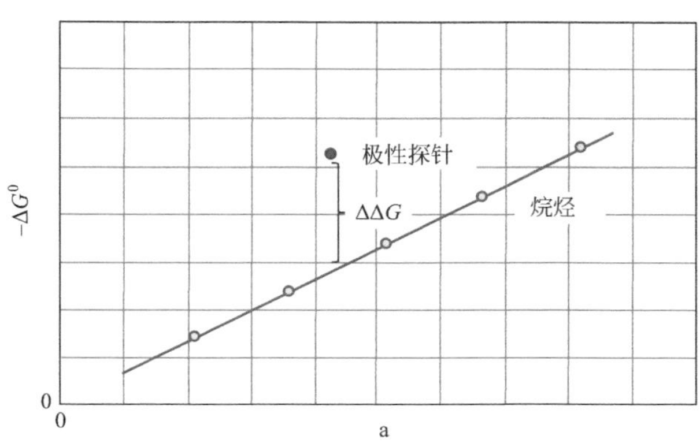

图 2.53 计算极性相互作用的原理图

因此

$$-\Delta\Delta G=-(\Delta G^{0}-\Delta G^{0-ref})=N_{A}aW_{a}^{sp} \tag{2.196}$$

式中，$-\Delta G^{0-ref}$ 是一种分子表面积与给定的极性探针分子表面积完全相同的烷烃（真实的或假设的）的吸附自由能。因此，在给定的极性分子表面积的情况下，对应于该极性探针分子的坐标点与参比线之间的纵坐标的差值，即为极性吸附自由能，在图 2.53 中以 $\Delta\Delta G$ 表示。因此，可按照以下公式计算出每单位表面

积的极性相互作用 I^{sp} 值。

$$I^{sp}=W_a^{sp}=\frac{-\Delta\Delta G}{N_A a}=f(\gamma_s^{sp}) \tag{2.197}$$

该探针分子所占的表面积 a 可随吸附剂和测量条件而变化。对同一种探针分子而言，文献中报道的数值有时会高出 60%[176,192-194]。该探针分子所占的表面积可根据最密堆积方式计算，也可从直链烃及其衍生物的圆柱体模型[195]，或者从液体密度和分子量计算出来[196]。

尽管这种处理方法是经验性的，但是通过采用统一尺度，它仍可用来比较不同填料的表面极性，以及填料与吸附质之间的极性相互作用。

④ S_f 因子　一般说来，填料的表面都有极性，而各种烃类橡胶通常是非极性或极性很低的材料。填料表面对非极性探针分子（如烷烃类）有较高的吸附能，表明其具有较高的表面能色散组分 γ_s^d，代表该填料与烃类橡胶之间的相互作用较强。另一方面，高极性的探针分子（例如乙腈）的吸附能较高，表明填料具有较高的表面能极性组分 γ_s^{sp}，因此该填料聚结体-聚结体之间具有较强的相互作用。因为在填料上非极性的烃类探针分子的 ΔG^0 是恒定的，那么高极性探针分子的 ΔG^0 的增量会提升该填料与各种烃类橡胶的不相容性，从而强化了填料聚结体的聚集效应。以此类推，当在填料上高极性探针分子的 ΔG^0 处于相同水平时，非极性烃类探针分子的 ΔG^0 越高，则表明该填料与聚合物之间的相互作用更强，而聚结体的聚集度会更低。基于这种考虑，把极性相互作用因子 S_f 定义为 $\Delta G^0/\Delta G^0_{alk}$；也就是说，给定探针分子的吸附能 ΔG^0 被烷烃（真实的或假设的，其分子表面积与给定吸附剂的完全相同）吸附能 ΔG^0_{alk} 所除而得的商（参见图 2.54）：

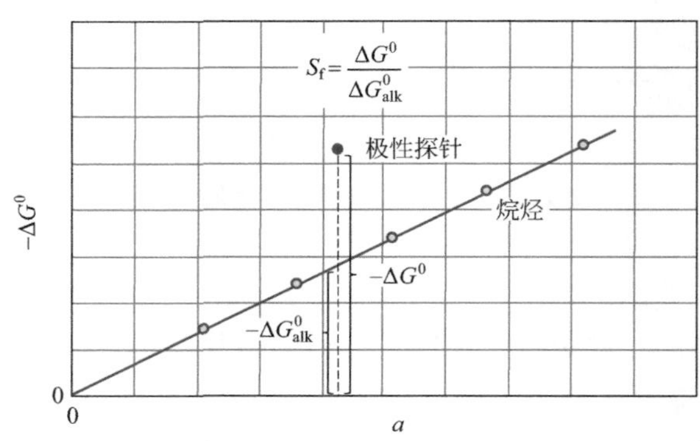

图 2.54　S_f 因子的定义

$$S_f = \frac{\Delta G^0}{\Delta G^0_{alk}} = f(\gamma_s^d, \gamma_s^{sp}) \qquad (2.198)$$

在此定义中，用于计算 ΔG^0 的参比状态，是一种表面积为零的假想烷烃的 ΔG^0，它是从一系列正烷烃[22]中的 ΔG^0 值外推出来的。S_f 因子，既与填料表面能的色散组分相关，也与其表面能的极性组分有关。填料对高极性探针分子的吸附，其 S_f 因子的数值越高，其聚结体之间的相互作用越强，而填料聚结体在烃类橡胶中的聚集结构越发达。

表 2.14 为 26 种市售炭黑和 4 种白炭黑的表面能色散组分 γ_s^d，以及其他吸附参数的数据。

表 2.14　180℃下工业填料表面能和某些探针分子的吸附参数

填料	$\gamma_s^d/(mJ/m^2)$	$I^{sp}_{benzene}/(mJ/m^2)$	$I^{sp}_{MeCN}/(mJ/m^2)$	S_f(benzene)	S_f(MeCN)
N115	411.8	105	169	1.27	1.44
Black 1	429.0	105	173	1.27	1.44
N121	361.6	102	207	1.28	1.56
N220-1	378.0	107	186	1.28	1.49
N220-2	395.8	113	190	1.29	1.49
N234	403.1	105	197	1.27	1.51
N339	286.6	99	181	1.30	1.55
N326-1	260.2	100	175	1.32	1.56
N326-2	271.2	97	178	1.30	1.55
N332	275.4	100	183	1.31	1.57
N347	274.3	97	177	1.30	1.55
N375	267.8	98	172	1.31	1.54
N330-1	272.7	98	183	1.30	1.57
N330-2	276.2	99	186	1.31	1.57
Black 2	238.1	99	187	1.33	1.62
Black 3	271.5	103	187	1.32	1.58
Black 4	270.3	98	194	1.30	1.60
Black 5	285.8	105	180	1.32	1.52
N550	189.5	88	163	1.32	1.60
N660	132.8	67	137	1.29	1.60
N683	153.8	76	167	1.31	1.69
N772	129.0	66	150	1.29	1.67
N765	137.8	69	146	1.30	1.62
Silica P1①	22.9	64	252	1.66	3.58
Silica P2①	34.3	71.9	285	1.60	3.37
Silica A1①	30.7	45.4	156	1.40	2.38
Silica A2①	44.3	55.1	173	1.40	2.26

① 在 150℃测得，P1 和 P2 分别是商品名为 Ultrasil VN2 和 Ultrasil VN3 的沉淀法白炭黑；而 A1 和 A2 则分别为商品名 Aerosil 130 和 Aerosil 200 的气相法白炭黑。

注：表中的 benzene 和 MeCN，分别为探针分子苯和乙腈。

(3) 有限浓度下的吸附

① 吸附等温线　在有限浓度的 IGC，即通过注入指定量的液体探针分子，可以根据保留体积与压力之间的依存关系得到吸附等温线。考虑到吸附效果和气体的可压缩性，而忽略气体的非理想性，公式(2.177) 可改写成积分形式：

$$\Gamma = \frac{1}{A}\int_0^p \frac{V_N}{1-jY_0}\mathrm{d}c \tag{2.199}$$

或

$$q = \frac{1}{gRT}\int_0^p \frac{V_N}{1-jY_0}\mathrm{d}p \tag{2.200}$$

式中，q 是吸附量，mol/g。

平衡压力可由下式[3]求得：

$$p = \frac{VURTh}{\overline{V}D_s S_p} \tag{2.201}$$

式中，V 是注入的液体探针分子的体积；$\overline{V}$ 是该探针分子的摩尔体积；U 为记录仪的输入速率；D_s 是色谱柱温度（K）下的载气平均流量；S_p 为注入探针分子体积的峰面积；h 为色谱峰的高度。因此，由不连续注入已知体积的样品所对应的一系列色谱图来确定吸附等温线。

② 表面压力　当气体被吸附在固体表面时，会产生一种表面压 π，其定义为：

$$\pi = \gamma_s + \gamma_{sv} \tag{2.202}$$

式中，γ_s 和 γ_{sv} 分别为该固体在固体-真空界面的表面自由能和在固体-蒸气界面的表面自由能。该表面压可由吸附等温线，利用 Gibbs 吸附方程式的积分形式[197,198]计算得出：

$$\pi = \frac{RT}{A}\int_0^p q\,\frac{\mathrm{d}p}{p} \tag{2.203}$$

表面压与吸附量 q 的依赖关系可从公式(2.200) 求得。研究表面压力可以提供有关吸附过程中固体表面自由能的变化情况。

③ 极性与非极性探针分子之间化学势的差异　把极性探针分子（p）和作为参比的非极性探针分子（np）的吸附化学势进行比较，可得到更多有关填料表面和极性探针分子之间的极性相互作用的信息[193,199]。在平衡条件下，特定量的探针分子吸附在固体表面上的化学势 μ_a^{ads}，等于气相中同一种探针分子在相应压力 p 下的化学势 μ_p^{gas}。从而：

$$\mu_a^{ads} = \mu_p^{gas} = \mu^0 + RT\ln\left(\frac{p}{p^0}\right) \tag{2.204}$$

式中，μ^0 和 p^0 分别为参比状态下的化学势和压力。这两类探针分子在相同的参比状态下（即极性探针分子 p 和非极性探针分子 np 的压力、温度和吸附量完全相同的情况下），并假定它们的性质与理想气体一样，则有：

$$\mu_{(p,a)}^{ads}-\mu_{(np,a)}^{ads}=\Delta\mu_{(p/np,a)}^{ads} \tag{2.205}$$

而

$$\Delta\mu_{(p/np,a)}^{ads}=\Delta\mu_{(p/np)}^{0}+RT\ln\left(\frac{p_{(p,a)}}{p_{(np,a)}}\right) \tag{2.206}$$

由于 $\Delta\mu_{(p/np)}^{0}=\mu_{(p)}^{0}-\mu_{(np)}^{0}$，它是与固体表面无关的常数。于是：

$$\Delta\Delta\mu^{ads}=\Delta\mu_{(p/np,a)}^{ads}-\Delta\mu_{(p/np)}^{0}=RT\ln\left(\frac{p_{(p,a)}}{p_{(np,a)}}\right) \tag{2.207}$$

因此，$\Delta\Delta\mu^{ads}$ 可用来评估不同吸附量下的不同固体的 $\Delta\mu_{(p/np,a)}^{ads}$ 值，从而可作为白炭黑表面极性的一种度量。

④ 吸附能分布函数　当反相气-固色谱法在无限稀释（零表面覆盖率）时，吸附的热力学函数仅取决于吸附质与填料表面的相互作用，因此可从保留体积 V_N 计算出热力学参数，从而计算出表面能[200-202]。正如公式(2.179) 所示，该保留体积与色谱柱中填料的总比表面积 A 相关，也与吸附质在已吸附的体积和气相体积之间的表面分配系数 K_s 相关，即：

$$V_N=AK_s \tag{2.208}$$

若填料的表面能是非均匀的，那么色谱过程的统计处理所得到的结果，与假设把该表面划分为若干吸附是均匀的但吸附量不同的小单元，而在这些小单元上吸附过程具有加和性所得的结果是相同的。每个小单元的特征在于其表面分配系数 $K_{s,i}$ 的不同，而每个小单元相应的保留体积 $V_{N,i}$ 为：

$$V_{N,i}=A_iK_{s,i} \tag{2.209}$$

式中，A_i 是第 i 个小单元的比表面积。对 n 个小单元而言，总保留体积 V_N 为[23]：

$$V_N=AK_s=\sum_{i=1}^{n}A_iK_{s,i}=A\left(\sum_{i=1}^{n}A_iK_{s,i}/\sum_{i=1}^{n}A_i\right) \tag{2.210}$$

而

$$A=\sum_{i=1}^{n}A_i \tag{2.211}$$

从公式(2.210) 显而易见，表面分配系数 K_s 是平均值，而吸附热力学参数和表面能也是平均值。但是，这些值是“能量加权”的，因为 K_s 与吸附能有关，即高能单元（或高能点）在决定填料的吸附性能和表面能方面起着非常重要的作用[23]。

填料表面的能量非均匀性，可由给定探针分子吸附的能量分布函数精确地估算出来。对于任一吸附质-吸附剂系统，吸附能分布函数 $\chi(\varepsilon)$ 可定义为：

$$\chi(\varepsilon)=\frac{\partial N}{\partial \varepsilon} \tag{2.212}$$

式中，ε 是吸附能，N 是吸附点的体积或数目。

如前所述，对能量分布不均匀的表面而言，可把整个色谱过程视为若干小单元上吸附过程的加和函数。每个小单元具有的吸附能为 ε_i。根据公式(2.178)，吸附效应可忽略不计，于是 n 个单元，总保留体积 V_N 可为[202]：

$$V_N=\sum_{i=1}^{n}\frac{A_i\partial\Gamma_i(c,\varepsilon_i,T)}{\partial c}=\sum_{i=1}^{n}\frac{\partial\theta_1(c,\varepsilon_i,T)}{\partial c}N_{m,i} \tag{2.213}$$

式中，$\Gamma_i(c,\varepsilon_i,T)$ 为第 i 个表面单元上吸附质的浓度；$N_{m,i}$ 是第 i 个表面单元的吸附能力；$\theta_1(c,\varepsilon_i,T)$ 是由第 i 个表面单元覆盖率表示的吸附等温线函数。

公式(2.213) 可以用积分形式表示：

$$V_N=\int_{\Omega}\frac{\partial\theta_1(c,\varepsilon_i,T)}{\partial c}\chi(\varepsilon)\,d\varepsilon \tag{2.214}$$

式中，Ω 是 ε 的可能的变化范围。

在公式(2.214) 中，能量分布函数 $\chi(\varepsilon)$ 要求归一化的条件如下：

$$\int_{\Omega}\chi(\varepsilon)\,d\varepsilon=N_m \tag{2.215}$$

式中，N_m 为表面相的总吸附能力。

对理想气体而言，该公式为：

$$V_N=f(p)=RT\int_{\Omega}\frac{\partial\theta_1(p,\varepsilon,T)}{\partial p}\chi(\varepsilon)\,d\varepsilon \tag{2.216}$$

在公式(2.216) 中，每个表面能量均匀的小单元吸附模型决定了函数 $\partial\theta_1(p,\varepsilon,T)/\partial p$。

在所提出的各种吸附模型中，Hobson[203] 提出的具有能量 ε 的每个小单元的局部吸附等温线的模型遵循以下关系式：

当 $p<p'$ 时 $$\theta_1(p,\varepsilon,T)=\frac{p}{K}=\exp\left(\frac{\varepsilon}{RT}\right) \tag{2.217}$$

当 $p\geqslant p'$ 时 $$\theta_1(p,\varepsilon,T)=1 \tag{2.218}$$

$$p' = K\exp\left(\frac{-(\varepsilon-\varepsilon_0)}{RT}\right) \tag{2.219}$$

由于在压力高于 p' 的情况下会出现毛细凝结现象，等温线垂直上升，ε_0 表示两个吸附质分子之间在表面上的相互作用能。K 是 Henry 常数的指数前因子，K 的数值仅取决于吸附质的性质，可从饱和压和蒸发热获得[204]，或从色谱保留体积的压力和温度的相关性得到[205]。在 Hobson 模型中，因子 K 由吸附质的分子量 M 和温度确定：

$$K = 1.76\times10^4 (MT)^{1/2} \tag{2.220}$$

已经注意到，能量分布函数 $\chi(\varepsilon)$ 的形状与因子 K 无关，不同的 K 值只会使函数 $\chi(\varepsilon)$ 沿着能量轴 ε 偏移。

据 Hobson 和 Rudzinski 等人[201,203]的研究，ε_0 的选择对 $\chi(\varepsilon)$ 的影响较小。在正常条件下，假定 ε_0 为零，ε 可定义为：

$$\varepsilon = -RT\ln\frac{p}{K} \tag{2.221}$$

采用这种吸附模型，$\partial\theta_1/\partial p$ 项可表达为：

$$\frac{\partial\theta_1(p,\varepsilon,T)}{\partial p} = \frac{1}{K}\exp\left(\frac{\varepsilon}{RT}\right) \tag{2.222}$$

然后，从公式(2.216) 和 (2.222) 可以得到：

$$V_{\mathrm{N}} = RT\int_{\Omega}\frac{1}{K}\exp\left(\frac{\varepsilon}{RT}\right)\chi(\varepsilon)\,\mathrm{d}\varepsilon \tag{2.223}$$

公式(2.223)，对 ε 微分，得：

$$\frac{\partial V_{\mathrm{N}}(\varepsilon,T)}{\partial\varepsilon} = \frac{RT}{K}\exp\left(\frac{\varepsilon}{RT}\right)\chi(\varepsilon) \tag{2.224}$$

于是，能量分布函数可写为：

$$\chi(\varepsilon) = \frac{K}{RT}\exp\left(\frac{-\varepsilon}{RT}\right)\frac{\partial V_{\mathrm{N}}(\varepsilon,T)}{\partial\varepsilon} \tag{2.225}$$

而从公式(2.221) 可得到：

$$\chi(\varepsilon) = \frac{p}{RT}\frac{\partial V_{\mathrm{N}}(\varepsilon,T)}{\partial\varepsilon} \tag{2.226}$$

和

$$d\varepsilon = -\frac{RT}{p}dp \tag{2.227}$$

于是，可以得到：

$$\chi(\varepsilon) = -\left(\frac{p}{RT}\right)^2 \frac{\partial V_N(p,T)}{\partial p} \tag{2.228}$$

公式(2.228) 是一项通用公式，可用色谱测得的保留体积数据直接表示吸附剂表面的能量的非均匀性。保留体积对压力函数的微分可以确定能量分布函数$\chi(\varepsilon)$。

(4) 填料的表面能

① 填料表面能色散组分

a. 白炭黑　图 2.55 是白炭黑表面能色散组分 γ_s^d 值随温度的变化。图中的 P1 和 P2 分别是商品名为 Ultrasil VN2 和 Ultrasil VN3 的沉淀法白炭黑；而 A1 和 A2 则分别为商品名 Aerosil 130 和 Aerosil 200 的气相法白炭黑。这 4 种白炭黑的 BET 比表面积分别为 $134m^2/g$、$181m^2/g$、$128m^2/g$ 和 $189m^2/g$。该图显示，这 4 种白炭黑在 70～150℃的温度下，其 γ_s^d 与温度的相关性；而通过外推法求得 20℃下的 γ_s^d 值，列于表 2.15 中。由于沉淀法白炭黑的 $d\gamma_s^d/dT$ 较高，因此，在所研究的温度范围内，气相法白炭黑的 γ_s^d 值始终高于沉淀法白炭黑。而且，表面能色散组分 γ_s^d 也随粒径的不同而变化。随着粒径的增大（或随着比表面积的减少）[5,206] 白炭黑的 γ_s^d 值降低，而与它们的生产方式无关。

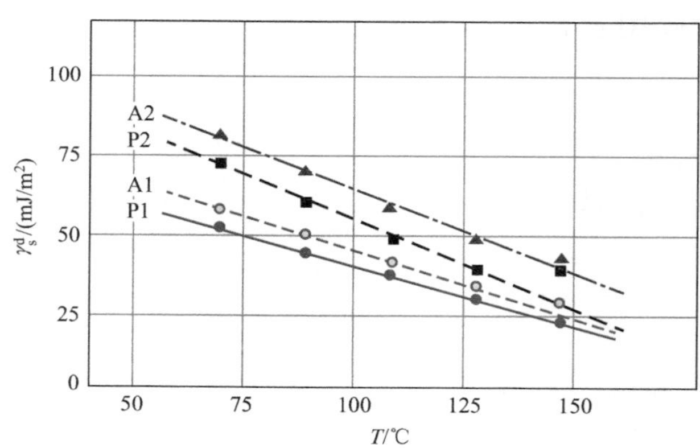

图 2.55　4 种白炭黑表面能的色散组分 γ_s^d 随温度而变化

表 2.15　4 种白炭黑表面能的色散组分 γ_s^d 及其温度相关性

白炭黑	γ_s^d(20℃)/(mJ/m²)①	$(-d\gamma_s^d/dT)$/[mJ/(m²·℃)]
P1	72.3	0.392
P2	100.6	0.562
A1	74.4	0.362
A2	104.6	0.490

① 外推值。

沉淀法白炭黑与气相法白炭黑之间的这种差异，可能与它们的表面复杂程度有关。尽管白炭黑表面上的羟基可作为高能吸附点，人们似乎已普遍认为羟基浓度并不是影响其 γ_s^d 值的主要因素；这是因为沉淀法白炭黑表面上的羟基比较多(通常，气相法白炭黑表面上的羟基浓度为 2～3 个—OH/nm²，而沉淀法白炭黑上则多达 4～8 个—OH/nm²)。气相法白炭黑 γ_s^d 值较高的原因之一，可能是因其表面平坦，使探针分子更容易吸附在其上面。这导致亚甲基—CH_2—具有更高的吸附自由能，由此计算出的 γ_s^d 值自然也会高些。另外，短程内晶格的有序性，可能也是各种白炭黑之间具有不同 γ_s^d 值的另一种因素，尤其是这种晶格的有序性与粒径之间有依存关系。粒径较细的白炭黑，其表面微观构造的有序性较差，这也可能是其表面能较高的原因。

b. 炭黑　图 2.56 为在室温下经甲苯抽提后的各种干法造粒炭黑的表面能色散组分 γ_s^d 值与氮吸附比表面积的关系；而图 2.57 为用甲苯在索氏抽提器中经热抽提后的湿法造粒炭黑的 γ_s^d 与比表面积之间的关系[22]。在这两种情况下，γ_s^d 或多或少地以线性方式随比表面积的增大而增大。

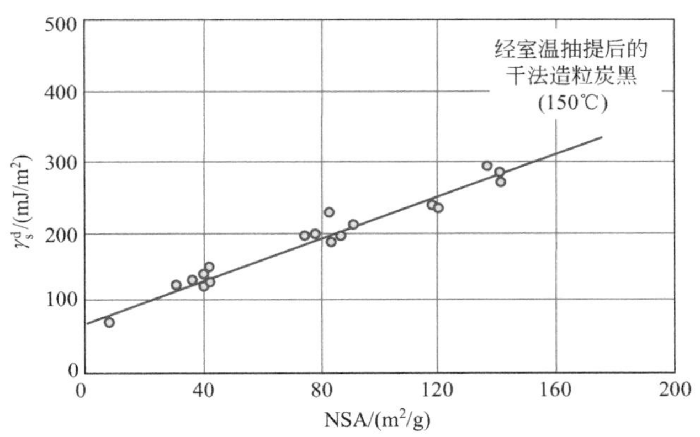

图 2.56　150℃下干法造粒炭黑的表面能色散组分 γ_s^d 与氮吸附比表面积之间的关系

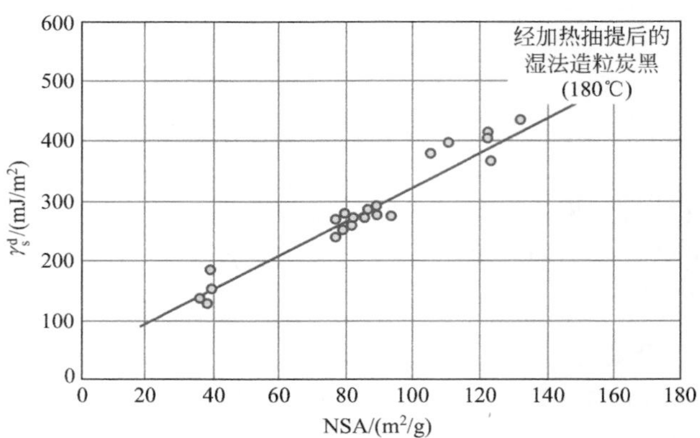

图 2.57　180℃下，湿法造粒炭黑的 γ_s^d 与氮吸附比表面积之间的关系

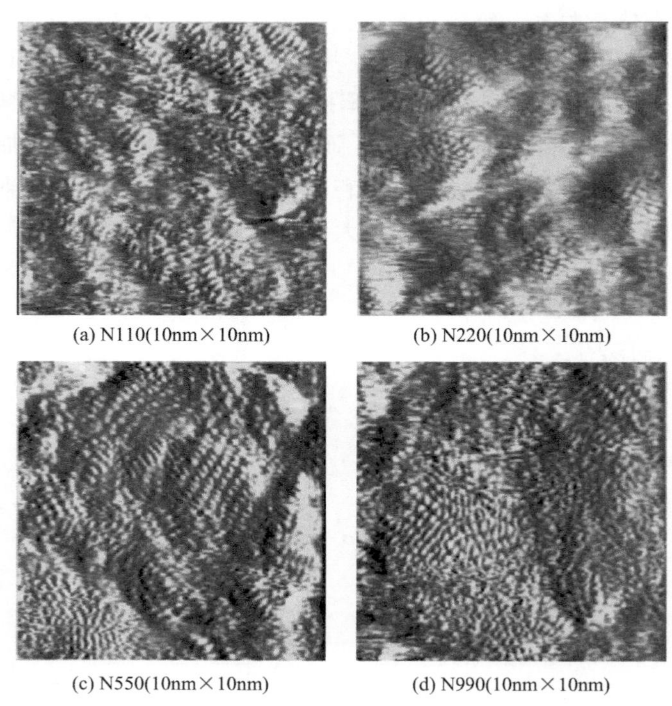

图 2.58　N110、 N220、 N550 和 N990 炭黑的 STM 俯视图像

湿法造粒炭黑的表面能色散组分 γ_s^d 值较高，可能与高温下的索氏抽提效率较高有关，从而暴露出更多的活性中心。γ_s^d 值与炭黑品种间的相关性，可依据其微观构造来解释。众所周知，炭黑中的碳原子通常是准石墨微晶的组成部分，而准石墨微晶是由若干层间距 d 为 0.35～0.38nm 的乱层堆积而成。其微晶尺寸的特征是，在平行层面沿 c 轴方向上的平均堆叠高度为 L_c，以及平行层在 ab 平面上的平均直径为 L_a。各种炭黑之间表面能色散组分 γ_s^d 的差异，可能与它们的微观构造不同有关，而并非由它们的比表面积或粒子大小所致。表面能色散组分 γ_s^d 这种表面上与比表面积之间的相关性，可能本质上反映出炭黑的微观构造与粒径间的相关性。以 X 射线衍射法测得的各种炭黑的微晶参数之间的差异很大[22,207,208]，通常随着比表面积的增加，其微晶尺寸在减小。STM 对炭黑表面的研究也证明了这一点。STM 的图像（图 2.58）表明，大粒径的炭黑，其表面碳原子的有序排列的部分更多[209]。

图 2.59 中，表面能色散组分 γ_s^d 与微晶尺寸 L_c 的相关性表明，表面能色散组分随微晶尺寸的增加而降低。这是可以理解的，因为粒径较小的炭黑，其微晶较小，碳原子呈有序的排布方式亦较差，导致产生更多的微晶边缘和更多的不饱和电荷，这些都可认为是高能点。目前，炭黑表面能与比表面积的依存关系，或与粒径的依存关系更能代表微观构造对 γ_s^d 的影响，这几乎是不言而喻的道理。

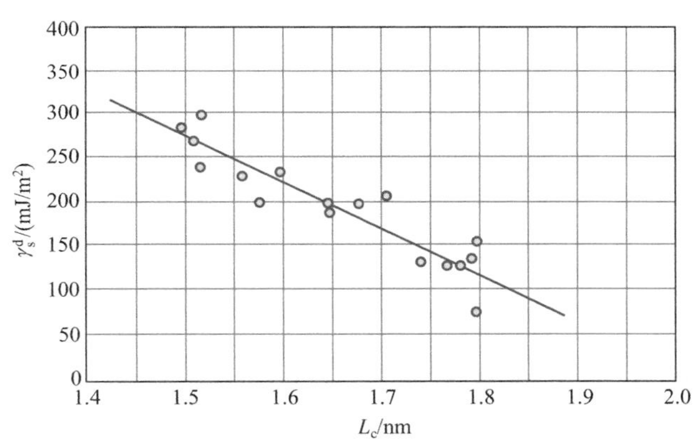

图 2.59 干法造粒炭黑在 150℃下的表面能色散组分 γ_s^d 与微晶尺寸 L_c 的关系

炭黑的石墨化过程也可证实表面自由能与微观构造之间的关系。N330 炭黑经石墨化之后，由于微晶长大，碳原子变得更有序，其在 180℃下的 γ_s^d 从 276mJ/m^2 急剧降低至 170mJ/m^2。图 2.60 为 N330 炭黑在石墨化前后表面组织的STM图像的对比。实际上，石墨化炭黑的γ_s^d仍然高于石墨，这可能是由于石墨化尚不完全和/或微晶的生长受限所致。如图2.61所示，炭黑在2700℃下石墨化48h之后，石墨层中仍残留有一定数量的晶体缺陷，而这些缺陷可视为高能点。炭黑的等离子体处理提供了进一步的证据，证明这种晶体缺陷在决定炭黑表面活性方面的作用。当石墨化的N550炭黑，经空气等离子体处理之后，该炭黑的γ_s^d值从150mJ/m^{2}急剧增加到420mJ/m^2，而STM图像显示，其石墨层上有许多晶体缺陷（图2.62）[210,211]。

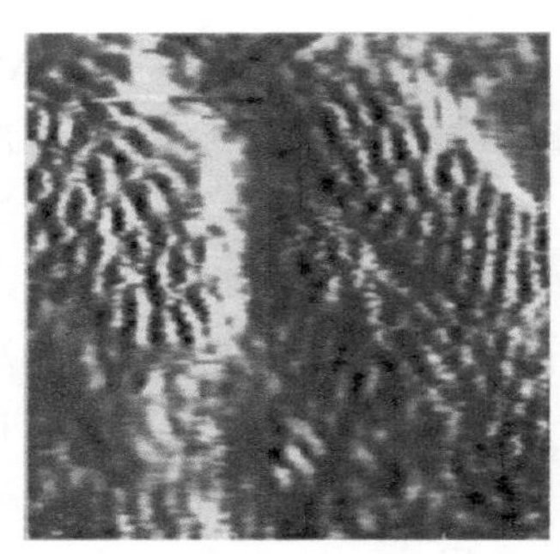

(a) N330(5nm×5nm)

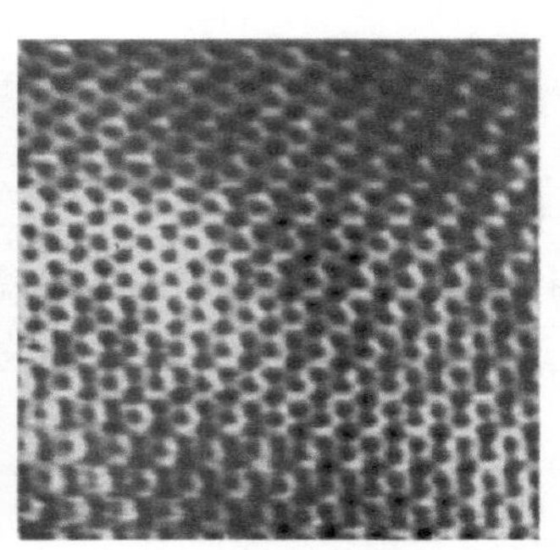

(b) 石墨化 N330(5nm×5nm)

图2.60　N330炭黑石墨化前后的STM俯视图

(a) 石墨化 N220(10nm×10nm)

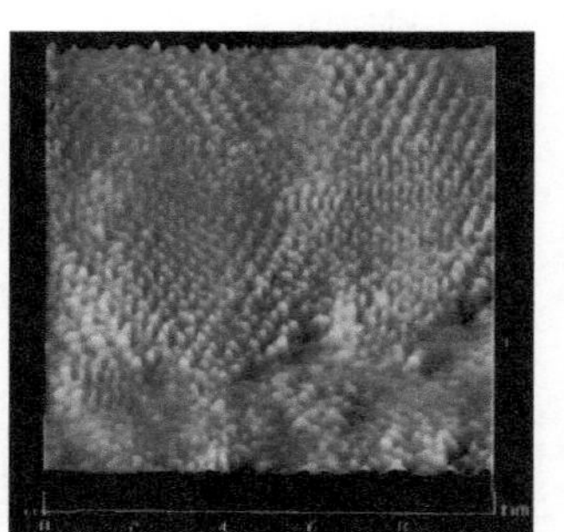

(b) 石墨化 N330(10nm×10nm)

图2.61　N220和N330石墨化炭黑的STM透视图，显示出表面石墨层的缺陷

目前，所有测试结果似乎都表明，至少就表面能的色散组分而言，炭黑表面的高能中心主要来源于微晶石墨层的缺陷和边缘部位，以及无序排布的碳原子。这些高能中心被吸附质或/和某些官能团（例如一些含氧基团）覆盖后，会降低

炭黑的表面活性，特别是会降低其物理吸附的能力。

(a) 石墨化 N550(10nm×10nm)

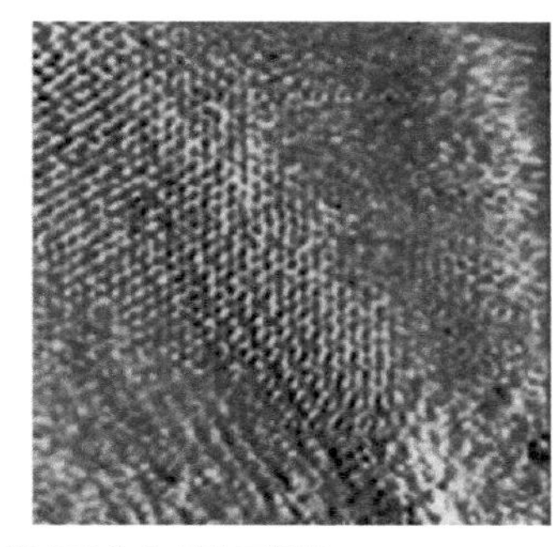

(b) 等离子体处理的石墨化 N550(10nm×10nm)

图 2.62　石墨化 N550 炭黑及其经空气等离子体处理后的石墨化试样的 STM 俯视图

② 填料表面能极性组分

a. 白炭黑　与气相法白炭黑表面能色散组分的数值高于沉淀法白炭黑的情况相反，以苯和乙腈测得的表面能极性组分 I^{sp} 的结果表明，沉淀法白炭黑的 I^{sp} 值更高（表 2.14）[191]。毫无疑问，沉淀法白炭黑上的高浓度硅羟基，应是 I^{sp} 值较高的主要原因。这些硅羟基，不仅具有较强的能力使苯分子极化，形成诱导极性相互作用，而且还具有较强的能力使极性探针分子乙腈产生偶极-偶极相互作用。在以乙腈作为探针分子的情况下，氮原子和硅羟基之间的氢键可能也参与其中，加强了极性的相互作用。另一方面，与表面能色散组分 γ_s^d 的情况一样，这两类白炭黑的表面能极性组分 I^{sp} 表明粒径较小者，极性稍高。

b. 炭黑　图 2.63 和图 2.64 分别为苯以及乙腈在干法造粒炭黑上的吸附能极性组分 I^{sp} 值与氮吸附比表面积之间的关系[22]。可以看到，即使数据有些分散，但仍能发现粒径较小的炭黑，与探针分子的极性相互作用更强。用湿法造粒炭黑也得出类似的结果。然而，与表面能色散组分相类似，与其说极性相互作用与比表面积本身存在着相关性，倒不如说是与表面状态存在着相关性更为合理。其原因之一是，相同比表面积的槽法炭黑与极性探针分子的极性相互作用明显高于炉法炭黑，虽然高得不多。毫无疑问，这与槽法炭黑的含氧基团浓度较高有关，这些含氧基团本质上都是极性的。

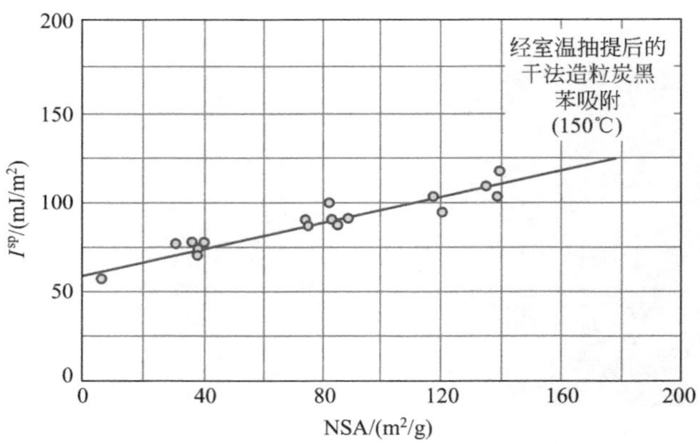

图 2.63　苯于 150℃下在干法造粒炭黑上的 I^{sp} 与氮吸附比表面积的关系

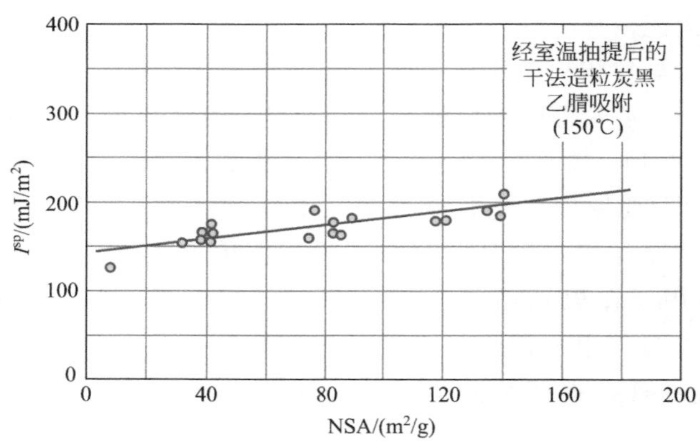

图 2.64　乙腈于 150℃下在干法造粒炭黑上的 I^{sp} 与氮吸附比表面积的关系

业已发现，炭黑经石墨化处理之后，其表面能极性组分大为降低。以 N330 为例，乙腈在炭黑石墨化之前的吸附能极性组分 I^{sp} 为 186mJ/m^2，而石墨化之后降低到 95mJ/m^2。这可能是由于微晶的生长（微晶结构缺陷减少）以及大部分含氧基团在低于 800℃以下已完全分解所致。

③ S_f 值　苯和乙腈在炭黑和白炭黑上的极性相互作用因子 S_f 分别示于图 2.65 和图 2.66[22]。在苯吸附的情况下，这两类白炭黑，尤其是沉淀法白炭黑的相对极性比炭黑高。对于所有炭黑而言，其 S_f 值似乎都是恒定的，只有大粒子炭黑的 S_f 值稍微高些。在乙腈吸附时，可看到同样的结果，但是炭黑和白炭黑

之间的 S_f 值的差异要大得多；这正如前面所提到的那样，由于白炭黑表面与这种探针分子之间产生较强的极性及氢键相互作用所致。

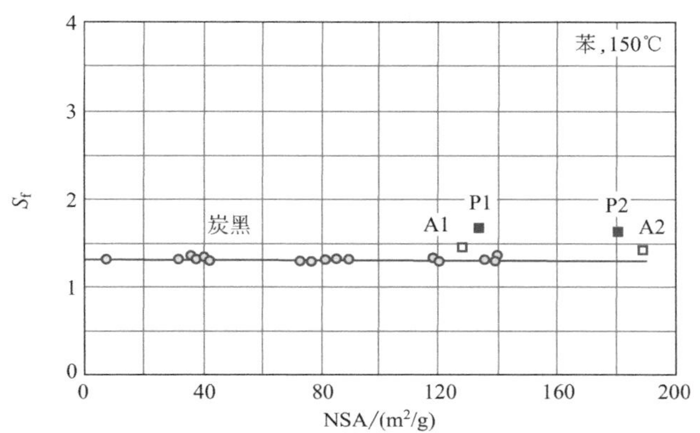

图 2.65　苯于 150 ℃下在干法造粒炭黑和白炭黑上的 S_f 值与氮吸附比表面积的关系

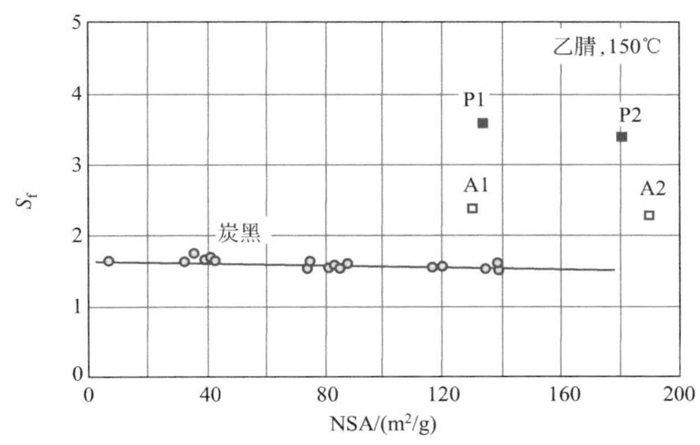

图 2.66　乙腈于 150℃下在干法造粒炭黑和白炭黑上的 S_f 值与氮吸附比表面积的关系

填料表面的酸碱性，也可由极性相互作用因子 S_f 值来表征。图 2.67 和图 2.68 分别为四氢呋喃和氯仿的 S_f 值与填料比表面积的关系。四氢呋喃是碱性物质，而后者被用作酸性探针分子。从这两张图中可以看出，酸性探针分子氯仿无论与炭黑还是与白炭黑之间的 S_f 值都没有显著差异；而四氢呋喃在白炭黑上的 S_f 值却高得多，尤其是沉淀法白炭黑更为明显。四氢呋喃在白炭黑表面上的高 S_f 值，表明它们之间存在很强的酸碱相互作用。

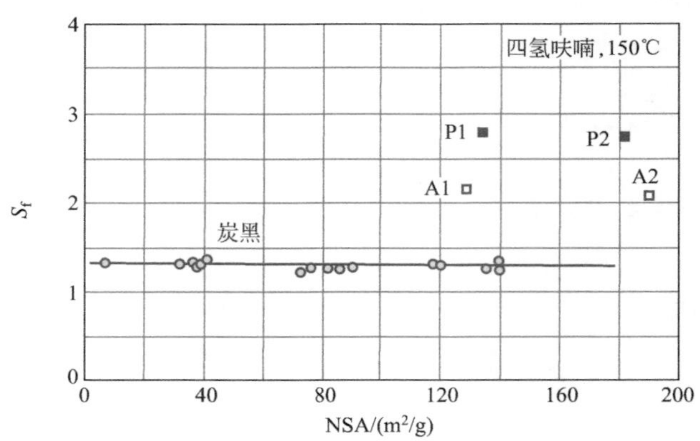

图 2.67　四氢呋喃于 150℃下在干法造粒炭黑和白炭黑上的 S_f 值与氮吸附比表面积的关系

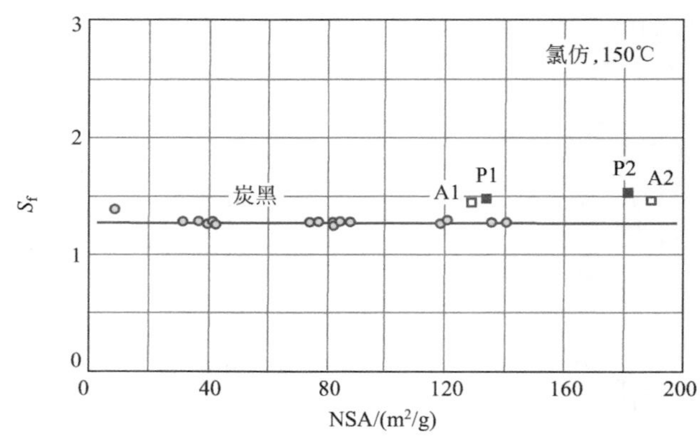

图 2.68　氯仿于 150 ℃下在干法造粒炭黑和白炭黑上的 S_f 值与氮吸附比表面积的关系

④ 填料表面能的非均匀性　如在本书第 2.4.2.3 节中所述，即使与其他技术诸如润湿热法一起使用时，通过吸附测得的表面能也是整个填料表面的平均值[23,200]。人们已经认识到，填料表面上的表面能分布是不均匀的。吸附热的测量结果表明，炭黑和白炭黑的吸附活性是集中在一小部分表面上[193,212]。这一小部分活性表面，对橡胶补强效果起着非常重要的作用，这已由填料的热处理和化学处理的结果所证实[213,214]。通过某些处理，例如炭黑的石墨化或白炭黑表面用烷基链接枝改性处理，使填料表面丧失了高能点。将其加入橡胶时，可显著改变混炼胶及硫化胶的性能。因此，对填料表面能非均匀性的研究，可进一步提供填料表面特性的一些信息。

图 2.69 和图 2.70 为正己烷和苯分别吸附在沉淀法白炭黑和气相法白炭黑上的吸附能分布函数，即 $\chi(\varepsilon)$ 与吸附能 ε 的关系。该吸附能分布函数 $\chi(\varepsilon)$ 是由 IGC 测定的保留体积与平衡压力通过公式(2.228) 得到的。

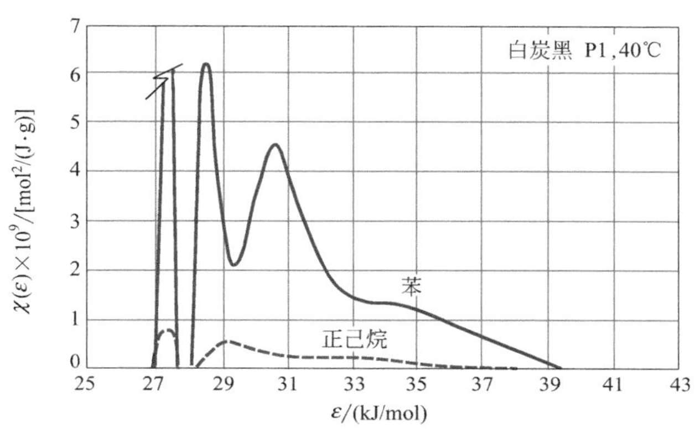

图 2.69　苯和正己烷于 40℃下在沉淀法白炭黑 P1 上的吸附能分布

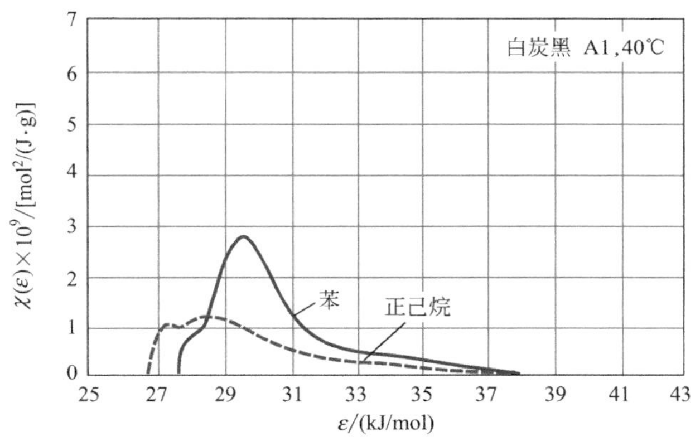

图 2.70　苯和正己烷于 40℃下在气相法白炭黑 A1 上的吸附能分布

当正己烷吸附在沉淀法白炭黑 P1 表面上，其吸附能分布函数的高能一侧明显呈现出两个最大值，以及一个不那么明显的小峰。气相法白炭黑 A1 对正己烷的吸附能比沉淀法白炭黑 P1 的均匀性更好，在能量分布函数上仅出现两个峰。气相法白炭黑表面上似乎有大量的中低能点，而沉淀法白炭黑表面上出现更多的高能吸附中心。不同类型的白炭黑之间分布函数方面的差异，与其表面化学特性有关，即取决于不同类型的硅羟基在表面上的浓度与分布，这些硅羟基依其所处的环境可分为孤立型、邻位型和偕位型。在某些情况下，这取决于白炭黑的制备过程，表面某些区域的硅羟基会聚集在一起，成为团簇状。硅氧烷桥可能是另一种类型的吸附中心，尽管它的能量比硅羟基低。另一方面，白炭黑是一种非晶态物质，是由硅和氧以四面体形式键合成一种不完全的三维结构，其中只存在一些短程晶序。晶格缺陷的程度取决于白炭黑的合成方法和生产条件。与晶格面相比，晶格的“断裂键”或“边缘”上可能存在未补偿的电荷，导致其位能较高。所有这些因素可能是不同模式的吸附能分布的主要原因。

由于探针分子苯也能通过其 π 键体系的电子离域化与白炭黑表面发生极性相互作用（除了吸附剂和吸附质之间普遍存在的色散相互作用之外），因此当把苯和正己烷之间的吸附能分布曲线进行对比，可进一步揭示出白炭黑表面能的不均匀性，特别是表面极性的不均匀性的本质。从图 2.69 和图 2.70 可明显看出，白炭黑，特别是沉淀法白炭黑的表面对苯分子吸附的表面能不均匀性高于对正己烷的吸附。对沉淀法白炭黑来说，苯的吸附能分布曲线的峰强度更为明显。这进一步证实，白炭黑表面具有较高的极性，特别是其活性中心的极性更高。

对炭黑而言，其表面能非均匀性的分布图与白炭黑有很大的不同。图 2.71 和图 2.72 分别为各种橡胶用炭黑在 50℃下，对苯和环己烷的吸附能分布曲线。显然，所有炭黑的表面能分布曲线形状都是相同的，即它们都是呈右偏斜式高斯分布，在高能侧曲线拖尾非常宽。这与我们观察到的白炭黑的分布曲线完全不同。苯和正己烷在 40℃下在白炭黑上的吸附能分布曲线显示出几个不同的峰，这些峰归因于表面存在着不同类型的硅羟基、硅氧烷和一些杂质[200]。炭黑的表面能分布得非常宽，这可能就是表面能高度不均匀的标志。

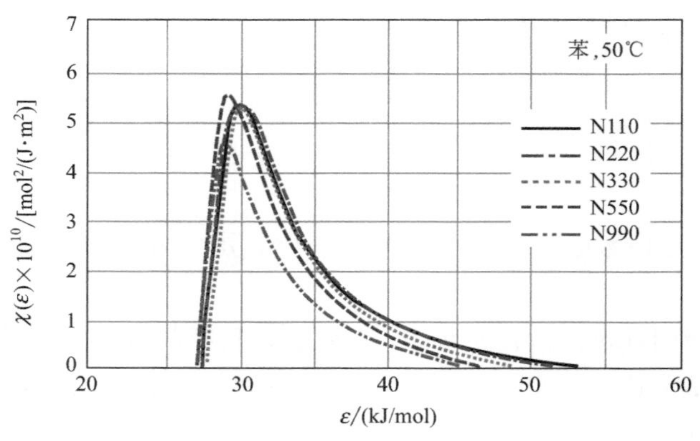

图 2.71　苯于 50℃下在 5 种炭黑上的吸附能分布

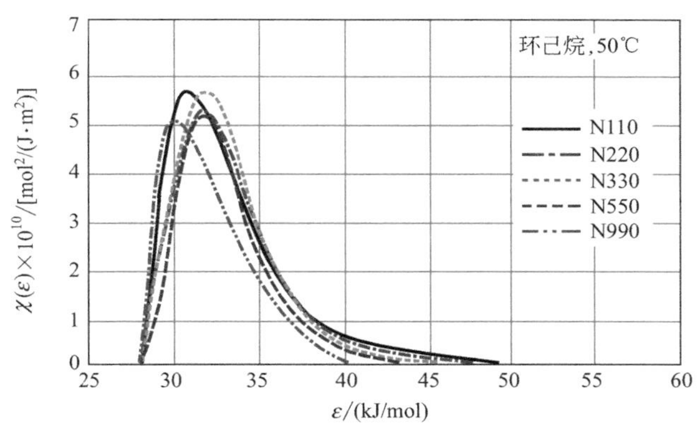

图 2.72 环己烷于 50℃下在 5 种炭黑上的吸附能分布

另一方面，当对不同炭黑表面能的分布函数进行比较时，发现所有炭黑的曲线峰值（即最高能量点的浓度）几乎相同，只有热裂炭黑 N990 的峰值稍微偏向低能一侧。在高能侧，不同炭黑的表面能分布曲线有较大差异。显然，随着炭黑比表面积的增加，高能中心的浓度不断增高。由此可合理地得出推论：在无限稀释条件下，反相气相色谱法测出硬质炭黑的表面能较高，这主要是活性中心的浓度较高所致。

假如各种炉法炭黑表面最有可能的吸附点的能量是差不多的，又假定炭黑表面起支配作用的吸附点与石墨微晶的基面有关，若这两项假设成立的话，那么这些高能中心仅占表面很小一部分，它们应是微晶的边缘和缺陷部位。因此，人们可以理解为，粒径较小的炭黑，其表面无序部分更多、更发达；这也由 X 射线衍射和 STM 对炭黑表面的研究所证实[209]。另一方面，如果炭黑表面是由这两种不同能量的部分组成的话，则该吸附能分布曲线应具有两个不同的响应峰。目前，人们尚未完全理解，为什么实际上只观测到一个宽峰。出现这种现象的一个原因，可能是位于微晶石墨基面边缘的化学基团，例如氢、含氧基团以及可能的杂原子，以及吸附在炭黑表面上的无法靠抽提或脱气清除掉的外来物质；这些因素可以改变这两部分表面的能量，从而拓宽了表面能分布曲线。而且，在微晶平面的第一层下面的乱层构造，可能也会对表面能的变化起作用。

人们还发现，苯和环己烷吸附在各种炭黑高能点所对应的高能点的浓度存在差异，但与苯和正己烷在白炭黑上的吸附相比，这种浓度差异却要小得多。不管己烷和苯这两种 C_6 分子之间的构型上有什么差异，所观察的结果都证实，炭黑的表面极性相对要比白炭黑低。另一方面，在比较环己烷和苯之间的吸附过程时，各种炭黑低能一侧能量点的频率没有出现明显差异，这些低能侧的能量点在炭黑表面上占绝对优势并与石墨微晶的基面有关。这表明，炭黑绝大部分表面和绝大多数能量点的极性很低或没有极性。

炭黑石墨化时，其微晶尺寸的增长也会导致吸附能分布函数的改变。图 2.73 比较了苯和环己烷分别在 N110 炭黑及其石墨化试样上的吸附能分布曲线。值得注意的是，这两种探针分子在石墨化炭黑上的吸附能分布曲线都变窄了，不但高能点消失了，而且低能点也消失了。虽然高能中心的损失可归因于微晶边缘的消失，而低能点数量的减少可能是由于在高达 2700℃的温度下进行石墨化过程中，清除了某些化学基团，也清除了比石墨层面吸附活性更低的一些物质。这与在相对较低温度下于惰性气氛（400℃，氦气流）中处理的炭黑在无限稀释条件下获得的实验结果相一致。经热处理之后，表面能显著增高，认为这是由于从表面上清除了某些化学基团所致。另一方面，没有理由相信在该温度下微晶的结构会发生任何变化。石墨化炭黑在环己烷吸附的情况下，其吸附能分布曲线呈对称式高斯分布，这与苯和环己烷在非石墨化炭黑上，以及苯在石墨化炭黑上的吸附能分布曲线呈现的右偏斜式高斯分布明显不同。

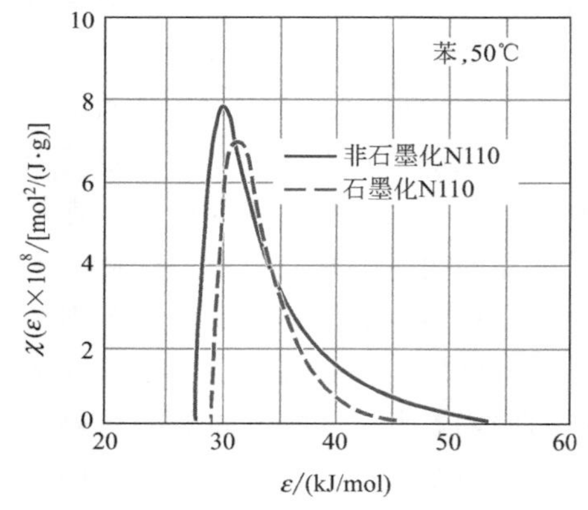

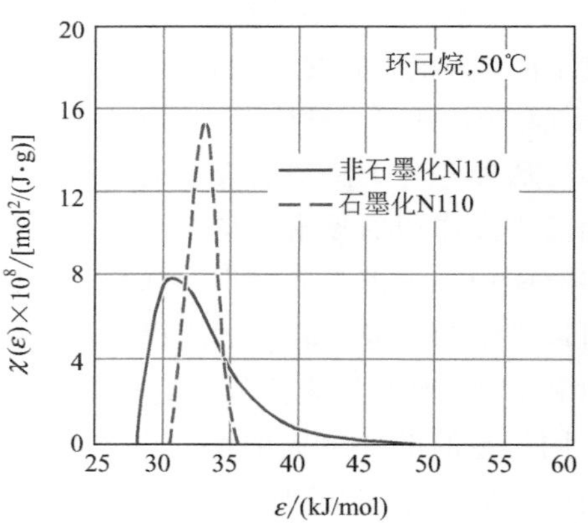

图 2.73　苯和环己烷于 50℃下在炭黑 N110 及其石墨化试样上的吸附能分布

值得注意的是，从比例放大的吸附能分布函数关系图中（图 2.74）可以看出，与普通炭黑（例如 N330）相比，各种石墨化炭黑试样表面上，只残留有极少量的活性中心；这些残留的活性中心由图中主峰左侧的各种小峰观测出来。这些残留的活性中心的浓度极低，只有在非常低的压力下才能测出这段等温线，以至于这段吸附能分布无法在正常标尺的吸附能分布图上表现出来。正如在有关表面能色散组分 γ_s^d 一节中所述，这些活性中心可能是石墨化不完全而残留下的微晶缺陷，就像从 STM 影像看到的那样（图 2.61）。

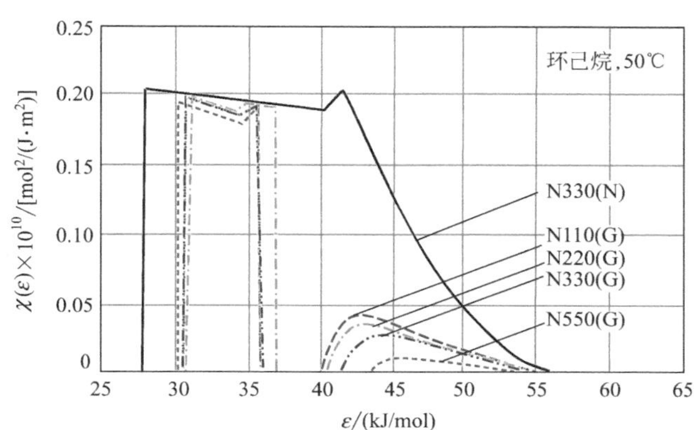

图 2.74 环己烷于 50 ℃下在炭黑 N330 和多种石墨化炭黑上的吸附能分布（标尺放大的图形）

⑤ 硅烷改性白炭黑的表面能 以往的测试结果也可描绘出白炭黑表面的表面能特性，与炭黑相比其不同处在于[215]：白炭黑的表面能色散组分 γ_s^d 非常低；白炭黑的表面能极性组分 γ_s^{sp} 相对较高。白炭黑的这种表面特性，对橡胶补强作用来说是弱点。白炭黑的表面能色散组分 γ_s^d 值较低，使其缺乏填料-聚合物相互作用，导致填充硫化胶的强度性能变差；而它较高的表面能极性组分 γ_s^{sp} 值及与高极性探针分子乙腈较高的 S_f 值都表明，聚结体-聚结体相互作用较强，增加填料在聚合物基体中的聚集效应。这将导致这些白炭黑填料的分散性和胶料的加工性能都不如炭黑。这些特点是硫化胶硬度和杨氏模量高的原因。增加聚合物-白炭黑的相互作用，并降低其表面极性是克服此类缺点的唯一方法。事实上，研究人员曾有意或无意地在白炭黑补强弹性体方面进行了相当多的改进，一个成功的例子是采用有机硅烷，特别是以双功能硅烷对其表面进行改性。

硅烷改性的第一个作用是降低白炭黑的表面极性，增强聚合物（即非极性或低极性烃类聚合物）对它的润湿性。表 2.16 列出了未改性的白炭黑 P1 及其用十六烷基三甲氧基硅烷（HDTMS）和双（3-三乙氧基硅丙基）四硫化物（TESPT）改性后的白炭黑 P1 试样对苯的吸附自由能和吸附自由能极性组分。接枝率最高，白炭黑改性达到 100％时，表面上 TESPT 和 HDTMS 浓度分别对应为 2.6 分子/nm^2 和 1.3 分子/nm^2。在这一研究中，未用乙腈作为高极性探针分子，因为其分子太小，可穿过接枝层吸附在填料表面上。可以看到，白炭黑经硅烷化之后，其表面能的极性相互作用大大下降。与此同时，白炭黑的表面能色散组分也略有减小。

表 2.16 未改性白炭黑及硅烷改性白炭黑对苯吸附自由能的影响

	P1	P1-HDTMS	P1-TESPT
G^0(130℃)/(kJ/mol)	16.6	8.6	10.9
I^{sp}(130 ℃)/(mJ/m^2)	88.0	1.6	43.7

白炭黑经硅烷化处理之后，其表面能特性发生的变化也可从不同探针分子在100%硅烷化白炭黑上的吸附等温线予以证实；这时所用的硅烷改性剂是HDTMS的同系物——十八烷基三甲氧基硅烷（ODTMS)，以及TESPT的同系物——双（3-三甲氧基硅丙基）四硫化物（TMSPT)。根据一系列的保留体积，按照公式(2.200）可以计算出正己烷于40℃下在这些白炭黑上的吸附等温线，即吸附量与相对压力之间的关系（图2.75)。按照Brunauer、Emmet和Teller[216]的分类，这些白炭黑的吸附等温线，特别是未经改性白炭黑的吸附等温线均属于Ⅱ型等温线，表明吸附质-吸附剂之间发生较强的相互作用。由于正己烷不能与白炭黑表面发生任何极性相互作用，因此这种相互作用是色散型的。从IGC在无限稀释条件下的表面能测定过程可以看出，白炭黑经硅烷改性，特别是经ODTMS改性之后，吸附量略有减少。但图2.76清楚地表明，改性之后的白炭黑与苯之间的相互作用显著降低。这充分证实，白炭黑表面经硅烷接枝之后，有利于降低其表面能极性组分。这里又一次证明，硅烷改性剂中很长的十八烷基链可有效地起到屏蔽作用，并把白炭黑的表面从亲水性转变为疏水性。

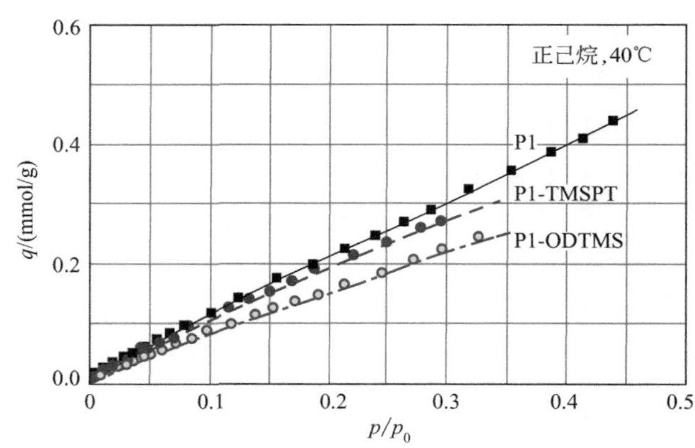

图 2.75 40℃下正己烷在白炭黑上的吸附等温线

如第 2.4.2.3 节所述，当把白炭黑对苯（极性探针分子）和正己烷（非极性探针分子）的吸附化学势进行比较时，可获得有关表面极性的更多信息。图 2.77 为 $\Delta\Delta\mu^{ads}$ 与探针分子吸附量之间的关系。白炭黑经硅烷改性后会降低表面极性，这与上述结果相一致；除此之外，随着吸附量（表面覆盖率）的增加，其极性相互作用也发生显著变化。这也反映出这种填料表面能的非均匀性；显然，硅烷改性能够降低这种非均匀性。吸附能分布函数的研究进一步证实了这一点。

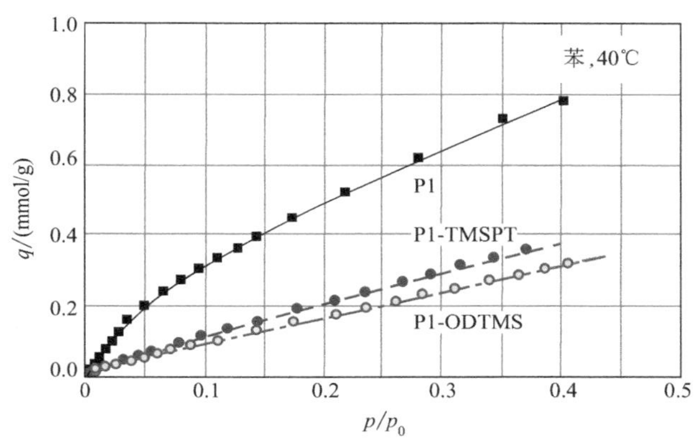

图 2.76　40 ℃下苯在白炭黑上的吸附等温线

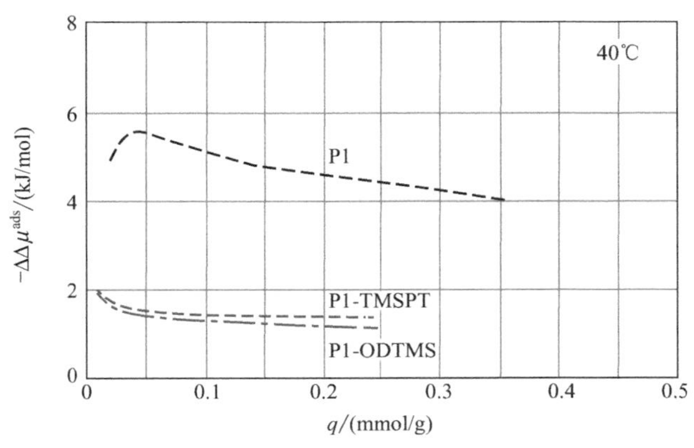

图 2.77　苯和正己烷吸附化学势 $\Delta\Delta\boldsymbol{\mu}^{ads}$ 与吸附量的关系

图 2.78 是正己烷在白炭黑上 $\chi(\varepsilon)$ 与吸附能 ε 的关系。经 TMSPT 接枝之

后，正己烷的吸附能分布函数发生很大变化。除了最强的吸附中心被接枝物所屏蔽之外，低能一侧出现大量吸附中心，这可能反映出 TMSPT 接枝物的化学复杂性。经 ODTMS 改性白炭黑的表面能分布函数完全是另一种情况。这种函数关系清楚地表明，很长的烷基链 C_{18} 具有均匀的表面，仅有一种频率相当低的活性中心占绝对优势。这些长烷基链，能形成一大片烃层，有效地屏蔽了吸附质分子与高能点之间的相互作用。

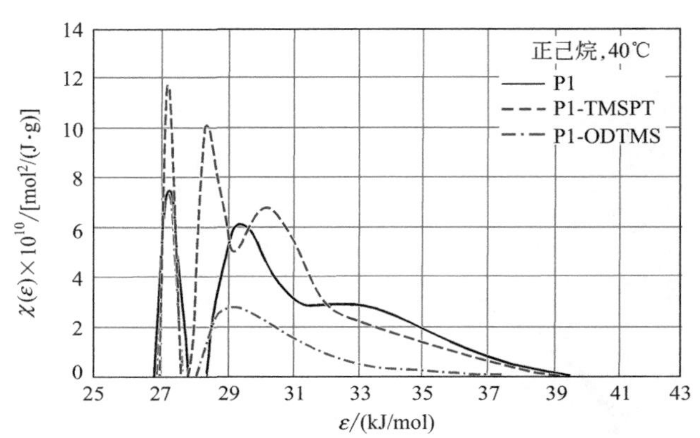

图 2.78 正己烷于 40℃下在白炭黑 P1 及其硅烷改性试样上的吸附能分布曲线

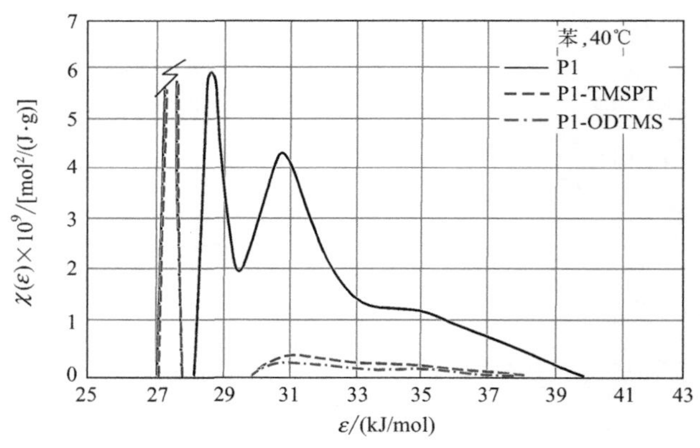

图 2.79 苯于 40℃下在白炭黑 P1 及其硅烷改性试样上的吸附能分布曲线

图 2.79 似乎表明，经 TMSPT 改性的白炭黑，它对苯吸附表面能分布的不均匀性要小于正己烷吸附的不均匀性；显示出正己烷吸附的表面能分布函数 χ

(ε) 与其表面能 ε 的关系曲线上的最大峰值较低。低能一侧吸附中心的消失意味着这些能点对非极性吸附质具有很高的亲和力。这表明正己烷在 TMSPT 改性白炭黑上的低能吸附中心不同于原来未经改性白炭黑上的低能吸附中心，后者的低能吸附中心对苯具有很高的亲和力。因此，其结论是，正己烷吸附的低能中心来自接枝物本身，而未经改性的白炭黑表面上的低能点（其极性很高）基本上都被硅烷链屏蔽了，反而导致苯吸附的表面能非均匀性更低。此外，白炭黑表面经改性之后，除了低能点消失之外，吸附中心的数量也大为减少。特别是，当接枝物含有长烷基链时，这种效应更为明显。

总之，硅烷改性基本上可以降低表面能极性组分。这会提高白炭黑与烃类弹性体的相容性，从而改善了填料的分散性、加工性，以及硫化胶的某些性能。由于采用双功能硅烷作为改性剂，胶料在硫化过程中引入共价键，补偿了改性后白炭黑表面能色散组分较低的弱点。

(5) 由弹性体模拟化合物的吸附能估算橡胶-填料的相互作用 用 IGC 在无限稀释条件下测得的低分子量橡胶模拟物的吸附自由能，可提供填料表面与聚合物相互作用的相关信息[22,191]。为此目的，用烯烃类化合物来模拟天然胶和聚丁二烯等不饱和橡胶，而用烷烃类化合物来模拟乙丙胶和丁基胶等饱和橡胶。通常，也用烷基苯系列化合物来考察芳环对丁苯胶与炭黑相互作用的影响，而以腈类同系物来评估氰基对丁腈胶与炭黑相互作用的贡献。

例如，图 2.80 为各种橡胶模拟化合物在白炭黑 P1 上的吸附自由能，它是探针分子所覆盖表面积的函数。探针分子的所有同系物的图谱均为直线，可以视为同族图谱。给定的同族图谱和正烷烃图之间纵坐标的差值与官能团的贡献有关。如果填料和官能团之间的相互作用保持恒定的话，探针分子同系物的同族图谱的斜率代表—CH_2—基的单位表面上标准自由能增量 ΔG^0 的贡献。显然，烯烃类探针分子中的双键会与白炭黑表面发生极性相互作用；这归因于诱导偶极-偶极相互作用，因为 π 键被白炭黑的极性表面所极化。对沉淀法白炭黑而言，这种作用尤为明显。与气相法白炭黑相比，它与各种烯烃的相互作用似乎更强。此外，当对烯烃异构体进行比较时，发现各种反式异构体的 ΔG^0 要比 1-烯烃类化合物的高。这种现象可解释为，这些烯烃的反式异构体，由于它们从亚甲基转移来的 π 键的电子密度，使其具有更高的极化率。当把从双键离析出的侧甲基引入该烯烃时，相当于 3-甲基-1-烯烃类化合物（即高乙烯基含量的聚丁二烯橡胶的模拟物），其标准自由能的增量 ΔG^0 更低。这种现象可能与填充的“空间效应”有关，因为该分子中的侧基可能导致探针分子的主体中心距离白炭黑的平坦表面更远，从而削弱了该探针分子与填料表面的相互作用。在以丁基橡胶模拟物的双 2-二甲基烷烃类化合物为探针分子时也可观察到这种“空间效应”。这些烷烃衍生物与白炭黑的相互作用自由能，要比正烷烃低得多。

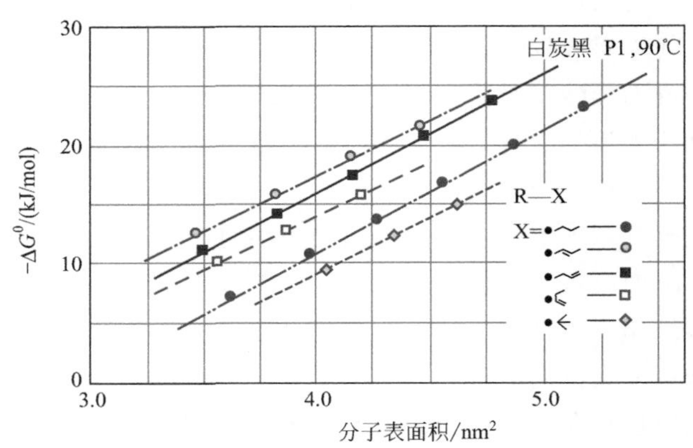

图 2.80　5 类橡胶模拟化合物于 90℃在白炭黑 P1 上的 ΔG^0 与它们分子表面积的关系

可以从图 2.81 估算丁苯胶中的苯基和丁腈胶中的氰基的贡献，为了便于比较，该图中也绘出了 1-烯烃类和正烷烃类化合物的实验数据作为参考。显而易见，芳烃类化合物与白炭黑表面的相互作用要比烯烃类更强，而腈类物质与白炭黑的相互作用的强度最高。如图 2.82 所示，人们可得出同样的结论，即这些烯烃、苯基和氰基对橡胶与各种炭黑之间的相互作用的贡献与白炭黑是一样的，而

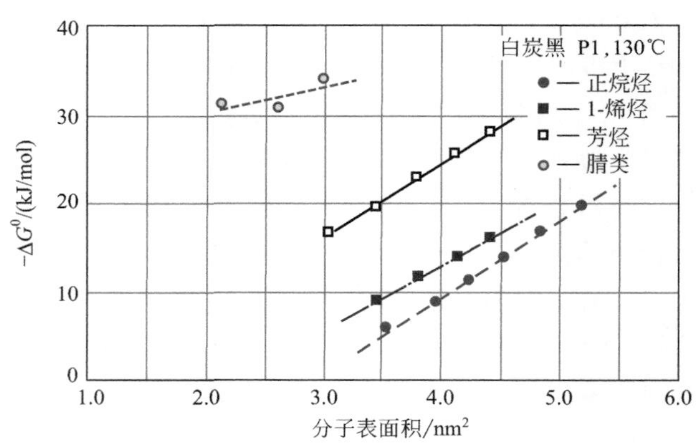

图 2.81　4 类橡胶模拟化合物于 130℃在白炭黑 P1 上的 ΔG^0 与它们分子表面积的关系

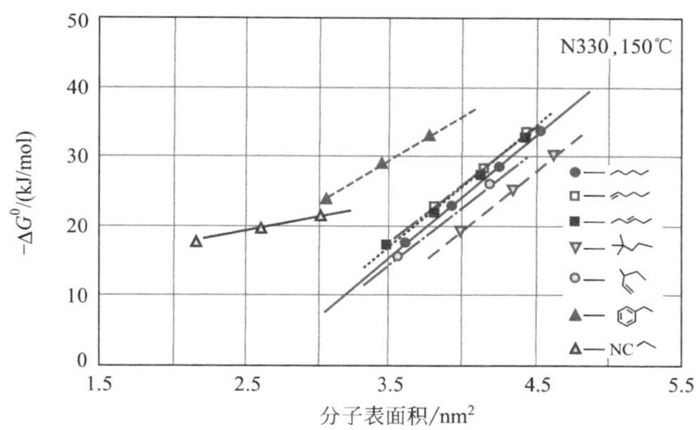

图 2.82　7 类橡胶模拟化合物于 150℃在炭黑 N330 上的 ΔG^0 与它们分子表面积的关系

该图是以 N330 炭黑为例而测得的结果。与白炭黑相比，由于炭黑的表面极性较低，这些官能团与炭黑的极性相互作用的强度要低得多。所有的炭黑，不论其生产方式和后处理的情况如何，它们的图形均显示出相同的模式。然而如前所述，所有这些橡胶模拟化合物与炭黑相互作用的能量均随其粒径的增大而降低，这与它们的表面能色散组分和极性组分的情况是一致的。

根据上述炭黑-橡胶模拟物之间相互作用的测定结果，可对弹性体依次进行分类，其顺序与用白炭黑测得的排序相同，即在不饱和橡胶中，丁腈胶和丁苯胶对炭黑的相互作用最强，其次是天然胶和顺丁胶。对饱和橡胶而言，特别是支化聚合物，例如丁基胶与填料的相互作用较低。

这些观测结果与各种炭黑的结合胶的测定结果相一致，表明对丁苯胶活性较高，聚丁二烯橡胶次之，而丁基橡胶的结合胶含量最低[217]。Todani 和 Sagaye[218] 在电子显微镜下观测处于拉伸状态的天然胶、顺丁胶和丁苯胶的炭黑硫化胶，他们得出的结论为：炭黑粒子的聚集体在天然胶和顺丁胶聚合物基质中呈现出一种很不均匀的结构，而这种现象在丁苯胶硫化胶中却不多见。他们认为，出现这种现象的原因之一，是丁苯胶与炭黑的相互作用更强。

2.4.2.4　结合胶的测量

通常认为“结合胶”是未经硫化的混炼胶中用良溶剂在室温下不能抽提出的那部分橡胶；它对橡胶补强是比较重要的。

结合胶测定的一般程序是：取少量未硫化胶料（通常<1g），剪成小块，在室温下将其放入大量的聚合物良溶剂中，浸泡一周；在浸泡期间，该溶剂通常至

少要更换一次新溶剂；在浸泡结束时，把溶液从结合胶-填料混合物中分离出来，如果该混合物呈黏的凝胶状，则用倾析分离，若该混合物不凝聚在一起的话，则采用离心分离；把这种结合胶-填料混合物用新溶剂清洗几次之后，蒸发掉残留的溶剂，再用热重分析（TGA）法，或简单地通过与原来胶料试样的重量差来确定橡胶的含量。结合胶通常用溶剂不能抽提出的橡胶占未硫化混炼胶中橡胶的比例或百分数表示。其含量可由下式计算：

$$BR(\%)=\frac{W_{fg}-Wm_f/(m_f+m_p)}{Wm_p/(m_f+m_p)}\times 100 \tag{2.229}$$

式中，W_{fg} 是填料与凝胶的总重量；m_f 是胶料中填料的添加份数；m_p 是胶料中聚合物的添加份数；W 是抽提前胶料试样的重量。

对于常见的烃类橡胶，如丁苯胶、顺丁胶和丁基胶，通用的溶剂为甲苯、二甲苯和正庚烷。有报告[194]认为，不同溶剂对丁基橡胶混炼胶中结合胶含量测定结果的影响不大。实验结果证实，苯、环己烷、环己烯、乙苯、二甲苯、氯仿和四氯化碳的测定结果之间的误差，类似于单一溶剂测试方法自身的精度。一般说来，溶剂的选择对测定烃类橡胶中结合胶含量的影响并不很大，但在测定硅橡胶胶料中的结合胶含量时，溶剂的选择显得比较重要。

在硅橡胶-白炭黑体系中，结合胶的测定过程似乎更为复杂。实验证实，以甲苯为溶剂对硅橡胶-白炭黑胶料抽提时，抽提时间长达 4 年之后，未抽出的聚合物量仍与抽提时间的平方根呈线性关系。

硅橡胶-白炭黑胶料中结合胶含量的测定结果取决于所选用的溶剂，而聚合物与填料之间各种相互作用的类型及强度，与炭黑-烃类橡胶体系完全不一样（见 5.1.2 节）。

参考文献

[1] Studebaker M L, Beatty J R. Chapter 10. In: Eirich F R (Editor). Science and Technology of Rubber. New York: Academic Press, 1978.

[2] Wolff S, Wang M-J. Chapter 3. In: Donnet J-B, Bansal R C, Wang M-J (Editors). Carbon Black, Second Edition, Science and Technology. New York: Marcel Dekker Inc., 1993.

[3] Kiselev A V, Yashin Y I. Gas Adsorption Chromatography. New York: Plenum Press, 1969.

[4] Dorris G M, Gray D G. Adsorption, Spreading Pressure, and London Force Interactions of Hydrocarbons on Cellulose and Wood Fiber Surfaces. *J. Colloid Interface Sci.*, 1979, **71**: 93.

[5] Wagner M P. Reinforcing Silicas and Silicates. *Rubber Chem. Technol.*, 1976, **49**: 703.

[6] Hockey J A. *Chem. Ind.* (*London*), 1965, 57.

[7] Hair M L. Chapter 4. In: Infrared Spectroscopy in Surface Chemistry. New York: Marcel Dekker

Inc., 1967.

[8] de Boer J H, Hermans M E A, Vleeskens J M. The Chemisorption and Physical Adsorption of Water on Silica. I. *Proc. K. Ned. Akad. Wet., Ser. B*, 1957, **60**: 45, 54.

[9] de Boer J H, Vleeskens J M. *Proc. K. Ned. Akad. Wet., Ser. B*, 1957, **60**: 23.

[10] de Boer J H, Vleeskens J M. Chemisorption and Physical Adsorption of Water on Silica. IV. Nature of the Surface. *Proc. K. Ned. Akad. Wet., Ser. B*, 1958, **61**: 2.

[11] Bassett D R, Boucher E A, Zettlemoyer A C. Adsorption Studies on Hydrated and Dehydrated Silicas. *J. Colloid Interface Sci.*, 1968, **27**: 649.

[12] Wang M-J. Etude du Renforcement des Élastomères par les Charges: Effet Exercé par l'emploi de Silices Modifiées par Greffage de Chaines Hydrocarbonées. Doctor's thesis, Alsace, Haute-Alsace University, 1984.

[13] Fripiat J J, Uytterhoeven J. Hydroxyl Content in Silica Gel " Aerosil". *J. Phys. Chem.*, 1962, **66**: 800.

[14] Fripiat J J, Gastuche M C, Brichard R. Surface Heterogeneity in Silica Gel from Kinetics of Isotopic Exchange Oh-Od. *J. Phys. Chem.*, 1962, **66**: 805.

[15] Armistead C G, Tyler A J, Hambleton F H, et al. Surface Hydroxylation of Silica. *J. Phys. Chem.*, 1969, **73**: 3947.

[16] Van Cauwelaert F H, Jacobs P A, Uytterhoeven J B. Identification of the A-Type Hydroxyls on Silica Surfaces. *J. Phys. Chem.*, 1972, **76**: 1434.

[17] Clark-Monks C, Ellis B. The Characterization of Anomalous Adsorption Sites on Silica Surfaces. *J. Colloid Interface Sci.*, 1973, **44**: 37.

[18] Hockey J A, Pethica B A. Surface Hydration of Silicas. *Trans. Faraday Soc.*, 1961, **57**: 2247.

[19] Tul'bovich B I, Priimak E I. Heats of Adsorption of the Vapours of Certain Organic Substances on a Silica. *Russ, J. Phys. Chem.*, 1969, 43: 195.

[20] Medalia A I. Chapter 1. In: Sichel E K (Editor). Carbon Black-Polymer Composites. New York: Marcel Dekker Inc., 1982.

[21] Redman E, Heckman F A, Connolly J E. Paper No. 14, Presented at a meeting of the Rubber Division, ACS, Chicago, Ⅲ., 1967.

[22] Wang M-J, Wolff S, Donnet J-B. Filler-Elastomer Interactions. Part Ⅲ. Carbon-Black-Surface Energies and Interactions with Elastomer Analogs. *Rubber Chem. Technol.*, 1991, **64**: 714.

[23] Wang M-J, Wolff S. Filler-Elastomer Interactions. Part VI. Characterization of Carbon Blacks by Inverse Gas Chromatography at Finite Concentration. *Rubber Chem. Technol.*, 1992, **65**: 890.

[24] Hess W M, Ban L L, McDonald G C. Carbon Black Morphology: I. Particle Microstructure. Ⅱ. Automated EM Analysis of Aggregate Size and Shape. *Rubber Chem. Technol.*, 1969, **42**: 1209.

[25] Hess W M, McDonald G C. Measuring Dynamic properties of Vulcanisates, Rubber and Related Products: New Methods for Testing and Analysing, ASTM, STP 553, ASTM, West Conshohocken, USA, 1974.

[26] Conzatti L, Costa G, Falqui L, et al. Rubber Technologist's Handbook, Volume 2, Microscopic Imaging of Rubber Compounds, Smithers Rapra Publishing; 2001.

[27] Hess W M, McDonald G C. Improved Particle Size Measurements on Pigments for Rubber. *Rubber Chem. Technol.*, 1983, **56**: 892.

[28] Brunauer S, Deming L S, Deming W E, et al. On a Theory of the Van Der Waals Adsorption of Gases. *J. Am. Chem. Soc.*, 1940, **62**: 1723.

[29] Fisher C, Cole M. *The Microscope*, 1968, **16**: 81.

[30] Gibbard D W, Smith D J, Wells A. Area Sizing and Pattern Recognition on the Quantimet 720. *The Microscope*, 1972, **20**: 37.

[31] Kraus G. Applied Polymer Symposium. *J. Appl. Polym. Sci.*, *Appl. Polymer Symp.*, 1984, **39**: 75.

[32] Medalia A I. Effect of Carbon Black on Dynamic Properties of Rubber Vulcanizates. *Rubber Chem. Technol.*, 1978, **51**: 437.

[33] Rigbi Z, Boonstra B B. Presented at a meeting of the Rubber Division, ACS, Chicago, Ⅲ., Sept. 13-15, 1967.

[34] Clint J H. Adsorption of n-Alkane Vapours on Graphon. *J. Chem. Soc. Faraday Trans.* 1972, 1, **68**: 2239.

[35] Krejci J C, Roland C H. Presented at a meeting of the Rubber Division, ACS, Fall, 1965.

[36] Loebenstein W V, Deitz V R. Surface-Area Determination by Adsorption of Nitrogen from Nitrogen-Helium Mixtures. *J. Research Natl. Bur. Standards.*, 1951, **46**: 51.

[37] Nelsen F M, Eggertsen F T. Determination of Surface Area. Adsorption Measurements by Continuous Flow Method. *Anal. Chem.*, 1958, **30**: 1387.

[38] Ettie L S. 11th *Conf. Anal. Chem. Pittsburgh*, Mar., 1960.

[39] Maryasin I L, Pishchulina S L, Rafal'kes I S, et al. *Zavod. Lab.*, 1971, **37**: 41.

[40] Young D M, Crowell A D. p. 226. In: Physical Adsorption of Gases. Butterworths, London, 1962.

[41] Pierce C, Smith R N. Adsorption in Capillaries. *J. Phys. Chem.*, 1953, **57**: 64.

[42] Pierce C. Computation of Pore Sizes from Physical Adsorption Data. *J. Phys. Chem.*, 1953, **57**: 149.

[43] Voet A. *Rubber World*, 1958, **139**: 63, 232.

[44] de Boer J H, Linsen B G, Osinga Th J. Studies on Pore Systems in Catalysts: VI. The Universal *t* Curve. *J. Catalysis*, 1965, **4**: 643.

[45] Atkins J H. Porosity and Surface Area of Carbon Black. *Carbon*, 1965, **3**: 299.

[46] Voet A, Lamond T G, Sweigart D. Surface Area and Porosity of Carbon Blacks. *Carbon*, 1968, **6**: 707.

[47] Lippens B C, de Boer J H. Studies on Pore Systems in Catalysts: V. The *t* Method. *J. Catalysis*, 1965, **4**: 319.

[48] Lippens B C, Linsen B G, de Boer J H. Studies on Pore Systems in Catalysts Ⅰ. The Adsorption of Nitrogen; Apparatus and Calculation. *J. Catalysis*, 1964, **3**: 32.

[49] Smith W R, Kasten G A. Porosity Studies on Some Oil Furnace Blacks. *Rubber Chem. Technol.*, 1970, **43**: 960.

[50] Donnet J-B, Voet A. p. 66. In: Carbon Black, Physics, Chemistry, and Elastomer Reinforcement. New York: Marcel Dekker Inc., 1976.

[51] Smith W R, Ford D G. Adsorption Studies on Heterogeneous Titania and Homogeneous Carbon Surfaces. *J. Phys. Chem.*, 1965, **69**: 3587.

[52] Magee R W. Evaluation of the External Surface Area of Carbon Black by Nitrogen Adsorption. *Rubber*

Chem. Technol., 1995, **68**: 590.

[53] Cabot Corporation, Boston, MA, USA, unpublished.

[54] Shull C G. The Determination of Pore Size Distribution from Gas Adsorption Data. *J. Am. Chem. Soc.*, 1948, **70**: 1405.

[55] Barrett E P, Joyner L G, Halenda P P. The Determination of Pore Volume and Area Distributions in Porous Substances. I. Computations from Nitrogen Isotherms. *J. Am. Chem. Soc.*, 1951, **73**: 373.

[56] Cranston R W, Inkley F A. Vol. 9, p. 143. In: Advances in Catalysis and Related Subjects. New York: Academic Press, 1957.

[57] Dollimore D, Heal G R. An Improved Method for the Calculation of Pore Size Distribution from Adsorption Data. *J. Appl. Chem.*, 1964, **14**: 109.

[58] Olivier J P, Conklin W B, Szombathely M V. Determination of Pore Size Distribution from Density Functional Theory: A Comparison of Nitrogen and Argon Results. *Studies in Surface Science and Catalysis*, 1994, **87**: 81.

[59] Kowalczyk P, Terzyk A P, Gauden P A, et al. Estimation of the pore-size distribution function from the nitrogen adsorption isotherm. Comparison of density functional theory and the method of Do and co-workers. *Carbon*, 2003, **41**: 1113.

[60] Kelvin J. *Phil. Mag.*, 1948, **47**: 448.

[61] Wheeler A. Vol. 2, p. 116. In: Emmet P H (Editor). Catalysis. New York: Reinhold, 1955.

[62] Halsey G. Physical Adsorption on Non-uniform Surfaces. *J. Chem. Phys.*, 1948, **16**: 931.

[63] Davis O C M. The adsorption of Iodine by Carbon. *J. Chem. Soc.*, *Trans.*, 1907, **91**: 1666.

[64] Carson G M, Sebrell L B. Some Observations on Carbon Black. *Ind. Eng. Chem.*, 1929, **21**: 911.

[65] Smith W R, Thornhill F S, Bray R I. Surface Area and Properties of Carbon Black. *Ind. Eng. Chem.*, 1941, **33**: 1303.

[66] Mack Jr E. Average Cross-Sectional Areas of Molecules by Gaseous Diffusion Methods. *J. Am. Chem. Soc.*, 1925, **47**: 2468.

[67] Kendall C E, Dunlop Research Center, Birmingham, England, Internal Report, C. R. 1103, 1947.

[68] Watson J W, Parkinson D. Adsorption of Iodine and Bromine by Carbon Black. *Ind. Eng. Chem.*, 1955, **47**: 1053.

[69] Sweitzer C W, Venuto L J, Estelow R K. *Paint Oil Chem. Rev.*, 1952, **115**: 22.

[70] Snow C W. Use Iodine Number for Effective, Low Cost Evaluation of Carbon Blacks. *Rubber Age*, 1963, **93**: 547.

[71] Studebaker M L. The Chemistry of Carbon Black and Reinforcement. *Rubber Chem. Technol.*, 1957, **30**: 1400.

[72] Janzen J, Kraus G. Specific Surface Area Measurements on Carbon Black. *Rubber Chem. Technol.*, 1971, **44**: 1287.

[73] Kipling J J. pp. 126-128, 293-294. In: Adsorption from Solutions of Non-Electrolytes. New York: Academic Press, 1965.

[74] Saleeb F Z, Kitchener J A. The Effect Of Graphitization On The Adsorption Of Surfactants By Carbon Blacks. *J. Chem. Soc.*, 1965, 911.

[75] Saleeb F Z. Doctor' s thesis, London, University of London, 1962.

[76] Abram J C, Bennett M C. Carbon Blacks as Model Porous Adsorbents. *J. Colloid Interface Sci.*,

1968, **27**: 1.
[77] Lamond T G, Price C R. The Adsorption of Aerosol OT by Carbon Blacks-A Simple Method of External Surface Area Measurement. Presented at a meeting of the Rubber Chemistry Division, ACS, Buffalo, New York, Oct., 1969.
[78] Barr T, Oliver J, Stubbings W V. The Determination of Surface Active Agents in Solution. *J. Soc. Chem. Ind.*, 1948, **67**: 45.
[79] ASTM D 3765-02.
[80] Harkins W D, Jura G. Surface of Solids. X. Extension of the Attractive Energy of a Solid into an Adjacent Liquid or Film, the Decrease of Energy with Distance, and the Thickness of Films. *J. Am. Chem. Soc.*, 1944, **66**: 919.
[81] Kraus G, Rollmann K W. Carbon Black Surface Areas by the Harkins and Jura Absolute Method. *Rubber Chem. Technol.*, 1967, **40**: 1305.
[82] Wang M-J. Determination of particle size and surface area of carbon black III, *Rubber Industry*, 1978, 58.
[83] Wade W H, Deviney Jr M L. Adsorption and Calorimetric Investigations on Carbon Black Surfaces I. Immersional Energetics of Heat Treated Channel and Furnace Blacks. *Rubber Chem. Technol.*, 1971, **44**: 218.
[84] Sanders D R. Surface Area Measurement of Tire Grade Carbon Blacks. CIM-95-06, 1995, unpublished.
[85] Voet A, Morawski J C, Donnet J-B. Reinforcement of Elastomers by Silica. *Rubber Chem. Technol.*, 1977, **50**: 342.
[86] ASTM D 6845-12.
[87] Sweitzer C W, Goodrich W C. The Carbon Spectrum for the Rubber Compounder. *Rubber Age*, 1944, **55**: 469.
[88] Hess W M, McDonald G C, Urban E. Specific Shape Characterization of Carbon Black Primary Units. *Rubber Chem. Technol.*, 1973, **46**: 204.
[89] Kaye B H. Improvements in or Relating to Centrifuges. British Patent, 895222, 1962.
[90] Hildreth J D, Patterson D. Colour Differences in Azo Pigments: II—Measurements of Particle Size and of Colour. *J. Soc. Dyers Colourists*, 1964, **80**: 474.
[91] E. Redman, F. A. Heckman and J. E. Connolly, *Rubber Chem. Technol.*, **51**, 1000 (1977).
[92] Weiner B B, Fairhurst D, Tscharnuter W W. Chapter 12, pp. 184-195. In: Provder T (Editor). Particle Size Analysis with a Disc Centrifuge: Importance of the Extinction Correction. In Particle Size Distribution II: Assessment and Characterization. American Chemical Society: Washington D. C., *ACS Symposium Series*, 1991, **472**.
[93] Devon M J, Provder T, Rudin A. Chapter 9, pp. 134-153. In: Provder T (Editor). Measurement of Particle Size Distributions with a Disc Centrifuge. In Particle Size Distribution II: Assessment and Characterization. American Chemical Society: Washington D. C., *ACS Symposium Series*, 1991, **472**.
[94] Weiner B B, Tscharnuter W W, Bernt W. Characterizing ASTM Carbon Black Reference Materials Using a Disc Centrifuge Photosedimentometer. *J. Disper. Sci. Technol.*, 2002, **23**: 671.
[95] Eaton E R, Middleton J S. *Rubber World*, 1965, **152**: 94.

[96] Dollinger R E, Kallenberger R H, Studebaker M L. Effect of Carbon Black Densification on Structure Measurements. *Rubber Chem. Technol.*, 1967, **40**: 1311.

[97] Mongardi M. A Critical Review of DBP and Paraffin Oils for OAN Testing. Cabot Corporation, Boston, MA, USA, unpublished.

[98] Medalia A I. Morphology of Aggregates: VI. Effective Volume of Aggregates of Carbon Black from Electron Microscopy; Application to Vehicle Absorption and to Die Swell of Filled Rubber. *J. Colloid Interface Sci.*, 1970, **32**: 115.

[99] Medalia A I. Morphology of Aggregates: I. Calculation of Shape and Bulkiness Factors; Application to Computer-Simulated Random Flocs. *J. Colloid Interface Sci.*, 1967, **24**: 393.

[100] Medalia A I, Heckman F A. Morphology of Aggregates: II. Size and Shape Factors of Carbon Black Aggregates from Electron Microscopy. *Carbon*, 1969, **7**: 567.

[101] Heckman F A, Medalia A I, *J. Inst. Rubber Ind.*, 1969, **3**, 66.

[102] Furnas C C. Grading Aggregates-I. -Mathematical Relations for Beds of Broken Solids of Maximum Density. *Ind. Eng. Chem.*, 1931, **23**: 1052.

[103] Medalia A I, Sawyer R L. Compressibility of Carbon Black. *Proc.* 5th *Carbon Conf.*, New York: Pergammon Press, 1963, 563.

[104] Benson G, Gluck J, Kaufmann C. Electrical Conductivity Measurements of Carbon Blacks. *Trans. Electrochem. Soc.*, 1946, **90**: 441.

[105] Mrozowski S, Chaberski A, Loebner E E, et al. Electronic Properties of Heat-Treated Carbon Blacks. *Proc.* 3rd *Carbon Conf.*, London: Pergamon Press, 1959, 211.

[106] Voet A, Whitten Jr W N. *Rubber World*, 1962, **146**: 77.

[107] Voet A, Whitten W N. *Rubber World*, 1963, **148**: 33.

[108] Washburn E W. Note on a Method of Determining the Distribution of Pore Sizes in a Porous Material. *Physics*, 1921, **7**: 115.

[109] Moscou L, Lub S, Bussemaker O K F. Characterization of Carbon Black Structure by Mercury Penetration. *Rubber Chem. Technol.*, 1971, **44**: 805.

[110] Medalia A I, Eaton E R. *Kautsch Gummi Kunstst.*, 1967, **20**: 61.

[111] Medalia A I, Richards L W. Tinting Strength of Carbon Black. *J. Colloid Interface Sci.*, 1972, **40**: 233.

[112] Kubelka P, Munk F. An Article on Optics of Paint Layers. *Z. Tech. Phys.*, 1931, **12**: 593.

[113] Cabot Corporation, Special Blacks Division, " Cabot Carbon Black Pigments. "

[114] Iodine Adsorption Number of Carbon Black, ASTM Procedure D1510-70.

[115] Medalia A I, Heckman F A. Morphology of Aggregates: VII. Comparison Chart Method for Electron Microscopic Determination of Carbon Black Aggregate Morphology. *J. Colloid Interface Sci.*, 1971, **36**: 173.

[116] "Cabot Carbon Blacks under the Electron Microscope," Cabot Corporation, Boston, Mass., 1953.

[117] Kraus G (Editor). Reinforcement of Elastomers", New York: Wiley, 1965.

[118] B. B. Boonstra. Chapter 7. In: Blow C M, Hepburn G (Editors). Rubber Technology and Manufacture, 2nd ed. London: Butterworth Scientific, 1982.

[119] Kraus G. Chapter 10. In: Eirich F R (Editor). Science and Technology of Rubber. New York: Academic Press, 1978.

[120] London F. The General Theory of Molecular Forces. *Trans. Faraday Soc.*, 1937, **33**: 8.
[121] Keesom W M. Van Der Waals Attractive Force. *Phys. Z.*, 1921, **22**: 129.
[122] Keesom W M. *Trans. Faraday Soc.*, 1922, **23**: 225.
[123] Debye P. Die Van Der Waalsschen Kohasion-skrafte. *Phys. Z.*, 1920, **21**: 178;
[124] Debye P. *Trans. Faraday Soc.*, 1921, **22**: 302.
[125] Pimentel C C, McClellan A L. The Hydrogen Bond. Freemann and Co., San Francisco, 1960.
[126] Fowkes F M, Mostafa M A. Acid-base Interactions in Polymer Adsorption. *Ind. Eng. Chem. Prod. Res. Dev.*, 1978, **17**: 3.
[127] Fowkes F M. Presented at a meeting on organic coating and plastics chemistry, ACS, Honolulu, Apr. 1-6, 1979.
[128] Payne A R. The Role of Hysteresis in Polymers. *Rubber J.*, 1964, **146**: 36.
[129] Lennard-Jones J E. The Equation of State of Gases and Critical Phenomena. *Physica*, 1937, **4**: 941.
[130] Chen Z Q, Dai M G. Colloid Chemistry. Beijing: High Education Publishing House, 1984.
[131] Fowkes F M. Determination of Interfacial Tensions, Contact Angles, and Dispersion Forces in Surfaces by Assuming Additivity of Intermolecular Interactions in Surfaces. *J. Phys. Chem.*, 1962, **66**: 382.
[132] Owens D K, Wendt R C. Estimation of the Surface Free Energy of Polymers. *J. Appl. Polymer Sci.*, 1969, **13**: 1741.
[133] Kaelble D H, Uy K C. A Reinterpretation of Organic Liquid-polytetrafluoroethylene Surface Interactions. *J. Adhesion*, 1970, **2**: 50.
[134] Fowkes F M. Vol. 1. In: Patrick R L (Editor). Treatise on Adhesion and Adhesives. New York: Marcel. Dekker, 1967.
[135] Bernett M K, Zisman W A. Effect of Adsorbed Water on Wetting Properties of Borosilicate Glass, Quartz, and Sapphire. *J. Colloid Interface Sci.*, 1969, **29**: 413.
[136] Kessaissia Z, Papirer E, Donnet J-B. The Surface Energy of Silicas, Grafted with Alkyl Chains of Increasing Lengths, as Measured by Contact Angle Techniques. *J. Colloid Interface Sci.*, 1981, **82**: 526.
[137] Dubinin M M. Effects of Surface and Structural Properties of Carbons on the Behavior of Carbon-Supported Catalysts. *Prog. Surf. Membr. Sci.*, 1975, **9**: 1.
[138] Dubun B V, Kiselev V F, Aleksandrov T I. *DAN. SSSR*, 1955, **102**: 1155.
[139] Harkins W D. p. 255. In: The Physical Chemistry of Surface Films. New York: Reinhold, 1952.
[140] Conder J R, Young C L. Physical Measurement by Gas Chromatography. New York: Wiley, 1979.
[141] Laub R J, Pecsok R L. Physicochemical Applications of Gas Chromatography. New York: Wiley, 1978.
[142] Cassie A B D. Contact Angles. *Discuss. Faraday Soc.*, 1948, **3**: 11.
[143] Young T. An Essay on the Cohesion of Fluids. *Philos. Trans. R. Soc. London*, 1805, **95**: 65.
[144] Dupre A. Théorie mécanique de la chaleur. Paris, Gauthier-Villars, 1869.
[145] Fowkes F M. Wetting. *Soc. Chem. Ind. Monograph*, London, 1967, **25**: 3.
[146] Tamai Y, Makuuchi K, Suzuki M. Experimental Analysis of Interfacial Forces at the Plane Surface of Solids. *J. Phys. Chem.*, 1967, **71**: 4176.
[147] Schultz J, Tsutsumi K, Donnet J-B. Surface Properties of High-Energy Solids: I. Determination of

the Dispersive Component of the Surface Free Energy of Mica and Its Energy of Adhesion to Water and n-Alkanes. *J. Colloid Interface Sci.*, 1977, **59**: 272.

[148] Schultz J, Tsutsumi K, Donnet J-B. Surface Properties of High-Energy Solids: II. Determination of the Nondispersive Component of the Surface Free Energy of Mica and Its Energy of Adhesion to Polar Liquids. *J. Colloid Interface Sci.*, 1977, **59**: 277.

[149] Wu S. Surface and Interfacial Tensions of Polymer Melts. II. Poly (methyl methacrylate), Poly (n-butyl methacrylate), and Polystyrene. *J. Phys. Chem.*, 1970, **74**: 632.

[150] Yuan Y, Lee T R. *Surface Science Techniques*, 2013, **51**, 3-34.

[151] Chibowski E, Perea-Carpio R. Problems of Contact Angle and Solid Surface Free Energy Determination. *Advances in Colloid and Interface Sci.*, 2002, **98**: 245.

[152] Chessick J J, Zettlemoyer A C. Immersional Heats and the Nature of Solid Surfaces. *Advances in Catalysis*, Academic Press, 1959, **11**: 263.

[153] Craig R G, Van Voorhis J J, Bartell F E. Free Energy of Immersion of Compressed Powders with Different Liquids. I. Graphite Powders. *J. Phys. Chem.*, 1956, **60**: 1225.

[154] Hill T L. Statistical Mechanics of Adsorption. V. Thermodynamics and Heat of Adsorption. *J. Chem. Phys.*, 1949, **17**: 520.

[155] Jura G, Hill T L. Thermodynamic Functions of Adsorbed Molecules from Heats of Immersion. *J. Am. Chem. Soc.*, 1952, **74**: 1598.

[156] Good R J, Girifalco L A, Kraus G. A Theory for Estimation of Interfacial Energies. II. Application to Surface Thermodynamics of Teflon and Graphite. *J. Phys. Chem.*, 1958, **62**: 1418.

[157] Pierce C, Smith R N. The Adsorption - Desorption Hysteresis in Relation to Capillarity of Adsorbents. *J. Phys. Chem.*, 1950, **54**: 784.

[158] Harkins W D, Jura G. p. 256. In: Hakins W D (Editor). The Physical Chemistry of Surface Films. New York: Reinhold, 1952.

[159] Young G J, Chessick J J, Healey F H, et al. Thermodynamics of the Adsorption of Water on Graphon from Heats of Immersion and Adsorption Data. *J. Phys. Chem.*, 1954, **58**: 313.

[160] Hill T L, Emmett P H, Joyner L G. Calculation of Thermodynamic Functions of Adsorbed Molecules from Adsorption Isotherm Measurements: Nitrogen on Graphon. *J. Am. Chem. Soc.*, 1951, **73**: 5102.

[161] Broadbent K A, Dollimore D, Dollimore J. The Surface Area of Graphite Calculated from Adsorption Isotherms and Heats of Wetting Experiments. *Carbon*, 1966, **4**: 281.

[162] Brusset H, Martin J J P, Mendelbaum H G. *Bull. Soc. Chim. Fr.*, 1967, 2346.

[163] Wade W H, Deviney Jr M L, Brown W A, et al. Adsorption and Calorimetric Investigations on Carbon Black Surfaces. Ⅲ. Immersion Heats in Model Elastomers and Isosteric Heats of Adsorption of C-4 Hydrocarbons. *Rubber. Chem. Technol.*, 1972, **45**: 117.

[164] Kraus G. The Heat of Immersion of Carbon Black in Water, Methanol and n-Hexane. *J. Phys. Chem.*, 1955, **59**: 343.

[165] Patrick W A. p. 241. In: Iler R K (Editor). The Colloid Chemistry of Silica and Silicates. Ithaca, New York: Cornell University Press, 1955.

[166] p. 234. In: Iler R K (Editor). The Colloid Chemistry of Silica and Silicates. Ithaca, New York: Cornell University Press, 1955.

[167] Young G J, Bursh T P. Immersion Calorimetry Studies of the Interaction of Water with Silica Surfaces. *J. Colloid Sci.*, 1960, **15**: 361.

[168] Ganichenko L G, Kiselev V F, Krasilnikov K G, et al. Adsorption Properties of Silica Gel and Quartz as Function of the Nature of Their Surfaces. 4. Adsorption and Heat of Adsorption of Aliphatic Alcohols on Aerosil. *Zh. Fiz. Khim.*, 1961, **35**: 1718.

[169] Egorova T S, Zarifyants Y A, Kiselev V F, et al. Effect of the Nature of Silica Gel and Quartz Surfaces on Their Adsorption Properties. 8. Differential Heats of Water Vapor Adsorption on the Silica Surface. *Zh. Fiz. Khim.*, 1962, **36**: 1458.

[170] Mikhail R Sh, Khalil A M, Nashed S. Effects of Thermal Treatment on the Surface Properties of a Wide Pore Silica Gel. *Thermochimica Acta*, 1978, **24**: 383.

[171] Kiselev V F. Poverkhnostnye yavleniya v poluprovodnikakh i dielektrikakh. *Surface Phenomena in Semiconductors and Dielectrics*, Nauka, Moscow, 1970.

[172] Milonjić S K. Heat of Immersion of Silica in Water. *Thermochimica Acta*, 1984, **78**: 341.

[173] Makrides A C, Hackerman N. Heats of Immersion. I. The System Silica-Water. *J. Phys. Chem.*, 1959, **63**: 594.

[174] Wade W H, Cole H, Meyer D E, et al. pp. 35-41. In: Gould R F (Editor). Solid Surfaces, the Gas-Solid Interface. Washington, DC: Advanced Chemistry Series, No. 33, American Chemical Society, 1961.

[175] Wade W H, Hackerman N. pp. 222-231. In: Gould R F (Editor). Contact Angle, Wettability, Adhesion. Washington, DC: Advanced Chemistry Series, No. 43, American Chemical Society, 1964.

[176] Kunath D, Schulz D. Correlations Between the Infrared Absorption of the Vibration of Surface Hydroxyl Groups on Aerosil and Specific Adsorption Enthalpies. *J. Colloid Interface Sci.*, 1978, **66**: 379.

[177] Dorris G M, Gray D G. Adsorption of n-Alkanes at Zero Surface Coverage on Cellulose Paper and Wood Fibers *J. Colloid Interface Sci.*, 1980, **77**: 353.

[178] Anhang J, Gray D G. Surface Characterization of Poly (Ethylene Terephthalate) Film by Inverse Gas Chromatography. *J. Appl. Polymer Sci.*, 1982, **27**: 71.

[179] Meyer E F. On Thermodynamics of Adsorption Using Gas-Solid Chromatography. *J. Chem. Educ.*, 1980, **57**: 120.

[180] Conder J R. Thermodynamic Measurement by Gas Chromatography at Finite Solute Concentration. *Chromatographia*, 1974, **7**: 387.

[181] de Boer J H. The Dynamical Character of Adsorption. London: Oxford University Press, 1953.

[182] Fowkes F M. Attractive Forces at Interfaces. *Ind. Eng. Chem.*, 1964, **56**: 40.

[183] Fowkes F M. Calculation of Work of Adhesion by Pair Potential Suummation. *J. Colloid Interface Sci.*, 1968, **28**: 493.

[184] Gaines Jr G L. Surface and Interfacial Tension of Polymer Liquids-a Review. *Polym. Eng. Sci.*, 1972, **12**: 1.

[185] Saint-Flour C, Papirer E. Gas-Solid Chromatography: a Quick Method of Estimating Surface Free Energy Variations Induced by the Treatment of Short Glass Fibers. *J. Colloid Interface Sci.*, 1983, **91**: 69.

[186] Schultz J, Lavielle L, Martin C. Propriétés de Surface des Fibres de Carbone Déterminées par Chro-

matographie Gazeuse Inverse. *J. Chim. Phys.*, 1987, **84**: 231.

[187] Dong S, Brendle M, Donnet J-B. Study of Solid Surface Polarity by Inverse Gas Chromatography at Infinite Dilution. *Chromatographia*, 1989, **28**: 469.

[188] Donnet J-B, Park S J, Balard H. Evaluation of Specific Interactions of Solid Surfaces by Inverse Gas Chromatography. *Chromatographia*, 1991, **31**: 434.

[189] Donnet J-B, Park S J. Surface Characteristics of Pitch-Based Carbon Fibers by Inverse Gas Chromatography Method. *Carbon*, 1991, **29**: 955.

[190] Donnet J-B, Park S J, Brendle M. The Effect of Microwave Plasma Treatment on the Surface Energy of Graphite as Measured by Inverse Gas Chromatography. *Carbon*, 1992, **30**: 263.

[191] Wang M-J, Wolff S, Donnet J-B. Filler-Elastomer Interactions. Part I: Silica Surface Energies and Interactions with Model Compounds. *Rubber Chem, Technol.*, 1991, **64**: 559.

[192] Snyder L R. Principle of Adsorption Chromatography. New York: Marcel Dekker, 1986.

[193] Papirer E, Vidal A, Wang M-J, et al. Modification of Silica Surfaces by Grafting of Alkyl Chains. II-Characterization of Silica Surfaces by Inverse Gas-Solid Chromatography at Finite Concentration. *Chromatographia*, 1987, **23**: 279.

[194] Bilinski B, Chibowski E. The Determination of the Dispersion and Polar Free Surface Energy of Quartz by the Elution Gas Chromatography Method. *Powder Technol.*, 1983, **35**: 39.

[195] Donnet J-B, R Qin, Wang M-J. A New Approach for Estimating the Molecular Areas of Linear Hydrocarbons and Their Derivatives. *J. Colloid Interface Sci.*, 1992, **153**: 572.

[196] Emmett P. H, Brunauer S. The Use of Low Temperature Van Der Waals Adsorption Isotherms in Determining the Surface Area of Iron Synthetic Ammonia Catalysts. *J. Am. Chem. Soc.*, 1937, **59**: 1553.

[197] Bangham D H. *Trans. Faraday Soc.*, 1938, **60**: 309.

[198] Van Voorhis J J, Craig R G, Bartell F E. Free Energy of Immersion of Compressed Powders with Different Liquids. II. Silica Powder. *J. Phys. Chem.*, 1957, **61**: 1513.

[199] Hillerová E, Jirátová K, Zdražil M. Determination of the Surface Polarity of Peptized Aluminas by Gas Chromatography. *Applied Catalysis*, 1981, **1**: 343.

[200] Wang M-J, Wolff S, Donnet J-B. Filler-Elastomer Interactions. II: Investigation of the Energetic Heterogeneity of Silica Surfaces. *Kautsch Gummi Kunstst.*, 1992, **45**: 11.

[201] Rudzinski W, Waksmundzki A, Leboda R, et al. Investigations of Adsorbent Heterogeneity by Gas Chromatography : II. Evaluation of the Energy Distribution Function. *J. Chromatogr.*, 1974, **92**: 25.

[202] Waksmundzki A, Sokolowski S, Rayss J, et al. Application of Gas-Adsorption Chromatography Data to Investigation of the Adsorptive Properties of Adsorbents. *Separ. Sci.*, 1976, **11**: 29.

[203] Hobson J P. A New Method for Finding Hetergeneous Energy Distributions from Physical Adsorption Isotherms. *Can. J. Phys.*, 1965, **43**: 1934.

[204] Jaroniec M. Adsorption on Heterogeneous Surfaces: The Exponential Equation for the Overall Adsorption Isotherm. *Surf. Sci.*, 1975, **50**: 553.

[205] Gawdzik J, Suprynowicz Z, Jaroniec M. Determination of the Pre-exponential Factor of Henry's Constant by Gas Adsorption Chromatography. *J. Chromatogr.*, 1976, **121**: 185.

[206] Iler R K. The Chemistry of Silica. Wiley., New York, (1979).

[207] Austin A E. *Proc*. 3rd *Conf*. *on Carbon*, University of Buffalo, New York, 1958, 389.
[208] Gerspacher M, Lansinger C M. Presented at a meeting of the Rubber Division, ACS, Dallas, Texas,, Apr. 19-22, 1988.
[209] Wang M-J, Wolff S, Freund B. Filler-Elastomer Interactions. Part XI. Investigation of the Carbon-Black Surface by Scanning Tunneling Microscopy, *Rubber Chem*. *Technol*., 1994, **67**: 27.
[210] Wang W. Doctor' s thesis, Alsace, Haute-Alsace University, 1992.
[211] Donnet J-B, Wang W, Vidal A, et al. Cabot Corporation, Boston, MA, USA, unpublished.
[212] Taylor G L, Atkins J H. Adsorption of Propane on Carbon Black. *J*. *Phys*. *Chem*., 1966, **70**: 1678.
[213] Schaeffer W D, Smith W R. Effect of Heat Treatment on Reinforcing Properties of Carbon Black. *Ind*. *Eng*. *Chem*., 1995, **47**: 1286.
[214] Donnet J-B, Papirer E, Vidal A, et al. *Rubbercon*, 1988, **1**: 113.
[215] Wang M-J, Wolff S. Filler-Elastomer Interactions. Part V. Investigation of the Surface Energies of Silane-Modified Silicas. *Rubber Chem*. *Technol*., 1992, **65**: 715.
[216] Brunauer S, Emmett P H. The Use of Low Temperature Van Der Waals Adsorption Isotherms in Determining the Surface Area of Iron Synthetic Ammonia Catalysts. *J*. *Am*. *Chem*. *Soc*., 1937, **59**: 1553.
[217] Dannenberg E M. Bound Rubber and Carbon Black Reinforcement, *Rubber Chem*. *Technol*., 1986, **59**: 512.
[218] Todani Y, Sagaye S. *Nippon Gomu Kyokaishi*, 1973, **46**: 1031.

（郭隽奎、王滨译）

第3章
填料在橡胶中的效应

在过去的几十年中，大量研究文献报道了炭黑和白炭黑对橡胶的补强机理。人们认识到，影响橡胶补强性能的主要填料参数包括：

(1) 填料初级粒子的大小和分布 这类初级粒子有时也被称作为“瘤”，初级粒子可进一步经随机排列熔合形成聚结体。填料初级粒子的大小及其分布直接决定其比表面积。

(2) 填料聚结体的大小、形状及其分布（系指聚结体错综复杂的状态） 即由填料初级粒子聚结的不规则性造成的聚结体的不对称性或其枝状结构的发达程度。填料的这些参数通常称为“结构”。

(3) 填料的表面活性 从化学角度来讲，表面活性与填料表面化学官能团的反应活性有关；而从物理化学的角度来说，表面活性与填料对物质的吸附能有关。吸附能的大小主要取决于填料表面能（包括色散和极性组分）以及填料表面能的分布。

以上所有参数均可通过在橡胶中的作用机理或效应对橡胶的补强发挥作用，如应变放大效应、填料与橡胶之间的界面相互作用、填料聚结体内部空隙引起的包容胶效应，以及填料聚结体在聚合物基体中的聚集效应等。

3.1
液动效应——应变放大

当橡胶中加入刚性粒子时，将出现重要的几何和动力学效应，因为在施加外力的作用下，这些粒子不会发生变形[1]。其结果是，填料粒子之间的橡胶基体所承受的应变要比样品总体所产生的应变要大。在填充胶中这种非仿射响应称为橡胶基体的“应变放大”效应[2]。因此在样品总体应变较低的情况下，填充胶应力-应变曲线的变化也是比较陡的。如图 3.1 所示，应力最大值出现在粒子表面附近[3]。

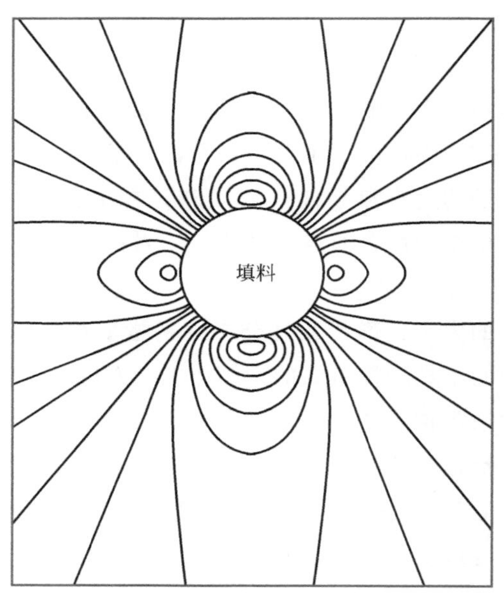

图 3.1　填料粒子周围的束缚应力（施加垂直载荷）[3]

虽然应变放大效应是填料引起胶料力学性能发生变化（如模量的加速上升）的主要因素，但该效应可通过界面应变的传递得到改善。若界面变形较小时，应力传递基本完成，界面可以算作固体粒子的一部分；若界面结合强度高于基体的空化应力时，则破坏过程将始于离开界面处形成的孔洞。另一方面，如果界面发生严重变形，则必须考虑基体自身的流动性或屈服性及其整体性。当界面发生断裂或脱离时，即出现新的情况，部分基体聚合物的形变更大，而其他部分则产生松弛，从而降低应力水平。随后，形变功大部分消耗在橡胶的剥离和空洞的扩大上。

可以理解的是，虽然存储自由能（或弹性自由能）通常在力学上是很有价值的状态函数，但由于额外的自由能可加速橡胶链的断裂和裂口的扩展，它也成为潜在的破坏性因素。因此，除了在特别关切能量损失或耐磨性的应用场合外，加入填料通过摩擦和松弛过程把这种存储自由能转化为热，对大多数橡胶制品而言，可以改善其力学性能和使用寿命。

针对填料引起的应变放大效应，需要考虑以下四种因素对橡胶补强作用的影响。

(1) 填料填充量、聚结体大小、形状及取向分布，对外加宏观应力场转换为聚合物基体（特别是填料粒子表面附近的橡胶）微观应力场的影响。

(2) 界面形变的稳定性、再次建立的应力场和应力分布，以及在未破裂的情况下可承受的应力极限。

(3) 当接近并达到临界应力时，橡胶基体应力-应变响应过程，即考虑能量损失、硬化、结晶和滞后的变化程度。

(4) 必须确定在给定情况下橡胶剥离、裂口扩展和分子断裂的严重程度。

通过这四个方面，填料所起的作用或多或少都与应变放大效应相关[1]。

3.2 填料与聚合物之间的界面相互作用

当填料加至聚合物中时，将会在刚性固相和软性固相之间形成界面。对于表面孔隙度非常低的填料而言，橡胶-填料的界面面积取决于填料的添加量和填料的比表面积。在单位体积的胶料中，其界面面积 ψ 可由下式表示：

$$\psi = \phi \rho S \tag{3.1}$$

式中，ϕ 为填料在胶料中的体积分数；ρ 和 S 分别为填料的密度和比表面积。

由于橡胶和填料之间的界面相互作用，聚合物分子可通过化学或物理作用吸附在填料表面上。大量文献认为，这种吸附作用将导致填料表面结合胶和橡胶壳的形成，并进一步使聚合物分子链段的运动受到限制。

3.2.1 结合胶

结合胶定义为，混炼胶中吸附在填料表面而不能被良性溶剂抽提出来的那部分橡胶。现已得到广泛地研究，并被公认为表征填料表面活性的典型方法。一些文献[4-9]论述了结合胶形成的机理和各种影响因素，以及它对胶料性能的影响。Dannenberg[10]对这一课题进行了全面的阐述。关于结合胶更详细的情况将在本书 5.1 节中讨论。

一般而言，结合胶是一种容易测量的参数，但影响其测定结果的因素却十分复杂。据报道，由填料-聚合物相互作用形成的结合胶，既涉及物理吸附、化学吸附，也涉及到机械相互作用。就填料而言，结合胶的形成不仅受填料表面物理化学特性的影响，而且也受填料形态的影响。而对于聚合物，分子的化学结构（如饱和与不饱和，极性与非极性）以及它们的微观结构（如分子构型、分子量及分子量分布）均影响结合胶的形成。结合胶还与胶料的加工条件有关，如混炼时间及停放时间等。此外，在测试过程中，溶剂的性质和抽提温度等也是影响结合胶含量测试结果的重要因素。因此，受混炼胶配方组成、制样及测试条件的影响，不同文献报道的测试结果有时是相互矛盾的。尽管结合胶已为人们所熟知，也是众多文献讨论的主题，但它仍然是一个大有争议的课题。

多年来，在文献中有关结合胶的两个问题争论比较多：一是结合胶形成中聚合物-填料相互作用的性质；二是结合胶是否为填料表面活性的有效度量。

对炭黑而言，有人认为结合胶形成的机理是化学吸附，是填料与聚合物之间的自由基反应。电子自旋共振实验结果[11]证明炭黑表面存在着某些未成对的自旋电子，并认为它们就是自由基的来源[11,12]。如果聚合物在加工过程中由于分子链的断裂而产生自由基，则橡胶分子可以通过碳-碳共价键接枝到炭黑表面上，使聚合物的自由基稳定化。Gessler[13,14]进一步认为，在橡胶和炭黑混炼过程中炭黑聚结体结构受到机械破坏，可形成新的炭黑自由基。当使用易破坏的高结构炭黑取代低结构炭黑时，将使结合胶含量增加。尽管这一结论得到了自由基链终止剂（如苯硫酚）可抑制结合胶形成的支持，但也有文献报道了相反的结果。Donnet 研究小组[15-17]利用几种典型的自由基进行实验，证实炭黑的自由基活性在化学反应中没有起到重要作用，而且炭黑对天然胶的补强效果与这种自由基的含量无关。

另一方面，虽然炭黑表面上的含氧官能团似乎会削弱不饱和橡胶中聚合物-填料间的相互作用[18,19]，而在饱和或接近饱和的橡胶（如丁基橡胶）中，炭黑表面的含氧官能团对结合胶的形成却起着重要作用。尽管 Gessler[20]提出了聚合物和炭黑之间存在阳离子相互作用的假设，但这类含氧官能团与聚合物之间的作用机理尚不清楚。他认为，氧化炭黑表面上的活性氢，尤其是羧基上的活性氢，可提供质子给丁基橡胶中的聚合物双键；而且，聚合物链上形成的碳正离子或直接与炭黑表面上的阴离子发生反应，或作为媒介在炭黑表面石墨微晶的边缘处发生亲电取代反应。然而，这种机理是值得怀疑的，因为在不同的氧化时间和氧化温度下，经臭氧氧化的炭黑，其表面上羧基官能团的浓度是大不相同的，而这些羧基官能团浓度不同的炭黑对丁基橡胶的补强效应却没有任何影响。实验结果也表明，炭黑对丁基橡胶的补强效果与其表面酚类或醌类基团的浓度无关[21]。

Ban 和 Hess 等[22,23]已经证实，物理吸附导致了结合胶的形成。他们对 N330 填充 SBR 混炼胶切片样品（胶料在苯蒸气萃取器中抽提）的电镜显微镜影像进行了研究，结果发现经抽提后大部分炭黑的表面上（特别是在聚结体的凸起部位）几乎没有结合胶，而在聚结体凹陷部位残留有极少量橡胶。由于聚结体凹凸部位之间的化学反应活性差异较小，作者认为凹陷部位的橡胶可能来源于样品制备过程中溶剂挥发的回缩效应，而不是聚合物和炭黑表面之间的化学反应。Wolff、Wang 和 Tan[24]发现，将填充 50 份 N330 炭黑的 SBR 胶料置于二甲苯中抽提，当抽提温度高于 70℃时，结合胶含量随抽提温度的升高而迅速减少，当抽提温度为 100℃时，仅有大约 3%的结合胶残留在炭黑表面上。因为抽提后结合胶的测量是在室温下进行的，在该条件下，溶液中炭黑表面因物理吸附的橡胶分子并不能被溶剂完全去除[4,25]，因此即使这样低含量的结合胶也不能归因于有共价键形成的化学吸附。于是，Wolff 等人推断，包括 SBR-炭黑胶料中形成的结合胶在内，聚合物-填料的相互作用本质上都属于物理吸附效应。

无论聚合物-填料相互作用是何种吸附机制，结合胶含量均可作为一种表征填料表面活性的测试手段。在一定的常规填充量下，结合胶含量随炭黑比表面积的增大而增加[10,24]。显然，这与胶料中不同品种炭黑界面面积的差异有关。而对于炭黑的表面活性，只能用单位比表面积的结合胶含量进行比较才有意义。为了将结合胶含量与胶料中填料-橡胶界面面积之间建立一种标准化的相关关系，Dannenberg[10]对填充有 50 份炭黑的 SBR 胶料进行测试，结果显示，单位表面的结合胶含量随炭黑粒径的减小而下降。Wolff 等人[24]在不同填料填充量的条件下也得到了相同的结论。但是，该结论与表面能测量结果却是相互矛盾的，因为小粒径炭黑的色散组分和极性组分表面能均比较高[26]。既然 SBR-炭黑胶料的结合胶本质上是一种物理吸附，而固体对物质的物理吸附主要与其表面能有关，因此，这些相互矛盾的结果曾通过橡胶分子在聚结体中的多重吸附和炭黑的聚集效应来解释[24]。众所周知，同一橡胶分子链可在炭黑表面不同位点进行多次吸附，这将降低填料表面吸附形成结合胶的效率。因为只要发生一次吸附，整个橡胶分子就可能稳定地附着在填料表面而不被溶剂抽提出来。单一橡胶分子链的多重吸附现象，也很可能发生在彼此相邻的不同炭黑聚结体上，因此多重吸附效应与聚结体间的距离存在着极大关系。在填充量恒定的情况下，随着炭黑比表面积的增加，聚结体间的距离缩短［参见公式(3.8)和(3.9)］，橡胶分子的多重吸附增加，从而减少了形成结合胶的有效填料表面。

另一方面，聚结体在聚合物基体中的聚集效应强化了聚结体间的多重吸附，而由于聚结体之间的直接接触可减少其界面面积，因此这种聚集效应也与聚结体间距离密切相关[27]。炭黑聚结体越小，其发生聚集的倾向则越大，从而降低了填料表面的有效性。因此，实测单位比表面积的结合胶含量总是低于以炭黑填充量和填料比表面积推算出的界面总面积为基准的计算结果。该结论已被填充量与单位表面结合胶含量的依存关系所证实，即填充量较多的胶料，其结合胶含量反而越低；造成该结果的主要原因是聚结体间较多的多重吸附以及聚结体的聚集，而不是填料表面活性较差所致[24]。在临界填充量（可形成连续凝胶的最低填充量）下，炭黑填充 SBR 胶料的比结合胶含量与炭黑的表面能近似成正比（见图 3.2）。因此，可以认为，在临界填充量下，虽然仍存在着类似的聚结体间的多重吸附现象，但由于此时聚结体的聚集效应不明显，其数量大大减少。

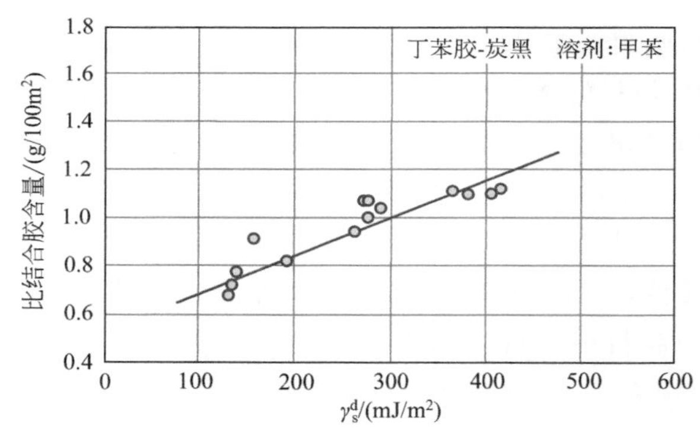

图 3.2　在临界填充量下，炭黑比结合胶含量和非极性表面能之间的关系[24]

因此，当以结合胶含量来表征填料的表面活性时，应当明确说明胶料混炼的各种参数和测试条件。即便如此，胶料中的结合胶总量仍可作为一个影响橡胶性能（尤其是加工性能）的重要参数。

对于比表面积相近的不同种类炭黑，高结构品种的结合胶含量通常较高。这种现象可用如下理论来解释：

① 石墨层结构的结晶度较差，因而表面活性较高；

② 高结构炭黑的聚结体在混炼过程中更容易断裂[10,13,28]。

后一种解释似乎更合理些，因为聚结体的断裂可能会出现两种情况：一是填料-聚合物的界面增加，二是聚结体断裂后形成的新鲜表面具有更高的表面活性[24,29]。

3.2.2 橡胶壳

填料-聚合物相互作用的另一种结果，是在混炼胶及硫化胶的填料周围或多或少地形成一种运动受限的橡胶层或橡胶壳。这种使橡胶运动性降低的效应主要来自聚合物-填料相互作用，也可能与填料表面被吸附的橡胶分子与其他分子的链缠结有关。

实验结果已充分证明，填料表面上确实存在着橡胶壳。Westlinning 等人[30,31]通过苯的冰点在溶胀聚合物网络中下降的研究，认为在炭黑表面附近的橡胶交联密度更高。Westlinning[32]认为，在 20℃时，填料表面橡胶分子运动受到限制的橡胶壳厚度高达 35nm；而在 100℃时，这种橡胶壳就消失了。Schoon 和 Adler[33]报道，SBR 的橡胶壳厚度为 35～50nm，而 NR 为 25～30nm。

Smit[34-37]在研究了混炼胶的流变行为及炭黑填充 SBR 和 BR 硫化胶的动态性能后，认为炭黑表面有一层 2～5nm 的橡胶壳，并以此来解释其实验结果。橡胶壳模型还得到了核磁共振（NMR）[19,38-43]、示差扫描量热法（DSC）[40]和动态力学热分析法（DMTA）[40]对填充胶研究结果的支持。Kaufman 等人[38]，利用核自旋弛豫时间测量值（T2）研究炭黑填充 BR 和 EPDM 胶料时，证实在橡胶壳中橡胶链的运动性存在三种不同的区域，即像纯胶那样不受约束的可移动橡胶区；橡胶壳外层中，运动性受到一些损失的固定橡胶区；以及橡胶壳内层，在 T2 时间尺度上运动性非常低的紧密固定橡胶区。研究人员[39]采用 BR 胶也得到类似的结果。其他研究人员用聚异戊二烯橡胶[44]、SBR[45]和二甲基硅橡胶-白炭黑体系[46]的核磁共振研究也发现，橡胶-填料界面处紧密结合胶层的 T2 也大大降低了。

Haidar[47,48]在研究胶料静态应变对动态模量的影响时发现，填料表面上聚合物链段的运动性降低了，而此处的聚合物具有玻璃态的一些特征。尽管有足够的证据表明，填料表面确实存在着橡胶壳，但对这种橡胶壳的厚度或体积的判断却存在着相当大的分歧。例如，Kraus 等人[49,50]从填充胶玻璃化温度 T_g 和膨胀因子的研究得出结论，在距填料表面相当大的距离内，橡胶分子链段的运动不会受到严重的制约。

最近，Zheng 等人[51]用原子力显微镜（AFM）对橡胶壳进行了直接观测，并对橡胶壳的厚度进行了简便测量（图 3.3）。图中较亮的区域为炭黑聚结体。对比图中硫化胶的高度和模量图，可清楚看到，由于橡胶壳的存在，填料聚结体的尺寸增大了，而橡胶壳中聚合物模量随着距填料表面距离的增加而逐渐减小。

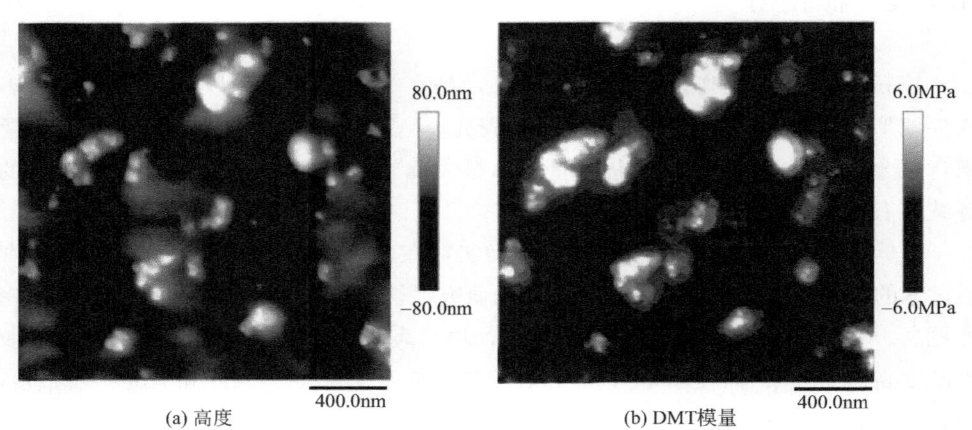

(a) 高度　　(b) DMT模量

图 3.3　原子力显微镜 Peak Force QNM 模式下炭黑-天然胶硫化胶的高度图像和模量图像[51]

显然，橡胶壳与未直接结合的可移动橡胶区域之间是没有明显边界的。由于填料的力场随着与填料表面距离的增加而迅速减弱，因此对橡胶分子链段运动的束缚力也应随着与填料表面距离的增加而减小。因此，各种文献中测得的橡胶壳厚度具有不同的数值，这种差异与橡胶分子链段运动性的判断准则、测试方法的精度、填料表面的物理化学性质以及所采用的聚合物种类都有关系。

虽然结合胶和橡胶壳均与聚合物-填料间的相互作用有关，但它们代表着两种不同的概念。结合胶是指其中一个或多个分子链段与填料表面相接触的整个橡胶分子，以及与其相互缠结的橡胶分子。橡胶分子成为结合胶的先决条件是，胶料在溶剂处理过程中吸附着的橡胶分子不会被分离，互相缠结的橡胶分子也不被溶解。对橡胶壳而言，其定义与橡胶分子链段运动性的变化有关。橡胶壳只涉及在力场的作用下，填料对橡胶分子链段运动性的影响，不涉及橡胶分子，也不考虑这些橡胶分子是否满足形成结合胶的必要条件（即橡胶分子链段与填料直接接触或缠结）。

由于橡胶壳的根源是橡胶分子链段在填料表面附近运动性受到限制，因此实验温度和胶料所经受的应变速率对它的测定结果将产生较大的影响。在高频动态应变条件下，橡胶壳可变得“更硬”，并随着温度的升高迅速“变软”。因此，在估算这种橡胶壳的厚度时，应充分考虑到各种测试条件。

3.3
包容胶

人们常用填料聚结体形成的包容胶来解释填料结构对填充胶性能的影响。1970 年，Medalia[52,53] 提出当结构化炭黑分散在橡胶中时，填充在炭黑聚结体内部空隙或位于聚结体不规则轮廓内部的那部分聚合物称为包容胶。它不能完全参与胶料的宏观形变（图 3.4 和图 3.5）。以包容胶形式存在的这部分橡胶，在一定程度上是不能移动的，其行为更像填料而非聚合物基体。此时，填料的有效体积显著增加，进而影响了填充胶的应力-应变性能。

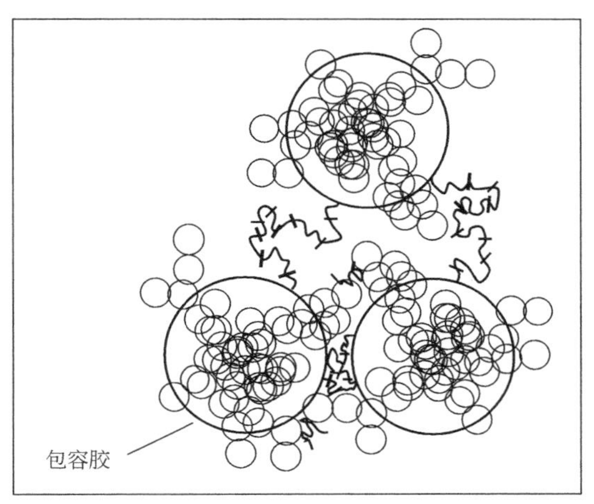

图 3.4　由 50 个粒子组成的含包容胶的三个聚结体（图中三个圆形的面积等于聚结体的投影面积，因此该投影区域包括聚结体及其内部的包容胶）[53]

包容胶是一种几何概念。如 Medalia[52,53] 所述，定量描述这类包容胶是非常困难的，因为大多数的聚结体不像“墨水瓶”那样，是具有明确体积的三维凹腔状区域。因此，包容胶的定义，取决于人们对“聚结体不规则轮廓内”含义的理解。从概念上讲，包容胶可以定义为围绕聚结体凸形外壳内所包含的橡胶，但这很难从电子显微的三维图像中测算出来。为了实用和便于计算，Medalia 把包容胶定义为，与聚结体投影面积相同的球体内包含的橡胶，即从几何学的角度来

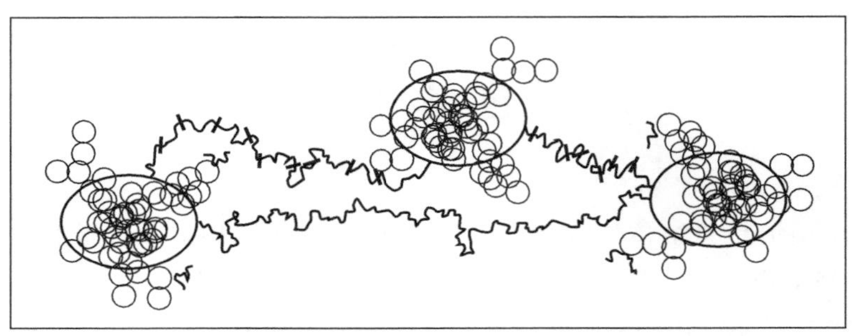

图 3.5 图 3.4 中的填充胶拉伸至 300%伸长率时的三个聚结体的状态 (三个椭圆是图 3.4 中的三个球体在任意伸长 50%下具有相同体积的扁长椭球的投影)[53]

看，任一聚结体中包容胶的体积 V_{occ} 可定义为该聚结体“等效球”体积 V_{es} 与该聚结体实心球体积 V_a 之间的差值。“等效球”体积 V_{es} 可直接从电子显微图中测算出来；而聚结体实心球体积 V_a 也可借助于电子显微图片模拟初级粒子的聚结状态估算得到。Medalia 基于手工法（炭黑试样形成“软球”状为滴定终点）测量得到 DBP 吸收值（DBP），认为该数值即为填充填料的空隙体积，且等同于等效球内的空隙体积；再将电子显微镜测得的聚结体投影面积和处于紧密堆积状态的球体间的空隙体积关联起来，提出如下计算公式：

$$\phi'=\phi\left(\frac{1+0.02139\mathrm{DBP}}{1.46}\right) \tag{3.2}$$

式中，ϕ'指橡胶中填料与包容胶体积分数之和；ϕ 为填料的体积分数。包容胶与填料的体积之比由下式求出：

$$\frac{V_{occ}}{V_a}=\frac{\phi'-\phi}{\phi}=\frac{\mathrm{DBP}-21.5}{68.26} \tag{3.3}$$

Kraus[54,55] 利用包容胶概念，研究了炭黑结构对 SBR 硫化胶模量的影响，并提出了炭黑“结构浓度等效”原理。他用这种原理来解释比表面积相同但结构不同的若干炭黑填充硫化胶各种力学性能的差异。Kraus 假设有效填料浓度包含原生聚结体结构内部的空隙体积，并假设该内部空隙体积与该炭黑和“无结构”炭黑二者压缩试样 DBP（即 24M4DBP，或 CDBP）差值成正比，于是提出了另一种计算包容胶体积的公式：

$$\frac{V_{occ}}{V_a}=\frac{24\mathrm{M4DBP}-31}{55} \tag{3.4}$$

简单地将压缩 DBP 吸收值的测定结果与聚结体等效球的内部及等效球之间

的空隙体积相关联，并假设各聚结体等效球是随机堆积的，Wang、Wolff 和 Tan[27] 推导出了类似的公式，只是公式中各项常数的数值与上述公式不同：

$$\frac{V_{occ}}{V_a}=\frac{24M4DBP-33}{87.8} \tag{3.5}$$

由于压缩 DBP 值能更好地代表聚结体在橡胶中的状态，因此公式(3.5)采用压缩试样的 DBP 值进行计算。

Medalia[56] 和 Sambrook[57] 研究表明，用 ϕ' 代替 ϕ 时，由 Guth-Gold 公式计算得到的相对模量高于实验值。Medalia 认为，包容胶只有部分固定，因此其对模量的贡献仅是部分有效。为了拟合实验数据与计算值的差异，他引入了 F 因子，即包容胶体积有效性因子。该 F 因子取决于计算包容胶所采用的基准以及不同应变水平和不同温度下的橡胶性能。

此外，Medalia 提出，大多数与填料表面结合的聚合物次级链，可与包容胶内的聚合物分子发生交联，并将一个聚结体内的包容胶与另一个聚结体内的包容胶连接起来[53]（图 3.4）。如图 3.5 所示，这种包容胶在聚结体拉伸至 300％伸长率后会发生变形，其中未固定的或可移动的链段可能会产生滑动，而短链则可能从聚结体上脱离，然后在 480％的伸长率下发生断裂。

3.4 填料的聚集作用

3.4.1 填料聚集的观察

当填料用量比较高时，聚结体在橡胶中有聚集的趋势，形成链状或团簇状聚集体。此种结构又称为二次结构，有时也称作填料网络结构。当然，这种填料网络结构与聚合物的连续网络结构是没有可比性的。尽管这种现象早已为人所知，但直到对填充胶动态性能进行系统研究后，才深刻认识到其在橡胶补强中的作用。Warring[58] 于 1950 年观察到，动态模量 E' 随应变的增加从高模量 E'_0 降低至低模量 E'_∞（在橡胶科技文献中，用拉伸或压缩形变得到的弹性模量和黏性模量分别用 E' 和 E'' 表示，而用剪切形变得到的则用 G' 和 G'' 表示。在本书中关于 E' 和 E'' 的讨论也适用于 G' 和 G''，反之亦然）这种现象称为“Payne 效应”，是填充胶特有的性质。而（$E'_0-E'_\infty$）的差值 $\Delta E'$，随填料填充量的增加呈指数增加。该现象可简单地解释为炭黑形成的聚集结构可在高动态应变幅度下产生破坏。尽管对这种解释有很多质疑，但炭黑二次聚集体结构的存在是毫无疑问的。

Gerspacher 及其同事[59,60]在炭黑填充硫化胶动态力学性能的研究中，利用平移因子处理 Cole-Cole 图来表征炭黑的聚集作用。他们也采用 Fritzgerald[61]的方法，来测量炭黑聚集体的内聚能。通过对各种炭黑的研究表明，炭黑聚集体的内聚能与其比表面积有关，比表面积越大，其内聚能越高。

Voet 和 Morawski[62]在静态应变条件下测量填充胶料的动态性能时，也发现随应变的增加，HAF 炭黑填充 SBR 胶的弹性模量先降低而后显著上升。他们认为，在低形变条件下，E' 随应变增加而下降的现象是由填料聚集体的破坏所致。

Wolff 和 Donnet[63]研究了炭黑和白炭黑两类填充胶的应力-应变性能，并观察到在低应变条件下实际体积转化为有效体积的有效因子在减小。这种效应也可用填料聚集体的破坏来解释。

Voet 及其同事考察了炭黑填充硫化胶在动态应变[64]和静态应变[65]条件下的电性能，证实在未发生形变的硫化胶中存在着炭黑聚集体。电性能测试结果与动态和静态力学性能相一致，表明比表面积越大、结构越高，填料越容易聚集。

3.4.2 填料聚集的模式

目前，尚无实验结果来证实填料聚集体是通过聚结体直接接触，还是通过填料表面运动性低的橡胶壳连接而形成。

对于不同的填料，以不同方式形成的聚集体可能对不同的橡胶性能有不同的反应。正如 Wolff 和 Wang[66,67]所述，与烃类橡胶不相容的高极性填料，如白炭黑，聚结体间存在强的氢键作用，可通过直接接触形成填料聚集。该类型聚集体交接处比较刚硬，在应变高于某一水平时会迅速破坏。当填料与橡胶相容性较好时，如炭黑在烃类橡胶体系中，聚集体则很可能通过橡胶壳的交接而形成[68,69]。

由于聚合物-填料的相互作用，聚合物分子链可吸附在填料表面，从而降低其分子链段的运动能力。如第 3.2.2 节所述，填料表面将形成一层橡胶壳，而橡胶壳中聚合物黏度增高、松弛时间谱图变宽，模量增大。橡胶壳中靠近填料表面附近的橡胶具有极高的模量，随着距填料表面距离的增加，模量逐渐降低，最终在某一距离处达到与聚合物基体相同的模量水平[68]（参见图 3.6）。这种现象与聚合物分子链段运动性的改变有关。同时聚合物分子链段运动性的改变，决定了橡胶玻璃态过渡区的宽窄和玻璃化温度 T_g 的高低，即：随聚合物链段运动性的降低，过渡区和 T_g 移向更高的温度，如图 3.7 所示。

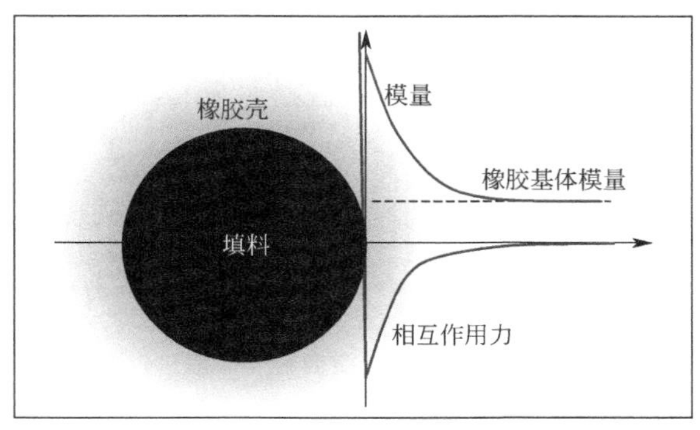

图 3.6 橡胶壳模型

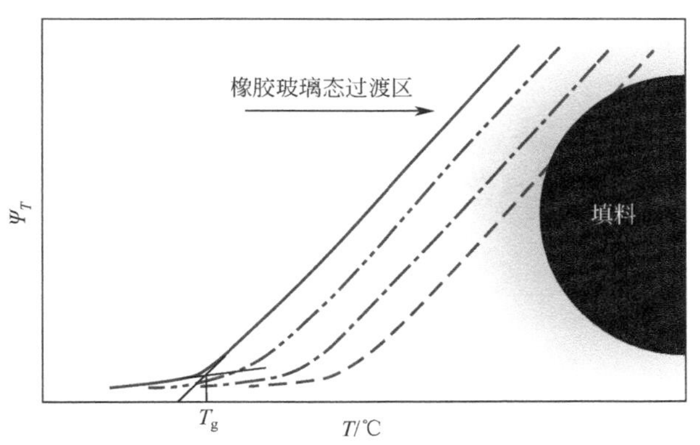

图 3.7 橡胶壳中聚合物分子链段的运动性

当两个或多个填料粒子或聚结体足够接近时，它们的橡胶壳将发生交接形成聚集体，此时，橡胶壳中聚合物的模量将高于聚合物基体（如图 3.8 和图 3.9 所示）。这种由橡胶壳交接形成的填料聚集体的刚性，要比由填料聚结体直接接触形成聚集体的刚性低得多。该类型的填料聚集体，在相对较低的应变状态下就开始破裂，但破裂速率较慢。Clément[70,71] 在白炭黑填充的硅橡胶实验研究中，证实从硅橡胶/白炭黑界面到橡胶基体，聚合物链段的运动性逐渐增大，并认为交接橡胶壳模型是对 Payne 效应唯一合理的解释。

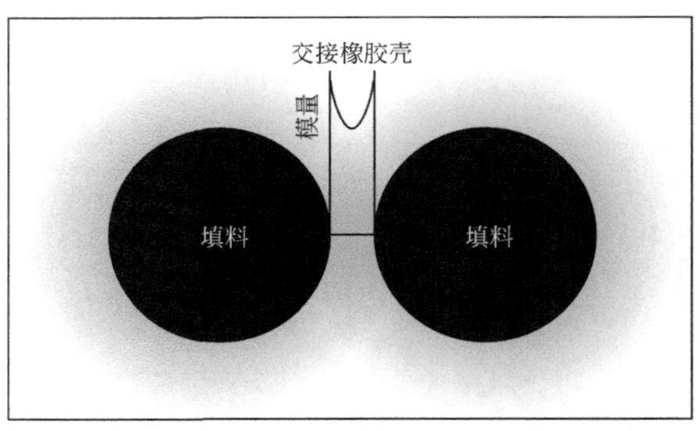

图 3.8 交接橡胶壳模型

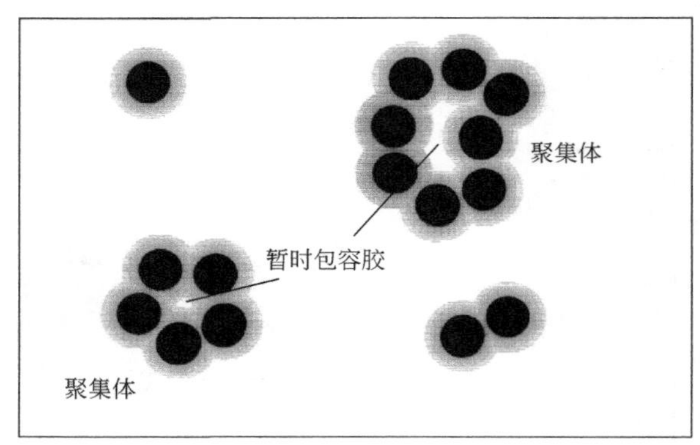

图 3.9 橡胶壳交接模型中填料的聚集

对于给定的聚合物-填料体系而言，直接接触和交接橡胶壳机理都有可能对填料聚集发挥作用。然而，究竟哪种机理起主导作用，取决于聚合物的性质和填料的表面特性，即取决于聚合物-填料，以及填料-填料之间的相互作用。

填料聚集的后果之一是暂时包容在聚集体内的橡胶运动性能大大降低，而这一部分橡胶对外面施加的应力得以屏蔽而不变形或变形很小。当然，这一效应将取决于胶料的应变和温度。在中等或高应变下，大部分聚集体将被破坏，暂时包容胶被释放出来，其行为如同橡胶基体。另外，升高温度可使聚结体间相互作用降低，从而使聚集体轻易破坏。

3.4.3 填料聚集热力学

填料聚集体的形成取决于聚结体间的引力势能和距离的大小。Van den Tempel[72]提出，假若在粒子之间仅存在范德华力，并且炭黑粒子的形状在统计上是介于立方体和球体之间，那么各种形状和不同取向的粒子之间的平均相互作用能 ΔF，可由下式求出：

$$\Delta F=\frac{Ad^{1.5}}{12\delta_{aa}^{1.5}} \tag{3.6}$$

而呈链状排列的连续颗粒间的引力由下式得到：

$$\text{引力}=-\frac{Ad^{1.5}}{8\delta_{aa}^{2.5}} \tag{3.7}$$

式中，d 为平均粒径；δ_{aa} 为两个粒子间的平均距离；A 是与原子极化率有关的常数。该公式表明，粒子间的距离越短，粒子直径越大，则引力也越大。

基于等效球的排列方式和包容胶的概念，对于决定填料聚集的另一个重要参数，即聚结体间的距离 δ_{aa}，Wang、Wolff 和 Tan[27]推导出如下计算公式：

$$\delta_{aa}=[k\phi^{-1/3}\beta^{-1/3}-1]d_a \tag{3.8}$$

或

$$\delta_{aa}=\frac{6000}{\rho S}[k\phi^{-1/3}\beta^{-1/3}-1]\beta^{1.43} \tag{3.9}$$

式中，ϕ 为炭黑的体积分数；d_a 为聚结体投影等效球的直径；ρ 为填料的密度；S 为比表面积；k 为与填料聚结体在聚合物基体中排列方式有关的常数。当聚结体采用立方堆积时，k 值为 0.806；当以面心立方堆积时（即最密堆积方式），k 值应为 0.905。在无规堆积情况下，通常 k 值采用 0.85。在该公式中，β 为膨胀因子，其定义为填料有效体积除以聚结体体积，可通过公式(3.3)～(3.5)计算得到。公式(3.9)表明，在给定填充量下，聚结体间的距离随聚结体尺寸的减小或表面积的增加而缩短。另一方面，填料结构通过膨胀因子 β 对聚结体间的距离也将产生影响。

应当指出，填料聚集体的形成不仅取决于粒子间的相互作用，而且在很大程度上还取决于聚合物-填料的相互作用。换句话说，如果填料-填料相互作用保持恒定的话，随着填料-聚合物相互作用的增强，填料的聚集作用将会受到抑制。因此，Wang，Wolff 和 Donnet[26]同时考虑了填料-填料，以及填料-聚合物之间的相互作用，提出用 S_f 因子来表征填料在烃类橡胶中发生聚集的趋势。该因子与填料-填料相互作用和填料-聚合物相互作用之间的比例有关，可用无限稀释的反相气相色谱法测定（参见第 2.4.2.3 节）。当填料聚结体间的距离为常数时，高 S_f 值代表填料在烃类橡胶中易形成聚集体。他们也发现，乙腈吸附在各种炭黑上的 S_f 值大都在同一范围内，而大粒子炭黑的 S_f 值略高些。

Wang[73] 曾详细论述了分子与固体表面能之间的相互关系（见 2.4.2 节）。在给定的聚合物体系中，填料发生聚集的驱动力，源于聚合物-填料相互作用以及填料-填料间的相互作用，而这两类相互作用取决于聚合物和填料的表面能和它们的表面化学性质。

对各种填充胶而言，填料的聚集过程可以用图 3.10 和图 3.11 表示：

图 3.10 填料聚集过程示意图

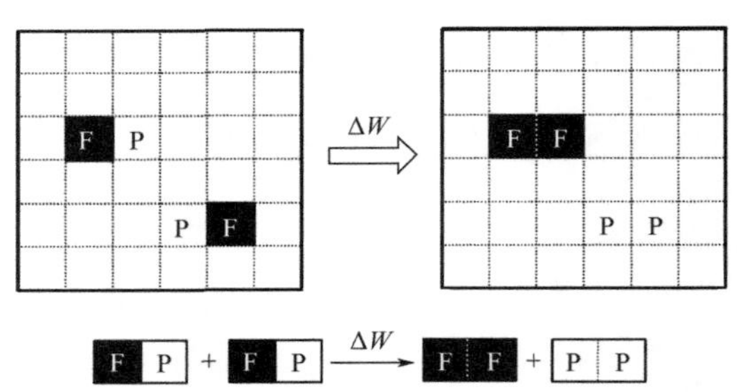

图 3.11 填料聚集过程中涉及的能量变化

在该体系中，每个填料粒子作为一个单元，被聚合物所包围，而该聚合物也可以认为是由聚合物单元所组成。当两个填料粒子发生聚集时，将会形成一对填料粒子和一对聚合物单元。这种聚集过程可以作为一种动力学过程来处理，在该过程中势能变化 ΔU 可用下式表示：

$$\Delta U = U_{ff} + U_{pp} - 2U_{fp} \tag{3.10}$$

式中，U_{ff}、U_{pp} 和 U_{fp} 分别为填料粒子之间、聚合物单元之间，以及聚合物-填料之间的引力势能。每项势能都包含一个引力常数（或称 Hamaker 常数）。若每对单元势能的所有其他条件（如距离和尺寸）完全相同的话，则每种单元的势能可根据其黏附功和内聚能的变化估算出来。根据公式(2.134)，填料聚集过程中黏附功的变化 ΔW 可由下式表示：

$$\Delta W=2(\gamma_f^d\gamma_f^d)^{1/2}+2(\gamma_f^p\gamma_f^p)^{1/2}+W_f^h+W_f^{ab}+2(\gamma_p^d\gamma_p^d)^{1/2}+2(\gamma_p^p\gamma_p^p)^{1/2}+ W_p^h+W_p^{ab}-2[2(\gamma_f^d\gamma_p^d)^{1/2}+2(\gamma_f^p\gamma_p^p)^{1/2}+W_{fp}^h+W_{fp}^{ab}] \tag{3.11}$$

或

$$\Delta W=2\gamma_f^d+2\gamma_f^p+W_f^h+W_f^{ab}+2\gamma_p^d+2\gamma_p^p+W_p^h+W_p^{ab}- 4(\gamma_f^d\gamma_p^d)^{1/2}-4(\gamma_f^p\gamma_p^p)^{1/2}-2W_{fp}^h-2W_{fp}^{ab} \tag{3.12}$$

式中，γ_f^d 和 γ_f^p 分别是填料表面能的色散组分和极性组分；γ_p^d 和 γ_p^p 是聚合物表面能的色散组分和极性组分；W_f^h、W_p^h 和 W_{fp}^h 分别为填料-填料、聚合物-聚合物和填料-聚合物表面之间的氢键作用功；W_f^{ab}、W_p^{ab} 和 W_{fp}^{ab} 分别为三者的酸碱相互作用功。

公式(3.12)经重排，可得：

$$\Delta W=2[\gamma_f^d+\gamma_p^d-2(\gamma_f^d\gamma_p^d)^{1/2}]+2[\gamma_f^p+\gamma_p^p-2(\gamma_f^p\gamma_p^p)^{1/2}]+ (W_f^h+W_p^h-2W_{fp}^h)+(W_f^{ab}+W_p^{ab}-2W_{fp}^{ab}) \tag{3.13}$$

进一步可以得到：

$$\Delta W=2[(\gamma_f^d)^{1/2}-(\gamma_p^d)^{1/2}]^2+2[(\gamma_f^p)^{1/2}-(\gamma_p^p)^{1/2}]^2+ (W_f^h+W_p^h-2W_{fp}^h)+(W_f^{ab}+W_p^{ab}-2W_{fp}^{ab}) \tag{3.14}$$

如果，$\gamma_f^d=\gamma_p^d$、$\gamma_f^p=\gamma_p^p$、$W_f^h=W_p^h=W_{fp}^h$ 以及 $W_f^{ab}=W_p^{ab}=W_{fp}^{ab}$，则 $\Delta W=0$，那么填料粒子之间的引力势能也将会消失。这表明，填料发生聚集作用的驱动力来源于其表面能的差异，即填料和聚合物之间表面能强度和性质的不同。从热力学的观点来看，只有在填料和聚合物表面各项能量特征完全相同的情况下，聚合物基体中的填料才是稳定的。也就是说，聚合物与填料表面之间由于氢键、酸碱相互作用和/或其他极性组分相互作用生成的黏附功要足够高，以至于它们能够抵消聚合物和填料之间表面能的差异，以及填料和聚合物自身内聚能之间的差异。填料与聚合物之间表面能的差异越大，极性组分（诸如氢键及酸碱相互作用等）作用越小，则聚合物中填料越易于聚集。

3.4.4 填料聚集动力学

对填充胶而言，填料和聚合物的表面能总是存在着差异，即使填料均匀地分散在聚合物基体中，在胶料停放和硫化期间，填料聚结体仍可自发聚集形成聚集体[74]。这种现象在胶体体系中称为絮凝，而对橡胶胶料而言为填料的聚集。通常 Payne 效应可作为衡量填料聚集程度的一种度量，Böhm 等人[75,76]在胶料热处理对 Payne 效应影响的研究中就已证实橡胶填料的聚集现象。实验结果发现，炭黑的初始分散程度越差，聚合物的分子量越低，热处理温度越高，则填料在胶料中的聚集速率越快。在相同热处理温度下，加热时间越长，Payne 效应越高。

因此，除填料聚结体间的引力势能外，聚结体可在布朗运动作用下扩散而发生聚集，形成热力学稳定的聚集体。对于给定的聚合物-填料体系来说，填料聚结体在聚合物基体中的扩散特性，对聚集动力学起着重要的作用。正如胶体化学中所述，某一胶态体系的扩散常数 Δ 是控制絮凝作用的主要因素，它与温度 T 以及阻力系数 f 有关：

$$\Delta = kT/f \tag{3.15}$$

式中，k 为波尔兹曼常数。阻力系数取决于介质黏度 η、填料粒子的大小和形状。对于半径为 r 的球形粒子而言，根据 Stokes 定律，阻力系数 f 为：

$$f = 6\pi\eta r \tag{3.16}$$

所以，

$$\Delta = kT \times \frac{1}{6\pi\eta r} \tag{3.17}$$

该公式表明，在给定的温度下，填料的聚集速率取决于聚合物的黏度和聚结体的大小。对于诸如炭黑聚结体这类的非对称粒子，扩散常数可由 Stokes 等效球半径估算，得到：

$$\frac{f}{f_0} = \frac{\Delta_0}{\Delta} \tag{3.18}$$

式中，f 和 Δ 分别为这种非对称粒子的阻力系数和扩散常数；f_0 和 Δ_0 分别为与非对称粒子具有相同重量和相同体积的等效球的阻力系数和扩散常数。对非对称粒子而言，f/f_0始终大于 1，扩散常数较小。这意味着，不对称程度较高的填料粒子，其聚集的速率较低。对于高结构炭黑，聚结体内部较大的空隙体积导致其含有较多的包容胶，因此它比相应低结构炭黑填料具有更大的等效球半径。

从扩散的角度来看，聚合物和填料的以下三种特性有利于降低填料的聚集速率：

① 聚合物黏度较高；

② 填料聚结体尺寸（或有效聚结体尺寸）较大；

③ 填料结构较高。

由于聚结体需要通过扩散来与其它聚结体接触或接合，因此控制填料聚集动力学过程的另一主要因素为填料聚结体之间的平均距离 δ_{aa}。这可由公式(3.9)来估算。如 3.4.3 节所述，对于指定填充胶，公式(3.9)中的 ϕ、S、ρ 和 k 均为已知值或常数。而膨胀系数 β，即填料的有效体积分数与实际体积分数之比，可由公式(3.3)～(3.5)计算得到。在大多数情况下，Wang、Wolff 和 Tan[27] 根据填料的压缩 DBP 值（即 24M4DBP）和等效球自由堆积所导出的公式更适用于计算 β 值：

$$\beta=\frac{\phi_{\mathrm{eff}}}{\phi}=\frac{0.0181\mathrm{DBP}+1}{1.59} \tag{3.19}$$

从公式(3.9)中可以明显看出，填料的填充量和比表面积，是控制填料聚结体间距的主要因素。小粒径炭黑具有较高的比表面积，在相同的填充量的情况下，该类炭黑聚结体之间的间距较小。公式(3.19)包含了填料 DBP 的作用，即结构越高，聚结体之间的距离越小，填料越容易发生聚集。但是，填料 DBP 对 δ_{aa} 的影响，要比表面积的影响小得多。

如果上述结论是合理的话，则有几种途径可抑制填料的聚集。

(1) 热力学途径

① 通过填料表面改性和/或聚合物改性，降低聚合物与填料表面性质差异，尤其是表面能的差异；

② 采用化学或物理偶联剂对填料表面和聚合物改性，提高填料-聚合物相互作用和相容性；

③ 不同表面性质填料的混用。

(2) 动力学途径

① 改善填料在胶料中的初始分散；

② 改变填料的形态，增加聚结体表面之间的平均距离；

③ 增加结合胶含量，以增加聚结体的有效尺寸，提高聚合物基体的黏度；

④ 使聚合物分子之间发生少量的交联作用，以提高有效分子量，从而提高聚合物基体的黏度；

⑤ 缩短胶料加工时不必要的焦烧时间，提高硫化速率，以使填料处于聚集前的聚集状态。

众所周知，补强填料聚结体的性质对橡胶混炼胶及硫化胶的加工性能、力学性能及动态性能等方面都起着至关重要的作用。而在常规填充量下，填料在橡胶中形成聚集。因此，充分认识橡胶-填料体系中填料聚集的作用机理，是十分必要且非常重要的。

实际上，胶料配方工程师已在有意识地或不自觉地应用这些原理来改善填料的微观分散，从而降低混炼胶黏度，改善硫化胶的应变-应力性能、动态性能、抗疲劳性能和耐磨性等各项力学性能。

参考文献

[1] Eirich F R. Interaction Entre les Elastomeres et les Surfaces Solides Ayant une Action Renforcante. Paris: Colloques Internationaux du CNRS, 1975: 15.

[2] Eirich F R, Smith T. Fracture. Vol. VII, New York: Academic Press, 1972.

[3] Oberth A E. Principle of Strength Reinforcement in Filled Rubbers. *Rubber Chem. Technol.*, 1967, 40: 1337.

[4] Donnet J B, Voet A. Carbon Black, Physics, Chemistry, and Elastomer Reinforcement. New York: Marcel Dekker, 1976.

[5] Kraus G. Reinforcement of Elastomers. New York: Wiley Interscience, 1965.

[6] Twiss D F. Technologie der Kautschukwaren. By K. Gottlob. Second edition. Pp. xi+340. Brunswick: F. Vieweg and Sohn. *J. Soc. Chem. Ind.*, 1925, 44: 587.

[7] Stickney P B, Falb R D. Carbon Black-Rubber Interactions and Bound Rubber. *Rubber Chem. Technol.*, 1964, 37: 1299.

[8] Kraus G. Reinforcement of Elastomers by Carbon Black. *Adv. Polym. Sci.*, 1971, 8: 155.

[9] Blow C M. Polymer/particulate Filler Interaction- The Bound Rubber Phenomena. *Polymer*, 1973, 14: 309.

[10] Dannenberg E M. Bound Rubber and Carbon Black Reinforcement. *Rubber Chem. Technol.*, 1986, 59: 512.

[11] Collins R L, Bell M D, Kraus G. Unpaired Electrons in Carbon Blacks. *J. Appl. Phys.* 1959, 30: 56.

[12] Riess G, Donnet J B. Physico-Chimie du Noir Carbone. Paris: Edition du CNRS, 1963: 61.

[13] Gessler A M. *Proc. Fifth Rubber Technol. Conf.*, London: Maclaren and Sons, 1968. pp249.

[14] Gessler A M. Evidence for Chemical Interaction in Carbon and Polymer Associations. Extension of Original Work on Effect of Carbon Black Structure. *Rubber Chem. Technol.*, 1969, 42: 858.

[15] Donnet J B, Papirer E. Effect on Surface Reactivity of Carbon Surface by Oxidation with Ozone. *Rev. Gen. Caoutch Plast.*, 1965, 42: 729.

[16] Donnet J B, Furstenberger R. Mécanisme et Cinétique de la Thermolyse de L'azodiisobutyronitrile en Présence D'oxygène- I. Formation D'acide Cyanhydrique. & Ⅱ. Fixation D'acide Cyanhydrique sur les Noirs de Carbone. *J. Chim. Phys.*, 1971, 68: 1630.

[17] Donnet J B, Rigaut M, Furstenberger R. Etude par Resonance Paramagnetique Electronique de Noirs de Carbone Traites par L'azodiisobutyronitrile en Absence D'oxygene. *Carbon*, 1973, 11: 153.

[18] Hess W M, Lyon F, Burgess K A. Einfluss der Adhäsion zwischen Ruß und Kautschuk auf die Eigenschaften der Vulkanisate. *Kautsch. Gummi Kunstst.*, 1967, 20 (3): 135.

[19] Serizawa H, Nakamura T, Ito M, Tanaka K, Nomura A. Effects of Oxidation of Carbon Black Surface on the Properties of Carbon Black-Natural Rubber Systems. *Polym. J.*, 1983, 15: 201.

[20] Gessler A M. Evidence for Chemical Interaction in Carbon and Polymer Associations. Butyl and Acidic Oxy Blacks. The Possible Role of Carboxylic Acid Groups on the Black. *Rubber Chem. Technol.*, 1969, 42: 850.

[21] Voet A. Reinforcement of Butyl Rubber by Ozonized Carbon-Black. *Kautsch. Gummi Kunstst.*, 1973, 26: 254.

[22] Ban L L, Hess W M, Papazian L A. New Studies of Carbon-Rubber Gel. *Rubber Chem. Technol.*, 1974, 47: 858.

[23] Ban L L, Hess W M. *Interaction Entre les Elastomeres et les Surfaces Solides Ayant une Action Renforcante*. Paris: Colloques Internationaux du CNRS, 1975: 81.

[24] Wolff S, Wang M-J, Tan E H. Filler-Elastomer Interactions. Part VII. Study on Bound Rubber.

Rubber Chem. Technol., 1993, 66: 163.

[25] Kraus G, Dugone J. Adsorption of Elastomers on Carbon Black. *Ind. Eng. Chem.*, 1955, 47: 1809.

[26] Wang M-J, Wolff S, Donnet J B. Filler-Elastomer Interactions. Part III. Carbon-Black-Surface Energies and Interactions with Elastomer Analogs. *Rubber Chem. Technol.*, 1991, 64: 714.

[27] Wang M-J, Wolff S, Tan E H. Filler-Elastomer Interactions. Part VIII. The Role of the Distance between Filler Aggregates in the Dynamic Properties of Filled Vulcanizates. *Rubber Chem. Technol.*, 1993, 66: 178.

[28] Hess W M, Ban L L, Eckert F J, Chirico V E. Microstructural Variations in Commercial Carbon Blacks. *Rubber Chem. Technol.*, 1968, 41: 356.

[29] Wang W D. Ph. D. dissertation, France: University of Haute Alsace, 1992.

[30] Westlinning H, Butenuth G. Quellung und netzmaschengröße rußgefüllter naturkautschuk- vulkanisate. *Makromol. Chem.*, 1961, 47: 215.

[31] Westlinning H, Butenuth G, Leineweber G. Kristallisationserscheinungen an gefüllten, nicht gedehnten naturkautschukproben, kurzmitteilung. *Makromol. Chem.*, 1961, 50: 253.

[32] Westlinning H. *Kautsch. Gummi Kunstst.*, 1962, 15: WT475.

[33] Schoon T G F, Adler K. *Kautsch. Gummi Kunstst.*, 1966, 19: 414.

[34] Smit P P A. The Glass Transition in Carbon Black Reinforced Rubber. *Rheol. Acta*, 1966, 5: 277.

[35] Smit P P A. The Effect of Filler Size and Geometry on the Flow of Carbon Black Filled Rubber. *Rheol. Acta*, 1969, 8: 277.

[36] Smit P P A, Van der Vegt A K. Interfacial Phenomena in Rubber Carbon Black Compounds. *Kautsch. Gummi Kunstst.*, 1970, 23: 4.

[37] Smit P P A. *Interaction Entre les Elastomeres et les Surfaces Solides Ayant une Action Renforcante*. Paris: Colloques Internationaux du CNRS, 1975: 213.

[38] Kaufman S, Slichter W P, Davis D D. Nuclear Magnetic Resonance Study of Rubber - Carbon Black Interactions. *J. Polym. Sci.*, 1971, A-2, 9: 829.

[39] O'Brien J, Cashell E, Wardell G E, McBrierty V J. An NMR Investigation of the Interaction between Carbon Black and *cis*-Polybutadiene. *Rubber Chem. Technol.*, 1977, 50: 747.

[40] Kenny J C, McBrierty V J, Rigbi Z, Douglass D C. Carbon Black Filled Natural Rubber. 1. Structural Investigations. *Macromolecules*, 1991, 24: 436.

[41] Fujimoto K, et al. Studies on Heterogeneity in Filled Rubber Systems (Part I) Molecular Motion in Filler-Loader Unvulcanized Natural Rubber. *Nippon Gomu Kyokaishi.*, 1970, 43: 54.

[42] Fujimoto K, et al. Studies on Young's Modulus and Poisson's Ratio of Particles Filled Vulcanizates. *Nippon Gomu Kyokaishi.*, 1984, 57: 23.

[43] Fujiwara S, Fujimoto K. NMR Study of Vulcanized Rubber. *Macromol. Sci. -Chem.*, 1970, A4, 5: 1119.

[44] Kida N, et al. Studies on the Structure and Formation Mechanism of Carbon Gel in the Carbon Black Filled Polyisoprene Rubber Composite. *J. Appl. Polym. Sci.*, 1996, 61: 1345.

[45] Lüchow H, Breier E, Gronski W. Characterization of Polymer Adsorption on Disordered Filler Surfaces by Transversal ^{1}H NMR Relaxation. *Rubber Chem. Technol.*, 1997, 70: 747.

[46] Litvinov V M, Barthel H, Weis J. Structure of a PDMS Layer Grafted onto a Silica Surface Studied by Means of DSC and Solid-State NMR. *Macromolecules*, 2002, 35: 4356.

[47] Haidar B. *Meeting of the Rubber Division*, *ACS*, Las Vegas, May 29- June 1, 1990.

[48] Haidar B. *IRC' 90*, Paris, June 12-14, 1990.

[49] Kraus G, Gruver J T. Thermal expansion, free volume, and molecular mobility in a carbon black-filled elastomer. *J. Polym. Sci.*, A2, 1970, 8: 571.

[50] Waldrop M A, Kraus G. Nuclear Magnetic Resonance Study of the Interaction of SBR with Carbon Black. *Rubber Chem. Technol.*, 1969, 42: 1155.

[51] Zheng S. EVE Rubber Institute, Qingdao, China, 2020.

[52] Medalia A I. Morphology of Aggregates VI. Effective Volume of Aggregates of Carbon Black from Electron Microscopy- Application to Vehicle Absorption and to Die Swell of Filled Rubber. *J. Colloid Interface Sci.*, 1970, 32: 115.

[53] Medalia A I. *Interaction Entre les Elastomeres et les Surfaces Solides Ayant une Action Renforcante*. Paris: Colloques Internationaux du CNRS, 1975: 63.

[54] Kraus G. A Structure- Concentration Equivalence Principle in Carbon Black Reinforcement of Elastomers. *Polym. Lett.*, 1970, 8: 601.

[55] Kraus G. Carbon Black Structure-Concentration Equivalence Principle. Application to Stress-Strain Relationships of Filled Rubbers. *Rubber Chem. Technol.*, 1971, 44: 199.

[56] Medalia A I. Effective Degree of Immobilization of Rubber Occluded within Carbon Black Aggregates. *Rubber Chem. Technol.*, 1972, 45: 1171.

[57] Sambrook R W. Influence of Temperature on the Tensile Strength of Carbon Filled Vulcanizates. *J. Inst. Rubber Ind.*, 1970, 4: 210.

[58] Warring J R S. Dynamic Testing in Compression: Comparison of the ICI Electrical Compression Vibrator and the IG Mechanical Vibrator in Dynamic Testing of Rubber. *Trans. Inst. Rubber Ind.*, 1950, 26: 4.

[59] Gerspacher M, Yang H H, Starita J M. *IRC'90*, Paris, June 12-14, 1990.

[60] Gerspacher M, Yang H H, O' Farrell C P. *Meeting of the Rubber Division*, *ACS*, Washington D. C., Oct 9-12, 1990.

[61] Fitzgerald E R. Response of Carbon Black-in-Oil to Low-Amplitude Dynamic Stress at Audiofrequencies. *Rubber Chem. Technol.*, 1982, 55: 1547.

[62] Voet A, Morawski J C. Dynamic Mechanical and Electrical Properties of Vulcanizates at Elongations up to Sample Rupture. *Rubber Chem. Technol.*, 1974, 47: 765.

[63] Wolff S, Donnet J B. Characterization of Fillers in Vulcanizates According to the Einstein-Guth-Gold Equation. *Rubber Chem. Technol.*, 1990, 63: 32.

[64] Voet A, Cook F R. Investigation of Carbon Chains in Rubber Vulcanizates by Means of Dynamic Electrical Conductivity. *Rubber Chem. Technol.*, 1968, 41: 1207.

[65] Voet A, Sircar A K, Mullens T J. Electrical Properties of Stretched Carbon Black Loaded Vulcanizates. *Rubber Chem. Technol.*, 1969, 42: 874.

[66] Wolff S. *International Exhibition "Tires' 91"*, Moscow, USSR, March, 14-12, 1991.

[67] Wolff S, Wang M-J, Tan E H. Filler-Elastomer Interactions. X: The Effect of Filler-Elastomer and Filler-Filler Interaction on Rubber Reinforcement. *Kautsch. Gummi Kunstst.*, 1994, 47: 102.

[68] Wolff S, Wang M-J. Filler-Elastomer Interactions. Part IV. The Effect of the Surface Energies of Fillers on Elastomer Reinforcement. *Rubber Chem. Technol.*, 1992, 65: 329.

[69] Ouyang G B, Tokita N, M-J Wang. Hysteresis Mechanisms for Carbon Black Filled Vulcanizates-A Network Junction Theory for Carbon Black Reinforcement. *Rubber Division of ACS*, Cleveland, Oct 17-20, 1995. pp108. Abstract in *Rubber Chem. Technol.*, 1996, 69, 166.

[70] Clément F, Bokobza L, Monnerie L. Investigation of the Payne Effect and Its Temperature Dependence on Silica-Filled Polydimethylsiloxane Networks. Part I: Experimental Results. *Rubber Chem. Technol.*, 2005, 78: 211.

[71] Clément F, Bokobza L, Monnerie L. Investigation of the Payne Effect and Its Temperature Dependence on Silica-Filled Polydimethylsiloxane Networks. Part II: Test of Quantitative Models. *Rubber Chem. Technol.*, 2005, 78: 232.

[72] Van den Tempel M. Mechanical properties of plastic-disperse systems at very small deformations. *J. Colloid Sci.*, 1961, 16: 284.

[73] Wang M-J. Effect of Polymer-Filler and Filler-Filler Interactions on Dynamic Properties of Filled Vulcanizates. *Rubber Chem. Technol.*, 1998, 71: 520.

[74] D. Bulgin, Electrically Conductive Rubber. *Trans. Inst. Rubber Ind.*, 1945, 21: 188.

[75] Böhm G G A, Nguyen M N. Flocculation of Carbon Black in Filled Rubber Compounds. I. Flocculation Occurring in Unvulcanized Compounds During Annealing at Elevated Temperatures. *J. Appl. Polym. Sci.*, 1995, 55, 1041.

[76] Böhm G G A, Nguyen M N, Cole W M. *Proc. Int. Rubber Conf.*, Kobe, Japan, Oct 23-27, 1995. Paper 27A-8.

（宋禹奠、郭隽奎译）

第4章

填料的分散

填料在不同橡胶内分散的能力，对其几乎所有用途都是至关重要的。有些情况下，分散过程的费用甚至与填料的采购成本不相上下。另一方面，得不到最佳的分散结果会影响填料性能的充分发挥。分散稍微变差也可能产生其他无法预期的结果。

术语“分散”可以由两个过程来描述：一个是游离填料（无论是颗粒还是粉末）在橡胶内的混入、分布和分散过程；另一个是在后续加工或存放过程中已分散填料的聚集作用。本章将探讨第一个过程的新理论和影响填料，尤其是填料宏观分散的各种因素，然后讨论与橡胶补强填料应用有关的分散技术[1]，最后简要介绍湿法混炼工艺的新进展。

4.1 填料分散的基本概念

橡胶工业中使用的填料大部分是以粉末或者聚集体的形式存在的。在橡胶和填料的混合过程中，混入时，填料分散的好与坏将由分布过程，尤其是分散过程来控制（图 4.1）。影响分散过程的因素很多，例如，混炼设备、胶料配方、混炼程序和混炼条件等。对于给定配方来讲，亦即所用橡胶和填料的相容性（润湿性）和两者之间的相互作用已经确定。经过初期阶段的粉碎和混入之后，打破填料聚集体是特别关键的。在这一方面，将以炭黑为例，采用 Bagster[2] 和 Horwatt[3] 等基于向简单剪切流中施加流体压力推导的聚结体破碎模型，来验证填料性能对其分散性的影响，所得结果基本上也适用于其它填料，尽管填料的基本性能有所不同。在这种情况下，聚集体视为未分散的炭黑，由大量聚结体组成。聚结体是单个的刚性胶态实体，也是良分散体系内所能分散的基本功能单元，虽然某些聚结体在混炼过程中也可能破碎[4]。

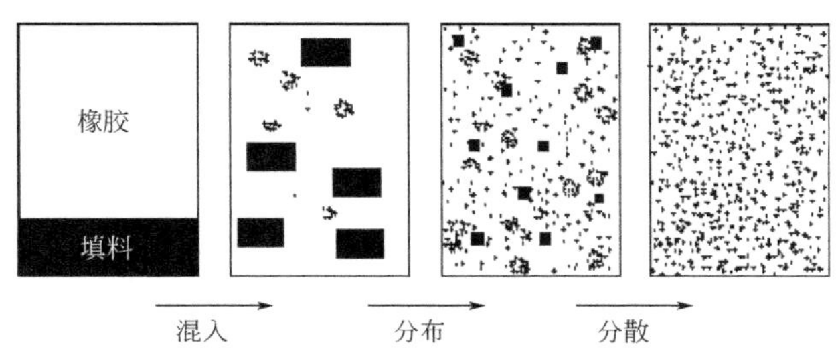

图 4.1 炭黑分散过程中的混入、分布及分散过程

假设聚集体和聚结体都是圆球形，其半径分别是 R 和 r，质心分别位于 O 和 o，如图 4.2 所示[5]。聚结体质心定位于距离（R-r）的断面矢量上，而 Ψ 是表示聚结体相对于聚集体大小的角度。因为实际的聚集体并非完全呈球形，所以聚集体围绕任何方向进行转动都是有可能的。在转动过程中，聚集体内的聚结体所经受的最大流体力 F_H 可用下式计算：

$$F_H=\frac{5}{2}\pi R^2\eta\dot{\gamma}\sin^2\Psi \qquad (4.1)$$

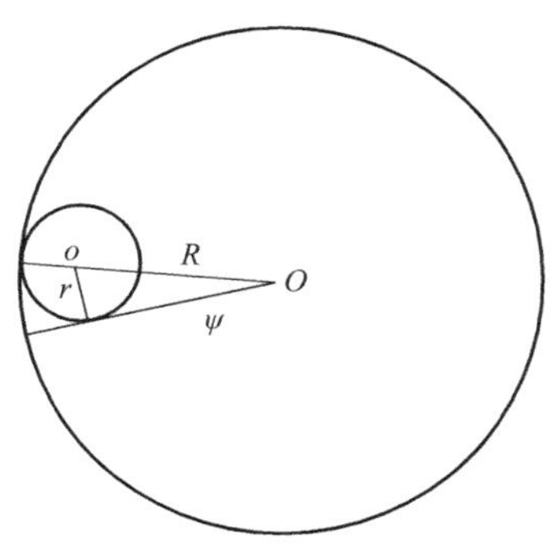

图 4.2 聚集体与聚结体的示意图

式中，η 和 $\dot{\gamma}$ 分别是橡胶的黏度和剪切速率。作用在聚集体上的流体力 F_H 与该聚结体所对的那部分聚集体表面有关。它可用于确定开始分散时的临界破坏应力，即从聚集体中分离出聚结体所需要的最小应力。

假设有一聚结体与聚集体的平均接触点数为 ν，而每个接触点的结合力为 H，阻止聚结体从聚集体上分离的内聚力 F_C 为：

$$F_C = H\upsilon \tag{4.2}$$

基于公式(4.1) 和 (4.2)，在临界破坏应力 $(\eta\dot{\gamma})_{crit}$ 下，即 $F_H > F_C$，聚结体从聚集体上分离的各个参数为：

$$(\eta\dot{\gamma})_{crit} \geqslant \frac{2H\upsilon}{5\pi R^2 \sin^2 \Psi} \tag{4.3}$$

当黏度增加时，聚集体的大小会降至临界值 R_{crit}，低于此值，聚集体中的聚结体将无法进一步分散。临界值可作为未分散聚集体大小的度量，代表填料的宏观分散程度。对公式(4.3) 进行变换可以得到混炼过程中不能分散的聚集体的最小半径为 ：

$$R_{crit} \geqslant \frac{1}{\sin\Psi}\sqrt{\frac{2H\upsilon}{5\pi\eta\dot{\gamma}}} \tag{4.4}$$

4.2 影响填料分散的因素

由公式(4.4) 可知，填料分散过程中，R_{crit} 由变量 ψ、H、υ、η 和 $\dot{\gamma}$ 决定。在这些变量中，$\dot{\gamma}$ 由混炼设备和混炼条件决定，H 则与填料的表面特征尤其是表面能有关，其它变量则取决于填料的形态。

(1) ψ：表征聚结体相对聚集体大小的角度

对于相同大小的未分散的聚集体来说，R_{crit} 与 $\sin\psi$ 成反比。粒子越小，比表面积越大，则 ψ 越小，聚结体分离出来的临界应力就越高。也就是说较小的聚结体尺寸带来较高的临界剥离应力，产生较大的 R_{crit}，亦即分散变差。

从形态上来说，填料可以看成一个与初级粒子直径平均大小和频率分布、聚结体的直径以及粒子在聚结体内结合方式有关的一组性能。一般来说，聚结体的尺寸与初级粒子的大小有关，它决定比表面积的大小。对于炉法炭黑和热裂法炭黑来讲，它们的表面孔隙度很低甚至为零，较高比表面积的炭黑有较小的聚结体尺寸[6]，因此，根据公式(4.4)，更加难以分散。

另一方面，对于表面积相同的填料来说，高结构填料有更大的聚结体尺寸，则易于分散。

(2) η：介质的黏度

随着填料粒子在橡胶基质中的分散，介质的黏度随着聚集体半径 R 的减小而增大。对于球形填料颗粒，在一定的填料浓度范围内，填充橡胶的黏度可用 Guth-Gold 公式[7,8] 来估算：

$$\eta=\eta_0(1+2.5\phi+14.1\phi^2) \tag{4.5}$$

式中，η_0 和 η 分别是未填充胶料和填充胶料的黏度；ϕ 是介质中填料的体积分数。

事实上，大多数橡胶用填料的聚结体并非球形粒子，而是由熔合在一起的若干球形粒子组成的。由于聚结体的形状不规则或有许多枝杈，聚结体内有很大的孔隙容积。对由相同大小初级粒子（即相同表面积）组成的聚结体来说，高结构填料具有更多的孔隙容积，这可用较大的 DBP 吸收值来表征，其聚结体尺寸也大。较大的孔隙容积在一定程度上减少了聚集体的接触点数和单个聚结体之间的接触点数。这一方面可使聚集体或造粒后的颗粒在混入过程中容易破碎。另一方面，聚结体的孔隙容积较大，可降低高结构填料聚集体的密度。当填充胶料的配方是以相同质量为基准混入后，介质中高结构填料的同样大小的颗粒或聚集体数量将比低结构填料多。这使得混炼体系的黏度 η 较高，进而应力较大，R_{crit} 降低。

此外，填料结构对其分散性的影响也与填料聚结体包容橡胶的作用有关。当具有一定结构的填料在橡胶中分散时，有一部分橡胶填充到填料聚结体内部孔隙中或聚结体表面上的许多不规则的凹陷处，这部分橡胶是不能完全参与填充体系的宏观变形的。包容胶的局部固定，它表现得更像填料，而非橡胶[9]。由于这种现象，对于填充橡胶体系的应力-应变特性而言，填料的有效体积大大增加。

假设相同质量的填料分散在橡胶内，填料的有效体积 ϕ_{eff} 实质上比由其质量及密度计算的体积分数大得多。用 ϕ_{eff} 代替 ϕ，公式(4.5) 可改写为：

$$\eta=\eta_0(1+2.5\phi_{eff}+14.1\phi_{eff}^2) \tag{4.6}$$

曾有几个公式来计算介质中该有效分数[8,10]。通过将炭黑压缩试样 DBP 吸收值与聚结体的等效球内部和之间孔隙容积相关联，并假设这些球体是随机堆积的，Wang 等[11] 导出了计算炭黑有效体积分数的公式：

$$\Phi_{eff}=\Phi\,\frac{0.0181\text{CDBP}+1}{1.59} \tag{4.7}$$

式中，CDBP 是炭黑压缩试样的 DBP 吸收值。显然，相对于低结构炭黑，用高结构炭黑得到的 ϕ_{eff} 值比较高，因而 R_{crit} 值较小。

(3) H：接触点的结合能

由公式(4.4) 可知，未分散填料聚集体的大小也取决于聚结体与聚结体间的平均结合能 H，H 与填料聚结体间内聚能密切相关。

众所周知，两个材料 1 和 2 之间的相互作用主要是由它们的表面能决定的。表面能由色散组分 γ_f^d 和极性组分 γ_f^p[12-14] 两部分组成。因此，聚结体的内聚能 W_c 可用下式估算：

$$W_c = 2\gamma_f^d + 2\gamma_f^p + W_c^h + W_c^{ab} \tag{4.8}$$

式中，γ_f^d 和 γ_f^p 分别是填料表面能的色散组分和极性组分；W_c^h 和 W_c^{ab} 分别是氢键和酸碱相互作用。填料的表面能可用反相气体色谱法（IGC）进行测量[15]。

图 2.57 所示为一系列炭黑的表面能的色散组分与其比表面积的关系，而图 2.64 为乙腈在这些炭黑表面的吸附能的极性组分 I^{sp} 与比表面积的关系。乙腈的 I^{sp} 可用于衡量填料表面能的极性组分。假若存在氢键作用，那么它对乙腈的 I^{sp} 也可能有贡献[15]。可以看出，高比表面积炭黑的表面能，包括色散组分与极性组分，一般都比低比表面积炭黑的要高。这表明，从表面能上看，高比表面积炭黑聚结体接触点之间的平均作用力 H 高，因而分散性比较差。

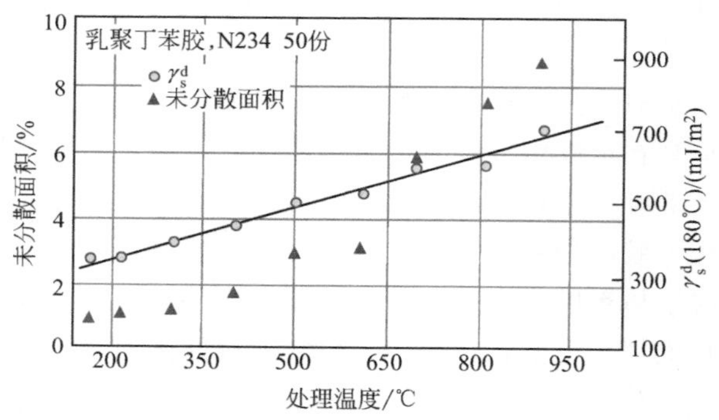

图 4.3 炭黑 N234 的表面能的色散组分及其在 ESBR 中的分散与 N_2 气氛下热处理的温度之间的关系

对于不同比表面积的炭黑，表面能对分散性的影响的论述看起来似乎有点牵强，因为表面能的影响与形态的影响很难分开。但是，通过考察炭黑热处理对其分散性的影响可以作进一步的说明。将炭黑在惰性气氛（此处为氮气）中热处理，在温度升高至 900℃以前［该温度远远低于石墨化的温度（1500℃左右）］（图 4.3），炭黑的 γ_s^d 随处理温度的升高而增大（图 4.4）。将 50 份处理过的炭黑

(N234) 加入乳聚丁苯橡胶中混炼，炭黑的分散随热处理温度的升高而变差。在热处理的温度范围内，炭黑的形态不会发生变化，所以热处理后炭黑分散程度的改变只能从表面特性上来解释。根据式(4.8)，热处理的温度升高，填料的 γ_s^d 增大，填料-填料之间的相互作用增强，因此填料分散变差。

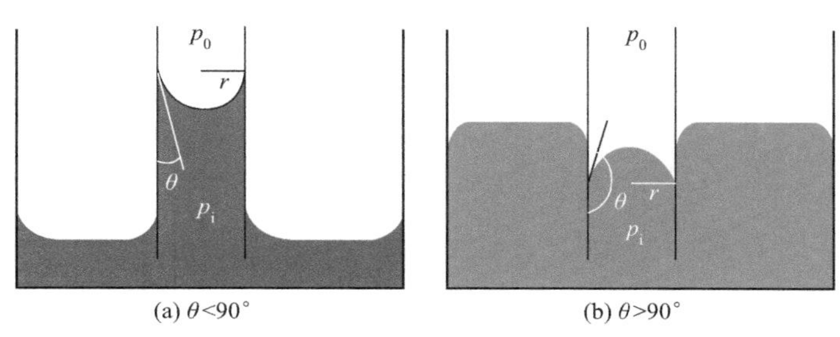

(a) $\theta<90°$ (b) $\theta>90°$

图 4.4 毛细管现象

(4) υ：聚结体与聚集体的接触点数量 除了形态和表面特性之外，填料的分散也取决于一个聚结体与聚集体的接触点数量 υ。根据 Rumpf[16] 和 Meissner 等[17,18] 的报道，接触点的数量 υ 可以用下式计算：

$$\upsilon=2\exp[2.4(1-V_V)] \tag{4.9}$$

式中，V_V 是填料聚集体的孔隙体积，可以用吸油值（如 DBP）和压汞法来测量。对炭黑而言，比如炉法炭黑，从滤袋和气送系统中分离出来的蓬松炭黑中仍然含有相当多的空气或其他气体，体积密度非常低。因此，在商业化使用之前这些炭黑还需要进一步将其体积进行压缩[19]。

通过造粒来得到密实度较高的炭黑。少有例外，橡胶用炭黑通常都是造粒的，因为只有这种形式的炭黑才能用标准的工业化设备使填料混入各种聚合物中。造粒炭黑的其他优点还有运输体积更小、自由流动性好以及减少粉尘等。

炭黑的造粒方法有两种，即干法造粒和湿法造粒，两者皆有其不同的特点。干法造粒的过程是用一个转鼓将蓬松的炭黑压缩形成密实的炭黑聚集体，得到圆形的小颗粒炭黑。这个过程是连续的，但其应用受到限制。炭黑的结构越高，越难进行干法造粒。为了达到所需的产量，可加入一些已造粒的炭黑用作新颗粒生长的种子。

用湿法造粒工艺可以使炭黑进行大幅压缩。在这种工艺中，炭黑和水在一个特别的销式搅拌机（造粒机）中混合。对于多数炭黑来说，水/炭黑的比例大约是 1∶1。销钉的机械作用使炭黑形成直径在 0.5～2.0mm 的湿颗粒。如有必要，可以加入造粒助剂或黏合剂（如蜜糖、木质素磺酸盐或糖）调节颗粒的硬度。干燥过程中可以实现进一步压缩。这种情况下，填料压缩的驱动力来自粒子之间的吸引力，如图 4.5 示意的那样，这种吸引力起源于毛细管现象，即：

$$\Delta p = p_0 - p_i = \gamma \cos\theta / r \tag{4.10}$$

式中，p_0 为大气压；p_i 为液体的压力；γ 为液体的表面能；r 为毛细管的半径。

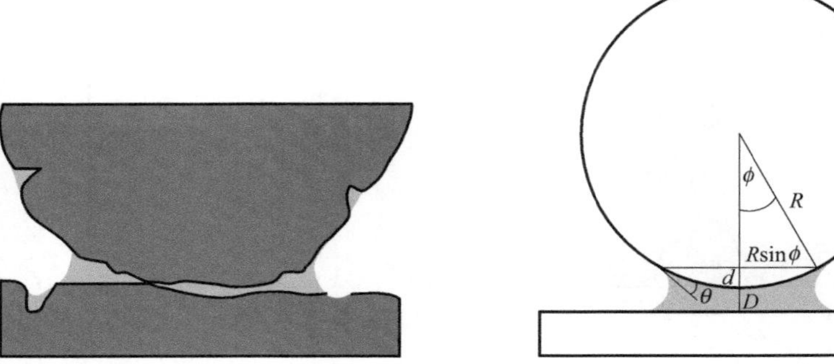

图 4.5　由水连接的一个粒子与平整的表面之间的吸引力

因此，当一个规则的粒子与平整的表面通过一种液体连接时（图 4.6），二者之间的吸引力 F 可以用一固体球和光滑的平面之间的吸引力来估算[20]。

$$F = \frac{4\pi R\gamma\cos\theta}{1 + D/d} \tag{4.11}$$

式中，R 是粒子的半径；D 是粒子和平面间的最小距离（参见图 4.5）；d 是与吸引力作用面积相关的参数。

在这种情况下，粒子与水平表面（$D=0$）接触时（参见图 4.6），最大吸引力是：

$$F = F_{max} = 4\pi R\gamma\cos\theta \tag{4.12}$$

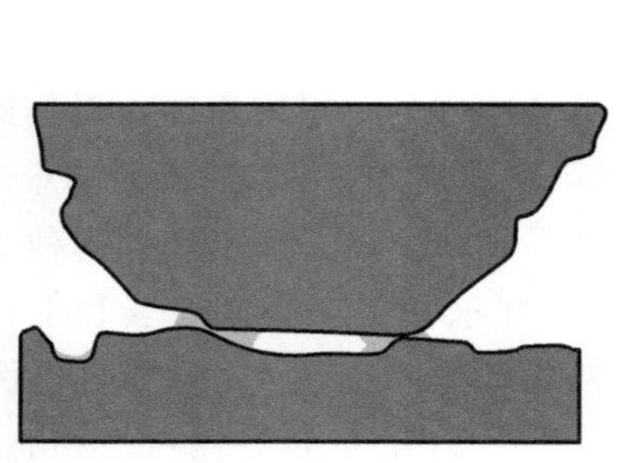

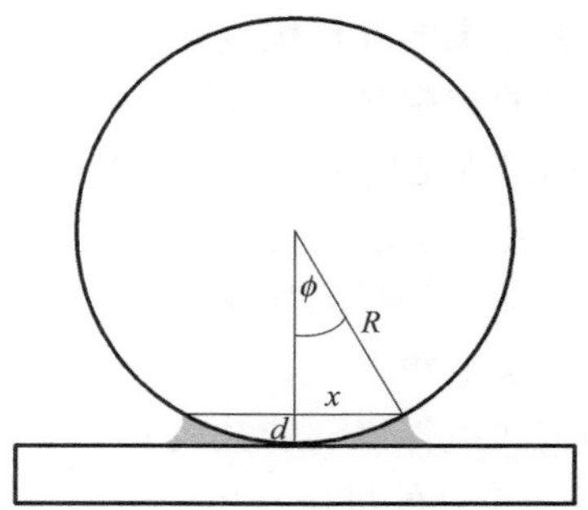

图 4.6　粒子与水平平面接触而夹水时的吸引力

如果两个球形粒子接触（参见图 4.7），吸引力可以由残留的液体产生：

$$F=F_{\max}=4\pi\left(\frac{1}{R_1}+\frac{1}{R_2}\right)^{-1}\gamma\cos\theta \tag{4.13}$$

式中，R_1 和 R_2 分别为粒子 1 和 2 的半径。

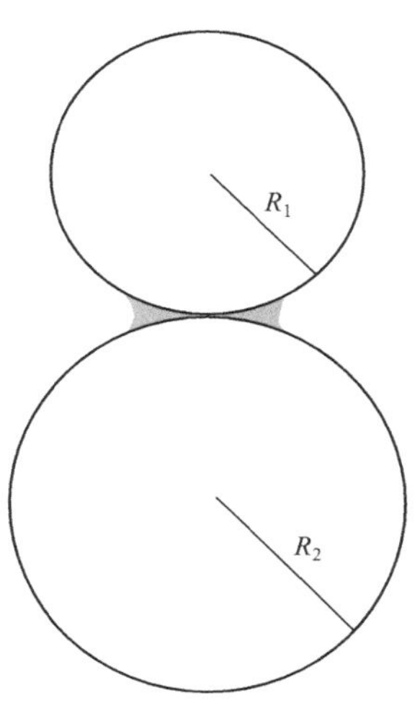

图 4.7　相互接触的两个球形粒子间的吸引力

实际上，在湿造粒过程中，因水的表面能足够高，接触角很小，这些过程都可能发生。在一些情况下，对炭黑来说，就像图 4.8 所示的那样，相邻聚结体的枝杈可以被残留液体产生的吸引力挤压的非常紧密。例如，水在炭黑 N220 压缩片上的

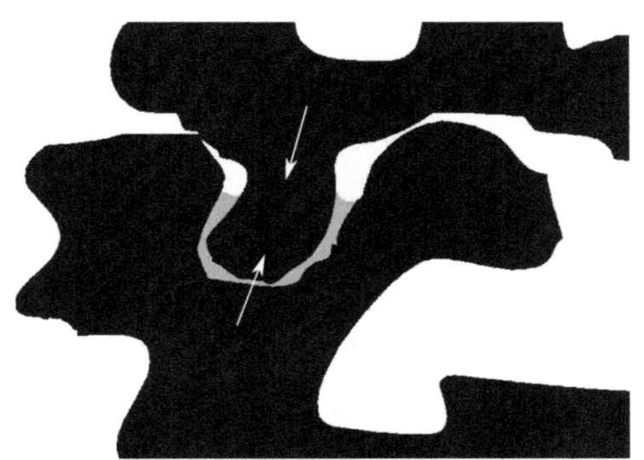

图 4.8　相互接触的两个聚结体粒子间的吸引力

接触角约为 50°，50℃下水的表面能约为 0.068J/m^2，在湿法造粒过程中，两个粒子间的吸引力或许可以高达 5.5×10^{-9}N。结果导致炭黑的致密度增加，这对处理填料有利。但是另一方面，填料的孔隙体积减小，这对炭黑分散却是不利的。

对于沉淀法白炭黑来说，情况则大不相同。在生产过程中，当白炭黑聚结体或沉淀物的生长过程完成后，将所得的悬浮液过滤，滤饼洗涤，然后再加水制成悬浮液而后干燥。这意味着填料的分散很大程度上由后处理工艺决定，尤其是干燥工艺。根据不同的干燥工艺，干燥的产品可以选择性地磨成粉末和/或造粒成低粉尘的形式。

与炭黑相比，白炭黑由于其表面能的极性组分非常高，尤其是聚结体之间有较强的氢键作用，其填料-填料相互作用要强得多，这将会增加接触处的吸引力。白炭黑表面的高极性将会导致和水之间的接触角非常小。实际上，将一小滴水滴到压缩白炭黑片上时，平衡接触角差不多接近 0°。这也意味着在干燥过程中，与炭黑相比，白炭黑的吸引力是相当高的。

从水相分散液中过滤白炭黑后，传统的干燥工艺是在一个保留时间很长的干燥器（隧道干燥器或者旋转干燥器）内脱除残留水分，这通常需要几个小时。在这种情况下，残留水分产生的高吸引力将使白炭黑聚结体强烈聚集，进而导致白炭黑产品孔隙体积低。因此，即使白炭黑产品磨成粉末或者造粒，它在橡胶中的分散也很差。

闪蒸干燥工艺是在低压、高温和较短的干燥时间下进行的，能够在填料聚集体内形成更多的孔隙体积，这大大减少了白炭黑聚结体之间的接触点数，因此对白炭黑的分散是有利的。

对白炭黑分散最有利的干燥工艺是喷雾干燥，这个工艺的特点如下。

① 悬浮液通过一个喷嘴在高速下注入容器中，这会在水流中形成低压，导致热空气流分散入水流，进而使悬浮液雾化；

② 液滴很小，表面积很大，这将会加快水分和湿气的蒸发；

③ 液体的表面能随着温度的升高而降低。当在给定压力下，液体的温度到达其沸点时，液体的表面能为零。

在以上情况下，聚结体间的吸引力非常小，白炭黑分散液的干燥过程可以在数秒内完成。因此，孔隙体积，尤其是聚结体间的孔隙体积大大增加，导致 ν 值大大减小。最终就可以得到高分散白炭黑。

(5) $\dot{\gamma}$：介质的剪切速率 剪切速率 $\dot{\gamma}$ 取决于混炼设备，它对填料的分散具有重要影响。在橡胶工业中常用混炼设备包括开炼机、密炼机（剪切型和啮合型）、捏合机、连续密炼机、双螺杆挤出机和复式螺杆挤出机。剪切速率 $\dot{\gamma}$ 是由辊筒、转子、转子与内壁、螺杆以及螺杆与内壁之间的距离决定的。转速也会影响剪切速率 $\dot{\gamma}$。正确的选择设备和工艺对填料的分散是至关重要的。

尽管受到其他特性的影响，炭黑的分散基本上还是由其形态特征决定。一般来讲，当炭黑的表面积高于 160m^2/g 和 CDBP 值低于 60mL/100g 时，用现有的设备干法混炼工艺是不能很好分散的，一般不用于橡胶。图 4.9 所示为橡胶工业用 ASTM 炭黑试样的压缩 DBP 和氮吸附比表面积。从左上方到右下方，炭黑的分散性变得越来越差。在基准线以下有两种非橡胶用炭黑。

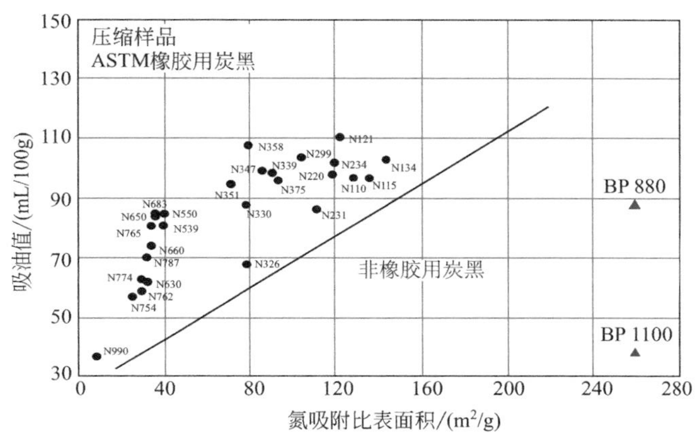

图 4.9 橡胶用炭黑和非橡胶用炭黑试样的压缩 DBP 和氮吸附比表面积

4.3 液相混炼

历史上人们曾利用液相混炼的方法来改善填料的分散[21-23]。但是这一方法的混炼时间和凝聚时间都比较长，降低了生产效率。此外，在某些胶乳中，如天然胶乳和乳聚丁苯胶乳中，存在一定的非胶组分，特别是蛋白质和表面活性剂。这些物质可吸附在炭黑表面，影响聚合物-填料间相互作用，从而降低硫化胶的性能。

在过去的几十年中，两种液相混炼工艺的出现对橡胶工业的发展有重要意义，极大地改善了填料的分散。第一种是 Cabot 公司开发的连续液相混炼/凝聚工艺，用以生产天然胶-炭黑母胶[24,25]，其命名为卡博特弹性体复合材料（Cabot elastomer composite），简称 CEC 或者 EEC。另外一种是怡维怡橡胶研究院开发的连续液相混炼技术，用以生产合成胶-白炭黑母胶[26-29]，该产品命名为环保黏弹体复合材料（Eco-Visco-elastomer composite），简称 EVEC®。这两种工艺和产品性能在 9.3 节和 9.4 节阐述。

正如 9.3 节所述，CEC 工艺的特点是迅速的混合、凝聚，以及在高温下的快速干燥。这能够保证聚合物-填料相互作用不受影响，最大限度地抑制聚合物降解，并极大地改善炭黑的分散，从而提高胶料性能。图 4.10 所示为两种硫化胶中炭黑的宏观分散情况。这两种硫化胶均填充 N134 炭黑，但其中一个采用 CEC 两段法混炼工艺，另外一个采用干法四段工艺进行混炼。从二者的光学显微镜照片中可以明显看出，CEC 的填料分散明显优于干法混炼的胶料，而且 CEC 在混炼过程中的能耗更低。实际上，当采用 CEC 工艺进行混炼时，炭黑的分布与分散在混炼初期就已经全部结束。利用透射电镜可以对这一过程进行观测。图 4.11 为 N134 填充的 CEC 胶料，试验所用样品为脱水后的凝聚体，在耗能很低的情况下液相混炼胶料的炭黑在橡胶中已经分布均匀、分散优异。这说明在混炼 CEC 胶料时不需要强烈的机械剪切作用就能够达到很好的分散效果，减少了聚合物的机械降解。最终的硫化胶撕裂强度和拉伸强度较高，滞后损失和生热较低，屈挠疲劳寿命显著改善。

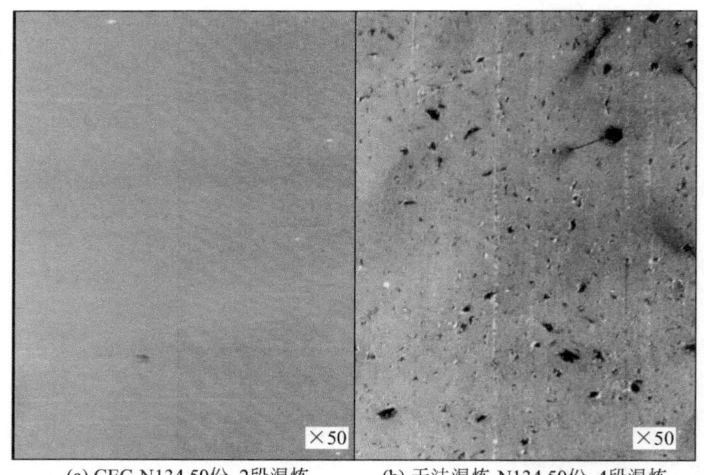

(a) CEC-N134 50份，2段混炼　　(b) 干法混炼-N134 50份，4段混炼

图 4.10　CEC 胶料和干法混炼胶料中炭黑 N134 的宏观分散

更重要的是，在使用 CEC 工艺制备炭黑母胶时，不论使用何种炭黑，都不影响最终的分散效果。因此利用此工艺可以使高比表面积和低结构的炭黑也能应用于橡胶补强[30]，这将赋予填充胶独特的性能。例如，炭黑 BP1100（Black Pearls®❶ 1100）的比表面积 260m^2/g，压缩吸油值 42mL/100g（见图 4.9），在

❶ Black Pearls® 是 Cabot 公司的注册商标。

CEC 胶料中的分散依然很好。相应硫化胶的性能大幅提升，尤其是撕裂强度，高于所有已知的干法混炼胶料。同时也使拉伸强度、扯断伸长率和硬度三项性能达到更好的平衡，这将在 9.3.4 节讨论。

对于填充白炭黑的胶料，填料的分散是实际生产中最关键的环节。EVEC 最大的优点就是填料分散非常好。图 4.12 是分散仪（Alpha 公司生产）测得的干法混炼白炭黑胶料和 EVEC-L 的宏观分散照片，两种硫化胶的配方完全相同[26]。照片中的白色区域是未分散的填料，其分布情况示于图 4.13 中。尽管干法混炼胶料中使用了高分散白炭黑，但填料分散情况依然比 EVEC 差，不仅未分散的填料更多，而且填料聚集体的尺寸也更大。EVEC 中聚集体的最大尺寸约为 25μm，而干法混炼的胶料中则达到了 43μm。通过 TEM 也能够观测到 EVEC 中填料的分散十分优异（图 4.14）。

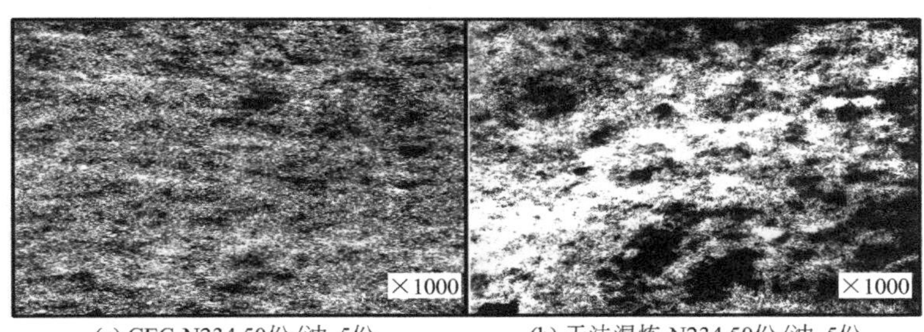

(a) CEC-N234 50份/油 5份　　(b) 干法混炼-N234 50份/油 5份

图 4.11　干法混炼胶料和脱水后的 CEC 胶料的 TEM 图像

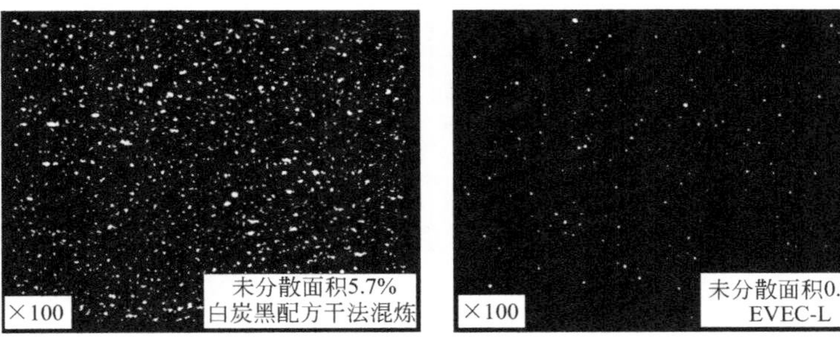

图 4.12　干法混炼胶料和 EVEC-L 中白炭黑的宏观分散照片

优异的填料分散可以提高胶料的强度和耐磨性能，这将在第 8 章和第 9 章进行讨论。

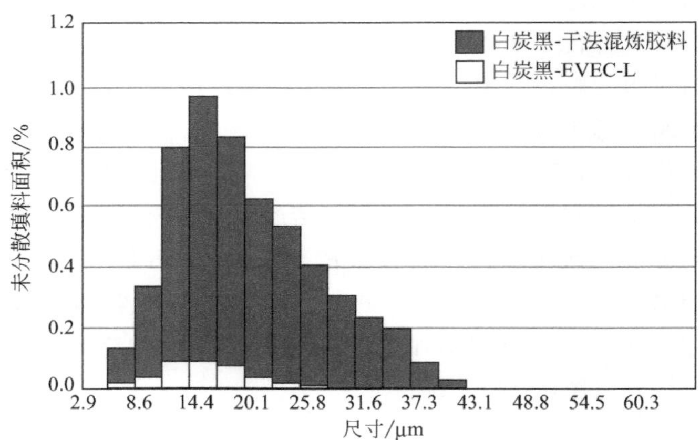

图 4.13　干法混炼胶料和 EVEC-L 中未分散填料尺寸的分布

图 4.14　不同填充份数的 EVEC 和干法混炼胶料 TEM 照片

油：37.5 份；TESPT：6.85 份/白炭黑 90 份，8.4 份/白炭黑 110 份

参考文献

[1] Wang M-J. New developments in carbon black dispersion. *Kautsch. Gummi Kunstst.*, 2005, **58**: 626.

[2] Bagster D F, Tomi D. The Stress Within a Sphere in Simple Flow Fields. *Chem. Eng. Sci.*, 1974, **29**: 1773.

[3] Horwatt S W, Feke D L, Manas-Zloczower I. The Influence of Structural Heterogeneities on the Cohesively and Breakup of Agglomerates in Simple Shear-Flow. *Powder Technol.*, 1992, **72**: 113.

[4] Hess W M, Chirico V E, Burgess K A. Carbon-Black Morphology in Rubber. *Kautsch. Gummi Kunstst.*, 1973, **26**: 344.

[5] Tatek Y, Pefferkon E. Cluster-cluster Aggregation Controlled by the Number of Interculster Connections: Kinetics of Aggregation and Cluster Mass Frequency. *J. Colloid Interface Sci.*, 2004, **278**: 361.

[6] Wang M-J, Gray C A, Reznek S A, et al. "Carbon Black", 5th ed., New York: John Wiley & Sons, 2003.

[7] Guth E, Simha R, Gold O. Untersuchungen über die Viskosität von Suspensionen und Lösungen. 3. Über die Viskosität von Kugelsuspensionen. *Kolloid Z.*, 1936, **74**: 266.

[8] Guth E, Gold O. Viscosity and Electroviscous Effect of the AgI Sol. II. Influence of the Concentration of AgI and of Electrolyte on the Viscosity. *Phys. Rev.* 1938, **53**: 322.

[9] Medalia A I. Morphology of Aggregates: VI. Effective Volume of Aggregates of Carbon Black from Electron Microscopy; Application to Vehicle Absorption and to Die Swell of Filled Rubber. *J. Colloid Interface Sci.*, 1970, **32**: 115.

[10] Kraus G, Naylor F E, Rollmann K W. Steady Flow and Dynamic Viscosity of Branched Butadiene-Styrene Block Copolymers. *Rubber Chem. Technol.*, 1972, **45**: 1005.

[11] Wolff S, Wang M-J, Tan E-H. Filler-Elastomer Interactions. Part VII. Study on Bound Rubber. *Rubber Chem. Technol.*, 1993, **66**: 163.

[12] Fowkes F M. Ideal Two-Dimensional Solutions. II. A New Isotherm for Soluble and "Gaseous" Monolayers. *J. Phys. Chem.*, 1962, **66**: 382.

[13] Owens D K, Wendt R C. Estimation of The Surface Free Energy of Polymers. *J. Appl. Polymer Sci.*, 1969, **13**: 1741.

[14] Kaelble D H, Uy K C. A Reinterpretation of Organic Liquid-Polytetrafluoroethylene Surface Interactions. *J. Adhesion*, 1970, **2**: 50.

[15] Wang M-J, Wolff S, Donnet J-B. Filler-Elastomer Interactions. Part III. Carbon-Black-Surface Energies and Interactions with Elastomer Analogs. *Rubber Chem. Technol.*, 1991, **64**: 714.

[16] Rumpf H. Grundlagen und methoden des granulierens. *Chemie Ingenieur Technik. Chem. Ing. Tech.*, 1958, **30**: 144.

[17] Meissner H P, Michaels A S, Kaiser R. Crushing strength of zinc oxide agglomerates. *I. & EC. Process Design and Development*, 1964, **3**: 202.

[18] Georgalli G A, Reuter M A. Modelling the co-ordination number of a packed bed of spheres with distributed sizes using a CT scanner. *Miner. Eng.*, 2006, **19**: 246.

[19] Kühner G, Voll M. In: Donnet J-B, Bansal R C, Wang M-J (Editors). Carbon Black, Science and Technology. New York: Marcel Dekker, Inc., 1993.

[20] Israelachvill J. Intermolecular and Surface force, Second edition. London: Academic Press, 1991.

[21] Cohnn E S A. Coagulating Latex. British Patent, 214210, 1923.

[22] Jose L, Joseph R, Joseph M S. Studies on Latex Stage Carbon Black Masterbatching of NR and Its Blend with SBR. *Iran. Polym. J.*, 1997, **6**: 127.

[23] Sone K. Materbatch of ESBR and Carbon black (wet mixing). *Nippon Gomu Kyokaishi*, 1998, **6**: 308.

[24] Mabry M A, Rumpf F H, Podobnik I Z, et al. Elastomer Composites Method and Apparatus. US Patent 6048923, 2000.

[25] Wang M J, Wang T, Wong Y L, et al. NR/Carbon Black Masterbatch Produced with Continuous Liquid Phase Mixing. *Kautsch. Gummi Kunstst.*, 2002, **55**: 388.

[26] Wang M-J. Report Presented at Tire Technology Conference, Hannover, Germany, Feb. 2016.

[27] Wang M-J, Song J, Dai D. Method for Preparing Rubber Masterbatch Continuously, the Prepared Rubber Master Batch and Rubber Products. China Patent, CN 103205001 A, CN 103203810 A, CN 103113597 A, CN 103600435 A, 2013.

[28] Wang M-J, Song J, Dai D. Continuous Production of Rubber Masterbatch. WO 2015/192437 A1, WO 2015/109789 A1, WO 2015/109792 A1, WO 2015/018278 A1, WO 2015/018282 A1, 2015.

[29] Wang M-J, Song J, Dai D. Continuous Production of Rubber Masterbatch. US 20160168341 A1, EP 3031591 A1, JP 2016527369 A, 2016.

[30] Wang T, Wang M-J, McConnell G A, et al. Carbon Black Elastomer Composites, Elastomer Blends and Methods. WO 2003050182, 2003.

（卢帅译）

第5章
填料对混炼胶性质的影响

5.1 结合胶

目前在文献中广泛使用的“结合胶”一词是 Fielding[1] 于 1937 年首先提出的，但至今尚无清晰而广泛认可的定义。一般认为它是在加填料的混炼胶中于室温下不能为良溶剂抽提出的那部分橡胶。良溶剂的定义是能够溶解未硫化橡胶的溶剂。在橡胶补强的初期研究中就发现在炭黑填充混炼胶中存在结合胶的现象。早在 1925 年，Twiss[2] 在研究天然橡胶时发现，当橡胶与炭黑混合后有不为溶剂抽出的橡胶时力学性能即有改善。在文献中“炭黑凝胶”一词也和结合胶一样广泛使用，同样也没有一致认可的定义。该词是 Sweitzer[3] 首先使用的并将其看作是结合胶的特例。在炭黑凝胶中炭黑粒子在大大过量良性溶剂浸泡时也不会分散，而是以聚合物凝胶的形式团聚在一起。这对于许多炭黑用量达到一定数值的橡胶制品而言是一种典型现象。因此结合胶也可以理解为混炼胶浸泡在溶剂中时，溶胀凝胶中所含的那部分橡胶。

用如此简单的实验即可测定与力学补强相关的某些参数的概念引起人们的关注，多年来也发表了大量的研究报告。虽然“结合胶”这一术语并非特指炭黑，但是，大多数研究集中在炭黑填充胶料上。因为二十世纪，炭黑是最主要的橡胶补强材料。白炭黑是除炭黑以外唯一广泛应用的填料。因此，自 1970 年以来，结合胶的测定对白炭黑填充胶料的适用性已成为很多研究的主题。

在早先的文献中，有许多很优秀的综述文章对结合胶进行了评论[4-8]。本节的目的是讨论结合胶的概念，用它作为一种方法，更好了解粒状填料对橡胶的补强作用。

5.1.1 结合胶的意义

一般认为，结合胶对橡胶补强是非常重要的。常常把它视为测定填料表面活性的经典方法，它可以测定在填充胶中填料-聚合物之间的相互作用。其它方法，如润湿热、吸附热和反相气相色谱法（IGC）已用于测定填料的表面活性，但结合胶测量的优点是操作简单，不需要专门的技术和设备。另外，结合胶测定结果的解释是比较复杂的，因为除表面活性以外，其它因素也会影响结合胶的测定结果。这类的问题将在本节讨论。

现已经证明，结合胶是填料特别是炭黑对橡胶补强效果的良好指标。但也存在一些争论，诸如结合胶是否与填充硫化胶的物理性能直接有关，或是否只是粒状物质在补强中起作用的某些因素的指标。另一争论点是在特定体系中，结合胶是不是填料-聚合物间“键合”或黏合程度的直接度量。混炼胶中结合胶的含量取决于聚合物和填料的类型以及胶料的特定混炼历程，因此它也与胶料硫化后所能达到的补强程度有关。也有人认为，测定结合胶的条件与硫化胶性能测试的条件是完全不同的。用于测定结合胶含量的溶剂必须能够溶解聚合物，因此，在溶剂中填充胶的聚合物链要比在没有溶剂中的聚合物链运动更加自由。此外，溶剂能够溶解胶料中的某些非橡胶组分，而另一些组分则不溶解。因此，有人认为，结合胶含量仅仅是特定填料在给定的聚合物体系补强性能的表示而不是直接度量。但由于影响结合胶含量的因素与影响补强的因素相同，即填料的比表面积、结构和表面活性，如果使用得当，结合胶也会是衡量填料补强性能的有力工具。

要牢记，在大多数结合胶含量的测定方法中，任何不溶的聚合物都将当作结合胶计算，无论它是否与填料结合。这不仅与天然橡胶有关，因为它常常含有大量的天然凝胶；而且也与其它聚合物有关，因为它可能在混炼和加热后形成凝胶。例如，当含 SBR、氧化锌、硬脂酸和防老剂的胶料在加压下于 160℃ 加热 20min 时，可测到大量的凝胶[9]。聚合物凝胶的影响与填料无关，当它们用作聚合物-填料相互作用的度量时，可能造成误导。

不过，值得指出的是，不论胶料的成分如何，混炼胶中结合胶的含量对胶料的加工性能有极大的影响，如黏度和口型膨胀，当然也包括硫化胶的物理性能，如动态性能。

5.1.2 结合胶的测量

结合胶的详细测量方法已在第 2.4.2.4 节中描述过。试验条件对结合胶含量的某些影响将讨论如下。

(1) 溶剂 一般对烃类橡胶来讲，如天然橡胶（NR）、丁苯橡胶（SBR）、顺丁橡胶（BR）和丁基橡胶（IIR），通常使用的溶剂有甲苯、二甲苯、苯和正庚烷。不同溶剂对丁基胶料中结合胶的影响研究表明，苯、环己烷、环己烯、乙基苯、二甲苯、氯仿和四氯化碳给出的结果，与用单一溶剂试验的精确度差异相似[10]。结论是只要是烃类橡胶的良溶剂，选择何种溶剂对结合胶的测量是不太重要的。不过，在测定硅橡胶结合胶含量时，溶剂的选择似乎比较苛刻。Southwart[11]对丙酮、甲基异丁基酮、四氢呋喃、甲苯和己烷等溶剂进行过比较，结果发现，抽出的橡胶量随溶剂的溶解度参数降低而增加。己烷的极性在试验的溶剂中是最低的，所以在 1 天到 8 周的抽提期间，用它抽出的聚合物要比用其他溶剂抽出的多。

(2) 抽提时间 在结合胶的测定中，抽提时间的选择一般是能保证达到充分抽提或平衡为标准。Leblanc 对抽提的动力学过程做过研究，发现抽提速度大约与剩余的可抽提橡胶量成比例[12]。典型的 50 份炭黑填充的顺丁（BR）混炼胶在 23℃下达到平衡的时间大约是 50h。另外，其它一些研究表明，烃类橡胶的完全抽提大约需要几天的时间。由于溶解的聚合物与吸附在填料表面上的聚合物要达到平衡状态，通常在抽提期间之内，换一次或多次的新鲜溶剂，以保证最大限度地把聚合物抽出来。在大多数测试方法中，溶剂的量相对试样而言是大大过量的，因此在抽提过程中更换新鲜溶剂对结合胶含量的测定结果即使有影响也是十分小的（图 5.1）。

在硅橡胶-白炭黑体系中，结合胶的测定似乎是比较复杂的。硅橡胶-白炭黑胶料在高达 4 年抽提时间内，在甲苯中未抽出的聚合物与抽提时间的平方根仍呈线性关系。可以推断，所有的橡胶预计要在 20 年后才抽提完[11]。事实上，在硅橡胶-白炭黑胶料中的结合胶含量取决于溶剂，似乎永远达不到真正的平衡。这清楚地表明，这种橡胶中的聚合物和填料间相互作用的类型和强度，与在炭黑-烃类橡胶体系中的是完全不同的。

(3) 胶料停放的影响 许多研究人员已经发现，在炭黑填充的胶料中结合胶含量随混炼后停放时间的延长而增加。如在加炭黑的 NR、BR 和 EPDM 胶料中，结合胶的含量在混炼后于环境温度下停放时间超过 50～60d 后仍有明显的增加（见图 5.8 和图 5.22）。这种现象在几种不同的混炼胶中都能观察到。这也支持了

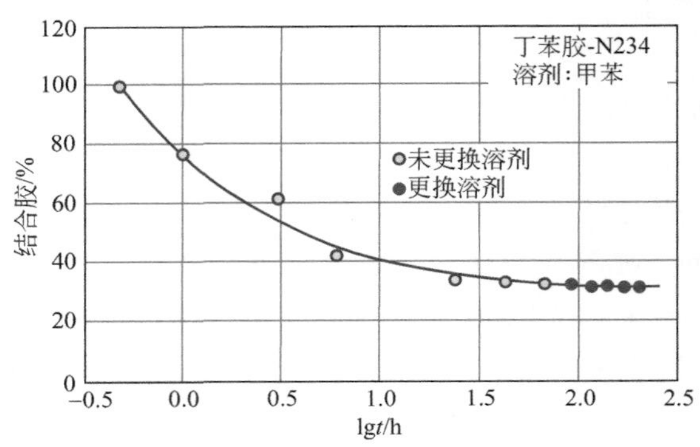

图 5.1 结合胶含量与室温下抽提时间的关系

聚合物在炭黑表面是物理吸附的机理。因为在如此温和的条件下，好像不可能进行化学反应。在较高的温度下，发现结合胶含量增加得比较快[13]。这些观察结果最初归因于自由基的形成。但是，在传统的密炼胶料和从溶液中制备的胶料之间，这个过程的活化能是相似的[6]，再次证明结合胶是通过吸附机理形成的。在所有情况下，最终结合胶处于平衡或稳定状态。结合胶随时间增加的量取决于聚合物和填料的种类及混炼条件。在用白炭黑填充的硅橡胶试验中发现，结合胶含量的增加只有在很长的时间以后才能达到饱和状态。如前所述，在室温下甚至多达几年[14]。对这一过程的动力学研究已经非常透彻，发现其与根据扩散和聚合物随机吸附理论而建立的模型非常吻合[15]。

(4) 凝聚体的临界填充量 业已发现，某些炭黑，特别是低比表面积炭黑在某一填充量以下，是不可能得到凝聚体（黏附凝胶）的。显然这是由于结合胶不能形成网络而把炭黑和橡胶连接在一起所致。形成凝聚体足以使炭黑不能分散在溶剂中的最低填充量，定义为临界凝聚填充量 C_{crit}[16]。通过实验得到结合胶-填充量曲线可以很容易得到临界填充量的数值（图 5.2）。临界填充量随填料比表面积的增加而下降（图 5.3）。低比表面积炭黑的临界填充量高的原因，可能是由于填料粒子间的距离较大（后文将讨论）和表面能较低，两者都不利于三维凝胶网络的形成。

5.1.3 结合胶的结合性质

最初某些研究人员认为溶剂不能从填料粒子表面取代聚合物分子的原因是聚合物和填料之间形成了化学连接或键合[13-15]。例如 Watson 提出，在聚合物上形成的自由基是产生化学结合的主要原因，并表明自由基抑制剂能够减少结合胶的形成[14]。不过，后来发现在混炼前或混炼期间，把其它小分子，如十六烷基三甲基溴化铵（CTAB）或乳化剂 Aerosol OT 加入到炭黑中，也会以同样的程度减少结合胶的含量[17]。这种影响归因于在填料表面上的高能吸附点被有机表面活性剂分子阻断。另外一些研究的结论是，在某些胶料中，化学吸附可能对结合胶的形成有影响，但聚合物分子链在填料表面上的物理吸附作用更大。在大多数胶料中后者或许是结合胶形成的主要机理。

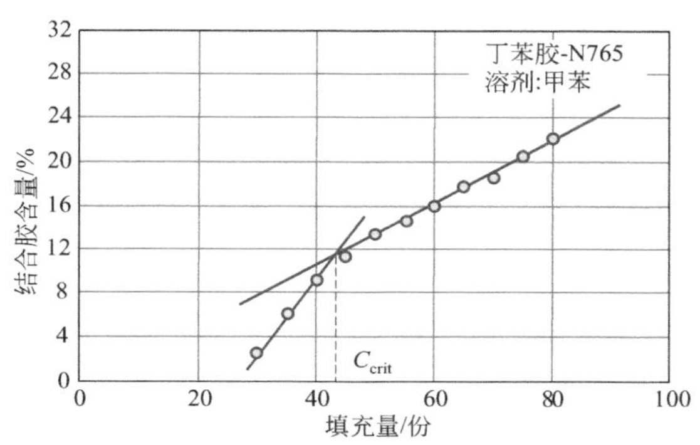

图 5.2　临界填充量 C_{crit} 的测定

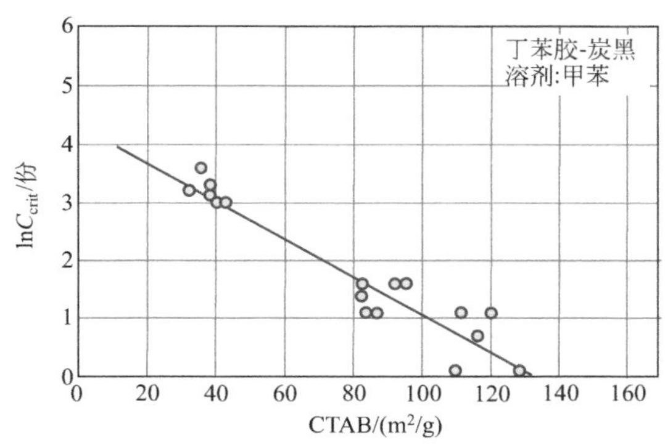

图 5.3　各种炭黑在 SBR 中的临界填充量与 CTAB 比表面积的关系

这一结论得到了试验结果的支持，即结合胶含量与抽提温度有关[18-20]。比结合胶（即单位橡胶-填料界面面积上的结合胶）的量在不超过 80℃时与绝对温度的倒数呈线性增加关系[20]。另外发现，若抽提温度超过 70℃，由于在

SBR 和 NR 胶料中的结合胶含量很低，则不会形成凝聚体[18]。这些实验是在氮气气氛下进行的，以消除氧化影响，避免分子链的断裂导致分子量的下降，从而引起结合胶含量降低。由于抽提温度太温和，通过化学结合形成的共价键不会出现任何明显的断裂。在炭黑-烃类橡胶体系中，物理吸附的机理能够很好解释在中等温度下无氧化气氛中结合胶含量急剧下降的现象。虽然这些结合是弱的，但是在正常抽提条件下，结合胶在炭黑上的保持性可以用 Frisch 及其同事提出的多点接触机理解释[21]。他们认为单一的范德华键的强度不会像典型共价键那么强，聚合物和填料间的多点结合才是聚合物链总是有效结合的原因。假若一个结合点因热运动被暂时打开，还会有其它点使聚合物链连接在填料粒子上。在正常条件下，所有结合点同时断开的概率是非常小的。不过在较高温度下，聚合物链剧烈的热运动会使这一概率增加，因而聚合物被溶剂溶解的可能性增大。

温度对结合胶的影响也通过其他试验进一步加以证实。试验用胶料是用溶聚丁苯橡胶（SSBR）和 50 份炭黑制备的。炭黑为 N234 和用 4，4′-二硫化二苯胺（APDS）改性的 N234。选用 SSBR 的原因是它不含凝胶并且比较抗氧化。为进一步消除氧化，试验是在氮气保护下进行的，而且在溶剂中也加入了抗氧化剂。试验结果示于图 5.4。可以看到，在 70℃以下结合胶含量随温度增加只有轻微的下降。在 80℃以上由于结合胶含量急剧下降而无法形成凝聚体。

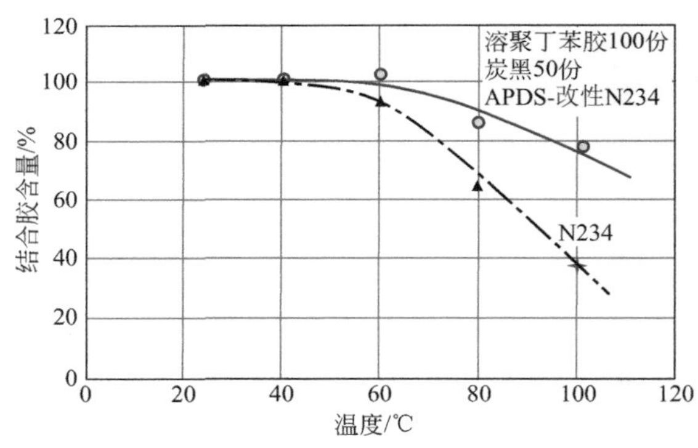

图 5.4　结合胶与胶料提温度的相关性（N234 和 APDS 改性炭黑填充的 SSBR 胶料）

要确定在非凝聚体中的炭黑粒子表面上是否存在聚合物分子，可将含有炭黑的悬浮液收集并在室温下进行离心分离，然后用热重分析法（TGA）分析保留在炭黑表面上的聚合物含量。实验结果在图 5.4 中用加号标记。可以看到，即使在非凝聚悬浮液中，仍会有某些聚合物残留在炭黑表面。不过，残留的聚合物量会随温度升高大大下降。因为氧化的影响已经排除，所以在升温下残留的结合胶含量既可能是因化学吸附引起的，也可能是在室温下进行分离和清洗过程中，聚合物又重新吸附在炭黑上。Kraus 和 Dugone[22] 在研究炭黑在 SBR 溶液中的吸附时发现，在室温下的吸附/脱附过程的滞后作用相当大（图 5.5）。在这些条件下化学吸附作用是不会发生的。因此，结论是用 TGA 分析法测定的残留聚合物不可能只是由于化学吸附引起的。

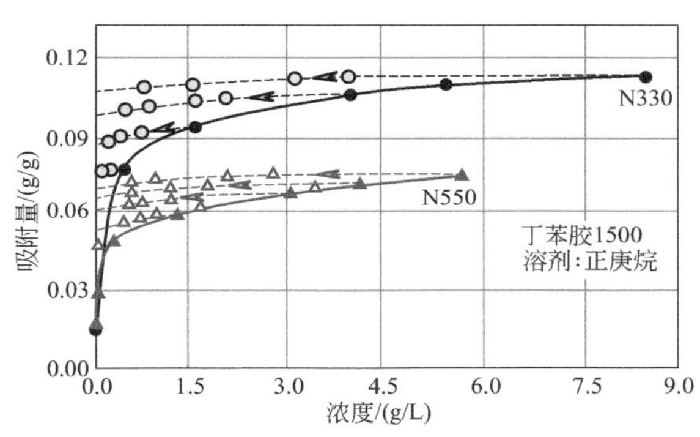

图 5.5 SSBR 对炭黑 N330 和 N550 的吸附和脱附作用

APDS 改性炭黑是用重氮化反应将 APDS 接在炭黑表面制备的。在混炼期间，二硫化物基团与聚合物链反应可形成结合胶。在较高的抽提温度下，N234 和用 APDS 改性的 N234 之间结合胶的差异表明，改性 N234 胶料的结合胶，大部分应是化学吸附造成的。

根据上面的观察可以假定，聚合物在炭黑表面形成的结合胶，至少对于天然胶和丁苯胶而言，大部分（即使不是全部）是由物理吸附所致。这一假设与 Ban 和 Hess 等[23,24] 的研究结果是一致的。他们用透射电子显微镜发现了聚合物多点吸附的直接证据。在他们的研究中，把厚度只有 100～200nm 的超薄切片放在 300 目的铜制电子显微镜格网载体上，格网上面覆盖一层厚度为 10～20nm 的碳膜保护层。切片在苯蒸气中抽提 8h 后，那些没有与炭黑形成复合物的聚合物已用苯除掉。图 5.6 是用低结构炭黑 N330-LM（DBP，71mL/100g）填充的 SBR1500 的 TEM 图。可以看到，在所有炭黑粒子凸面上均无聚合物存在。也就是说，炭黑-聚合物间的相互作用基本上是物理性的。

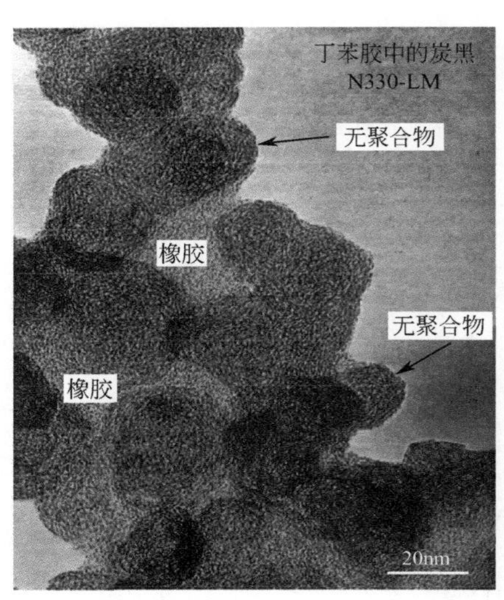

图 5.6　用苯提取炭黑N330-LM 填充胶料的 TEM 图像

Wolff，Wang 和 Tan[25] 为了弄清白炭黑胶料的结合胶性质，用沉淀法白炭黑 Z1165/SBR 胶料和炭黑 N110/SBR 胶料在室温氨气氛下进行结合胶测试。如前所述按照 Scott 的概念，在氨气氛中进行结合胶测定时，聚合物在填料表面上的物理吸附和化学吸附应是有差别的。因为氨极易形成氢键，它可以优先在白炭黑表面吸附并取代聚合物[26]，其结果列于表 5.1[25]。当用氨处理时，白炭黑填充胶料的结合胶含量从 21.1%降到 1.9%，这表明结合胶主要是由物理吸附引起的，因为氨的吸附可以消除白炭黑和聚合物之间的物理连接。

对炭黑来说，情况完全不同。结合胶含量受氨处理的影响非常轻微。其原因可能是炭黑和聚合物间的相互作用较强，不会因氨处理而变弱，而聚合物-白炭黑间的相互作用要比白炭黑和氨之间的更弱。这与在炭黑硫化胶和白炭黑硫化胶的溶胀测定中所观察到的结果是一致的，其中，白炭黑胶料在氨处理后溶胀明显增加，而炭黑胶料受到氨处理的影响却很少[27]。

表 5.1　各种填料填充 SBR 胶料的结合胶含量（溶剂：甲苯，室温）

填料	处理	结合胶含量/%
炭黑 N110	—	32.4±0.2
炭黑 N110	氨	30.5±0.2
白炭黑 VN2	—	21.1±0.3
白炭黑 VN2	氨	1.9±0.1

续表

填料	处理	结合胶含量/%
白炭黑 VN2-TESPT	—	41.5±0.7
白炭黑 VN2-TESPT	氨	40.0±0.8
白炭黑 VN2-HDTMS	—	9.7±0.2
白炭黑 VN2-HDTMS	氨	1.4±0.1

用双（3-三乙氧基甲硅烷丙基）四硫化物（TESPT）改性的白炭黑，由于在聚合物链和白炭黑表面间形成了共价键，所以结合胶的含量不会因氨处理而受到影响。与此相反，就十六烷基三甲氧基硅烷（HDTMS）改性的白炭黑来说，即使硅烷分子可以化学结合在白炭黑表面上，在白炭黑和聚合物之间也不会发生偶联反应。因此，结合胶含量大大下降。

在气相法白炭黑-硅橡胶胶料中，白炭黑表面上的硅羟基和聚合物上的硅氧烷之间的氢键作用将导致聚合物在填料表面上的吸附非常强。氨处理的结果表明，在白炭黑上的硅橡胶结合胶一般是通过氢键物理吸附的[18,28]。但是，若把混炼胶在 130℃和 280℃之间加热，它会通过缩合反应逐渐变成化学键合[28]。

总的说来，在炭黑-烃类橡胶体系中结合胶主要是通过物理吸附形成的，但不能排除来自化学吸附的某些贡献。特别是像 NR 这样的聚合物，它对机械-化学反应是非常敏感的，对白炭黑也是如此。当填料表面用含有官能团物质进行接枝改性时，它也可以与聚合物进行化学反应，如用 TESPT 改性的白炭黑，结合胶的含量会大量增加，用氨处理时结合胶含量也不会明显减少。这表明聚合物分子在填料表面的结合是通过化学反应产生的。

5.1.4 聚合物在结合胶中的运动性

用核磁共振的自旋-自旋松弛时间（T2），对结合胶的研究表明，聚合物的运动性在靠近填料表面时受到显著的影响。最初的研究发现，在填充的 BR 胶料和 EPDM 胶料中聚合物的运动性会降低[19,29-31]。如在 3.2.2 节中所讲的那样，在高填充体系的结合胶中聚合物的运动性也有同样的三个水平。运动性最高的聚合物，其运动性可与纯胶聚合物的运动性相当。运动性最低的聚合物，其运动性是非常有限的，这类聚合物与填料表面是紧密接触的。运动性介于上述两者之间的橡胶将围绕炭黑粒子形成一个外壳。Kraus 对最初的 NMR 结果的解释是聚合物的运动性从填料表面向外连续增加[32]，并发现这与他用膨胀计测定法所得到的结果是一致的[33]。但是用膨胀计法测定的玻璃化转变温度的变化好像低估了填料表面上的聚合物的运动性的变化。用炭黑填充 NR 得到的其它结果也已表明有一 T2 大大降低的紧密结合的聚合物层[34,35]。从松弛的观点来看，直到 150℃，这层橡胶的行为仍与玻璃态下的聚合物相似。这些研究也证实，紧密结合的运动性能很低的橡胶层和疏松结合的橡胶之间在运动上有协同作用。这表明，填料表面的运动性能较低的橡胶层是由很多不同聚合物链的链段组成的，而同一分子中运动性能没有降低的链段与其他分子链段是一样的。

有关 PDMS（硅橡胶）-白炭黑体系的研究也发现，在界面上的聚合物，自旋-自旋松弛时间（T2）大大降低。依据在橡胶中的界面总面积估算的结果是运动性能降低的橡胶层厚度约为 1nm[36]。这与其他人所得到的紧密结合胶层的厚度属同一数量级。

从结合胶结构的这些研究中，得到的一般图像是，在填料粒子表面上有一紧密的结合层，厚度只有 1nm 左右，其中聚合物的运动性在 T2 的时间尺度上受到严重的限制。在这一层中含有许多不同聚合物的链段，但这些链段（并非整个一个分子链）的行为好像处于低于或接近玻璃化转变温度的状态。这一层橡胶也称作“橡胶壳”。在典型体系中，橡胶壳只是结合胶中很小的一部分。除此之外，还有一厚度约是它 5 倍大的外层。其中，聚合物链的运动性也受到约束。外边的这一层是结合胶外层橡胶壳的主要组成部分，它包括卷曲的橡胶链和链端。总结合胶的其余部分是分子运动不受填料表面影响的外层胶。它主要是由高分子量聚合物的链端和缠结的聚合物组成的。这一图像与在一般填充橡胶中的是一样的，不过在结合胶中，填料的浓度是大大提高的。

5.1.5 聚合物对结合胶的影响

在特定的体系中发现，结合胶的含量与聚合物的两种性质有关。第一是分子量和凝胶含量，第二是化学特性或化学组成。早已证明对任何给定的填料来讲，结合胶含量主要取决于聚合物的性质[37]。

5.1.5.1 分子量的影响

假若橡胶的化学特性是相同的，分子量越高和/或在聚合物中凝胶含量越高结合胶的含量也越高的现象是很容易理解。在实践中这可能是天然胶胶料结合胶的含量很高的原因。Kraus 和 Gruver 用分子量分布窄的聚丁二烯证明，结合胶的量与橡胶的平均分子量的平方根成正比[37]。同样的规律也适用于 SBR。在分子量分布比较宽或双峰分布的橡胶中，填料好像优先吸附分子量较高的聚合物。这一点已通过溶胶中分子量分布的变化得到证实[17,37-41]。曾有很多理论将吸附的聚合物组分与起始聚合物和被吸附的聚合物分子量以及填料的体积分数和比表面积联系起来[42]。大多数试验结果都是一致的[43,44]。所有模型基本上都是以聚合物链段的无规吸附过程为基础。在平衡条件下，优先结合的是分子量较高的分子，因为大的橡胶链有更多被吸附的链段，成为结合胶的概率也较高。

5.1.5.2 聚合物化学的影响

影响结合胶形成的另一个重要性质是化学组成。虽然这种比较在相同分子量分布的情况下比较难，但是有证据证明，不饱和聚合物的结合胶含量要比饱和聚合物（如丁基胶）的结合胶含量高，而用 SBR 与炭黑得到的结合胶含量要比分子量相同的 BR 高，这与芳香环的吸附能较高是一致的。这一论点也通过炭黑表面与烷类或烯类的相互作用的比较中得到证实[45]。

极性聚合物，如丁腈橡胶（NBR），与炭黑给出的结合胶含量一般要比纯烃类聚合物的低，这为在炭黑结合胶形成中非特性的物理相互作用起主导作用的说法提供了支持。但是，对白炭黑填充的丁腈橡胶而言，结合胶含量要比烃类橡胶高，这可能与填料的某些极性相互作用有关[46]。聚二甲基硅氧烷（PDMS）硅橡胶在炭黑上的结合胶含量非常低[47]，但是用白炭黑得到的结合胶含量则很高。这可以用两个体系中的吸附类型不同来解释。在炭黑上，吸附作用主要是通过非极性或色散相互作用来实现，而在硅橡胶中这种相互作用是比较弱的。但是在白炭黑表面上的硅羟基很容易与 PDMS 形成氢键而增强它们之间的相互作用。因此，对给定分子量的聚合物来讲，在聚合物和填料之间形成较强的相互作用，可提高结合胶的含量。

5.1.6 填料对结合胶的影响

5.1.6.1 比表面积和结构

图 5.7 是在 50 份炭黑填充的 SBR 胶料中结合胶含量随炭黑比表面积的变化。总的来说，结合胶含量随炭黑比表面积增加而增加。显然，在相同填充量下，这种现象是比表面积较大的炭黑在单位体积的胶料中与橡胶的接触面积比较大造成的。这是一种常见的现象[8,16,30,48]，而且也为 Dannenberg[7] 用不同类型橡胶加以证实。

图 5.7 中的炭黑，涵盖了从比表面积到结构整个范围的橡胶用炉法炭黑。可以看到，高结构炭黑 N121、N234、N242、N375、N339、N539、N550、N683 和 N765 的结合胶含量，与正常的和低结构的同类产品，如 N110、N220、

N330、N326、N660 和 N762 的结合胶含量相比都比较高。这一点从图 5.8 中看得更加清楚。这表明除炭黑的比表面积外，其结构也同样是影响结合胶的重要参数。过去的研究皆证实了这一点[7,23,49]，并认为其原因是：

① 高结构炭黑，多个分子链段吸附的可能性是较高的[7]；

② 低结构炭黑具有更加有序的石墨层结构，导致表面活性较低[23,50]；

③ 高结构炭黑在混炼期间更容易断裂，因此产生新的活性表面，这些表面认为是“容易得到的新自由基来源”[49]，有利于聚合物-填料间的结合[7]。

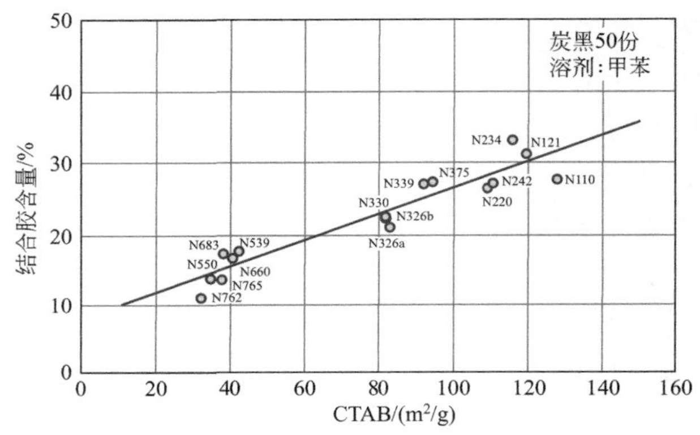

图 5.7 SBR 炭黑胶料结合胶含量与 CTAB 比表面积的关系

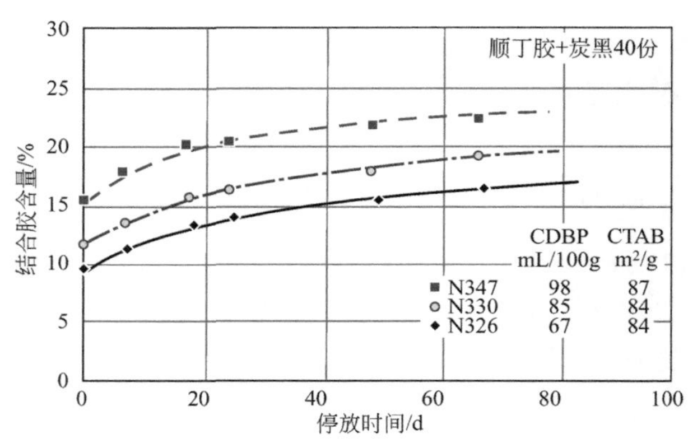

图 5.8 炭黑结构对结合胶形成的影响

多个分子链段吸附好像得到结合胶电子显微镜研究的支持。如前所述，Ban

及其同事[23]在TEM影像研究中将混炼胶样品的切片放在蒸汽抽提器中用苯抽提，发现提取后在凹面区域有残留的橡胶，而在表面的凸出区域几乎完全没有橡胶出现。

假若高结构炭黑的结合胶含量高与多个分子链段的吸附有关，则会导致界面效应较低，因此单位表面上的结合胶会较低。这一点并未通过单位表面积上结合胶含量的研究得到证实，这将在后面讨论。在凹面区域里的橡胶可能是在样品制备期间溶剂挥发时吸留的聚合物。很难想象，在溶胀的橡胶中橡胶分子不会分散在整个炭黑表面上而只浓缩在炭黑的凹面腔中。

以下解释似乎具有一定合理性：低结构炭黑因有更多有序的石墨化结构，所以表面活性低，但在另一方面，表面能的测定已经证明，不论是色散组分还是极性组分都与结构无关[45]。

因此，高结构炭黑结合胶含量较高的原因可能与在混炼过程中炭黑聚结体易于破坏有关。

曾经证明[51-53]，炭黑的初始结构在混炼期间会遭明显的破坏。Ban和Hess[24]用电镜（EM）观察了经热解硫化胶和炭黑凝胶回收的炭黑，结果表明炭黑聚结体的破坏断裂是很明显的，如表5.2所示，这种现象对高结构炭黑来讲更加显著。

表5.2 混炼对炭黑在不同聚合物中聚结体大小的影响

橡胶	炭黑填充量/份	HAF-HS(DBP=155mL/100g)		HAF-LM(DBP=71mL/100g)	
		重均体积/$\times10^{-3}nm^3$	保留体积/%	重均体积/$\times10^{-3}nm^3$	保留体积/%
干炭黑	对比样	736	100	332	100
BR/OEP	70	560	76	298	90
SBR 1712	70	485	66	306	92
SBR 1500	50	416	56	284	86
SBR 1500	70	378	51	224	67

炭黑结构的破坏可能导致两种后果：

① 填料-聚合物界面增加，这将提高结合胶的含量；

② 新生表面的表面活性较高，因此吸附能力较强。

有很多证据支持这种假设，即新鲜表面的表面活性较高。Serizawa等[54]用带有自旋-自旋松弛时间（T2）的脉冲NMR研究过天然橡胶的炭黑凝胶。他们发现在引入含氧官能团后表面活性下降，在疏松和紧密结合胶相中的分子链段运动性增加。这意味着在混炼期间，新形成的表面吸附橡胶分子的能力较强。

5.1.6.2 炭黑的比表面活性

结合胶的总含量不仅取决于填料表面活性，也与胶料中填料和聚合物间的界面面积有关。关于填料的表面活性，曾经认为比较合理的是用单位填料表面上的结合胶（比结合胶）来表征。图 5.9 为在 50 份填充量下，每 $100m^2$ 的填料上的结合胶量随各种炭黑比表面积的变化。虽然实验结果有点分散，但用单位面积上的结合胶表示的表面活性随炭黑比表面积的增加而下降的趋势是很明显的。半补强炭黑单位界面上的结合胶含量接近补强类型的两倍。这与 Dannenberg[7] 所观察到的结果是一致的。O'Brien 等人[30] 也得到类似的结论。

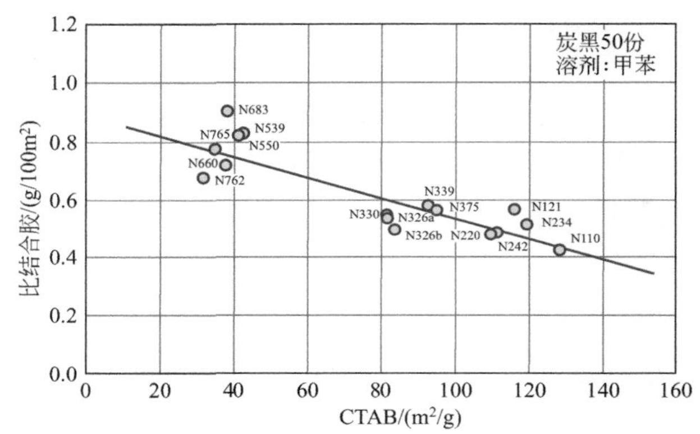

图 5.9 SBR 炭黑胶料比结合胶与 CTAB 比表面积的关系

Dannenberg 认为这种现象是由于橡胶分子易于在大的聚结体上吸附所致。他相信低比表面积炭黑具有较高的表面活性，因为在炉法炭黑的制造过程中生成炭黑的温度较低。此外，他指出结构高的炭黑粒子也大，因此更容易在混炼期间破坏，致使暴露出更多新的活性表面。如上所述，聚结体结构的破坏可以解释在相等比表面积下高结构炭黑的结合胶含量较高的现象。然而，很难说明不同级别的炭黑之间的结合胶含量的差别会如此之大。另外，虽然从结合胶得出的结论是低比表面积炭黑的表面活性高，但从表面能测量得出的结论正好相反。用无限稀释下反相气相色谱法得出的结果表明[45]，低比表面积炭黑的表面能色散组分 γ_s^d 要比高比表面积炭黑的表面能色散组分低得多。另外，Wang 和 Wolff[55] 所报道的吸附能分布的研究表明，炭黑之间低能活性点的浓度可能没有明显差别，但细粒子炭黑表面上的高能活性点数量则高得多。

大粒子炭黑比较容易接近吸附橡胶分子，这可以解释在图 5.9 中所观察到的结合胶含量的差异。但是，用来解释表面活性与填充量的关系就不适用了。图 5.10 为单位表面积的结合胶含量在不同填充量下与炭黑 CTAB 比表面积的相关性。所有填充量下的基本趋势是相似的，单位面积的结合胶随填料比表面积增加而下降。但填料用量较高时这种下降的趋势更加明显。因此，若用单位面积的结合胶作为表面活性的度量，则很难解释它在高填充量下与比表面积的相关性。

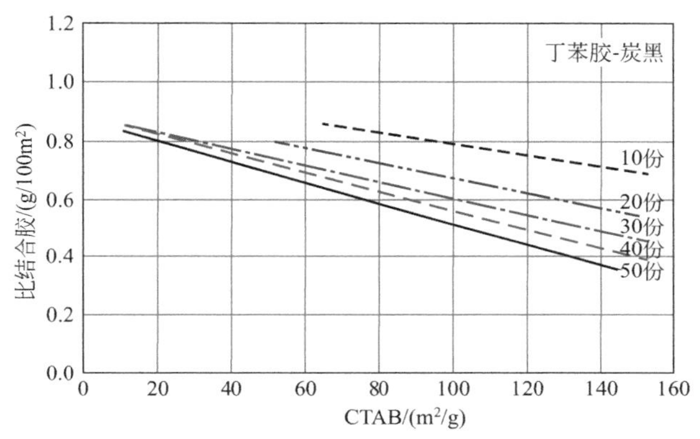

图 5.10 比结合胶与炭黑 CTAB 比表面积及用量的相关性

高比表面积炭黑单位表面上的结合胶含量较低的一种解释，可能是由于橡胶高分子的吸附方式造成的。

一般认为，在胶料混炼期间橡胶的分子量是可以降低的，这是由于在机械作用下，尤其在高温下橡胶链的断裂引起的。这种作用将因炭黑的加入而增强。另一个原因可能是分子链的多重吸附造成的，这会导致填料表面形成结合胶的效率降低。可以设想，一旦聚合物的一个链段吸附在炭黑表面上，整个分子将变成结合胶。就多重吸附来说，两个或多个活性位置被同一个分子占有而不会增加结合胶。如图 5.11 所示，在两个相邻的聚结体之间同一分子也可能发生多重吸附。

另外，曾经多次证明过，炭黑聚结体间的相互作用会导致聚结体形成聚集体[9,56-58]。在一个体系中，如果填料-填料之间的相互作用较强，而填料-聚合物之间的相互作用较弱，诸如白炭黑在烃类橡胶中，填料的聚集可能是通过直接接触（氢键）产生的[59]。对于聚合物-填料相互作用强的体系来说，将通过填料表面橡胶壳的交接机理形成填料的聚集[29,60]。不管聚集是通过哪种机理形成的，根据假设没有接触存在时所得单位面积的结合胶含量将被低估。

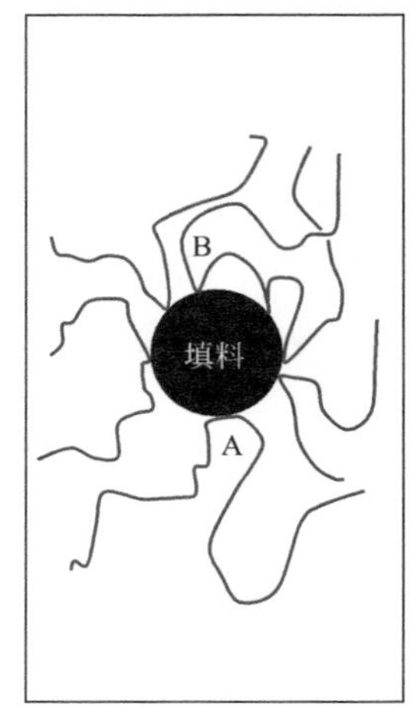

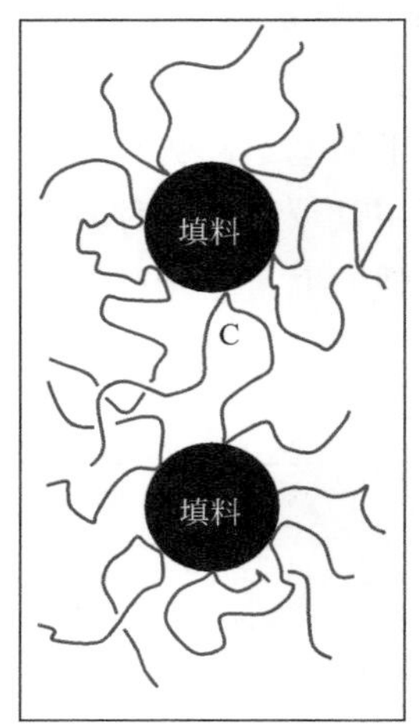

图 5.11 多重吸附的概念示意图

A—单点吸附；B—多重吸附；C—聚结体间多重吸附

此外，多重结合和聚集的形成与填料表面特性和聚结体间的距离有关。对于表面特性对聚集的影响，Wang，Wolff 和 Donnet[45] 引进一个因子 S_f。它可以表征填料在烃类橡胶中聚集的能力。这个因子与极性分子在填料表面上的极性相互作用有关。S_f 的值越高表明填料形成聚集体的能力越大。不过，对大部分炭黑和大多数极性物质的相互作用来讲，S_f 几乎是个常数。因此可以认为，在炭黑填充的橡胶中，聚结体间的距离是影响聚集的主要因素。即聚结体间的距离越短，它们的聚集也越多。

胶料中填料聚结体之间的距离取决于填充量和聚结体的大小。基于橡胶在聚结体中的包容并按照 Medalia[61] 假设的每个聚结体都是大小一致、无规结合的模型，Wang，Wolff 和 Tan[62] 推导出计算聚结体间距 δ_{aa} 的公式[见方程式(3.9)]。根据这一公式，聚结体之间的距离随填料用量和比表面积的增加而减小。由于粒子小的炭黑具有比较大的比表面积，在同样填充量下，这类炭黑的聚结体之间的距离亦比较短。因此，根据上面的讨论，这类炭黑单位表面上的结合胶含量将被低估。在公式（3.19）中也包含了 DBP 吸收值的影响，即结构越高，聚结体之间的距离越小。但与 CTAB 比表面积相比，结构对 δ_{aa} 的影响要小得多。

假若聚结体间的距离对单位表面积上的结合胶含量有影响，则这种影响会随着填料用量的减少而降低。

图 5.12（a）是混炼胶在溶剂抽提中能够形成凝聚体（黏附凝胶）的试验结果可以看到，单位面积上的结合胶含量与填料用量（份）的对数呈线性关系。从

单位表面上的结合胶含量可以外推出临界黏附凝胶形成时的填料用量（见图5.3)。在这一填料用量下，可以假定单位表面上的多重结合的情况对所有炭黑都是相似的。这时结合胶没有受到聚集的影响，在不同胶料的混炼中橡胶分子量降低的情况也相差不大。这一用量下的比结合胶值对每种炭黑来讲是最有意义的。

图5.12（b）为通过外推计算的在临界用量下的比结合胶与炭黑CTAB比表面积的关系。可以看出，外推的比结合胶含量大体上是随比表面积的增加而增加的。

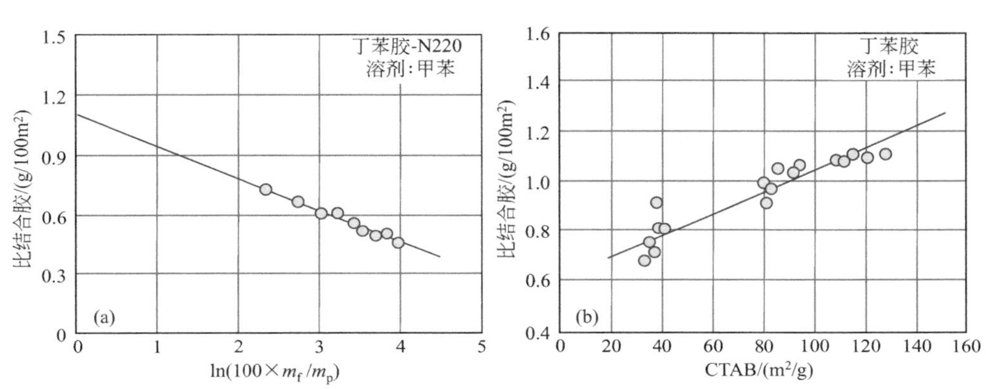

图5.12 比结合胶与填料用量的关系（a）以及在临界填料用量下与炭黑比表面积（CTAB）的关系（b）

5.1.6.3 填料表面特性对结合胶的影响

聚合物和填料表面间的相互作用类型和程度是决定结合胶含量的重要因素。事实上，这就是原来进行结合胶研究的原因。人们似乎预期对于相同形态和填料用量的填料来讲，填料表面与聚合物相互作用强的粒子应有较高的结合胶含量，因为平均来讲，在这种填料的单位表面积上会有更多的橡胶分子不可逆地结合在上面。“表面活性”一词说的是填料表面与聚合物如何“结合”得好，无需要明确这种结合属性是物理的或化学的。正如上一节所讲的那样，依据结合胶的测定结果，在文献中有些不同的看法。一种认为炭黑的表面活性一般随其比表面积增加而增加，另一种认为炭黑的表面活性随其比表面积增加而降低。这两种观点显然是矛盾的，其原因是试验所用的方法和表达试验结果的方式不同。假若这种比较是在恒定条件和高填充量下进行的，则通常发现比结合胶随填料比表面积增加而降低。但是，如在前面讨论的那样，填料粒子本身的大小在结合胶含量的测定中也有很大的影响。当在临界填充量下进行比较时，用比表面积较高的炭黑所得到的单位表面上的结合胶含量较高。这表明这些炭黑的表面活性要比低比表面积的炭黑高。

这一结论也被反相气相色谱（IGC）测定的结果所证实[63]。业已证明，烃类橡胶和传统填料如炭黑和白炭黑之间的聚合物-填料相互作用基本上是物理性的（见第 5.1.3 节）。对诸如天然橡胶（NR）、顺丁橡胶（BR）和丁苯橡胶（SBR）来讲，它们都是非极性或低极性的聚合物。因此，极性、氢键和酸-碱相互作用可以排除，公式（2.135）可以写为，

$$W_a^{pf}=2\sqrt{\gamma_p^d\gamma_f^d} \tag{5.1}$$

式中，W_a^{pf} 是聚合物-填料间的结合能，它是聚合物-填料间相互作用的一种度量；γ_p^d 和 γ_f^d 分别是聚合物和填料表面能的色散组分。对给定的聚合物，填料的色散组分 γ_f^d 越高，聚合物-填料间相互作用越强。

另一方面，从图 2.56 和图 2.57 可以看出，对所有炭黑而言，其表面能的色散组分 γ_f^d 随比表面积增加而线性增加。当然，结合胶也遵循同样的方式而随 γ_f^d 的提高而上升（图 3.2）。

结合胶和 γ_f^d 之间的线性关系显然表明，对烃类聚合物，结合胶形成的根本原因是聚合物-填料间的相互作用，它是由填料表面能的色散组分决定的。这一点与用电子显微镜法直接观察在拉伸过程中聚结体与聚合物基体分离时的应力是一致的。对炭黑填充的 SBR 硫化胶，由图 5.13 可以看到[64]，按给定百分比的炭黑与橡胶剥离时所需应力（黏附力）排列时，黏附力依次增加的顺序是 MT、GPF、FEF 和 HAF，这和表面能的排列顺序是一致的。这也表明尽管比结合胶在橡胶补强机理中是一重要的参数，但比结合胶本身作为活性的度量是没有多大意义的，除非填料的形态没有差异或差异很小。

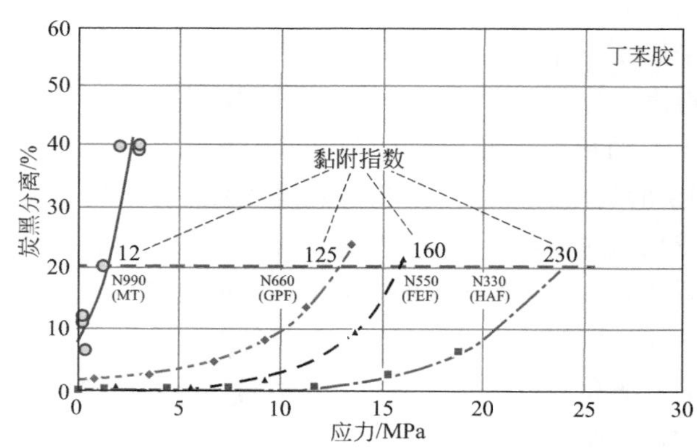

图 5.13　在应力下炭黑从 SBR 硫化胶分离出的数量与应力的关系

5.1.6.4 炭黑的表面改性

通过有意改变填料的表面，可以在不受填料形态的影响下研究表面活性和表面化学对结合胶的影响。例如，炭黑 N772 在高达 900℃ 的温度下进行热处理时发现，处理后的填料在 SBR 中的结合胶含量可增加 6%[65]。在这一处理条件下填料的比表面积或粒子形态没有变化。结合胶的增加应归因于在填料表面上含氧基团的分解和被吸附物质的挥发，致使暴露出较多高活性炭黑表面，为聚合物提供较强的吸附作用。这种解释得到 IGC 实验结果的支持。当炭黑 N234 在氮气中逐步加热到 900℃时，发现当温度超过 200℃后，表面能随处理温度的提高而增加[66]。但是当炭黑加热到石墨化温度时，用 IGC 测定的表面活性降低很大[27]，结合胶含量也大大下降[67]。两种炭黑 N330 和 N220 的石墨化对在两种不同聚合物中结合胶含量的影响示于图 5.14。

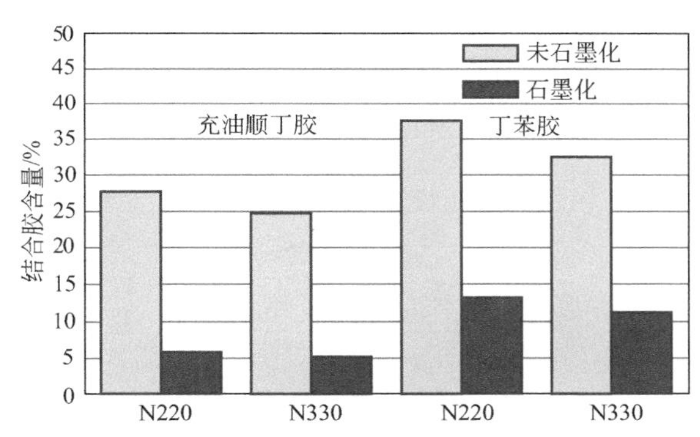

图 5.14 炭黑石墨化对结合胶含量的影响

由于石墨化过程对粒子形态或比表面积没有多大影响，因此，这种处理对结合胶有如此大的影响当然与炭黑表面失活有关。石墨化大大降低了石墨结晶体的边缘数目和石墨层中的缺陷[68]，它们是炭黑表面上的高能活性点[55]。毫不奇怪，这些高能活性点的丧失必然导致表面能降低和结合胶含量的减少。

也曾发现，用等离子体处理时也会增加炭黑的表面活性。例如，当用 IGC 测量时，氩等离子体处理后的 N772 炭黑表面活性增加 35%[69]。用 γ 射线和中子辐照也可以获得相似的效果[70]。用 γ 射线照射炭黑 N660 和 N375 后的结合胶含量增加 40%。众所周知，用等离子体处理和辐照处理都可使炭黑表面的缺陷数量和无序性增加。事实上，当这些技术用于石墨表面或石墨化炭黑表面时，甚至观察到表面活性增加得更大[55]。炭黑表面缺陷的增加相当于表面活性的增加，结合胶含量较高是炭黑表面缺陷增加而导致活性提高的有力证据。这些事实都证明炭黑表面石墨微晶上的缺陷是炭黑与烃类聚合物相互作用比较强的主要根源。

炭-二氧化硅双相填料（CSDPF）的开发使人们对结合胶又有了进一步的认识。当用炭黑和白炭黑并用制备出与CSDPF成分完全相同的混炼胶时，CSDPF胶料的结合胶含量较高（图5.15）[71]。如果CSDPF的某些表面被白炭黑所覆盖并认为这部分表面与纯白炭黑填料相似，即都具有较低的聚合物-填料相互作用[72]，结合胶含量较高应该与CSDPF表面上炭组分的表面活性较高有关。这也被IGC的实验结果所证实。与炭黑N110相比，CSDPF 2115的表面能色散组分γ_s^d高16%，这应与其表面微观结构变化有关。可以理解，当掺杂白炭黑时，也可使炭相表面形成较多的表面缺陷和/或更小的微晶，导致表面活性增加。这一结论也经扫描隧道电子显微镜的观察结果所证实（图5.16）。

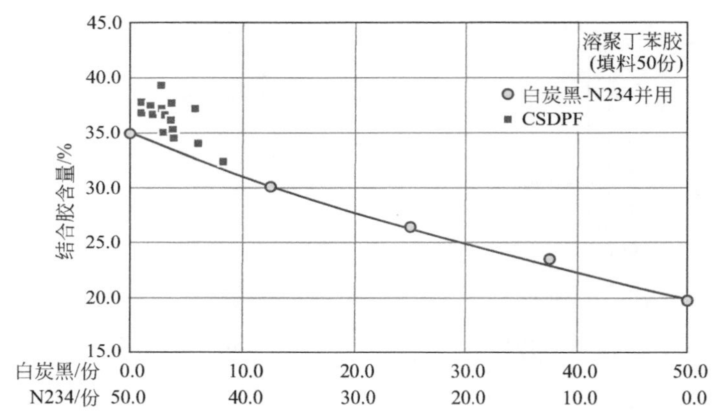

图5.15　CSDPF和白炭黑-炭黑并用胶料的结合胶含量

炭黑表面通过化学改性处理时，大部分都使表面活性降低和结合胶含量减少。例如，炭黑N330用臭氧处理后，使其在NR胶料中的结合胶含量降低，因为炭黑表面能的色散组分通过改性也显著降低[73]。

还有一种假设是，氢是炭黑高活性的主要根源，不管它是直接键合到碳上或是作为表面其它官能团的一部分[74]。有几个事实对此说法提出质疑。首先，炭黑在900℃下热处理时氢的含量会减少[74]，而其表面活性仍保持不变或有增加[65]。其次，炭黑加氢并未增加其表面活性[75]。尽管如此，很多人发现炭黑表面活性的确与活泼氢的浓度有关。其原因可能是用相似工艺制造的一系列炭黑，氢含量与晶格边缘和晶格缺陷的数量有关，而晶格边缘和晶格缺陷才是影响炭黑表面活性的主因。

(a) 石墨化N234
结合胶含量4%

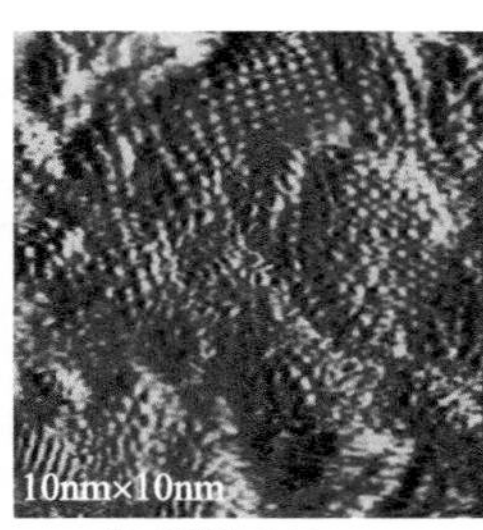

(b) 炭黑N234
结合胶含量35%

(c) CSDPF 2214
结合胶含量38%

图 5.16 石墨化炭黑 N234、炭黑 N234、 CSDPF 2214 的 STM 图和它们在 SBR 中的结合胶含量

综上所述，对炭黑来讲，结合胶的形成取决于炭黑的表面活性。表面活性是由石墨结构的缺陷和石墨结晶体边缘引起的。这一结论是从以下事实得到的：

① 对烃类橡胶，聚合物-炭黑之间的相互作用主要取决于炭黑表面能的色散组分或非极性组分；

② 炭黑的表面活性随其比表面积的增加（或随初级粒子尺寸的减小）而增加；

③ 炭黑在惰性气氛中高达 900℃下加热除掉其表面官能团（诸如含氧基团），将会增加表面活性和结合胶；

④ 炭黑石墨化将大幅降低表面活性和结合胶；

⑤ 等离子体处理和 γ 射线照射会导致表面活性增加；

⑥ 在炭黑表面上引入其它化学基团会减少表面活性；

⑦ 在炭黑表面上掺杂某些外来原子，减小石墨结晶体的大小和在炭相的表面增加晶格缺陷都导致表面活性的提高和结合胶的增加。

5.1.6.5 白炭黑表面改性

众所周知，白炭黑表面可用各种有机化合物进行化学改性。用 IGC 对化学改性的白炭黑的研究表明，其表面能，特别是其极性组分经过化学处理后显著下降[76]，也使结合胶含量降低。如在 NR 中加入用十六烷醇酯化处理的白炭黑胶料的结合胶几乎为零[77]。在 NR[78] 和 PDMS 硅橡胶[79] 的研究中，白炭黑表面与硅烷反应改性时也可使结合胶含量有一定的下降。用与聚合物可以产生反应的硅烷化合物（偶联剂）时，诸如双（3-三乙氧基甲硅烷丙基）四硫化物

(TESPT)，混炼胶料中的结合胶含量不应作为硫化胶中聚合物-填料间相互作用的度量，因为填料表面和聚合物间的化学反应主要在硫化期间发生。如果允许提高炼胶温度的话，聚合物与偶联剂的某些反应也可以在混炼期间发生。这既可以导致聚合物在填料表面产生化学键合，也可能使聚合物产生某些轻微交联。任何一种情况的发生，都会使结合胶的含量增加。

5.1.7 混炼条件对结合胶的影响

业已证明，当橡胶和填料在典型的密炼机中混炼时，结合胶几乎马上开始形成。最初的形成速率很高，当混炼继续时，结合胶的增速减慢，并最终达到平衡[80]。如图 5.17 所示，结合胶含量一般是在功率曲线出现第二个峰值后达到一个平坦区。通常在混炼结束时结合胶的形成过程尚未完成，因为在混炼胶的储存过程中结合胶还有某种程度的增加。不过，大部分结合胶是在混炼期间产生的。

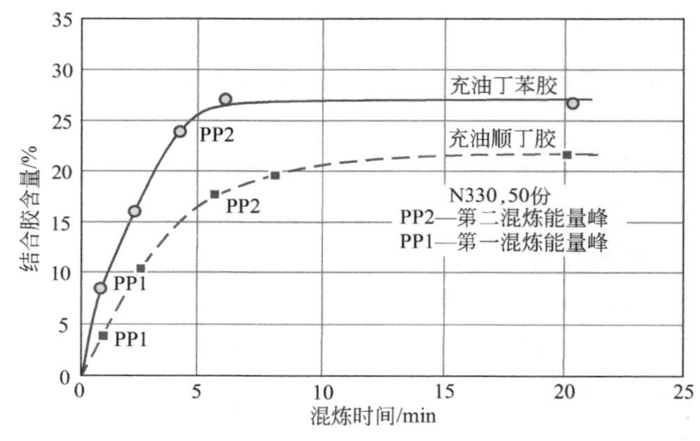

图 5.17 结合胶含量随混炼时间的变化

5.1.7.1 混炼温度和时间

没有单一简单的方法可以确定混炼是否处于其最佳状态。混炼的好坏及程度一般取决于产品的用途[16,81-84]。

在混炼期间，结合胶是在填料分散时形成的。同时其它一些物理和化学过程，诸如聚合物凝胶化、分子链断裂、炭黑聚结体的破坏和填料与其他添加剂的相互作用也会同时发生。结合胶的形成主要是由于聚合物分子物理吸附在填料聚结体上[18,24]，但也不能排除其他形式的化学吸附，特别是像天然橡胶这类聚合物，它对机械化学的敏感性是比较高的。

结合胶在混炼期间形成非常快。差不多80%的结合胶可以在混炼开始的几分钟内形成[85]。但是结合胶会随混炼时间继续增加。但这一增加的过程不会在混炼期间完成，因为在胶料储存期间，发现结合胶仍在继续增长[16,18,51,52,86,87]（见图5.8）。

热处理和延长混炼时间都会加快这些过程。提高温度，聚合物链段的运动性将增加，这将提高聚合物链段的扩散速度，以便它们可以移动到更有利于物理吸附和化学吸附的位置。另外，当填料和聚合物混合时，聚合物可以渗透到聚结体的内部，这会使填料以物理的方式抓住橡胶分子。这一过程也涉及到结合胶的形成。在这种情况下，强力混炼是有利的，而橡胶的黏度也随温度上升而降低。

实验证明在混炼期间，特别是在高温下聚合物也有凝胶化现象[9,88]。这种现象与聚合物分子的交联有关，即使在没有硫化剂的体系中也是如此。因为结合胶是用标准方法测定的，在一般意义上这与它在正常橡胶溶剂中的不溶性有关。如前所述，结合胶是由真正结合在填料表面上的聚合物和橡胶凝胶组成的。用聚合物溶液滴在玻璃载片上制备的纯BR薄膜放在空气中老化时发现，聚合物在几分钟后即开始凝胶化，用抗氧化剂可以使凝胶化起始的时间延后[89]。当用不含填料只含有无凝胶的SBR溶液、氧化锌、硬脂酸和抗氧化剂在低温下制备的混炼胶放到160℃的模子中加热一定时间后，再放到用100目不锈钢网制的笼子中测结合胶含量。加热最短的时间是20min，这时就能检测出少量的结合胶。加热到40min时，凝胶含量即达50%以上。因此，有理由认为，在高温下，特别是延长混炼时间的情况下，在炼胶机中也会产生类似化学过程。在填充的胶料中也可以发生交联，这时聚合物链和聚合物凝胶可以与填料-结合胶复合物交联（填料-凝胶），即吸附有聚合物分子的填料聚结体与凝胶直接结合在一起。如上所述，结合胶是由真正吸附在填料表面上的聚合物加凝胶组成的，不管它是否有填料-凝胶交联产生。强力混炼也将因聚合物交联提高结合胶含量[90]。Stickney等人也证实了混炼时间和温度的影响（图5.18）[91]。

另一方面，在高剪切混炼期间也可以发生分子链断裂现象。这也受到混炼强度的影响。这是由机械化学降解引起的，并导致聚合物分子量的降低。这种现象已用天然橡胶进行证实并在实践中用作塑炼的常规方法[92]。聚合物分子量降低将明显降低结合胶含量[37,93]。分子链断裂过程在含聚异戊二烯的橡胶中进行得很快。但对SBR和BR来讲并非如此，因为它们的机械-氧化稳定性高。Cotten[94,95]通过一系列的系统研究表明，SBR的分子量和分子量分布在Brabender炼胶机中塑炼是不会有明显改变的。因此，把填料-凝胶和橡胶-凝胶作为总结合胶，结合胶含量随混炼时间延长而明显增加，当混炼温度较高时，这种影响会更加明显。

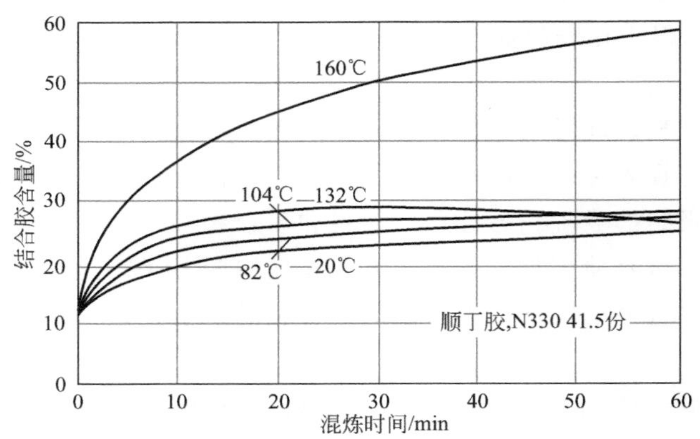

图 5.18　混炼时间和温度对结合胶含量的影响

但对天然橡胶来讲，结合胶随混炼时间（或在开炼机上过辊的次数）增加而一开始增加，然后减少[14,96]。图 5.19（a）为脱蛋白 NR 母炼胶的结合胶含量随混炼时间的变化，胶料是用溶液制备的，含有 50 份 N330 炭黑。另外，与 BR 和 SBR 的情况相反，在较高混炼温度下，结合胶随 NR 混炼温度的增加而下降的更加明显［图 5.19（b）］[14]。

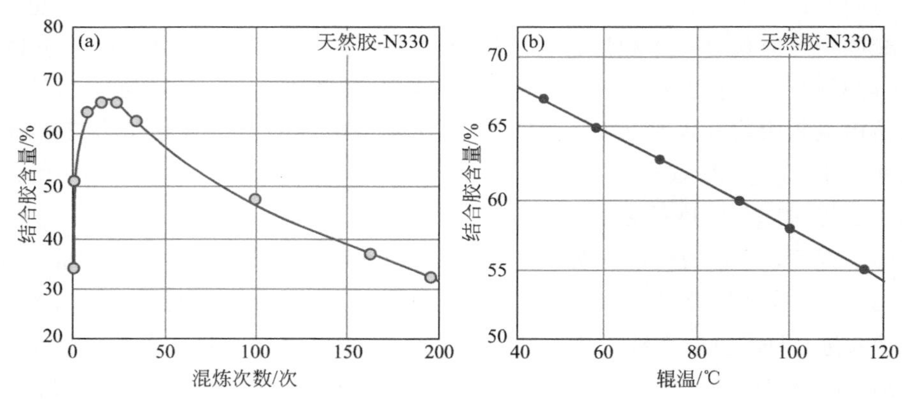

图 5.19　混炼次数和温度对炭黑填充 NR 中结合胶含量的影响

当把橡胶加入炼胶机中混炼，开始时橡胶分子断链就立即发生，而且在整个混炼过程中一直进行。这可以从图 5.20（b）中看到。该图为溶胶分子量与混炼时间的关系。溶胶是在结合胶测试中可以被溶剂抽出的橡胶。在混炼开始时，结合胶生成的速率上升很快，其含量也在增加。这是由于填料表面被聚合物润湿及聚合物分子在填料表面吸附造成的。这一速率会慢慢降下来，因为用于结合胶形成的有效填料表面在持续减少。一旦链断裂对结合胶生成的效应超过吸附效应，结合胶的含量即会随混炼时间的延长而降低，见图 5.20（a）。

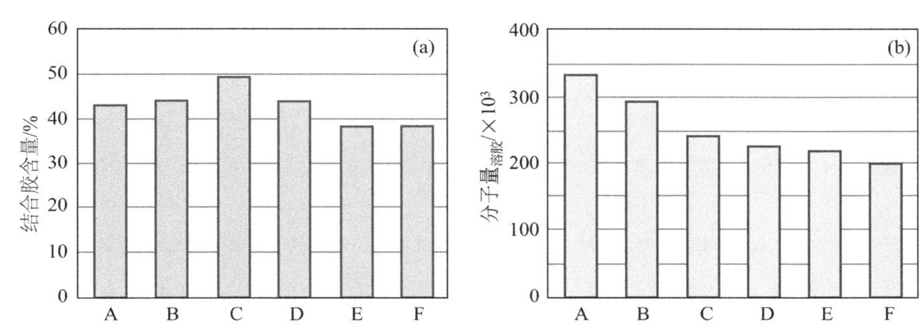

图 5.20　混炼强度对结合胶形成的影响；　A 为胶料直接从密炼机中排料而不继续混炼，A 到 F 在开炼机上的混炼时间逐步增加；胶料成分（份）：NR 100；炭黑 N134 50；氧化锌 3；硬脂酸 2；防老剂 1

5.1.7.2　橡胶配合剂混炼顺序的影响

除了混炼温度和时间外，配合剂的加入顺序也是影响胶料性能的重要因素。混炼顺序的设计仍然是一门艺术，它是基于操作方便，满足加工性能和最终产品性能而设计的。不过，合理设计混炼顺序要求对胶料的不同组分在混炼和硫化过程中的相互作用有一定了解。

(1) 操作油和其他配合剂的混炼顺序　曾有报道，当改变配合剂的混炼顺序时，结合胶的形成会有明显变化[65,97]。这与填料和胶料中的其他组分，诸如聚合物、活性剂、抗氧化剂和硫化剂的相互作用有关。示于图 5.21 的是各种化学物质在炭黑和白炭黑表面上的吸附自由能随其横截面积（σ_m）的变化。

可以看到，具有相同横截面积的分子，极性强的在填料上的吸附自由能要比极性弱的烷烃高。烷烃可以当作烃类聚合物和操作油类的模拟化合物。这表明，当填料加入橡胶与极性配合剂如抗氧化剂和硬脂酸接触时，由于这些小分子的吸

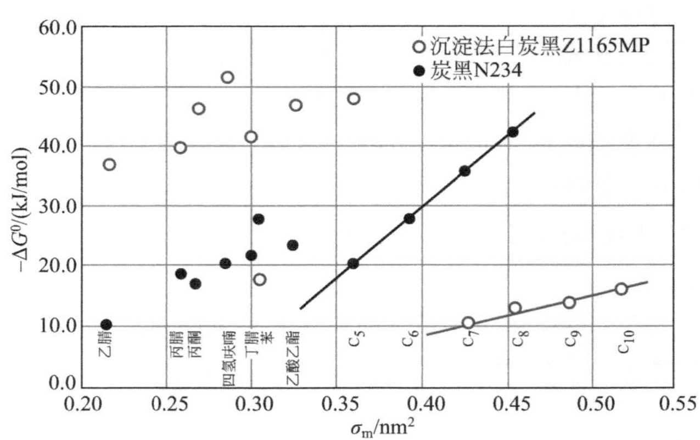

图 5.21　各种化合物在炭黑和白炭黑表面上的吸附自由能随其横截面积 σ_m 的变化

附作用，使得可吸附聚合物的填料表面的面积和可与聚合物发生相互作用的活性中心数量大大减少。一旦这些配合剂分子吸附在填料表面上，它们就很难被聚合物链取代。对于添加的操作油来讲，它与聚合物有较好的相容性和很低的极性，由于聚合物分子和操作油对填料表面上高能位置的竞争，使得混炼顺序非常重要。这对炭黑来说更是如此，它与烃类物质都有较高的相互作用。因此，从聚合物-填料间相互作用或结合胶形成的观点看，炭黑和白炭黑填充的胶料混炼程序应该先在橡胶中混入填料，之后再加操作油和其他配合剂。

图 5.22[97] 为在 NR 中加入不同配合剂所得的结合胶。胶料是用相同方法制备的但含有不同的配合剂。即在密炼机中用一段混炼法加入所有的添加剂后马上加入聚合物并保持恒定的能量输入。发现只含 40 份炭黑 N330 胶料的结合胶含量最高，而外加 5 份操作油、5 份氧化锌、2 份硬脂酸胶料的结合胶含量最低。即使只用 2 份防老剂 IPPD（*N*-异丙基-*N*′-苯基对苯二胺）与炭黑混合也会大幅度降低结合胶的形成。由于防老剂，尤其是胺类防老剂能够作为自由基清除剂在混炼中抑制聚合物的凝胶化，所以它与炭黑一起加入橡胶时将降低结合胶的含量。此外，当炭黑与其他配合剂（包括抗氧化剂）混合时，用作聚合物吸附的填料比表面积大小及活性中心的数量将因这些小分子化合物的吸附而减少，因为一旦这些小分子被吸附在填料表面，它们就很难被聚合物分子链所置换。即使用一般的混炼方法先把聚合物加入炼胶机中然后再加入填料和其他配合剂进行混炼时也应如此。在混炼期间，极性较高的配合剂将易于吸附在填料表面，因为相对于聚合物来讲，填料表面能的极性组分是较高的。当操作油、硬脂酸与炭黑一起加到炼

胶机中时，由于炭黑表面能的非极性组分很高，与操作油及硬脂酸相互作用较强，导致结合胶含量最低。

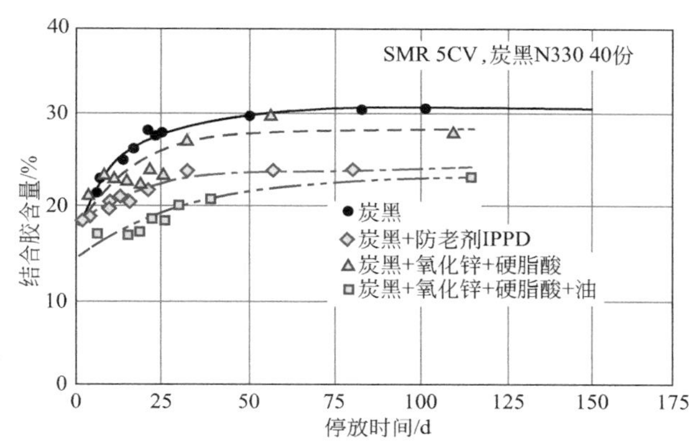

图 5.22 配合剂的混炼顺序和停放时间对结合胶形成的影响

Donnet 等用热处理过的炭黑对混炼程序进行了比较，一是操作油与炭黑一起加入预塑炼的 SBR 中，二是先把炭黑加到预塑炼的橡胶中混炼，直到填料完全混入橡胶后再加入操作油。结果表明，后者的结合胶含量比前者高出 40%[63,65]。

同样，典型的乘用车轮胎胎面胶是用 SSBR/BR（75/25），75 份炭黑 N234 和 25 份操作油混合制造的。当操作油与炭黑一起加入橡胶混炼，然后再加入氧化锌、硬脂酸和抗氧化剂，得到的结合胶含量是 40%。但当炭黑先加入橡胶中，然后再加入操作油进行混炼时，结合胶的含量可增加到 47%[98]。

(2) 硫黄、硫黄给予体和其他交联剂的混炼顺序 胶料的硫化配合剂一般是在最后一段混炼中加入的。不但在前几段混炼中操作油和其他配合剂的加料顺序对结合胶的形成有很大的影响，加硫化剂的混炼程序也有影响，这在混炼温度较高的时候更加明显。

MRPRA[99] 在一公开发表的报告中描述了几种用硫黄给予体改性的聚合物-炭黑母炼胶。所用的硫黄给予体有双-4-(1,1-二甲基丙基)苯酚二硫化物(BAPD)，二硫二已内酰胺（DTDC）和 4，4′-二硫代二吗啡啉（DTDM）。改性是在 Brabender Plasticorder 密炼机中，在高于 150℃ 的温度下进行的。他们发现，在反应性混炼后，某些硫黄给予体已结合在聚合物链上并使聚合物-填料间的相互作用加强，结合胶含量大大增加。结合胶含量增加也可能与聚合物改性有关，因为某些官能团可能接在聚合物链上。在确认硫黄给予体与填料表面的官能团进行化学反应使填料和聚合物间产生共价键连接之前，可以假定，由于这些物质的极性一般都比烃类聚合物高，可以很强地吸附在填料表面上，因为填料表面能除色散相互作用外，还包括极性相互作用，导致产生较多的结合胶。无论如何，结合胶含量高肯定也与聚合物凝胶化（预交联）有关，因为在正常情况下作为硫黄给予体，这些添加剂是比较活泼的，而且在混炼中可使聚合物交联，尤其在温度高于 150℃ 的情况下更是如此。这一温度是含硫黄给予体胶料的硫化温度。

如果这种说法有道理，在混炼阶段能够使聚合物分子之间产生交联的任何化学品都应该有同样的效应。Wang 等人也对不同混炼阶段加入硫黄和硫黄给予体的影响做过比较[100,101]。发现当简单地把在终炼时加入的硫黄移到第一段混炼时加入，结合胶明显增加。在第一段加硫黄的混炼胶结合胶含量是 43.1%，而在终炼（第三段）加硫黄的混炼胶结合胶含量为 38.4%。当用硫黄给予体，如 DTDM（二硫代二吗啡啉）和 TMTD（二硫化四甲基秋兰姆）作硫化剂时，把它们的加入时间从终炼阶段提至前面，总能提高结合胶的含量。这种效应可能与其促进聚合物凝胶化或预交链的作用有关。在这种情况下当用溶剂抽提法测定结合胶时其含量总是增加的。

Terakawa 和 Muraokati 也提出用另一种交联剂增加结合胶[102]。当环氧化天然橡胶（ENR）和 50 份炭黑 N330 在炼胶机中与二胺类物质混合时，与无胺的同类产品相比较，前者的结合胶含量大幅增加。虽然填料-聚合物间相互作用可能因胺类的加入而提高，但是有把握说，胺类引发了环氧化天然橡胶的交联。众所周知，环氧材料与胺类的交联在室温下即可发生，其反应速率随着温度上升将很快增加[103]。尽管在 Terakawa 的研究中混炼温度没有说明，但在正常情况下排胶温度一般高于 120℃，因此可以认为聚合物的凝胶化是不言而喻的。

在极端情况下，Gerspacher 及其同事[104,105]用动态硫化方法得到了 100%的结合胶。他们把包括硫黄和活化剂在内的所有硫化剂加入炼胶机中，使转子的转矩增加到某一指定水平，即表示交联已经达到结合胶为 100%的程度。但是，当胶料的交联程度较高时，在下游工艺中，诸如开炼和挤出，是不能用传统设备进行的。

(3) 白炭黑胶料的结合胶 图 5.21 也给出了一系列正烷烃和各种极性化合物在沉淀法白炭黑 ZeoSil 1165 上的吸附自由能与其分子横截面积 σ_m 的关系。这种白炭黑也是乘用车胎面胶中所用的最典型的填料。在表 2.14 中也列出其表面能的色散组分 γ_f^d，和一些极性化合物的极性吸附自由能 I^{sp}。图 2.66 中还有乙腈在一系列炭黑和沉淀法白炭黑表面的极性相互作用因子 S_f 随其比表面积的变化。可以看到，尽管其比表面积有差异，白炭黑的特点是极性物质的吸附自由能和吸附自由能的极性组分 I^{sp} 都比较高，但与炭黑相比，其表面能的色散组分 γ_f^d 和对烷烃类物质的吸附自由能却低得多。因此，与炭黑比较起来，白炭黑与聚合物的相互作用是很低的，不适于橡胶补强。但是，当白炭黑表面用硅烷改性时，其表面的极性组分会大大地降低，但 γ_f^d 的下降不大[76]。表 2.16 还列出了用双官能硅烷偶联剂 TESPT 改性对白炭黑表面能的影响。其极性是用苯作为极性探针测定的。用这种方法改性的填料表面的极性组分降低。γ_f^d 较低说明改性白炭黑与聚合物之间的相互作用较差，但可通过在填料表面和橡胶之间产生共价键得到补偿。

当用偶联剂时，填料表面用偶联剂进行预改性是比较好的[106]。但是，当填料表面改性不得不就地进行时（即偶联剂与填料在混炼期间进行反应），要特别注意偶联剂和其他配合剂的混合顺序[107,108]。

当考虑其他配合剂的加入顺序时，最好是先加入偶联剂，然后再加入其他配合剂，否则它们的分子会先占据填料表面，妨碍填料与偶联剂的反应。不过，由于白炭黑和操作油间的相互作用是非常弱的，所以对操作油的投料顺序要求并不十分严格，因为填料的极性很高，极性的偶联剂可将油排开而与填料表面上的硅羟基反应。在任何情况下，比较好的加料顺序是偶联剂和白炭黑先加到橡胶中，然后再加油和其他配合剂。表 5.1 中列出了炭黑、白炭黑和在混炼中 TESPT 原位改性白炭黑的结合胶含量。

5.1.7.3 液相混炼母炼胶的结合胶

在所有炭黑的干法混炼中，在炭黑加入到聚合物的过程中都会对橡胶施加剪切力并产生一定的热。因此即使在很短的混炼时间内也会生成一些结合胶。但在液相法母炼胶制造过程中，聚合物与炭黑水浆是在低温下混合的，所以最初形成的母炼胶中可能没有结合胶。这已在聚丁二烯的母炼胶中得到证实。为了使母炼胶不含结合胶，必须在室温下进行真空干燥[91]。当母胶在温度低于 70℃下干燥时，发现有一定的结合胶形成。干燥的母炼胶在 70～160℃静态加热会使结合胶的含量增加。但是，用开炼机在同样温度下处理时，结合胶形成更快，并在最终达到较高的水平。

CEC（Cabot 弹性复合材料）是用液相连续混炼法制造的 NR/炭黑母炼胶。在适当混炼后，该母炼胶料的结合胶含量要比同样组分的干法混炼胶料高[109]。图 5.23 为 CEC 胶料和干法混炼胶料加入不同操作油的结合胶含量。这些结果是从大约 200 对胶料的统计分析中得到的，每对胶料都是由含有一种 CEC 和一种成分与 CEC 相同的干法混炼胶组成。对所有含有和不含有操作油的胶料比较发现，CEC 的结合胶含量均高，操作油含量增加时这一差异增大。其原因是，在湿法混炼的母炼胶中，结合胶是在操作油加入之前形成的，所以不存在对填料表面的竞争。在干法混炼加工中，如前面所讨论的那样，操作油的小分子可以与聚合物竞争填料的活性表面，即使混炼顺序是优化过。相反，在 CEC 中的聚合物-填料间的相互作用，很少在混炼期间受到操作油加入的影响，因为聚合物链在炭黑表面上的吸附早已完成。

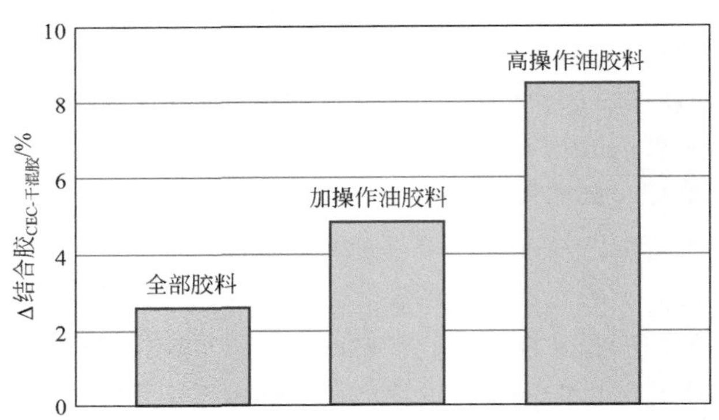

图 5.23 加入操作油对结合胶含量的影响

白炭黑与聚合物的连续液相混炼对结合胶形成的影响是不同的。用该法生产的母炼胶称为 EVEC（Eco-Visco-elastic composite）。图 5.24 所示为炭黑 N234 和白炭黑胶料的结合胶含量[110]。炭黑胶用的是传统的乘用车胎胎面胶配方，白炭黑胶料用的是典型的绿胎配方，所有的白炭黑胶料都含同样用量的硅烷偶联剂 TESPT，但 EVEC-H 胶料中多加了 6 份白炭黑。聚合物体系皆为充油的 SSBR 和 BR（70/30）。

可以看到，用白炭黑的干法混炼胶料的结合胶含量最高，其次是 EVEC-H 和 EVEC-L，炭黑干法混炼胶的结合胶含量最低。这与表 5.1 的数据是一致的。显然，白炭黑/偶联剂胶料较高的结合胶含量应与聚合物-填料间相互作用增加有关，这是由偶联反应引起的。此外，在干法混炼热处理期间，多硫化物偶联剂也可以使橡胶分子进行交联并产生凝胶而使结合胶增加。

与干法混炼白炭黑胶料相比，EVEC 胶料较低的结合胶应与偶联反应无关，它应该是由于凝胶化较低造成的。在 EVEC 中由于大多数硅烷偶联剂已吸附在白炭黑的表面上，在聚合物基体中游离的偶联剂浓度是非常低的，所以聚合物凝胶化很少。这意味着在 EVEC 中偶联剂对白炭黑改性的效率是比较高的。这一点已通过 EVEC 胶料较低的黏度、较好的加工性和硫化胶性能等进一步证实。

这将在第 9.4.2.1 节中予以讨论。

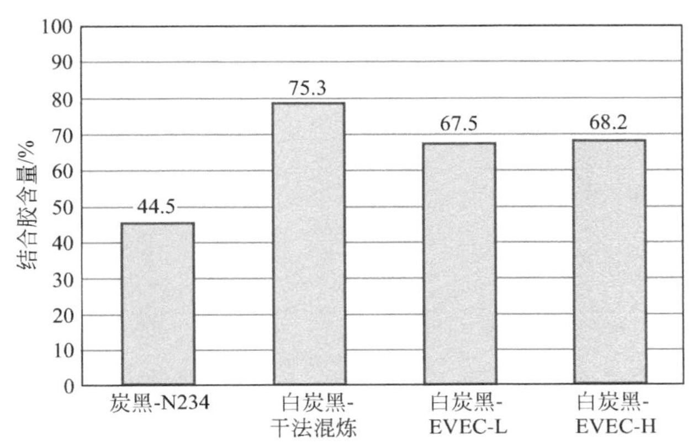

图 5.24　填充炭黑和白炭黑胶料的结合胶含量

5.1.7.4　气相法白炭黑填充硅橡胶的结合胶

Wang，Morris 和 Kutsovsky[111] 在固定填料用量的情况下用比表面积 90～420m^2/g 的一系列气相法白炭黑在高黏度硅橡胶（HCR）中对结合胶形成的影响进行了研究。结合胶含量随气相法白炭黑比表面积的变化示于图 5.25。气相法白炭黑有一个临界比表面积，大约是 170m^2/g。当低于这一比表面积时胶料用溶剂抽提将得不到凝聚体。因此，结合胶不能用传统的实验方法测定。高于临界比表面积，结合胶含量随白炭黑比表面积的增加而降低。此外，聚合物-填料间相互作用是胶料在溶胀状态下形成凝聚体的必要条件之一，因为填料聚结体必须通过与聚合物的连接或通过聚合物分子的链缠结连到邻近聚结体上。这些缠结是不能通过溶胀解脱开的。对给定的聚合物体系来讲，形成凝聚体的能力也取决于聚结体之间距离。从公式（3.9）可以看到，在给定填料用量下，聚结体之间的平均距离随填料比表面积的减小而增加。随着比表面积降低而使聚结体之间的距离大到聚合物链不能将大多数聚结体连接在一起时，填料的聚结体和聚集体及结合在它们上面的聚合物将一起分散在溶剂中，结果不能形成凝聚体。这种解释完全是从几何方面考虑的，并假定在不同体系中，聚合物-填料之间的相互作用没有差异。但是，所观察到的结果也可能是由于低比表面积的填料表面活性较低而使聚合物-填料之间相互作用较弱所致[111]，也有可能是由于低比表面积的填料在胶料中的界面面积较小造成的。

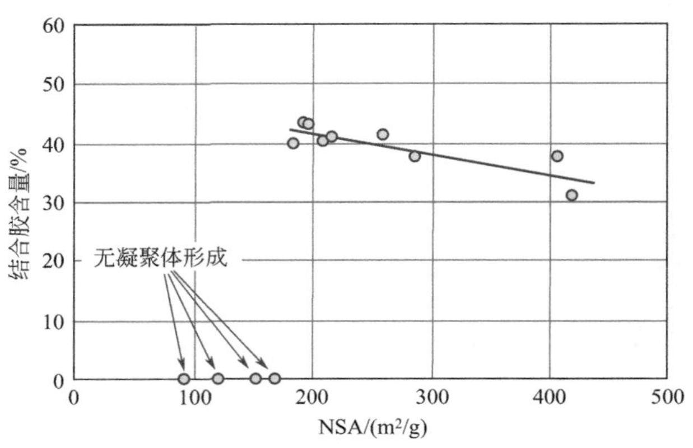

图 5.25 结合胶含量与白炭黑比表面积的相关性

上面结果的另一种解释与加工助剂有关，它是低分子量的羟端基聚二甲基硅氧烷（OH-PDMS）。通过它改性白炭黑表面可降低聚合物-填料以及填料-填料间的相互作用。因此，当在加工助剂用量相同的情况下，白炭黑用低分子量甲基硅氧烷的表面覆盖率将随填料比表面积的减少而增加，导致聚合物-填料间相互作用降低。若这种解释是合理的，则凝聚体形成的临界比表面积，既可通过增加填料用量和增加聚合物的分子量来降低，也可通过增强聚合物-填料间的相互作用来实现。前者已通过填料用量的研究进行了验证：在这一研究中发现，在相同的聚合物中加入相同用量的 OH-PDMS，用低比表面积的白炭黑在其用量较高的情况下也可以形成凝聚体。但是对高比表面积的白炭黑来讲，多加 OH-PDMS 可以使凝聚体消失。聚合物-填料间相互作用和聚合物链长度的影响可以进一步用炭黑-烃类橡胶体系证实。对炭黑-SBR 胶料，凝聚体形成的临界炭黑用量也随填料比表面积减少而增加。但对比表面积相似的炭黑来讲，聚合物-填料间相互作用较强和聚合物链较长时，其临界凝聚填料用量则小得多[18]。典型的 SBR1500 链长大约是用于这一研究的硅橡胶的三倍。

在临界比表面积以上，结合胶含量将随填料比表面积的增加而降低。这似乎与从聚合物和填料之间的界面面积预期的结果是矛盾的，因为结合胶含量与填料比表面积是成正比的。同样从填料的表面活性来看也会感到意外，因为表面能的色散组分和极性组分均随比表面积的增加而增加[48]。对于比表面积较高的白炭黑来讲，其结合胶含量较低情况可能与其在胶料中的宏观和微观分散较差有关。宏观分散较差必然会减少填料形成结合胶的有效比表面积。微观分散，即填料聚集对结合胶形成的影响可用聚合物链的多重吸附解释。一旦适当大小的聚合物链段吸附在填料上，整个聚合物分子就变成结合胶的一部分（假如有足够连接点形成凝聚体）。来自相同聚合物链上的其他链段进一步吸附，将占用填料表面上可以吸附其他分子链的空间，因此降低填料表面结合胶形成的效率。当填料比表面积增加时，由于表面能较高且聚结体间的距离较短［公式（3.9）］，填料的聚集将使多重吸附的可能性加大。聚集的增加可以用混炼胶料的黏度和硫化胶动态模量的应变相关性加以证明，这在以后加以讨论。此外，即使在分散很好的胶料中，聚结体间的平均距离也会随比表面积增加而降低。这两个效应都会增加分子多重吸附的概率。因此，达到最大结合胶时的比表面积就是能有足够连接点而形成凝聚体（临界点）的比表面积。在炭黑填充的橡胶体系中也有类似的情况[18]。这些结果表明，在气相法白炭黑/PDMS 胶料中，多重吸附对结合胶形成的影响超过高比表面积填料的界面和表面活性增加的影响。

5.2
填充混炼胶的黏度

通常在较低的剪切速度下，未填充胶是牛顿流体。而加填料会改变胶料的流变特性，结果胶料不仅成为典型的非牛顿流体，黏度也会增加至相对较高的水平(图 5.26)[6]。

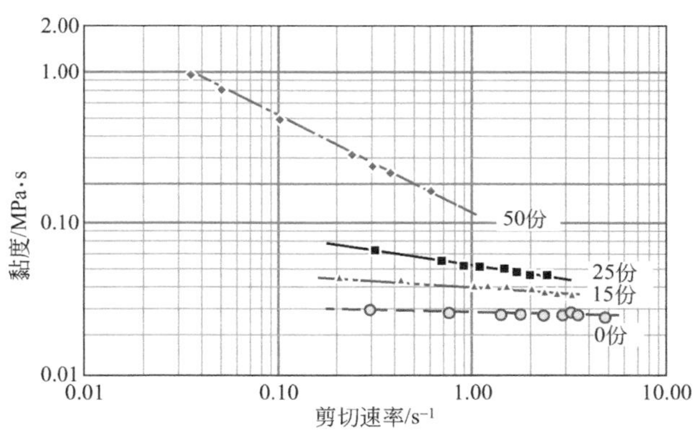

图 5.26　N220 炭黑填充 SBR 胶料的黏度随剪切速率的变化

5.2.1 影响填充混炼胶黏度的因素

填料可通过几种机理改变胶料的流变性质。

(1) 流体动力学效应 这种效应与填料的用量有关，它会减少流动介质的体积分数并使聚合物基体的剪切应变放大，因此填充胶料的黏度增加。橡胶胶料的黏度，在实践中取决于胶料中硬粒子的体积分数。在用球形填料而且填充量低的胶料中，填料粒子之间以及聚合物和填料之间没有相互作用，填充胶料的黏度与填料体积分数之间的相关性遵从 Einstein（爱因斯坦）公式。随填料用量的增加，黏度可用 Guth-Gold 公式表示。在这一公式中引入一个填充量的平方项，以拟合胶料的高黏度数值。

(2) 几何效应-结构的影响 这一效应与填料的结构，即填料聚结体的不对称性和疏松度有关。与球形微粒相比较，不对称聚结体会增加胶料流动阻力[112]。提高结构也将增加流动介质在聚结体内的包容，继而增加填料的有效流体动力学体积[61]。因此填料结构对胶料黏度有很大的影响。高结构炭黑填充胶的黏度总是比较高的。在描述胶料黏度与填料用量之间关系的公式中，使用填料的有效体积分数要比使用实际的体积分数更加准确，曾有很多工作试图计算填料的有效体积分数。

实际上，Kraus[6] 曾用填充 50 份不同比表面积炭黑的 SBR 胶料得到了门尼黏度和用压缩吸油值（CDBP）表征的结构之间的经验关系。炭黑的比表面积的范围为 14～164m^2/g。

(3) 橡胶分子的吸附-填料表面效应 如果不考虑分子吸附的细节，这一效应好像是敏感的，因为一旦聚合物链段固定在填料表面上，在流动场中整个分子的运动都将受到限制。由于在橡胶基体中分子大的聚合物优先吸附在填料表面上[37]，在橡胶相中的游离分子的分子量将有所降低。这种吸附过程可用来解释随填料粒子的减小黏度的增加现象。在相同填料用量的情况下，对粒子比较小的炭黑来讲，由于单位胶料体积内的界面面积比较大而且表面能也比较高，所以吸附的橡胶也比较多[113]。这种说法也已通过两种失活炭黑的结果得以证实。一是用加热方法使其石墨化失活[32,67]；一是通过表面烷基化改性[114] 使其失活。这时它们对橡胶的吸附能力大大减少，导致胶料黏度大幅下降。此外，如在前面关于单位面积结合胶含量的讨论中所讲的那样，对细粒子炭黑而言，由于聚结体之间的距离比较小，将导致分子链在聚结体之间多重结合点增加。这种三维结构将使细粒子炭黑胶料黏度更高。当聚合物分子吸附在填料表面上时，在流动的橡胶介质中会形成结合胶和运动性较低的橡胶，也会在流动介质中产生聚合物凝胶[37,115]。这些效应是比较复杂的。在炭黑表面上吸附的橡胶，既可以作为运动性能降低的橡胶壳处理[115-117]，或当作结合胶处理，在计算胶料黏度时也可作为额外的橡胶体积对待。

事实上，自从把结合胶作为一种增加填料粒子大小的机理以来，有很多工作试图基于结合胶增加填料有效体积的效应说明它对胶料黏度的影响[4,38,67]。在这种情况下认为填料的有效体积分数是填料和结合胶体积的总和。但实验数据和理论之间的拟合还是有一定限度的。Pliskin 和 Tokita[38] 试图用以下公式将其改进：

$$\frac{\mathrm{MV}}{\mathrm{MV}_0}=(1-\phi_{\mathrm{eff}})^{-N} \tag{5.2}$$

式中，MV 是填充胶门尼黏度；MV_0 是未填充胶的门尼黏度；ϕ_{eff} 是填料的有效体积分数（包括填料本身和结合胶）；N 是与橡胶类型有关的参数，它取决于 ϕ_{eff} 与 ϕ 之比和剪切速率。发现 N 随剪切速率增加而降低。为了得到较好的相关性，也有人用门尼转矩的峰值替代常规的门尼转矩[4]。

基于结合胶计算的填料有效体积分数所得到的混炼胶料黏度与实验结果拟合是不太好的。原因是没有考虑到这一过程中涉及到其他因素。事实上，在高填充的胶料中，填料还有很强的聚集趋势。这将在以后予以讨论。

(4) 聚合物凝胶化 这种现象和纯天然橡胶在储存期间变硬的机理是相似的[118]。该机理认为生物体中含有醛基的化合物很可能与非胶组分缔合，沿聚合物分子链发生缩合反应，导致胶料黏度增加。当硫黄或硫黄给予体在较高温度下混合时，同样的效应也可以在其他聚合物的混炼或/和储存期间发生。此时某些交联可以形成，使胶料的黏度明显提高，如同 5.1.7.2 节中所叙述的那样。

(5) 聚结体的聚集 这是使填充胶料黏度上升的另一机理。填料的聚集对填充胶料的黏度和变硬有很大的影响。事实上，在高填充的胶料中，填料粒子间有较强的吸引力，填料聚集可能是使胶料黏度增加的主要机理。填料聚集可使暂时包容胶增加，导致低变形下的填料有效体积分数增加。硅橡胶-白炭黑胶料的“皱片硬化”现象是众所周知的，曾认为这与结合胶的形成有直接关系[119]。但是现已发现，虽然在同一时间内结合胶含量和胶料硬度都会增加，但没有因果关系。在这些体系中，填料聚集好像要比聚合物在填料表面“结合”更重要[120]。聚合物在填料表面上的吸附和填料的聚集是同时发生的过程，但是，聚合物吸附本身不会引起硬度和黏度的大幅度上升。这在白炭黑填充的硅橡胶中是经常观察到的。曾发现皱片硬化的硅橡胶胶料通过开炼机返炼可使其硬度和黏度迅速下降，但结合胶含量的变化不大。用炭黑填充的烃类橡胶也观察到类似的情况，尽管一般影响程度较小。例如，天然橡胶母炼胶的结合胶含量和门尼黏度在储存时都大大增加，但是在混炼或返炼后黏度大大降低，但结合胶含量仍保持在较高的水平[109]。

5.2.2 黏度-炭黑有效体积的主曲线

Wolff 和 Wang[121] 曾系统地研究过炭黑填充量对混炼胶和硫化胶性质的影响。在研究中选择了两种橡胶：SBR 1500（非结晶橡胶）和 NR（应变诱导结晶橡胶）。对 SBR 来讲，补强炭黑的用量范围是 0～50 份；而半补强炭黑的用量是 0～70 份；相邻用量均相差 5 份。在 NR 中，炭黑的用量均为 0～70 份。为了方便起见，门尼黏度用相对值 ML^R 表示：

$$ML^R=\frac{ML_f}{ML_0}-1 \tag{5.3}$$

式中，ML_f 和 ML_0 分别是填充胶和未填充胶的门尼黏度。

为了构建主曲线，把 ML^R 相对炭黑填充量变化的曲线沿水平移动，直至它们的曲线与参比炭黑（如 N330）的曲线相重合。即通过平移因子 f 与真实填料体积分数 ϕ 相乘得到与参比炭黑一致的曲线。这是在计算机显示屏上通过调整平移因子 f 实现的。不言而喻，平移因子 f 取决于参考炭黑的选择。另外，参比炭黑胶料的性能-填充量曲线的测量误差会影响所有炭黑的平移因子。为了消除这种影响，在第一次移动之后将所有炭黑的平移因子进行平均。即用平均的性能-填充量变化曲线作为参比重新移动试验数据。之后，图 5.27 中的数据即可转换为以平均平移因子为参比的门尼黏度主曲线（图 5.28）。应该指出的是用这种操作方法，$f\phi$ 就可以代表填充橡胶中炭黑的有效体积分数。

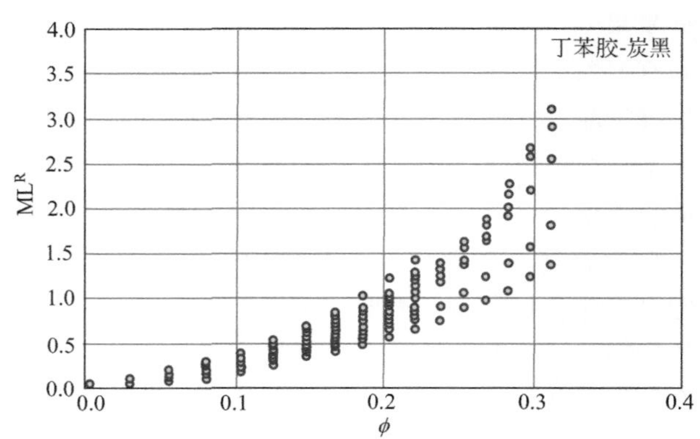

图 5.27 炭黑填充 SBR 胶料门尼黏度的变化

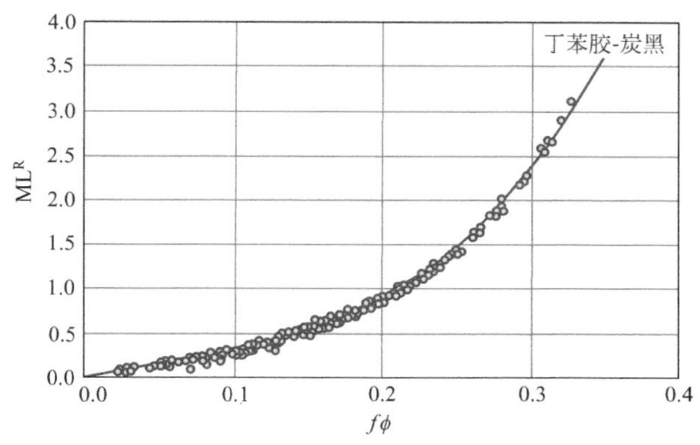

图 5.28 SBR 胶料的门尼黏度主曲线

如从图 5.28 所看到的那样，门尼黏度随归一化的填充量增加单调增加。这表明门尼黏度既可通过增加实际填料用量增加，也可通过增加平移因子 f 而提升。换句话说，对于门尼黏度来讲，因子 $f\phi$ 应该是胶料中的有效填料体积，而且任何影响填料有效体积的参数均包含在平移因子 f 之中。由此得出的结论是，所有使用的炉法炭黑，不管补强还是半补强炭黑都受相同补强机理控制。由于炭黑是根据其粒径大小、结构和表面活性分类的，所以这些参数（或许还有其它参数）好像是通过不同机理对有效填料体积的影响而起作用的。

Medalia 提出，用吸油值（DBP）表征的炭黑结构与胶料中受到屏蔽不变形的“包容胶”有关。这部分失去在应力下应变能力的橡胶其行为像填料而不像橡胶[61,122]，将会增加填料的有效体积，使其值超过根据填料质量和密度计算的值。另一个与结构有关的因素是填料聚结体的不对称性。Guth-Gold[123-125] 把 Einstein-Smallwood 方程式用到杨氏模量上时引进了一个形状因子代表胶体粒子不对称性的效应。在填料比表面积和化学特性相同但形状各异的胶料中，模量随填料不对称性的增加而增加[126]。人们也曾对聚合物-填料相互作用的强度及橡胶分子可以在填料表面上发生物理吸附和/或化学吸附有过争议，但这些相互作用会引起橡胶链段运动性下降[30,34,35,54,115-117,127-132]，因此，填料的“表面活性”或表面能也可以认为是影响填料有效体积的因素。另外，填料聚结体在橡胶中有聚集形成聚集体的趋势。暂时包容在填料聚集体内的橡胶可以大量增加填料的有效体积[27,45,62]。

从上面的讨论可以认为，所有影响橡胶性质的填料参数都可能与填料有效体积的变化有关，但填料的每个参数对其有效体积的影响机理是不同的，如表 5.3

所示。这也反映在平移因子的差异上，它们的差别在于与应变和温度的相关性上。因此不同胶料性能的平移因子是不同的。于是，填料性质对橡胶补强影响的考察即变成对各项性能平移因子相关性的研究。表 5.4 为所有炭黑对不同橡胶性能的平移因子。

表 5.3　填料性质和填料-聚合物间相互作用对填料有效体积的影响

填料	影响	机理	相关填料参数	温度/应变相关性	有效填料体积
	体积	流体 动力学			ϕ
	形状	取向	结构	应变	$\phi_{eff}{'}, \phi_{eff}{'} > \phi$
	枝状聚结	取向 包容胶	结构	应变 温度	$\phi_{eff}{''}, \phi_{eff}{''} > \phi_{eff}{'}$
	聚合物-填料 相互作用	固化橡胶 橡胶壳	比表面积 表面活性	温度(强)	$\phi_{eff}{'''}, \phi_{eff}{'''} > \phi_{eff}{''}$
	聚结体间 相互作用	填料聚集 暂时包容胶	聚结体尺寸 表面能	温度(强) 应变(强)	$\phi_{eff}{''''}, \phi_{eff}{''''} > \phi_{eff}{'''}$

表 5.4　胶料的平移因子 f

炭黑	ML(1+4)	D_{min}	T100	T200	T300	硬度	拉伸	撕裂	磨耗	回弹	HBU	溶胀	tan δ
N110	1.1	1.05	1.02	1	1.03	1.15	1.12	0.94	1.2	1.27	1.16	1.38	1.29
N121	1.08	1.29	1.11	1.11	1.13	1.15	1.11	1.04	1.28	1.27	1.2	1.25	1.22
N220	1.08	1.14	1.01	0.96	1.01	1.17	1.09	1.11	1.16	1.22	1.09	0.91	1.18
N234	1.15	1.04	1.06	1.01	1.04	1.13	1.12	1.06	1.22	1.28	1.22	0.92	1.27
N242	1.07	1.18	1.05	1.05	1.09	1.18	1.12	1.06	1.32	1.21	1	1.01	1.2
N326n	0.9	0.94	0.89	0.87	0.85	0.97	0.97	0.94	0.85	1.06	0.9	0.81	1.08

续表

炭黑	ML(1+4)	D_{min}	T100	T200	T300	硬度	拉伸	撕裂	磨耗	回弹	HBU	溶胀	tan δ
N326t	0.93	0.9	0.89	0.87	0.88	0.9	0.94	0.91	0.91	1.03	0.96	0.76	1.04
N330	0.83	1	1	1	1	1	1.06	1.02	1.1	1.06	1.04	0.96	1.17
N339	1.06	1.11	1.11	1.11	1.1	1.16	1.1	0.99	1.32	1.1	1.03	1.04	1.04
N347	0.89	1.02	1.09	1.06	1.09	1.06	1.09	1.02	1.23	1.08	1.16	1.13	1.23
N375	1.03	1.16	1.03	1.03	1.07	1.09	1.11	1.01	1.2	1.12	1.16	0.92	1.21
N539	0.99	0.97	1.09	1.06	1.04	0.96	0.86	0.94	0.8	0.78	0.87	1.02	0.74
N550	1.03	1.01	1.04	0.98	0.98	0.86	0.84	1	0.76	0.81	0.84	0.79	0.89
N660	0.88	0.75	0.95	0.94	0.92	0.88	0.89	0.93	0.75	0.76	—	0.92	0.7
N683	1.05	0.96	1.06	1.06	1.04	1	1.01	0.97	0.86	0.81	0.85	1.07	0.76
N762	0.79	0.6	0.85	0.84	0.78	0.79	0.76	0.82	0.63	0.65	0.74	0.79	0.65
N765	0.99	0.83	1.08	1.04	1	0.98	0.86	0.97	0.65	0.77	0.91	1.12	0.74

图 5.29 的是平移因子随比表面积和压缩吸油值（CDBP）的变化。用低比表面积炭黑时，平移因子 f 随 CDBP 增加而很快增加。但用高比表面积炭黑时，低

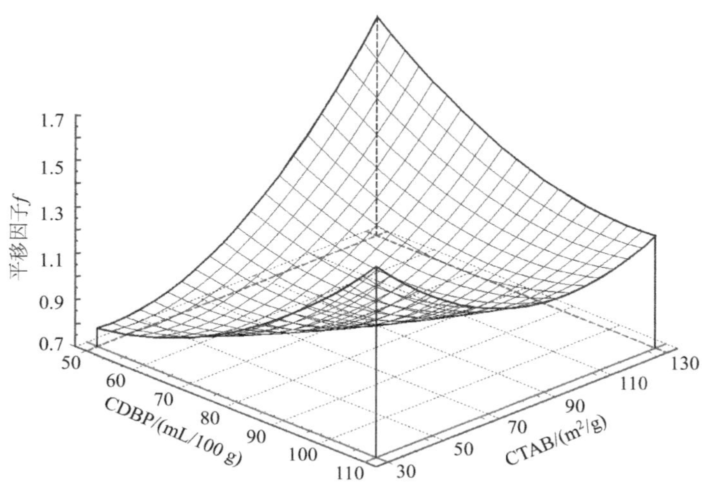

图 5.29 SBR 胶料相对门尼黏度的平移因子与 CTAB 比表面积和 CDBP 的相关性

结构炭黑的 f 值是较高的。随着比表面积增加，f 值在低结构时增加，而用高结构炭黑时 f 值基本不变，甚至有点降低。平移因子最高的炭黑是结构最低而比表面积最高的炭黑或结构最高和比表面积最低的炭黑，而平移因子最低的炭黑比表面积和结构都是最低的。后者是可以理解的，因为有几种理由可能与平移因子 f 较低有关。首先，按照公式(3.3)～(3.5)，CDBP 越低，包容橡胶越少，暂时包容胶更少，导致有效填充量较低。其次，低比表面积炭黑的表面能较低，这将使结合胶含量较低和填料聚集较少。所有这些因素都能降低平移因子。

平移因子 f 值最高的炭黑特点是，CDBP 低而比表面积高。这意味着在这种情况下高比表面积炭黑的高表面能和较多的结合胶以及比较发达的填料聚集对胶料黏度的影响要比其包容效应大得多；相反，CDBP 最高而比表面积最低的炭黑的高 f 值表明此时聚合物的包容对黏度的影响超过包括表面能、结合胶和聚结体聚集在内的影响。

5.2.3 白炭黑胶料的黏度

迄今为止，有关黏度的讨论主要是基于炭黑填充胶料。目前，白炭黑在橡胶工业，特别是在轮胎中的应用增长非常迅速。与炭黑相比较，由于其表面能的极性组分高和非极性组分较低（见表 2.14），白炭黑在胶料中的特点是，聚合物-填料间相互作用较低而填料-填料间的相互作用非常高。这使其在包括混炼胶黏度的加工性能上与炭黑相比有很大的差异。

Wolff 和 Wang 曾用沉淀法白炭黑 P1（VN2 产自 Degussa）以炭黑 N110 作参比研究了白炭黑胶料的黏度。这两种填料具有相似的比表面积。图 5.30 为含炭黑和白炭黑 NR 胶料在 100℃下的门尼黏度与填充量的相关性。图中的黏度是用相对门尼黏度 ML^R，表示的。填料用量低时，两种胶料之间的 ML^R 没有明显差异。但是，在高填充量下，填充白炭黑的胶料相对黏度则高得多。因为这两种填料的流体动力学效应和填料结构效应（包容胶）是相似的，黏度如此大的差异应主要是由于在白炭黑胶料中聚结体的聚集非常严重，因为它的 S_f 值特别高。ML^R 值随填料用量上升如此之快表明聚集是如此之强，以致在实验的转子的剪切下聚集体仍不能破坏，填料的有效体积将大大增加。基于类似的概念，Lee[133] 和 Sircar[134] 把相对黏度和相对模量（填充胶的模量除以纯胶模量）之差（即指数 L）开始快速增加的这一点定义为临界填充量。他们假设在临界填充量，已经没有足够的橡胶能够充满填料中所有的空隙。这对炭黑来讲可能如此，因为它们的表面能高，与烃类橡胶有很强的吸引力，所以表面容易润湿。白炭黑的情况好像不同，因为其聚结体-聚结体间的相互作用很强，聚集可以在较低的填料用量下产生[59]。这时应该仍有足够的橡胶充满填料所有的空隙。

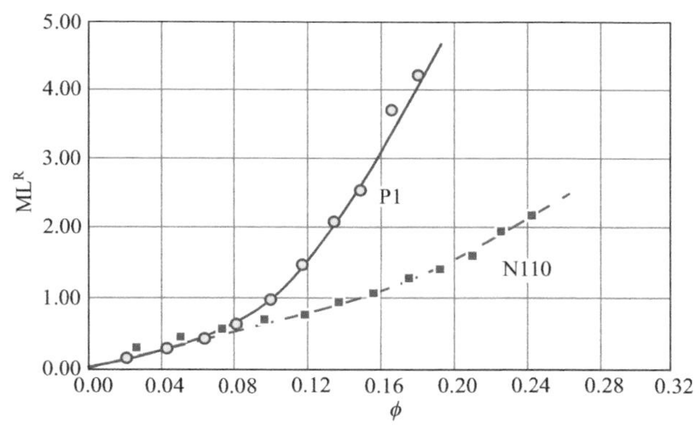

图 5.30 相对门尼黏度与炭黑 N110 和白炭黑 P1 体积分数的关系

用 Monsanto 摆动-圆盘式流变仪获得的最小转矩也是胶料黏度的度量。图 5.31 是相对最小转矩随填充量的变化，该转矩的定义与相对门尼黏度的定义是类似的。可以看到，相对最小转矩的变化形式与相对门尼黏度相似，但黏度的差别比在门尼黏度试验中测定的更大。当然，这不仅与测试的温度不同有关，而且也与不同的应力作用方式有关。在 Monsanto 流变仪中是双锥转子在摆动，但在门尼黏度试验机中剪切圆盘转子是沿一个方向连续旋转的。因此，在门尼黏度测量中剪切应变可以看作无限大，因此填料聚集体破坏的程度也比较严重。这会减少炭黑和白炭黑填充胶料之间黏度的差异。此外，也应该考虑聚合物和填料之间的相互作用对胶料黏度的影响。一方面，炭黑 N110 对橡胶比较强的吸附能力将使聚合物在填料表面上运动性较低的橡胶壳有所增大，导致填料的流体动力学效应也有点增加。因此，炭黑 N110 与聚合物较强的相互作用也会部分抵消因聚结体聚集较少所引起的差异。这对高应变下的影响可能更加显著。

图 5.31 中也有白炭黑硅烷化对黏度的影响。显然，改性的白炭黑 P1-HDTMS 和 P1-TESPT 填充的胶料黏度比用白炭黑 P1 的胶料低。这应与填料-填料间相互作用由于硅烷改性而减少从而使填料聚集程度大大降低有关。填充 P1-HDTMS 的胶料黏度降幅之大使其与 N110 胶处于相同的水平。填充 P1-HDTMS 和 P1-TESPT 的胶料之间在黏度方面的差异，可能是由于表面改性水平、结合胶含量不同从而使填料聚集程度不同引起的。

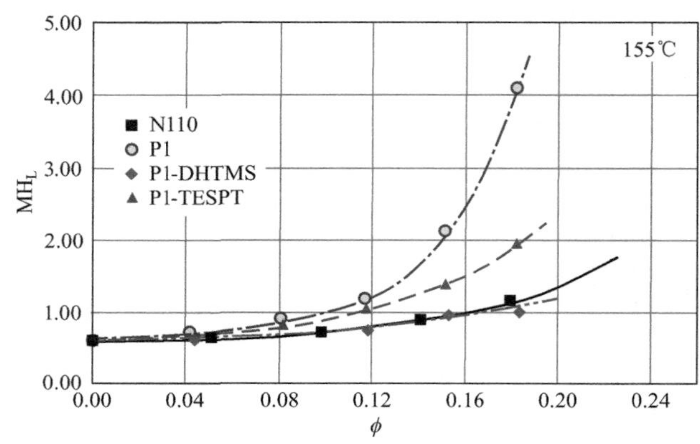

图 5.31 流变仪测量的相对最小转矩与炭黑 N110 和白炭黑 P1 体积分数的关系

上述结果可进一步用 SSBR 和 BR 并用的典型的乘用车胎面胶加以证实。分别用相同用量的炭黑 N234、白炭黑和 TESPT 改性的白炭黑填充的胶料的加工性能数据均列于表 5.5，其中也包括在 100℃下所测量的门尼黏度和用甲苯抽提法所测定的结合胶含量。

表 5.5 填充胶料的加工性能

项目	炭黑 N234	白炭黑	白炭黑/TESPT
结合胶/%	42	27	58
门尼黏度[ML(1+4)100℃]	82	150	59
口型膨胀/%	19	16	28
生胶强度/MPa	0.41	0.62	0.34
挤出外观(Garvey 口型,110℃)	很好	好	很差

注：基本配方：SSBR：75 份；BR：25 份；填料：80 份；操作油：32.5 份；TESPT：6.4 份。

如果在高填充量下，填料聚集是白炭黑填充胶料黏度特别高的主要原因，这应与它较高的极性相互作用因子 S_f 有关，这一点可用不同的聚合物进一步证实。在 S_f 的定义中，以烷烃的吸附能作为非极性或低极性烃类橡胶的代表（见公式 2.198）。在涉及极性橡胶的时候，填料-聚合物间相互作用增加，即极性填料表面与聚合物的亲和力增加会导致 S_f 值低，因此可降低填料聚集的趋势。这将意味着白炭黑在极性聚合物中，与在非极性或低极性聚合物中相比较，将有较低的填料聚集趋势和较高的填料-聚合物之间相互作用[46]。

曾有人对炭黑和白炭黑填充 NR 和 NBR 的门尼黏度做过比较（图 5.32)。为了使填充量对两种聚合物和填料的影响归一化进行对比，在比较中使用了 ΔML。其定义为：

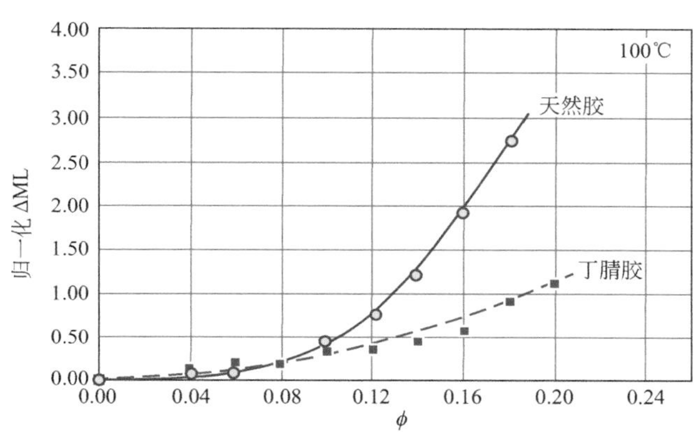

图 5.32 归一化最小转矩与白炭黑填充 NR 和 NBR 的体积分数相关性

$$\Delta ML=\frac{ML_{silica}-ML_{CB}}{ML_0} \tag{5.4}$$

式中，ML_{CB} 是炭黑胶的门尼黏度；ML_{silica} 为相应的白炭黑胶料的门尼黏度；ML_0 是未填充胶的门尼黏度。

从图中可以清楚地看出，在高填充量下 NR 的 ΔML 值增长非常快，这表明白炭黑的填料-填料间相互作用较强。而 NBR 的 ΔML 值随填充量的增加增长就比较慢。这说明提高聚合物-填料相互作用的结果是降低了填料-填料间的相互作用。换句话说，NBR 的-CN 基团和白炭黑表面间的极性相互作用，将使填料-填料间相互作用减弱。

像从吸附自由能所表示的那样[45,76,135]，填料表面和极性化学物质之间的相互作用随其极性表面官能团含量的增加而增强（也见图 2.77 和图 2.78)。因此可以预期，就炭黑填充的 NBR 来说，丙烯腈含量增加（即极性增加）将会引起聚合物-填料间相互作用增加，和填料-填料间相互作用降低。对填充白炭黑的胶料来讲，填料-填料相互作用的降低更加明显，这将导致在低剪切应力下的黏度降低得特别快。图 5.33 是 160℃下用 50 份炭黑 N110 和白炭黑 P1 分别填充的胶料所测定的最小转矩随丙烯腈含量变化的试验结果。为了比较，也与聚丁二烯橡胶的结果做了对比，在图中丙烯腈含量标记为零的点即为该胶的试验数据。为消除因丙烯腈含量的变化引起的纯胶胶料最小转矩的变化，采用相对最小转矩 MH_L。其定义为填充胶料和未填充胶料之间的最小转矩的差值。虽然填充白炭黑 BR 胶料的黏度要比填充炭黑的相应胶料高出很多，但是随着丙烯腈含量增加白炭黑胶料黏度下降的速率是非常高的。这两条线的交叉点的丙烯腈含量大约是 50%。丙烯腈含量的影响仍然根据聚合物-填料和填料-填料间的相互作用来解释。如前所述，丙烯腈含量的增加导致聚合物-填料间相互作用增加，其结果是聚结体-聚结体间相互作用减少。对白炭黑填充的胶料，聚合物-填料之间相互作用随丙烯腈含量增加得更快，填料聚集作用将会降得更低，因而导致黏度的下降更加明显。

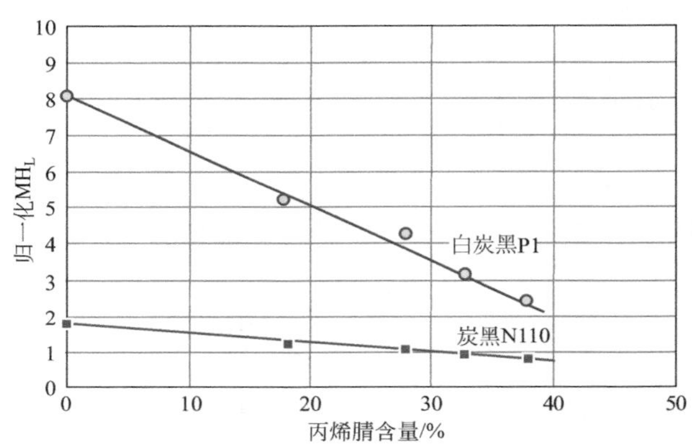

图 5.33 归一化最小转矩与填充 N110 和白炭黑 P1 胶料中丙烯腈含量的关系

5.2.4 黏度增长-储存硬化

用连续液相混炼法生产的 NR/炭黑母炼胶（CEC），其门尼黏度随停放时间而明显增加，而且其门尼黏度峰值增加更快（图 5.34）。

如以前所述，除填料的流体动力学效应影响外，CEC 母炼胶产生储存变硬的三种机理是：聚合物凝胶化、结合胶形成和填料聚集。

(1) 聚合物凝胶化 这种现象乍看起来和在纯 NR 中所观察到的现象是相似的。众所周知，称之为技术分级橡胶（TSR）或标准橡胶（SXR，X 是生产国家的第一个字母）的 NR 在储存期间黏度增加是很显著的，这种现象也称为储存硬

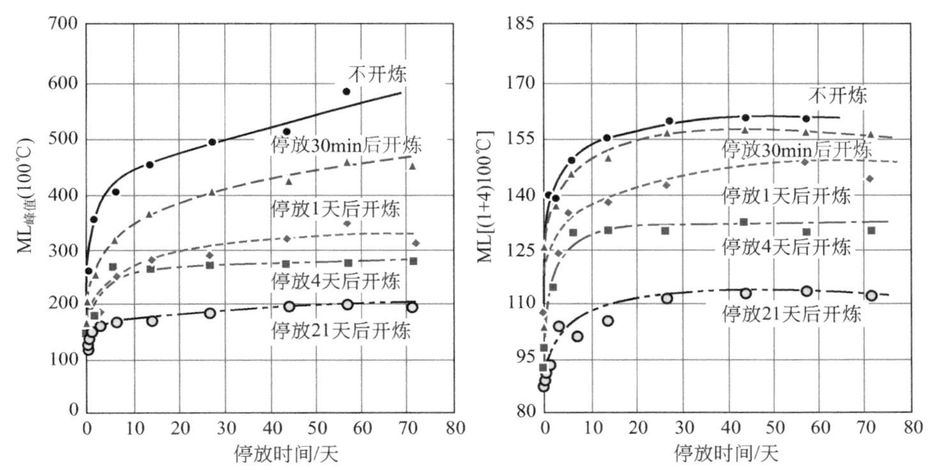

图 5.34 CEC 储存及返炼后门尼黏度随停放时间的变化
（炭黑用量：N220 50 份，ML 值是从 MS 值计算出来的）

化。已经证明，硬化现象是通过生物化学反应形成的醛基沿聚合物分子链进行缩合，也可能与非胶组分缔合导致胶料黏度增加[118]。这种现象可用某些诸如羟胺之类的化合物与聚合物链上的醛基缩合而有效地加以抑制[136]。但是，由于填料的影响，这些化合物对防止 CEC 储存硬化的效果是非常有限的。

(2) 结合胶形成 该机理与在聚合物中加入炭黑有关，这是由聚合物链段在填料表面上的吸附造成的。这个过程在胶料储存期间是连续进行的。就干法混炼胶而言，在开始储存时其结合胶增加很快，并在大约 1 个月后达到平衡[137]。如前所述，因为结合胶中聚合物链段固定在填料表面上，它的形成将显著提高胶料的黏度[115,138]。的确，对未返炼的样品来讲，溶胶组分的分子量没有明显的变化，而结合胶增加约 18%。结合胶增加是聚合物链段在填料表面上继续吸附所致，也可能因橡胶分子和结合胶之间的缔合造成的。后者或许是通过非橡胶物质和/或聚合物经氧化在聚合物链上形成的官能团引起的。也不排除吸附的聚合物链段和在橡胶基体（溶胶）中的橡胶分子之间产生缠结。所有这些与结合胶有关的机理都可以在胶料变硬中发生作用。但难以置信地是，在环境温度下如此短的储存时间内，母炼胶的黏度可以达到如此高的水平。

(3) 填料聚集 胶料在储存期间可以通过填料-填料之间的相互作用产生填料的聚集。这种现象在储存的早期阶段当结合胶尚未完全形成时尤其明显。因此，只要在施加的应力下聚集体不破裂，包容在聚集体内的橡胶就会增加填料的有效体积分数，所以胶料的黏度增加[9]。这种现象在未返炼的母炼胶中更加明显（见图 5.34）。在这种情况下，由于结合胶不多，从动力学的观点看，填料聚结体的聚集比较容易。这一点可以从母炼胶的返炼进一步证实。

业已发现，当母炼胶在储存一段时间后在开炼机上返炼时，硬化的现象可以大大减少。返炼过的 CEC 胶料，其储存变硬程度与返炼前胶料的储存时间密切相关。如储存 30min 后返炼，胶料的硬化不会有明显减少。当母炼胶在储存 21d 后再返炼时，其门尼黏度从 160 减少到 87；但再储存 72d 后，返炼的胶料门尼黏度只增加到 113。这比返炼前的 CEC 胶料黏度降低许多（图 5.34）。这是可以理解的，因为在储存期间，聚集逐渐发生的同时，结合胶也在增加。对于在仓库中停放了 21d 的 CEC 胶料，在返炼时，填料聚集体破坏的同时，还会引起门尼黏度大大下降，但结合胶的含量不会明显降低。这表明返炼过的 CEC，其填料聚集速率的下降是由于储存期间结合胶的增加引起的，这会增加炭黑聚结体的表观和有效体积。储存时间越长，结合胶含量越高，母炼胶的变硬速率越低（见第 3.4 节）。

用 EVEC 也观察到硬化效应。这种母胶是用连续液相混炼法生产的溶聚橡胶/白炭黑复合材料。EVEC-H 母炼胶的基本配方组成为：SSBR/BR（70/30）：100 份；白炭黑 Newsil 165MP：84 份；偶联剂 TESPT：6.4 份；操作油：28 份。如从图 5.35[139] 中所看到的那样，它的变硬情况和 CEC 相似，但是黏度增量非常低，而且在 4 个月后也没达到平衡。EVEC 硬化程度较少无疑与白炭黑表面用偶联剂改性有关。与 CEC 一样，当它返炼时也会使黏度降低，其黏度值甚至比未储存样品的还低一些。

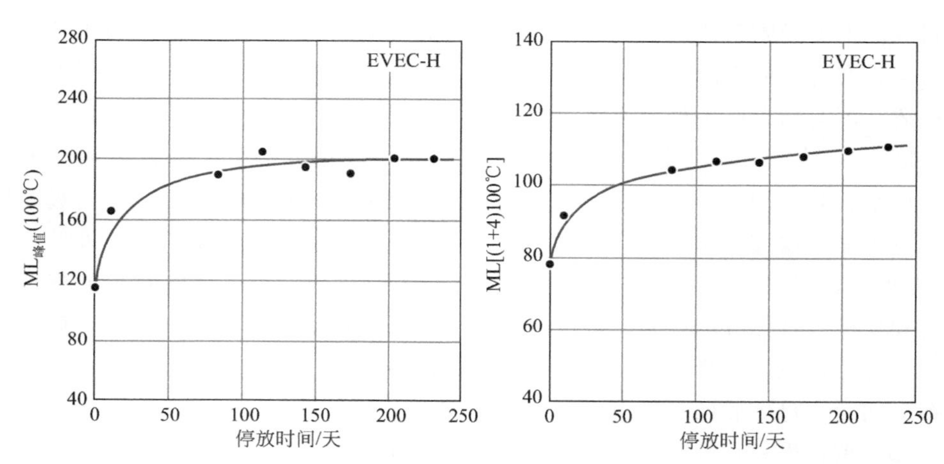

图 5.35 EVEC-H 的门尼黏度与停放时间的关系

事实上，储存变硬是一种普遍现象，它不仅可在液相混炼胶料中发生，也会在传统的干法混炼胶出现。

5.3 口型膨胀和挤出胶外观

在实践中，混炼胶的弹性可从挤出胶的口型膨胀（挤出收缩）和表面粗糙度上反映出来。

5.3.1 炭黑胶料的口型膨胀

口型膨胀的定义是挤出物的横断面积和模具的横断面积之比，它一般要大于1。这种现象与胶料的弹性恢复有关，它是由模具口型（或毛细管）中沿剪切方向的长链分子不完全松弛造成的。在填充混炼胶中这种情况只在橡胶相中产生[140]。显然，除了试验条件，诸如温度、挤出速度和口型的几何形状外，影响未填充胶口型膨胀的主要因素是橡胶分子的缠结，这反过来又取决于它们的分子量和分子量分布。加入炭黑可使口型膨胀减小，因为这将减少胶料中的橡胶组分并降低其有效松弛时间[141]。图 5.36 为高耐磨炉法炭黑（N330）填充量和环烷油对 SBR 胶料口型膨胀的影响[142]。

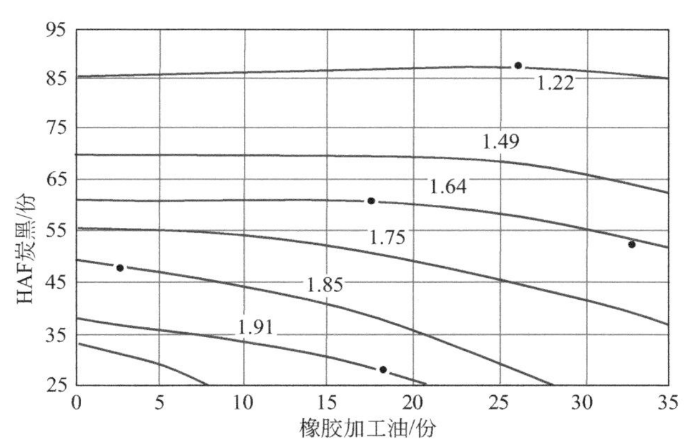

图 5.36 在 100℃下炭黑和操作油用量对挤出胶口型膨胀的影响（剪切速度：286.7s^{-1}， L/D：22.41）

实验表明，填料用量的影响要比操作油更大，特别对高填充量下的胶料更是如此。Cotton[143] 对加 MT（N990）炭黑的填充 SBR 胶料口型膨胀用橡胶体积分数归一化之后，能够把不同剪切应力下的所有数据叠加形成一条主曲线（图 5.37）。口型膨胀与填料的吸油值（DBP）有很好的相关性。DBP 越高，口型膨胀越低。的确，填充胶料的口型膨胀曾用作炭黑结构的一种度量[61]。这意味着包容在聚结体里的橡胶从弹性记忆角度来看是“死的”。这种相关性对低结构、正常结构和高结构、从软到硬的炭黑都是适用的[61]。由于只使用吸油值（DBP）对橡胶体积份数进行校正，因此在炭黑的各项基本性质中，结构是决定口型膨胀的主要参数，而比表面积的影响似乎并不重要。Cotton[143] 发现对给定胶料来讲，通过一长毛细管挤出时得到的口型膨胀只取决于在毛细管入口处的剪切应力，而与其他因素，诸如温度或黏度无关。用这种方式测量口型膨胀时分子量分布的影响也不大，也与混炼期间聚合物的断裂没有多大关系。这些结果表明，在毛细管中形变的分子链已有足够的松弛时间达到平衡。对不同炭黑胶料的比较表明，口型膨胀取决于炭黑的结构和用量，而与其表面活性无关。Dannenberg 和 Stokes[144] 认为，填料用量的影响可以只基于橡胶相进行计算即可。这与之前所述 Cotton 的观察结果是一致的（图 5.37）。Cotton 以剪切应力为纵坐标，对所测口型膨胀数据 B 和橡胶体积分数（$1-\phi$）的商作图，不同填充量胶料的曲线能够叠加。在这种情况下，热裂炭黑的聚结体形状基本上是球形的，其 DBP 是非常低的，它几乎全都来自聚结体间的空隙体积。

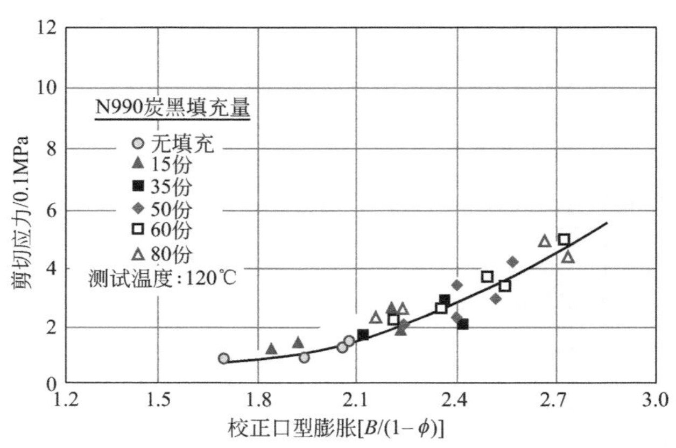

图 5.37 MT（N990）炭黑填充 SBR 胶料的归一化口型膨胀

(用橡胶体积分数使口型膨胀归一化)

假若 DBP 是填料影响胶料口型膨胀的主要性质，则它应该与聚结体内的这部分空隙体积有关，而不是聚结体之间的空隙体积。Medalia[61] 根据透射电子显微镜（TEM）影像分析，计算填料的有效体积分数，它是填料和包容胶两部分体积分数的总和。在他的处理中，把在橡胶里的炭黑聚结体当作含有包容胶的等效球体。包容胶的量等于用“软球”终点法测定的包容 DBP 的量。然后他把炭黑和它的包容胶作为一个惰性粒子处理，基于聚结体外的橡胶体积分数计算口型膨胀。

根据这一假设可以直接从吸油值（DBP）用下列公式计算包容橡胶的体积。对于大部分炭黑来讲，空隙比 e，可以用公式（5.5）表示：

$$e=\frac{(\text{等效球体体积}-\text{炭黑体积})+(\text{等效球体间空隙体积})}{\text{炭黑体积}} \tag{5.5}$$

所以，

$$1+e=\frac{\text{等效球体体积}+\text{等效球体间空隙体积}}{\text{炭黑体积}} \tag{5.6}$$

从 ε 的定义[见公式(2.98)～(2.101)]

$$\varepsilon=\frac{\text{等效球体间空隙体积}}{\text{等效球体体积}} \tag{5.7}$$

因此，

$$\frac{\text{等效球体体积}}{\text{炭黑体积}}=\frac{1+e}{1+\varepsilon} \tag{5.8}$$

式中，等效球体体积包括炭黑的体积和包容胶的体积。

在胶料中的等效球体体积分数是：

$$\phi'=\frac{\text{等效球体体积}}{\text{炭黑体积}+\text{橡胶总体积}} \tag{5.9}$$

因为炭黑的体积分数是：

$$\phi=\frac{\text{炭黑体积}}{\text{炭黑体积}+\text{橡胶总体积}} \tag{5.10}$$

并发现

$$\phi'=\phi\left(\frac{1+e}{1+\varepsilon}\right) \tag{5.11}$$

把 $e=0.02139\times \mathrm{DBP}$ 和 $\varepsilon=0.46$[61] 代入上式得到，

$$\phi'=\phi\left(\frac{1+0.02139DBP}{1.46}\right) \tag{5.12}$$

图 5.38 为 N220 填充的 SBR 1500 胶料的剪切应力-口型膨胀变化曲线，其中

口型膨胀数据用炭黑体积分数进行校正。而图 5.39 所示为用有效炭黑体积分数 ϕ'校正的相应曲线，其中 ϕ'根据公式（5.12）计算。当炭黑填充量低于 35 份时，Medalia 能够把在不同剪切应力下的数据叠加起来形成主曲线。在填充量 50 份和 65 份时发现曲线与低用量的主曲线是偏离的（图 5.39），其原因是在这些填充量下，体积分数的校正值较高（见表 5.6）。可以看出，当填充量高于 35 份时，用包容胶对炭黑体积分数进行校正所计算出的口型膨胀值要高于实测值。Medalia[61] 认为，填充量较高的胶料口型膨胀较低，是由聚结体间相互作用引起的，

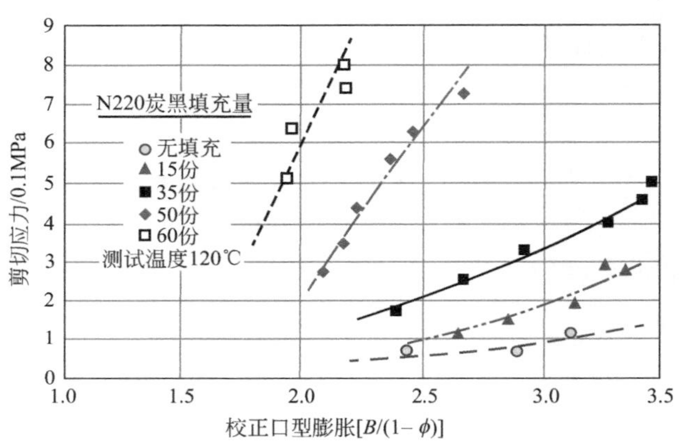

图 5.38　炭黑 N220 填充 SBR 1500 胶料的剪切应力与用炭黑体积校正口型膨胀的相关性

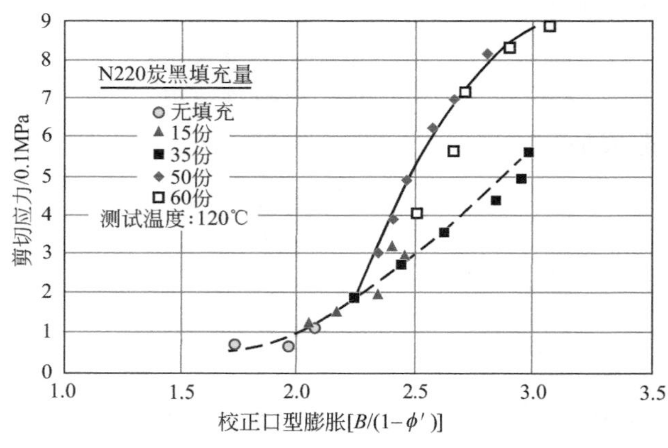

图 5.39　炭黑 N220 填充 SBR 1500 胶料的剪切应力与用等效球体体积校正口型膨胀的关系

其中，聚结体的不对称性预计也会有重要的影响，这儿用简单的“等效球体”模型将不合适，它是从包容胶计算出来的。包容胶可能不完全是“死的”，因此不能充当非弹性体填料，这可能是口型膨胀下降较小的另一个原因，特别是在高剪切应力下更是如此。或许较好和较简单的解释是由于填料的聚集。对补强用炭黑N220而言，它的表面能较高，聚结体尺寸较小和聚结体间的距离较短，因而产生较强和更加发达的聚集体。只要这些聚集体在实验应力下不破坏，就将明显地增加填料的有效体积分数，导致口型膨胀较低。这种观点稍后将用白炭黑胶料进一步证实。

图 5.40[61] 表明，在 35 份填充量下，炭黑形态对包容胶（在一定的范围内）的影响可以用简单的校正因子说明。对大多数炭黑来讲（N472 除外），与口型膨胀和 DBP 所涉及的物理过程的复杂性相比，简单地用有效橡胶体积分数，$1-\phi'$模型做的叠加处理还是比较令人满意的。按照 Medalia 的观点，超高结构炭黑 N472 的数据和其他三种炭黑（图 5.40）数据之间的差异，是由于某些过度校正造成的，真正的吸油值比实测值低 10%。超高结构炭黑的 DBP 滴定的终点不明显，对这一炭黑来讲，这一差别在误差范围之内。过量校正的另一个原因是，在橡胶混炼中出现炭黑聚结体的破坏。在表 5.6 中的 DBP 是用原料炭黑测定，这时炭黑的结构没有任何破坏。但在加入橡胶混炼及在测口型膨胀前返炼时结构可能发生破坏。这种考虑已被 Ban 和 Hess 证实[24]，他们发现在混炼胶中聚结体的断裂是明显的，而对高结构炭黑来说这种现象更加显著。

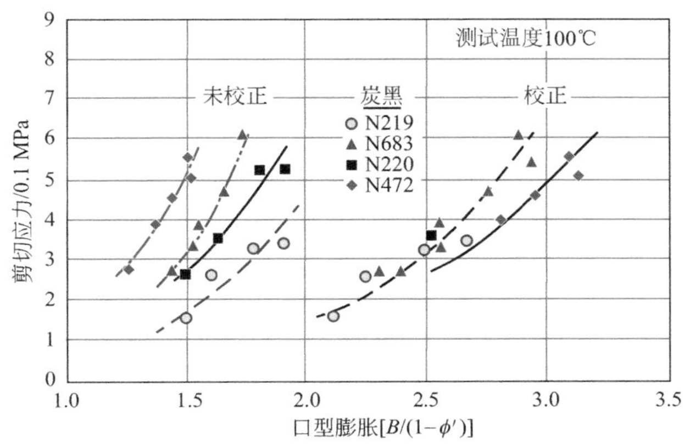

图 5.40　炭黑（35 份）填充 SBR 1500 胶料的剪切应力与口型膨胀的关系
（未校正的曲线和用等效球体体积校正的曲线）

5.3.2 白炭黑胶料的口型膨胀

表 5.5 也列出了用白炭黑、TESPT 改性的白炭黑和炭黑填充的乘用车轮胎胎面胶的口型膨胀和挤出胶外观数据[66]。口型膨胀是用 Plasti-Corder 挤出机在挤出速率 87mL/min 和口型温度 70℃（口型直径 4.75mm）下测定的。可以看到，用未改性白炭黑填充的胶料其口型膨胀最低，而用改性白炭黑的胶料膨胀值最高。显然，改性白炭黑胶料的高膨胀值不可能来自白炭黑的结构，可能与偶联剂进行化学反应导致结合胶含量较高有关。在这种情况下，填料粒子的行为像多重交联键，可增加聚合物基体的弹性记忆。这也可能与填料的聚集有关，因为聚集体可以看作高结构化的填料，只要聚集体在挤出时的剪切速度和温度下不破裂，包容在聚集体里的橡胶可以看作暂时包容胶。因此，对未改性白炭黑填充胶料来说，由于填料聚集高度发达，较低的口型膨胀也是在意料之中的。此外，与 TESPT 改性的白炭黑胶料相比，未改性白炭黑胶料的结合胶含量很少，这也使填料聚集比较多，成为口型膨胀较低的另一原因。

表 5.6 与口型膨胀有关的炭黑性质

炭黑	ASTM 分类	CTAB/(m^2/g)	DBP/(mL/100g)	填充量/份	ϕ	ϕ'
Regal 600	N219		85	35	0.15	0.29
Sterling 105	N683	32	135.5	35	0.15	0.4
Vulcan 6	N220	110	115.2	15	0.07	0.166
				35	0.15	0.356
				50	0.202	0.479
				65	0.247	0.585
Vulcan XC-72	N472	145	187	35	0.15	0.514

5.3.3 挤出胶外观

众所周知，挤出胶外观与橡胶的弹性恢复有关，这是长链分子在口型中经剪切取向产生的应力不能完全释放造成的。挤出胶的扭曲程度会随未释放的应力增加而增大。有些情况下，甚至使挤出胶完全破裂（熔体破裂）。

对于给定胶料，温度提高可有效地减少聚合物的松弛时间，而挤出速率降低也可让聚合物在口型内有足够的松弛。两者均可以减少挤出物的弹性恢复而改善挤出物的表面光滑度。就聚合物而言，影响未填充橡胶表面粗糙度的最主要原因是橡胶分子的缠结，这取决于它们的分子量及其分布，因为，弹性记忆仅存在于在橡胶相中[140]。对任何橡胶，加入填料都能改善挤出胶的表面粗糙度，因为这会降低胶料的弹性组分并减少有效的松弛时间[141]。结构较高的填料将明显增加填料的有效体积[61,143]，使松弛时间变短。此外，填料聚集时，只要这些聚集体在挤出期间的剪切应力下不破坏，就能进一步减少弹性记忆[66]。另一方面，由于聚合物分子的吸附作用，填料聚结体可以作为多功能交联点，致使胶料弹性增加。

炭黑 N330 和操作油（环烷油）对 SBR 胶料的熔体破裂影响示于图 5.41[142]。炭黑用量增高和操作油减少都能改善挤出胶的表面外观。当剪切速率增加时，熔体破裂区域的分界线向左上方移动。

白炭黑用 TESPT 表面改性将使填料的聚集减少和结合胶含量提高，后面将要谈到，就轮胎性能而言，这是胎面胶性能最需要的。另外，正如前面所提到的那样，在白炭黑/TESPT 填充胶料的混炼期间，由于聚合物预交联可使聚合物凝胶化，所以，填料的有效填充量将会显著下降而聚合物基体的弹性将会增加。这使挤出胶表面外观非常差（见表 5.5）。未改性的白炭黑填充的胶料口型膨胀是较低的，而挤出胶的外观也比较好，这无疑与它的填料聚集比较发达和结合胶含量较少有关。白炭黑填充胎面胶料的缺点之一是和挤出有关的加工性较差，其原因是为了提高胶料的耐磨性能，减低滚动阻力以及改善抗湿滑性能，不得不使用硅烷偶联剂以提高聚合物-填料间相互作用和降低填料-填料之间的相互作用。

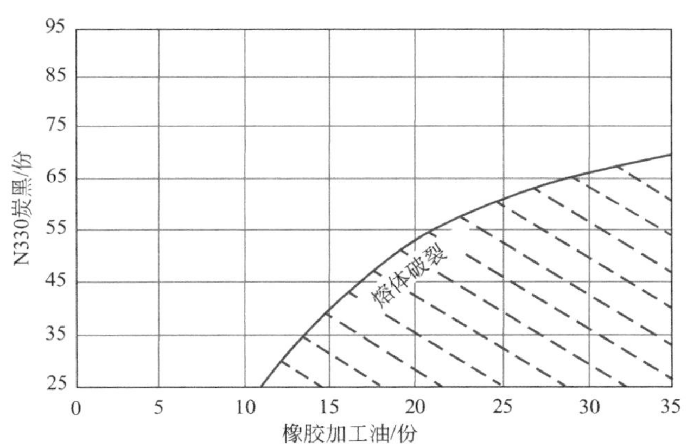

图 5.41　在 100℃和 286.7s^{-1} 下炭黑和操作油对 SBR 1500 胶料挤出胶表面外观的影响

与传统的用干法混炼制备的白炭黑胶料相比较，EVEC-L 胶料在挤出过程中的口型膨胀较小，表面也非常光滑。图 5.42 是乘用车胎胎面挤出的照片。胶料的配方是完全相同的：SSBR/BR（70/30）：100 份；白炭黑：78 份；TESPT：6.4 份。EVEC-L 胶料的加工性能较好可能与结合胶含量低、黏度低以及在胶料中的橡胶分子没有预先交联有关，尽管在胶料中的填料聚结体的聚集也特别低[145]。由于在 EVEC-L 胶料中白炭黑的聚集要比在干法混炼胶料中的低许多，在这种情况下，对于 EVEC 来讲，好像填料的聚集对表面粗糙度和口型膨胀的影响远远低于来自结合胶，特别是聚合物凝胶对聚合物弹性的影响。与前所述，EVEC 胶料在聚合物基体中几乎没有游离的偶联剂，因此不会发生聚合物凝胶化。结合胶含量较低导致 EVEC-L 中的聚合物相可塑度较高，从而使生胎胎面的口型膨胀小且表面光滑。

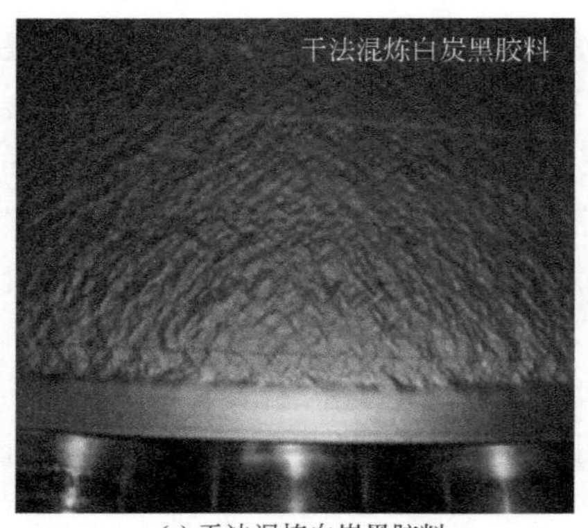

(a) 干法混炼白炭黑胶料

(b) EVEC-L胶料

图 5.42 配方相同的干法混炼胶和 EVEC-L 胶的挤出轮胎胎面的表面粗糙度

5.4 生胶强度

生胶强度一般是指未硫化胶的抗形变和抗断裂性，这在橡胶制品的成型中非常重要。例如，在子午线轮胎成型中，胎体之间的混炼胶可能要承受超过其原先三倍的伸长率[146]。另外，也需要较高的生胶强度以预防生胎在装模前就产生蠕变和变形。

5.4.1 聚合物的影响

(1) 天然橡胶和聚异戊二烯橡胶 一般来讲，天然橡胶（NR）由于在应变时快速结晶而使生胶强度比较高。与合成的聚异戊二烯橡胶（IR）相比，NR 的结晶速度要高得多[147,148]。结晶速度差异的原因之一与其微观分子结构有关。IR 含有大约 93%～98%的顺式结构，而 NR 的顺式结构则为 100%[149,150]，尽管有些研究者报道它含有 1%～2%的 3，4-位聚合物[151,152]。也有人提出 NR 的快速冷冻结晶化与长序顺式-1，4-聚异戊二烯单元[153]和游离脂肪酸[154]的存在密切相关。但是，用新鲜胶乳凝聚制备的 NR 其生胶强度也像 IR 那样低[155]，这时是在应变连续增加而应力不变的情况下断裂的。此外，考虑到这些因素，Cameron 和 McGill 对 SMR（马来西亚标准胶）NR 和 IR 80 做了比较，他们报道，未填充 NR 的屈服应力甚至比 IR 的还低（图 5.43）[150]。除了分子结构以外，似乎好像还有其他因素也能使橡胶的生胶强度提高，其中包括改变应变结晶性、增加橡胶表观分子量以增加分子缠结、在聚合物基体中引进临时的或永久的交联键。在这方面，较高的非橡胶组分，即蛋白质和磷脂，以及在聚合物链上的某些极性官能团都可以在改善生胶强度方面起重要作用[156,157]。

如图 5.43 所示，在低应变下，未填充的 NR 和 IR 胶料的应力均随应变的增加而迅速上升，然后缓慢下降，并在较低的伸长率断裂，其屈服时的伸长率大约为 35%。炭黑 N330 填充的 NR 和 IR 胶料的情况是，在屈服点后其应力随应变增加而连续增加，并在大约 400%伸长率下断裂。在非常低的伸长率下，填充 IR

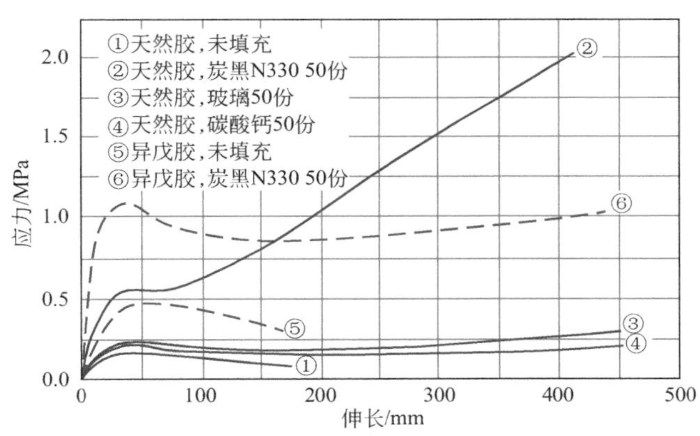

图 5.43 未填充和填充 NR 和 IR 胶料在室温下的应力-应变曲线（拉伸速率 500mm/min）

胶料的模量要比 NR 的高得多。其屈服应力也是很高的，尽管其屈服应变变化不大。这种现象显然与未填充 IR 胶料的高屈服应力值有关，但似乎也涉及其他原因。其中，填料聚集的不同可能在一定程度上造成 NR 和 IR 屈服性能方面的差异。

现已知道在 NR 中有一些来自胶乳本身的非胶组分和为保护胶乳用的氨。这些物质包括诸如蛋白质、磷脂和作为胶乳稳定剂用的类脂物质。当加入填料时，这些物质可以吸附在填料表面上，降低填料的表面能，因此填料的聚集较少。就 IR 来说，它是在溶液中聚合制造的，聚合物中没有表面活性剂，导致填料聚集有一定程度的增加。因此，在低应变下，模量较高是由于包容在填料聚集体里的橡胶较多，致使表观填充量比较高。

超过屈服点后，随着伸长率的增加出现负斜率。这是由聚集体的破裂以及某些缠结或缔合物破坏引起的。同时，在聚合物基体中由于应变-诱导结晶增加，将使模量增加。当这两种对应力的效应相等时，将出现一最小应力，此后应变-诱导结晶的影响是主要的。因此，应力随伸长率增加而增加。像上面所讨论的一样，与 IR 相比较，NR 具有较高的应变-诱导结晶速率，因此，应变变硬效应将更加显著。事实的确如此，在大约 400% 伸长率下，NR 和 IR 的应力分别是 1.95MPa 和 0.98MPa，NR 的应力大约是 IR 的两倍。

像在第 3 章中所讨论的那样，炭黑对混炼胶应力-应变行为的影响，应该与填料在聚合物中的基本效应有关。这可以用非补强填料加以证实。当 $CaCO_3$ 或玻璃粉末用作 NR 的填料时，混炼胶的断裂伸长率和炭黑填充的胶料同样高，而模量和屈服应力是相当低的。这无疑是因为聚合物-填料间相互作用很弱和比表面积很低，导致结合胶和填料聚集很低所致。

(2) 天然橡胶和丁苯橡胶 图 5.44 为含 50 份炭黑 N330 未硫化 NR 和乳聚丁苯橡胶（ESBR）的应力-应变曲线。尽管测试方法不同，但与在图 5.43 中图形相似，在屈服点以后，NR 混炼胶的应力随着拉伸逐渐增加[158]。对于 ESBR 胶料，它在低应变下的应力增加很快，出现非常高的模量。但是，在屈服点以后，样品出现缩颈现象并很快在低伸长率下断裂。因此，胶料的生胶强度可以用屈服应力和屈服应变表示。

NR 和 ESBR 胶料的应力-应变曲线之间的差异，可能由多重机理造成的。如前所述，除聚合物的应变-诱导结晶外，特别是在高伸长率下，生胶性能一般还会受到聚合物的内聚力、填料聚集、聚合物链的缠结和缔合的影响，也与结合胶的形成和凝胶化密切相关。

在炭黑填充的聚合物中结合胶的形成已在本章和第 3 章中详细讨论过。由于聚合物-填料间相互作用，的确会有少量的橡胶固定在填料表面形成橡胶壳。结合胶分子链的其余部分的运动受到限制，但并没有被固定。因此，根据 Cameron 和 McGill[150] 的说法，结合胶中的聚合物链不再单独起作用，而是通过吸附在炭黑聚结体表面使它们具有了一定的内聚性。这种内聚性使结合胶-炭黑复合体的影响要比单独分子的大得多，尽管每个结合胶-炭黑结合体仍然是独立的。几个炭黑粒子是通过单个聚合物分子连接的，这种分子成为两个或多个粒子结合胶的一部分。于是，假若结合胶-炭黑复合体能够连接在一起，则成三维网状结构。这在 NR 中的确可以发生，因为在 NR 纯胶中，总会含有 15%～25%的凝胶，它将与结合胶连接起来形成三维网络结构，尽管结合点远远少于交联的橡胶。相反，SBR 胶料是一种没有凝胶的聚合物，很难形成三维聚合物网络结构。

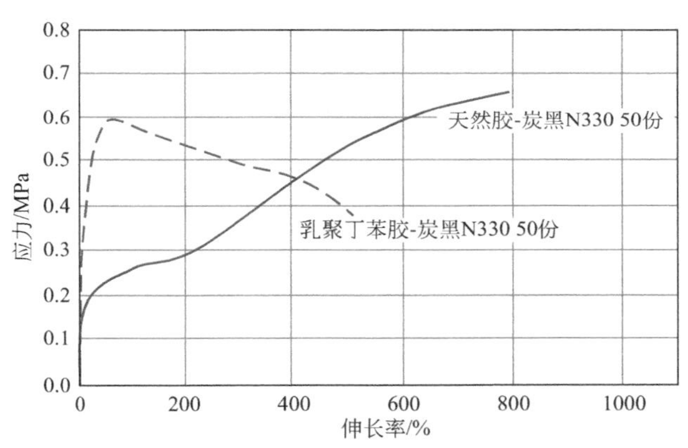

图 5.44　室温下炭黑填充 NR 和 ESBR 的应力-应变曲线

与 NR 相比，ESBR 分子间相互作用比较高，因为分子链中含有芳香基团。由于是无凝胶的聚合物，将产生更多的填料聚集体。这两点都有利于在低应变出现较高的模量。另外，ESBR 是一种无定形橡胶，即不能产生应变-诱导结晶。这与其较低的分子量、较短分子链段和较少的分子缠结一起说明为什么在屈服点后斜率是负的。

5.4.2　填料性质的影响

(1) 填料的形态　如前所述，填料对混炼胶料的应力-应变行为有很大的影响。除填充量以外，填料的形态对混炼胶的生胶强度也有很重要的作用。Cho 和 Hamed[159] 对含 60 份 N990 炭黑的 SBR 1502 胶料的研究表明，与纯胶胶料相比，生胶强度较高，但屈服应变较低。N990 是一种低比表面积和低结构炭黑。当使用高比表面积和较高结构的 N110 时，生胶强度和屈服应变都将明显增加，屈服应变要比纯胶胶料高得多[152]。

最近，Zhang 等人[160]用一系列比表面积范围从 $8m^2/g$ 到 $143m^2/g$，吸油值（DPB）从 43mL/100g 到 127mL/100g 的炭黑，系统研究了填料形态对炭黑填充 SSBR 胶生胶强度的影响。图 5.45 为 4 种典型炭黑填充胶料在拉伸速率从 10mm/min 到 200mm/min 下测定的混炼胶应力-应变曲线。所有胶料的应力都是随应变增加而增加，在屈服点出现最大值，然后一直下降至样品断裂。在屈服点后，应力-应变曲线没有上升的事实无疑是由于没有应变-诱导结晶所致，因为溶液聚合的 SBR 也是非结晶橡胶。起始模量、屈服应力和屈服应变都随拉伸速率增加而增加。

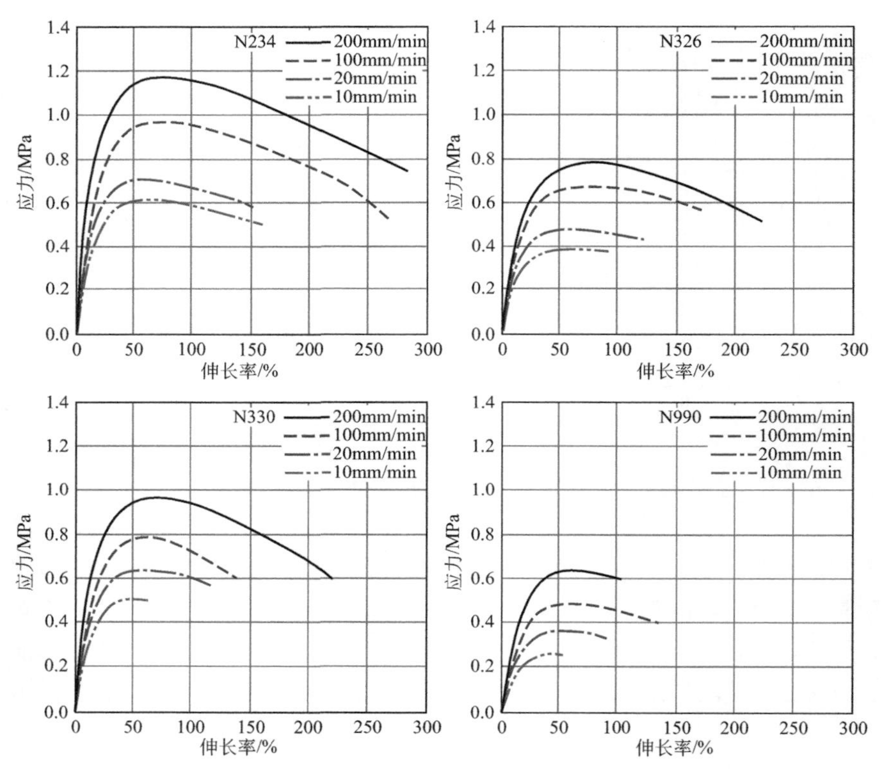

图 5.45 用各种炭黑填充 SSBR 胶料的应力-应变曲线

炭黑比表面积和结构对屈服应力和屈服应变的影响分别示于图 5.46 和图 5.47。随着炭黑比表面积的增加，屈服应力（此处亦代表生胶强度）和屈服应变都增加。但是，当结构性增加时，屈服应力增加的同时，屈服应变有轻微下降。

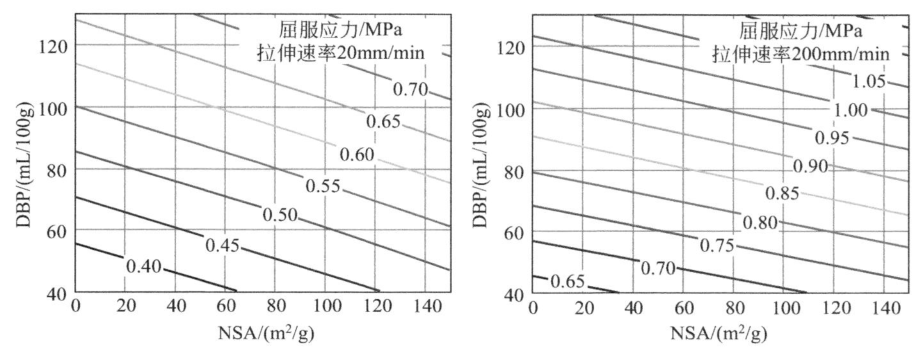

图 5.46 炭黑比表面积和结构对填充 SSBR 胶料屈服应力的影响

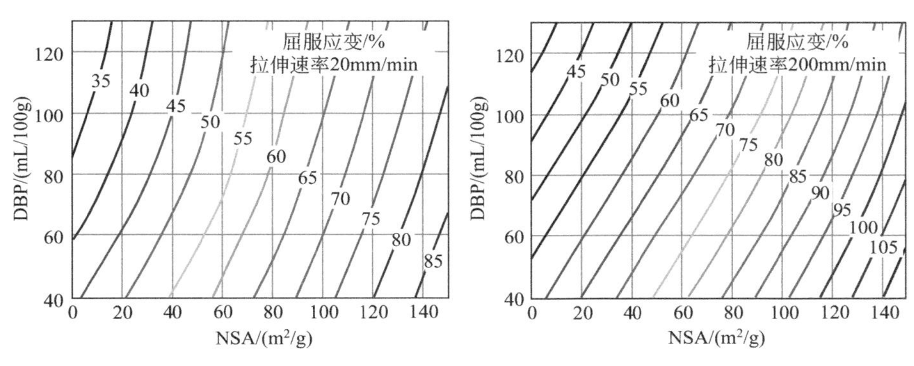

图 5.47 炭黑比表面积和结构对炭黑填充 SSBR 胶料屈服应变的影响

当混炼胶用高比表面积炭黑填充时，几种原因可能导致生胶强度增加。较高的表面能[45]、较高的界面面积、较多的结合胶[18]和较短的聚结体之间的距离[62]，都可以有助于通过聚合物链缠结和填料的聚集形成聚合物网络。随着填料结构的增加，填料的有效体积将增加，这一方面可以提高屈服应力，但另一方面会降低聚合物的有效体积分数，导致屈服应变有所下降。

(2) 填料的表面能 已经发现除填料的形态外，另一个影响生胶强度的重要因素是填料的表面能。以 SBR 和 BR 为基础的乘用车轮胎胎面胶料的生胶强度示于表 5.5[25]。用 50 份填料填充 SBR 胶料也有相似的结果。图 5.48 和图 5.49 分别是填充各种填料的 SBR 生胶强度和屈服应变与应变速率的关系[66]。

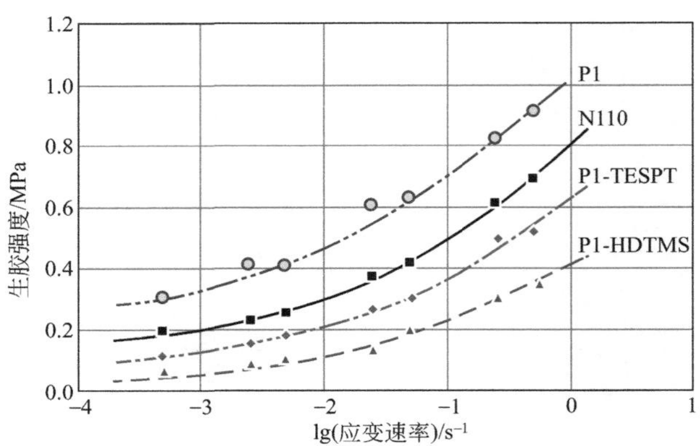

图 5.48　SBR 填充胶的生胶强度与应变速率的关系（填料用量：50 份，测试温度：室温）

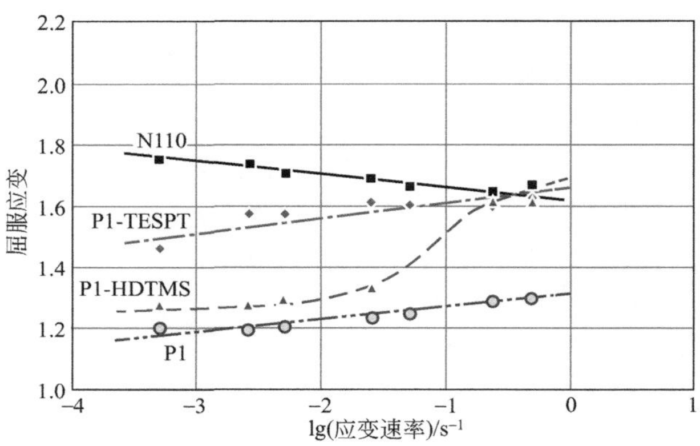

图 5.49　SBR 填充胶的屈服应变与应变速率的关系（填料用量：50 份，测试温度：室温）

在两种情况下，与表面改性的白炭黑胶料相比，未改性的白炭黑和炭黑的生胶强度（屈服应力）较高，但屈服应变则完全不同。填充炭黑胶料的屈服应变最高，而加入白炭黑的胶料是最低的。看来炭黑胶料的高屈服应变好像与其较高的聚合物-填料相互作用有关，而白炭黑胶料的高生胶强度应该来自较强的填料聚集。这些聚集体是僵硬的、脆的，导致屈服应变非常低。

用 HDTMS 改性的白炭黑的胶料，其生胶强度和屈服应变都非常低，这当然与聚合物-填料及填料-填料之间的相互作用低有关，即这种白炭黑表面能的极性组分和色散组分都很低。与用 HDTMS 改性的白炭黑胶料相比，双官能硅烷偶联剂 TESPT 改性的白炭黑的胶料，其生胶强度和屈服应变都比较高，这应与结合胶含量高，以及在混炼期间白炭黑表面和聚合物之间及聚合物分子之间的预交联有关。

参考文献

[1] Fielding J H. Impact Resilience in Testing Channel Black. *Ind. Eng. Chem.*, 1937, 29: 880.

[2] Twiss D F. *J. Soc. Chem. Ind*,, 1925, 44: 106.

[3] Sweitzer C W, Goodrich W C, Burgess, K A. *Rubber Age*, 1949, 65: 651.

[4] Leblanc J L. Rubber-filler Interactions And Rheological Properties in Filled Compounds. *Prog. Polym. Sci.*, 2002, 27: 627.

[5] Karsek L. *Inter. Poly. Sci. Technol.*, 1994, 21: T/35.

[6] Kraus G. Interactions of Elastomers and Reinforcing Fillers. *Rubber Chem. Technol.*, 1965, 38: 1070.

[7] Dannenberg E M. Bound Rubber and Carbon Black Reinforcement. *Rubber Chem. Technol.*, 1986, 59: 512.

[8] Stickney P B, Falb R D. Carbon Black-Rubber Interactions and Bound Rubber. *Rubber Chem. Technol.*, 1964, 37: 1299.

[9] Wang M -J. Effect of Polymer-Filler and Filler-Filler Interactions on Dynamic Properties of Filled Vulcanizates. *Rubber Chem. Technol.*, 1998, 71: 520.

[10] Gessler A M, Hess W M, Medalia, A I. *Plast. Rubb. Process.*, 1978, 3: 141.

[11] Southwart D W. Comparison of Bound Rubber and Swelling in Silicone Rubber/Silica Mixes And in Silicone Rubber Vulcanizates. *Polymer*, 1976, 17: 147.

[12] Leblanc J L, Stragliati B. An Extraction Kinetics Method to Study the Morphology of Carbon Black Filled Rubber Compounds. *J. Appl. Poly. Sci.*, 1997, 63: 959.

[13] Papirer E, Voet A, Given P H. Transfer of Labeled Hydrogen Between Elastomers And Carbon Black. *Rubber Chem. Technol.*, 1969, 42: 1200.

[14] Watson W F. Combination of Rubber and Carbon Black on Cold Milling. *Ind. Eng. Chem.*, 1955, 47: 1281.

[15] Roychoudhury A, De P P. Elastomer-Carbon Black Interaction: Influence of Elastomer Chemical Structure and Carbon Black Surface Chemistry on Bound Rubber Formation. *J. Appl. Poly. Sci.*, 1995, 55: 9.

[16] Dessewffy O. *Magyar Kemiai Folyoiral*, 1961, 67: 259.

[17] Cotton G R. Influence of Carbon Black on Processability of Rubber Stocks. I. Bound Rubber Formation. *Rubber. Chem. Technol.*, 1975, 48: 548.

[18] Wolff S, Wang M -J, Tan E H, Filler-Elastomer Interactions. Part VII. Study on Bound Rubber. *Rubber. Chem. Technol.*, 1993, 66: 163.

[19] Kida N, Ito M, Yatsuyanagi F, et al. Studies on the Structure and Formation Mechanism of Carbon Gel in the Carbon Black Filled Polyisoprene Rubber Composite. *J. Appl. Poly. Sci.*, 1996, 61: 1345.

[20] Dessewffy O. Dependence of Bound Rubber on Concentration of Filler and on Temperature I. *Rubber. Chem. Technol.*, 1962, 35: 599.

[21] Frisch H L, Simha R. Statistical Mechanics of Flexible High Polymers at Surfaces. *J. Chem. Phys.*, 1957, 27: 702.

[22] Kraus G, Dugone J. Adsorption of Elastomers on Carbon Black. *Ind. Eng. Chem.*, 1955, 47: 1809.

[23] Ban L L, Hess W M, Papazian L A. New Studies of Carbon-Rubber Gel. *Rubber Chem. Technol.*,

1974, 47: 858.

[24] Ban L L, Hess W M. *Les Interactions Entre les Élastomères et les Surfaces Solides Ayant Une Action Renforçante*, *Colloques Internationaux du CNRS*, *No*. 231, Paris, 1975.

[25] Wolff S, Wang M -J, Tan, E H. Surface Energy of Fillers and Its Effect on Rubber Reinforcement Part 2. *Kautsch*. *Gummi*. *Kunstst*., 1994, 47: 873.

[26] Polmanteer K E, Lentz, C W. Reinforcement Studies-Effect of Silica Structure on Properties and Crosslink Density. *Rubber Chem*. *Technol*., 1975, 48: 795.

[27] Wolff S, Wang M -J. Filler-Elastomer Interactions. Part IV. The Effect of the Surface Energies of Fillers on Elastomer Reinforcement. *Rubber Chem*. *Technol*., 1992, 65: 329.

[28] Li Y F, Xia Y X, Xu D P, et al. Surface Reaction of Particulate Silica with Polydimethylsiloxanes. *J*. *Polym*. *Sci*.: *Polym*. *Chem*. *Ed*., 1981, 19: 3069.

[29] Kaufman S, Slichter W P, Davis, D D. Nuclear Magnetic Resonance Study of Rubber-Carbon Black Interactions. *J*. *Polym*. *Sci*. *Part A*-2, 1971, 9: 829.

[30] O'Brien J, Caschell E, Wardell G E, et al. An NMR Investigation of the Interaction Between Carbon Black and *cis*-Polyutadiene. *Rubber Chem*. *Technol*., 1977, 50: 747.

[31] Luchow H, Breier E, Gronski W, meeting of the *Rubber Division*, *ACS*, Anaheim, 1997.

[32] Kraus G. Reinforcement of Elastomers of Carbon Black. *Rubber*. *Chem*. *Technol*., 1978, 51: 297.

[33] Kraus G, Gruver, J T. Thermal Expansion, Free Volume, and Molecular Mobility in a Carbon Black-Filled Elastomer. *J*. *Polym*. *Sci*. *Part A*-2, 1970, 8: 571.

[34] Kenny J C, McBrierty V J, Rigbi Z, et al. Carbon Black Filled Natural Rubber. 1. Structural Investigations. *Macromolecules*, 1991, 24: 436.

[35] O'Brien J, Caschell E, Wardell G E et al. An NMR Investigation of the Interaction between Carbon Black and cis-Polybutadiene. *Macromolecules*, 1976, 9: 653.

[36] Litvinov V M, Barthel H, Weis J. Structure of a PDMS Layer Grafted onto a Silica Surface Studied by Means of DSC and Solid-State NMR. *Macromolecules*, 2002, 35: 4356.

[37] Kraus G, Gruver J T. Molecular Weight Effects in Adsorption of Rubbers on Carbon Black. *Rubber Chem*. *Technol*., 1968, 41: 1256.

[38] Pliskin. I, Tokita N. Bound Rubber in Elastomers: Analysis of Elastomer-Filler Interaction and Its Effect on Viscosity and Modulus of Composite Systems. *J*. *Appl*. *Polym*. *Sci*., 1972, 16: 473.

[39] Leblanc J L. A Molecular Explanation for the Origin of Bound Rubber in Carbon Black Filled Rubber Compounds. *J*. *Appl*. *Polym*. *Sci*., 1997, 66: 2257.

[40] Meissner B. Theory of Bound Rubber. *J*. *Appl*. *Polym*. *Sci*., 1974, 18: 2483.

[41] Cohen-Addad J P, Frébourg P. Gel-like Behaviour of Polybutadiene/Carbon Black Mixtures: NMR and Swelling Properties. *Polymer*, 1996, 37: 4235.

[42] Meissner B. Bound Rubber Theory and Experiment. *J*. *Appl*. *Polym*. *Sci*., 1993, 50: 285.

[43] Cohen-Addad J P. Silica-Siloxane Mixtures. Structure of the Adsorbed Layer: Chain Length Dependence. *Polymer*, 1989, 30: 1820.

[44] Cohen-Addad J P. Sol or Gel-Like Behaviour of Ideal Silica-Siloxane Mixtures: Percolation Approach. *Polymer*, 1992, 33: 2762.

[45] Wang M -J, Wolff S, Donnet J -B. Filler-Elastomer Interactions. Part III. Carbon-Black-Surface Energies and Interactions with Elastomer Analogs. *Rubber*. *Chem*. *Technol*., 1991, 64: 714.

[46] Tan E H, Wolff S, Haddeman M, et al. Filler-Elastomer Interactions. Part IX. Performance of Silicas in Polar Elastomers. *Rubber. Chem. Technol.*, 1993, 66: 594.

[47] Pouchelon A, Vondracek P. Semiempirical Relationships Between Properties and Loading in Filled Elastomers. *Rubber. Chem. Technol.*, 1989, 62: 788.

[48] Kraus G. Reinforcement of Elastomers. New York: John Wiley and Sons, 1965.

[49] Gessler, A M. *Proc. Int. Rubber Conf.*, 5th, Brighton, England, 1967, p. 249.

[50] Hess W M, Ban L L, Eckert F J, et al. Microstructural Variations in Commercial Carbon Blacks. *Rubber Chem. Technol.*, 1968, 41: 356.

[51] Hess W M, Chirico V E, Burgess K A. *Kautsch. Gummi Kunstst.*, 1973, 26: 344.

[52] Heckman F A, Medalia A I. *J. Inst. Rubber Ind.*, 1969, 3: 66.

[53] Gessler A M. Effect of Mechanical Shear on the Structure of Carbon Black in Reinforced Elastomers. *Rubber Chem. Technol.*, 1970, 43: 943.

[54] Serizawa H, Nakamura T, Ito M, et al. Effects of Oxidation of Carbon Black Surface on the Properties of Carbon Black-Nature Rubber Systems. *Polym. J.*, 1983, 15: 201.

[55] Wang M -J, Wolff S. Filler-Elastomer Interacitons. Part VI. Characterization of Carbon Blacks by Inverse Gas Chromatography at Finite Concentration. *Rubber Chem. Technol.*, 1992, 65: 890.

[56] Payne A R. The Dynamic Properties of Carbon Black-Loaded Natural Rubber Vulcanizates. Part I. *J. Polym. Sci.*, 1962, 6: 57.

[57] Voet A, Cook F R. Investigation of Carbon Chains in Rubber Vulcanizates by Means of Dynamic Electrical Conductivity. *Rubber Chem. Technol.*, 1968, 41: 1207.

[58] Kraus G. *J. Appl. Polym. Sci.*, *Applied Polymer Symposia*, 1984, 39: 75.

[59] Freund B, Wolff S, *meeting of the Rubber Division*, *ACS*, Mexico City, Mexico, May 9-12, 1989.

[60] Smit P P A. Glass Transition in Carbon Black Reinforced Rubber. *Rubber Chem. Technol.*, 1968, 41: 1194.

[61] Medalia A I. Morphology of Aggregates VI. Effective Volume of Aggregates of Carbon Black from Electron Microscopy; Application to Vehicle Absorption and to Die Swell of Filled Rubber. *J. Colloid Interf. Sci.*, 1970, 32: 115.

[62] Wang M -J, Wolff S, Tan E H. Filler-Elastomer Interactions. Part VIII. The Role of the Distance Between Filler Aggregates in the Dynamic Properties of Filled Vulcanizates. *Rubber Chem. Technol.*, 1993, 66: 178.

[63] Wolff S, Wang M -J, Tan E H. Surface Energy of Fillers and Its Effect on Rubber Reinforcement. Part I. *Kautsch. Gummi Kunstst.*, 1994, 47: 780.

[64] Hess W M, Lyon F, Burgess K A. Einfluβ der Adhäsion zwischen Ruβ und Kautschuk auf die Eigenschaften der Vulkanisate. *Kautsch. Gummi Kunstst.*, 20, 135 (1967).

[65] Donnet J -B, Wang W, Vidal A, et al. Study of Surface Activity of Carbon Black by Inverse Gas Chromatography. Part II. Effect of Carbon Black Thermal Treatment on its Surface Characteristics and Rubber Reinforcement. *Kautsch. Gummi Kunstst.*, 1993, 46: 866.

[66] Wang M -J, Application of Inverse Gas Chromatography to the Study of Rubber Reinforcement. In: Nardin M, Papirer E (Editors). Powder and Fibers: Interfacial Science and applications. Boca Raton, FL: CRC Press-Taylor and Francis Group, 2007.

[67] Brennan J J, Jermyn T E, Boonstra B B. Carbon Black-Polymer Interaction: A Measure of Reinforce-

ment. *J. Appl. Polym. Sci.*, 1964, 8: 2687.

[68] Wang M -J, Wolff S, Freund B. Filler-Elastomer Interactions. Part XI. Investigation of the Carbon-Black Surface by Scanning Tunneling Microscopy. *Rubber Chem. Technol.*, 1994, 67: 27.

[69] Wang W, Vidal A, Donnet J -B, et al. Study of Surface Activity of Carbon Black by Inverse Gas Chromatography, Part III: Superficial Plasma Treatment of Carbon Black and Its Surface Activity. *Kautsch. Gummi. Kunstst.*, 1993, 46: 933.

[70] Cataldo F. Effects of Radiation Pretreatments on the Rubber Adsorption Power and Reinforcing Properties of Fillers in Rubber Compounds. *Polym. Inter.*, 2001, 50: 828.

[71] Wang M -J, Tu H, Murphy, L J, et al. Carbon-Silica Dual Phase Filler, A New Generation Reinforcing Agent for Rubber: Part VIII. Surface Characterization by IGC. *Rubber. Chem. Technol.*, 2000, 73: 666.

[72] Mahmud K, Wang M -J, Francis R A. Elastomeric compounds incorporating silicon-treated carbon blacks. U. S. Patent, 5830930, 1998.

[73] Sheng E, Sutherland I, Bradley R H, et al. Effects of A Multifunctional Additive on Bound Rubber in Carbon Black and Silica Filled Natural Rubbers. *Eur. Polym. J.*, 1996, 32: 35.

[74] Ayala J A, Hess W M, Dotson A O, et al., New Studies on the Surface Properties of Carbon Blacks. *Rubber. Chem. Technol.*, 1990, 63: 747.

[75] Lezhnev N N, Lyalina N M, Zelenev Y V, et al. *Colloid J.*, 1966, 28: 342.

[76] Wang M -J, Wolff S. Filler-Elastomer Interactions. Part V. Investigation of the Surface Energies of Silane-Modified Silicas. *Rubber. Chem. Technol.*, 1992, 65: 715.

[77] Wang M -J, Doctor' s Thesis, France: Universite de Haute Alsace, 1984.

[78] Wolff S, Wang M -J, Tan E H. Filler-Elastomer Interactions. Part X. *Kautsch. Gummi. Kunstst.*, 1994, 47: 102.

[79] Aranguren M I, Mora E, Macosko C W. Compounding Fumed Silicas into Polydimethylsiloxane: Bound Rubber and Final Aggregate Size. *J. Colloid Interf. Sci.*, 1997, 195: 329.

[80] Leblanc J L, Evo C, Lionnet R. Composite Design Experiments to Study the Relationships between the Mixing Behavior and Rheological Properties of SBR Compounds. *Kautsch. Gummi. Kunstst.*, 1994, 47: 401.

[81] Funt J M, *meeting of the Rubber Division*, *ACS*, Cleveland, Ohio Oct. 1-4, 1985.

[82] Gerke R H, Ganzhorn G H, Howland L H, et al. Manufacture of rubber. U. S. Patent, 2118601, 1938.

[83] Dannenberg E M. Carbon Black Dispersion and Reinforcement. *Ind. Eng. Chem.*, 1952, 44: 813.

[84] Barton B C, Smallwood H M, Ganzhorn G H. Chemistry in Carbon Black Dispersion. *J. Polym. Sci.*, 1954, 13: 487.

[85] Cotton G R. Mixing of Carbon Black with Rubber. II. Mechanism of Carbon Black Incorporation. *Rubber. Chem. Technol.*, 1985, 58: 774.

[86] Gessler A M. *Rubber Age*, 1969, 101: 54.

[87] Berry J P, Cayré P J. The Interaction Between Styrene-Butadiene Rubber and Carbon Black on Heating. *J. Appl. Polym. Sci.*, 1960, 3: 213.

[88] Wang M -J. The Role of Filler Networking in Dynamic Properties of Filled Rubber. *Rubber Chem. Technol.*, 1999, 72: 430.

[89] Wang M -J. Studies on Basic Properties of Several Antioxidants. Technical Bulletin, BRDIRI, May 1975.

[90] Wang M -J. *Third International Conference on Carbon Black*, Mulhouse, France, Oct. 25-26, 2000.

[91] Stickney P B, McSweeney E E, Muller W J, et al. Bound-Rubber Formation in Diene Polymer Stocks. *Rubber Chem. Technol.*, 1958, 31: 369.

[92] Crowther B G, Edmondson H M. Rubber Technology and Manufacture. Cleveland, Ohio: CRC Press, 1971.

[93] Villars D S. Studies on Carbon Black. Ⅲ. Theory of Bound Rubber. *J. Polym. Sci.*, 1956, 21: 257.

[94] Influence of Carbon Black Activity on Processability of Rubber Stocks Part I, Cabot, Alpharetta, Georgia, 1974.

[95] Cotton G R. Mixing of Carbon black with Rubber, IV. Effect of Carbon Black Characteristics. *RUBBEREX* 86 *Proceeding*, ARPMA, April, 29-May, 1, 1986.

[96] Ashida M, Abe K, Watanabe T. Studies on Bound Rubber in Elastomer Blends (Ⅲ) Bound Rubbers in IR, BR and SBR Mixed with Silica. *Nippon Gomu Kyokaishi*, 1976, 49: 821.

[97] Leblanc J L, Hardy P. *Kautsch. Gummi Kunstst.*, 1991, 44: 1119.

[98] Wang M -J. Effect of Filler-Elastomer Interaction on Tire Tread Performance Part Ⅲ. *Kautsch. Gummi Kunstst.*, 2008, 61: 159.

[99] Functionalization of Elastomers by Reactive Mixing, MRPRA, Malaysia, 1994.

[100] Wang M -J, Brown T A, Dickinson R E. Elastomer Composition and Method. U. S. Patent, 5916956, 1999.

[101] Brown T A, Wang M -J. Elastomers Compositions with Dual Phase Aggregates and Pre-Vulcanization Modifier. U. S. Patent, 6172154, 2001.

[102] Terakawa K, Muraoka K. *IRC' 95*, Kobe, Japan, Oct. 23-27, 1995. pp 24.

[103] Hamerton I. Recent Developments in Epoxy Resins. *RAPRA Review Reports* (*Report* 91), 8, No. 7, 1996.

[104] Wampler W A, Gerspacher M, Yang H H, et al. *Rubber & Plastics News*, pp 45, April 24, 1995.

[105] Gerspacher M. *IRC' 96*, Manchester, June 17-20, 1996.

[106] Degussa AG, *Tech. Inf. Bull.*, No. 6030. 1, Sempt. 1995.

[107] Wolff S. Optimization of Silane-Silica OTR Compounds. Part 1: Variations of Mixing Temperature and Time During the Modification of Silica with Bis- (3-triethoxisilylpropyl) -tetrasulfide. *Rubber Chem. Technol.*, 1982, 55: 967.

[108] Patkar S D, Evans L R, Waddel W H. *International Tire Exhibition and Conference*, Akron, Ohio, Sept. 10-12, 1996.

[109] Wang M -J, Wang T, Wong Y L, et al. NR/Carbon Black Masterbatch Produced with Continuous Liquid Phase Mixing. *Kautsch. Gummi Kunstst.*, 2002, 55: 388.

[110] Wang M -J. Application of EVEC to Passenger Tire Treads. *Tire Technology Conference*, Hannover, Germany, Feb. 16～18, 2016.

[111] Wang M -J, Morris M, Kutsovsky Y. Effect of Fumed Silica Surface Area on Silicone Rubber Reinforcement. *Kautsch. Gummi Kunstst.*, 2008, 61: 107.

[112] Donnet J -B, Voet A. Carbon Black Physics, Chemistry, and Elastomer Reinforcement. New York: Marcel Dekker, 1976.

[113] Wolff S, Wang M -J, Tan E H, *meeting of the Rubber Division*, *ACS*, Detroit, 1991.

[114] Shi Z, Doctor' s Thesis, France: University of Haute Alsace, 1989.

[115] Smit P P A. *Les Interactions Entre les Élastomères et les Surfaces Solides Ayant Une Action Renforçante*, *Colloques Internationaux du CNRS*, *No*. 231, Paris, 1975.

[116] Smit P P A. The Effect of Filler Size and Geometry on the Flow of Carbon Black Filled Rubber. *Rheol. Acta*, 1969, 8: 277.

[117] Smit P P A, Van der Vegt A K. *Kautsch. Gummi Kunstst.*, 1970, 23: 4.

[118] Gregiry M J, Tan A S, *Proc. Int. Rubber Conf.*, Kuala Lumpur, Vol. IV, p28.

[119] Vondráček P, Schätz M. Bound Rubber and "Crepe Hardening" in Silicone Rubber. *J. Appl. Polym. Sci.*, 1977, 21: 3211.

[120] DeGroot Jr. J V, Macosko C W. Aging Phenomena in Silica-Filled Polydimethylsiloxane. *J. Colloid Interf. Sci.*, 1999, 217: 86.

[121] Wolff S, Wang M -J. Physical Properties of Vulcanizates and Shift Factors. *Kautsch. Gummi Kunstst.*, 1994, 47: 17.

[122] Medalia A I. Morphology of Aggregates I. Calculation of Shape and Bulkiness Factors; Application to Computer-Simulated Random Flocs. *J. Colloid Interf. Sci.*, 1967, 24: 393.

[123] Guth E, Simha R. Untersuchungen über die Viskosität von Suspensionen und Lösungen. 3. Über die Viskosität von Kugelsuspensionen. *Kolloid Z.*, 1936, 74: 266.

[124] Guth E, Gold O. Viscosity and Electroviscous Effect of the AgI Sol. II. Influence of the Concentration of AgI and of Electrolyte on the Viscosity. *Phys. Rev.*, 1938, 53: 322.

[125] Guth E. Theory of Filler Reinforcement. *J. Appl. Phys.*, 1945, 16: 20.

[126] Boonstra B B. Chapter 7. In: Blow C M, Hepburn C (Editors). Rubber Technology and Manufacture, 2nd ed., London: Buttenvorths, 1982.

[127] Fujimoto K, Nishi T. Studies on Heterogeneity in Filled Rubber Systems. (Part I). Molecular Motion in Filler-Loaded Unvulcanized Naural Rubber. *Nippon Gomu Kyokaishi*, 1970, 43: 54.

[128] Fujimoto K, Ueki T, Mifune N. Studies on Young's Modulus, and Poisson's Ratio of Particles Filled Vulcanizates. *Nippon Gomu Kyokaishi*, 1984, 57: 23.

[129] P. P. A. Smit, Rhoel. Acta, 5, 277 (1966).

[130] AFM Observation of Bound Rubber. EVE Rubber Institute, Qingdao, China, 2017.

[131] Voet A, Sircar A K, Mullens T J. Electrical Properties of Stretched Carbon Black Loaded Vulcanizates. *Rubber Chem. Technol.*, 1969, 42: 874.

[132] Voet A, Morawski J C. Dynamic Mechanical and Electrical Properties of Vulcanizates at Elongations up to Sample Rupture. *Rubber Chem. Technol.*, 1974, 47: 765.

[133] Lee B L. Reinforcement of Uncured and Cured Rubber Composites and Its Relationship to Dispersive Mixing-An Interpretation of Cure Meter Rheographs of Carbon Black Loaded SBR and *cis*-Polybutadiene Compounds. *Rubber Chem. Technol.*, 1979, 52: 1019.

[134] Sircar A K. *Rubber World*, 1987, 196, Nov., 30.

[135] Wang M -J, Wolff S, Donnet J -B. Filler-Elastomer Interactions. Part I: Slilica Surface Energies and Interactions with Model Compounds. *Rubber Chem. Technol.*, 1991, 64: 559.

[136] Chin P S. *J. Rubber Res. Inst. Malaysia*, 1960, 22 (1): 56.

[137] Leblenc J L. *IRC*' 98, Paris, France, 1998, pp 12-14.

[138] Westlinning H. Verstärkerfüllstoffe für Kautschuk. *Paper presented at D.K.G.*, Freiburg, Ger-

many, Oct. 3-6, 1962.

[139] Song J, He F, Zhang H, et al. Storage Hardening Effect of EVEC. EVE Rubber Institute, Unpublished.

[140] Spencer R S, Dillon R E. The Viscous Flow of Molten Polystyrene. *J. Colloid Sci.*, 1948, 3: 163.

[141] Minagawa N, White J L. The Influence of Titanium Dioxide on the Rheological and Extrusion Properties of Polymer Melts. *J. Appl. Polym. Sci.*, 1976, 20: 501.

[142] Hopper J R. Effect of Oil and Black on SBR Rheological Properties. *Rubber Chem. Technol.*, 1967, 40: 463.

[143] Cotton G R. *Rubber Age*, 1968, 100 (11): 51.

[144] Dannenberg E M, Stokes C A. Characteristics of Reinforcing Furnace Blacks. *Ind. Eng. Chem.*, 1949, 41: 812.

[145] Wang M -J. Application of EVE Compounds to Passenger Tire Treads. *The International Tire Exhibition & Conference*, Akron, Ohio, USA, Sep. 13-15, 2016.

[146] Buckler E J, Briggs G J, Dunn J R, et al. Green Strength of Emulsion SBR. *Rubber Chem. Technol.*, 1978, 51: 872.

[147] Andrews E H, Owen P J, Singh A. Microkinetics of Lamellar Crystallization in a Long Chain Polymer. *Proc. R. Soc. Lond. A*, 1971, 324: 79.

[148] Gent A N. Crystallization in Natural Rubber II. The Influence of Impurities. *Rubber Chem. Technol.*, 1955, 28: 457.

[149] Chen H Y. Determination of *cis*-1, 4 and *trans*-1, 4 Contents of Polyisoprenes by High Resolution Nuclear Magnetic Resonance. *Rubber Chem. Technol.*, 1965, 38: 90.

[150] Cameron A, McGill W J. A Theory of Green Strength in Polyisoprene. *J. Polym Sci: Part A, Polymer Chemistry*, 1989, 27: 1071.

[151] Bruzzone M, Corradini G, de Chirico A, et al. 4th *Synthetic Rubber, Symposium*, London, 1969, pp 83.

[152] Hackathome M, Brock M J. *Rubber Age*, 1972, 104: 60.

[153] Burfield D R, Tanaka Y. Cold Crystallization of Natural Rubber and Its Synthetic Analogues: The Influence of Chain Microstructure. *Polymer*, 1987, 28: 907.

[154] Kawahara S, Nishiyama N, Matsuura A, et al. Crystallization Behavior of Natural Rubber, Part I. Effect of Mixed Fatty Acid on the Crystallization of *cis*-1, 4 Polyisoprene. *Nippon Gomu Kyokaishi*, 1999, 72: 288.

[155] Ichikawa N, Eng A H, Tanaka Y. Natural Rubber-Current Developments in Product Manufacture and Application. Kuala Lumpur: Rubber Research Institute of Malaysia, 1993.

[156] Amnuaypornsri S, Sakdapipanich J, Tanaka Y. Green Strength of Natural Rubber: The Origin of the Stress-Strain Behavior of Natural Rubber. *J. Appl. Polym. Sci.*, 2009, 111: 2127.

[157] Kawahara S, Isono Y, Sakdapipanich J T, et al. Effect of Gel on the Green Strength of Natural Rubber. *Rubber Chem. Technol.*, 2002, 75: 739.

[158] Hamed G R. Tack and Green Strength of NR, SBR, and NR/SBR Blends. Rubber Chem. Technol. 1981, 54: 403.

[159] Cho P L, Hamed G R. Green Strength of Carbon-Black-Filled Styrene-Butadiene Rubber. *Rubber Chem. Technol.*, 1992, 65: 475.

[160] Zhang H, He F J, Yi L M. Green Strength of Carbon Black-Filled SBR Compound. EVE Rubber Institute, Qingdao, China, 2018.

（王从厚、张皓译）

第6章 填料对硫化胶性质的影响

6.1 溶胀

鉴于未交联的橡胶能够溶解在良性溶剂中，硫化胶在溶剂中的溶胀度将由其交联密度和溶剂的性质所决定。显然，在给定的溶剂中，橡胶的交联密度越高，其溶胀度越低。反之，给定交联密度，溶剂溶解力越强，溶胀度也越高。Flory 和 Rehner[1-3] 将平衡溶胀度和交联键密度 ν 联系起来：

$$\nu=-\frac{1}{\rho V_{\mathrm{s}}}\left\{[\ln(1-V_{\mathrm{r}})+V_{\mathrm{r}}+\chi V_{\mathrm{r}}^{2}]/(V_{\mathrm{r}}^{1/3}-\frac{1}{2}V_{\mathrm{r}})\right\} \tag{6.1}$$

式中，V_{r} 是溶胀橡胶中的橡胶体积分数；V_{s} 是溶剂摩尔体积；ρ 是橡胶密度，χ 是橡胶和溶胀液体之间相互作用常数，也称为“橡胶-溶剂相互作用参数”。这一关系是由统计学和液体与网络链混合热力学理论推导而来，只适用于无链缠结和链端的理想网络。这一公式对纯胶硫化胶是适用的，但它在填充硫化胶体系的应用更加重要。遗憾的是，将刚性填料粒子放入橡胶网络中时出现了严重的理论和应用问题。

Lorenz 和 Parks[4] 用炭黑 HAF（N330）填充的硫黄硫化天然胶发现，硫化胶的溶胀值 Q_{CB} 与纯胶硫化胶的溶胀值 Q_{gum} 的比值为：

$$Q_{\mathrm{CB}}/Q_{\mathrm{gum}}=a\mathrm{e}^{-z}+b \tag{6.2}$$

式中，z 是补强填料的质量填充量；a 和 b 是常数。除交联密度影响外，$Q_{\mathrm{CB}}/$

Q_{gum} 也取决于聚合物-填料相互作用。

假设填料在溶剂中不溶胀，则溶胀橡胶中橡胶的体积分数 V_{rf}（需对填料体积做校正）将与纯胶的 V_{ro} 不同。就补强填料而言，由物理和/或化学吸附引起比较强的相互作用，其影响可能与硫化胶中的交联键一样。因此，对橡胶基体中交联密度不受填料影响的硫化胶来讲，V_{ro}/V_{rf} 应该随填料用量和聚合物-填料相互作用而变化。鉴于这些考虑，Kraus[5] 对非黏附式（填料-聚合物无相互作用）和黏附式（聚合物-填料有相互作用）填充硫化胶的 V_{ro}/V_{rf} 提出了不同的表达公式。

(1) 非黏附填料 假设 q_0 是橡胶的线性溶胀系数，ϕ 是填料的体积分数，那么溶胀橡胶的最终体积将是 $(1-\phi)q_0^3$。另外，当硫化胶溶胀时，会在每个粒子周围形成一溶剂层。这部分溶剂的体积为 $\phi(q_0^3-1)$，显然应将其加到溶胀橡胶的体积中。因此橡胶的体积溶胀比 Q 为：

$$Q=V_{rf}^{-1}=(q_0^3-\phi)/(1-\phi)=(V_{ro}^{-1}-\phi)/(1-\phi) \tag{6.3}$$

或

$$V_{ro}/V_{rf}=(1-V_{ro}\phi)/(1-\phi) \tag{6.4}$$

公式（6.4）表明，填料-聚合物间无黏附作用将大大增加橡胶的表观溶胀度。

(2) 黏附填料 与聚合物具有较强相互作用的补强填料，其橡胶在溶胀胶中的体积分数 V_{rf} 应该高于纯胶的 V_{ro}。半径为 R 的填料粒子嵌入橡胶基体时，若填充橡胶溶胀，而粒子和橡胶之间的键保持未变，那么填料表面上的溶胀完全抑制。在距粒子溶胀中心的距离 r（$>R$）处仍然受到部分限制。当 r 无限大时，溶胀恢复正常。

首先选取未溶胀橡胶中的一个体积单元：dr、$rd\theta$ 和 $r\sin\theta d\psi$。溶胀后的这些因素将变为 $q_r dr$、$q_t r d\theta$ 和 $q_t r\sin\theta d\psi$，其中 q 是 r 的函数。立体角守恒需要 q_r（径向）不同于 q_t（切向）。要找到它们之间的关系，首先要知道溶胀后体积单元与填料中心间的距离 r'，即：

$$r'=\int_R^r q_r dr+R \tag{6.5}$$

这要求：

$$r' d\theta=q_t r d\theta \tag{6.6}$$

所以：

$$q_t r-R=\int_R^r q_r dr \tag{6.7}$$

从公式（6.7）可得：

$$q_r=q_t+r(dq_t/dr) \tag{6.8}$$

由此可计算出从粒子表面 R 到任意一点 r 溶胀减少的量（ΔV）。因为粒子表面有一溶胀受限制的橡胶壳，超出该层后，溶胀不再受填料限制。因此：

$$\Delta V=\iiint (q_r q_t^2-q_0^3)\,r^2\sin\theta\,\mathrm{d}r\,\mathrm{d}\theta\,\mathrm{d}\phi \tag{6.9}$$

式中，q_0 是“法向”线性溶胀系数。将公式（6.7）中的 q_r 代入：

$$\Delta V=4\pi\int_R^r\left[r^2q_t^2\left(q_t+r\frac{\mathrm{d}q_t}{\mathrm{d}r}\right)-r^2q_0^3\right]\mathrm{d}r=(4\pi/3)\ [r^3q_t^3(r)-R^3-q_0^3(r^3-R^3)] \tag{6.10}$$

求积分时，利用恒等式转换，

$$r^2q_t^3+r^3q_t^2(\mathrm{d}q_t/\mathrm{d}r)=1/3\,[\mathrm{d}(r^3q_t^3)/\mathrm{d}r] \tag{6.11}$$

且下限（填料表面上不溶胀）时 q_t 必须是 1。

用下列公式替代函数 q_t：

$$q_t=q_0-(q_0-1)f(r) \tag{6.12}$$

式中，$f(\infty)=0$ 和 $f(R)=1$。从公式（6.10）中因式分解出 $R^3q_0^3$，重排，

$$\Delta V=(4\pi/3)R^3q_0^3\{1-q_0^{-3}+r^3R^{-3}[q_0^{-3}q_t^3(r)-1]\} \tag{6.13}$$

对 r 取极限：

$$\Delta V=(4\pi/3)R^3q_0^3\{1-q_0^{-3}+R^{-3}\lim_{r\to\infty}r^3[q_t^3q_0^{-3}-1]\} \tag{6.14}$$

通过公式（6.12）发现：

$$\lim_{r\to\infty}r^3[q_t^3q_0^{-3}-1]=\lim_{r\to\infty}\left\{r^3\left[-3\frac{q_0-1}{q_0}f(r)+3\left(\frac{q_0-1}{q_0}\right)^2f^2(r)-\left(\frac{q_0-1}{q_0}\right)^3f^3(r)\right]\right\} \tag{6.15}$$

假若第一项是收敛的，则第二项和第三项收敛于零，因此：

$$\lim_{r\to\infty}r^3[q_t^3q_0^{-3}-1]=-3(1-q_0^{-1})\lim_{r\to\infty}r^3f(r) \tag{6.16}$$

代入公式（6.14）可得：

$$\Delta V=(4\pi/3)R^3q_0^3[1-q_0^{-3}-3c(1-q_0^{-1})] \tag{6.17}$$

式中

$$c=R^{-3}\lim_{r\to\infty}r^3f(r) \tag{6.18}$$

如果粒子分开的足够远，以至它们之间无相互作用，则可写出 N 个粒子使溶胀减少的量（ΔV）。假设 ϕ 是填料的体积分数，则：

$$N=3\phi/4\pi R^3(1-\phi) \tag{6.19}$$

和

$$\Delta V(\text{所有粒子})=q_0^3[1-q_0^{-3}-3c(1-q_0^{-1})]\frac{\phi}{(1-\phi)} \tag{6.20}$$

填充硫化胶与未填充硫化胶的体积溶胀比 Q/Q_0 为：

$$Q/Q_0=(q_0^3+\Delta V)/q_0^3=1+[1-q_0^{-3}-3c(1-q_0^{-1})]\phi/(1-\phi) \tag{6.21}$$

标准的表达方式是用 V_{rf} 代表溶胀比的倒数。V_{rf} 是在溶胀橡胶中的橡胶体积分数。应该指出：

$$q_0^{-3}=V_{ro} \tag{6.22}$$

可得：

$$V_{ro}/V_{rf}=1-[3c(1-V_{ro}^{1/3})+V_{ro}-1]\phi/(1-\phi)=1-m\phi/(1-\phi) \tag{6.23}$$

因此，该理论预测 V_{ro}/V_{rf} 应该与 $\phi/(1-\phi)$ 呈线性关系，斜率 m 随 V_{ro} 变化：

$$m=3c(1-V_{ro}^{1/3})+V_{ro}-1 \tag{6.24}$$

应指出的是，加入填料可以改变聚合物基体中的交联密度，因为它会影响硫化反应。某些情况下，基体的交联密度与填料的存在是无关的，如过氧化物硫化的天然胶[6,7]。这样看来，c 是填料的特征参数，与填料-聚合物相互作用和其他因素有关。对有类似结构的填料而言，c 值越高表明填料和橡胶之间的相互作用越强。

除了聚合物基体的交联密度和填料的形态及表面特性外，溶胀介质的溶解力对溶胀也有明显的影响。这与 χ 有关，它在公式（6.1）中是橡胶-溶剂相互作用参数，也与溶剂-填料相互作用有关。

如图 6.1 所示，当填料在硫化胶中的体积分数 ϕ 增加时，补强炭黑 N220（ISAF）填充硫化胶的溶胀阻力增加。这种阻力也随溶剂而改变。对非黏附填料，

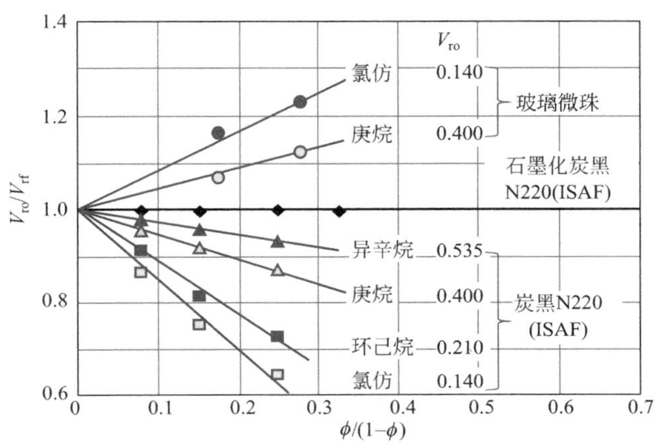

图 6.1　填料用量和溶胀之间的关系（含玻璃微珠和炭黑 N220 的丁苯胶硫化胶）

诸如玻璃微珠，V_{ro}/V_{rf} 成比例增加，因为填料粒子周围由于橡胶与填料脱离而形成溶剂库。石墨化炭黑是唯一一类很特殊的填料，它在橡胶中既不会限制溶胀，也不会使其增加，即在任何溶剂中橡胶的溶胀都不会受其影响[8]。

图 6.2 是不同填充硫化胶用甲苯溶胀时 V_{ro}/V_{rf} 随填充量的变化的 Kraus 图[9]。所用填料是炭黑 N110、白炭黑 P1（沉淀法白炭黑，比表面积为 NSA $140m^2/g$，压缩吸油值为 92mL/100g）、改性的白炭黑 P1-TESPT（白炭黑 P1 经 TESPT 即双-［3-（三乙氧基硅）丙基］-四硫化物改性）和 P1-HDTMS（白炭黑 P1 经 HDTMS 即十六烷基三甲氧基硅烷改性）。这些胶料均用过氧化二异丙苯（DCP）硫化。所有硫化胶的 V_{ro}/V_{rf} 均随填充量的增加而降低，这表明由于填料的存在，橡胶基体的溶胀受到限制。

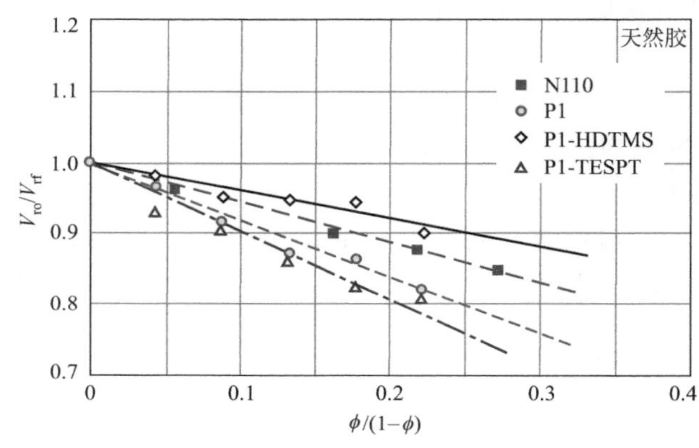

图 6.2　填料用量和溶胀之间的关系（含不同填料的天然胶硫化胶，DCP 硫化）

除填料的表面特性之外，溶胀还取决于填料的形态，即比表面积和结构。也就是说，c 也是与形态相关的参数。填料比表面积对溶胀有明显的影响，而且 Rigbi 和 Boonstra[10] 曾证明高结构填料对溶胀的抑制作用也相当大。此外，填料聚集体（或次级结构）对溶胀的抑制也很明显。这一点已被比表面积和结构都相似的炭黑和白炭黑硫化胶的溶胀试验予以证实。虽然炭黑-聚合物间的相互作用要比白炭黑高得多，但后者的 c 值高于前者，这表明由白炭黑聚结体间相互作用较强而形成的聚集体，可能仍然或至少部分存在于溶胀的硫化胶中，并在降低溶胀中起到重要的作用[11]。另外，经表面化学改性的填料，尤其是白炭黑，也会影响硫化胶的溶胀。Wolff 和 Wang[9,12] 已经证明，虽然白炭黑 P1-TESPT 填充的硫化胶中填料的聚集趋势已减少，但是，与未改性的白炭黑 P1 硫化胶相比，它的 c 值仍然较高，说明在填料表面和聚合物之间发生了偶联反应，间接地增加了交联密度。这一假设也得到了 HDTMS 改性白炭黑硫化胶的溶胀证实。此时，填料对溶胀的抑制甚至比炭黑 N110 低得多，因为填料聚集作用大大减少，而聚合物-填料相互作用更低。这与它的 γ_s^d，尤其是 γ_s^{sp} 通过改性大大降低是一致的。

另外，氨气氛中的溶胀研究也能给出一些关于聚合物-填料相互作用的信息。图 6.3 为室温下用氨气处理的硫化胶在甲苯中溶胀的 Kraus 图。氨气处理后，白炭黑硫化胶的溶胀明显增加，V_{ro}/V_{rf} 甚至与非黏附填料相当。白炭黑好像对溶胀没有任何抑制作用。这再次表明，聚合物-填料和填料-填料相互作用主要是物理现象。不过，就炭黑 N110 填充的硫化胶而言，在氨气氛中的溶胀与在正常空气中的溶胀没有明显的不同。

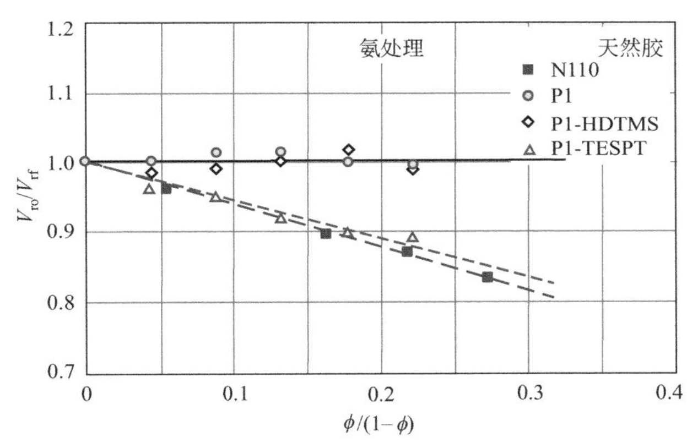

图 6.3　DCP 硫化的填充天然胶在氨气氛中甲苯溶胀的 Kraus 图

在氨气氛中白炭黑 P1-TESPT 硫化胶的溶胀与炭黑 N110 的相似，但是它们的作用机理不同。就炭黑填充的硫化胶而言，聚合物-填料间的相互作用要比氨与炭黑之间的相互作用强。因此，溶胀没有明显的变化。但对白炭黑 P1-TESPT 硫化胶来讲，氨处理只能消除聚合物-白炭黑间的物理相互作用[13]，而不会影响化学键合。因此，氨气处理后溶胀仍受到抑制的事实，必然是由于在填料和聚合物链之间形成共价键所致。至于白炭黑 P1-HDTMS 胶溶胀抑制程度的下降显然是氨对聚合物-填料间物理结合的破坏引起的。

图 6.4 的 Kraus 图是用甲苯作溶剂对含炭黑 N110 和白炭黑 P1 的硫化丁腈胶溶胀得到的[9]。显然，白炭黑 P1 硫化胶的溶胀程度要超过炭黑 N110 硫化

胶。这个结果与图 6.2 中的情况完全相反。虽然丁腈胶（NBR）的高极性，能增加聚合物-填料相互作用，但填料的聚集作用也将受到抑制，导致溶胀增加。此外，与炭黑相比，填料-填料相互作用对溶胀的影响不足以抵消白炭黑聚合物-填料相互作用较弱的影响。总的来看，在 NBR 中加入白炭黑对净溶胀的抑制是较低的。

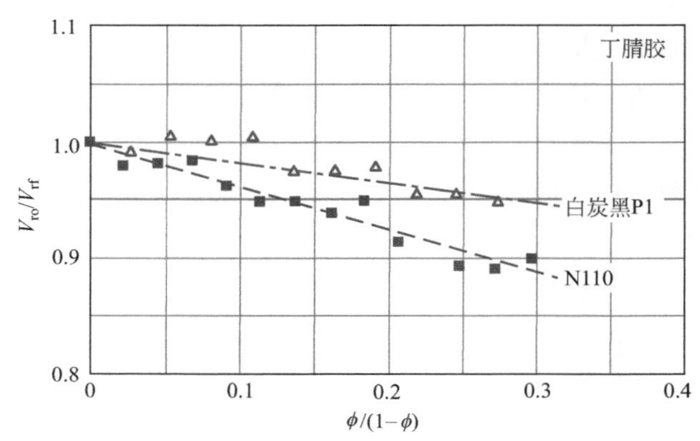

图 6.4 DCP 硫化的填充 NBR 硫化胶在甲苯溶胀的 Kraus 图

尽管对过氧化物硫化的天然胶而言，聚合物基体中的交联密度是不受填料影响的[6,7]，但仍无证据表明过氧化物硫化的丁腈胶亦是如此。溶胀特性相反的结果也可能是交联程度发生了变化。虽然这种说法不无道理，但白炭黑填充的硫化丁腈胶在高应变的模量比天然胶（NR）高[9]，这与丁腈胶中加白炭黑使其交联键密度降低的概念是矛盾的。在这种情况下，交联密度可能起某些作用，但主要因素应是填料聚集的减少。

Wolff 和 Wang[14] 用 18 种炭黑的硫化胶研究发现，硫黄硫化的丁苯胶，其硫化胶性质-炭黑用量曲线，当用一种炭黑的曲线作参比，通过引入一平移因子 f，可以叠加形成一条主曲线。图 6.5 为溶胀的主曲线。它是通过 V_{ro}/V_{rf} 随 $f\phi/(1+f\phi)$ 变化建立的[15]。按照 Kraus 的理论，V_{ro}/V_{rf} 与 $\phi/(1-\phi)$ 应呈线性关系，但在较高填充量下会有明显的偏离现象。不过用 $f\phi/(1+f\phi)$ 替代 $\phi/(1-\phi)$ 建立主曲线时，发现与所有炭黑硫化胶的溶胀数据有良好的线性关系。主曲线与 Kraus 图偏差的机理尚不清楚。不知是由填料对交联反应的影响造成的还是由填料-聚合物相互作用或/和填料-填料相互作用引起的。

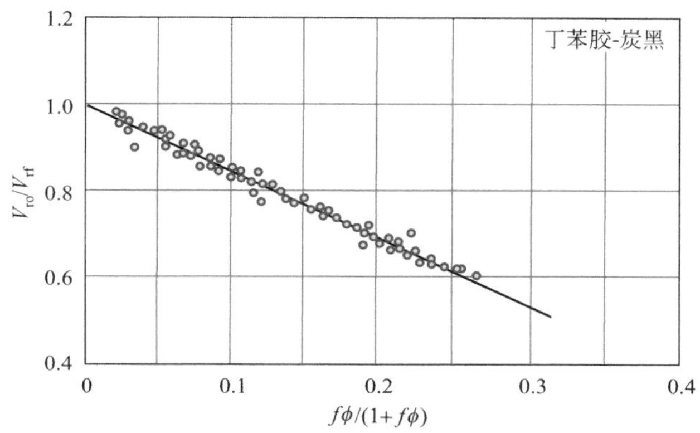

图 6.5 一系列炭黑填充的硫化丁苯胶在苯中溶胀的主曲线

6.2 应力-应变性质

6.2.1 低应变

橡胶低应变下的应力-应变行为中，由于加入填料引起的变化主要体现在硫化胶的刚性，它用模量，即应力与应变的比值衡量（在橡胶工业技术中，对准静态的测量来讲，习惯将在指定应变下的应力称为“模量”，这种应力是基于初始横断面积计算的）。不管是静态剪切、压缩或拉伸，还是动态测试，填充硫化胶的模量均比未填充硫化胶高得多。Smallwood[16] 和 Guth[17] 对填料引起模量的增加进行了理论探讨。他们采用由 Guth 和 Gold[18,19] 改进的 Einstein 黏度公式，同时考虑高浓度下球体间的相互干扰，提出了如下杨氏模量的计算公式：

$$E=E_0(1+2.5\phi+14.1\phi^2) \tag{6.25}$$

式中，E 和 E_0 分别是填充硫化胶和未填充硫化胶的杨氏模量。不过有研究[20] 对第二项的系数提出了不同的值，也有的提出了不同的公式[21-24]。Kraus 比较了这些计算模量的公式，发现它们在高填充量下存在明显的偏差。这些公式对橡胶补强填料，特别是在实际中常用的填充量下是不适用的，因为它们都是基于Einstein公式的假设，即球形粒子、易润湿、低应变、完全分散、忽略不计的粒子-粒子间相互作用、对聚合物特性没有影响等。

实际上，要满足这些条件是非常困难的，因为大多数填料聚结体偏离球形很大，橡胶基体的流动性是不均匀的，填料-聚合物相互作用不同。此外，粒子-粒子间的相互作用能够形成聚集体，它们也会影响聚合物基体的均匀性和连续性。迄今为止，公式（6.25）的应用主要局限于那些低结构、大粒径的炭黑（MT/FT）[25,26]和填料体积分数 ϕ 小于0.2的体系。

从实际应用出发，考虑到填料的不对称性，Guth[27]对杆状颗粒提出了另一个公式：

$$E=E_0(1+6.7f_s\phi+16.2f_s^2\phi^2) \tag{6.26}$$

式中，f_s 是形状因子。Mullins等人[26]曾用该公式计算过HAF填充的硫化天然胶基体的应变放大效应。当 f_s 值为6.7时，实验数据与公式的拟合最佳。Meinecke[28]发现在HAF填充的丁苯胶（SBR）中，f_s 值为4.7。另外，Medalia[29]用电子显微镜研究HAF炭黑时认为 f_s 值在1.7和1.9之间，这一点已被Hess[30]证实。Ravey等[31]采用光散射法研究了从超低结构到高结构的HAF炭黑，得到的 f_s 值在1.8和2.2之间。研究结果差异很大，因此，公式（6.23）的应用和形状因子 f_s 对补强填料的意义是难以预测的。

考虑到填料结构对模量的影响，Medalia[29]用填料的有效体积分数 ϕ_{eff} 代替公式（6.25）中的 ϕ：

$$E=E_0(1+2.5\phi_{eff}+14.1\phi_{eff}^2) \tag{6.27}$$

他认为 ϕ_{eff} 与包容胶有关[32]。Wolff和Donnet[33,34]用一系列随机选择的炭黑研究过填充SBR的拉伸模量。他们还用引入有效体积因子 f_v 的方法，把填料的体积分数转化成为有效体积分数，即：

$$f_v\phi=\phi'_{eff} \tag{6.28}$$

他们发现在较宽的准静态拉伸应变和填充量范围内，实验数据是符合Guth-Gold公式的，即使这与最初的理论不符。最初的理论只限于应变非常低的情况，这时应力-应变呈线性关系。

因为有效体积因子 f_v 与填料在橡胶基体中的有效体积有关，所以在应力下影响聚合物应变的所有因子都将对 f_v 值产生影响。如在3.3节中所提到的那样，Medalia[29]把有效填充体积与包容胶联系起来，并认为从公式（3.3）所计算所得的包容胶中，只有一部分被屏蔽而不能参与大形变中去，定义为有效因子 F。对用二硫化四甲基秋兰姆促进剂（TMTD）硫化且填充不同级别炭黑的SBR硫化胶，为拟合低应变下平衡模量的实验数据，引入了有效因子为0.5的经验值。

图 6.6 是有效体积因子 f_v 与压缩吸油值（CDBP）的关系，直线是有效因子 F 为 0.70，由公式（3.5）计算得来[35]。虽然有效因子在很大程度上是由包容胶决定的，但是偏离还是比较明显。与大粒径炭黑相比，小粒径炭黑 f_v 值均比较高，这可能与影响有效体积的其它因素有关。

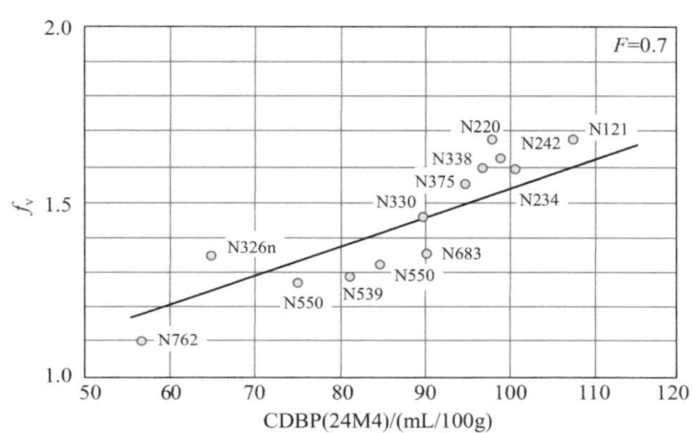

图 6.6 有效体积因子 f_v 与炭黑 CDBP（24M4）之间的关系图（SBR 填充炭黑硫化胶）[35]

首先认为这取决于聚合物-填料相互作用强度，在填料表面上可以发生橡胶分子的物理吸附和/或化学吸附。这种相互作用会引起橡胶链段的有效固化。如在第 3 章中所讨论的，根据聚合物-填料相互作用的强度和距填料表面的距离，靠近填料界面的聚合物链段运动性要比在基体中的低。如前所述，这部分橡胶处在 NMR 法所定义的准玻璃态[36-40]。Kaufman 等[41] 及 Smit[42-44] 认为在聚合物内有分子运动性不同的区域，内壳的模量非常高，且随与填料表面的距离增加而逐渐降低。在这种准玻璃态中的橡胶数量或橡胶壳的体积显然依赖于聚合物-填料相互作用的强度和填料的比表面积。因此，填料“表面活性”或表面能以及它们的粒径大小都可以认为是影响填料有效体积的因素。

其次，填料聚结体的聚集形成聚集体，特别是在高填充量下。这会导致形成簇状的填料结构，影响硫化胶的性能[11,45-50]。填料和聚合物之间表面能差别较大和聚结体之间距离较短都会引起较高的聚集作用。当然，这种聚集作用具有较高的应变和温度相关性。在中等和高应变下，大量聚集体受到破坏，陷入次级填料结构里的橡胶被释放出来，充当聚合物基体。另一方面，温度升高也会削弱聚结体间的相互作用，减弱固化作用，降低橡胶壳的模量，进而减少填料的聚集。

如将在第7章中讨论的那样，填料聚结体的聚集、填料聚集的高应变相关性和高温度相关性都将在填充橡胶动态性能的测定中起着主要的作用。单个填料参数对填料有效体积的影响与不同的机理有关，它们在与应变和温度相关性方面有所差异。这些机理汇总于表5.3中[51]。

6.2.2 硬度

在硫化胶的硬度测试中，应变类型包括剪切、拉伸和压缩，其应变幅度都非常小。通常，硬度与很低变形下的杨氏模量有关。图6.7是典型乘用胎胎面胶的应力-应变曲线。所有硫化胶均由基本配方制备，即70份溶聚丁苯胶（SSBR）并用30份顺丁胶（BR），28份操作油和78份填料，其中填料包括炭黑(N234)、白炭黑加双官能团偶联剂（TESPT）、白炭黑不加双官能团偶联剂(TESPT)。硅烷偶联剂的加入量是6.4份。除EVEC外，所有胶料都用传统干法混炼。EVEC为液相混炼法制备的白炭黑硫化胶（硫化胶的信息详见9.4.2）。拉伸应力-应变曲线起始点的斜率即杨氏模量。在如此低的变形下，填料聚集体是不会破坏的。包容在聚集体中的橡胶只能增加填料的有效体积，但不会参与变形，因此，杨氏模量和硬度都会增加。这可以用弹性模量G'的应变相关性来证明，G'随应变振幅增加而降低的量（即Payne效应，见7.2.1）已用作填料聚集的度量。如图9.25所示，炭黑填充硫化胶的Payne效应是最高的，其次是用干法混炼制备的硅烷偶联剂改性白炭黑填充的硫化胶。配方相同，但用液相混炼法

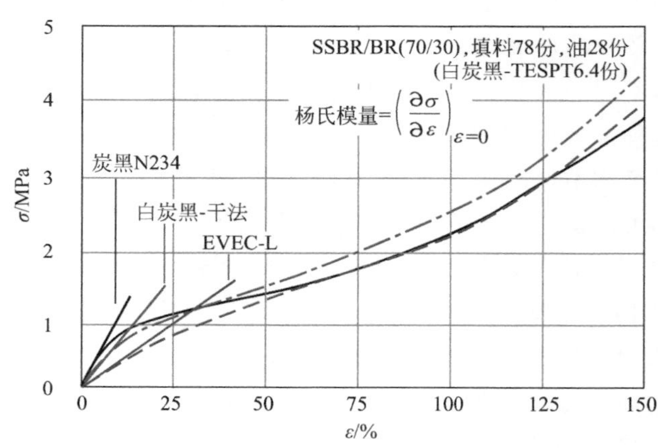

图6.7 乘用胎胎面胶的应力-应变曲线和杨氏模量

制备的白炭黑填充硫化胶（EVEC-L）的 Payne 效应最低。由此可知，除了聚合物基体的交联密度、聚合物-填料相互作用以外，填料的聚集对填充硫化胶的硬度也起着重要的作用。

6.2.3 中等和高应变-模量的应变相关性

图 6.8（a）所示是 50 份 N110 炭黑填充 NR 硫化胶的应力-应变曲线，它对几乎所有的填充硫化胶都是非常典型的。对未填充的硫化胶，在有限的应变范围内，其应力-应变曲线是线性的，但是，填料的加入会引起非线性现象的发生。当应变从小到 1% 增加到中等水平时，模量降低，这一点可从图 6.8（b）模量 $d\sigma/d\lambda$ 随 λ 的变化图中看到。

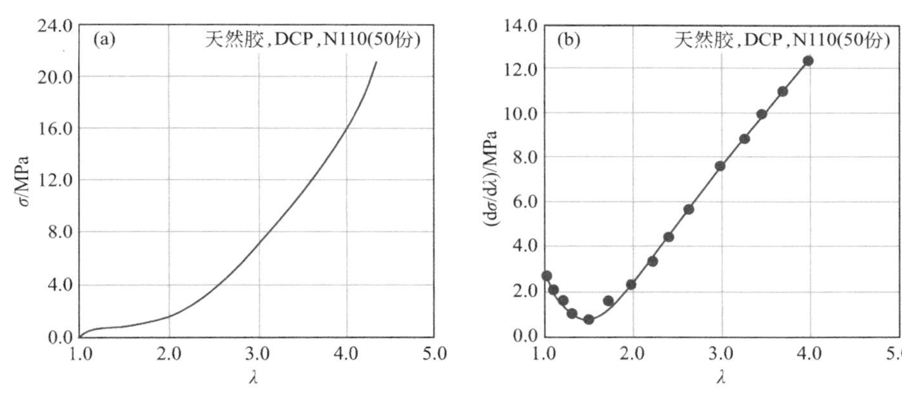

图 6.8 炭黑 N110 填充 NR 硫化胶的应力和模量随应变的变化

在炭黑对应力-应变性能影响的研究中，Wolff 和 Donnet[33] 考察了第一次拉伸应力-应变曲线中 Guth-Gold 公式对非平衡拉伸模量的适用性。对所有炭黑填充的 NR 硫化胶来讲，公式（6.28）所定义的有效体积因子 f_v，最初随变形增加而减少，然后在高应变下随之增加，最小值 $f_{v\text{-}min}$ 通常出现在 $\lambda \approx 1.75$ 处。这一点与模量-应变关系图相似。低应变的模量主要与填料聚集有关，它一般受聚结体间相互作用的影响。聚集体的破坏应该是造成模量减少的原因，因为应变时暂时包容胶被释放出来，减少了表观填料体积。

低应变行为主要可用填料聚集体的破坏来解释，而高应变行为与聚合物链的非仿射变形（非高斯行为）和结晶性有关。这会导致在给定应变下的应力增加。

这种效应通过橡胶分子在填料表面上滑移和/或脱离而降低，所以与聚合物-填料相互作用有关。因此，对烃类弹性体而言，模量 $d\sigma/d\lambda$ 对 λ 作图的斜率与填料的表面活性，特别是与填料表面能的色散力密切相关。

Custodero[52] 研究过炭黑 N234 表面处理，如氧化、酯化和石墨化等对填充 SBR 硫化胶模量的影响（图 6.9）。就聚合物-填料相互作用而言，炭黑表面的活性中心为微晶表面的缺陷和边缘[53]。炭黑氧化主要发生在活性中心上，并在填料表面上引进多种含氧基团。当炭黑氧化时，其表面能的极性组分增加，同时色散组分明显减少。这就可以解释为什么与未改性炭黑填充硫化胶相比，氧化炭黑填充硫化胶在低应变下模量较高（更多的聚集体可以形成），而较高应变下模量较低（聚合物-填料相互作用较低）的现象。

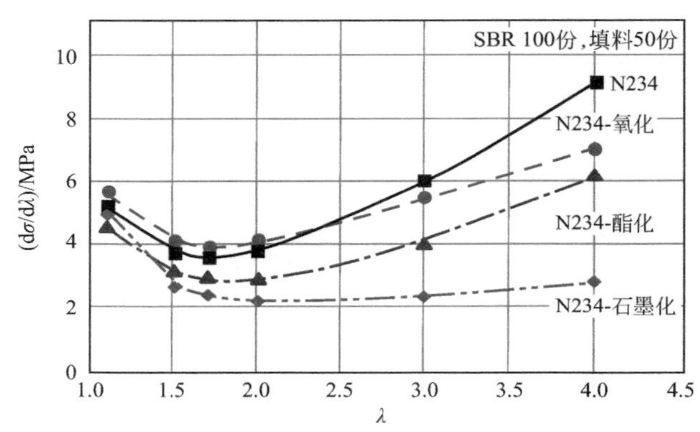

图 6.9 不同炭黑改性对 SBR 硫化胶模量的影响

随烷基化的进行，炭黑表面上的甲基不仅可以减少表面极性，而且能够屏蔽活性中心，导致表面能色散组分 γ_s^d 下降。这一方面会降低填料的聚集作用，另一方面会减少聚合物-填料相互作用。其结果是在全部应变范围内，硫化胶的模量低于炭黑填充橡胶。

在非常高的温度，如 2700℃ 下的石墨化过程中，所有官能团都被分解[54,55]，而石墨化微晶粒子的尺寸明显增加[56-58]。随着这些过程的进行，活性中心和极性含氧基团基本上被消除[59]。因此，表面能和极性都会减少。这将使填料的聚集作用降低，同时使较高应变下的模量下降。事实上，在非常低的应变下，石墨化炭黑填充硫化胶的模量与未石墨化硫化胶相当，但随应变增大而迅速减小。石墨化炭黑在聚合物基体中的聚集似乎要比未改性炭黑的更多，但是比较弱，这可能与填料-填料相互作用较低有关。Wang[60]曾提出，与聚合物相比，石墨化炭黑的表面能仍然较高[61]，仍具有较高的聚集趋势，即使它比不上未石墨化炭黑。不过，由于炭黑表面上的活性中心是填料表面吸附聚合物链的主要原因，所以它的减少将使填充橡胶的结合胶含量明显减少[60,62]。从填料聚集动力学的观点来看，由于结合胶能够大大增加填料聚结体的有效体积，还可以与聚合物基体缠结起到固定的作用，这将进一步减少炭黑的聚集作用。石墨化炭黑硫化胶的结合胶含量的减少将有利于聚集体的形成。因此，不难理解，石墨化炭黑的填料聚集体比较弱，但比较发达。当然，在较低伸长率下，模量会随着应变迅速降低。与所有的其他炭黑相比较，在较高应变下，石墨化炭黑硫化胶的模量随应变增加的最缓慢，这无疑与其聚合物-填料相互作用较低有关。

图 6.10 是乘用胎胎面胶的应力-应变曲线，其硫化胶与 6.2.2 节所用硫化胶一样（见图 6.7），是在 SSBR/BR 中填充炭黑 N234、白炭黑加偶联剂、白炭黑不加偶联剂并用不同混炼工艺制备的。

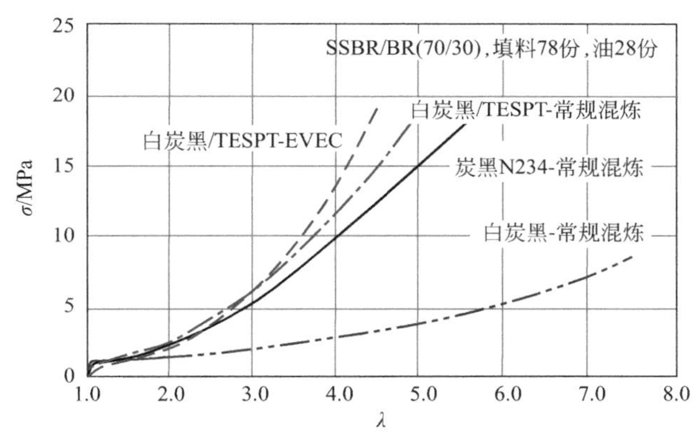

图 6.10　乘用胎胎面胶的应力-应变曲线

乘用胎胎面胶模量的应变相关性示于图 6.11。所有硫化胶的模量均随应变增加而迅速降低，在 $\lambda \approx 1.5$ 时经过最低点，然后增加。在低应变下，传统混炼工艺制备的未改性白炭黑硫化胶模量是最高的，随后是炭黑填充的硫化胶。EVEC 硫化胶的模量最低。最低应变下的模量与模量最低值之间差值的顺序与这几种硫化胶模量顺序一致。虽然交联密度和填料的分散等因素可能会影响填充橡胶的模量，但在低应变下，最低应变下的模量与模量最低值间的差异可能主要归因于填料的聚集作用。随着应变的增加，聚集体破坏的数量也会增加，因此模量下降。这和即将在第 7 章讨论的 Payne 效应一样，最低应变下的弹性模量和弹性模量最低值之间的差值可以作为一种表征填料聚集作用的方法。这意味着由于填料表面能的极性组分最高而非极性组分最低，不加偶联剂的白炭黑硫化胶具有最发达的填料聚集作用。炭黑的表面能因极性组分较低而色散组分较高，所以在低的应变区内，其硫化胶模量比较低。含偶联剂的白炭黑填充胶，它的模量更低，这是由于表面改性改善了填料和烃类聚合物之间的亲和性和相容性，导致填料聚集作用大量减少。就这方面而言，EVEC 的表面改性效率更高、填料的分散更佳，因此，白炭黑填充的硫化胶（EVEC），在最低应变下的模量和最小值之间的差值最小。

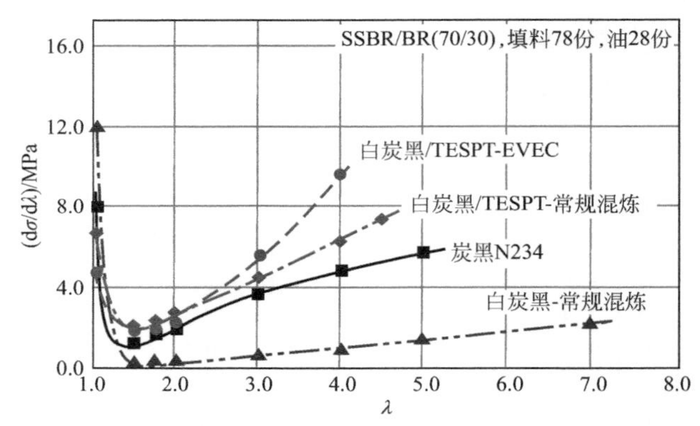

图 6.11　乘用胎胎面胶的模量随应变的变化

模量通过最小值后，应变继续增大时，硫化胶的模量亦上升。在此区域，填料的聚集体已破坏，模量增加的速率由聚合物-填料相互作用决定。白炭黑硫化胶的聚合物-填料相互作用最弱，因而模量也最低。这种相互作用随双官能团偶联剂 TESPT 的加入，橡胶分子链和填料表面之间引入化学键而得到明显的提高。因此毫不奇怪，EVEC 的模量上升速率最高。因为液相混炼提高了偶联反应效率和填料分散，而这会减少聚合物链沿填料表面的滑移和在拉伸过程中由于橡胶与填料粒子的脱离而形成空洞。这与填充硫化胶拉伸过程中用扫描电子显微镜观察到的现象一致（见图 6.25）。

从图 6.9 和图 6.11 可看到，λ 超过 2，即 100％伸长率后，模量随应变的增加几乎成直线增加。直线段的斜率取决于聚合物-填料相互作用。由于在给定的伸长率下，模量和应力之间存在直接关系，所以在试验范围内直线段的斜率可以用两个不同伸长率下的拉伸应力（T）进行估算。实际上，300%伸长率下的拉伸应力 T300 和 100%伸长率下的拉伸应力 T100 之比，即 T300/T100，是一种常用的衡量聚合物-填料相互作用的参数。

6.3 应变能量损耗-应力软化效应

众所周知，橡胶的填料补强与变形期间能量损耗过程密切相关。能量损耗在硫化胶的破坏，诸如极限强度、撕裂、断裂、磨耗和疲劳中的重要性已得到普遍认可。实践中，应力软化效应可以作为一种应变能量损耗的定量测定方法。

加或不加填料的硫化胶，形变总会使橡胶变软。第一次形变所得最初应力-应变曲线是唯一的，且不能原路返回，这种效应一般称为应力软化。继续重复变形，硫化胶会逐渐接近稳定状态，其应力-应变曲线趋于恒定或平衡。

应力软化现象是 Bouasse 和 Carrière[63] 于 1903 年首先发现的。Holt[64] 研究了重复拉伸和拉伸速度对典型硫化胶应力-应变行为的影响以及应变后它们的恢复程度，他认为最初的应变历程对硫化胶的应力-应变性质有着显著的影响，橡胶应变后也不会完全恢复。不过，他对这种现象没有进一步作理论解释。此后，Mullins[65,66] 对这种现象进行了详细的研究，并称为“Mullins 效应”。他认为填料补强硫化胶的变软主要发生在第一次循环拉伸期间，而循环拉伸几次后将达到稳定状态。应力-应变性质相对不受先前拉伸的影响，除非后来的拉伸大于曾经的最大拉伸。

图 6.12 所示是用不同量炭黑 HAF（N330）填充的 NR 硫化胶和未填充硫化胶的典型应力软化曲线。这三种硫化胶在室温下以相同的应变速度，拉伸至相同应力，随后回缩（曲线 2）。第二次应力循环拉伸至与第一次相同应变，然后回缩（曲线 3 和曲线 4）[67]。

在未填充硫化天然胶和加 60 份炭黑 N330 硫化天然胶的应力软化实验中采用的是第二种循环模式（图 6.13）[68]。当硫化胶的应力-应变曲线达到相同的应力水平时，第一次、第二次和第三次拉伸循环的应力软化曲线形状是十分相似的。

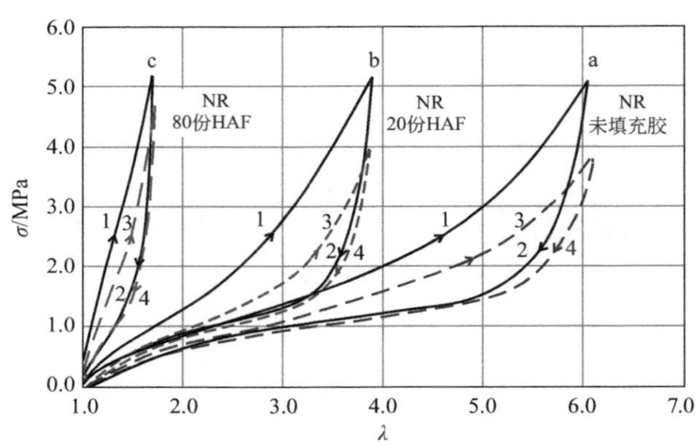

图 6.12　硫化胶的应力（基于起始横截面）随应变的变化

a—未填充硫化胶；b—含 20 份 N330 的硫化胶；c—含 80 份 N330 的硫化胶；

1—最初的拉伸曲线；2—第一次回缩曲线；3—第二次拉伸曲线；4—第二次回缩曲线

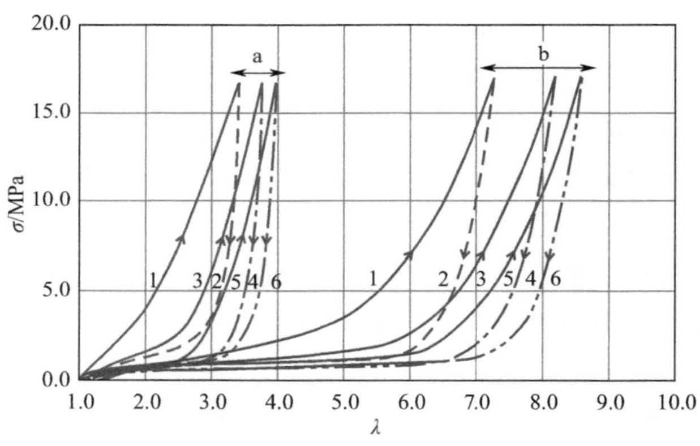

图 6.13　硫化胶的循环应力-应变曲线

a—NR 填充 60 份 N330 炭黑；b—NR 未填充硫化胶

第三种应力软化的测定方式是，当纯胶或填充硫化胶样品拉伸到指定的应变后立即缩回[69]。第一次循环之后每次应力-应变循环都要拉伸到更高的应变（图 6.14）。图中也给出了新样品在第一次拉伸至断裂的应力-应变曲线。对 60 份炭黑 N220 填充的 SBR 硫化胶而言，每次应力-应变循环的最大应力值与最初拉伸曲线都有良好的重合性。但对含有 60 份炭黑 N220 的 NR 硫化胶来说，在低应变下的结果与 SBR 硫化胶的应力-应变循环非常相似。但在高应变下，每个应力-应变循环的最大应力均明显低于最初拉伸曲线。换句话说，与没有循环拉伸样品的应力-应变数据是不重合的。

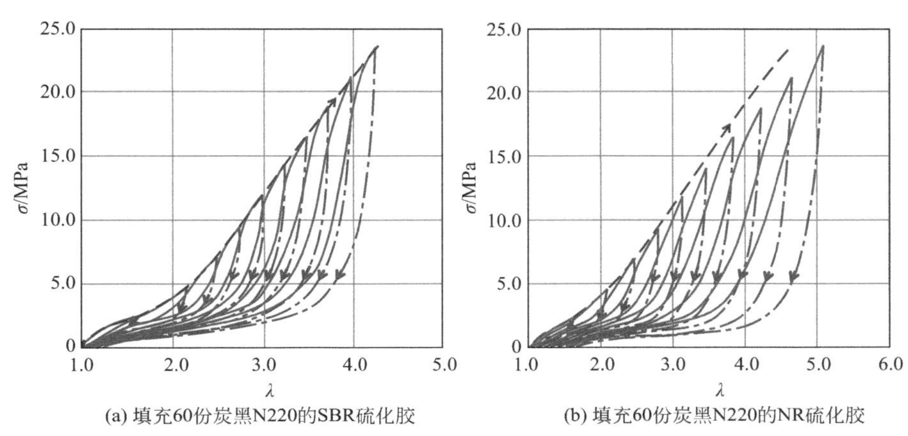

图 6.14　硫化胶的循环应力-应变曲线（破折线为新样品的最初应力-应变曲线）

在 Mullins 效应研究中，虽然其他应变状态下，如等双轴拉伸[70,71]、纯剪切[72]、单轴压缩[73,74]等的应力软化也有过报道，但广泛使用的还是单轴拉伸模式。

通常，在单轴拉伸循环试验中，应力软化是用第一次和第二次拉伸到指定应变之间能量输入减少的百分比 ΔW 表示的[75]。第一次应力回到零时立即进行下一次拉伸并达到给定的应变（图 6.15）：

$$\Delta W(\%)=\frac{W_1-W_2}{W_1}\times 100 \tag{6.29}$$

式中，W_1 是第一次拉伸到指定应变所需要的能量；W_2 是在第一次拉伸后立即第二次拉伸到相同应变所需要的能量。

6.3.1　应力软化效应机理

仍无单一的机理能够解释观察到的所有应力软化行为，这不仅对填充硫化胶如此，对未填充硫化胶亦是如此。

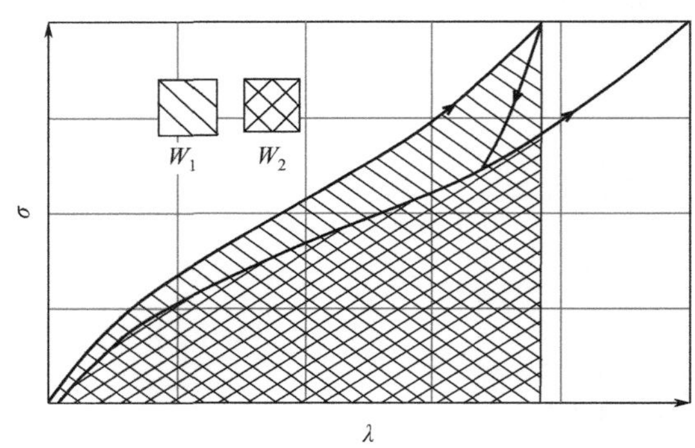

图 6.15 应力软化效应示意图

6.3.1.1 未填充硫化胶

单轴拉伸试验已观察到未填充硫化胶的 Mullins 效应[67,76]。从现象上看，非结晶型未填充硫化胶中，大部分应力软化好像是由于橡胶结构的构象变化造成的，它可使随后的变形更容易。这些变化与分子网络的非仿射重排有关，由于比较短的网络链拉直导致网络节点及链缠结从其原来的无规位置移动。这也是为什么未填充硫化胶的软化通过加热处理或在溶剂里溶胀几乎可以完全恢复的原因。有研究表明在含有较弱交联键的硫化胶中，网络结合点是可以断开的[77]。在这种情况下，会产生较多的永久性软化。由于高应变分子链的有限伸张性，在高应变区域里的橡胶更是如此。Harwood 和 Payne[76,78] 证实了这一观点，他们发现在未填充硫化胶中，网络交联键的化学性质对应力软化程度的影响顺序为：

多硫键＞单硫键＞碳-碳键

这一顺序与键能的顺序是一致的：多硫键的键能＜268kJ/mol，单硫键为 285kJ/mol，碳-碳键是 352kJ/mol[79]。

对结晶的未填充硫化胶来讲，应力软化也受应变诱导结晶的影响。图 6.16 为 NR 未填充硫化胶在单轴循环拉伸下的应力软化程度[80]。当 $\lambda<4$ 时，输入能量减少比 ΔW 基本保持不变，这可能与分子网络的准不可逆重排机理有关。但是当 $\lambda>4$ 时，应力软化程度随应变增加而迅速增加。在较高的应变下，其它过程可能发生，如应变诱导结晶。应变诱导的结晶在不延迟而相继的拉伸条件下，无法恢复至原先的状态，导致应力软化随应变诱导微晶增多而增加。Harwood 和 Payne[69] 曾报道，未填充 NR 硫化胶，在低变形下每个拉伸循环的最大应力值与新样品最初拉伸的原始曲线是一致的，但是在高伸长率（$\varepsilon>400\%$）下产生偏离。随着伸长率的增加，最大循环应力和初始拉伸曲线之间的偏离逐渐增大。这与图 6.14 中炭黑 N220 填充 NR 硫化胶的软化效应是相似的。他们把这种偏离归因于 NR 的应变诱导结晶。基于拉伸硫化胶应力松弛引起的体积减小的观察，Gent[81] 把应力减小与应变诱导的结晶联系在一起。Rault 等[82] 用 WAXS 和 ^2H NMR 法测量过未填充胶和炭黑填充天然胶在单轴循环拉伸期间的结晶，发现结晶随拉伸比呈线性增加，且填料对应变诱导的结晶起到成核中心的作用。Toki 等[83,84] 利用原位同步广角 X 射线衍射法考察了在单轴拉伸期间天然胶和合成胶，诸如聚异戊二烯、聚丁二烯和丁基胶中的应变诱导结晶和分子取向，发现在高应变下硫化胶的分子有三种状态：无取向的无定形状态（占质量的 50%～75%）、取向的无定形状态（占 5%～25%）和应变诱导结晶状态。由网络结构不均匀性产生了微纤维晶体结构。另外，分子取向和应变诱导结晶取决于链结晶性的内聚特性和交联结构。

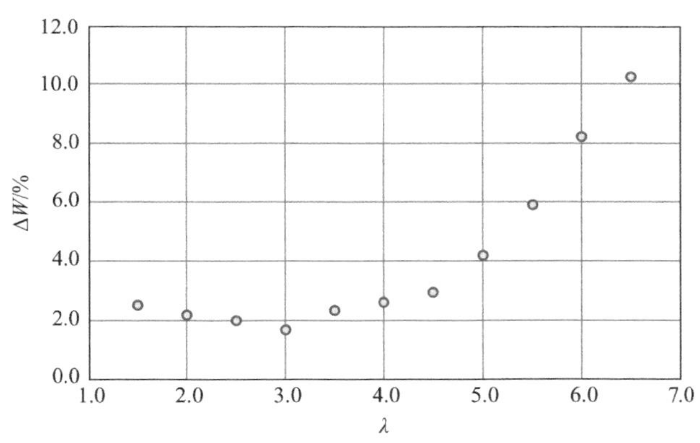

图 6.16 未填充 NR 硫化胶的应力软化程度

6.3.1.2 填充硫化胶

填充硫化胶应力软化所涉及的机理比较复杂。在较小的变形下，发生明显应力软化的原因是填料聚集体的破坏；在较大的变形下，因聚集体破坏造成应力软化的可能性比较小。

在较大的变形范围内，Mullins 和 Tobin[85] 建议从现象上去研究填充硫化胶的应力-应变行为。根据观察发现，预先拉伸后，应力-应变曲线的形状，除了上升趋势比未填充硫化胶的更快并在较低拉伸下发生之外，通常与未填充硫化胶有关，由此他们提出了一个简单的模型可以定量地描述预拉伸前后的应力-应变全历程。在他们的模型中，填充硫化胶由两个区域组成：硬橡胶区和软橡胶区。施加应力时，大多数形变发生在软区。在硬区的变形很小，但是当施加的应力超过某一极大值时，硬区破坏而使软区增加。在最初拉伸期间，软区组分随拉伸的增加连续增加。因此，假若 ϕ 是硫化胶的硬相组分，则 $1-\phi$ 是其软相组分。故伸长率 ε 与真正的伸长率的关系如下：

$$\varepsilon=(1-\phi)\varepsilon_{S}+\varepsilon_{H} \tag{6.30}$$

假若硬相对形变的贡献 ε_{H} 可以忽略不计，则：

$$\varepsilon=(1-\phi)\varepsilon_{S} \tag{6.31}$$

这表明硫化胶在伸长率相同情况下，填料的存在会引起软相的伸长率 ε_{S} 增加，亦称之谓应变放大效应。

Mullins 和 Tobin[26] 假设橡胶相中平均应变因填料存在而增加的因子，可用 Guth-Einstein 公式中的体积浓度因子表示，即橡胶相中有效的平均拉伸比 λ' 与实测拉伸比 λ 的比值 X：

$$X=\lambda'/\lambda=1+2.5\phi+14.1\phi^{2} \tag{6.32}$$

式中，ϕ 是填料在硫化胶中的体积分数。该因子只适用于大颗粒热裂法炭黑和中等拉伸条件下。对于补强炭黑来讲，须引入一形状因子修正 Guth 公式。此时，建议使用以下公式：

$$X=\lambda'/\lambda=1+0.7f_{s}\phi+1.62f_{s}\phi^{2} \tag{6.33}$$

式中，f_{s} 是描述不对称粒子的形状因子，可用长径比表示。

这一应变放大因子意味着填充硫化胶橡胶相中在任何应力下的有效应变都等于在相同应力下未填充硫化胶基体中的应变。当用一系列炭黑填充的硫化胶经受相同的初始最大应力，亦即经受相同最大有效应变后，可用因子 $\varepsilon/\varepsilon_{max}$ 将未填充和填充硫化胶的应变数据归一化，其中 ε 是测定的伸长率，ε_{max} 是对应于相同起始最大应力的最大伸长率。图 6.17 是两种硫化天然胶的第二次拉伸循环经归一化得到的应力-应变曲线。可以看到，所有硫化胶的应力-应变曲线都是非常相似的。因此，Mullins 等人[67,77] 认为填充硫化胶和未填充硫化胶的应力软化效应根源是相同的，只是填充胶橡胶网络中的应变由于填料的存在被放大而已。换句话说，即应力软化过程主要是由于橡胶相本身引起的，填料对软化的贡献是比较小的。

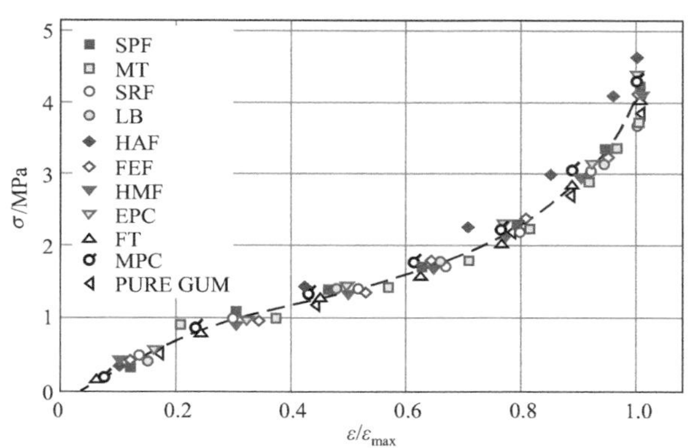

图 6.17 未填充和炭黑填充硫化胶第二次拉伸得到的归一化应力-应变曲线[67]

Blanchard 和 Parkinson[86,87]认为，应力软化主要是由于聚合物分子与填料较弱的连接遭到破坏引起的。填料与聚合物分子的连接有两种类型，其中由物理结合引起的连接比较弱，在应力下容易断裂，从而产生软化效应。

Bueche[88,89]基于拉伸过程中网络链的断裂，或网络链与邻近填料粒子的连接遭到破坏的概念，提出了一种应力软化的机理。相邻粒子间的分子链段在长度上存在一定的分布，在伸长率较低的情况下，较短的链会首先断裂。第一次拉伸时就破坏的链段将不会影响第二次拉伸时的刚性，因而产生软化。除了链断裂机理外，Bueche 还提出了另一种与应力松弛有关的过程，特别是在高温和长时间下，聚结体的移动、转动和与周围基体的其他方式作用。填料聚结体的微小的移动足以消除局部的应力集中。由于填料聚结体能使负荷均衡分担，拉伸强度就会增加。这一负荷分担机理对拉伸强度至关重要。

Alexandrov 和 Lazurkin[90]，Houwink[91]和 Peremsky[92,93]用聚合物分子在填料表面上的滑移模型描述了应力软化效应。继而 Dannenberg 等[94-96]用“分子滑移机理”解释补强硫化胶复杂的机械性质。这一机理假设，在应力下吸附在表面上的网络链段在填料表面上产生相对移动，使之适应施加的应力并防止分子断裂（图 6.18）。

当聚合物-填料相互作用太低时，在拉伸过程中除了分子链段的滑移外，填料表面的聚合物也可与填料表面脱离，形成空洞。这已通过透射电子显微镜的观察得以证实[97,98]。Zheng 等[99]用扫描电子显微镜观察到，填充硫化胶在拉伸过程形成空洞的应变与聚合物-填料相互作用间有着良好的相关性。如图 6.19 所示，在 300%伸长率下，聚合物-填料相互作用低的炭黑 N990（见表 2.14）空化作用更加发达。当然，也不能排除聚结体几何形状对空洞形成的影响。硫化胶体积的增加进一步证实了大变形下空洞的形成，因为施加的应力可使聚合物从填料表面上脱开[100]。

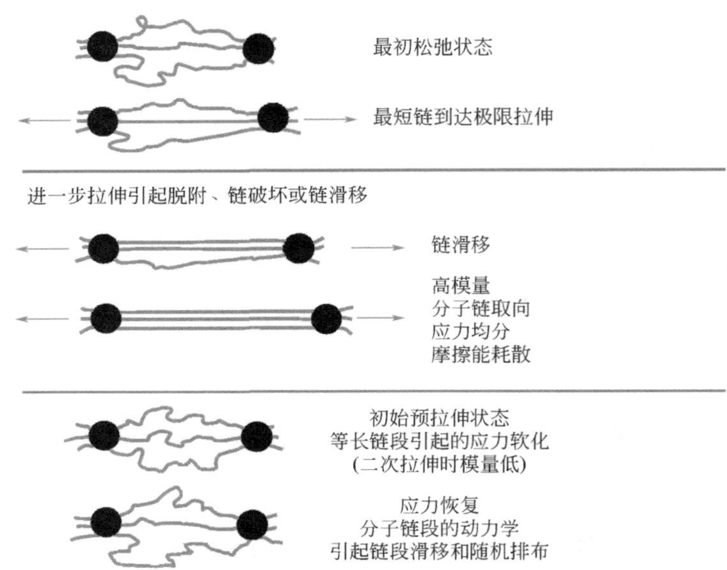

图 6.18　连接到两个填料粒子上的链滑移示意图

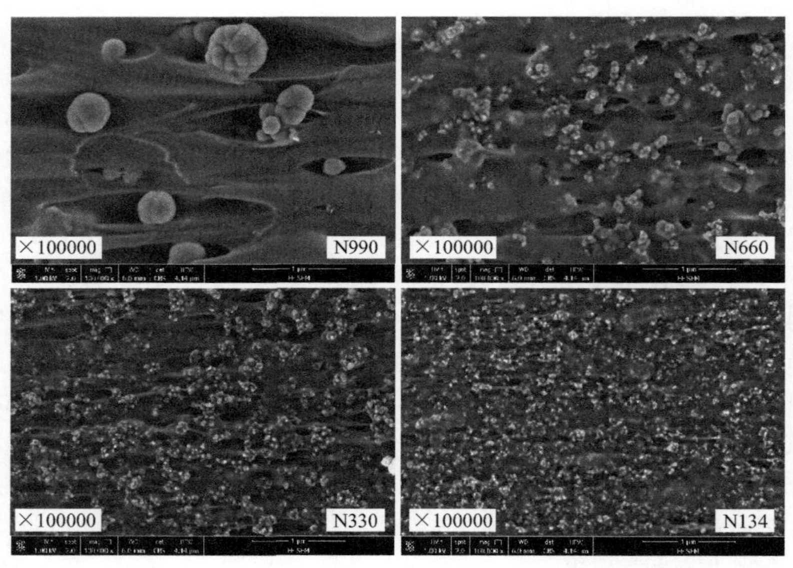

图 6.19　炭黑 N990、N660、N330 和 N134 填充 NR 硫化胶的 SEM 图
（填料用量：50 份；伸长率：300%）

6.3.1.3 应力软化的恢复

由形变引起的应力软化在停放过程中会慢慢恢复，通过加热或选择合适的溶剂溶胀可以使其加速。在未填充硫化胶中，应力软化通常几乎可以完全恢复，但对填充硫化胶来讲，应力软化只有部分恢复而且恢复速度也非常缓慢[77]。因此，造成应力软化可逆部分和不可逆部分的机理是有差异的。

显然，未填充硫化胶可逆的应力软化是由于形变过程无结构性破坏产生的，此时，发生的仅仅是分子网络的构象变化，其中包括网络结合点的重排和位移。未填充硫化胶中，软化不能完全恢复的部分反映出某些网络结合点受到破坏，以及某些结合点在形变状态下重新形成，尤其是有些聚合物含有比较弱的交联时，它们易于破坏和重新形成。

对填充硫化胶而言，应力软化中的不可逆或永久变形部分可能是由于其他过程引起的，诸如网状链的破坏、填料-橡胶结合的断裂、填料聚集体和填料结构的破坏[89,101]、橡胶分子链在填料粒子表面上的滑移[94]以及聚合物链从填料表面脱离（形成空洞）等。

6.3.2 填料对应力软化的影响

根据上述讨论的应变期间能量损耗的机理可知，填充硫化胶的应力软化效应取决于填料的类型、填充量、比表面积、结构和表面特性等因素。

6.3.2.1 炭黑

(1) 填充量的影响 Zhong 等[102]用炭黑 N234 填充的 NR 硫化胶考察了填料用量对应力软化的影响，填料体积分数 ϕ 从 0 到 0.253（图 6.20)。未填充硫化胶的 ΔW 是非常低的，并随填充量的增加而增加。高填充硫化胶的 ΔW 非常高。另一方面，当 $\lambda<3.5$ 时，ΔW 均随应变增加而增加，λ 超过 3.5 后，填充量较少的硫化胶（$\phi=0.046\sim0.127$），其 ΔW 仍随拉伸继续增加，但对填充量较高的硫化胶（$\phi=0.195\sim0.253$）来讲，应力软化随进一步拉伸反而下降。看来填充量对应力软化的影响可能涉及到几种机理。如在第 3 章中所讨论的那样，随填充量的增加，聚结体间的距离减少，导致产生聚集作用；聚合物和填料之间的界面面积增加，也会给聚合物分子链更多沿填料表面滑移的机会；应变放大效应因聚合物分数减少而增加；以及填料在聚合物中的分散变得更差，增加空洞的形成。

在低应变下，能量损耗可能主要归因于填料聚集体的破坏。在较高填充量下，这种效应由于形成更多的聚集体而更加明显。在这种情况下，低应变下除了发生聚集体的破坏外，分子链段在填料表面上的滑动也可能在较低应变下就已开始。因此，对高填充量的硫化胶而言，其应力软化在低应变下是比较高的，并随应变迅速上升。在较高应变下，填料聚集体似乎已完全破坏，而聚合物分子的滑移增加，导致更多的能量损耗。对填料体积分数超过 0.16 的硫化胶，在高应变下，其应力软化效应随应变增加而降低，并且最高软化的应变值随填充量增加而下降。填充量较高的硫化胶，由于应力放大效应的增加，聚合物链段在填料表面上的滑移和脱离会在较低应变下发生。此外，当填充量增加时，应变诱导结晶也可以在较低的应变下开始。当加入更多填料时，在相同的应变下 NR 的结晶度是比较高的，所以高应变下软化程度减小。

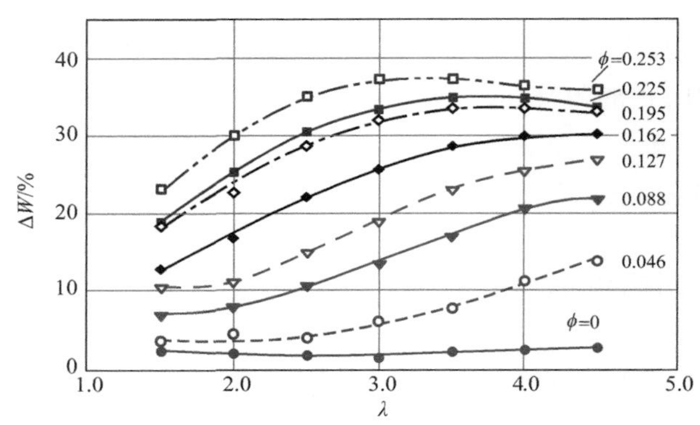

图 6.20　不同用量炭黑 N234 填充 NR 硫化胶的应力软化随应变的变化

(2) 比表面积的影响　炭黑比表面积对应力软化的影响似乎更加复杂。用比表面积较低的炭黑 N990 填充的硫化胶，其 ΔW 的应变相关性与用量较少的炭黑 N234 硫化胶的是相似的（见图 6.21）。对高比表面积炭黑，如 N330 和 N134，除在低应变下，ΔW 较高外，能耗应变相关性差不多是相同的。炭黑 N134 的能耗较高可能是由于聚集作用较多引起的，因为它们的比表面积较大和表面能较高有利于填料的聚集。

在中等和较高变形下，奇怪的是两种补强性炭黑的比表面积影响似乎并不明显，即使它们的比表面积相差相当大。出现这一现象可能与几个参数有关。与比表面积较低的炭黑相比较，粒子更细的 N134 炭黑在聚合物中具有较高的界面面积，同时具有较高的表面色散能 γ_s^d，因此聚合物和填料之间的相互作用较强。界面越多引起的聚合物滑移的机会越多，不过，聚合物-填料相互作用比较强会限制这种滑移。另外，大粒子炭黑可能有利于空洞形成和聚合物的结晶，而高比表面积炭黑硫化胶中有更多的小粒子，可能会干预聚合物链的取向。

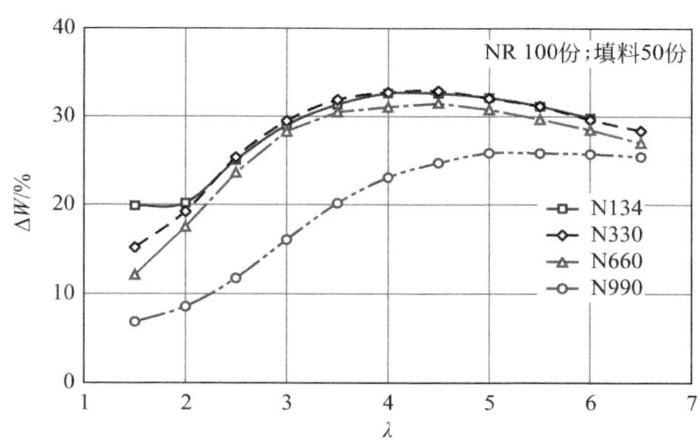

图 6.21 用不同比表面积炭黑填充 NR 硫化胶的应力软化随应变的变化

(3) 结构的影响 炭黑结构对应力软化的影响示于图 6.22。三种炭黑 N347、N330 和 N326 具有相似的比表面积，但是它们的结构却截然不同，这三种炭黑的压缩吸油值分别是 99mL/100g、88mL/100g 和 68mL/100g。

由于这三种炭黑的表面能是相似的（见表 2.14），结构度越高的炭黑能量损耗越高。这好像主要与其有效体积较高有关，因为有更多的聚合物包容在聚结体中，增加应变放大效应，导致能量损耗较高。尽管对高结构炭黑来说，由于在聚结体凹处的聚合物应力被屏蔽，对聚合物链滑移的有效比表面积会明显减少。

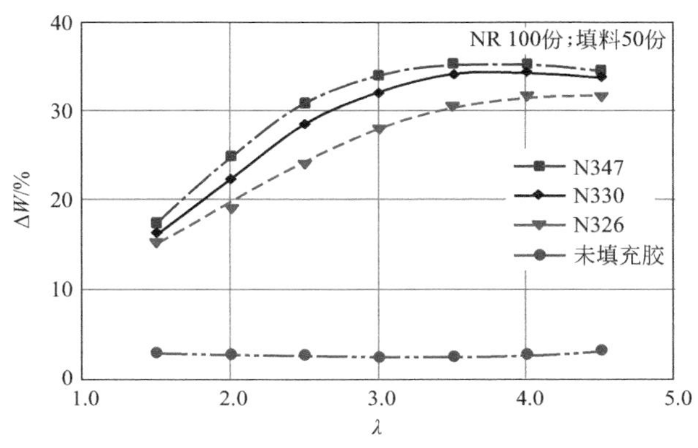

图 6.22 用不同结构炭黑填充 NR 硫化胶的应力软化随应变的变化

6.3.2.2 沉淀法白炭黑

白炭黑和炭黑之间的主要差别是在于其表面特性。与炭黑相比较，白炭黑的表面色散能 γ_s^d 较低，极性较高。在烃类橡胶中，填料-聚合物相互作用较低而填料-填料相互作用较强，因此，填料聚结体的聚集作用更加发达。这些特性也会在应力软化中反映出来。

图 6.23 是含不同填料的硫化胶的应力软化图，其拉伸方式与图 6.14 相同。所用硫化胶与 6.2 节中用于应力-应变研究的硫化胶是一样的（见图 6.7 和图 6.10）。它们是在 SSBR/BR 中填充不同填料并用不同混炼技术制备的。ΔW 随 λ 的变化示于图 6.24。

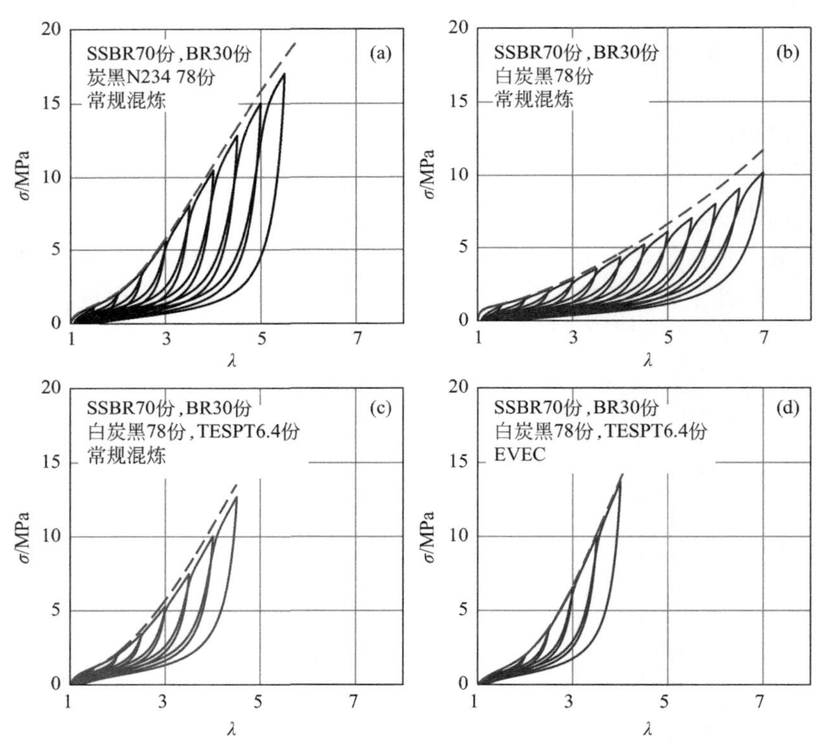

图 6.23 炭黑 N234（a）和白炭黑（b~d）填充 SSBR/BR 的应力-应变曲线

（破折线为新样品的应力-应变曲线）

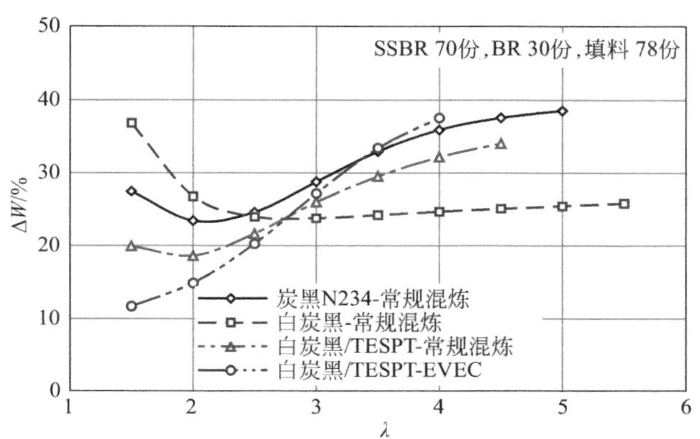

图 6.24　不同填料填充 SBR/BR 硫化胶的应力软化随应变的变化

炭黑 N234 硫化胶的 ΔW 随应变增加而降低，在 $\lambda \approx 2.2$ 时降至最低点，然后随应变增加而增加。如前所述，在低的应变下，应力软化主要与填料聚集体的破坏有关。随着应变的增加，聚集体破坏的数量将会减少，因此 ΔW 下降。同时，其他的过程也可能发生，诸如聚合物链的断裂、分子链从它们连接的填料粒子上脱离以及聚结体在橡胶基体中的运动等。第一次拉伸后，这些过程不再对第二次拉伸的刚性产生影响，从而导致软化。因此，ΔW 将随应变增加而增加。假若这种影响超过聚集体破坏的效应，将出现最小值。

由于白炭黑在聚合物基体中会产生很多的聚集，所以其硫化胶的能量损耗要比炭黑胶高得多。从第一次拉伸开始到 $\lambda \approx 2.7$，ΔW 迅速下降，然后非常缓慢地增加。在较高应变下，ΔW 值比较低和微微上升的趋势都与聚合物-填料的相互作用较低有关。硫化胶应变时，聚合物链很容易在填料表面上滑移和脱离，并伴随能量损耗。如在图 6.23 中所看到的那样，相同的应变下，如 $\lambda = 3$，与炭黑的相比，白炭黑的应力是非常低的，尽管空洞的形成是相似的（图 6.25）。当进一步拉伸时，由于聚合物-填料相互作用较弱，空洞的生长会使在局部面积上的过量应力很容易缓解，导致负荷更易平均分布。这将使聚合物分子沿应力方向取向，形成如图 6.26 所示的微纤维状取向结构[103]。这种负荷均担机理在提高填充硫化胶扯断伸长率上是非常重要的。似乎为了提高硫化胶的扯断伸长率，减少聚合物-填料相互作用是有益的。

当用传统的干法混炼在白炭黑胶料中加入偶联剂 TESPT 时，它的乙氧基与填料表面上的硅羟基反应，填料表面能的极性组分随之大大减少。因此，当白炭黑表面硅烷化时，填料聚集作用显著减少，导致在低应变下，与未改性的白炭黑，甚至与炭黑填充的硫化胶相比，能量损耗较低，且随应变增加，ΔW 减少缓慢。另一方面，在胶料混炼和硫化期间，TESPT 中的四硫化物基团会裂解并与橡胶分子链反应，形成单硫、双硫和多硫共价键。在白炭黑和橡胶之间引进化学键，会限制聚合物链在填料表面上的滑移和脱离。在进一步拉伸过程中，由于聚合物链和聚合物-填料键的断裂而消耗更多的能量。因此，与未改性的白炭黑硫化胶相比，随应变的增加，ΔW 上升较快。

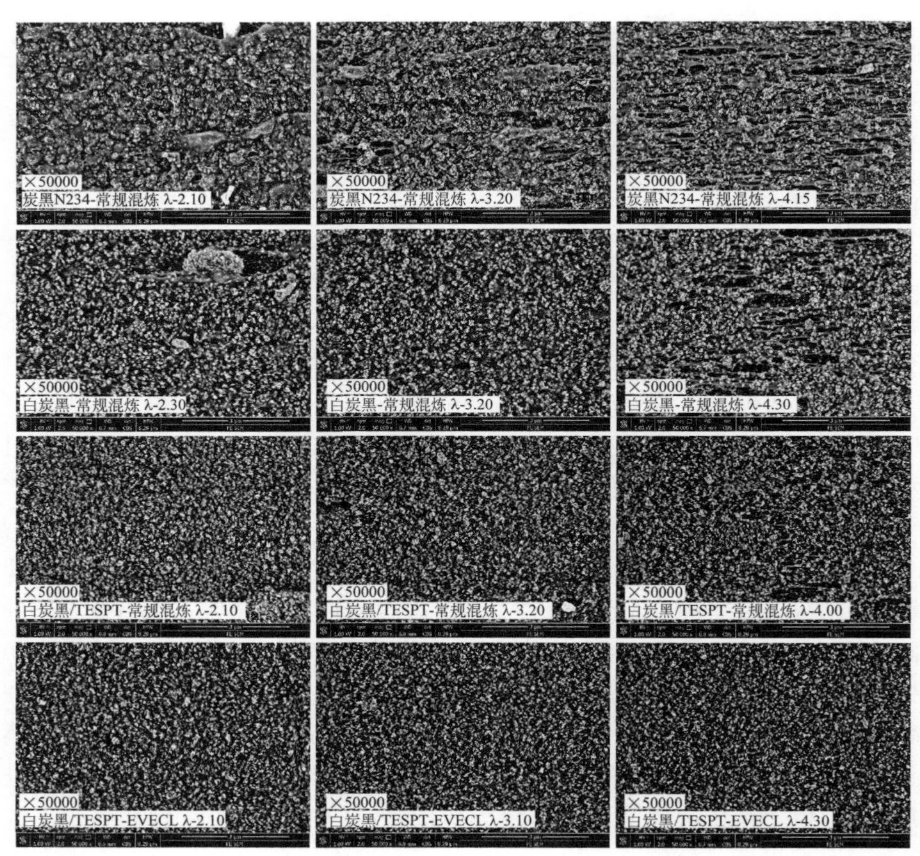

图 6.25 不同填料填充 SSBR/BR (70/30) 硫化胶不同应变下的 SEM 图
(填料 78 份，操作油 28 份)

对 EVEC 硫化胶而言，低应变下 ΔW 非常低，但随应变增加会快速单调上升。这应与液相混炼使表面高效改性和高填料分散有关。用这种混炼技术，白炭黑的聚集作用几乎可以完全消除。这可用动态应变扫描的 Payne 效应加以证实

（见 9.4.3 节）。高硅烷化意味着在聚合物链和白炭黑表面之间形成较多的共价键。由于低应变下能量损耗是由聚集体破坏造成的，聚集作用的减少可使能耗大大减少。在高应变下，由于聚合物链难以沿填料表面滑移而使聚合物网络中的局部应力集中点难以消除，这将使聚合物链和交联键随伸长率的增加相继断裂，并伴以聚结体沿应力方向较高的取向，而无明显的空洞化产生（见图 6.25）。因此，第一次拉伸到指定应变所需要的能量，要比第二次拉伸到同样应变所需要的能量高得多。

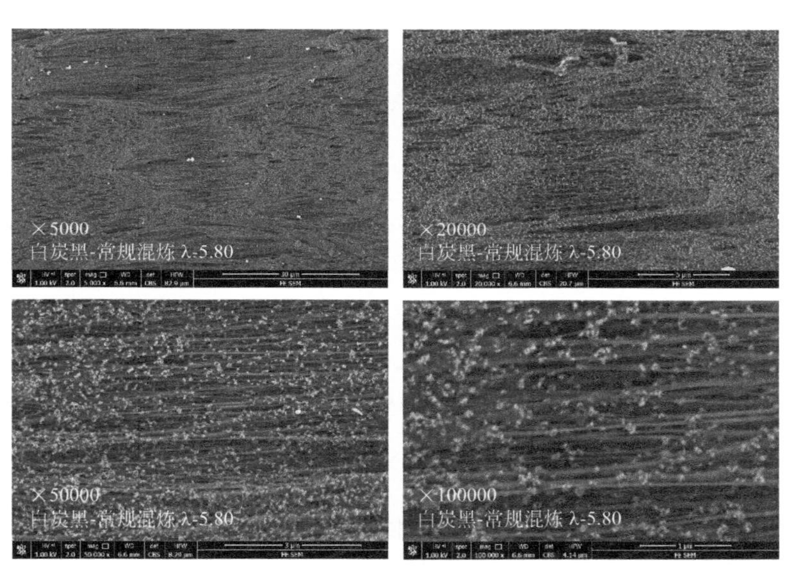

图 6.26　白炭黑填充 SSBR/BR (70/30) 硫化胶在高拉伸下的 SEM 图

（填料 78 份，操作油 28 份）

Donnet 和 Wang[104] 用烷烃改性的白炭黑研究了填料-聚合物和填料-填料相互作用对应力软化的影响。当沉淀法白炭黑 P（比表面积为 $137m^2/g$）与十六烷醇反应时，表面被 C_{16} 烷基链所覆盖。PC_{16} 的表面能的色散组分和极性组分都显著降低[50]，与用单官能物质十八烷基三甲氧基硅烷（ODTMS）改性的白炭黑相似[105]。当 PC_{16} 加入乳聚丁苯胶（ESBR）时，在聚合物和填料表面之间也不会产生化学键，因而填料聚集很少而聚合物-填料相互作用也很弱。如图 6.27 所示，即使在低应变下，PC_{16} 填充硫化胶的 ΔW 也未随拉伸增加而下降。在所使用的全部应变范围内，能量损耗随形变增加非常缓慢。这种情况无疑与聚合物-填料的相互作用较弱有关。因为聚合物-填料之间没有较强的化学键合，所以分子链在填料表面上很容易滑移，导致比较容易与填料分离和形成空腔洞。

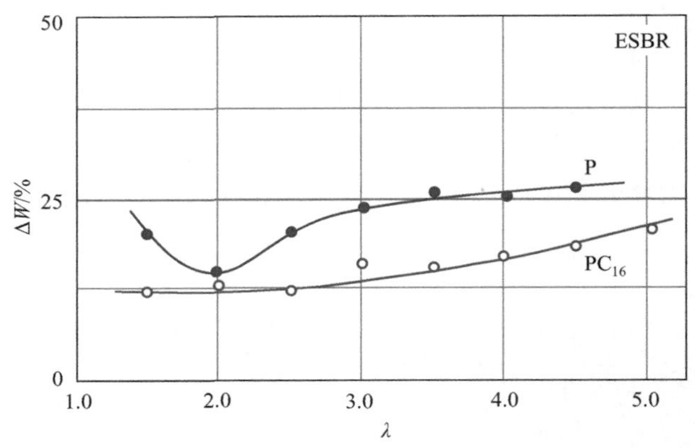

图 6.27　白炭黑改性对填充 ESBR 硫化胶的应力软化的影响

6.4 破裂性质

理论上讲，破裂所涉及的是材料产生新的自由表面的过程。但产生新表面所需要的能量通常比只使该区域内键的断裂所需要的内聚破坏能高得多。这表明在橡胶断裂中还包括其他的能量损耗过程。如前所述，填料的加入将通过不同机理增加能量损耗，并改变橡胶材料的破坏性质。实践中，这种作用将对橡胶产品的使用性能和使用寿命产生很大的影响，也取决于不同的破裂方式，诸如裂口、疲劳、拉伸断裂、撕裂和磨耗。

6.4.1 裂口引发

通常认为裂口始于内在的缺陷，例如杂质、微孔、网络缺陷、污染和局部不均匀性。当硫化胶承受应力时，在缺陷尖端的局部应力将放大很多。一旦其局部应力达到临界水平，即形成裂口并产生新的表面。这取决于缺陷尖端的半径和单位体积橡胶的断裂能。因此，通过改变网络结构增加其内聚能强度和以热的方式消耗输入能而减小在尖端的应力集中，都有助于应力均匀地分布在缺陷尖端前的分子链上，从而有效地延缓裂口的扩展。

当填充刚性粒子填料的硫化胶经受拉伸应力时，不仅会在聚合物基体中产生应变放大效应，还会引起随应力张量的非均匀分布。这包括有效二轴、三轴应变以及拉伸应变、剪切应变下的应力分布。Oberth 和 Bruenner[106] 指出，最大的三轴应力是在填料粒子上下邻近填料表面的橡胶基体处产生的。这些区域是有利于内部空洞和裂口形成和生长的位置（基体空化机理）[107]。按照该机理，橡胶本身不会马上自行与填料粒子分离，而在接近填料表面橡胶中通过原先存在于橡胶基体中的微孔成核而使内部破坏。根据这一机理，这种微孔在三轴应力作用下扩张而使孔壁扩大。当应力达到临界值 σ_c 时，微孔胀破，裂口出现。临界应力自然取决于填料聚结体的大小和硫化胶的模量。模量越高，临界应力 σ_c 越大[106]。另外，Gent[108] 指出，若初始微孔的半径小于 0.1mm，它们的表面能对微孔的膨胀将发挥额外的抑制作用。因此，当橡胶不含半径大于 10nm 的微孔时，它将更好地抑制因基体空洞化效应引发的裂口。

另一方面，基体空洞化只在聚合物-填料相互作用较强时才能发生。当填料和聚合物间直接界面剥离力比聚合物基体或橡胶壳中的核破坏应力低时，换句话说，在聚合物-填料相互作用较弱的硫化胶中，空洞化现象将在填料表面而不在接近填料表面的基体中出现[107,109,110]。根据能量平衡分析，Gent[109] 提出了临界剥离应力 σ_c：

$$\sigma_c=\left(\frac{2\pi G_{if}E}{3d_p}\right)^{1/2} \tag{6.34}$$

式中，G_{if}是界面剥离能；E 是硫化胶的杨氏模量；d_p 是球状填料粒子的直径。该公式表明，临界应力 σ_c 不仅随用 G_{if} 表征的聚合物-填料相互作用增加而增加，而且也随填料粒子尺寸的加大而降低。高比表面积填料因聚结体半径较小，填料-聚合物相互作用较强而通过剥离机理延缓裂口的引发[111]。这与 Hess 等[112] 对不同炭黑填充 SBR 硫化胶的拉伸样品切片的电子显微镜观察结果是一致的。非补强用的中粒子热裂炭黑（MT 炭黑），在微粒的边缘上观察到严重的空洞化现象。而小粒子炭黑，在填料表面和聚合物基体之间的空洞数量大大减少。

当采用静态应力时裂口扩展过程类似于撕裂，而在动态形变下裂口的扩展过程与疲劳破坏相似，两者受填料的影响都很大。

6.4.2 撕裂

硫化胶中，一旦裂口引发，即在应力作用下不断扩大。裂口生长的基本过程就是撕裂。撕裂能，即应变能释放速率，比产生新表面所需要的能量高得多。显然，能量在撕裂尖端的局部区域发生了不可逆的耗散。另一方面，撕裂能是高分子材料强度的基本度量，与试样的形状和力的施加方式无关[113,114]。因此，除其他断裂性质如拉伸强度和由细小的、自然发生的缺陷引发的疲劳破坏外，撕裂性能也是橡胶固有的强度性能[115,116]。

6.4.2.1 撕裂状态

在撕裂试验（如裤型撕裂）中，存在两种类型的撕裂现象，通常称为稳定撕裂和不稳定撕裂。就稳定撕裂而言，撕裂力的波动非常轻微，撕裂扩展的速度基本上也是稳定的。这种类型的撕裂表面是光滑的。不稳定撕裂常常被称为“黏着-滑移（stick-slip）”撕裂。它的扩展速度是不稳定的，撕裂增长是在有规律地不断停止和重新开始的重复过程中进行的。与此相应的是，撕裂进行所需要的力，从撕裂停止时的最小值到重新撕裂时的最大值，其变化范围很大。它的撕裂面不规则，有周期性的“结节”。撕裂具有黏弹性，因为它取决于撕裂速度和温度两者的变化。

Wang 和 Kelley[117,118] 采用裤型撕裂试样，研究了温度和撕裂速度对撕裂状态的影响。裤型撕裂试样宽 2cm，长 15cm，从贴有背衬布的模压硫化片上裁制而成，背衬布能够消除撕裂过程中“裤腿”的形变。将厚度约为 1mm 的试样，用刀片沿中线从上下两侧各割原始厚度的 1/3，只剩 0.3～0.4mm 厚度待撕裂（如图 6.28 所示）。这些划痕可有效地引导撕裂路径。在不同温度和撕裂速度下撕裂试样，观察其撕裂状态。黏着-滑移现象发生在撕裂速度较低和温度较高的区域（图 6.29）。

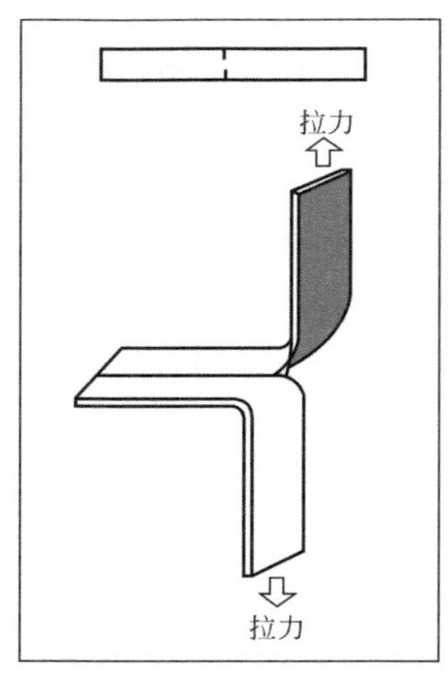

图 6.28 带背衬布的裤型撕裂试片

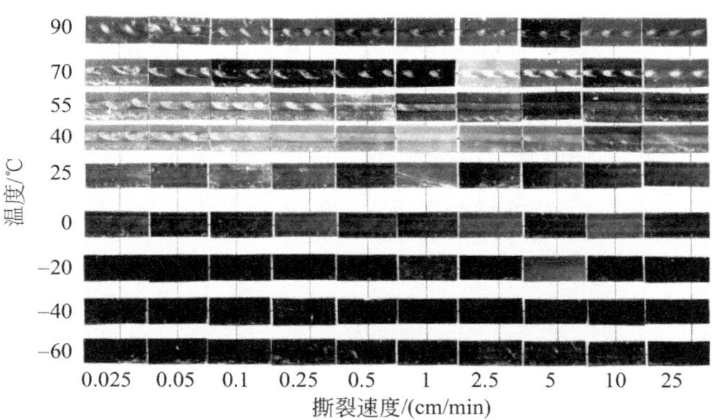

图 6.29　SBR 硫化胶两种不同类型的撕裂表面的显微镜图与温度和撕裂速度的相关性

公认的不稳定撕裂机理是假设撕裂尖端存在各向异性的补强结构，其中包括能量损耗过程[113,116]。当施加应力时，由于局部的大形变，在裂纹尖端部分产生了取向结构（如应变诱导结晶橡胶 NR 的结晶，或非结晶橡胶如 SBR 的分子取向）。这种结构沿平行于所施加应力方向（垂直于裂纹增长方向）取向。因为垂直于分子取向方向的裂口扩展所需能量更高[119]，所以撕裂破坏的起始被延迟。当应力继续增加超过某一点时，即产生非常快的撕裂。撕裂开始后，裂口绕着补强区域迅速地扩展（滑移），直至高形变的蹼消除时，裂口扩展速度降至零。这一过程后，撕裂表面出现一个结节。当继续施加应力时，该过程不断重复，撕裂表面留下周期性的结节（图 6.30）。

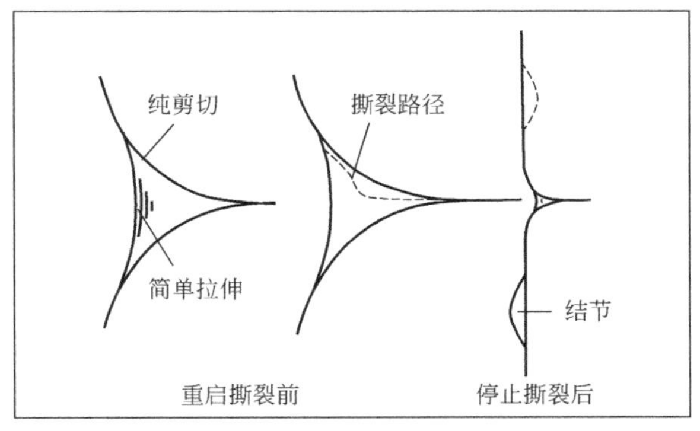

图 6.30　不稳定撕裂的裂口扩展和暂止的示意图

因为撕裂力的最小值和最大值分别对应于撕裂暂止和撕裂重新起始（重启），所以两者间的差值可以用来表示黏着-滑移的水平。可用几组撕裂力的最大值和最小值来计算其标准偏差，并将相对偏差作为黏着-滑移指数（SSI）。SSI是不稳定撕裂程度的度量（图 6.31）[117]。假若黏着-滑移占优势，则撕裂面结节程度增加，SSI也同样增加。SSI同样也与结节之间的距离有关，它还能给出关于裂口尖端相对直径的信息（图 6.32）。当然，这一参数取决于裂纹尖端的补强结构。聚合物分子取向结构越发达，SSI越大。

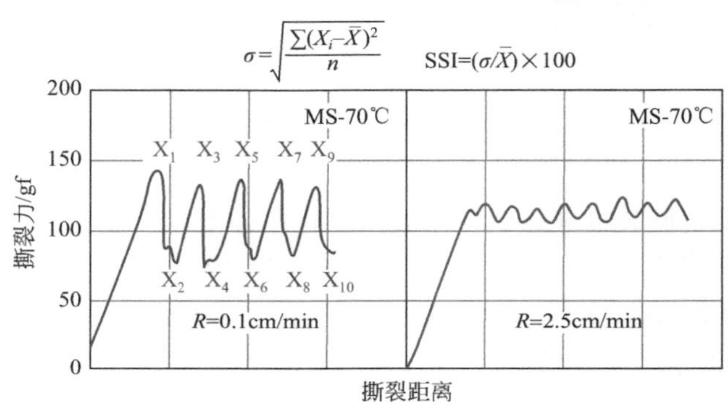

图 6.31　黏着-滑移指数定义示意图　[单硫键（MS）交联的 SBR 硫化胶]

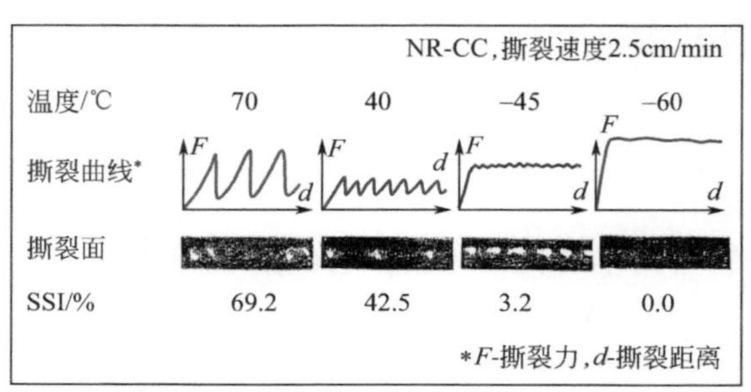

图 6.32　停止撕裂能、重启撕裂能和黏着-滑移指数的温度相关性

[碳-碳键交联的 NR 硫化胶（NR-CC），撕裂速度 2.5cm/min]

图 6.33 是单硫键交联的 SBR 硫化胶（SBR-MS）的 SSI 与撕裂速度和温度的三维拟合图，其撕裂表面的显微镜图像示于图 6.29。如图所示，SSI随温度升高而升高，到达顶点后，温度继续升高，SSI逐渐下降。SSI与撕裂速度也有关

系。在非常低的温度和高撕裂速度下，短时间内分子不可能重排成为各向异性的结晶体或取向，在此期间橡胶拉伸并伴随着撕裂尖端前进，产生的撕裂表面是光滑的。在中温区和高温区，SSI 随撕裂速度增加而降低。

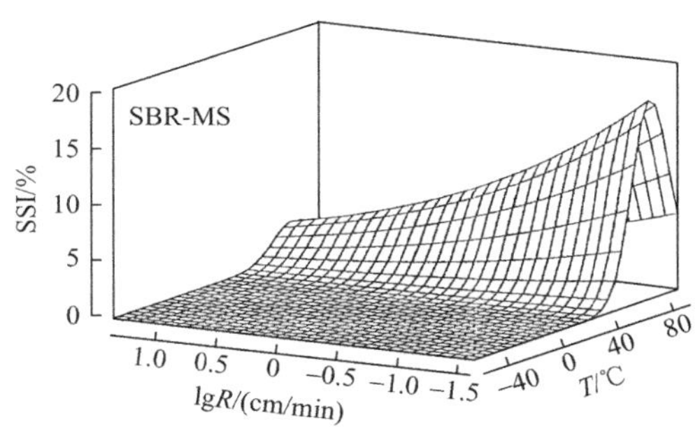

图 6.33 单硫键交联的 SBR 硫化胶黏着-滑移指数与撕裂速度和温度的相关性

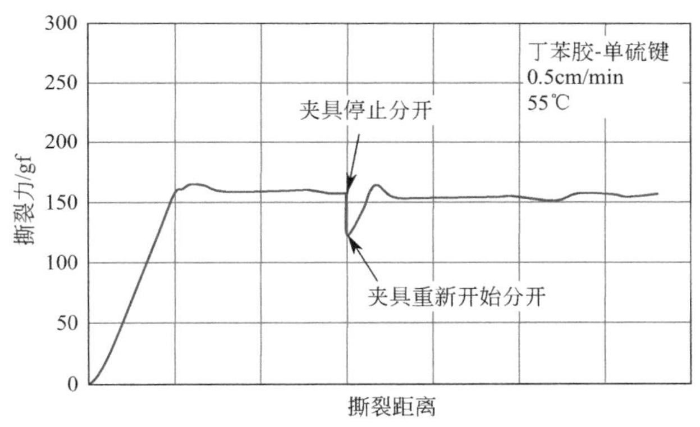

图 6.34 单硫键交联的 SBR 硫化胶的撕裂曲线—应力松弛对结节形成的影响

单硫键交联的 SBR 硫化胶（SBR-MS）在温度 55℃ 和撕裂速度为 0.5cm/min 条件下的撕裂曲线示于图 6.34，从该图可更好的理解撕裂速度对撕裂状态的影响。该条件下撕裂处于稳定态即撕裂力稳定，撕裂表面光滑。夹具停止移动，在停止的几分钟时间内，撕裂力因应力松弛而下降。随后继续拉伸时，撕裂过程重新开始，但裂口不会马上扩大，直至撕裂力超过停止撕裂前的水平。此后撕裂增长重启，并恢复到稳定状态。其结果是在撕裂过的表面上出现一个小“结节”。这意味着在应力松弛期间，一些聚合物链发生了取向，可能是由于橡胶链段沿填料表面滑移和填料聚结体在应力场中取向引起的。炭黑填充NR硫化胶在拉伸过程的各向异性研究中，X射线衍射图的无定形峰证实了这一点，分子取向因子随拉伸程度和炭黑填充量的增加而增大[120]。事实上，炭黑辅助分子链取向的作用，有助于解释炭黑对非结晶性聚合物的补强效应。这会导致较大体积的各向异性结构的形成，使应力均匀分布到聚合物网络中。这在裂口尖端无疑是真实的，在这里的聚合物基体承受着很高的拉伸应变。

在理解不稳定撕裂方面，Rivlin和Thomas[121]考察了应力松弛对硫化胶撕裂的影响。像Green和Tobolsky[122]所做过的一样，他们假设当弹性体处在形变状态时，一些交联键被打破，同时新的交联键形成，最终硫化胶中同时存在两种网络。一种网络是聚合物原先的构象，其在不拉伸状态下是松弛的。另一种由新交联键形成的网络，在试样形变状态下是松弛的。当外力去除后，这种复合的网络结构处于一种不同于原先未变形的状态，介于两种松弛网络状态之间。根据这个双网络模型，他们计算出了特征重启撕裂能。如果应力松弛发生在高应力区域附近，起始撕裂将平行于试样拉伸的方向，而不是垂直于它。随着撕裂的进行，裂口尖端的高应变区变为垂直于试片的拉伸方向，这相当于产生结节的撕裂过程。从这个观点来看，任何能够引起应力松弛的过程，都会增加各向异性的撕裂或者说黏着-滑移行为。可能正是由于这个原因，对于黏着-滑移现象而言，炭黑补强的硫化胶比其对应的纯胶明显，而且应变诱导结晶的橡胶也比无定形弹性体明显。

另一方面，撕裂期间形成蹼时，可以认为在蹼中间的变形是简单的拉伸状态，而旁边的变形是纯剪切状态。当然，在裂口顶端靠近蹼中间的分子的取向或结晶要比在蹼旁边的更加明显。因此，撕裂是从蹼的旁边开始的，并沿蹼中心线扩展，然后沿路径继续直至撕裂停止（图6.30）。这一观点已被显微镜对实际撕裂路径的观察所证实（图6.29）。

根据以上的讨论可知，黏着-滑移现象取决于拉伸网络中补强结构的形成以及形变蹼的松弛过程。因此，填料、结晶性和网络结构对撕裂状态均具有重要的影响。

(1) 填料的影响　据报道，结晶型橡胶如天然胶，加入炭黑会增加橡胶的结晶性，同样也会增加黏着-滑移撕裂[120,123]。炭黑增加天然胶应力诱导结晶的能力，已用X射线衍射法[124,125]和差示扫描量热法得到确认。Lee等人[120]对含不同用量N330炭黑的硫化天然胶进行了X射线衍射考察，发现橡胶中结晶的数量、撕裂尖端区域的大小和能量密度均随炭黑用量的增加而显著提高。这主要是由填料的应变放大效应引起的。结晶型橡胶应变越大，结晶越多[126,127]。

无定形橡胶填充炭黑特别是补强炭黑时，在一定的温度和撕裂速度下，也会出现明显的黏着-滑移撕裂[117,128]。图 6.29 是填充 50 份 N330 炭黑的 SBR 硫化胶在不同条件下的撕裂状态，虽然未填充 SBR 硫化胶并未观察到不稳定撕裂。但所有填充硫化胶的撕裂都在撕裂速度低和温度高的条件出现了黏着-滑移现象。

(2) 聚合物结晶性和网络结构的影响

① 非结晶型橡胶（SBR） 图 6.35 是多硫键（PS）、单硫键（MS）、碳-碳键（CC）交联的 SBR 硫化胶的黏着-滑移区域图[117]。所有硫化胶的交联键密度基本一致。MS 和 CC 交联的 SBR 硫化胶，在稳定和不稳定撕裂行为之间的边界位置大约相同。但是，对 PS 交联的样品，这个边界位置向温度较低的方向偏移约 15℃。也就是说与单硫键和碳-碳键 SBR 硫化胶相比，多硫键 SBR 的硫化胶发生非稳定撕裂的条件是在相同的撕裂速度下温度更低或相同温度下撕裂速度更高。

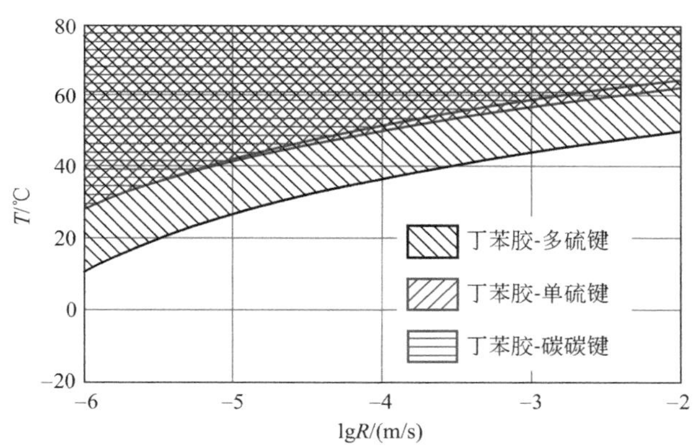

图 6.35 多硫键、单硫键和碳-碳键交联 SBR 硫化胶的黏着-滑移区域
（平行线面积表示黏着-滑移撕裂区）

图 6.36～图 6.38 是三种不同交联键类型的 SBR 硫化胶的 SSI 与温度和撕裂速度的三维拟合图，及每一种 SBR 硫化胶 SSI 三维曲面与其他两种的比较。多硫键交联的 SBR 硫化胶，其 SSI 比 MS 或 CC 交联的硫化胶的 SSI 都高。另外，PS 交联的 SBR 硫化胶，在超高的速度区域和温度下，其 SSI 明显高于 MS 或 CC 交联的硫化胶的 SSI。所有的硫化胶在 SSI 三维曲面上均存在一个最大值。超过最大值的温度后，SSI 随温度上升而下降。

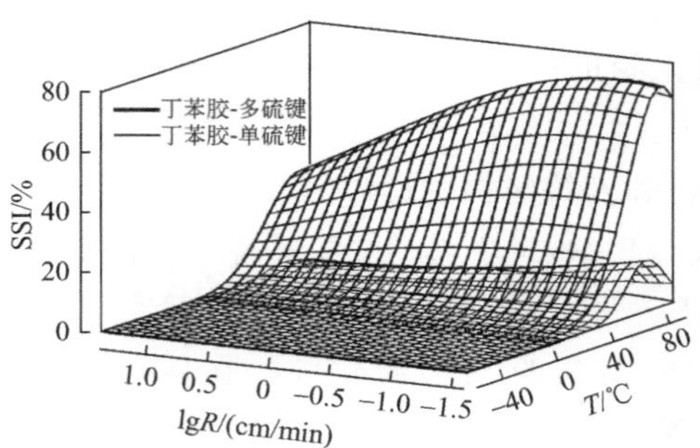

图 6.36　多硫键和单硫键交联的 SBR 硫化胶 SSI 的比较

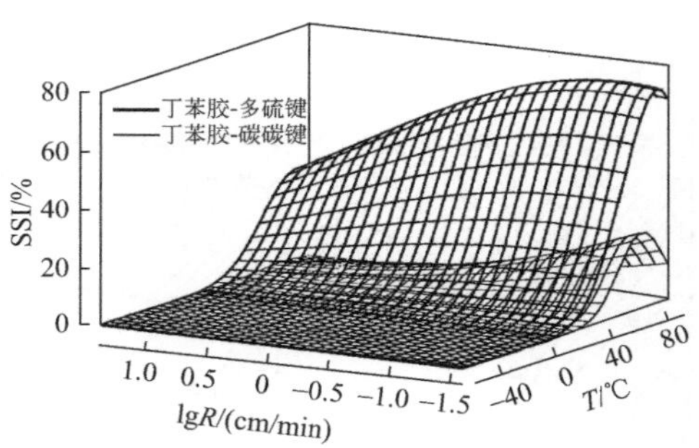

图 6.37　多硫键和碳-碳键交联的 SBR 硫化胶 SSI 的比较

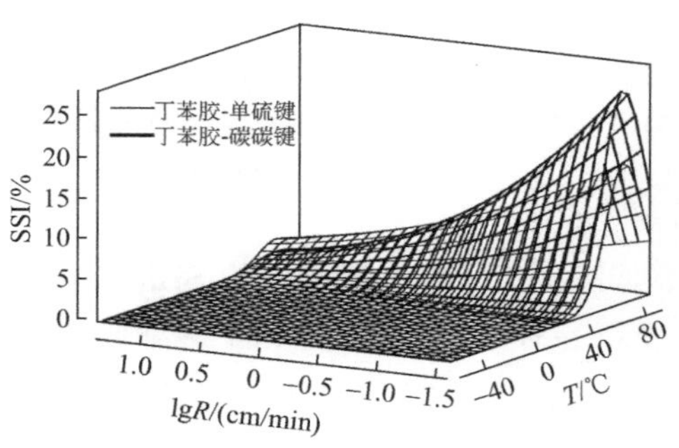

图 6.38　单硫键和碳-碳键交联的 SBR 硫化胶 SSI 的比较

在裂口尖端的取向程度与橡胶网络结构和实验条件有关。多硫键交联为主的SBR硫化胶黏着-滑移行为更加明显，可能是和拉伸状态下多硫键的稳定性有关，因为它的键能明显低于单硫键和碳-碳键[129]。从这个观点出发，不稳定的多硫化物交联键更有利于取向结构的形成，有利于黏着-滑移区域朝较低温度和较高的撕裂速度方向延伸，并使SSI增加。

② 可结晶橡胶（NR） 图6.39是多硫键、单硫键和碳-碳键为主的NR硫化胶的黏着-滑移区域图。与SBR硫化胶类似，黏着-滑移现象发生在撕裂速度较低和温度较高区。多硫键和碳-碳键交联的NR硫化胶，在稳定和不稳定撕裂行为之间的边界位置也大约相同。多硫键交联的样品，它的边界位置同样向温度较低、撕裂速度较高的方向移动。更进一步讲，所有NR硫化胶延伸到不稳定撕裂区的温度，比SBR硫化胶延伸的更低（大约低80～90℃）[118]。

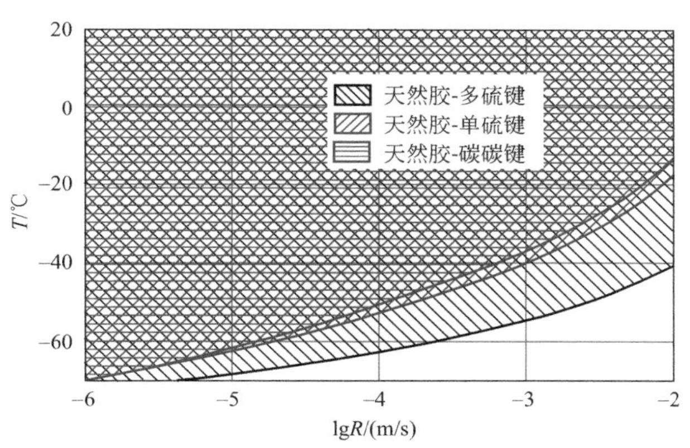

图6.39 多硫键、单硫键和碳-碳键交联NR硫化胶的黏着-滑移区域
（平行线面积表示黏着-滑移撕裂区）

图6.40～图6.42是三种不同交联键类型的NR硫化胶SSI的三维拟合图。每一种NR硫化胶SSI拟合图分别与其他两种硫化胶作了比较。与SBR填充硫化胶一样，多硫键交联的NR硫化胶的SSI比单硫键和碳-碳键交联样品的都高。所有的硫化胶在SSI三维拟合图上均存在一个最大值。超过最大值的温度后，SSI随温度上升而下降。SSI与撕裂速度也有相关性。在低温区，SSI随撕裂速度增加而下降，在中温区，SSI随撕裂速度增加稍微增加然后下降，在适度的撕裂速度下表现出SSI的最大值。这与多硫键交联的SBR硫化胶结果类似，虽然天然胶的SSI更高，且不稳定撕裂区域向更低温度延伸。这显然与裂

口尖端处 NR 分子链的应变诱导结晶使其补强结构明显增强有关。在非常低的温度和高的撕裂速度下，虽然裂口依然随拉伸前进，但裂口尖端区域橡胶分子由于在如此短时间内不可能重排形成各向异性的结晶结构，因此产生的撕裂表面是光滑的。

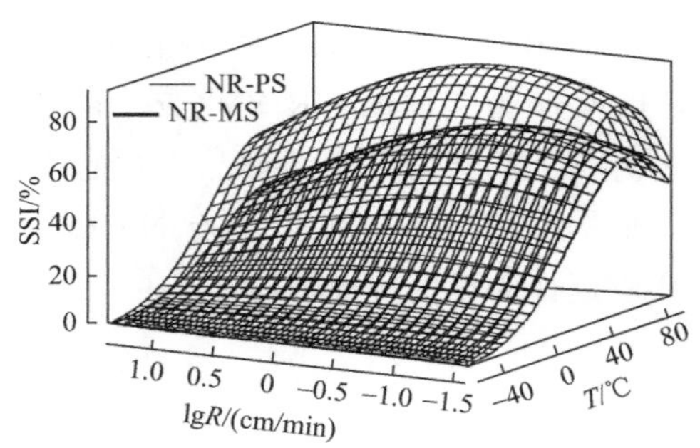

图 6.40　多硫键和单硫键交联的 NR 硫化胶 SSI 的比较

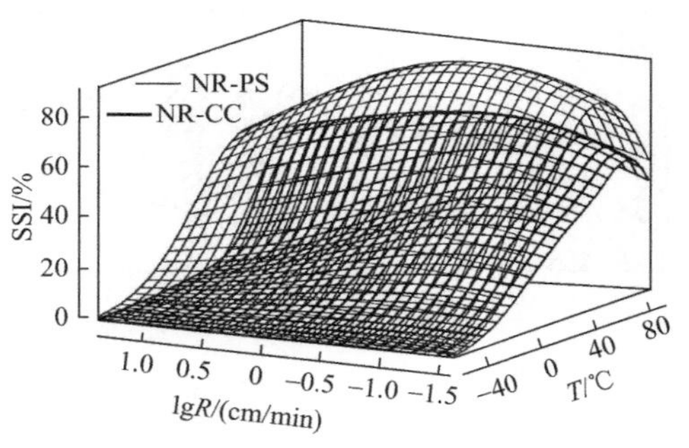

图 6.41　多硫键和碳-碳键交联的 NR 硫化胶 SSI 的比较

与 SBR 硫化胶一样，键能较弱的多硫键有利于应变诱导结晶的发生。因此，黏着-滑移区域扩展到较低的温度区和较高的撕裂速度区，提高了黏着-滑移程度。此外，撕裂过程中，多硫键的破坏和重新形成，在一定程度上可以减少聚合物网络的应力集中，使高应变区域里的结晶过程更容易进行。

在高 SSI 区，低撕裂速度下的 SSI 稍低，可能是由于受到应力松弛和结晶的影响。在缓慢地撕裂期间，应力松弛使受力峰值低于它原本的值（图 6.43）；当撕裂在较低撕裂速度下停止时，结晶可能会在裂口尖端产生，两者均提高了最低值（参见图 6.30）。应力松弛和结晶对较低 SSI 的影响是平行的。

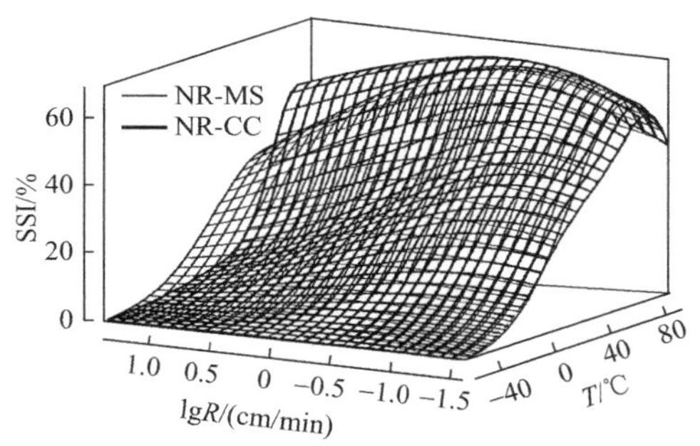

图 6.42　单硫键和碳-碳键交联的 NR 硫化胶 SSI 的比较

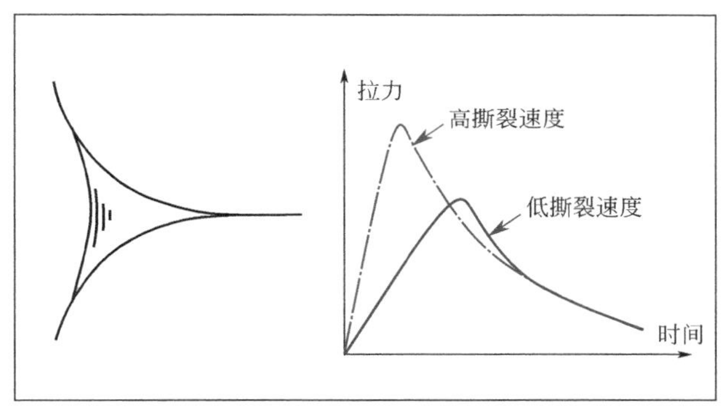

图 6.43　应力松弛对撕裂力影响的示意图

6.4.2.2　撕裂能

试验证明，撕裂所需要的能量不仅与撕裂扩展有关，而且还包括储存和消耗在试样裤腿中的弹性应变能（裤型撕裂）。当裤腿变形能够消除时，如足够宽的裤腿或贴有不变形背衬布的“裤型”试样（见图 6.28），撕裂能 G 可由橡胶撕裂中所需要的力 F_t 计算[113]：

$$G=2F_t/t \tag{6.35}$$

式中，t 是撕裂试片的厚度。在稳定撕裂区，撕裂平均力可以用于计算撕裂能，因为撕裂力随着撕裂的扩展只有轻微的变化。对不稳定的撕裂，重启撕裂力要远远高于撕裂暂止力。如 Kelley 等人[116] 所指出的那样，在暂止状态下的撕裂能更能代表材料固有的撕裂强度，即使重启撕裂能也是橡胶的重要特征，因为在该值以下裂口不会发展。重启撕裂能可以用暂止撕裂能和 SSI 两者结合进行估计。它们之间的关系可用图 6.31 为例说明。

(1) 填料的影响 对所有橡胶用炭黑，撕裂能随填料用量的增加而上升，因为能量损耗增加。对无定形橡胶，高填充量下填料用量增加会降低撕裂能。这对结晶型橡胶，诸如 NR 也应如此。但是，在非常低的用量下（5～10 份以下，取决于炭黑的类型），炭黑的加入不但不能改善 NR 抗撕裂性，甚至比纯胶还低。

虽然小粒子炭黑对撕裂能，特别是对重启撕裂能的影响是有利的，但结构的增加则带来不利的影响。因为与低结构炭黑相比较，模量较高将大大减小裂口尖端的有效半径（尖端将变得更锐），而有效半径是决定撕裂能的重要因素[130,131]。

白炭黑对撕裂性能的影响使其在轮胎工业中的应用具有重要的意义。绿色轮胎的胎面胶使用的是沉淀法二氧化硅，而在绿色轮胎商业化之前，白炭黑在轮胎工业中的应用，长期以来一直被限制在两个方面：一是帘布和钢丝帘线的黏合胶，加入一定的白炭黑，可与间苯二酚/甲醛体系一起提高胶料的黏合性能；另一种是在炭黑胶中并用 10～15 份白炭黑以提高非公路轮胎的胎面胶撕裂性能，从而改善轮胎的抗崩花掉块现象[132]。在后者的应用中，白炭黑与聚合物之间的相互作用较弱，有益于裂口尖端的聚合物分子沿撕裂力方向的取向，因为聚合物分子链在填料表面容易发生滑移或/和剥离，从而减少聚合物网络中的应力集中。在这一应用中，通常不加或少加偶联剂。

(2) 聚合物结晶性和网络结构的影响

① 非结晶型橡胶（SBR） 炭黑的存在可以明显增加暂止撕裂和重启撕裂的撕裂能。在无定形橡胶，如 SBR 中，这种影响甚至更加明显。重启撕裂能的增加可以归因于在裂口尖端周围容易形成补强结构，但是撕裂过程中由炭黑引起的其他分子过程也能导致能量损耗的增加，这也可以认为是重启撕裂和停止撕裂两种撕裂能较高的主要原因。

图 6.44～图 6.46 是炭黑填充的 SBR 硫化胶的撕裂能与撕裂速度和温度相关性，其橡胶网络中的交联键类型不同。图 6.47 是多硫键 SBR 硫化胶的撕裂能与撕裂速度在 14 个温度下的关系曲线。

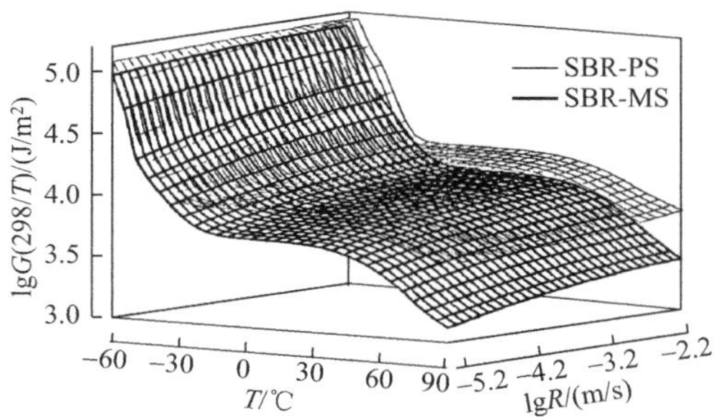

图 6.44　多硫键和单硫键交联的 SBR 硫化胶撕裂能的比较

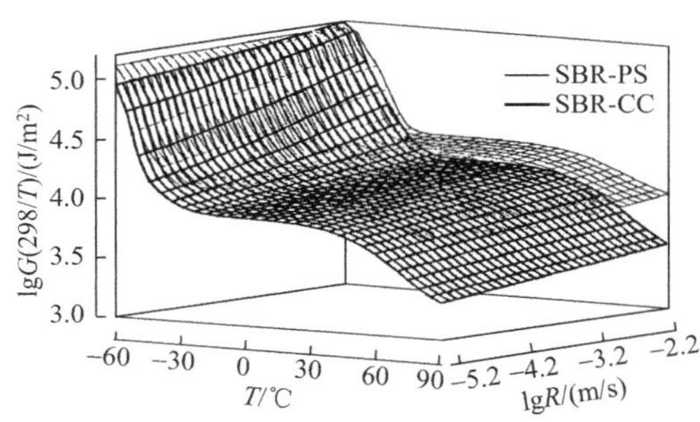

图 6.45　多硫键和碳-碳键交联的 SBR 硫化胶撕裂能的比较

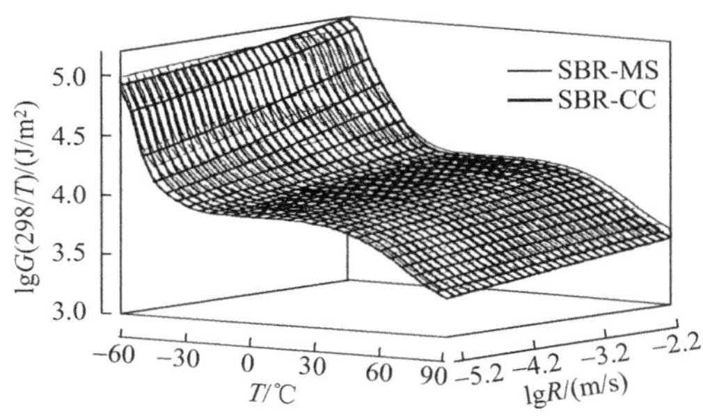

图 6.46　单硫键和碳-碳键交联的 SBR 硫化胶撕裂能的比较

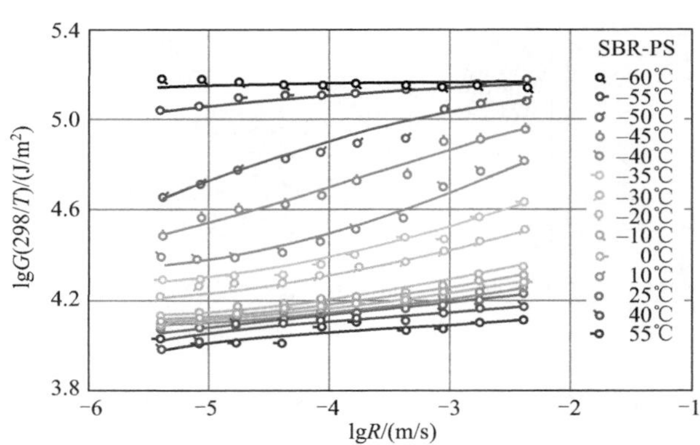

图 6.47 在 14 种温度下，多硫键 SBR 硫化胶的撕裂能与撕裂速度的关系

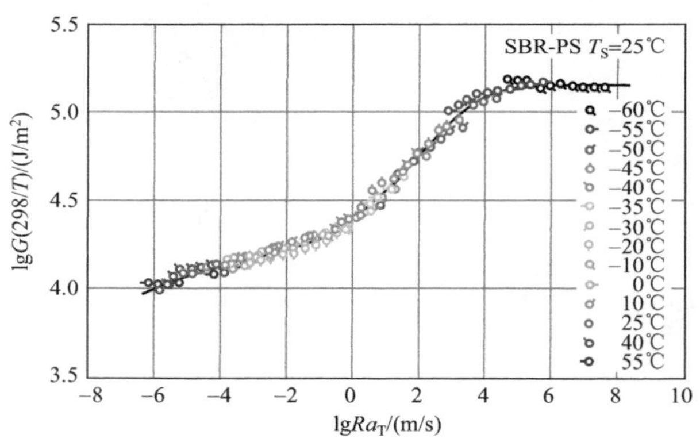

图 6.48 多硫键交联的 SBR 硫化胶在参考温度 25℃下的撕裂能主曲线

业已证明撕裂能具有黏弹性本质。对无定形未填充硫化胶而言[133,134]，撕裂速度变化和温度变化之间的等效性遵循著名的 William-Landel-Ferry（WLF）公式[135]。就炭黑填充的无定形橡胶而言，在整个撕裂范围内只有暂止撕裂能遵从这一规律。

对于含 50 份炭黑 N330 的硫黄硫化丁苯胶而言，图 6.47 是停止撕裂能用 25℃为参考温度经平移转换得到的主曲线（图 6.48）[117]。与温度有关的平移因子 a_T 由 WLF 公式计算得来：

$$\lg a_{\mathrm{T}}=\frac{-C_1(T-T_{\mathrm{S}})}{C_2+(T-T_{\mathrm{S}})} \tag{6.36}$$

式中，C_1 和 C_2 是与参考温度 T_{S} 有关的实验常数。这些常数是将从最佳叠加数据得到的平移因子 a_{T} 带入 WLF 公式得到的。图 6.49 是三种硫化胶的实验平移因子。每种样品的常数 C_1 和 C_2 列于表 6.1。

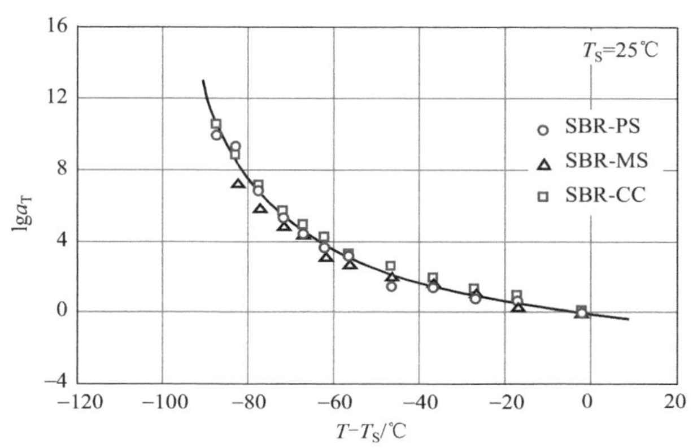

图 6.49 多硫键、单硫键及碳-碳键 SBR 硫化胶的 WLF 叠加平移因子随温度的变化

表 6.1 多硫键、单硫键及碳-碳键 SBR 硫化胶的 WLF 常数

硫化胶	C_1	C_2
多硫键 SBR	3.46	112.4
单硫键 SBR	3.21	115.3
碳-碳键 SBR	4.45	121.8
均值	3.71	116.5

用 25℃作为参考温度，三种 SBR 硫化胶的撕裂能主曲线示于图 6.50。所有主曲线存在一定的相似性。与未填充的硫化胶相似[134]，N330 填充 SBR 硫化胶的曲线，在较长的时间尺度范围内呈“S”形。如图所示，撕裂能曲线的高撕裂速度区在 120～130kJ/m^2 附近呈现玻璃态；在低速度区，所有撕裂能曲线都有下降的趋势。Lake 和 Thomas[136] 理论预测，这是橡胶机械强度的下限。这个值大约与纯胶的相同。这表明在高温和低速撕裂条件下，炭黑对停止撕裂能的影

响可以排除。在这两种极端情况之间，每条曲线在相同的区间都存在一个较为平坦的中间态。虽然中间态的机理尚不明确，但不同网络结构硫化胶之间略有差异。

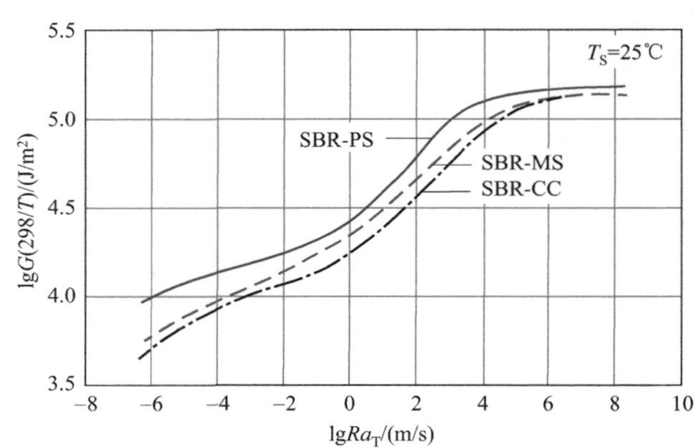

图 6.50 SBR-PS、SBR-MS 和 SBR-CC 三种硫化胶的撕裂能主曲线之间的比较（参考温度为 25℃）

对炭黑填充的 SBR 硫化胶，在非常高的撕裂速度条件下，单硫键交联的硫化胶撕裂能与碳-碳键交联者相同。除此之外，在整个撕裂速度范围内，撕裂能的递减顺序是从 PS 到 MS 再到 CC 交联的硫化胶。这与交联键的键能顺序恰恰相反。

Thomas 和 Greensmith[130,131] 提出，撕裂能 G、单位体积的拉伸断裂能 W_b 和裂口尖端的有效直径 d 之间的关系可用下式表示：

$$G=W_b d \tag{6.37}$$

因此，网络结构的任何改变，不管是增加拉伸破坏能还是增加裂口尖端的有效直径 d，都会提高硫化胶的抗撕裂力。

Taylor 和 Darin[137] 对断裂能的假设是，样品断裂时的应力主要由沿拉伸方向取向并由接近其最大伸长率的分子链承担。拉伸断裂能与单位体积中链的数目成正比，断裂时这些链的位移矢量与拉伸方向角度很小。多硫键键能较低，可以减少局部的应力集中，促进分子链取向，有助于提高断裂能。实际上，有研究曾对不同网络结构硫化胶的拉伸强度进行过比较（主要是天然胶），发现多硫键交联的硫化胶，其拉伸强度超过用 C—C 交联的或用单硫键交联的硫化胶[138]。

在高撕裂速度区或低温下，交联类型对能量损耗的影响，特别是在玻璃态下将减少。其原因可能是，在这个范围内交联类型不同的硫化胶撕裂能大约是相同的。

在对多硫键、单硫键和碳-碳键交联的炭黑填充 SBR 硫化胶的撕裂能讨论中，Wang 和 Kelley[117] 认为这些硫化胶之间的差异主要是交联键类型。但不同的硫化体系也会引起聚合物分子链的化学改性。与传统的硫黄硫化体系相比较，高促进剂硫黄体系使聚合物产生环化硫化物和侧基较少。这些改性以何种方式以及多大程度上影响非晶型橡胶的撕裂能仍然不清楚。

② 结晶型橡胶（NR） 图 6.51～图 6.53 是交联键类型不同的炭黑填充 NR 硫化胶的撕裂能 G 随撕裂速度和试验温度变化的三维图。所有硫化胶的特征大致相同。当温度接近玻璃态区域时，硫化胶的撕裂能大约为 $120kJ/m^2$，这和炭黑填充 SBR 的基本相同。在高温下，撕裂能迅速下降。在这两个极端温度的中间区，撕裂能变化比较平缓。该区裂口停止撕裂能与 SBR 几乎一样，但是重启

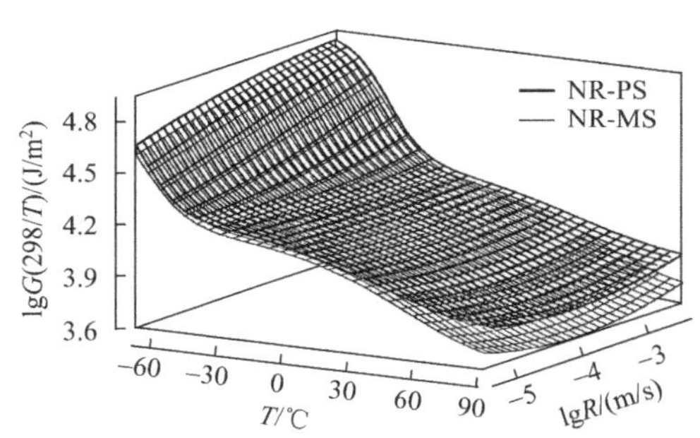

图 6.51 多硫键和单硫键交联的 NR 硫化胶撕裂能之间的比较

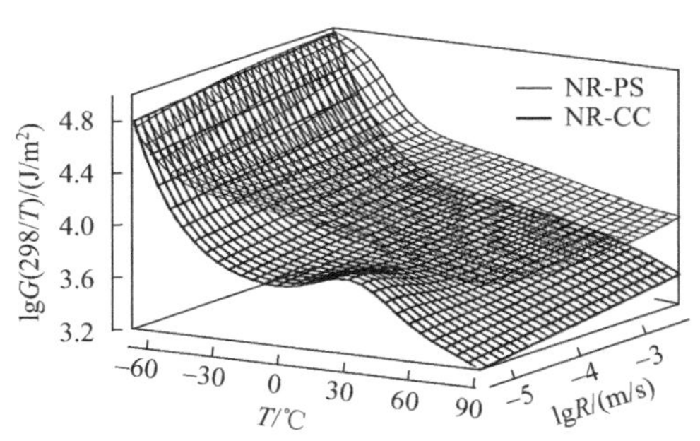

图 6.52 多硫键和碳-碳键交联的 NR 硫化胶撕裂能之间的比较

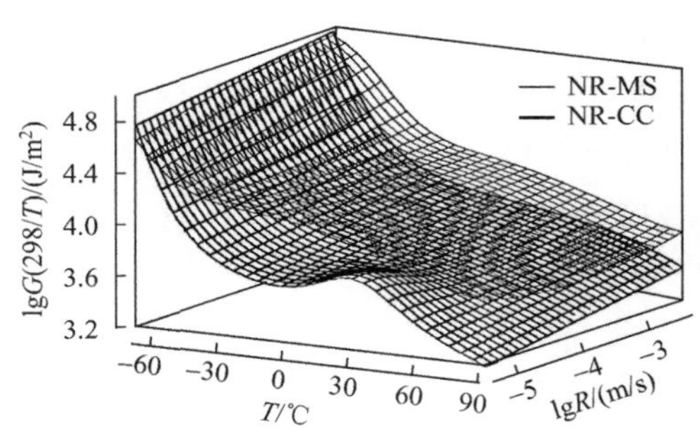

图 6.53 单硫键和碳-碳键交联的 NR 硫化胶撕裂能之间的比较

撕裂量很高。另一方面，在整个撕裂速度和温度范围内，炭黑填充的 NR 硫化胶的撕裂能递减顺序为 NR-PS>NR-MS>NR-CC[118]。

图 6.54 是碳-碳键交联的 NR 硫化胶的撕裂能与撕裂速度的关系。低温下，撕裂处于稳定或轻微不稳定状态，不同温度下的撕裂能可以叠加形成单一的主曲线。实验中先以－40℃作为参考温度，对稳定或轻微不稳定区数据进行最优叠加。所得平移因子通过公式(6.36)拟合修正后用平均平移因子重新叠加得到最终主曲线。三种硫化胶的平移因子如图 6.55 所示。从平移－40℃到－70℃数据获得的常数 C_1 和 C_2 列于表 6.2。

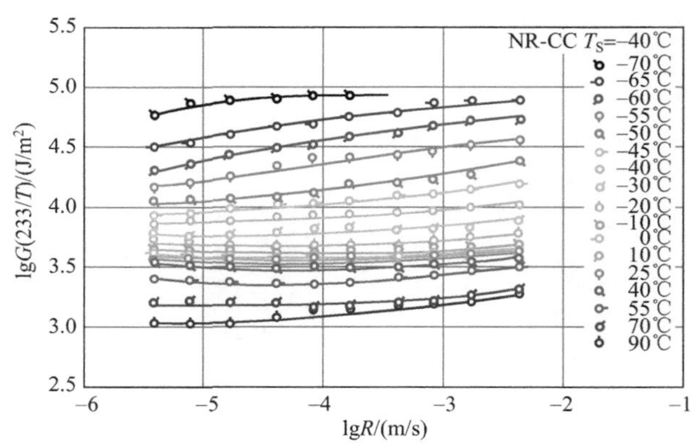

图 6.54 不同温度条件下，NR-CC 硫化胶的撕裂能（G）与撕裂速度的关系

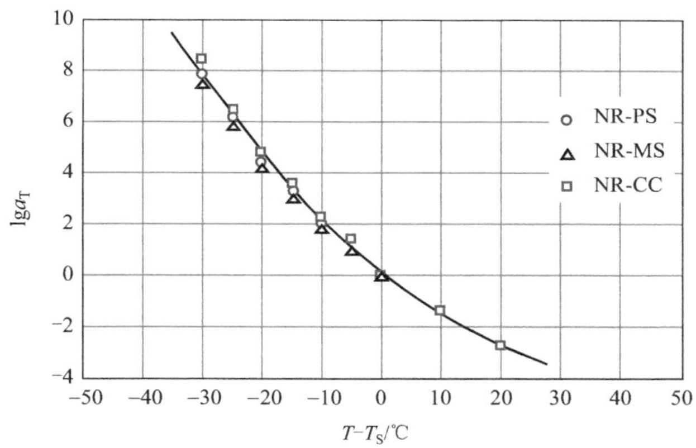

图 6.55 多硫键、单硫键和碳-碳键交联的 NR 硫化胶 WLF 实验平移因子随温度的变化

如图 6.56 所示，在高撕裂速度或低温条件下，撕裂能可以平移叠加形成单一的主曲线。但在出现黏着-滑移撕裂的低速度区，数据平移的重合度并不高。

表 6.2 多硫键、单硫键和碳-碳键交联 NR 硫化胶的 WLF 常数

硫化胶	C_1	C_2
多硫键 NR	15.0	88.0
单硫键 NR	14.2	85.6
碳-碳键 NR	16.8	90.2
均值	15.3	88.6

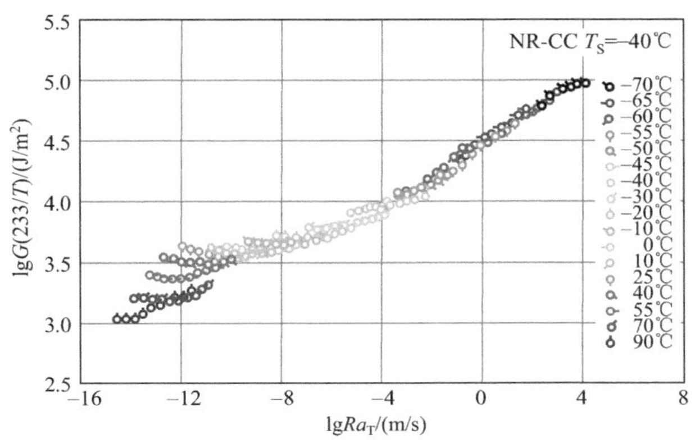

图 6.56 碳-碳键交联 NR 硫化胶的撕裂能主曲线（参考温度为 - 40℃）

也就是说，这些数据是不可叠加的，因为在较低撕裂速度下的撕裂能会缓慢增加。有两个原因可能导致数据如此分散：一是由于黏着-滑移式的前进使撕裂速度变得毫无意义（见图 6.57），在不稳定撕裂区，撕裂扩展是一直不停地重复暂止和重启的过程，因此真正的撕裂速度是无法确定的；另一个原因可能是应变诱导结晶对黏弹性撕裂的影响，这是同时产生的。在夹具分离速度较低的情况下，撕裂暂止时，裂口尖端仍然存在一些应变诱导的结晶（见图 6.30），这会使暂止撕裂能的值较高。

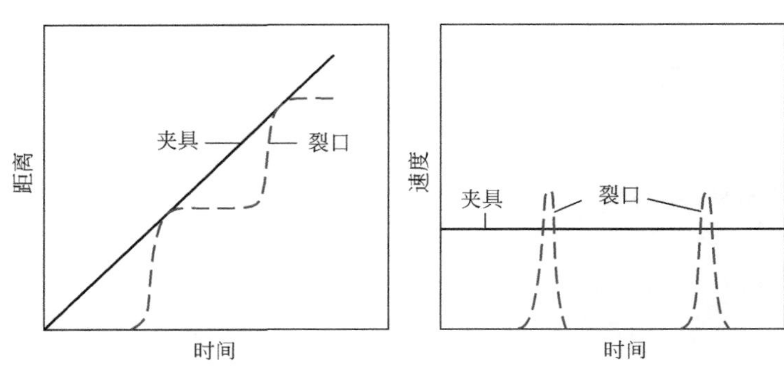

图 6.57 不稳定撕裂区域内的撕裂扩展速度和夹具分离速度之间的关系示意图

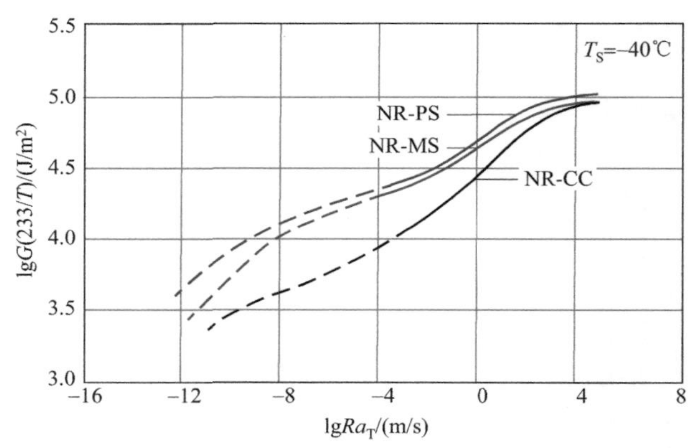

图 6.58 多硫键、单硫键和碳-碳键交联 NR 硫化胶的撕裂能主曲线

交联键类型不同的三种硫化胶的撕裂能主曲线示于图 6.58，其参考温度为−40℃。其中实线表示直接平移得到的单一主曲线，虚线是在低撕裂速度下分散数据的平均值。因为是用三种样品的平均平移因子进行的撕裂能数据平移，所以

平移的曲线是可比较的。由于折合速度是相同的，撕裂能的实验条件也相同。

可以看到，所有曲线均有一定的相似性，在高撕裂速度区都具有小的平台，另一个平缓段出现在中间撕裂速度区。如三维关系图中所示一样，在整个时间尺度范围内，撕裂能也是按多硫键、单硫键和碳-碳键的顺序依次递减。

对交联键较弱的硫化胶而言，其撕裂能较高可能是在应力作用下交联键容易发生断裂而消耗内能而造成的，也有可能是分子链在裂口尖端附近发生取向，从而使暂止撕裂力增加所致。

温度为−75℃时，橡胶处于玻璃态，所有样品在开始撕裂时的撕裂阻力较高，接着快速下降。与此同时，即使夹具只分开很短的距离，裂口亦迅速地扩展到样品末端，称为速移裂口，这与典型的高分子玻璃断裂相似。这个过程也在−70℃和较高的撕裂速度下发生。

6.4.3 拉伸强度和扯断伸长率

虽然弹性体的拉伸断裂机理尚未完全确立，但是可把它当作由橡胶中偶尔出现的缺陷、微孔、与填料表面剥离或空洞引发的裂口激烈增长造成的。如果弹性体网络能够在样品中，而不是撕裂裂口尖端附近，通过不可逆的分子过程以热能的形式消耗掉输入能量，减少破坏聚合物网络的弹性能，从而使断裂能增加[139]。弹性体的应变诱导结晶也是消耗储能的有效过程之一。纤维状结晶的形成可以防止裂口生长直至断裂发生。因此可结晶型橡胶的拉伸强度比较高。如前所述，这个过程可通过加入炭黑而增强。对无定形橡胶而言，应变下不会产生结晶是这些材料的固有缺点。加入补强炭黑是提高能量消耗的主要途径，它可以把无定形橡胶的拉伸强度提高至结晶型橡胶的水平。Harwood 和 Payne[140] 提出的拉伸过程中拉伸强度与能量消耗之间的关系为：

$$U_b = B(H_b \varepsilon_b)^{1/2} \tag{6.38}$$

式中，U_b 是断裂能密度；ε_b 是扯断伸长率；H_b 是断裂变形所消耗的能量；B 是常数，与填料用量和种类无关。

曾有几种机理解释炭黑在能量消耗中的作用。有些机理与应力软化有关，诸如聚集体的破坏、因填料使链缠结运动降低而致局部高黏性流动[124]、填料表面的橡胶分子滑移[75,94,95,141,142]等。橡胶分子的滑移也会使聚合物网络上的应力分布更加均匀。就裂口生长而言，聚合物网络链的取向在吸收弹性能、增强和钝化裂口尖端等方面的作用与结晶类似，因此可以延缓快速断裂的发生。另一方面，与在其他材料中一样，刚性填料粒子的存在，可使裂口发展路径长度增加，起到延缓裂口发生和消耗能量的作用。因为裂口不会穿过填料粒子，而不得不绕开粒子前进，所以消耗更多的能量[124]。对表面覆盖着一层较强橡胶壳的填料来说，这种效应更加明显。炭黑就是这样的填料。

Gent 和 Pulford[143] 曾提出，填料粒子也可以是应力增加点，形成二次裂口的潜在诱发中心。这会大量地增加能量损耗。

为防止裂口的增长和增加滞后损耗，炭黑用量和形态可通过改变聚结体间的距离起重要的作用。如 Eirich[124] 所指出的那样，聚结体间的距离不能太大，导致在遇到另一个聚结体之前，在基体中出现临界大小的裂口。假若由填料聚结体脱离或基体空化作用引发的裂口小到不足以产生不利影响，但它的数量多到足以消耗掉大部分输入能，那么这种材料将具有较高的强度。同样用量下，聚结体粒径小、比表面积高的小粒子炭黑的聚结体间距较短［公式(3.9)］，因此会赋予材料较高的抗裂口增长的能力。

比表面积大的小粒子炭黑对以下过程是有利的：聚合物-填料相互作用较强，界面面积较大，因此橡胶壳较厚；分子滑移概率较高将导致更多的分子链取向以及聚结体之间的距离较短。因此，不难理解，拉伸强度随着炭黑比表面积的增加而增加，特别是非结晶橡胶，但它们的结构影响不大。炭黑的用量与比表面积具有相同的影响。事实上，拉伸强度随用量的增加而增加直到一定水平，然后在较高用量下开始下降。在高用量下，炭黑分散不好，可以成为胶料的缺陷，导致裂口产生并发展为突然断裂。这一点从对炭黑 N330 填充和未填充的 SBR 硫化胶的断面观察予以证实[144]，诱发断裂的缺陷尺寸随填充量的增加而增大。最高拉伸强度的用量随炭黑品种而变化。小粒径炭黑达到最高拉伸强度的用量较低。这可用炭黑分散来解释。对高比表面积的炭黑而言，其聚结体间的距离小，而且其表面能也高，因而小粒子填料在橡胶中的分散比较难。结构性较高的填料也有相同的效应，但其影响不如比表面积那么明显。

炭黑对应变诱导结晶型橡胶（如天然胶）的拉伸强度影响更加复杂，因为应变诱导的结晶本身也会消耗能量，增加断裂能。未填充橡胶整体在拉伸过程中产生的结晶，可使拉伸强度增加至更高的水平，以致大多数炭黑都无法进一步增加其拉伸强度。与无定形橡胶相比，随填料用量的增加，拉伸强度更容易出现最大值，而且填料用量也低。在某些情况下，根本观察不到最大值[145]，似乎炭黑的加入也会干扰橡胶基体中的应变诱导结晶。

由于橡胶网络的强度和可拉伸性取决于实验条件，如温度和拉伸速度，Smith[146,147] 用破坏包络线描述硫化胶的极限拉伸性能。他发现在较宽的温度和应变速度范围内，用 $\lg(\sigma_b T_0/T)$ 对 $\lg(\lambda_b-1)$ 作图时，断裂应力 σ_b 和拉断拉伸比 λ_b 能够得到一条曲线，通常称为破坏包络线。其中，T 和 T_0 分别是试验温度和参考温度。由于应变速度或温度的变化会导致试验点沿曲线移动，故破坏包络线是极限拉伸性质的基本特征。这表明包络线与试验条件无关，只取决于硫化胶的结构特征。在破坏包络线上，升高温度或增加拉伸速度，断裂点沿着破坏包络线顺时针方向移动。极限值在最大拉断拉伸比（$\lambda_{b\text{-}max}$）下发生。图 6.59 是炭黑对 SBR 硫化胶破坏包络线的影响[148]。当填充量增加时，破坏包络线向较高的拉伸强度和较低的扯断伸长率方向移动，同时 $\lambda_{b\text{-}max}$ 减小。这种行为与未填充

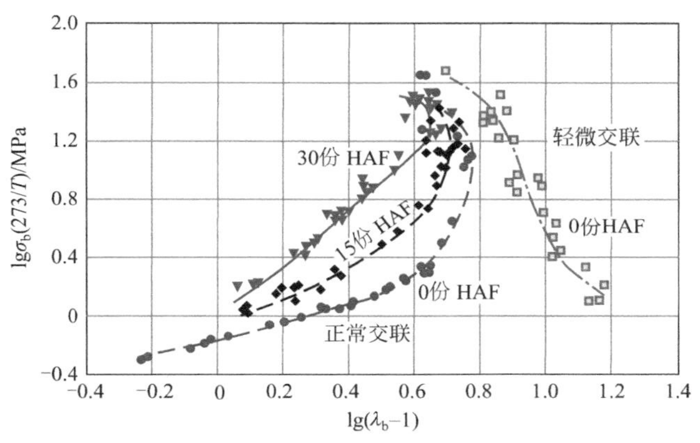

图 6.59　炭黑对 SBR 硫化胶破坏包络线的影响

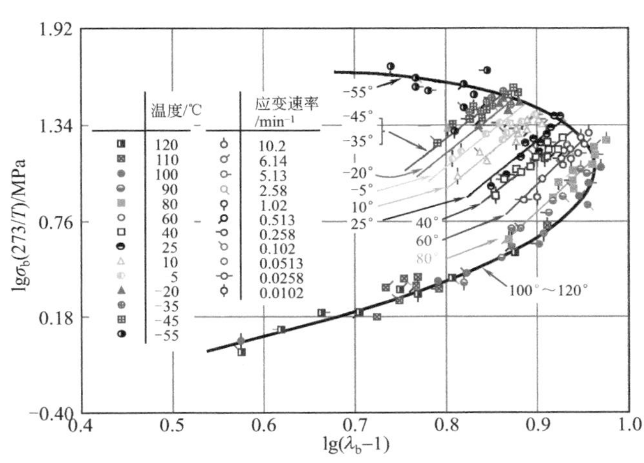

图 6.60　未填充 NR 硫化胶的破坏包络线

的应变诱导结晶型橡胶类似（图 6.60）[149]。因此，应变诱导结晶型橡胶的结晶体在拉伸断裂中的作用与填料相似，反之亦然。

6.4.4 疲劳

根据 Lake[150] 的定义，“疲劳”广义地说就是材料的一种或几种性质在使用或试验期间不断地退化。具体而言，在橡胶技术中，它指的是在反复变形（或应力）下由一个或几个自然发生的缺陷引发的裂口扩展所导致的破坏，这种裂口扩展要比单一的拉伸断裂小得多。当裂口是故意引入的小切口时，这个过程往往被称为“裂口增长”。硫化胶的疲劳性质直接影响着橡胶产品的使用寿命。以轮胎为例，花纹沟及胎体开裂、胎面和帘布脱层等问题都与疲劳性能有关[151]。

就静态或单调的撕裂来说，一旦用力超过某一水平（临界应力或撕裂强度），裂口会连续不断地扩大直至断裂发生（稳定的撕裂）或在裂口停止之前，快速地前进一段距离（不稳定撕裂）。就疲劳而言，裂口（或切口）增长是在重复负荷小于拉伸强度下发生的。动态变形过程中，施加的应力使橡胶分子在裂口尖端前方发生结晶或取向。在回缩过程中重组结构消失，橡胶松弛到零应变。这会引起在裂口尖端周围的应力分布向前移动，并在下一个应力循环期间进一步向前推进[107]。若这一增强的结构在零应变下没有完全消失，则裂口生长会慢下来或被阻止。因此不难理解，取向结构的形成和消失速度，以及实验条件对橡胶疲劳有很大影响。

Lake 等[150,152-155] 发现，在每次循环的裂口（或切口）增长和最大撕裂能 G 之间的关系存在 3 个明显的区域（图 6.61）。G_0 以下，疲劳裂口增长速度非常缓慢，基本与撕裂能无关。裂口的这种增长方式完全归因于臭氧老化。在 G_0 以上，但在 G_1（图 6.61 中所定义的特征 G 值）以下，裂口增长速度与（$G-G_0$）成比例增长。在 G_1 和 G_c（静态撕裂能）之间，裂口增长速度随撕裂能呈指数增加。静态撕裂能以上，会发生严重的撕裂。当未应变状态下的长条橡胶受到循环拉伸时，在全部撕裂能范围内的裂口增长可用下式近似地表示：

$$\frac{dc}{dn}=BG^{\beta} \tag{6.39}$$

式中，c 是裂口长度；n 是循环次数；B 和 β 是常数。β 主要取决于所用的橡胶种类，一般在 1 和 6 之间。对天然胶而言，β 大约为 2，而无定形 SBR 的 β 大约是 4[152,156,157]，即缺陷大小和应变对 SBR 的疲劳性能影响要比对 NR 更加明显。边缘裂口长度为 c 的长条橡胶的撕裂能 G 如下[113]：

$$G=2KcW \tag{6.40}$$

式中，W 是试样的应变能密度；K 是常数，它随应变只有轻微的变化。因此疲劳寿命可以对公式(6.39) 积分，并带入公式(6.40) 中的 G 进行估算：

$$n=\frac{1}{(\beta-1)B(2KW)^{\beta}}\times\left(\frac{1}{c_0^{\beta-1}}-\frac{1}{c^{\beta-1}}\right) \tag{6.41}$$

式中，c_0 是初始缺陷的实际大小。对疲劳损坏而言，$c \gg c_0$，循环到破坏的数目可以从该公式消除 c 项得到。对未填充硫化胶而言，在中高应变下，与实验数据吻合程度较高。拟合实验数据所用的缺陷尺寸为几个微米，这与橡胶中由微粒杂质和试样加工所引起的缺陷大小相近[150]。影响疲劳的另一个因素是气氛。G_0 和常数 B 都受到氧浓度的影响（“机械-氧化”机理）[150,153,158]。

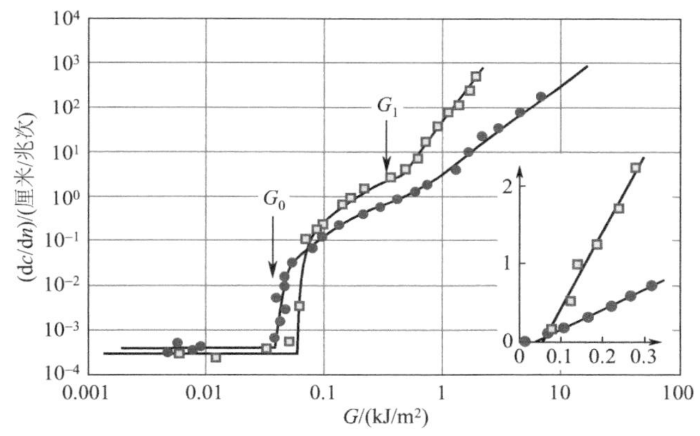

图 6.61 NR 和 SBR 在每次循环中裂口增长和最大撕裂能之间的关系图

关于填料对疲劳的影响，在受控实验条件下的系统研究非常少。基本上，如 Kraus[159] 所综述的那样，加入炭黑可通过下列因素而起到重要的作用：如分散较差和聚集作用对 c_0 的影响，提高应变能的影响，以及在中等温度对硫黄硫化胶起抗氧化剂的作用。另外，在完全补强的硫化胶中，当炭黑加入无定形 SBR 时，在公式(6.41) 中的 β 值可从 4 降到大约 2，这相当于是天然胶的值。另一方面，如早先所讨论的那样，炭黑的加入可以增加能耗，裂口增长尖端的应力集中减少，从而使裂口增长速度降低[160]。

Goldberg 等[144] 研究了炭黑 N330 不同用量的 SBR 硫化胶，发现在不同循环应力下经受 100 次循环变形后，其残余拉伸强度随填料浓度增加而增加。对于样品在 100 次循环变形疲劳破坏的试样，使用的应力也是随填充量增加而增加。

Lake 和 Lindley[161] 的研究表明，含 50 份高耐磨炉黑的 NR 硫化胶，在撕裂能超过 G_0 后，也能够明显降低切口增长的速度。然而，就疲劳而言，这种改善往往会被填料产生的较大的缺陷而抵消。这一点与 Wolff[162] 的 DeMattia 实验结果一致。Wolff 试验结果表明切口从 8mm 增长到 12mm 所需的疲劳次数 n，开始随炭黑填充量的增加而增加，经过最大值，然后随填充量增加逐渐降低（图 6.62）。随着比表面积增加，疲劳次数的最大值向低用量方向偏移。虽然在用量较低时，疲劳的改善是由于撕裂能的增加造成的。但在用量较高时，疲劳寿命的降低与炭黑的聚集作用使 c_0 增大有关。因此，细粒子炭黑的最大用量较低是因为它们难以分散所致。此外，实验室测试中，在恒定应变下进行比较时，在实际用量下大粒径和低结构炭黑填充胶耐疲劳性较好的原因也可能是由于它们的硬度较低，所需输入能量较少造成的[159,163]。

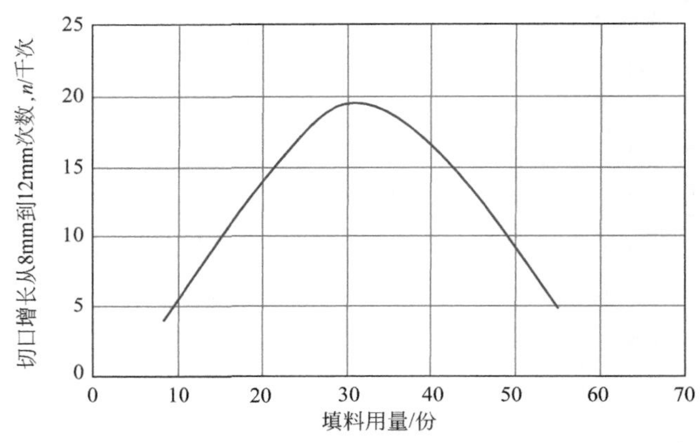

图 6.62　炭黑 N330 用量对 NR 硫化胶 DeMattia 切口增长的影响

参考文献

[1] Flory P J, Rehner J. Statistical Mechanics of Cross-Linked Polymer Networks Ⅰ. Rubberlike Elasticity. *J. Chem. Phys.*, 1943, **11**: 512.

[2] Flory P J, Rehner J. Statistical Mechanics of Cross-Linked Polymer Networks Ⅱ. Swelling. *J. Chem. Phys.*, 1943, **11**: 521.

[3] Flory P J. Statistical Mechanics of Swelling of Network Structures. *J. Chem. Phys.*, 1950, **18**: 108.

[4] Lorenz O, Parks C R. The Crosslinking Efficiency of Some Vulcanizing Agents in Natural Rubber. *J.*

Polym. Sci., 1961, **50**: 299.

[5] Kraus G. Swelling of Filler-Reinforced Vulcanizates. *J. Appl. Polym. Sci.*, 1963, **7**: 861.

[6] Hummel K, *Kautsch. Gummi Kunstst.*, 1962, **15**: 1.

[7] Wolff S. *Kautsch. Gummi Kunstst.*, 1970, **23**: 7.

[8] Boonstra B B. Rubber Technology and Manufacture. Cleveland, Ohio: CRC press, 1971: 252, Chapter 7.

[9] Wolff S, Wang M -J, TAN E -H. Surface Energy of Fillers and its Effect on Rubber Reinforcement. Ⅱ, *Kautsch. Gummi Kunstst.* 1994, **47**: 873.

[10] Rigbi Z, Boonstra B B. *Meeting of the rubber division*, *ACS*, Chicago, Ⅲ, Sept. 13-15, 1967.

[11] Wolff S, Wang M -J. Filler-Elastomer Interactions. Part Ⅳ. The Effect of the Surface Energies of Fillers on Elastomer Reinforcement. *Rubber Chem. Technol.*, 1992, **65**: 329.

[12] Wolff S, Wang M -J, *Meeting of the Rubber Division*, *ACS*, Toronto, Canada, May 21-24 1991.

[13] Polmanteer K E, Lentz C W. Reinforcement Studies-Effect of Silica Structure on Properties and Crosslink Density. *Rubber Chem. Technol.*, 1975, **48**: 795.

[14] Wolff S, Wang M -J. Physical Properties of Vulcanizates and Shift Factors. *Kautsch. Gummi Kunstst.*, 1994, **47**: 17.

[15] Wolff S, Panenka R. *IRC'* 85, Kyoto, Japan, Oct. 15-18, 1985.

[16] Smallwood H M. Limiting Law of the Reinforcement of Rubber. *J. Appl. Phys.*, 1944, **15**: 758.

[17] Guth E. Theory of Filler Reinforcement. *Rubber Chem. Technol.*, 1945, **18**: 596.

[18] Guth E, Simha R, Gold O. Untersuchungen über die Viskosität von Suspensionen und Lösungen. 3. Über die Viskosität von Kugelsuspensionen. *Kolloid Z.*, 1936, **74**: 266.

[19] Guth E, Gold O. Viscosity and Electroviscous effect of the Agl sol. Ⅱ. Influence of the Concentration of Agl and of Electrolyte on the Viscosity. *Phys. Rev.*, 1938, **53**: 322.

[20] Bachelor G K, Green J T. The Determination of the Bulk Stress in a Suspension of Spherical Particles to Order c2, *J. Fluid Mech.*, 1972, **56**: 401.

[21] Kerner E H. The Electrical Conductivity of Composite Media. *Proc. Phys. Soc. B*, 1956, **69**: 802.

[22] Brinkman H C. The Viscosity of Concentrated Suspensions and Solutions. *J. Chem. Phys.*, 1952, **20**: 571.

[23] Eilers H. Die Viskosität von Emulsionen hochviskoser Stoffe als Funktion der Konzentration. *Kolloid Z.*, 1941, **97**: 313.

[24] Van der Poel C. On the Rheology of Concentrated Dispersions. *Rheol. Acta*, 1958, **1**: 198.

[25] Cohan L H. The Mechanism of Reinforcement of Elastomers by Pigments. *Indian Rubber World*, 1947, **117**: 343.

[26] Mullins L, Tobin N R. Stress Softening in Rubber Vulcanizates. Part Ⅰ. Use of a Strain Amplification Factor to Describe the Elastic Behavior of Filler-reinforced Vulcanized Rubber. *J. Appl. Polym. Sci.*, 1965, **9**: 2993.

[27] Guth E. Theory of Filler Reinforcement. *J. Appl. Phys.*, 1945, **16**: 20.

[28] Meinecke E A, Taftaf M I. Effect of Carbon Black on the Mechanical Properties of Elastomers. *Rubber Chem. Technol.*, 1988, **61**: 534.

[29] Medalia A I. Effective Degree of Immobilization of Rubber Occluded within Carbon Black Aggregates. *Rubber Chem. Technol.*, 1972, **45**: 1171.

[30] Hess W M, McDonald G C, Urban E. Specific Shape Characterization of Carbon Black Primary Units. *Rubber Chem. Technol.*, 1973, **46**: 204.

[31] Ravey J C, Premilat S, Horn P. Light Scattering by Suspensions of Carbon Black. *Eur. Polym. J.*, 1970, **6**: 1527.

[32] Medalia A I. Morphology of Aggregates. *J. Colloid Interface Sci.*, 1967, **24**: 393.

[33] Wolff S, Donnet J B. Characterization of Fillers in Vulcanizates According to the Einstein-Guth-Gold Equation. *Rubber Chem. Technol.*, 1990: **63**: 32.

[34] Wolff S. Renforcement des élastomères et facteurs de Structure des Charges: noir de Carbone et Silice. Ph. D. dissertation, France: Univeristé de Haute-Alsace, 1987.

[35] Wang M -J, Wolff S, Tan E -H. *Meeting of the Rubber Division, ACS*, Louisville, Apr. 19-21, 1992.

[36] Serizawa H, Nakamura T, Ito M, et al. Effects of Oxidation of Carbon Black Surface on the Properties of Carbon Black-Natural Rubber Systems. *Polym. J.*, 1983, **15**: 201.

[37] O'Brien J, Cashell E, Wardell G E, et al. An NMR Investigation of the Interaction Between Carbon Black and Cis-Polybutadiene., *Rubber Chem. Technol.*, 1977, **50**: 747.

[38] O'Brien J, Cashell E, Wardell G E, et al. An NMR Investigation of the Interaction Between Carbon Black and Cis-polybutadiene. *Macromolecules*, 1976, **9**: 653.

[39] Kenny J C, McBrierty V J, Rigbi Z, et al. Carbon Black Filled Natural Rubber. 1. Structural Investigations. *Macromolecules*, 1991, **24**: 436.

[40] Fujimoto K, Nishi T. *Nippon Gomu Kyokaishi*, 1970, **43**: 54.

[41] Kaufman S, Slichter W P, Davis D D. Nuclear Magnetic Resonance Study of Rubber-Carbon Black Interactions. *J. Polym. Sci. Part A*-2, 1971, **9**: 829.

[42] Smit P P A. The Glass Transition in Carbon Black Reinforced Rubber. *Rheol. Acta*, 1966, **5**: 277.

[43] Smit P P A, Van der Vegt A K. Interfacial Phenomena in Rubber Carbon Black Compounds. *Kautsch. Gummi Kunstst.*, 1970, **23**: 147.

[44] Smit P P A. Les Interactions Entre les Elastomères et les Surfaces Solides Ayant Une Action Renforçant. Paris: Colloques Internationaux du CNRS, 1975.

[45] Gerspacher M, Yang H H, O'Farrell C P. *Meeting of the Rubber Division, ACS*, Washington D. C., 1990.

[46] Voet A, Cook F R. Investigation of Carbon Chains in Rubber Vulcanizates by Means of Dynamic Electrical Conductivity. *Rubber Chem. Technol.*, 1968, **41**: 1207.

[47] Voet A, Sircar A K, Mullens T J. Electrical Properties of Stretched Carbon Black Loaded Vulcanizates. *Rubber Chem. Technol.*, 1969, **42**: 874.

[48] Boonstra B B, Medalia A I. *Rubber Age*, 1963, **46**: 892.

[49] Donnet J B, Wang M -J, Papirer E, et al. Influence of Surface Treatment on the Reinforcement of Elastomers, *Kautsch. Gummi Kunstst.*, 1986, **39**: 510.

[50] Wang M -J. Etude du renforcement des élastomères par les charges: Effet Exercé par l' Emploi de Silices Modifiées par Greffage de Chaines Hydrocarbonées. Ph. D. dissertation, Mulhouse, France: Univeristé de Haute-Alsace, 1984.

[51] Wang M -J. presented at a workshop "*Praxis und Theorie der Verstärkung von Elastomeren*", Hanover, 1996.

[52] Custodero E. Caractérisation de la Surface des noirs de Carbone: Nouveau Modèle de Surface et Implications pour le Renforcement. Ph. D. dissertation, France: Univeristé de Haute-Alsace, 1992.

[53] Wang M -J. Powder and Fibers: Interfacial Science and Applications. Boca Raton: CRC Press-Taylor and Francis Group, 2006.

[54] Rivin D. Use of Lithium Aluminum Hydride in the Study of Surface Chemistry of Carbon Black. *Rubber Chem. Technol.*, 1963, **36**: 729.

[55] Rivin D. Surface Properties of Carbon. *Rubber Chem. Technol.*, 1971, **44**: 307.

[56] Dannenberg E M. Primary Structure and Surface Properties of Carbon Black. *Rubber Age*, 1966, **98**: 82.

[57] Wolff S, Wang M -J, Tan E -H. Filler-Elastomer Interactions. X: The Effect of Filler-elastomer and Filler-filler Interaction on Rubber Reinforcement. *Kautsch. Gummi Kunstst.*, 1994, **47**: 102.

[58] Wang M -J, Wolff S, Freund B. Filler-Elastomer Interactions. Part XI. Investigation of the Carbon-Black Surface by Scanning Tunneling Microscopy. *Rubber Chem. Technol.*, 1994, **67**: 27.

[59] Wang M -J, Wolff S. Filler-Elastomer Interactions. Part VI. Characterization of Carbon Blacks by Inverse Gas Chromatography at Finite Concentration. *Rubber Chem. Technol.*, 1992, **65**: 890.

[60] Wang M -J. Effect of Polymer-Filler and Filler-Filler Interactions on Dynamic Properties of Filled Vulcanizates. *Rubber Chem. Technol.*, 1998, **71**: 520.

[61] Wang M -J, Wolff S. Donnet J -B, Filler-Elastomer Interactions. Part III. Carbon-Black-Surface Energies and Interactions with Elastomer Analogs. *Rubber Chem. Technol.*, 1991, **64**: 714.

[62] Kraus G. Reinforcement of Elastomers. New York: Wiley Interscience, 1965: 140.

[63] Bouasse H, Carriére Z. Courbes de Traction du Caoutchouc Vulcanisé. *Ann Fac Sci Toulouse*, 1903, **5**: 257.

[64] Holt W L. Behavior of Rubber under Repeated Stresses. *Ind. Eng. Chem.*, 1931, **23**: 1471.

[65] Mullins L. Effect of Stretching on the Properties of Rubber. *J. Rubber Res.*, 1947, **16**: 275.

[66] Mullins L. The Thixotropic Behavior of Carbon Black in Rubber. *J. Phys. Colloid Chem.*, 1950, **54**: 239.

[67] Harwood J A C, Mullins L, Payne A R. Stress Softening in Natural Rubber Vulcanizates. Part Ⅱ. Stress Softening Effects in Pure gum and Filler Loaded Rubbers. *J. Appl. Polym. Sci.*, 1965, **9**: 3011.

[68] Harwood J A C, Payne A R. Whittaker R E. Stress-Softening and Reinforcement of Rubber. *J. Macromol. Sci., Part B: Phys.*, 1971, **5**: 473.

[69] Harwood J A C, Payne A R. Stress Softening in Natural Rubber Vulcanizates. Part V. The Anomalous Tensile Behavior of Natural Rubber. *J. Appl. Polym. Sci.*, 1967, **11**: 1825.

[70] Johnson M A, Beatty M F. The Mullins Effect in Equibiaxial Extension and its Influence on the Inflation of a Balloon. *Int. J. Eng. Sci.*, 1995, **33**: 223.

[71] Palmieri G, Sasso M, Chiappini G, et al. Mullins Effect Characterization of Elastomers by Multi-axial Cyclic Tests and Optical Experimental Methods. *Mech. Mater.*, 2009, **41**: 1059.

[72] Mars W V, Fatemi A. Observations of the Constitutive Response and Characterization of Filled Natural Rubber Under Monotonic and Cyclic Multiaxial Stress States. *J. Eng. Mater. Tech.*, 2004, **126**: 19.

[73] Chai A B, Verron E, Andriyana A, et al. Mullins Effect in Swollen Rubber: Experimental Investi-

gation and Constitutive Modelling. *Polym. Test.*, 2013, **32**: 748.

[74] Rickaby S R, Scott N H. Cyclic Stress-softening Model for the Mullins Effect in Compression. *Int. J. Non-Lin. Mech.*, 2013, **49**: 152.

[75] Dannenberg E M, Brennan J J. *Meeting of the Rubber Division*, *ACS*, Philadelphia, 1965.

[76] Harwood J A C, Payne A R. Stress Softening in Natural Rubber Vulcanizates. Part IV. Unfilled Vulcanizates. *J. Appl. Polym. Sci.*, 1966, **10**: 1203.

[77] Mullins L. Softening of Rubber by Deformation. *Rubber Chem. Technol.*, 1969, **42**: 339.

[78] Harwood J A C, Payne A R. Stress Softening in Natural Rubber Vulcanizates. Part Ⅲ. Carbon Black-filled Vulcanizates. *J. Appl. Polym. Sci.*, 1966, **10**: 315.

[79] Hofmann W. Vulcanization and Vulcanizing Agents. London: Maclaren and Sons Ltd., 1967.

[80] Lin F. EVE Rubber Institute. Qingdao, CN. 2015.

[81] Gent A N. Crystallization and the Relaxation of Stress in Stretched Natural Rubber Vulcanizates. *Trans. Faraday Soc.*, 1954, **50**: 521.

[82] Rault J, Marchal J, Judeinstein P, et al. Stress-induced Crystallization and Reinforcement in Filled Natural Rubbers: ^{2}H NMR Study. *Macromolecules*, 2006, **39**: 8356.

[83] Toki S, Sics I, Hsiao B S, et al. Structural Developments in Synthetic Rubbers During Uniaxial Deformation by in situ Synchrotron X-ray Diffraction. *J. Polym. Sci., Part B: Polym. Phys.*, 2004, **42**: 956.

[84] Toki S, Sics I, Ran S, et al. New Insights into Structural Development in Natural Rubber During Uniaxial Deformation by in Situ Synchrotron X-ray Diffraction. *Macromolecules*, 2002, **35**: 6578.

[85] L. Mullins and N. R. Tobin, Theoretical Model for the Elastic Behavior of Filler-Reinforced Vulcanizated Rubbers. *Rubber Chem. Technol.*, 1957, **30**: 555.

[86] Blanchard A F, Parkinson D. Structures in Rubber Reinforced by Carbon Black. *Rubber Chem. Technol.*, 1950, **23**: 615.

[87] Blanchard A F, Parkinson D. Breakage of Carbon-Rubber Networks by Applied Stress. *Ind. Eng. Chem.*, 1952, **44**: 799.

[88] Bueche F. Molecular Basis for the Mullins Effect. *J. Appl. Polym. Sci.*, 1960, **4**: 107.

[89] Bueche F. Reinforcement of Elastomers. New York: Interscience, 1965, Chapter 1.

[90] Alexandrov A P, Lazurkin J S. *Dokl. Akad. Nauk SSSR*, 1944, **45**: 291.

[91] Houwink R. Slipping of Molecules during the Deformation of Reinforced Rubber. *Rubber Chem. Technol.*, 1956, 29: 288.

[92] Peremsky R. *Kaucuk a Plastiche Hmoty*, 1963, **12**: 499.

[93] Peremsky R. *Kaucuk a Plastiche Hmoty*, 1963, **2**: 37.

[94] Dannenberg E M, Molecular Slippage Mechanism of Reinforcement. *Trans. Inst. Rubber Ind.*, 1966, **42**: 26.

[95] Dannenberg E M, The Effects of Surface Chemical Interactions on the Properties of Filler-reinforced Rubbers. *Trans. Inst. Rubber Ind.*, 1975, **48**: 410.

[96] Dannenberg E M, Brennan J J. Strain Energy as a Criterion for Stress Softening in Carbon-Black-Filled Vulcanizates. *Rubber Chem. Technol.*, 1966, **39**: 597.

[97] Hess W M, Ford F P. Microscopy of Pigment-Elastomer Systems. *Rubber Chem. Technol.*, 1963, **36**: 1175.

[98] Smith R W. Vacuole Formation and the Mullins Effect in SBR Blends with Polybutadiene. *Rubber Chem. Technol.*, 1967, **40**: 350.

[99] Zheng S. EVE Rubber Institute. Qingdao, CN. 2017.

[100] Bryant K C, Bisset D C. *Proceedings of the Third Rubber Technology Conference*, London, 1954: 655.

[101] Kraus G, Childers C W, Rollmann K W. Stress Softening in Carbon Black-Reinforced Vulcanizates. Strain Rate and Temperature Effects. *J. Appl. Polym. Sci.*, 1966, **10**: 229.

[102] Zhong L. EVE Rubber Institute. Qingdao, CN. 2018.

[103] Zheng S. EVE Rubber Institute. Qingdao, CN. 2019.

[104] Donnet J B, Wang M -J. *The international Rubber Conference*, Stuttgart, Germany, 1985.

[105] Wang M -J, Wolff S. Filler-Elastomer Interactions. Part V. Investigation of the Surface Energies of Silane-Modified Silicas. *Rubber Chem. Technol.*, 1992, **65**: 715.

[106] Oberth A E, Bruenner R S. Tear Phenomena Around Solid Inclusions in Castable Elastomers. *Trans. Soc. Rheol.*, 1965, **9**: 165.

[107] Kinloch A J, Young R J. Fracture Behavior of Polymers, London: Elsevier Science Publishers Ltd., 1983, Chapter 10.

[108] Gent A N. Science and Technology of Rubber. New York: Academic Press, 1978: Chapter 10.

[109] Gent A N. Detachment of an Elastic Matrix from a Rigid Spherical Inclusion. *J. Mater. Sci.*, 1980, **15**: 2884.

[110] Nicholson D W. On the Detachment of a Rigid Inclusion from an Elastic Matrix. *J. Adhes.*, 1979, **10**, 255.

[111] Kraus G. Interactions of Elastomers and Reinforcing Fillers. *Rubber Chem. Technol.*, 1965, **38**: 1070.

[112] Hess W M, Lyon F, Burgess K A. *Kautsch. Gummi Kunstst.*, 1967, **20**: 135.

[113] Rivlin R S, Thomas A G. Rupture of Rubber. I. Characteristic Energy for Tearing. *J. Polym. Sci.*, 1953, **10**: 291.

[114] Kainradl P, Handler F. The Tear Strength of Vulcanizates. *Rubber Chem. Technol.*, 1960, **33**: 1438.

[115] Griffith A A. The Phenomena of Rupture and Flow in Solids. *Phil. Trans. R. Soc. Lond. A*, 1921, **221**: 163.

[116] Stacer R G, Yanyo L C, Kelley F N. Observations on the Tearing of Elastomers. *Rubber Chem. Technol.*, 1985, **58**: 421.

[117] Wang M -J, Kelley F N. Effect of Crosslink Type on the Time-Dependent Tearing. Part Ⅰ. Carbon Black Filled SBR Vulcanizates. *Kautsch. Gummi Kunstst.*, 2016, **69** (**1-2**): 38.

[118] Wang M -J, Kelley F N. Effect of Crosslink Type on the Time-Dependent Tearing. Part Ⅱ Carbon Black Filled Natural Rubber Vulcanizates. *Kautsch. Gummi Kunstst.*, 2016, **69** (**3**): 46.

[119] Gent A N, Kim H J. Tear Strength of Stretched Rubber. *Rubber Chem. Technol.*, 1978, **51**: 35.

[120] Lee D J, Donovan J A. Microstructural Changes in the Crack Tip Region of Carbon-Black-Filled Natural Rubber. *Rubber Chem. Technol.*, 1987, **60**: 910.

[121] Rivlin R S, Thomas A G. The Effect of Stress Relaxation on the Tearing of Vulcanized Rubber. *Eng. Fracture Mech.*, 1983, **18**: 389.

[122] Green M S, Tobolsky A V. A New Approach to the Theory of Relaxing Polymeric Media. *J. Chem. Phys.*, 1946, **14**: 80.

[123] Gehman S D. Reinforcement of Elasiomers. New York: Wiley Interscience, 1965.

[124] Eirich F R. Les Interactions Entre les Elastomères et les Surfaces Solides Ayant Une Action Renforçant. Paris: Colloques Internationaux du CNRS, 1975: 15.

[125] Liu H, Lee R F, Donovan J A. Effect of Carbon Black on the Integral and Strain Energy in the Crack Tip Region in a Vulcanized Natural Rubber. *Rubber Chem. Technol.*, 1987, **60**: 893.

[126] Andrews E H, Gent A N. The Chemistry and Physics of Rubber-like Substances. , London: Maclaren and Sons Ltd. , 1963, Chapter 9.

[127] Mark J E, Erman B. Rubberlike Elasticity. New York: John Wiley & Sons, 1988.

[128] Henry A W. Tear Behavior of Filled and Unfilled Elastomers. Ph. D. dissertation, Ohio, USA: University of Akron, 1967.

[129] Hofmann W. Vulcanization and Vulcanization Agents. London: Maclaren and Sons Ltd. , 1967: Chapter 1, pp. 21.

[130] Greensmith H W. Rupture of rubber. IV. Tear Properties of Vulcanizates Containing Carbon Black. *J. Polym. Sci.*, 1956, **21**: 175.

[131] Thomas A G. Rupture of Rubber. Ⅱ. The Strain Concentration at an Incision. *J. Polym. Sci.*, 1955, **18**: 177.

[132] Wolff S, Görl U, Wang M -J, et al. Silica-based Tread Compounds: Background and Performancec, *the TyreTech'93 Conference*, Basel, Switzerland, 1993.

[133] Williams M L, Landel R F, Ferry J D. The Temperature Dependence of Relaxation Mechanisms in Amorphous Polymers and Other Glass-forming Liquids. *J. Am. Chem. Soc.*, 1955, **77**: 3701.

[134] Mullins L. *Trans. Inst. Rubber Ind.*, 1959, **35**: 213.

[135] Stacer R G, von Meerwall E D, Kelley F N. Time-Dependent Tearing of Carbon Black-Filled and Strain Crystallizing Vulcanizates. *Rubber Chem. Technol.*, 1985, **58**: 913.

[136] Lake G J, Thomas A G. The Strength of Highly Elastic Materials. *Proc. R. Soc. Lond. A: Math. Phys. Eng.*, 1967, **300**: 108.

[137] Taylor G R, Darin S R. The Tensile Strength of Elastomers. *J. Polym. Sci.*, 1955, **17**: 511.

[138] Bateman L, Cunneen J Ⅰ, Moore C G, et al. The Chemistry and Physics of Rubber-like Substances. London: Maclaren and Sons Ltd. , 1963.

[139] Hamed G R. Energy Dissipation and the Fracture of Rubber Vulcanizates. *Rubber Chem. Technol.*, 1991, **64**: 493.

[140] Harwood J A C, Payne A R. Hysteresis and Strength of Rubbers. *J. Appl. Polym. Sci.*, 1968, **12**: 889.

[141] Brennan J J, Jermyn T E, Perdagio M F. *Meeting of the Rubber Division*, *ACS*, Detroit, 1964. paper no. 36.

[142] Ambacher H, Strauss M, Kilian H -G, et al. Reinforcement in Filler-Loaded Rubbers. *Kautsch. Gummi Kunstst.*, 1991, **44**: 1111.

[143] Gent A N, Pulford C T R. Micromechanics of Fracture in Elastomers. *J. Mater. Sci.*, 1984, **19**: 3612.

[144] Goldberg A, Lesuer D R, Patt J. Fracture Morphologies of Carbon-Black-Loaded SBR Subjected to

Low-Cycle, High-Stress Fatigue. *Rubber Chem. Technol.*, 1989, **62**: 272.

[145] Studebaker M L. Reinforcement of Elastomers. New York: Intersience Publishers, 1965, Chapter 12.

[146] Smith T L. Ultimate Tensile Properties of Elastomers. Ⅱ. Comparison of Failure Envelopes for Unfilled Vulcanizates. *J. Appl. Phys.*, 1964, **35**: 27.

[147] Smith T L. Strength of Elastomers: a Perspective. *Polym. Eng. Sci.*, 1977, **17**: 129.

[148] Halpin J C. Molecular View of Fracture in Amorphous Elastomers. *Rubber Chem. Technol.*, 1965, **38**: 1007.

[149] Smith T L. Rheology. New York: Academic Press, 1969.

[150] Lake G J. Progress of Rubber Technology, England: Applied Science, 1983: 89.

[151] Beatty J R. Fatigue of Rubber. *Rubber Chem. Technol.*, 1964, **37**: 1341.

[152] Lake G J, Lindley P B. Cut Growth and Fatigue of Rubbers. Ⅱ. Experiments on a Noncrystallizing Rubber. *J. Appl. Polym. Sci.*, 1964, **8**: 707.

[153] Lake G J, Lindley P B. The Mechanical Fatigue Limit for Rubber. *J. Appl. Polym. Sci.*, 1965, **9**: 1233.

[154] Lake G J, Lindley P B. Role of Ozone in Dynamic Cut Growth of Rubber. *J. Appl. Polym. Sci.*, 1965, **9**: 2031.

[155] Lake G J, Lindley P B. Fatigue of Rubber at Low Strains. *J. Appl. Polym. Sci.*, 1966, **10**: 343.

[156] Thomas A G. Rupture of Rubber. V. Cut Growth in Natural Rubber Vulcanizates. *J. Polym. Sci.*, 1958, **31**: 467.

[157] Gent A N, Lindley P B, Thomas A G. Cut Growth and Fatigue of Rubbers. Ⅰ. The Relationship Between Cut Growth and Fatigue. *J. Appl. Polym. Sci.*, 1964, **8**: 455.

[158] Lake G J, Thomas A G. *Kautsch. Gummi Kunstst.*, 1967, **20**: 211.

[159] Kraus G. Advances in Polymer Science, Berlin: Springer-Verlag, 1975: 155, Chapter 8.

[160] James A G. *Dtsch Kautsch. Ges. Conference*, Wiesbaden, 1971.

[161] Lake G J, Lindley P B. Mechanical Fatigue Limit for Rubber. *Rubber Chem. Technol.*, 1966, **39**: 348.

[162] S. Wolff,"Kautschukchtmikalien und Fullstoffe in der Modernen Kautschuktechnologie", Weiterbildungsstudium Kautschuktechnologie, Universität Hannover, 1989/1990.

[163] Mullins L. The Chemistry and Physics of Rubber-like Substances, London: Maclaren and Sons Ltd., 1963, Chapter 11.

（王从厚、钟亮译）

第 7 章
填料对硫化胶动态性能的影响

一般而言，动态性能是指周期性变化的应变和应力。其最简单的定义就是对橡胶施加一较小的正弦变化的应变或应力，而其响应分别是一个频率相同但相位通常有差异的正弦变化的较小的应力或应变。动态性能与温度、频率、应变振幅以及填料的存在密切相关，当然，还取决于聚合物的黏弹性质。众所周知，将填料加入聚合物时，动态性能将发生很大的变化，这不仅包括黏性和弹性动态模量，还包括这两个模量的比值，即损耗因子。损耗因子与动态变形期间所耗散的能量有关。实际应用中，对于动态应力或应变下使用的橡胶产品，动态性能是非常重要的。例如，在汽车轮胎中，胶料的动态性能将影响产品的使用性能，诸如滚动阻力、牵引力、抗湿滑性、操纵性以及疲劳生热等。

7.1 硫化胶的动态性能

当剪切应力以频率 ω 按正弦交替周期性地施加在黏弹性聚合物上时，应变也将按正弦方式交替变化，但是相位与应力不同，应变落后于应力[1]（图 7.1）。这样，应变 γ 和应力 σ 可以写成：

$$\gamma=\gamma_0 \sin\omega t \tag{7.1}$$

和

$$\sigma=\sigma_0\sin(\omega t+\delta) \tag{7.2}$$

式中，t 是时间；δ 是应力和应变之间的相位角，γ_0 和 σ_0 分别是应变和应力的最大振幅。另一种形式下，应力可以进一步分成与应变同相和不同相的两部分，即：

$$\sigma=\sigma_0\sin\omega t\cos\delta+\sigma_0\cos\omega t\sin\delta \tag{7.3}$$

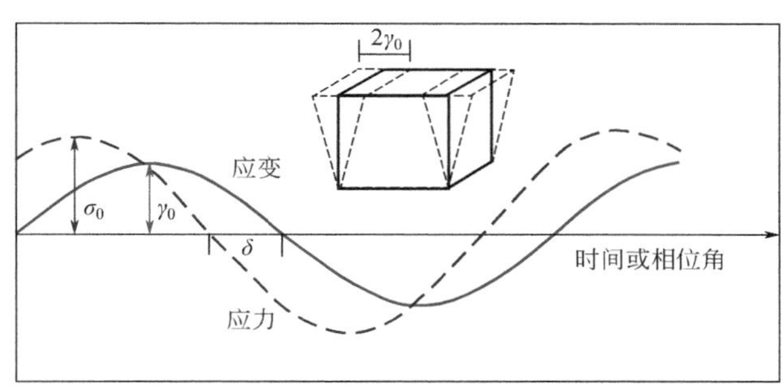

图 7.1 正弦变化的应力和应变的对应关系

相应地，黏弹性材料的动态应力-应变行为可以用与应变同相的模量 G'（弹性模量或储能模量）和与应变具有 90°相位差的模量 G''（黏性模量或损耗模量）来表示：

$$\sigma=\gamma_0 G'\sin\omega t+\gamma_0 G''\cos\omega t \tag{7.4}$$

其中

$$G'=(\sigma_0/\gamma_0)\cos\delta \tag{7.5}$$

以及

$$G''=(\sigma_0/\gamma_0)\sin\delta \tag{7.6}$$

从而，

$$\tan\delta=\frac{G''}{G'} \tag{7.7}$$

或者，模量也可以用复数 G^* 来表示：

$$G^*=(\sigma_0/\gamma_0)=G'+iG'' \tag{7.8}$$

一个应变周期内的能量损耗 ΔE 可以用下式表示：

$$\Delta E = \int \sigma \, \mathrm{d}\gamma = \int_0^{2\pi\omega} \frac{\sigma \, \mathrm{d}\gamma}{\mathrm{d}t} \mathrm{d}t \tag{7.9}$$

从式(7.1)和式(7.4)可以得到：

$$\Delta E = \omega\gamma_0^2 \int_0^{2\pi\omega} (G' \sin\omega t \cos\omega t + G'' \cos^2 \omega t) \mathrm{d}t = \pi\gamma_0^2 G'' \tag{7.10}$$

根据G''和G^*的定义，ΔE也可以写成：

$$\Delta E = \pi\sigma_0\gamma_0 \sin\delta \approx \pi\sigma_0\gamma_0 \tan\delta \tag{7.11}$$

或

$$\Delta E = \pi\sigma_0^2 G''/G^{*2} = \pi\sigma_0^2 J'' \tag{7.12}$$

式中，J''是损耗柔量，定义为G''/G^{*2}或$G''/(G''^2+G'^2)$。因此，根据动态变形时γ_0、σ_0或$\gamma_0\sigma_0$是否保持恒定（相当于恒应变、恒应力或恒能量输入），能量损耗或动态滞后损失分别与G''、J''或$\tan\delta$成正比。

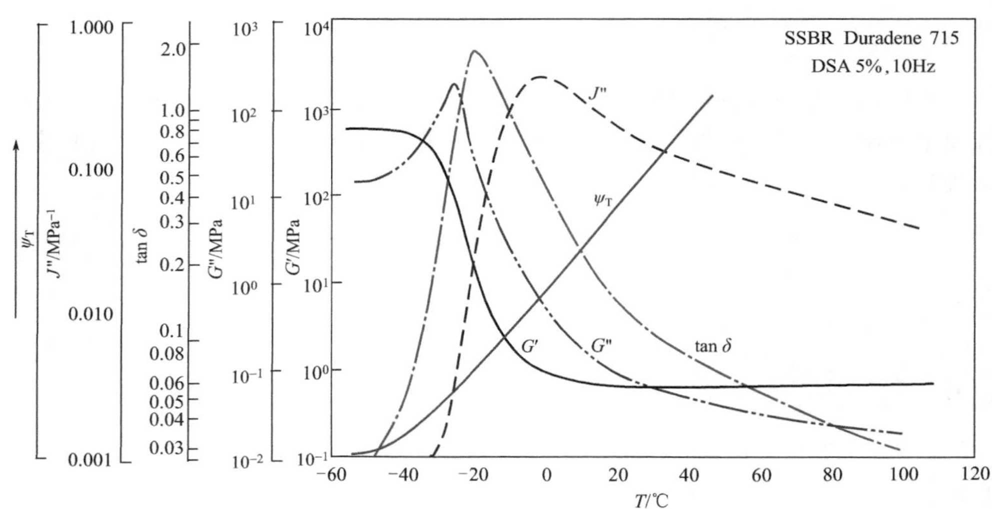

图 7.2　聚合物链段的运动性Ψ_T和动态性能参数随温度的变化，所用胶料是溶聚丁苯橡胶 Duradene 715 的未填充硫化胶

通常认为，基于橡胶的分子运动，未填充胶（纯胶）的动态滞后损失表现出很强的温度-时间（频率）依赖性。在给定频率的动态应变下，模量和动态滞后

损失，即 G'、G''、$\tan\delta$ 和 J''，随温度变化的典型曲线如图 7.2 所示，分子运动性 Ψ_T 随温度的变化亦示于图中。当温度足够低时，$\tan\delta$ 值非常小，因为橡胶的黏度极高且聚合物的自由体积非常小，在常规的动态性能试验的时间尺度（频率）上，聚合物链段的运动及其相对位置的调整几乎不可能发生。这使得体系的能量耗散较少，滞后损失较低。这种情况下，聚合物处于玻璃态，具有非常高的弹性模量。

随着温度升高，聚合物链段的运动性提高。当温度达到某一水平时，聚合物自由体积的增加比分子的体积膨胀更快，这使链段的运动加快。这一温度称为玻璃化转变温度，T_g。从这点开始，聚合物的黏度快速下降，分子链的调整更容易进行，故而随着温度升高，弹性模量降低，聚合物分子间的能量损耗增加，滞后损失增大。

然而，当温度足够高时，布朗运动非常快，同时聚合物固体的黏度非常低，热能与链段旋转的势能壁垒相当，分子调整的速度快到足以跟上动态应变。这种情况下，聚合物分子可能会发生长程的轮廓变化，这与高熵弹性和低应变阻力相关。材料进入所谓的橡胶态，在动态变形下具有较低的模量和较低的能量耗散。

在玻璃态和橡胶态之间是过渡区，弹性模量单调下降若干个数量级，G'' 和 $\tan\delta$ 经过明显的最大值。对于大多数聚合物，当温度接近 $\tan\delta$-温度曲线的最大值时，动态应变下一半以上的能量输入将转变成热，因为 $\tan\delta$ 通常大于 1。

对于给定的聚合物，上述讨论说明，动态性能随温度的变化依赖于实验的时间尺度。实际上，通过 WLF 方程描述的时温等效原理[2,3]，不同温度下的动态模量和滞后损失可与不同频率下的结果相关联。

7.2 填充硫化胶的动态性能

填料的加入将引起橡胶动态应力-应变行为的变化，其主要变化用弹性模量和黏性模量来反映。其他的动态性能参数可由这两个模量导出。

7.2.1 填充胶的弹性模量与应变的关系

(1) 炭黑 图 7.3 为弹性模量（70℃和 0℃，10Hz）与双应变振幅（DSA）

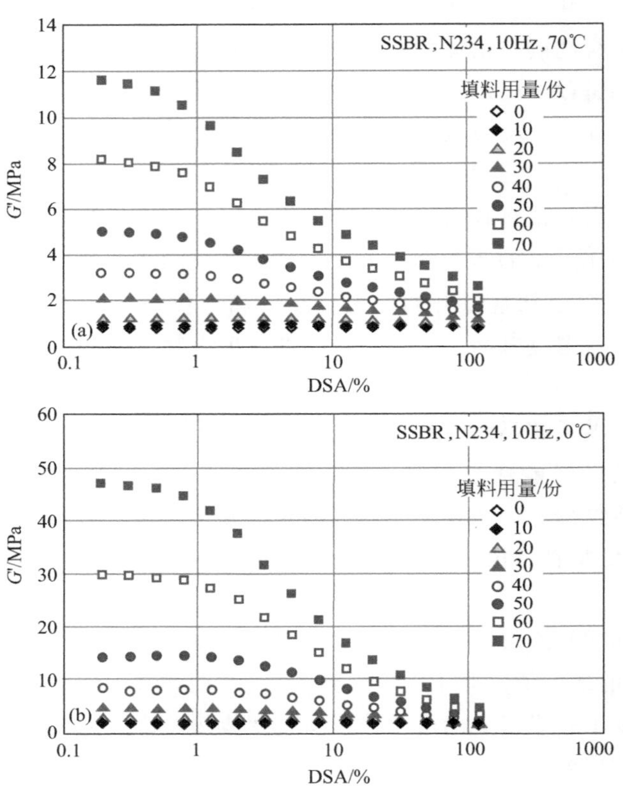

图 7.3　炭黑 N234 用量不同的 SSBR 硫化胶的 G' 与应变的关系

的对数之间的关系，所用的硫化胶是 0～70 份的 N234 炭黑填充的溶聚丁苯橡胶(Duradene 715，苯乙烯含量 23.5%，乙烯基含量 46%)[4]。动态性能采用 Rheometrics 动态黏弹谱仪在扭转模式（剪切）下测试。可以看出，在测试的 DSA 范围内，纯胶的模量随应变振幅的增大而变化不大，但填充胶的模量下降表现出典型的非线性行为。早在 1950 年 Warring[5] 就发现了这一现象，后来 Payne 对其进行了深入的研究，所以人们常用他的名字来命名这种效应[6,7]。随着填料用量的增加，这种效应呈指数形式增大。另一方面，由于所有的硫化胶在高应变下的模量都比较相近，但随着填料用量的增加，胶料在小应变下的模量以指数形式增大。Payne 将弹性模量随应变的增大而下降的现象归因于“炭黑的结构”，这种结构为物理性的填料-填料之间的连接，这种连接可在应变时破坏[8]。Medalia 将这种结构进一步阐明为“由物理作用力形成的聚结体间的缔合，而不是橡胶工业

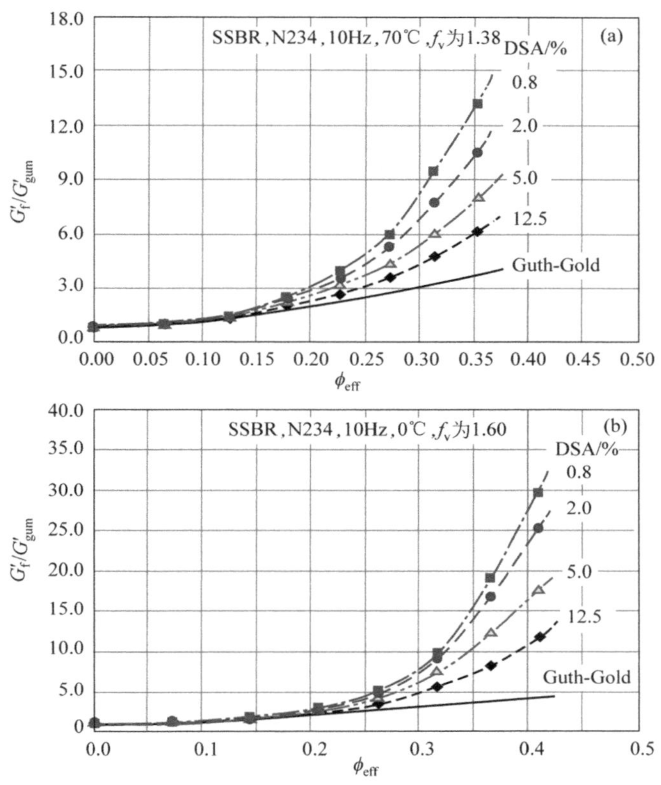

图 7.4 不同应变振幅下，N234 填充的 SSBR 胶料的 G'_f/G'_{gum} 与填料浓度的关系（图中的有效体积由 DSA 为 2%的数据得到）

上常说的填料的‘结构’或聚结体的疏松度”[9]。这说明 Payne 效应主要是，若不仅是，与聚合物基体中形成的填料聚集体有关。此外，在填料聚集体中被包容或被困住的橡胶至少有一部分是“死的”，在应力-应变性质中失去了弹性体的特征，而表现得像填料一样，这应该是很好理解的。因此，填料的聚集减少了聚合物的有效体积，这些聚合物原本应承受施加在样品上的应力。聚合物有效体积的减少使胶料的模量增大，因胶料的模量主要取决于填料的浓度。应变振幅的增大打破了填料聚集体，将被困住的橡胶（暂时包容胶）释放出来，所以填料的有效体积分数减小，模量下降。这一机理表明 Payne 效应可以用来衡量填料的聚集，填料的聚集源于填料-填料之间的相互作用和聚合物-填料之间的相互作用。这一观点可用填料的有效体积随填料用量的变化及其应变依赖性予以证实。

事实上，用于描述准静态模量与填料用量及填料参数的关系的方法（见表 5.3）也可以用于描述动态弹性模量。其中，Wolff 和 Donnet[10] 引入了一个有效体积因子 f_v，将填料的体积分数 ϕ 转化为一个有效体积分数 ϕ_{eff}，对 Guth-Gold 公式进行拟合［式(6.25) 和式(6.27)］，即：

$$G'_f = G'_{gum}(1+2.5f_v\phi+14.1f_v^2\phi^2) \tag{7.13}$$

其中

$$f_v\phi=\phi_{eff} \tag{7.14}$$

通过有效用量的方式，有效体积因子 f_v 反映了填料的性质对模量的所有影响，其中，结构的影响最为重要。将这个概念应用于动态弹性模量上，尤其是低应变下测得的模量，发现多数填料的实验数据只在某一用量水平以下符合公式(7.13)，这一用量定义为临界填料用量 ϕ_{crit}。超过这个填料浓度之后，实验结果偏离该公式，测得的弹性模量高于经修正公式计算得到的结果。这可以从图 7.4(a) 中看出，图中所示为 70℃、10Hz 下，施加不同的应变振幅测得的填充胶与纯胶的 G' 的比值 G'_f/G'_{gum} 与填料的有效体积之间的关系。通过调整有效体积因子 f_v 来拟合式(7.13)，计算得到有效体积。这一特定条件下，从 DSA 为 2%的数据中得到的 f_v 是 1.38。很明显，只有最低的两个填料用量，也就是 10 份和 20 份，符合修正的 Guth-Gold 公式。当 DSA 小于 2%时，对于所有的应变振幅，有效体积因子基本相同；当 DSA 大于 2%时，随应变振幅的增大，f_v 稍有减小。例如，DSA 为 12.5%时，有效体积因子变成 1.2。这可能是因为高应变下包容胶被屏蔽的效应减弱所致。

显然，上面讨论的公式只适用于填料用量低的情况。对于高用量（填料的体积分数达到 0.7）的刚性小球填充的复合物，Van der Poel[11,12] 推导出该复合物的模量与纯胶的模量之比（G'_f/G'_{gum}）的理论值，如图 7.5 所示。Van der Poel 的理论基于以下假设：填料被橡胶完全润湿，填料完全分散于橡胶中，填料的刚度比橡胶的大得多。图 7.5 中标记为 Van der Poel 的是 G'_f/G'_{gum} 理论值，通过假设填料与橡胶的刚度比为 100000 得到的。图 7.5 也给出了 70℃下 DSA 为 0.8%时炭黑填充胶的 G'_f/G'_{gum} 与 ϕ_{eff} 的关系，这里用 ϕ_{eff} 代替 ϕ。ϕ_{eff} 的值从式(7.13) 得到，它包括了填料的流体力学效应、包容胶以及填料表面固化的橡胶壳对模量的贡献，见图 7.6(a)。可以发现，除了填充量极低的情况，所有的实验数据均远远高于理论曲线。对于填充 50 份炭黑的硫化胶，从炭黑的密度计算的填料体积分数 ϕ 为 0.197，从式(7.13) 推出的填料有效体积分数 ϕ_{eff} 为 0.276，而实测的 G'_f/G'_{gum} 相当于 Van der Poel 理论中填料体积分数为 0.462 的硫化胶的数值。这个等效的填料体积称为 ϕ_{VdP}［图 7.6(b)］。这意味着在填料聚集体中被困住的橡胶大约占炭黑体积的94%或等同于填料有效体积 ϕ_{eff} 的67%，尽管部分被困住的橡胶与填料表面固化的橡胶壳重叠。随着填料用量的减少和应变振幅的增大，ϕ_{VdP} 明显减少，如表7.1所示。

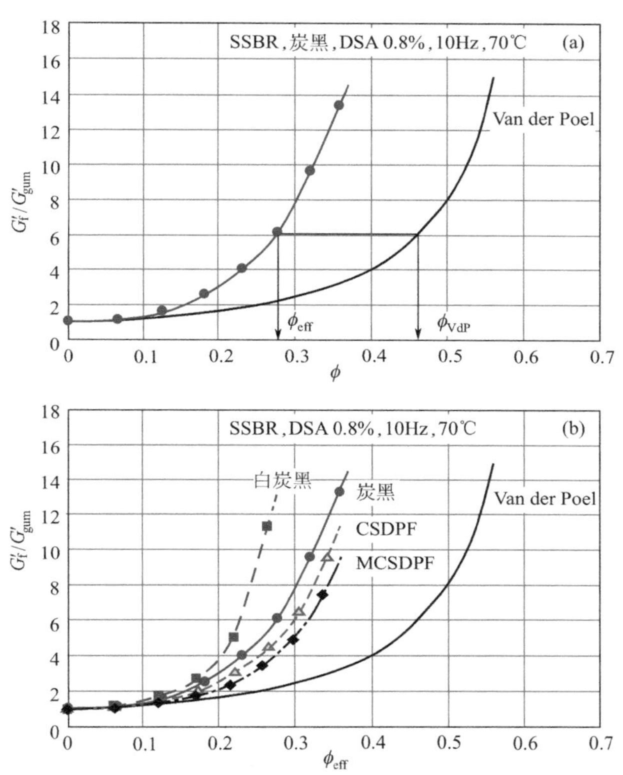

图7.5 G_f'/G_{gum}' 与填料有效体积的关系，Van der Poel填料体积与 G_f'/G_{gum}' 的关系

从70℃的实验数据中得到的结论在0℃下同样成立［图7.3(b)和图7.4(b)］，但低应变和高应变下的模量差别更大，因为填料-填料相互作用及聚合物-填料相互作用具有温度相关性。需要指出的是，虽然0℃下橡胶处于过渡区，模量比70℃的要高，但从动力学理论的角度上看，在橡胶态，纯胶或交联的聚合物基体的模量应随温度升高而增加。然而，当填充胶的 G' 用纯胶的进行归一化后，实际观察到的却是低温下 G_f'/G_{gum}' 的上升比高温下快得多。0℃下，50份炭黑填充的硫化胶中，炭黑的等效体积 ϕ_{VdP} 为0.523，比70℃的 ϕ_{VdP} 高13%。这也说明低温下填料聚集体更为发达或强度更高。

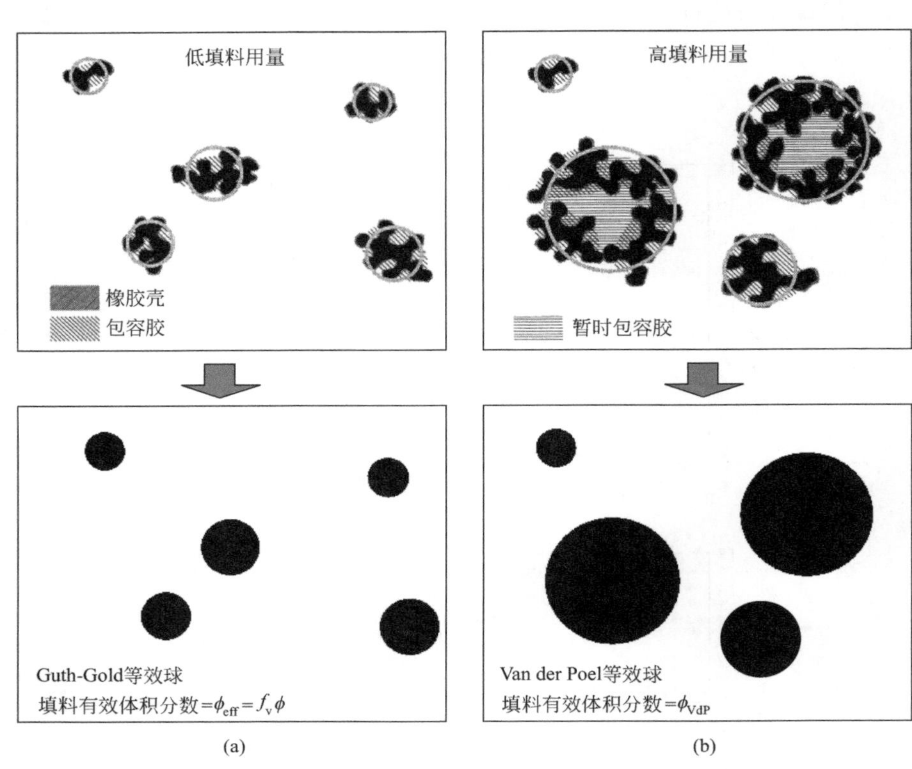

图 7.6 填料的有效体积 ϕ_{eff} [$f_v\phi$，式(7.13)] 和 Van der Poel 有效体积 ϕ_{VdP} 的示意图

表 7.1 填料的 Van der Poel 等效体积 ϕ_{VdP}

填料用量/份	DSA/%	温度/℃	炭黑	白炭黑	CSDPF	MCSDPF
70	0.8	70	0.552	—	0.520	0.483
50	0.8	70	0.462	0.538	0.415	0.371
30	0.8	70	0.315	0.330	0.240	0.200
70	5.0	70	0.500	—	0.478	0.458
50	5.0	70	0.410	0.520	0.382	0.345
30	5.0	70	0.278	0.290	0.235	0.192
70	0.8	0	0.620	—	0.578	0.552
50	0.8	0	0.523	0.540	0.455	0.430
30	0.8	0	0.342	0.365	0.290	0.280
70	5.0	0	0.576	—	0.530	0.518
50	5.0	0	0.495	0.523	0.430	0.408
30	5.0	0	0.310	0.360	0.275	0.260

注：CSDPF 为双相炭黑，MCSDPF 为 TESPT 改性的双相炭黑。

(2) 白炭黑和双相炭黑 如果填充胶的动态模量及其应变相关性主要与填料的聚集有关，那么填料聚集的形成基本上由填料的种类决定，不同种类的填料具有不同的聚合物-填料相互作用和填料-填料相互作用。图 7.7 是 70℃和 0℃下，50 份炭黑、白炭黑、炭-二氧化硅双相填料（双相炭黑，CSDPF）或 TESPT 改性的双相炭黑（MCSDPF）填充的硫化胶的 G'与应变的关系。

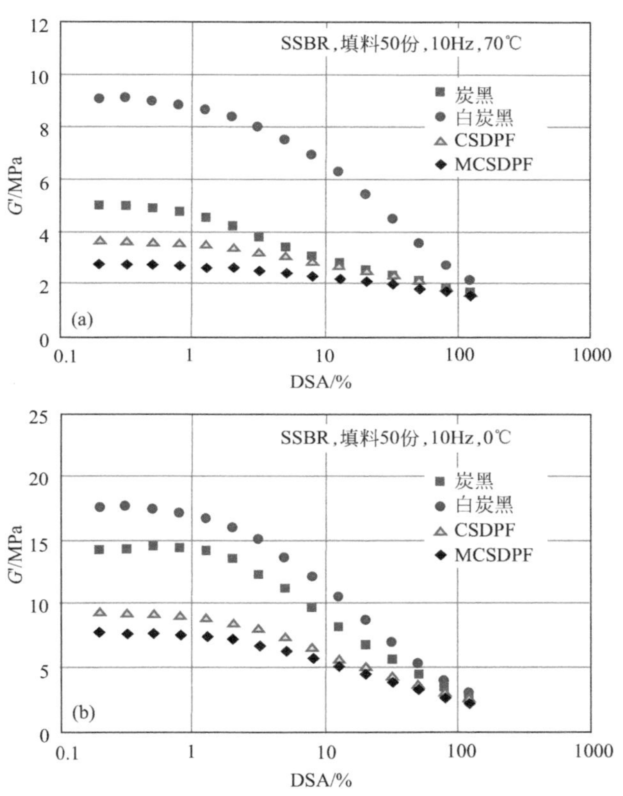

图 7.7 不同填料填充的 SSBR 胶料的 G'与应变的关系

与炭黑相比，两个温度下，白炭黑胶料在低应变下的模量较高、Payne 效应较大。这表明白炭黑填充胶中填料聚集体可能更为发达、强度更高。可以通过填料的等效体积分数 ϕ_{VdP} 来证明（表 7.1）。当用修正的 Guth-Gold 公式计算的平移因子计算 ϕ_{VdP} 时，例如，70℃下，DSA 为 0.8%时，填充 50 份白炭黑或炭黑，由填料密度计算的真实的体积分数分别是 0.176 和 0.197，而它们的 ϕ_{VdP} 分别为 0.538 和 0.462。

白炭黑胶料中填料的高度聚集首先归因于它的表面特性。正如第 2 章中讨论的那样，白炭黑具有较低的非极性表面能，而炭黑的非极性表面能较高。相反，白炭黑的极性表面能比炭黑的高得多[13,14]。根据填料聚集的热力学（见第 3 章），这说明在烃类聚合物中，由填料的非极性表面能决定的聚合物-白炭黑之间的相互作用较弱，而白炭黑聚结体之间的相互作用较强[15]。结果，白炭黑表面的强极性以及硅羟基之间的强氢键作用导致白炭黑与聚合物的相容性较差、填料之间的相互作用强，从而使填料的聚集更加严重。另一方面，白炭黑的比表面积较高，相同用量下也可能形成更多的聚集体，因为比表面积是决定聚结体之间的平均距离的主要因素[16]。比表面积越大，聚结体之间的距离越短。但是，相同用量下，这个效应可能会被白炭黑与炭黑之间的密度差异抵消一点。

图 7.7 还有 CSDPF 及 MCSDPF 填充硫化胶的实验结果。从化学组成上讲，虽然双相填料介于炭黑和白炭黑之间，实际上，CSDPF 胶料的 Payne 效应比这两种常规填料的都要低。这说明 CSDPF 的填料聚集较少，主要是因为它的聚集体之间的相互作用较弱。从 $G'_{\mathrm{f}}/G'_{\mathrm{gum}}$ 与 ϕ_{eff} 和 ϕ_{VdP} 的关系中也可以看出这一点，这与填料聚集体中暂时包容胶的体积分数有关［图 7.5(b) 和表 7.1］。

CSDPF 的较弱的填料-填料相互作用可能涉及多个机理，但最显见的解释是具有不同表面特性，尤其是表面能不同的填料相互作用较弱所致。在两种填料聚结体之间的表面能和相互作用的基础上，由 Wang[17] 推导的方程表示同种表面之间优先发生相互作用（见 8.1.2.3）。因此，当双相填料聚结体分散在聚合物基体中时，邻近的聚结体上的白炭黑微区与炭黑相之间的相互作用比炭黑聚结体之间以及白炭黑聚结体之间的相互作用都要低。此外，由于填料表面的炭黑相掺杂白炭黑，所以聚结体表面的炭黑相或白炭黑相直接碰到相邻聚结体表面上的同一种微区的数量和概率大大降低。结果，相邻聚集体上的白炭黑微区之间的氢键数量减少，因为对白炭黑微区而言，聚结体的统计平均间距增大。氢键是导致白炭黑聚结体之间的强相互作用的主要原因。另外，从填料聚集动力学上看，CSDPF 的炭黑相的表面活性高，所以结合胶含量高[18]，也能阻碍填料的聚集。

从 Payne 效应和填料等效体积中可以看出，采用偶联剂 TESPT 进行表面改性可以进一步抑制 CSDPF 的聚集。这主要是因为改性之后，填料的非极性表面能和极性表面能都降低了。改性的 MCSDPF 胶料的结合胶含量（45%）高于未改性的胶料（32%）也可能是原因之一。因为硫化期间填料聚结体的聚集速率可能大大减小。

7.2.2 填充胶的黏性模量与应变的关系

众所周知，在橡胶中加入填料，不只会引起G'的显著提高，如前文所述，G''也会明显增大。由于G''表示的是模量的黏性组分，所以有关能量耗散的过程都会对G''产生影响。因此可以认为能量损耗必定在很大程度上牵涉到聚结体间的相互作用，它与应变振幅、填料的浓度以及填料的性质密切相关。

(1) 炭黑 在70℃和0℃下，不同用量N234炭黑填充硫化胶的黏性模量与应变的关系如图7.8所示[4]。显然，在橡胶中加入炭黑，无论应变大小，胶料的黏性模量都大大提高。与G'的情况一致，这种效应也随着填料用量的增加呈指数形式增加；部分原因是填料的流体力学效应，在聚合物基体中加入不能发生形

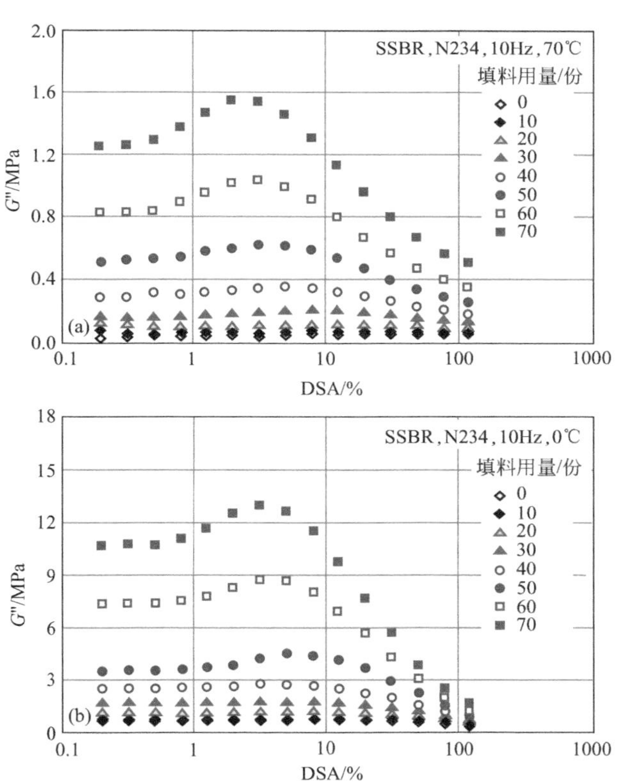

图 7.8 不同用量的炭黑 N234 填充的 SSBR 胶料的 G'' 与应变的关系

变的固体粒子而提高了胶料的黏度。填充胶的 G' 随应变的增大而单调下降，G'' 的变化则不然，G'' 在中等应变振幅（对于这些特定的胶料和测试条件，70℃和 0℃下的 DSA 分别为 2%～5%和 3%～6%）处出现最大值。经过最高点以后，随着应变振幅的进一步增大，G'' 快速下降。仅靠填料的流体力学效应不足以解释填充胶 G'' 的这种应变依赖性，因为纯胶的 G'' 虽然较低，但在很大的应变振幅范围内，G'' 随应变的变化都不大。

在研究不同用量的炭黑和不同种类的橡胶时，Payne[19] 发现 G''_{max} 与（$G'_0-G'_\infty$），即弹性模量随应变增加的最大变化，呈线性关系，即：

$$G''_{max}=0.17(G'_0-G'_\infty) \tag{7.15}$$

式中，G'_0 和 G'_∞ 分别是在低应变和高应变下 G'-DSA 曲线趋于平坦时的数值。

随后，多位学者[20-24] 对各种炭黑填充的不同橡胶及橡胶并用体系展开研究，均得到类似的方程，只是斜率和截距有所不同。Payne[19] 认为这种能量损耗与填料聚集体的破坏和重建有关。应变较小时，填料聚集体基本不能被打破，所以 G'' 较低。但较高应变下，聚集体的打破和重建很容易进行，G'' 快速增大。当应变很高时，大部分聚集体被打破而不能再生，动态形变所需要的能量减少，从而 G'' 减小。这表明动态变形时橡胶的内摩擦是能量耗散的主要机理。在炭黑对橡胶的滞后损失的影响的系统性研究中，Ulmer 等[25] 推断，三维的炭黑-橡胶聚集体的形成是影响黏性模量的主要因素之一。

基于填料所谓的次级结构（聚集体）的破坏和重建这一设想，Kraus[26] 推导出以下关于黏性模量 E'' 的公式：

$$E''=E''_\infty+\frac{C\varepsilon_0^m(E'_0-E'_\infty)}{1+(\varepsilon_0/\varepsilon_c)^{2m}} \tag{7.16}$$

和

$$E''=E''_\infty+C'\varepsilon_0^m(E'_0-E'_\infty) \tag{7.17}$$

式中，m、C 和 C' 是常数；E''_∞ 是填料聚集体被完全打破后的 E''；ε_0 是应变振幅；ε_c 是特征应变。

$$\varepsilon_c=\left(\frac{k_m}{k_b}\right)^{0.5m} \tag{7.18}$$

式中，k_b 是破坏聚结体间结合的速率常数；k_m 是重新聚集的速率常数。显然，损耗模量不只与（$E'_0-E'_\infty$）和 E''_∞ 有关，还取决于聚集体的破坏和重建的速率，而这与应变振幅有关。随着应变振幅的增大，填料聚集体的破坏增加，这些结构重建的速度下降得比其破坏的速度更快。当应变振幅足够大时，填料聚集体的破坏十分严重，导致在动态应变的时间尺度（频率）上这些结构不能重新形成，填

料聚集体对 G'' 的影响则会消失。类似地，如果填料聚集体的强度较大且应变（或应力）较小，聚集体不能破坏，那么 G'' 主要由填料的流体力学效应决定，其应变依赖性也将消失（图 7.8）。这种情况下，填料的流体力学效应将导致填料的有效体积分数较高，从而 G'' 的绝对值较大。

(2) 白炭黑和双相炭黑 70℃下，相同用量的白炭黑胶料的 G'' 高于炭黑胶料，而 CSDPF 胶料的 G'' 则低于炭黑胶料。MCSDPF 能够进一步降低硫化胶的滞后损失（图 7.9）。在高温和低温下都是如此。较低的 G'' 说明动态应变下，CSDPF 胶料中破坏和重建的填料聚集体较少。

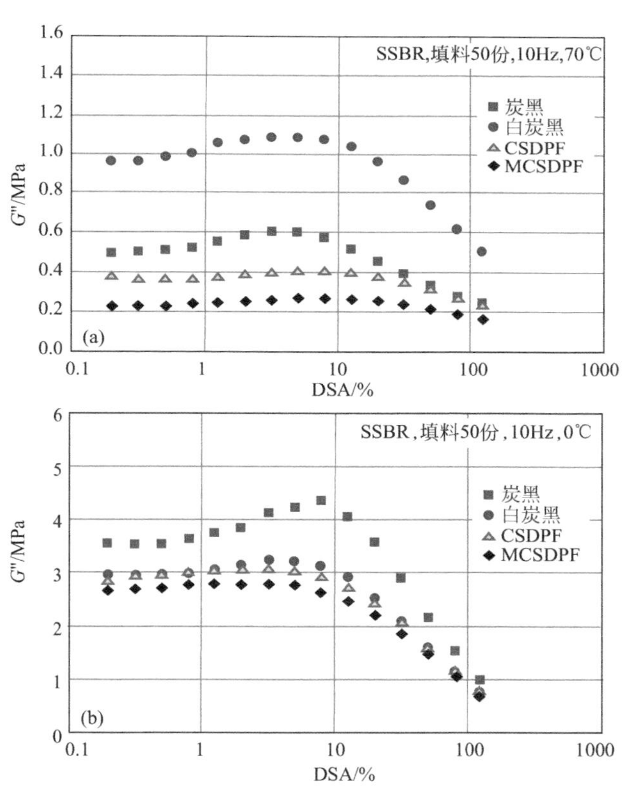

图 7.9 不同填料填充的 SSBR 胶料 G'' 与应变的关系

0℃下，白炭黑胶料的黏性模量比炭黑胶料的低得多，这与高温下的情形正好相反。另一方面，在整个应变范围内，白炭黑胶料的 G'' 几乎与 CSDPF 胶料的相同。这可能由两方面原因引起。其一与动态应变下橡胶的能量耗散有关，其二是填料聚集的影响。在这么低的温度下，所用的橡胶处于过渡态，橡胶本身在动态应变下吸收的能量更多。再者，由于聚集体的强度提高，在应力作用下难以破坏，因为聚集体中的暂时包容胶无法参与能量损耗，导致整体的能量耗散减少。这在下文中将进一步讨论。

7.2.3 填充胶的损耗因子与应变的关系

根据定义，损耗因子是由黏性模量和弹性模量共同决定的。弹性模量表示的是与应变同相的动态应力，衡量的是体系中返回的能量；而黏性模量与应变具有 90°的相位差，反映的是损耗的那部分能量。因此，体系中输入功一定的情况下，$\tan\delta$ 是输入功转化成热的部分（或者是胶料吸收的功）与弹性恢复部分的比值。除了流体力学效应之外，填料对 G' 和 G'' 的影响包括不同的机理和应变相关性，这些机理都会影响 $\tan\delta$。G' 主要与动态应变下减少的填料聚集相关，G'' 与这些结构的破坏和重建相关。因此，决定 $\tan\delta$ 的重要因素是与填料有关的结构的状态，更确切的说，是动态应变下能够破坏和重建的部分与保持不变的那部分的比值[16]。应变振幅的变化引起的 $\tan\delta$ 的变化将反映这两个过程的比率。

(1) 炭黑 图 7.10(a) 是 70℃下，不同用量的炭黑 N234 填充的硫化胶的 $\tan\delta$ 与应变的关系[4]。类似于应变振幅对填充胶的 G'' 的影响，当应变振幅从较小的值增大到较高的水平时，$\tan\delta$ 增大，达到最大值后，$\tan\delta$ 逐渐减小。与 G' 和 G'' 的情况一样，随着填料用量的增加，$\tan\delta$ 的应变相关性迅速增大，而纯胶的 $\tan\delta$ 基本上与应变关系不大。另外，与 G'' 相比，$\tan\delta$ 出现最大值的 DSA 更高（G'' 为 2%～5%，$\tan\delta$ 为 8%～12%）。

既然纯胶的 G' 或 G'' 与应变的关系都不大，那么对填充胶而言，低应变下，$\tan\delta$ 随应变增大而大幅提高反映了 G'' 的增大和 G' 的减小，二者都使损耗因子增加。随着 DSA 的进一步增大，由于填料聚集体被进一步破坏，G' 连续下降；G'' 经过最大值而后下降，因为聚集体重新形成的速度下降得比其破坏的速度更快。当 G'' 下降的速率比 G' 下降的速率更快时，$\tan\delta$-DSA 曲线随 DSA 的增大而下降。因此，$\tan\delta$ 达到最大值的应变振幅比 G'' 的要高。

迄今为止，所讨论的都是在较高温度下的实验结果，能量耗散主要来源于填料聚集结构在动态应变下的变化，因为聚合物处于橡胶态，具有很高的熵弹性和较低的滞后损失。当温度较低时，聚合物处于过渡区，对填充胶施加动态应力，则需要考虑聚合物本身的滞后损失。

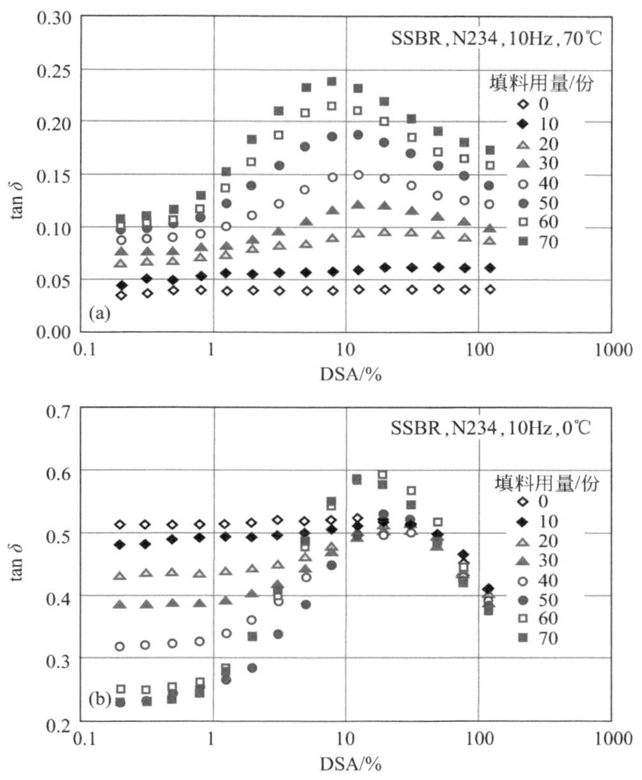

图 7.10 不同用量的炭黑 N234 填充的 SSBR 胶料的 tan δ 与应变的关系

如图 7.10(b) 所示，在 0℃下，由于所用的橡胶处于过渡区，实验结果与 70℃的大不相同。当应变振幅在某一范围内时，tan δ 随填料用量的增加而下降。纯胶的 tan δ 值最大。但是，随着应变的增大，填料用量逐渐加大的填充胶与纯胶的差别缩小。一方面，纯胶的 tan δ 随应变的变化不大；另一方面，这一特定条件下，当 DSA 达到 20%～30%左右时，填充胶的 tan δ 随应变的增大快速上升。对于高填充的硫化胶，高应变下的 tan δ 甚至比相应的纯胶还要高。这也应与填料的聚集有关。在 0℃下，溶聚丁苯 Duradene 715 处于过渡区，如前文所述，橡胶本身黏度非常高，分子的松弛时间长，所以聚合物本身的能量损耗较大。当应变振幅较小时，填料聚集体不能破坏，聚合物的有效体积分数减少，所以 tan δ 较低。当应变振幅增大到一定程度时，部分填料聚集体可以破坏，其中的暂时包容胶将释放出来参与能量耗散过程，使 tan δ 上升。再者，在这一条件下，填料聚集体周期性的破坏和重建也将给填充胶带来额外的能量损耗。这两个过程都随应变的增大而增长，所以 tan δ 随 DSA 的增大而迅速增加。因此，对高填充的硫化胶而言，高应变下，tan δ 甚至比纯胶还要高。

还需指出的是，应变振幅较高时，硫化胶的 tan δ 随 DSA 的增大而大大降低。虽然这可以归因于高应变下填料聚集体的重建减少，正如前面讨论的那样，但低温下聚合物的松弛时间较长也可能导致滞后损失较低，因为在测试频率和应变振幅相关的时间尺度上，聚合物链无法进行构象调整。这对高温下的 tan δ 也是一样的，但与填料聚集体对滞后损失的贡献相比，它的影响可能要小得多。

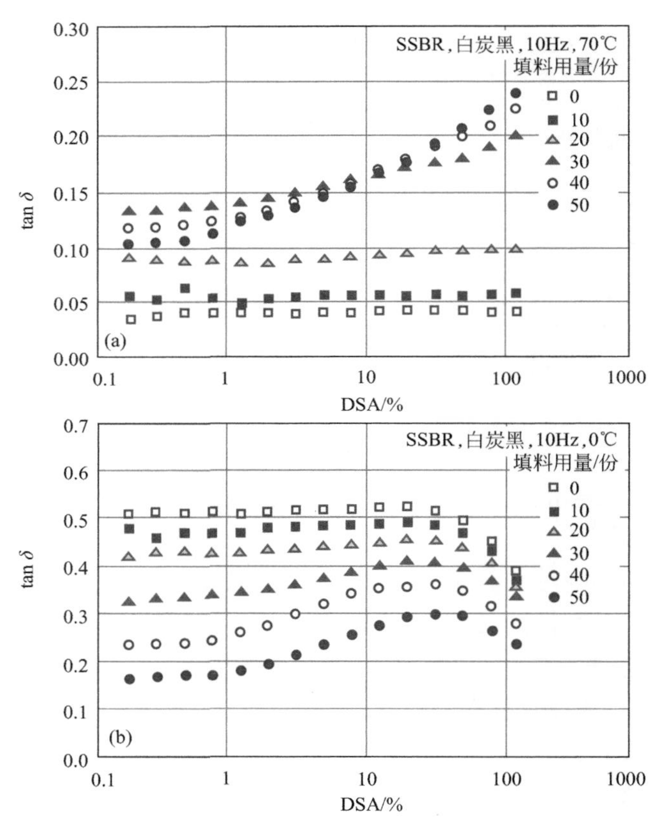

图 7.11 不同用量的白炭黑填充的 SSBR 胶料的 tan δ 与应变的关系

(2) 白炭黑 如前所述，白炭黑可以形成更强更发达的填料聚集体，这在损耗因子上也能体现出来。图 7.11 清楚地说明了这一点。70℃下，白炭黑用量较少时，tan δ 随应变的增大并没有发生很大的变化；当白炭黑用量高于 20 份时，在所测的 DSA 范围内，tan δ 连续增加，没有出现峰值。还可以看到，低应变下，与 30 份白炭黑填充的胶料相比，高填充的胶料滞后损失较低；但在高应变下，高填充胶料的 tan δ 较高，曲线在 DSA 为 10%左右交叉。这个现象也可以用填料聚集的程度和强度来解释。由于白炭黑聚集体的强度较高，低应变下，这些聚集体不能破坏，所以胶料的滞后损失较低。当应变较大时，更多的聚集体将破坏和重建，导致滞后损失较高。白炭黑的聚集程度高、强度大，以致在大部分炭黑聚集体破坏的应变下，相当一部分的白炭黑聚集体仍然处于能量耗散的过程。对于 30 份白炭黑填充的胶料，低应变下的滞后较高，且滞后随 DSA 增大的速度较慢，说明与相应的高填充胶料相比，低强度的聚集体较多，高强度的聚集体较少。

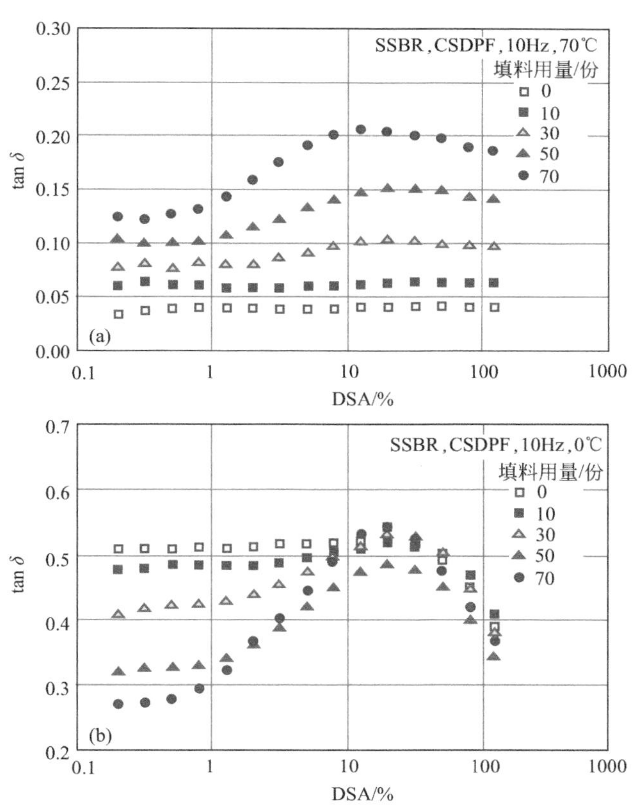

图 7.12 不同用量的 CSDPF 填充 SSBR 胶料的 tan δ 与应变的关系

0℃下，在所测的 DSA 范围内，随着填料用量的增加，tan δ 下降。与炭黑填充胶相比，tan δ 的最大值出现在更高的应变处，且 tan δ 整体低得多，尤其是高填充的胶料。毫无疑问，白炭黑胶料的这些特征主要来源于其较强的填料聚集，因而聚合物的有效体积分数减少，动态应变下能破坏和重建的聚集体较少。

(3) CSDPF CSDPF 的实验结果可进一步证实填料聚集体在动态滞后损失方面的重要作用（图 7.12）。由于填料聚结体的聚集程度较低、强度较弱，与相应的炭黑胶料相比，高温下 CSDPF 胶料在整个 DSA 范围内的 tan δ 都比较低，低温下低应变的 tan δ 较高，高应变的 tan δ 较低。这种现象在 MCSDPF 胶料中更为显著（图 7.13）。

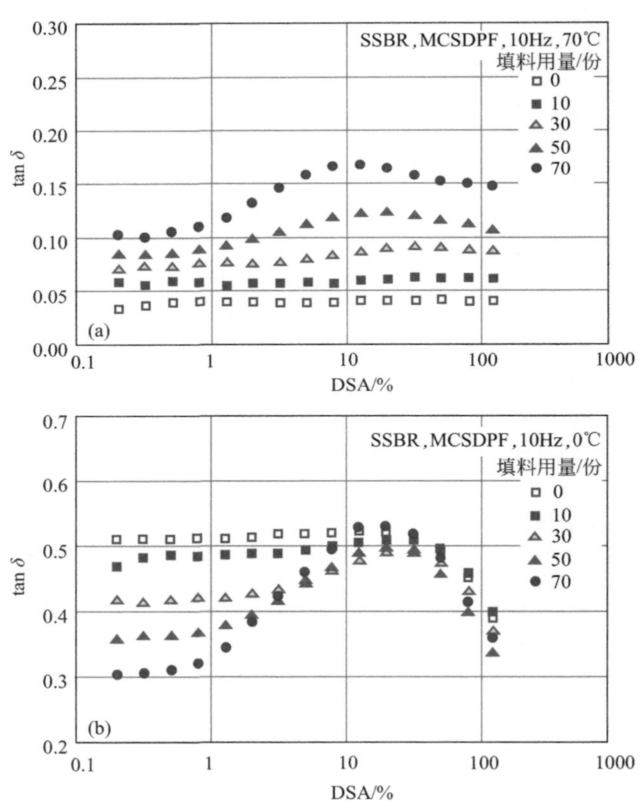

图 7.13 不同用量的 MCSDPF 填充 SSBR 胶料的 tan δ 与应变的关系

7.2.4 填充橡胶中关于不同模式填料聚集的滞后损失机理

从前面关于填充胶动态性能的应变相关性的讨论中，可以确定，动态应变下填料的聚集对胶料的模量及能量损耗或滞后损失具有重要影响。关于聚集体的结构，第 3 章介绍了两种填料聚集的模式（见 3.4.2）：填料聚结体的直接接触和橡胶壳交接机理。填料表面橡胶壳的形成导致橡胶的模量从橡胶与填料表面直接接触到橡胶基体逐渐由高到低形成一个模量梯度，相当于橡胶壳内聚合物状态由玻璃态向橡胶态的变化。当两个或多个填料粒子或聚结体相距足够近时，它们将通过橡胶壳的交接形成聚集体，橡胶壳交接处的聚合物的模量高于橡胶基体的模量。

因此，聚集体类型不同，动态滞后损失的机理也不一样。对于直接接触模式形成的填料聚集体，有人认为填充胶较高的能量耗散来源于填料聚集体的破坏和重建[19,27]。这说明较高温度下，聚结体间的内摩擦是主要机制。当温度降低时，聚合物进入过渡区，其能量耗散较高，填料-填料之间的相互作用提高到一定程度，导致填料聚集体在应变作用下不能破坏。结果，暂时包容胶的存在使填充胶的滞后损失远远低于预期的水平，即大大低于根据填料质量计算的填料体积分数所对应的滞后损失。

基于橡胶壳交接机制形成的填料聚集体的滞后损失机理与上述机理是不同的。对填充胶施加动态应力时，橡胶壳交接处橡胶将以不同的方式影响胶料的滞后损失温度相关性。某一温度下，虽然聚合物基体处于橡胶态，由于填料表面对聚合物分子的吸附或聚合物链与填料之间的相互作用，橡胶壳中的聚合物链段的运动性下降可使其处于过渡区。橡胶壳交接处的橡胶在动态应力下将吸收更多的能量，从而提高滞后损失。填料聚集越发达，橡胶壳交接处的橡胶越多，填充胶的动态滞后损失越高，如图 7.14 所示。温度升高时，橡胶壳的厚度减小，橡胶壳中分子的运动性提高，滞后损失下降，且下降的速度要比纯胶的快。

另一方面，当温度降低时，填料-填料相互作用及聚合物-填料相互作用增强，橡胶壳中的橡胶含量增加，聚合物链段的运动性减弱，聚合物基体和橡胶壳的能量耗散都增大，故而胶料的滞后损失提高。当温度足够低时，橡胶壳进入玻璃态而聚合物基体则处于过渡区，填料的有效体积分数大幅提高，因为橡胶壳处于玻璃态，同时在聚集体“牢笼”中被困住的橡胶完全是“死的”，其行为像硬质填料一样。这种情况下，胶料的滞后损失将低于填料聚集较少的胶料。

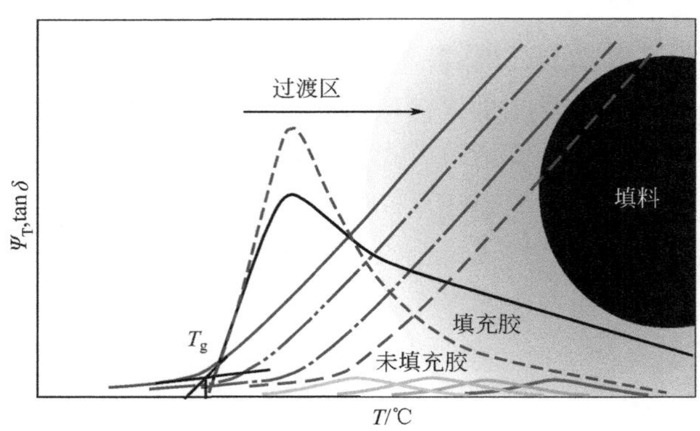

图 7.14 聚合物-填料相互作用对聚合物链段的运动性及填充胶动态滞后损失的影响示意图

7.2.5 填充胶的动态性能与温度的关系

图 7.15～图 7.17 分别为不同用量 N234 炭黑填充 SSBR 硫化胶的 G'、G'' 及 $\tan\delta$ 与温度的关系[28]。动态性能的测试条件为 DSA(5±0.1)%，频率 10Hz。在 $\tan\delta$ 曲线的峰值温度以上时，应变振幅保持不变。进一步降低温度

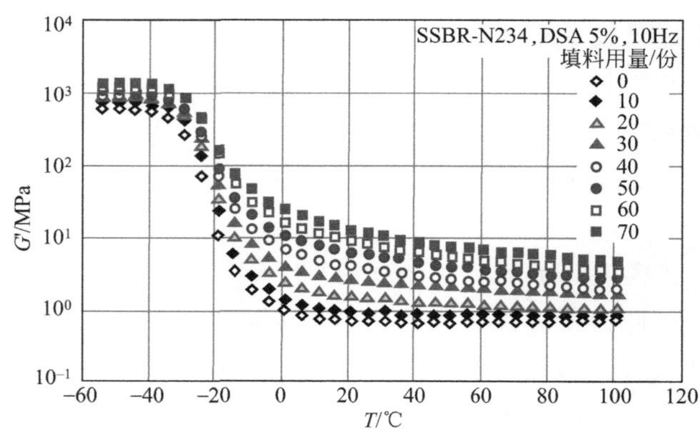

图 7.15 不同用量炭黑 N234 填充 SSBR 胶料的 G' 与温度的关系

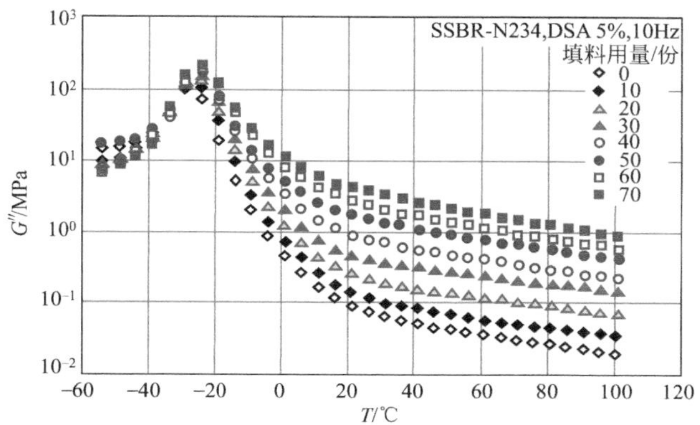

图 7.16　不同用量炭黑 N234 填充 SSBR 胶料的 G''与温度的关系

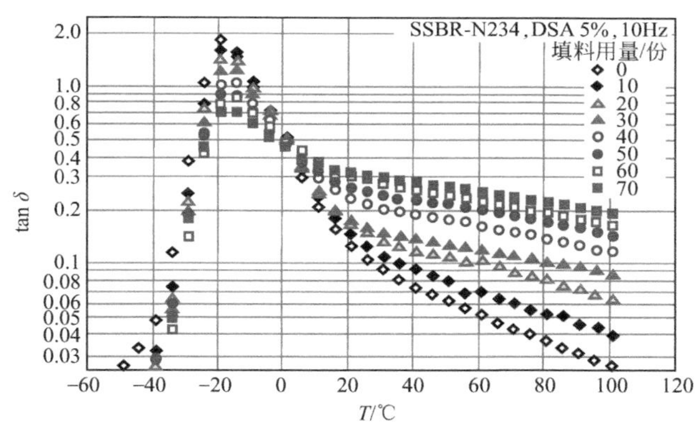

图 7.17　不同用量炭黑 N234 填充 SSBR 胶料的 tan δ 与温度的关系

(对于这种聚合物是指温度低于−25℃)，应变振幅随温度的下降而减小（因为胶料变得非常硬，由于仪器的限制，无法达到预设的应变)。可以看到，在所测的温度范围内，弹性模量和黏性模量均随填充量的增加而增大，而填料用量对 tan δ 的影响可以按温度来区分。低温下，填料用量增加，tan δ 减小。然而，高温下情况正好相反，在这些测试条件下，这个体系中不同填料用量的曲线在 0℃左右出现交叉点。tan δ 出现最大值的温度不随填料的浓度而变化。

图 7.17 的结果表明，不同温度区间填料用量效应的机制有所不同。温度处在 tan δ 峰附近的过渡区时，能量输入恒定的情况下，填料的存在降低了胶料的滞后。这可以用胶料中聚合物的体积分数减少来解释，因为橡胶处于过渡态时，聚合物本身对能量耗散的贡献很大。并且，聚合物基体中单个的填料固体粒子基本上不吸收能量。但是在高温下，加入填料提高了胶料的滞后损失。这个区间能量耗散的主要原因是填料聚集体结构在动态应变下的变化，因为处于橡胶态的聚合物具有很高的熵弹性和较低的滞后损失。

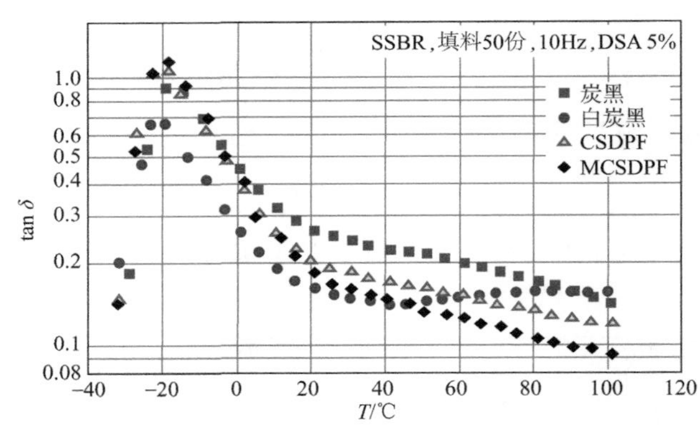

图 7.18　不同填料填充 SSBR 胶料的 tan δ 与温度的关系

填料的聚集对动态性能，尤其是滞后损失的影响，也可以通过不同填料硫化胶 tan δ 的温度相关性进一步证实。由图 7.18 可以看到，白炭黑胶料的损耗因子与温度的关系比较特别。与炭黑胶料相比，白炭黑胶料在 −30～40℃ 的 tan δ 非常低，这当然与其较多且较强的填料聚集体相关，很大一部分暂时包容胶不能参与能量耗散，尽管白炭黑的密度较大，聚合物的真实体积分数较高。另一方面，强度较高的填料聚集体也可能使另一种能量损耗的过程受到抑制，即填料聚集体的破坏和重新形成。显然，tan δ 随温度升高而上升说明参与内摩擦的填料聚集体在增加。温度在 75～85℃ 左右时达到最大值。这应该是由白炭黑聚集体比炭黑聚集体更为发达或强度更高所致。因此，对于白炭黑填充胶，tan δ-温度曲线看起来有两个峰：其中一个与聚合物相关；另一个对应的是填料的聚集，其中涉及聚合物-填料相互作用，进而与聚合物链段的运动性有关[17]。这一机理可能适用于所有的填充胶，但这两个峰可能像白炭黑那样清楚地分开，也可能融合在一起形成一个较宽的峰，如炭黑胶料那样。这取决于填料聚集体的数量和强度。

CSDPF 的填料-填料相互作用较弱，填料聚集体的强度较低且数量较少，使其 tan δ-温度曲线具有低温下滞后高、高温下滞后低的特点，且过渡区的峰形较窄。同应变扫描的结果一致，TESPT 改性可以强化这种效应。

第 8 章将针对不同的聚合物-填料体系和胶料混炼技术，进一步论述填料聚集体对填充胶动态性能的温度依赖性的影响，这与轮胎的性能有关，尤其是滚动阻力和抗湿滑性能。

总之，对于一个给定的聚合物体系，填料的聚集是决定填充胶滞后损失的主导因素。它的作用总结如下。

① 在所施加的变形下，填料聚集体不能破坏时，由于聚集体中暂时包容胶的存在，填料的聚集将大大提高填料的有效体积分数；

② 在橡胶态，周期性应变作用下，填料聚集体的破坏和重建将引起额外的能量损耗，从而提高滞后损失；

③ 低温下聚合物处于过渡态时，胶料中的能量耗散绝大部分来自聚合物基体，填料聚集体可能不容易破坏，由于聚合物有效体积的减少，胶料的滞后损失将因填料的聚集大大减弱；

④ 同样在过渡区，一旦填料聚集体在动态应变下破坏和重建，暂时包容胶将被释放出来参与能量损耗，同时聚集体的结构发生变化，从而使胶料的滞后损失大幅提高。

因此，除了流体力学效应之外，填充胶要达到较高的滞后损失，需要以下条件：

① 填料聚集体的存在；

② 动态应变下填料聚集体的破坏和重建。

实际上，从胎面胶的性能上看，对于给定的聚合物体系，不同温度下 tan δ 的良好平衡，即低温下的滞后损失较高且高温下的滞后损失较低，将取决于填料的聚集。相对于传统的填料而言，对于给定的填料，为了在特定的测试温度和频率下获得这种交叉的动态性能，需要满足下列条件：

① 用这种填料填充的硫化胶中，填料的聚集比较少；

② 特定的较低温度或温度范围应落在聚合物的过渡区，同时较高的温度应在聚合物处于橡胶态的温度区间；

③ 测试的应变振幅需要维持在一个有限的范围内。填料聚集体的强度决定了临界应变振幅，超过该临界应变之后就无法观测到动态性能的交叉行为。

换句话说，在同一频率下比较两种填充胶的 tan δ 的温度扫描结果时，聚合物的 T_g、应变振幅以及填料聚集的差异都会引起交叉点的变化。聚合

物的 T_g 越高，应变振幅越小，填料聚集程度的差异越大，交叉点的温度即越高。

简言之，上述讨论说明，对于给定的聚合物体系，填料的聚集是决定填充胶动态性能，尤其是滞后损失的关键因素。现在的问题是填充胶中为何会形成填料聚集体以及它是如何形成的。这应该与填料聚集热力学和动力学有关，在第 3 章中已有详细论述。

7.3 动态应力软化效应

一般来讲，应力软化效应都是在准静态及大形变下研究的（见 6.3）。这种研究可提供在大形变下硫化胶结构和能量耗散的重要信息，这些信息是控制硫化胶破坏性能，如拉伸、撕裂以及磨耗的最基本的要素。对轮胎性能而言，某些条件下，如轮胎冲撞马路牙、碾压碎石、车辆转弯和刹车时，胶料的局部应力可能非常大。在多数情况下橡胶的实际变形相对较小，而且具有较高频率的动态应变。因此在这种条件下动态模量和滞后损失随应变振幅的变化可作为动态应力软化的度量。这里的滞后损失是指 $\tan\delta$ 和 J''。当动态应变从小于 0.1%增大到中等应变时，应力的下降是应力软化的另一种表现形式。这个现象就是广为人知的 Payne 效应；同滞后损失一起，人们已对该效应进行深入的研究[6,7]。近年来，由于胎面胶的发展，Payne 效应和滞后损失引起了广泛的关注。实验上，大多数关于动态应力软化的研究是对硫化胶施加不同振幅的正弦应变，从小应变连续扫描到较高的应变。Engelhardt 等[29] 和 Moneypenny 等[30] 曾经报道，在初次扫描后即刻进行后续的应变扫描，动态性能参数将发生很大的变化，体现在模量的变化及损耗因子的增大。这种现象可认为是应力软化的另一种形式，对橡胶产品在使用中的动态性能具有重要影响。

Wang 等[31] 用 Rheometrics 动态黏弹谱仪，在各种不同的测试模式下，进行了炭黑和白炭黑填充胶料动态应力软化行为的研究，揭示了影响这一现象的原因，尤其是与填料性质相关的因素。所用的测试模式有三种。

模式 1，在恒定的频率（1Hz 或 10Hz）和温度（0℃、30℃或 60℃）下，应变扫描的范围从 DSA 0.95%到 79%。每个应变下，施加三个周期的应变，取第三个周期的数据。

模式 2，在模式 1 的应变扫描之后，紧接着进行两次重复的应变扫描。三次应变扫描过后，将试样在室温下放置 16h 进行回复（松弛），而后再进行一次扫描（第四次扫描），所用条件与前三次扫描的一样（图 7.19）。

模式 3，同上述的模式 2 一样，进行三次重复的应变扫描，但最大应变值不同且不经过回复，而后再进行三次重复的应变扫描，但最大应变振幅高于前三次扫描的值。连续进行该过程，直至最大应变达到 DSA 79%。每次扫描时，应变都从第一次扫描的最小值增大到设定的最大值。

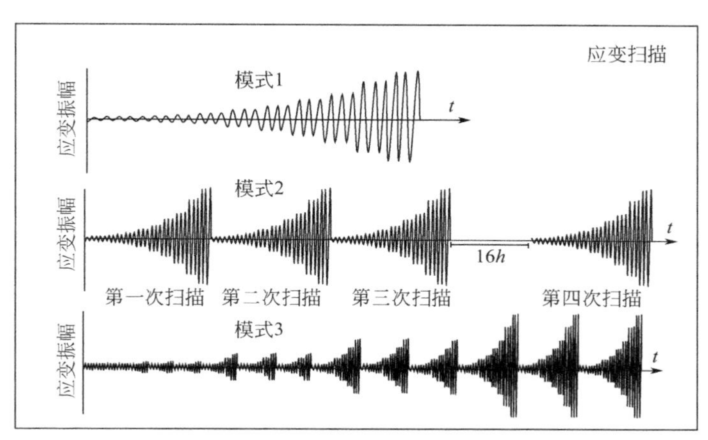

图 7.19 文献 [31] 中所用的应变扫描的三种模式

7.3.1 模式 2 的填充胶动态应力软化效应

(1) 弹性模量 图 7.20 是一组动态应力软化效应的典型数据，包括弹性模量 G'、黏性模量 G''、损耗因子 $\tan\delta$ 和损耗柔量 J''，以 75 份 N234 炭黑、25 份油填充的 SBR（Duradene 715）硫化胶为例，在 0℃、1Hz 下进行测试。

正如大量的文献报道，随着应变振幅的增加，弹性模量明显降低，表现出填充胶的典型的非线性变化。如前所述，这个现象（Payne 效应）是动态应变下应力软化的一种特殊情况。通常认为 Payne 效应与填料的聚集相关，填料的聚集主要由填料-填料相互作用决定。这一设想已经被证实，因为纯胶的弹性模量对应变的相关性非常小。应变作用下填料聚集体的破坏是造成高应变下模量较低的主要原因。

与第一次应变扫描相比，同一应变振幅下，第二次扫描的模量大幅下降，如

图 7.20(a)。随着应变振幅的增大，两次扫描之间的差别缩小；应变振幅达到最高值时，第二次扫描的模量几乎与第一次扫描的相同。因此，第一次应变扫描使 Payne 效应大大减弱。这说明，经过第一次剪切应变，在达到第一次扫描所施加的最大应变之前，材料已发生软化。

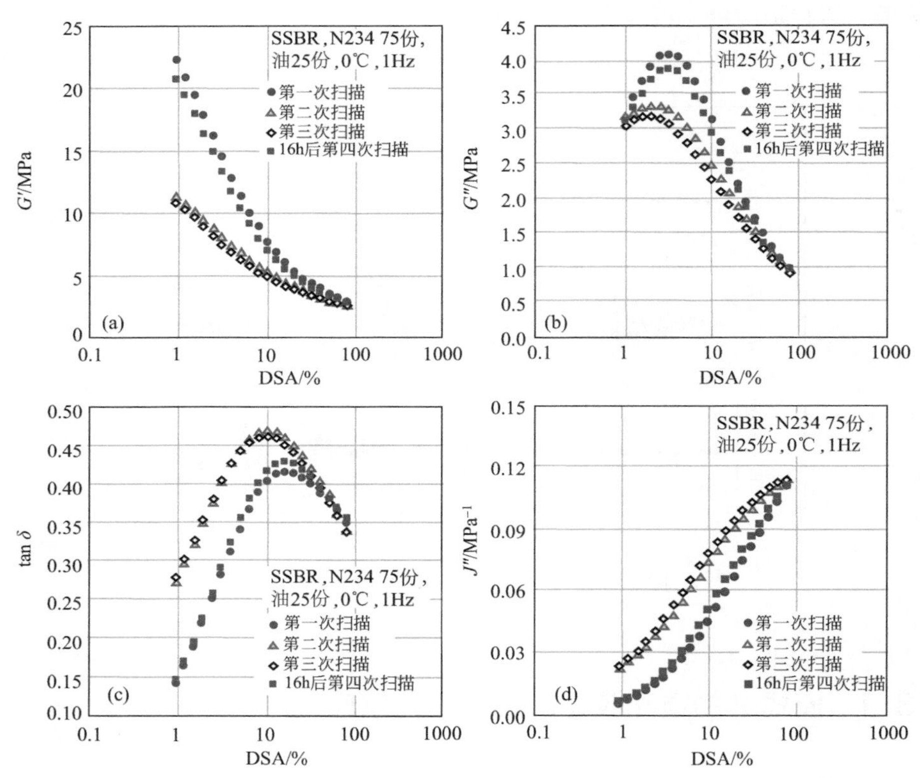

图 7.20　0℃下应变扫描的次数及停放对 N234 填充胶动态应力软化效应的影响

如果 Payne 效应与填料的聚集相关，那么该效应的减小可能意味着填料聚集体减少，这是由最初的填料聚集体破坏导致的。另外，也可能发生某些目前尚不清楚的结构的变化，譬如在聚合物-填料界面附近由于它们之间的相互作用形成的某些结构的变化。这种结构可能与填料表面聚合物分子的吸附以及吸附分子的构象变化有关，且橡胶壳中链段的位移也可能对应力软化过程有贡献。即使是在大应变下，Dannenberg[32,33] 和其他学者[34] 提出的“分子滑移机理”也可能导致大应变下的模量降低。当然，所有的这些过程都与胶料中填料的存在有关，因为在纯胶中，施加与填充胶相同范围的应变，也看不到明显的 Payne 效应，即使将填料的应变放大效应考虑在内也是如此。然而，前一次应变扫描之后，余下的 Payne 效应说明动态应变下，即使在最大应变处，一部分填料聚集体还是可以重新形成并且在小应变下并未破坏。另一方面，几乎所有的软化都在第一次扫描时完成。在第三次及后续的应变扫描中，进一步的软化效应非常少。这表明第一次应变扫描之后重新形成的结构大部分可以在随后的应变扫描中再次重建，只要应变不超过第一次扫描的最大值。

图 7.20(a) 也给出了测试样品的停放对软化效应的影响。第三次扫描之后，将试样停放 16h，而后再次进行扫描，即第四次扫描（见图 7.19）。可以看出，对于炭黑填充胶，停放期间模量的减小可以大部分回复。相应地，结构的变化，至少在前几次扫描中不能重新形成的大部分变化，也是可逆的，或者说是可以重建的。应力软化中，聚合物网络的破坏，包括聚合物链和交联点，应该不可能起到任何显著的作用。因为其一，即使在很高的应变下，纯胶也没有 Payne 效应；其二，根据已有的文献报道，即使在较大的准静态变形下测试，经过软化的硫化胶的应力经过热处理[34,35]或在溶剂中溶胀[36]都可以回复。因此，应力软化如果不全是，也主要是一物理现象。

(2) 黏性模量 弹性模量表示的是与应变同相的动态应力，可用于衡量返回到体系中的能量；而黏性模量与应变具有 90°的相位差，对应的是损耗的那部分能量。通常认为动态应变下的能量损耗主要与填料聚集体的破坏和重建有关，还可能涉及前面讨论过的填料引入的其他超级结构。纯胶的黏性模量非常小，且在较大的应变振幅范围内对应变的相关性不强[19]。

第一次扫描中，炭黑填充胶的 G''随应变的变化也很明显，在 DSA 大约为 4%时出现最大值［图 7.20(b)］。经过最大值以后，G''随应变的进一步增大而快速下降。低应变下，若能量损耗或耗散的变化归因于与填料有关的结构的周期性变化，那么这个过程将随着应变的增大而增长；当应变超过某个值（G''达到最大值的应变）以后，这些结构重建的速度下降得比其破坏的速度更快（图 7.20）。

显然，在后续的应变扫描中，能量耗散的过程明显减弱，G''出现最大值的应变向低处移动。可见，参与能量耗散的结构明显减少，且这些结构在第一次应力软化的过程中已被相对弱化。同弹性模量一样，这些变化大多发生在第一次扫描，后续扫描的影响较小。

(3) 损耗因子 损耗因子是黏性模量与弹性模量的比值。除了流体力学效应，填料对这两个参数的影响牵涉到不同的机理，如前所述，所以这些机理都会影响 $\tan\delta$。G'与动态应变下减少的填料相关结构（主要是填料聚集体）有关，

G''与这些结构的破坏和重建有关。因此，决定 tan δ 的因素是与填料有关的结构的状态，更确切的说，是动态应变下能破坏和重建的那部分与保持不变的那部分的比值。多次应变扫描中 tan δ 的变化将反映这两个过程的比值，是表征应力软化效应的另一种方式。

从图 7.20(c) 中可以看出，tan δ 与应变扫描的关系可总结为如下几个特点：

① 重复应变扫描的 tan δ 值取决于第一次应变扫描的结果；

② 与第一次扫描相比，后续扫描中 tan δ-应变曲线的峰出现在较低的 DSA 处；

③ 第一次应变扫描后 tan δ 增大，后续扫描中 tan δ 不会进一步增大；

④ 重复扫描过的试样经过停放，tan δ 值基本上能恢复到原先的水平。

因为多次扫描时 G'和G''都下降，所以很明显，第二次和第三次扫描中 tan δ 的增加说明初次扫描时 G'下降的速度比 G''的要快。另一方面，由于应力软化，相同应变下试样在一个应变周期中的能量输入要低得多，所以后续扫描中能量损失的绝对值不可能更高。实际上，在这种条件下，即恒应变输入，能量损失与 G''成正比，预先扫描的胶料其能量损失应该较低。

(4) 损耗柔量 恒应力输入时，动态应变下的能量损失直接与损耗柔量成正比。虽然损耗柔量由 G'和G''共同决定，与 G''相比，G'对 J''的影响更为显著。G'越大，或者说胶料的刚度越大，应力保持恒定时胶料的能量损失越少。多次扫描时，G'下降的速度比 G''的快，所以初次扫描后 J''的提高也就不足为奇了，如图 7.20(d) 所示。

此外，预应变对 J''的影响在第一次应变扫描时也基本完成，因为后续扫描并没有引起 J''的明显上升。这个结果与 G'和 G''一致，因为 J''是从这两个参数导出的。此处再次发现，重复扫描过的试样经过停放，J''的回复十分明显，虽然停放 16h 后没有完全回复。

7.3.2 温度对动态应力软化的影响

应力软化效应归因于与填料有关的结构的变化，这些结构与填料-填料及聚合物-填料相互作用有关。反之，这些相互作用具有很强的温度相关性，故而应力软化效应也将表现出较强的温度依赖性。截至目前所讨论的结果都是 0℃下得到的，所用的聚合物处于过渡区，一般认为这个温度下胶料的滞后损失与轮胎的牵引力具有良好的相关性[37,38]。然而，在较高的温度下研究应力软化效应也是有意义的，如 60℃，该温度下胶料的动态滞后损失是衡量轮胎滚动阻力的一个很好的指标[37,38]。

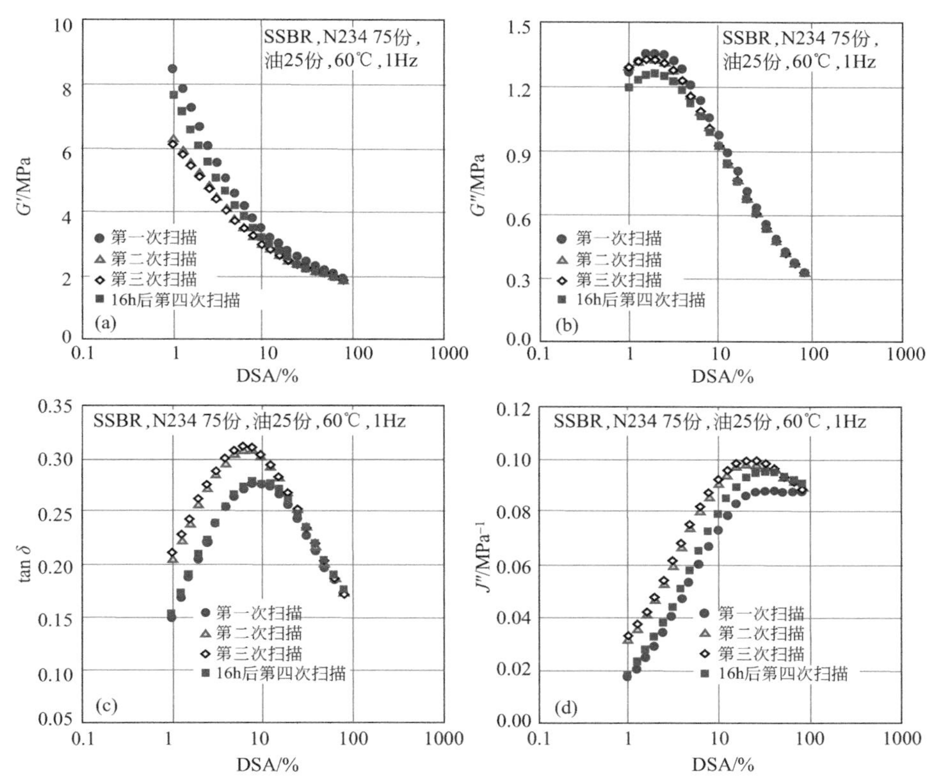

图 7.21　60℃下应变扫描的次数及停放对 N234 填充胶动态应力软化效应的影响

图 7.21 是 60℃下多次应变扫描对动态性能与应变振幅关系的影响。一般而言，从 0℃的实验数据中得到的结论基本上适用于 60℃的结果。但与低温相比，高温下的实验结果的一些特点可以概括为：

① 所有动态性能参数的软化效应较不明显；

② 停放后，第四次扫描的 G''没有回复，而是进一步下降。

所有与填料有关的结构均具有温度依赖性，尤其是填料聚集体，从这方面上很容易理解高温下应力软化效应的减弱。填料-填料及聚合物-填料相互作用是软化效应的起因，高温下这些相互作用都将大大减小。然而，预先扫描的试样在室温下停放 16h 后，G''为何进一步下降的原因尚不清楚。在许多样品（但不是所有样品）中都曾观察到这个现象。这个现象似乎与胶料的配方和填料的性质有关，如硫化配合剂、偶联剂及填料种类等。假若与填料有关的结构的破坏和重建是 G''的来源，那么需要考虑一个问题，停放期间胶料中是否重新形成了新的结构。

如果是的话，这种结构可能比原来胶料中的结构更加稳定，因为它的能量耗散较少。然而，这也可能并非如此，因为这种结构需要在室温下形成。引起这一现象的原因可能很多。需要更多的工作予以澄清。

7.3.3 频率对动态应力软化的影响

填充胶的黏弹性质通常遵循时间（频率）-温度等效原理，从其温度相关性可知，动态性能参数将表现出较强的频率依赖性。在不同的频率下考察胶料的应力软化效应的原因有二：一方面是因为不同实验室采用不同的频率进行动态性能测试；另一方面是在填充胶的各种应用中，时间尺度上可能涉及不同的应变速率。0℃和60℃下，动态应变的频率对50份N234填充的Duradene 715胶料的 G'、G''、$\tan\delta$ 及 J'' 的影响分别示于图7.22和图7.23，所用频率为1Hz

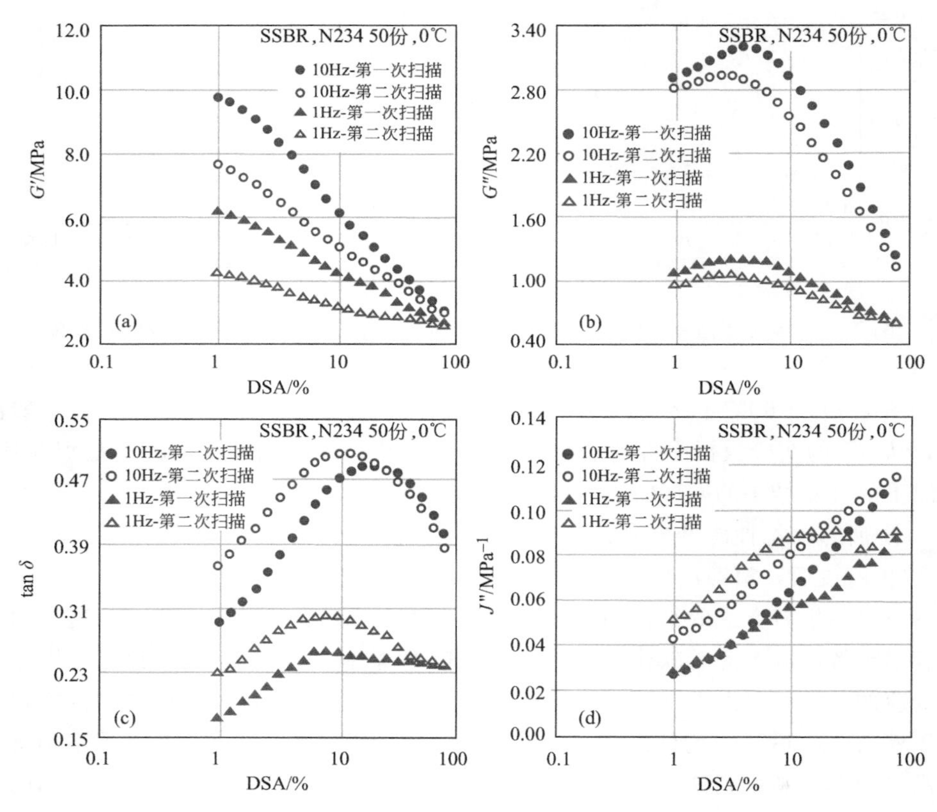

图7.22 0℃下动态应变的频率对N234填充胶的应力软化效应的影响

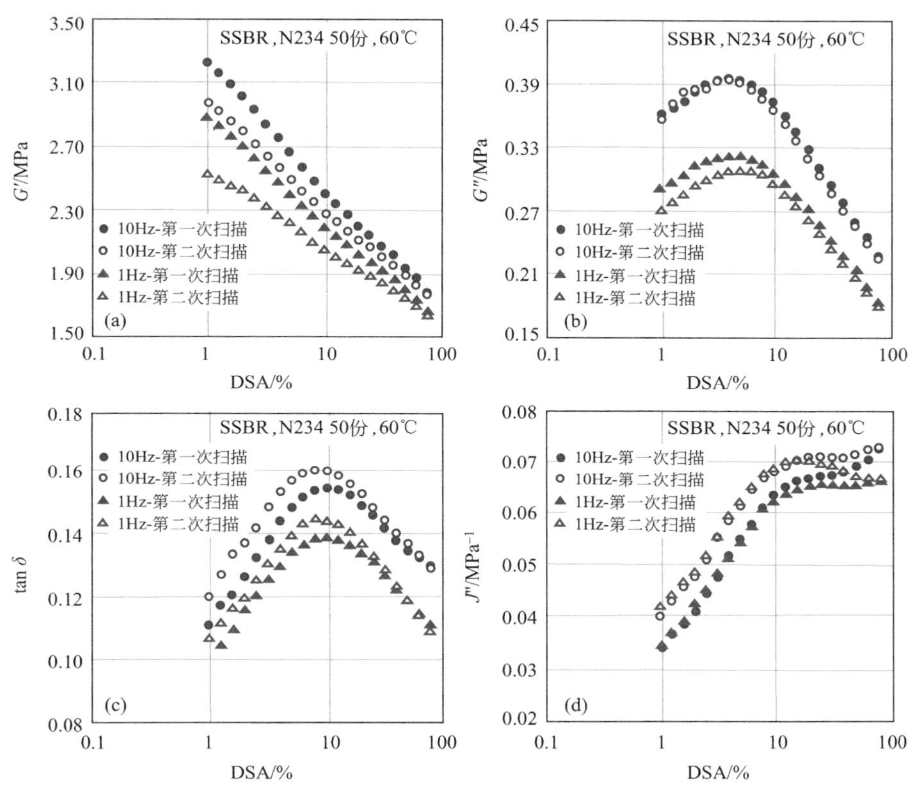

图 7.23 60℃下动态应变频率对 N234 填充胶应力软化效应的影响

和 10Hz。不出所料，胶料的应力软化效应大体上类似于 75 份炭黑填充的胶料，无论温度和频率如何，第二次应变扫描的 G' 和 G'' 较低，$\tan\delta$ 和 J'' 较高。然而，正如从温度依赖性预估的那样，在这两个频率下测得的动态性能大都有很大的差别。频率越高，相当于温度越低，G' 和 G'' 越大，$\tan\delta$ 也较大。低温下进行不同频率的比较，这种效应似乎更加显著。我们也可以从温度相关性的角度来解释这一现象。60℃下，聚合物处于橡胶态（G'-温度和 G''-温度曲线的较低的平坦区），填料的聚集较不发达，动态性能对温度较不敏感，从而对测试频率也较不敏感。而 0℃下，Duradene 715 处于过渡区，动态性能强烈依赖于温度。温度较小的变化就会导致模量及滞后损失的大幅变化，频率的变化也有类似的效果。这说明对于低温下进行的研究，合理设置测试频率是很重要的。

7.3.4 模式 3 测试的填充胶的动态应力软化效应

如上所述，一旦硫化胶经过一个较大的周期性应变，动态性能的变化在有限的停放时间内（16h）不能完全回复。但是，DSA 为 79%的最大应变对橡胶制品在实际使用中的情况而言可能是太高了，尤其是在轮胎应用方面。因此，有必要了解最大应变振幅较低时，应变扫描期间的应力软化效应。为了达到这个目的，曾设计了另一应变扫描的程序，即模式 3。在这个方法中，进行三次重复的应变扫描之后，即刻进行下一组的三次应变扫描，其最大应变振幅高于前面三次扫描的值（图 7.19）。DSA 的最大值从 1.2%变化至 78.8%。

(1) 弹性模量 图 7.24 为不同的应变扫描下测试的 75 份白炭黑、25 份油填充的硫化胶（SSBR/BR 75/25）的弹性模量与 DSA 的关系。采用这种硫化胶只是因为它的应力软化效应十分明显，更容易观察到多次扫描的影响。从这个胶料中观测到的结果也适用于其他胶料，但不同的胶料之间应力软化的程度各不相同。

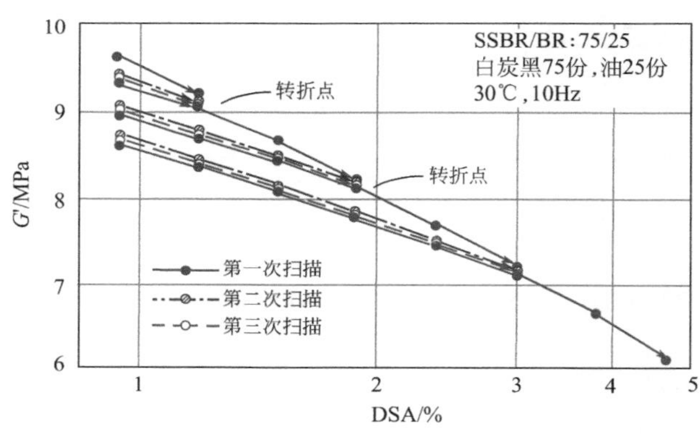

图 7.24 G′与应变扫描的次数及 DSA 的扫描范围之间的关系（模式 3）

与模式 2 一样，最大应变振幅相同时，第二次扫描的模量比第一次的低得多，且后续的扫描（第三次扫描）中模量的下降很少。随着最大应变振幅的增加，在达到上一次扫描的最大应变之前，模量曲线几乎与上一次扫描的曲线重合；而后应变继续增大，模量以更快的速度下降。结果，G'-DSA 曲线在上一次扫描的最大应变处出现一个转折点。图 7.25(a) 中可以清楚地看到 G'的这些变化，图中只显示了每个应变范围内第一次扫描的曲线。第一次扫描过后，随后的应变扫描中胶料的模量（或 Payne 效应）大大减小。这说明对应力软化而言，应变振幅的增加比重复施加相同的应变更重要。假若胶料中与填料有关的结构（主要是聚集体）的破坏是应力软化的起因，那么扫描次数的增加似乎不能有效地促进这个过程，但应变振幅的增大可以实现。这可能意味着胶料的模量在常规使用条件下不会大幅度减小，至少在温度达到平衡的短时间内如此，但是应变振幅的一次偶然增加可能导致胶料的性质发生较大的变化，并在短时间内无法恢复，如前文所述。

此外，第一次扫描的 G'-DSA 曲线的高应变部分，即超过转折点之后的那段曲线，连接起来形成一条新的曲线，可以认为是一条包络线［图 7.25(a)］。这条包络线与模式 2 的第一次应变扫描的 G'-DSA 曲线在实验误差范围内是重合的［图 7.26(a)］。类似地，每个应变范围的第三次扫描的曲线的末端也可以连成一条包络线［图 7.27(a) 和图 7.28(a)］，并且这条包络线也与模式 2 的第一次扫描的 G'-DSA 曲线十分接近［图 7.28(a)］，从而也接近于模式 3 第一次扫描的曲

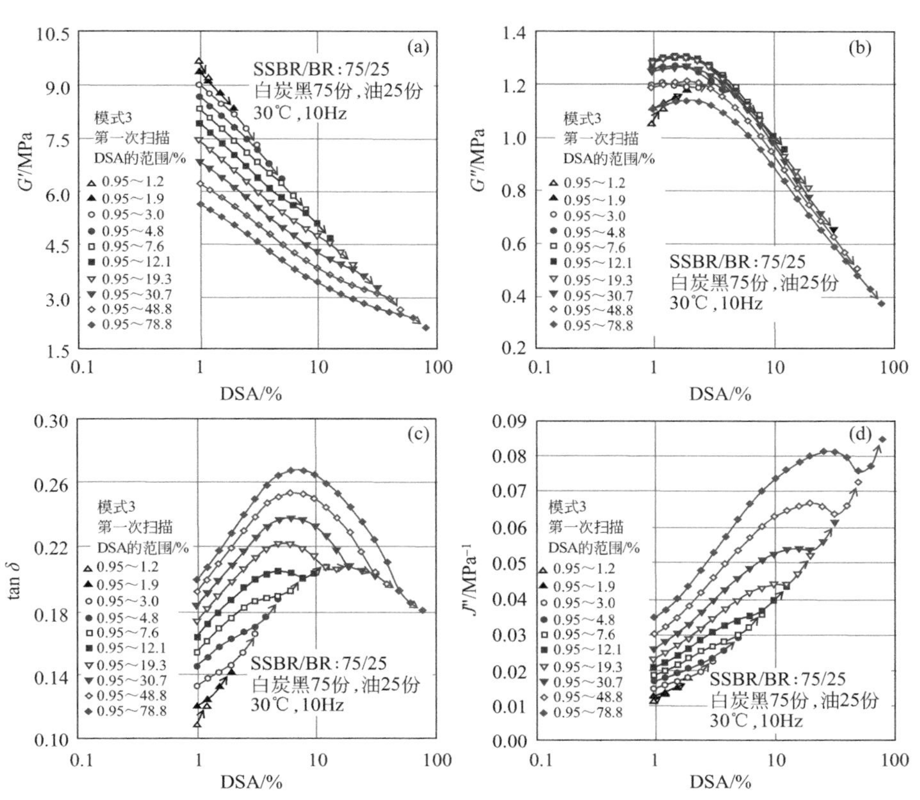

图 7.25　最大应变振幅的增加对第一次扫描的动态性能-DSA 曲线的影响（模式 3）

线末端形成的包络线。这当然是因为每个应变范围内，当应变小于上一次扫描的最大应变时，第一次扫描的 G'曲线与上一次扫描的曲线重合。

图 7.26(a) 中，包络线的下方，带箭头的加粗的虚线是模式 3 中应变扫描范围最大时第一次应变扫描的曲线（简称为“模式 3 的最高应变扫描”或简写为“HSS-3”）。图 7.28(a) 为 HSS-3 的第三次应变扫描的曲线。对于每一次扫描，起始点都是 DSA 为 0.95%左右。将模式 2 的第三次应变扫描的曲线与 HSS-3 的第三次扫描的曲线相比，可以发现低应变下，模式 2 的第三次扫描的曲线稍高于 HSS-3 的曲线，较高应变下，模式 2 的第三次扫描的曲线与 HSS-3 的第三次扫描的曲线相近，但低于 HSS-3 的第一次扫描的曲线。这有力地说明了扫描次数的影响不如最大应变振幅重要。这也意味着动态变形期间，较高应变下能破坏的结构在较低应变下是稳定的。

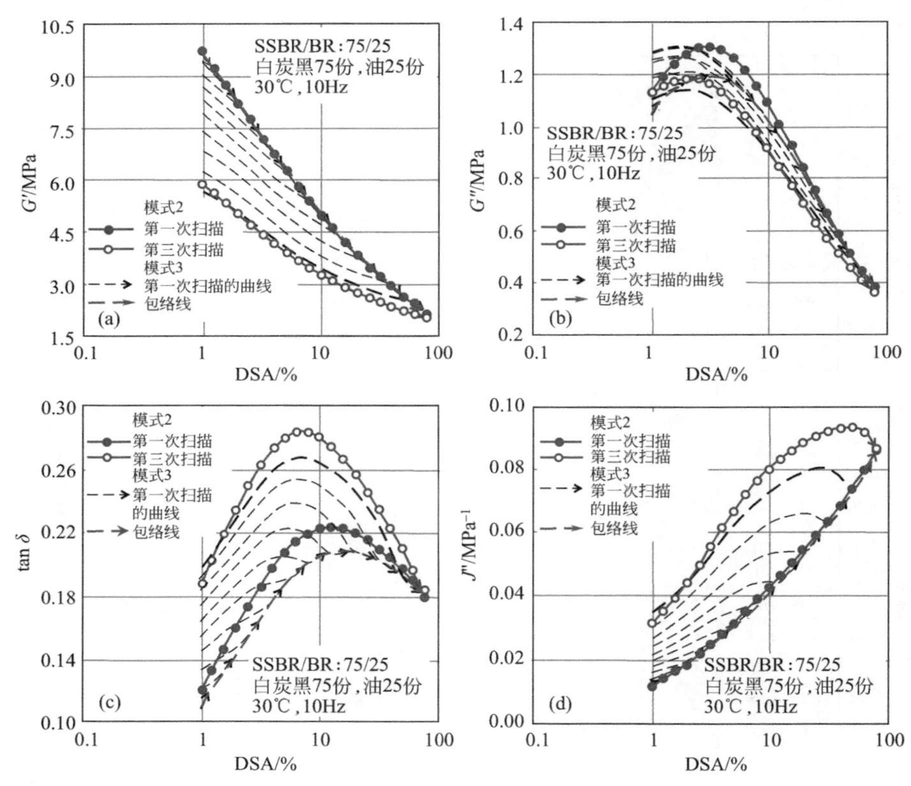

图 7.26　模式 2 的第一次和第三次扫描的曲线与模式 3 的第一次应变扫描的曲线及其包络线的比较

(2) 黏性模量 应变扫描中，弹性模量随应变的增大单调下降，而黏性模量的情况相当复杂，如图 7.29、图 7.25(b) 和图 7.27(b) 所示。当应变振幅的最大值较低时，G''-DSA 曲线随着 DSA 最大值的增大而上升，图 7.25(b) 和图 7.27(b) 分别为第一次和第三次扫描的情况。当 G''达到峰值时，随着最大应变振幅的增加，曲线下降。看起来，胶料中破坏和重建的结构（能量耗散的来源）随着应变振幅的增大而增加，高应变下这种结构减少，可能是因为重新形成或松弛的时间不足所致。

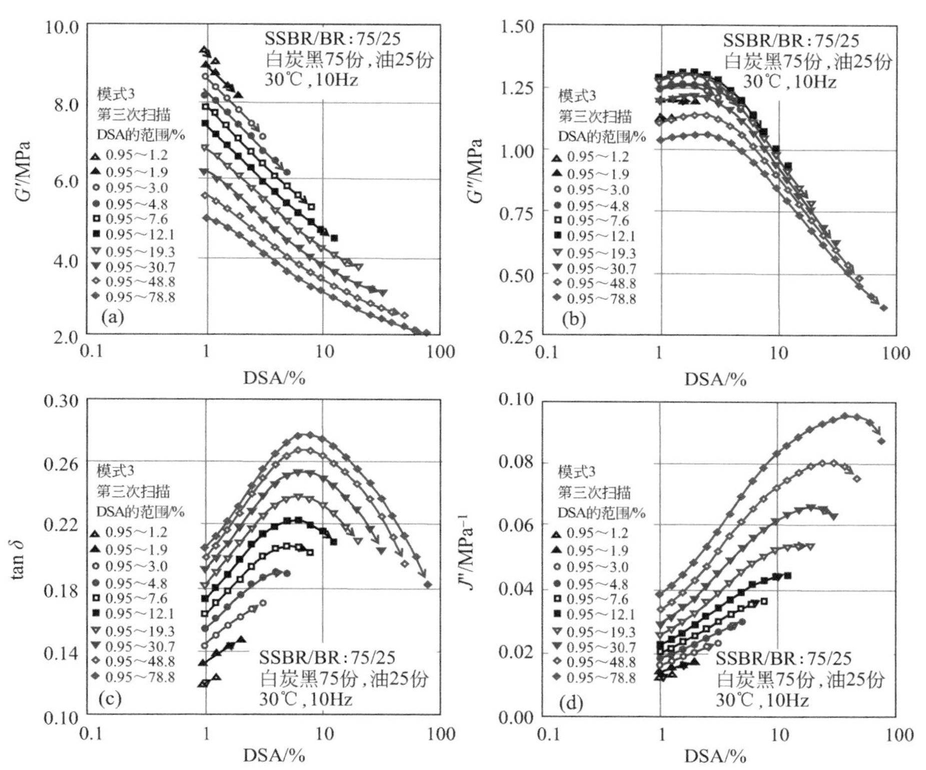

图 7.27 最大应变振幅的增加对第三次扫描的动态性能-DSA 曲线的影响（模式 3）

对于每个最大应变值，G''-DSA 曲线与 G' 的第一次扫描的曲线相似，在上一次扫描的最大应变处出现转折。这可以在图 7.29 中清楚地看到，图中只给出了低应变范围的曲线。转折曲线的应变较大的部分也可以形成一条包络线。这条包络线低于模式 2 的第一次扫描的曲线，高于模式 2 的第三次扫描的曲线

[图 7.26(b)]。与 G' 相比，看起来 G'' 更依赖于应变史，而应变史与测试期间结构的重建密切相关。图 7.28(b) 给出了第三次扫描的曲线末端形成的包络线，这条包络线也位于模式 2 的第一次和第三次扫描的曲线之间。然而，HSS-3 的第三次扫描的曲线明显低于模式 2 的相应的曲线。同模式 2 一样，G'' 的大部分变化在第一次扫描时完成，后续的应变扫描的贡献很小（图 7.29）。

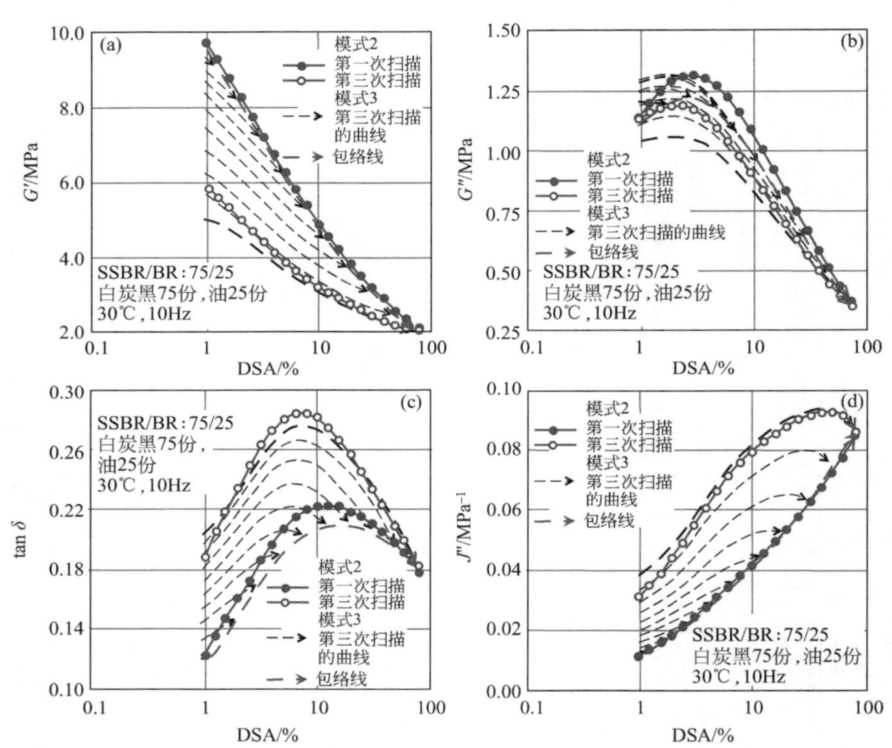

图 7.28 模式 2 的第一次和第三次扫描的曲线与模式 3 的第三次应变扫描的曲线及其包络线的比较

(3) 损耗因子 由于 tan δ 从 G' 和 G'' 导出，所以 tan δ 也随着预扫描和最大应变振幅的变化而发生较大的变化。图 7.25(c) 和图 7.27(c) 分别为 tan δ 在各个应变范围内的第一次和第三次应变扫描的曲线。显然，无论是第一次扫描还是第三次扫描，随着最大应变振幅的增加，tan δ 快速上升。同一扫描范围内，tan δ 的增大在第一次扫描时基本完成，与 G' 和 G'' 是一致的（图 7.30）。此处可以再次说明，对于滞后损失的大小，应变扫描的最大应变振幅比应变扫描的次数更重要。

类似地，tan δ-DSA 曲线也在上一次扫描的最大应变处发生转折，如图 7.30 所示。这些转折的曲线的应变较高的部分形成一条包络线，这条包络线在 DSA 为 15%左右出现最大值。这表明，超过上一次扫描的最大应变以后，体系的能量耗散过程比从上一次扫描预估的要多。当应变扫描的最大应变超过包络线的最高点所在的应变时，也是如此，尽管 tan δ 随应变的增大连续下降。

模式 3 的第一次扫描的转折曲线的应变较高的部分形成的包络线［图 7.26(c)］，从而包括第三次扫描的曲线末端形成的包络线［图 7.28(c)］均明显低于模式 2 的第一次应变扫描的 tan δ -DSA 曲线，且包络线达到最大值的应变稍高一些。

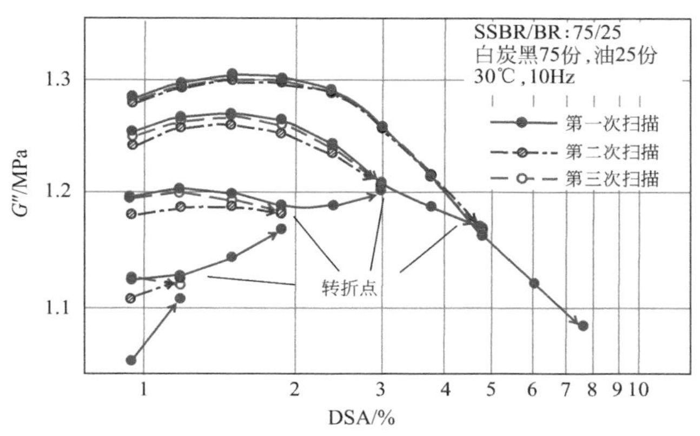

图 7.29　G″与应变扫描的次数及 DSA 的扫描范围之间的关系（模式 3）

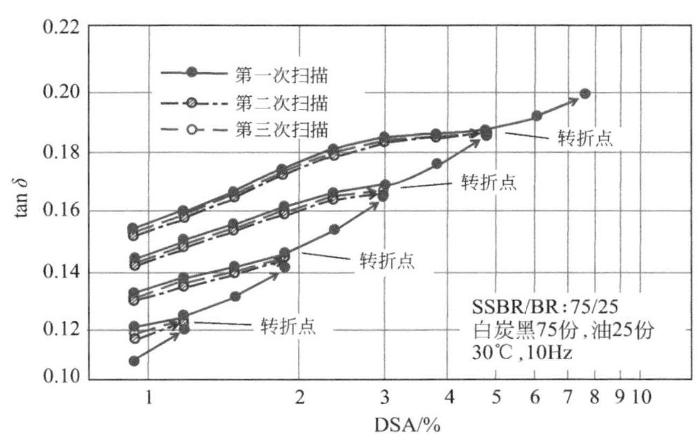

图 7.30　tan δ 与应变扫描的次数及 DSA 的扫描范围之间的关系（模式 3）

将模式 2 的第三次扫描的曲线与 HSS-3 的第三次扫描的曲线进行对比，模式 3 的 $\tan\delta$ 在应变振幅较低时（DSA<0.2%）似乎高一些，在中等应变下较低，当应变振幅较高时（DSA>20%），这两条曲线几乎重合。

有意思的是，当 DSA 超过某个值时，该实验条件下是 3%，在达到转折点之前 $\tan\delta$-DSA 曲线会出现一个最大值，即使在某些情况下曲线经过转折点以后将继续上升。第一次扫描 [图 7.26(c)] 和随后的扫描中 [图 7.28(c)，第三次扫描] 都观察到这一现象。随着最大应变振幅的增加，出现这个最大值的应变增大。对于 HSS-3 的第三次扫描的曲线，最大值处的应变与模式 2 的第三次扫描的相同。

(4) 损耗柔量 J''的实验结果与前面讨论的其他三个参数的类似，特点如下：

① 随着最大应变振幅的增加，J''明显提高 [图 7.25(d) 和图 7.27(d)]；

② 每一个应变范围内，J''的变化在第一次扫描时大部分完成（图 7.31）；

③ 第一次扫描的 J''-DSA 曲线在上一次扫描的最大应变处发生转折，J''-DSA 曲线的应变较高的部分可以形成一条 J''-DSA 的包络线 [图 7.25(d)]。该包络线与第三次扫描的曲线末端连成的包络线基本重合 [图 7.26(d) 与图 7.28(d) 对比]。

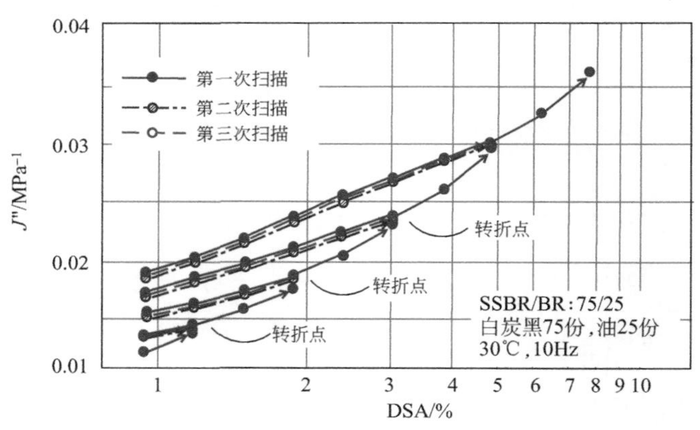

图 7.31 J''与应变扫描的次数及 DSA 的扫描范围之间的关系（模式 3）

此外，第一次扫描的 J''-DSA 曲线的较高应变部分形成的包络线及第三次扫描的曲线末端连成的包络线与模式 2 的第一次扫描的 J''-DSA 曲线相当接近，而 HSS-3 的第三次扫描的曲线与模式 2 的第三次扫描的曲线差不多。这些结果与 G'的相似。

7.3.5 填料的性质对动态应力软化及滞后损失的影响

为了考察填料的性质对应力软化及滞后损失的影响，曾对白炭黑和炭黑填充的硫化胶用模式 2 进行测试。

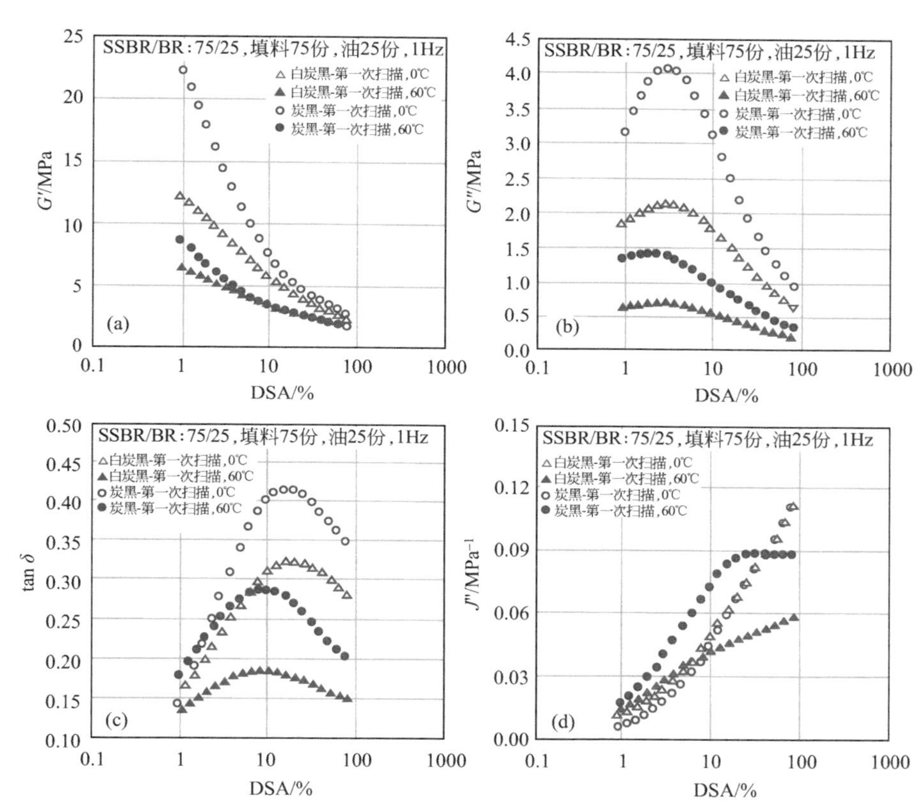

图 7.32 0℃和 60℃下，炭黑 N234 和白炭黑填充硫化胶的第一次应变扫描的动态性能

图 7.32 是 0℃和 60℃下，75 份填料填充 SBR/BR 75/25 硫化胶的第一次应变扫描数据。所用的填料是添加 12 份偶联剂 X50S（N330 炭黑/TESPT-50/50 混合物）的白炭黑或炭黑 N234。软化效应用给定的动态性能相对于第一次应变扫描时的变化的百分比来表示。图 7.33 和图 7.34 分别为 0℃和 60℃下各个性能基于第一次应变扫描所得变化百分比与应变振幅的关系。第四次扫描的结果反映了试样在室温下停放 16h 后应力软化的回复情况。除了第四次扫描的结果之外，仅包含第二次扫描的结果。

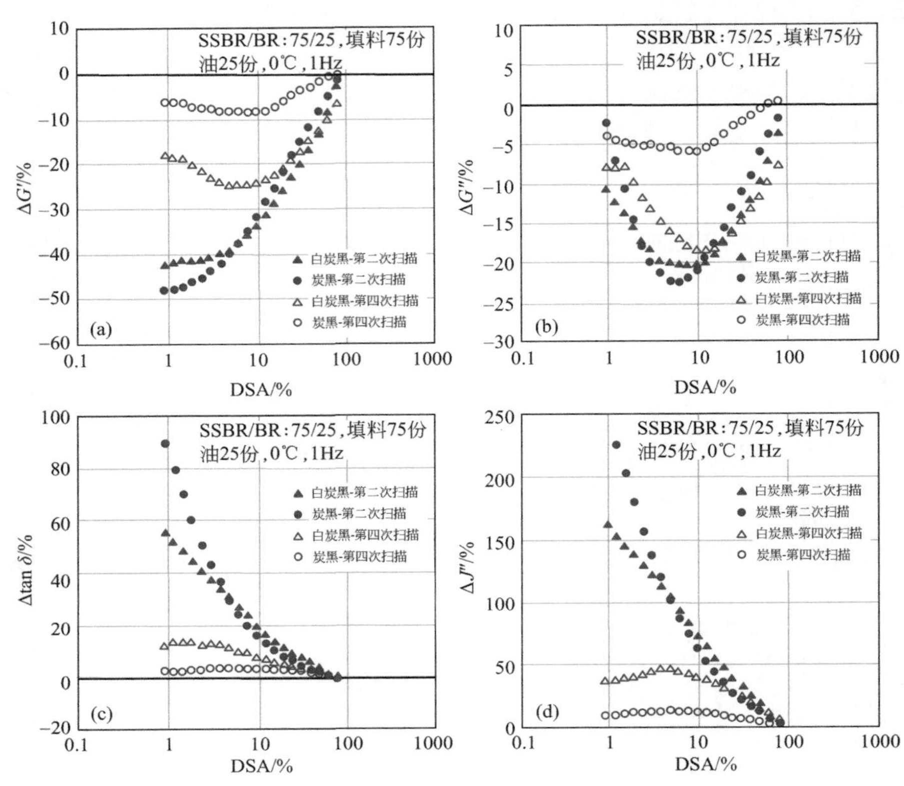

图 7.33 0℃下白炭黑和炭黑 N234 填充胶的应力软化效应及其在停放期间的回复

0℃下，施加预应变扫描，较低应变下炭黑的 G' 比白炭黑的减小得更多，$\tan\delta$ 和 J'' 增加得更多（图 7.33）。室温停放期间，炭黑胶的动态性能回复得更快，白炭黑胶的回复程度较低。

但在 60℃下，白炭黑胶料的应力软化效应通常更为显著，第一次扫描过后 G' 下降得较多，$\tan\delta$ 和 J'' 增大得较多（图 7.34）。显然，白炭黑胶料的 $\tan\delta$ 和 J'' 成比例的增加来源于 G' 的较强的应力软化效应，因为白炭黑胶料的 G'' 的减小并不比炭黑胶料的少，至少在较低的应变下，而低应变下白炭黑胶料的 $\tan\delta$ 和 J'' 高得多。另外，白炭黑胶料的回复比炭黑胶料要慢。

7.3.6 液相混炼白炭黑胶料的动态应力软化

对于白炭黑填充胶，硫化胶的动态性能主要取决于硅烷偶联剂的应用及其与白炭黑表面的硅烷化反应的效率[39]。通过一项创新的液相混炼技术[40]，怡维怡橡胶研究院开发了一系列名为 EVEC（Eco-Visco-elastomeric composite）的白炭黑填充的合成橡胶胶料。运用这种工艺，硅烷偶联剂的效率大大提高。

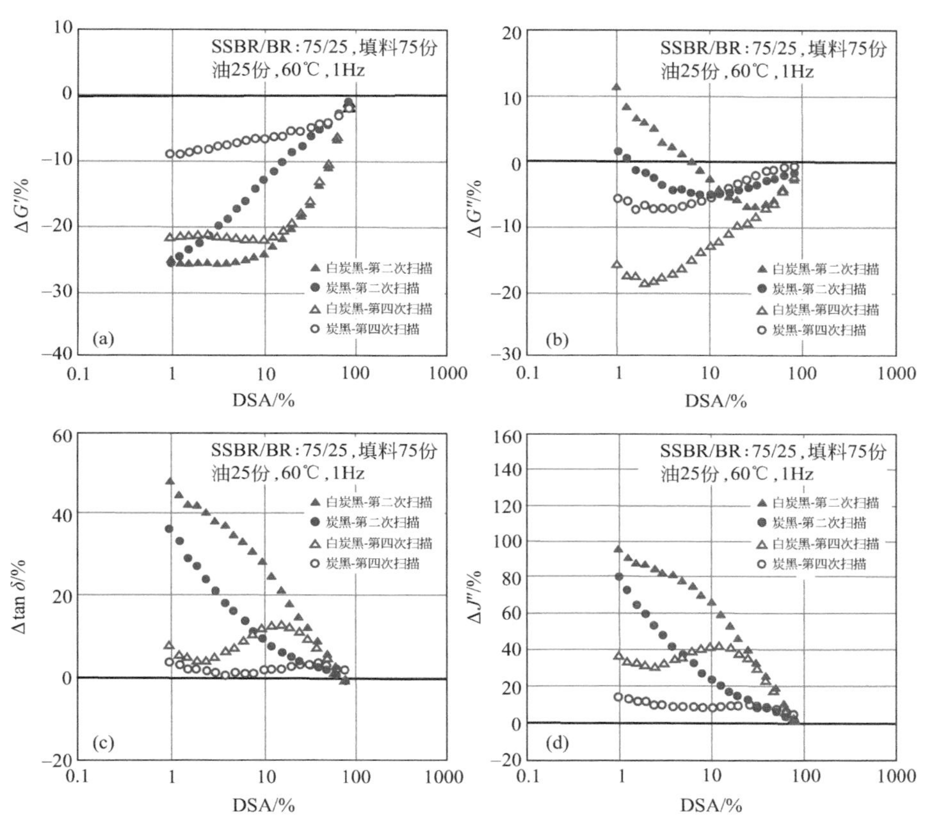

图 7.34　60℃下白炭黑和炭黑 N234 填充胶的应力软化效应及其在停放期间的回复

与传统的干法混炼的白炭黑胶料和炭黑胶料相比，EVEC 的主要特征是优异的填料分散，较弱的填料-填料相互作用和较强的聚合物-填料相互作用[41,42]。应力软化效应归结于与填料有关的结构的变化，这些结构与填料-填料相互作用和聚合物-填料相互作用相关，所以白炭黑填充胶的应力软化效应应该受填料聚集程度的影响。最近，Xie 等[43]考察了 EVEC-L（配方：SBR/BR 70/30、78 份白炭黑、6.4 份硅烷偶联剂 TESPT、28 份油及其他组分）的动态应力软化效应，并与干法混炼的胶料进行了对比，未加偶联剂的胶料也作为参比。图 7.35 为 0℃

和 60℃下，用模式 2 测试的 EVCE-L 及相应的干法混炼胶料的动态应力软化效应。以图 7.35 中第一次扫描的结果作为参考，图 7.36 和图 7.37 给出了各个动态性能参数的变化的百分比与应变振幅的关系。第二次扫描的结果反映的是应力软化的程度，第四次扫描的结果表示预先扫描的试样在 30℃下停放 24h 后应力软化的回复情况。

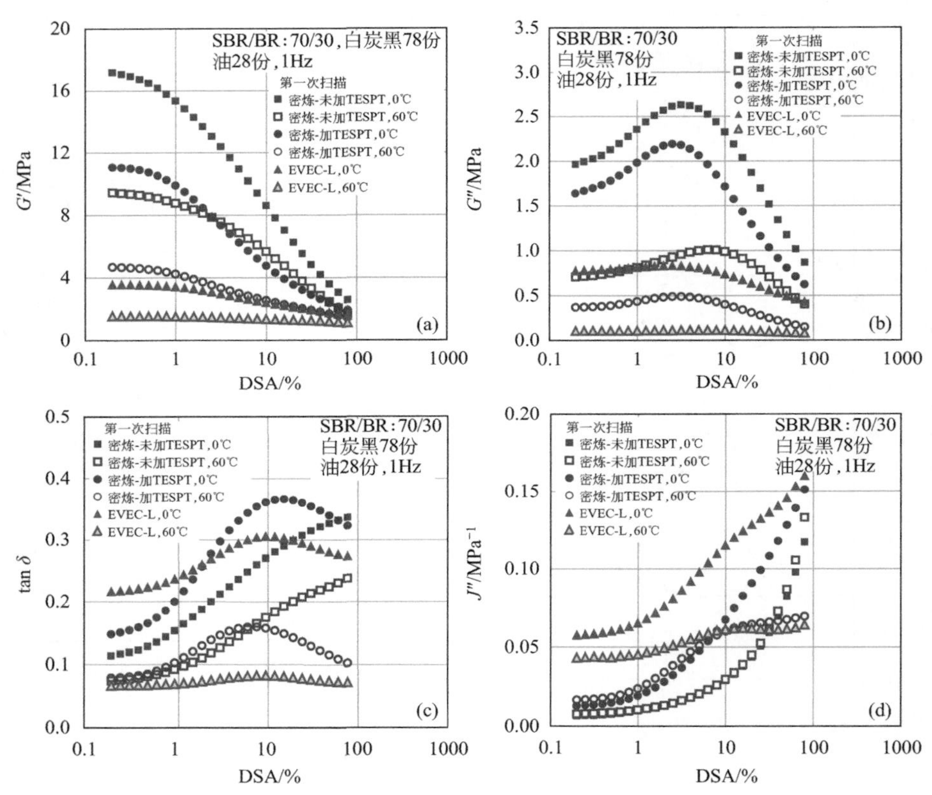

图 7.35　0℃和 60℃下， EVEC-L 和添加及未加偶联剂 TESPT 的白炭黑胶料的第一次应变扫描的动态性能

从图 7.35(a) 可以看出，两个温度下，未加偶联剂白炭黑胶料的 Payne 效应都是最大的；对于添加偶联剂的胶料，EVEC-L 对应变的相关性较小。如前所述，填充胶的 G'与填料的有效体积分数密切相关。此处，三种白炭黑胶料的填料用量是一致的，因此流体力学效应和包容胶的影响可以认为是相同的，但由于表面改性，填料表面固化的橡胶壳应该有所不同。关于 Payne 效应，影响填料的

有效体积分数 ϕ_{eff} 的主要原因是填料的聚集。根据 Van der Poel 的理论[11,12]，填充 50 份填料的情况下，估计填料聚集体中暂时包容的橡胶是炭黑体积的 94% 左右，相当于炭黑的有效体积 ϕ_{eff} 的 64%[4]。对不加偶联剂的白炭黑，填料-填料的相互作用很强，因而填料的有效体积会大得多。因此，高填充时填料的聚集对 G' 的提高十分关键。与干法混炼的白炭黑胶料相比，EVEC-L 的 G' 非常低，G' 对应变的依赖性小得多，说明白炭黑聚集体的形成受到很大的抑制。这也使得 EVEC-L 的黏性模量比相应的干法混炼的胶料低得多，且 G'' 对应变的依赖性较小［图 7.35(b)］。图 7.35(c) 中，60℃下，与干法混炼的添加 TESPT 的胶料相比，EVEC-L 的 $\tan\delta$ 比较低，同时，$\tan\delta$ 对应变的依赖性也较小。由于损耗柔量主要取决于 G'，EVEC-L 的 G' 较低，故 60℃下，EVEC-L 在小应变至中等应变范围内具有较高的 J''。

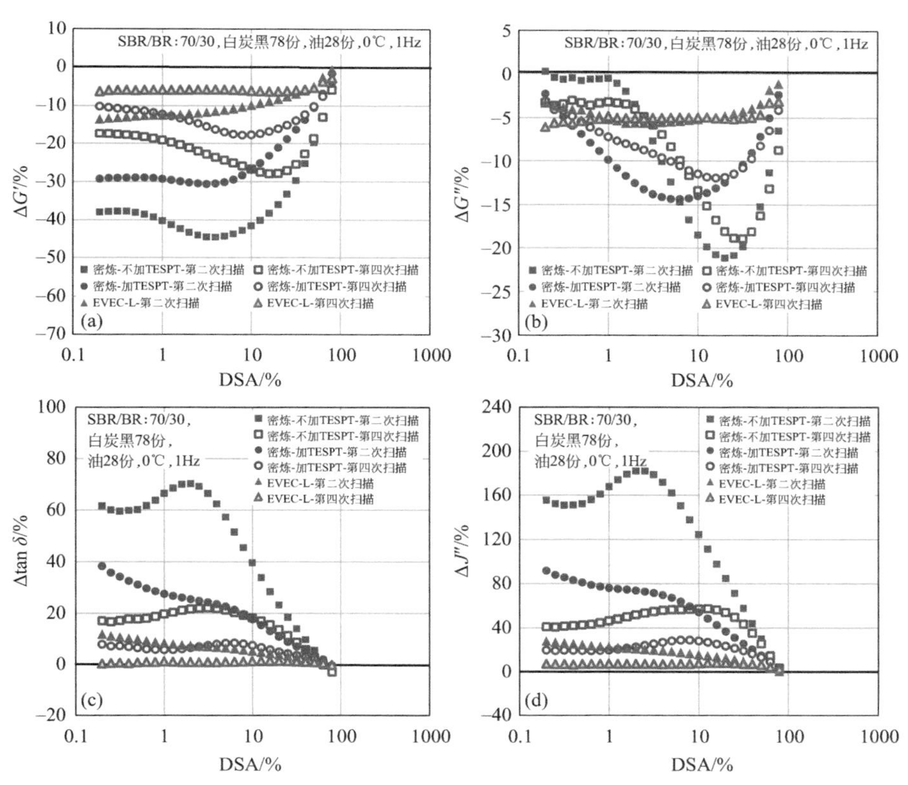

图 7.36　EVEC-L 与添加及未加偶联剂 TESPT 的白炭黑胶料在 0℃下的应力软化效应及其在停放期间的回复

显然，0℃下，未加 TESPT 的干法胶料的应力软化效应是最强的，其次是添加 TESPT 的干法胶料，EVEC-L 的软化效应最弱（图 7.36）。应力软化效应包括第一次扫描过后 G'和 G''的减小以及 $\tan\delta$ 和 J''的增大。这些结果与三种胶料中填料聚集的程度是一致的，即填料的聚集越多，应力软化效应越大。停放期间，与 EVEC-L 一样，两种干法白炭黑胶料的减小的 G'均发生部分回复，但两种干法胶料的 G''的回复似乎要比 EVEC-L 的稍多一些。停放期间 $\tan\delta$ 和 J''的变化的回复很明显取决于 G'和 G''的变化。对于所有的动态性能参数，EVEC-L 的应力软化效应都很小，且 $\tan\delta$ 和 J''的软化的回复也比较充分。

60℃下，EVEC-L 的动态性能参数的软化行为基本上类似于 0℃下的结果，即软化效应非常小且 $\tan\delta$ 和 J''在停放期间的回复更为充分。同样，未加偶联剂的白炭黑胶料的动态性能的软化效应是最强的，经过改性的白炭黑胶料的软化效应弱于相应的未改性的胶料，但还是比 EVEC-L 的强得多。在 30℃下停放 24h，对于 EVEC-L 和改性的白炭黑胶料，预先扫描的试样的 G'基本不回复，G''在第四次扫描时进一步下降，见图 7.37。但未加偶联剂的白炭黑胶料的第四次扫描的 G'看起来比第二次扫描的要低。实际上，由于未改性的胶料中填料的聚集十分发达，且应力软化的测试温度较高，与第二次扫描相比，第三次扫描的 G'又下降了一些。这说明第三次扫描时更多的填料聚集体可以被破坏。若比较第四次和第三次扫描的 G'，那么 G'的软化也基本上不回复但没有进一步下降，与另外两种胶料是一致的。

G'和 G''的回复可能与停放期间是否重新形成新的结构以及这些重建结构在第四次扫描时的破坏引起的能量耗散的水平有关。考虑到 G'的回复非常少，60℃下被破坏的结构在 30℃停放期间可能不容易重新形成。第四次扫描时 G''进一步下降的原因尚不清楚。假若没有新的结构形成，那么 30℃停放后原有结构的能量损失可能减少。可能的原因是，一些填料聚集体在 60℃下被打破后，聚集体内的部分橡胶分子变得更加灵活，停放期间这些分子可能很容易改变它们的网络构象，从而在下一次应变扫描时引起的能量耗散减少。对未改性的白炭黑来说这种可能性最大，因为未改性的白炭黑与聚合物的相互作用非常弱。

总之，在白炭黑胶料中添加硅烷偶联剂，填料的聚集能被显著地抑制，同时聚合物-填料相互作用增强，胶料的应力软化效应明显减小。而采用液相混炼技术，TESPT 在降低填料-填料相互作用、增强聚合物-填料相互作用上的效率大幅提高，因而 EVEC-L 的所有的动态性能的软化效应都大大减弱或者几乎消失[43]。

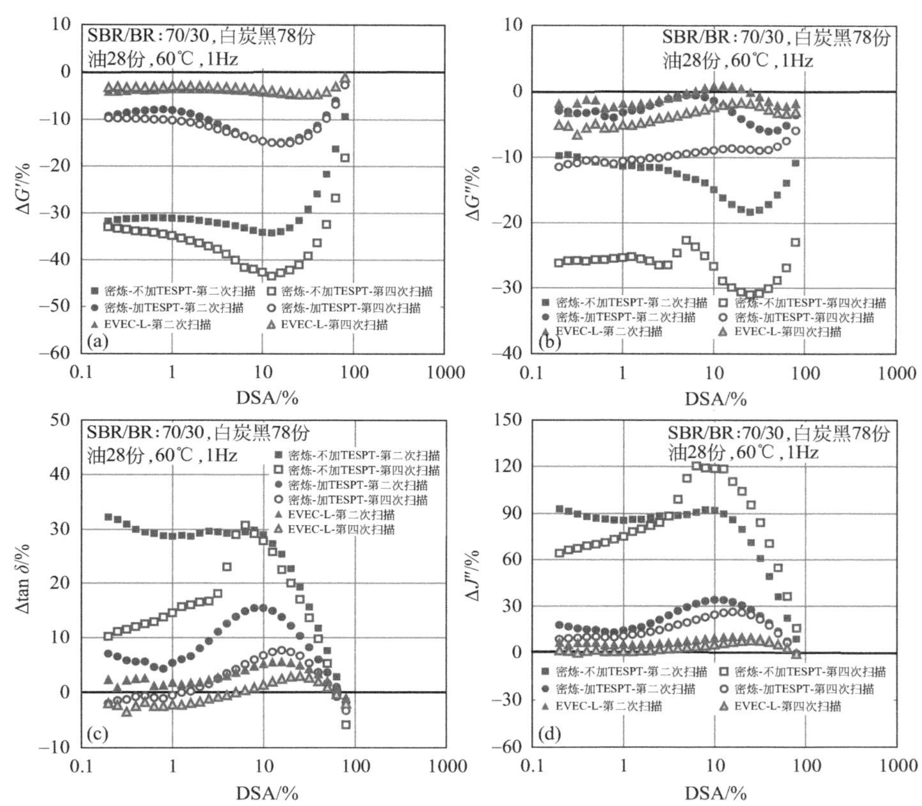

图 7.37 EVEC-L 与添加及未加偶联剂 TESPT 的白炭黑胶料在60℃下的应力软化效应及其在停放期间的回复

7.4 填充硫化胶动态性能的时温等效性

橡胶产品在使用过程中，硫化胶可能承受不同频率和温度的动态应变。例如，人们通常认为滚动阻力与轮胎的运动相关，对应的形变频率为 10～100Hz。对于抗湿滑性或湿地抓着力，橡胶和路面之间产生动态应变的频率相当高，室温

下可能在 $10^4 \sim 10^7$ Hz 左右[37,44]。为了更好地理解抗湿滑性能，需要得到适当的高频率下的动态性能。实际上，这种测试常常受到仪器设备频率范围的限制。通常认为，基于时温等效原理，不同频率下的动态性能可以从不同温度下测得的数据中导出。但是，在这些复杂的硫化胶中，时温等效原理的有效性需要加以验证。

1955 年 Williams、Landel 和 Ferry 首先提出了时温等效原理[3]，一般称为 WLF 原理。对具有线性黏弹行为的材料，如无定形的聚合物和弹性体，不同的温度和频率下得到的数据可以沿频率对数轴进行简单的水平移动即可叠加形成一条光滑的主曲线。平移因子 a_T 可以用下式表示：

$$\lg a_T = \frac{-C_1(T - T_0)}{C_2 + T - T_0} \tag{7.19}$$

式中，C_1 和 C_2 是常数；T_0 是参考温度；T 是测试温度。C_1 和 C_2 随 T_0 的选择而变化。当参考温度 T_0 设为 T_g+50℃（T_g 是玻璃化转变温度）时，最初人们认为对于所有的聚合物，C_1 和 C_2 是普适常数。然而，后来的研究表明 C_1 和 C_2 的数值可能因聚合物体系的不同而有所差异[45]。

WLF 方程的应用局限于玻璃化转变区，一般从 T_g 到 T_g+100℃。WLF 方程的适用性取决于构建主曲线时邻近曲线的准确匹配。同样的平移因子也应该适用于所有的黏弹函数。此外，WLF 方程也可以从 Doolittle [46]的黏度方程中导出：

$$\ln\eta = \ln A + B\left(\frac{V}{V_f}\right) \tag{7.20}$$

式中，η 是黏度；A 和 B 是常数；V 是宏观的聚合物总体积；V_f 是聚合物中孔穴或空隙所占的部分，也就是自由体积。式(7.20) 是基于聚合物单体液体的实验数据得到的。它表明聚合物体系的黏弹性质以及分子的重排和移动现象只与自由体积有关。假设自由体积是温度的线性函数，也就是说：

$$f = f_0 + \alpha_f(T - T_0) \tag{7.21}$$

式中，f 是测试温度（T）下自由体积的分数（即 V_f/V）；f_0 是参考温度（T_0）下自由体积的分数（即 V_f/V）；α_f 是聚合物的热膨胀系数。然后将式(7.21) 代入式(7.20) 就可以得到 WLF 方程。但是，有人提出，在高温下平移因子遵循 Arrhenius 形式的温度依赖性[45]：

$$\lg a_T = A + \frac{E_a}{RT} \tag{7.22}$$

式中，E_a 是活化能；A 是常数；R 是气体常数。

Gross 曾经提出，单一聚合物的剪切弹性模量和损耗模量可以用聚合物的松弛时间来表示[47]：

$$G'(\omega)=G_0\left(1+\int_{-\infty}^{+\infty}H(\lambda)\ \frac{\omega^2\lambda^2}{1+\omega^2\lambda^2}\mathrm{d}\lambda\right) \tag{7.23}$$

和

$$G''(\omega)=G_0\int_{-\infty}^{+\infty}H(\lambda)\ \frac{\omega\lambda}{1+\omega^2\lambda^2}\mathrm{d}\lambda \tag{7.24}$$

式中，G_0 是松弛后的模量；$H(\lambda)$是松弛时间 λ 的分布函数；ω 是频率。这些方程决定了聚合物动态性能的时间-温度相关性，因为松弛时间与温度密切相关。

WLF 方程在许多单一聚合物中的应用是行之有效的[45]。已有许多学者将时温等效原理应用于聚合物共混体系[48-51]。事实上，为了平衡产品的性能，不同橡胶的共混物是十分常用的。图 7.38 所示为未填充的 SSBR/BR（75/25）共混物的动态性能，参考温度是 25℃。在 tan δ 主曲线的高频区发现曲线不连续，这种不连续始于 tan δ 的峰位置附近。这与填充胶的情况相似。造成这种不连续的确切原因目前还不清楚，但可能是由两种聚合物的不相容引起的。尽管如此，对于这种共混物，WLF 方程在较低频率至中等频率下是适用的。在聚合物共混物中加入 32.5 份油再进行类似的研究，得到相同的结果。但是，对于填充橡胶体系，时温等效原理的有效性还没有一般的定论，实验结果似乎因体系而异。关于填充体系的时温等效性，只有少数的文献报道针对高填充的弹性体[12,52,53]。

Wang 等人[54]采用实际的胎面胶配方考察了常规的炭黑、白炭黑及双相炭黑（CSDPF）填充的硫化胶的动态性能与温度-频率的关系。胶料配方为 100 份橡胶（SBR/BR 75/25），80 份填料，白炭黑胶料中用 12.8 份 X50S 作为硅烷偶联剂，CSDPF 胶料中用 2.0 份 TESPT 作为偶联剂，32 份油及其他小料。在 −60～60℃的温度范围并于 0.032～32 Hz 的频率范围内测定 G'、G''及 tan δ 的变化。所有测试的应变振幅均为 1%。用 25℃作为参考温度，将动态性能的数据沿频率所在的轴进行平移。对于 G'，除了高频率下的某些点外，每一条单独的曲线的大多数点都能与邻近的曲线重叠。所以，每条曲线的平移都以低频的数据为准。构建 G''的主曲线时，高频区似乎有更多的数据点偏离主曲线。实际上，用 G'的平移因子来进行 G''的平移。这种情况下，主曲线的特征与手动平移的曲线相同。tan δ 的主曲线也用同一组平移因子来构建。实际上，高温下，一些 tan δ 的曲线凹得严重，无法进行手动平移。

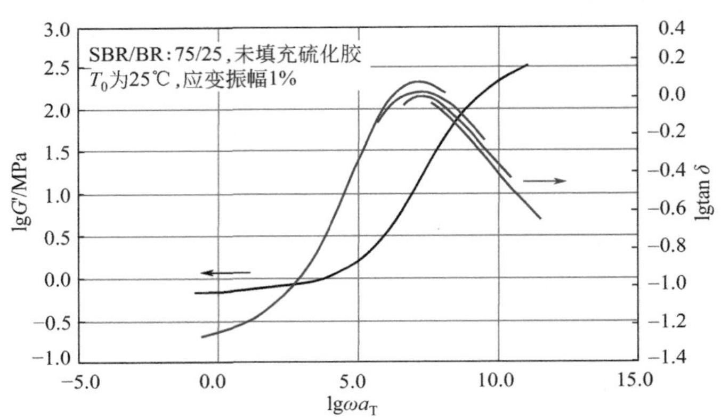

图 7.38 聚合物并用的未填充硫化胶的 G'和 tan δ 的主曲线

炭黑填充的并用橡胶的 G'、G''和 tan δ 的主曲线分别示于图 7.39。图 7.39(a) 中，从低频到高频，G'缓慢增大；当温度降至过渡区时，G'的上升超过 2 个数量级；而后曲线趋于平缓。主曲线看起来十分平滑，平移似乎是有效的。但是，仔细检查数据可以发现，各条单独的曲线与邻近的曲线并不能完全重叠。每一条单独的曲线代表一个温度下得到的数据。数据点在低频区的重叠会迫使曲线在高频区翘起来，形成一条羽毛状的主曲线。图 7.40(a) 能更清楚地看到这一点，图中显示了相同的数据但去掉了实际的数据点的标记，其他填充胶的结果也一并给出。严格来讲，这条曲线只能称为准主曲线。但是为了简单起见，本节还是称之为主曲线。

图 7.39(b) 中，黏性模量 G''一开始随着频率的增大而上升，达到最大值后，在较高频率下稍有下降。与 G' 相比，G'' 主曲线的羽毛状特征更加清楚，见图 7.40(b)。另外，曲线在高频的末端变得不连续，因为各条单独的曲线似乎是垂直下降的。将这些高频的数据点水平地或垂直地移动到一条曲线上是无法实现的。一个温度下的数据与另一温度下的数据不能平顺地连接起来，曲线通常互相交叉。

用 G'的平移因子来构建 tan δ 的主曲线，结果示于图 7.39(c) 和图 7.40(c)。图 7.39(c) 中，低频率下主曲线相对较为平坦，然后随频率增加而上升。达到峰值以后，曲线随频率的进一步增大而快速下降。低频率下，各条单独的 tan δ 曲线是凹陷的，随着频率的增大一开始减小而后增大。中等频率区间出现羽毛状特征。tan δ 经过最大值以后，每条曲线均随频率单调减小，同时垂直下降。图 7.40(c) 也反映了这些现象，说明除了一般的时温等效原理之外，填充硫化胶的动态性能可能涉及更复杂的机理。

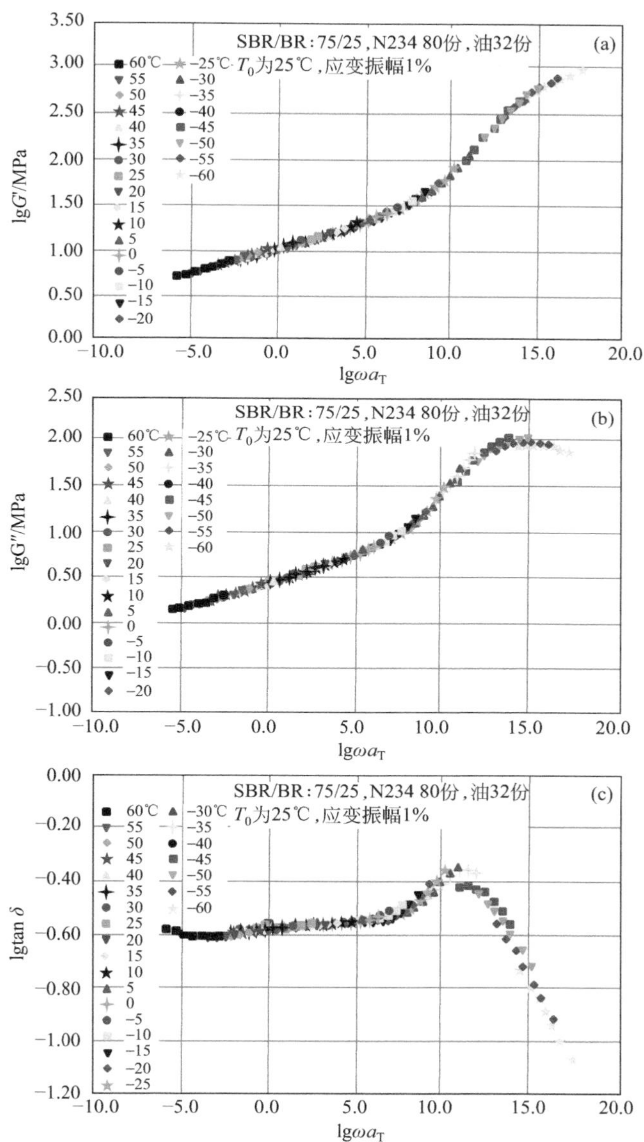

图 7.39 炭黑 N234 填充硫化胶的主曲线

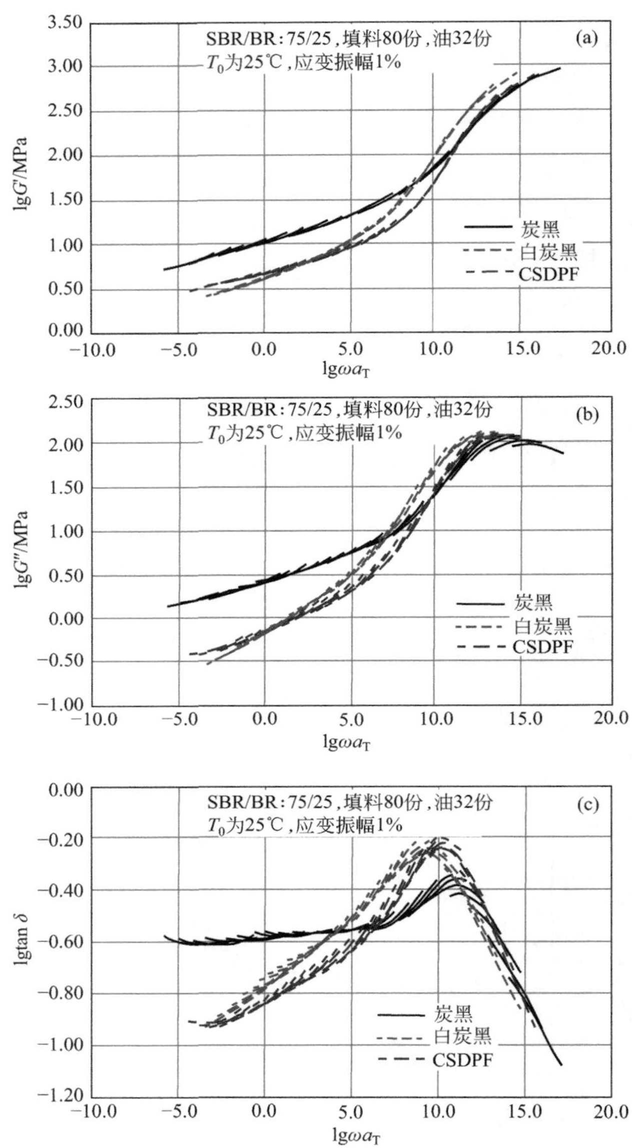

图 7.40　不同填料填充的硫化胶的主曲线

白炭黑填充胶的 G'、G''和 tan δ 的主曲线分别示于图 7.40 中，为便于比较，其他填料的填充胶的动态性能也示于图中。与炭黑相比，白炭黑胶料的 G'和 G''

在高频下较高，在低频下较低。对 tan δ 而言，峰的位置向较低频率的方向移动，峰的高度比炭黑胶料的高。频率较低时，白炭黑胶料的滞后损失较低。白炭黑胶料与炭黑胶料相比，除了主曲线的整体形状上的差别之外，各个单独的曲线偏离主曲线的程度看起来要轻一些。

CSDPF 由两相组成，一个炭黑相以及分布在炭黑相中极小的白炭黑相[18,55]。正如在 8.1.2.3 节和 9.2 节中讨论的那样，从胶料性能上讲，双相填料的聚合物-填料相互作用比相同白炭黑含量的炭黑和白炭黑的物理混合物要强，其填料-填料相互作用比比表面积相当的传统的炭黑或白炭黑要弱[18]。化学分析光电子能谱（ESCA）和红外光谱的结果表明，CSDPF 聚结体中炭黑相和二氧化硅相在聚结体内是紧密结合的[56]。如果将双相填料视为一种复合物，那么其中的每个组分将会以加成的方式对动态性能产生影响。然而，测试结果则不同，如图 7.40 所示。总的来说，CSDPF 主曲线的整体形状与白炭黑胶料的十分接近，尽管这种 CSDPF 的白炭黑含量仅为 10%。G''和 tan δ 的主曲线都与白炭黑胶料的相近，只是曲线沿频率轴方向有少许差别。CSDPF 胶料的 G'在高频下接近于炭黑胶料，但在低频下更像白炭黑胶料。但 CSDPF 胶料的羽毛状特征与炭黑胶料相似。

这些主曲线的复杂性可能源于不同的机理，这些机理可能与聚合物体系及填料的性质相关。根据图 7.38 中未填充的 SSBR/BR（75/25）共混物的动态性能，主曲线在高频区出现不连续，这种现象有可能是由两种聚合物的不相容引起的。但对这种并用胶而言，WLF 方程在较低频率至中等频率下也应是适用的，且加入 32.5 份油的结果也是如此。这说明，羽毛状特征既不是共混引起的也不是油引起的。现在似乎有理由认为填料才是干扰主曲线形成的主要因素。

对于填充胶，材料的性能依赖于其中的各个组分以及它们之间的相互作用。换句话说，填充胶的时间-温度依赖性不仅取决于聚合物本身的性质，也受聚合物中的填料的影响，如流体力学效应[57,58]、聚结体的形状、聚结体中的包容胶[59,60]、聚结体表面的橡胶壳[15] 以及填料的聚集或填料的絮凝[15,17]等，如第 3 章和 5.2.2 节所述，橡胶壳和填料聚集体具有很强的温度依赖性。

由于聚合物-填料相互作用，填料聚结体的周围会形成一层运动性较低的橡胶壳[15]，聚合物链段的运动性从填料表面延伸至橡胶主体区域时逐渐提高。这种效应可以用式(7.23) 和式(7.24) 来表示，由于橡胶壳内的链段运动性不同，$H(\lambda)$ 可能变成一个偏态松弛谱。因此温度将影响橡胶壳的厚度，改变该效应涉及的聚合物的数量。Westlinning [61]提出，炭黑表面的橡胶壳厚度在

20℃时为 35nm，在 100℃时变成 0nm。聚合物和填料的类型也会影响橡胶壳的厚度[62]。

其次，如前文所述，聚结体通过橡胶壳可以形成填料聚集体（3.4.2 节）。在聚集体内的橡胶，即暂时包容胶，在动态应变下屏蔽了外加应力的作用。因此，聚集体中的暂时包容胶至少部分是“死的”，所以填料的有效体积增加[17]。

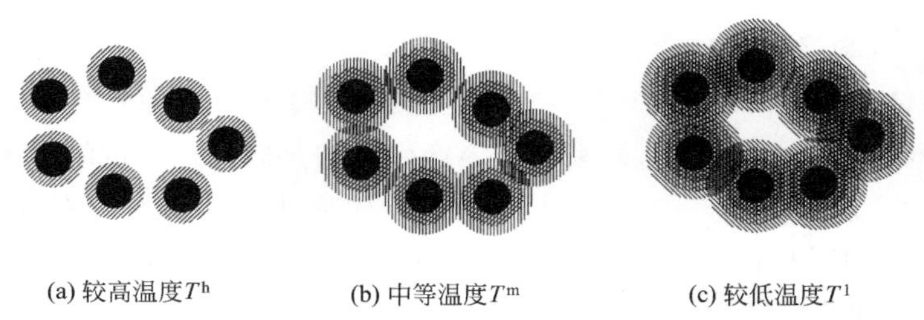

图 7.41　高温（a）、中温（b）及低温（c）下，聚合物基体中填料聚结体的示意图

因此，时温等效原理只能部分应用于填充胶的动态性能。其中的差异可以用聚合物-填料相互作用和填料-填料相互作用来解释。首先，主曲线可按三个温度区域进行划分：高温区、中温区和低温区。这些温度区的填料聚集如图 7.41 所示意。

在高温区（大约高于 10℃），填料聚结体间的相互作用较弱。每个聚结体都有一层较薄的橡胶壳，相当于主曲线上的低频区。G'和 G''低于其他温度下的数值。炭黑胶料较高的 $\tan\delta$ 值可能是因为它的填料-填料相互作用比其他胶料的强所致。

中等温度下（大约在－30～10℃之间），填料聚结体周围形成一层橡胶壳，由于聚合物-填料相互作用，该橡胶壳的模量比聚合物基体的高。一些聚结体可能通过交接橡胶壳聚集在一起，一些聚合物可能被困在填料聚集体中。随着频率的增大，橡胶壳的模量上升得比聚合物基体的要快。同时，橡胶壳的厚度也在增加。这是因为橡胶壳中的聚合物更接近或已进入过渡区，而聚合物基体仍处于橡胶态。同样的结论对滞后损失来说也是成立的，因为橡胶壳接近或处于过渡区。结果，高频下模量和滞后损失的上升比从低频下的数据预估的要快，因而，主曲线呈羽毛状。尽管如此，与温度相比，频率对橡胶壳的影响似乎比较小。所以，还是可以得到较为满意的主曲线。

低温下（低于－30℃），橡胶壳的厚度和模量大幅增加，橡胶壳变得非常硬，故而交接橡胶壳的变形非常小以致填料聚集体中的暂时包容胶失去了聚合物的属性而表现得像填料一样。这使填料的有效体积明显增大。因此，弹性模量上升，损耗模量下降，二者的变化都是不连续的。加上前面讨论的聚合物共混的效应，G''和 tan δ 的主曲线都出现不连续性。

中等温度所处的温度区间内，聚合物的动态性能受 WLF 形式的方程控制；高温所处的温度区间内，平移因子遵循 Arrhenius 形式的温度依赖性。经过详细分析，由三种胶料的平移因子导出式(7.19) 中的系数 C_1 和 C_2，以及式(7.22) 中的活化能 E_a，结果列于表 7.2 中。C_1、C_2 和 E_a 可以作为每种胶料的动态性能对温度的依赖性的度量。两种类型的温度依赖性中，CSDPF 胶料都位于炭黑胶料和白炭黑胶料之间。

表 7.2 三种胶料的拟合参数

填料种类	WLF C_1	WLF C_2	E_a/(kJ/mol)
炭黑	37.6	301.0	106.3
白炭黑	18.5	212.4	68.1
CSDPF	28.1	260.6	84.1

比起炭黑胶料，CSDPF 胶料的动态性能总体上与白炭黑胶料的更加相似。低频下，二者的 tan δ 较低；高频下，它们的 tan δ 较高。这些结果与 CSDPF 胶料的温度依赖性的研究十分吻合[63]。此处，填料-填料相互作用是影响填充胶动态性能的关键因素。与炭黑相比，由于聚结体中存在不同性质的微区，CSDPF 的填料-填料相互作用较弱[18]。填料聚集的可能性较小。低频下，聚合物大部分不在过渡区，能量耗散的主要来源是填料聚集体的破坏和重建。因此，较少的填料聚集体将导致 CSDPF 胶料具有较低的 tan δ[4,17]。然而，中等频率至较高频率下，由于聚合物处于玻璃化转变区，能量耗散的主要来源是聚合物本身。发达的填料聚集体有可能将橡胶包容起来，阻止它吸收能量。所以，填料聚集较少的 CSDPF 胶料具有较高的 tan δ 峰。

通过仔细观察主曲线的偏离，可以发现，白炭黑胶料的偏离程度最低，而炭黑胶料的偏离程度最高。从两种胶料的聚合物-填料界面的差异上看，这是可以理解的。白炭黑胶料中，尽管通过偶联剂已经生成一部分共价键，聚合物-填料相互作用还是比较弱[56]。采用反向色谱测试的这些填料表面聚合物模型化合物的吸附能可以证明这一点[14,64,65]。因此，可以认为橡胶壳的厚度很小。但在炭黑胶料中，填料通过较强的物理吸附与聚合物作用，这种作用可能延伸更长的距离。结果，主曲线的偏离更为严重。对于 CSDPF，假如聚合物和填料的白炭黑相之间的相互作用与白炭黑填充胶的相同，那么聚合物和填料的炭黑相之间的相互作用要比炭黑填充胶的稍高一些[18,65]。CSDPF 中只含有少量的白炭黑组分，胶料的主曲线的羽毛状特征更接近于炭黑胶料，因为炭黑相是 CSDPF 的主导成分。

在 tan δ 主曲线的高温部分，炭黑胶料和 CSDPF 胶料均出现了独特的凹陷的曲线，但白炭黑胶料的曲线凹陷程度较轻。曲线的形状有力地说明在这个温度和频率区间产生影响的机制可能有两种。其中一种可能与中等温度区引起羽毛状特征的机制相同。当橡胶壳的厚度随频率增大而增加时，聚合物进入或靠近过渡区。G''的增大比 G'的更明显，导致 tan δ 提高。然而，当频率足够低时，时间尺度与聚合物链的松弛时间相当，有可能发生链的解缠结。结果，G'下降得比 G''快，使 tan δ 增大。由于炭黑和 CSDPF 的表面能高[65]，聚合物-填料相互作用较强，橡胶壳的厚度以及聚合物链的运动性具有较强的温度和频率依赖性。但是，对白炭黑而言，尽管通过偶联剂在白炭黑表面和聚合物链之间形成一些化学键，聚合物-填料相互作用仍然较弱，故而对温度和频率的依赖性较小。因此，高温下，曲线的凹陷程度较轻。

7.5 生热

屈挠试验机（如 Goodrich 屈挠试验机）测试的生热通常与恒应力下的能量损耗有关。Wolff 和 Panenka[66] 曾报道，对于一系列不同的炭黑填充的 NR 胶料，测试过程的温升 ΔT 与 tan δ 具有线性相关性。因此，影响 tan δ 的因素也会影响生热。在一项关于炭黑填充的 SBR 硫化胶的物理性能的系统性研究中，Wolff 和 Wang [67]发现，以一种炭黑填充胶作为参比，引入一个平移因子，可以将 17 种不同炭黑填充 SBR 硫化胶的胶料性质-填料用量曲线叠加形成一条单一的主曲线。所用的炭黑的比表面积为 30～139m^2/g，压缩吸油值为 57～107mL/100g，其中硬质炭黑的用量 0～50 份，软质炭黑的用量 0～70 份。SBR 硫化胶的生热主曲线示于图 7.42 中[67]。平移因子 f 用于将一种给定炭黑的体积分数折合到参比炭黑的体积分数，它是橡胶中填料有效体积的相对度量，反映了填料参数对橡胶补强的影响。对于硫化胶的生热性能，在中低比表面积时，平移因子随比表面积的增加而增大；而当炭黑粒子很小时，炭黑的结构也有显著的效应(图 7.43)[67]。

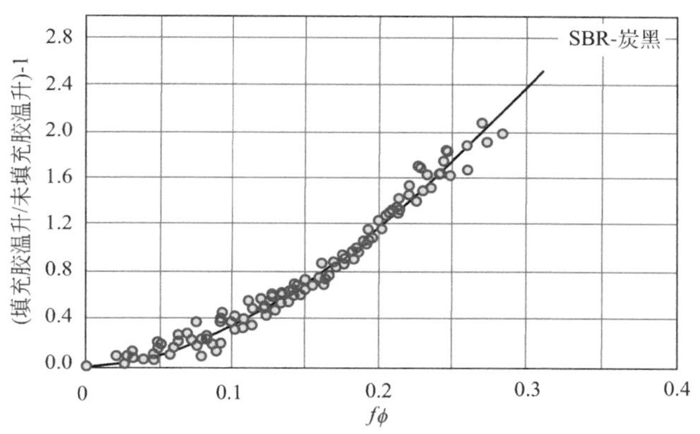

图 7.42　SBR 硫化胶的生热主曲线

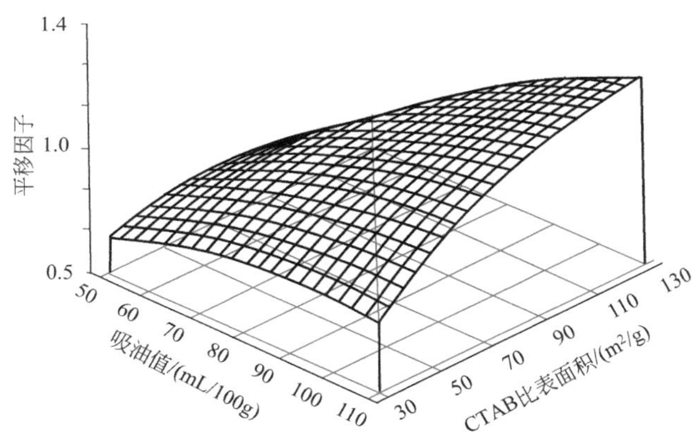

图 7.43　SBR 硫化胶生热的平移因子与炭黑的 CTAB 比表面积和吸油值（24M4）的关系

某些情况下，特别是比较不同种类的填料时，可能得到不同的相关性[68]。如图 7.44 所示，虽然白炭黑和炭黑胶料的温升都随 tan δ 的增加而升高，但在 tan δ 一样的情况下，白炭黑胶料的温升更高。这当然不仅是因为测试条件有所不同，而且也反映了硫化胶的结构的差别。在 tan δ 的标准测试中，应力或应变一般较小，不足以打破白炭黑形成的较强的填料聚集体，导致测得的 tan δ 较低。在生热测试中，较高的静载荷及较大的冲程能将填料的二级结构大部分破坏，在发达的白炭黑聚集体中引起相当大的能量损耗。另一方面，白炭黑胶料在静载荷下最初的几次压缩循环期间发生应力软化后，模量较低，导致动态应变较大，从而生热较多。再者，tan δ 表示恒定温度下一个变形周期的滞后损失（即使在若干次应变循环后测试也是如此），而温升是生热累积的结果。生热不仅取决于样品的滞后损失，还依赖于样品与环境的热交换。所以，试样在平衡时的温度可能受填充硫化胶的导热性的影响。

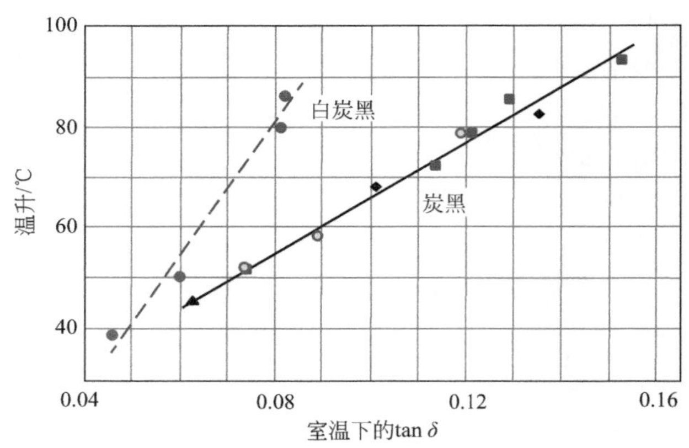

图 7.44　白炭黑和炭黑填充的 NR 胶料的生热与室温下的 tan δ 的关系

7.6
回弹性

弹性，或者是用一个半球形的锤子进行单一的摆锤测试的回弹或下落小球的回弹，都是恒能量输入的情况下滞后损失的一种度量。虽然其中的形变较为复杂，包括拉伸、压缩及剪切。Gehman[69]用摆锤测试发现 tan δ 与回弹分数 R 的对数成正比：

$$\tan \delta = -\ln R / \pi \tag{7.25}$$

其他学者也观察到弹性与 tan δ 具有很好的相关性[70-72]。因此，tan δ 与聚结体的间距 δ_{aa} 之间的相关性也适用于回弹就不足为奇[16]。如图 7.45 所示，可以用一条单一的曲线来表示 Firestone 圆球回弹的结果与 SBR 硫化胶的 δ_{aa} 之间的关系。所用的 SBR 硫化胶中填充的炭黑涵盖了橡胶级炭黑的整个范围，并且填充程度不一[16]。当 δ_{aa} 较小时，圆球回弹随 δ_{aa} 的增加快速增大，进而达到最大值，该最大值对应于纯胶的结果。弹性随聚结体间距变化的机理应与影响 tan δ 的机理是相同的。

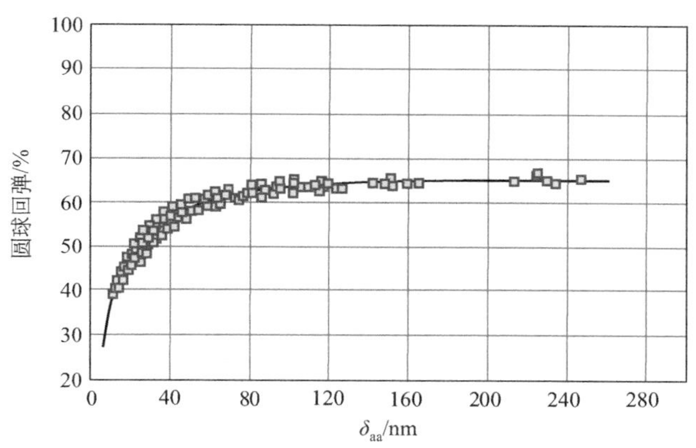

图 7.45 Firestone 圆球回弹与聚结体间距的关系

Wolff 和 Wang[67]发现，用一种炭黑的填充胶作为参比，引入平移因子 f，一系列不同的炉法炭黑填充的 SBR 硫化胶的圆球回弹性与填料用量的关系的曲线可以叠加形成一条单一的主曲线。图 7.46 为 SBR 硫化胶的圆球回弹的主曲线。

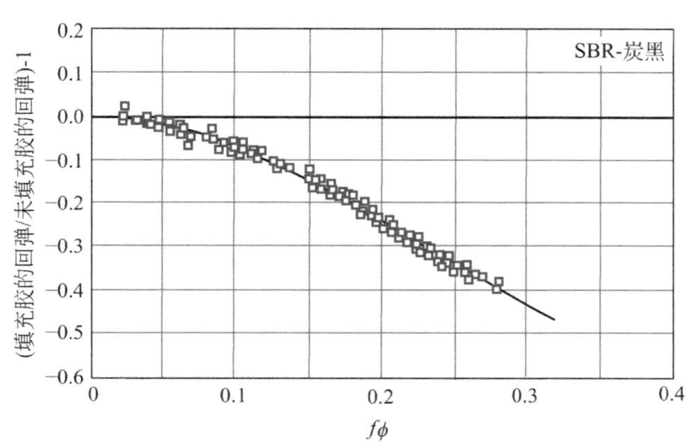

图 7.46 SBR 硫化胶的圆球回弹的主曲线

圆球回弹的平移因子 f 随炭黑的 CTAB 比表面积和压缩吸油值的变化示于图 7.47。可以看到，平移因子主要取决于比表面积，结构的影响似乎不太明显。这种情况下好像比表面积而非结构与用量具有很好的等效性。此外，圆球回弹的平移因子与 A 值具有线性相关性（图 7.48），可能是出于同样的原因。A 定义为[73]：

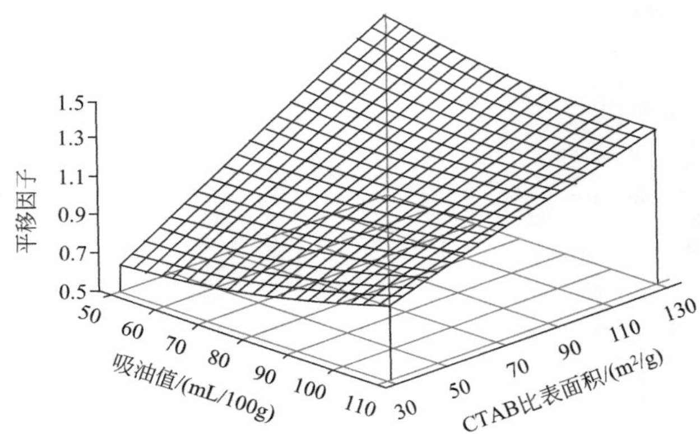

图 7.47　SBR 硫化胶的回弹性平移因子 f 与炭黑 CTAB 比表面积和压缩吸油值的关系

$$A=(R_0-R)\times\frac{m_P}{m_F} \tag{7.26}$$

式中，R 和 R_0 分别是填充硫化胶和未填充硫化胶的圆球回弹值；m_F 和 m_P 分别是填料和橡胶的质量。常数 A，即（R_0-R）对 m_F/m_P 的曲线的斜率，与硫化胶的交联密度、填料用量及填料结构无关，而是取决于橡胶的种类和炭黑的比表面积。这个参数是每种炭黑特有的，可用于衡量炉法炭黑在橡胶中的比表面积。故而圆球回弹的有效体积用量与填充胶中的界面面积有关。

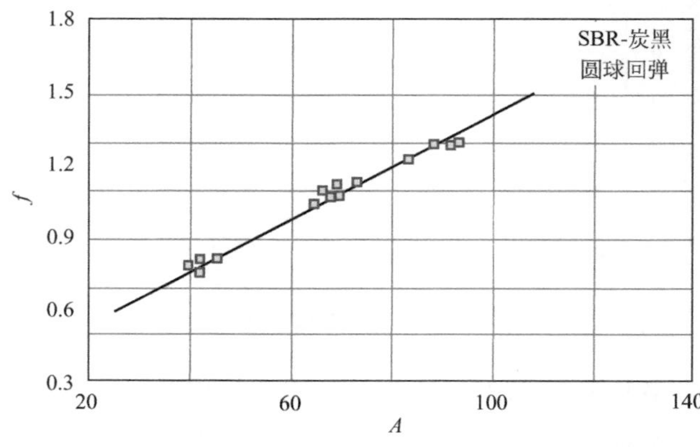

图 7.48　SBR 硫化胶的圆球回弹的平移因子 f 与 A 的关系

参考文献

[1] Ferry J D. Viscoelastic Properties of Polymers. 3rd Edition. Wiley，1980，chapter 1.

[2] Williams M L. The Temperature Dependence of Mechanical and Electrical Relaxations in Polymers. *J. Phys. Chem.*，1955，59：95.

[3] Williams M L，Landel R F，Ferry J D. The Temperature Dependence of Relaxation Mechanisms in Amorphous Polymers and Other Glass—forming Liquids. *J. Am. Chem. Soc.*，1955，77：3701.

[4] Wang M -J. The Role of Filler Networking in Dynamic Properties of Filled Rubber. *Rubber Chem. Technol.*，1999，72：430.

[5] Warring J R S. Dynamic Testing in Compression：Comparison of the ICI Electrical Compression Vibrator and the IG Mechanical Vibrator in Dynamic Testing of Rubber. *Trans.*，*Inst. Rubber Ind.*，1950，26：4.

[6] Payne A R. The Dynamic Properties of Carbon Black-Loaded Natural Rubber Vulcanizates. Part I. *J. Appl. Polym. Sci.*，1962，6：57.

[7] Payne A R，Whittaker R E. Low Strain Dynamic Properties of Filled Rubbers. *Rubber Chem. Technol.*，1971，44：440.

[8] Payne A R. *Rubber Plast. Age*，1961，42：963.

[9] Medalia A I. Effect of Carbon Black on Dynamic Properties of Rubber Vulcanizates. *Rubber Chem. Technol.*，1978，51：437.

[10] Wolff S，Donnet J -B. Characterization of Fillers in Vulcanizates According to the Einstein-Guth-Gold Equation. *Rubber Chem. Technol.*，1990，63：32.

[11] Van der Poel C. On the Rheology of Concentrated Dispersions. *Rheol. Acta*，1958，1：198.

[12] Payne A R. Reinforcement of Elastomers. New York：Interscience，1965，chapter 3.

[13] Wang M -J，Wolff S，Donnet J -B. Filler-Elastomer Interations. Part I. Silica Surface Energies and Interactions with Model Compounds. *Rubber Chem. Technol.*，1991，64：559.

[14] Wang M -J，Wolff S，Donnet J -B. Filler-Elastomer Interations. Part III. Carbon-Black-Surface Energies and Interactions with Elastomer Analogs. *Rubber Chem. Technol.*，1991，64：714.

[15] Wolff S，Wang M -J. Filler-Elastomer Interations. Part IV. The Effect of the Surface Energies of Fillers on Elastomer Reinforcement. *Rubber Chem. Technol.*，1992，65：329.

[16] Wang M -J，Wolff S，Tan E -H. Filler-Elastomer Interations. Part VIII. The Role of the Distance Between Filler Aggregates in the Dynamic Properties of Filled Vulcanizates. *Rubber Chem. Technol.*，1993，66：178.

[17] Wang M -J. Effect of Polymer-Filler and Filler-Filler Interactions on Dynamic Properties of Filled Vulcanizates. *Rubber Chem. Technol.*，1998，71：520.

[18] Wang M -J，Mahmud K，Murphy L J，et al. Carbon-Silica Dual Phase Filler，a New Generation Reinforcing Agent for Rubber. *Kautsch. Gummi Kunstst.*，1998，51：348.

[19] Payne A R. The Role of Hysteresis in Polymers. *Rubber J.*，1964，146（1）：36.

[20] Payne A R，Swift P M，Wheelans M A. NR Vulcanisates with Improved Dynamic Properties. *J. Rubber Res. Inst. Malays.*，1969，22：275.

[21] Medalia A I，Laube S G. Influence of Carbon Black Surface Properties and Morphology on Hysteresis of Rubber Vulcanizates. *Rubber Chem. Technol.*，1978，51：89.

[22] Kraus G. *Proc. Int. Rubber Conf.*, Brighton, U. K., 1977.

[23] Sircar A K, Lamond T G. Strain-Dependent Dynamic Properties of Carbon-Black Reinforced Vulcanizates. I. Individual Elastomers. *Rubber Chem. Technol.*, 1975, 48: 79.

[24] Sircar A K, Lamond T G. Strain-Dependent Dynamic Properties of Carbon-Black Reinforced Vulcanizates. II. Elastomer Blends. *Rubber Chem. Technol.*, 1975, 48: 89.

[25] Ulmer J D, Hess W M, Chirico V E. The Effects of Carbon Black on Rubber Hysteresis. *Rubber Chem. Technol.*, 1974, 47: 729.

[26] Kraus G. Mechanical Losses in Carbon-Black-Filled Rubbers. *J. Appl. Polym. Sci.*: *Appl. Polym. Symp.*, 1984, 39: 75.

[27] Payne A R. Effects of Dispersion on Dynamic Properties of Filler-Loaded Rubbers. *Rubber Chem. Technol.*, 1966, 39: 365.

[28] Wang M -J. Presented at a workshop "*Praxis und Theorie der Verstärkung von Elastomeren*", Hanover, Germany, Jun. 27-28, 1996.

[29] Engelhardt M L, Day G L, Samples R, et al. Study evaluates series of carbon blacks. *International Tire Exhibition and Conference*, Akron, OH, Sept. 1994. paper no. 17A.

[30] Moneypenny H G, Harris J, Laube S, et al. Reinforcing Fillers, Viscoelastic Behavior and Tyre Rolling Resistance Performance. *Rubbercon'*95, Gothenburg, Sweden, May 9-12, 1995.

[31] Wang M -J, Patterson W J, Ouyang G B. Dynamic Stress-Softening of Filled Vulcanizates. *Kautsch. Gummi Kunstst.*, 1998, 2: 106.

[32] Dannenberg E M. Molecular Slippage Mechanism of Reinforcement. *Trans.*, *Inst. Rubber Ind.*, 1966, 42: 26.

[33] Dannenberg E M. The Effects of Surface Chemical Interactions on the Properties of Filler-Reinforced Rubbers. *Rubber Chem. Technol.*, 1975, 48: 410.

[34] Brennan J J, Jermyn T E, Perdigao M F. *Meeting of the Rubber Division*, *ACS*, Detroit, Michigan, Apr., 1964. paper no. 36.

[35] Bueche F J. Mullins Effect and Rubber-Filler Interaction. *Appl. Polym. Sci.*, 1961, 5: 271.

[36] Dannenberg E M, Brennan J J. Strain Energy as a Criterion for Stress Softening in Carbon-Black-Filled Vulcanizates. *Rubber Chem. Technol.*, 1966, 39: 597.

[37] Nordsiek K H. The《Integral Rubber》Concept — an Approach to an Ideal Tire Tread Rubber. *Kautsch. Gummi Kunstst.*, 1985, 38 (3): 178.

[38] Saito Y. New Polymer Development for Low Rolling Resistance Tyres. *Kautsch. Gummi Kunstst.*, 1986, 39: 30.

[39] Wolff S, Görl U, Wang M -J, et al. Silica-Based Tread Compounds: Background and Performance. *TYRETECH'* 93 *Conference*, Basel, Switzerland, Oct. 28-29, 1993.

[40] Wang M -J, Song J J, Dai D Y. Continuous Manufacturing Process for Rubber Masterbatch and Rubber Masterbatch Prepared Therefrom, US Patent, 9758627 B2, 12 Sept. 2017.

[41] Wang M -J. Liquid Phase Mixing. *Tire Technology EXPO*, Hannover, Germany, Feb. 16-18, 2016.

[42] Wang M -J, Song J J, Wang Z, et al. Silica-Filled Masterbatches Produced with Liquid Phase Mixing. Part I. Characterization. *Kautsch. Gummi Kunstst.*, 2020, 73 (9): 45-55.

[43] Xie M X, He F J, Yi L M, et al. Silica-Filled Masterbatches Produced with Liquid Phase Mixing. Part II. Dynamic Stress-Softening Effect. Kautsch. Gumi Kunstst., 2020, 73 (11-12): 48-59.

[44] Bulgin D, Hubbard D G, Walters M H. Road and Laboratory Studies of Fruction of Elastomers. *Proc. 4th Rubber Technology Conference*, London, 1962. p173.

[45] Ferry J D. Viscoelastic Properties of Polymers. 2nd Edition. Wiley, 1970, chapter 11.

[46] Doolittle A K, Doolittle D B. Studies in Newtonian Flow. V. Further Verification of the Free-Space Viscosity Equation. *J. Appl. Phys.*, 1957, 28: 901.

[47] Gross B. Mathematical Structure of the Theories of Viscoelasticity. Paris: Hermann, 1953.

[48] Roland C M, Ngai K L. Segmental Relaxation and the Correlation of Time and Temperature Dependencies in Poly (vinyl methyl ether) /Polystyrene Mixtures. *Macromolecules*, 1992, 25: 363.

[49] Bazuin C G, Eisenberg A. Dynamic Melt Properties of Ionic Blends of Polystyrene and Poly (ethyl acrylate). *J. Polym. Sci. Part B: Polym. Phys.*, 1986, 24: 1021.

[50] Kapnistos M, Hinrichs A, Vlassopoulos D, et al. Rheology of a Lower Critical Solution Temperature Binary Polymer Blend in the Homogeneous, Phase-Separated, and Transitional Regimes. *Macromolecules*, 1996, 29: 7155.

[51] Han C D, Kim J K. On the Use of Time-Temperature Superposition in Multicomponent/Multiphase Polymer Systems. *Polymer*, 1993, 34: 2533.

[52] Duperray B, Leblanc J L. The Time-Temperature Superposition Principle as Applied to Filled Elastomers. *Kautsch. Gummi Kunstst.*, 1982, 35: 298.

[53] Kobayashi N, Furuta I. Comparison Between Silica and Carbon Black in Tire Tread Formulation. *J. Soc. Rubber Ind., Jpn.*, 1997, 70: 147.

[54] Wang M -J, Lu S X, Mahmud K. Carbon-Silica Dual-Phase Filler, a New Generation Reinforcing Agent for Rubber. Part VI. Time-Temperature Superposition of Dynamic Properties of Carbon-Silica-Dual-Phase-Filler-Filled Vulcanizates. *J. Polym. Sci. Part B: Polym. Phys.*, 2000, 38: 1240.

[55] Murphy L, Wang M -J, Mahmud K. Carbon-Silica Dual Phase Filler: Part V. Nano-Morphology. *Rubber Chem. Technol.*, 2000, 73: 25.

[56] Murphy L, Wang M -J, Mahmud K. Carbon-Silica Dual Phase Filler: Part III. ESCA and IR Characterization. *Rubber Chem. Technol.*, 1998, 71: 998.

[57] Guth E, Simha R, Gold O. The Viscosity of Suspensions and Solutions. III. The Viscosity of Sphere Suspensions. *Kolloid-Z.*, 1936, 74: 266.

[58] Guth E, Gold O. On the Hydrodynamical Theory of the Viscosity of Suspensions. *Phys. Rev.*, 1938, 53: 322.

[59] Medalia A I. Morphology of Aggregates. VI. Effective Volume of Aggregates of Carbon Black from Electron Microscopy: Application to Vehicle Absorption and to Die Swell of Filled Rubber. *J. Colloid Interface. Sci.*, 1970, 32: 115.

[60] Medalia A I. Effective Degree of Immobilization of Rubber Occluded Within Carbon Black Aggregates. *Rubber Chem. Technol.*, 1972, 45: 1171.

[61] Westlinning H. *Kautsch. Gummi Kunstst.*, 1962, 15: 475.

[62] Schoon T G F, Adler K. *Kautsch. Gummi Kunstst.*, 1966, 19: 414.

[63] Wang M -J, Patterson W J, Brown T A, et al. Carbon-Silica Dual Phase Filler, a New Generation Reinforcing Agent for Rubber. Part II. Examining Carbon-Silica Dual Phase Fillers. *Rubber & Plastics News*, 1998, Feb. 9: 12.

[64] Wang M -J, Wolff S. Filler-Elastomer Interactions. Part V. Investigation of the Surface Energies of Silane-Modified Silicas. *Rubber Chem. Technol.*, 1992, 65: 715.

[65] Wang M -J, Tu H, Murphy L, et al. Carbon-Silica Dual Phase Filler, a New Generation Reinforcing

Agent for Rubber: Part VIII. Surface Characterization by IGC. *Rubber Chem. Technol.*, 2000, 73: 666.

[66] Wolff S, Panenka R. Present Possibilities to Reduce Heat Generation of Tire Compounds. *IRC'* 85, Kyoto, Japan, 1985.

[67] Wolff S, Wang M -J. Physical Properties of Vulcanizates and Shift Factors. *Kautsch. Gummi Kunstst.*, 1994, 47: 17.

[68] Wolff S. *IRC'* 88, Sydney, 1988. F-15.

[69] Gehman S D. Dynamic Properties of Elastomers. *Rubber Chem. Technol.*, 1957, 30: 1202.

[70] Medalia A I. Selecting Carbon Blacks for Dynamic Properties. *Rubber World*, 1973, 168 (5): 49.

[71] Barker L R, Payne A R, Smith J F. Dynamic Properties of Natural Rubber: Processing Variations. *J. Inst. Rubber Ind.*, 1967, 1 (4): 206.

[72] Ulmer J D, Chirico V E, Scott C E. The Effect of Carbon Black Type on the Dynamic Properties of Natural Rubber. *Rubber Chem. Technol.*, 1973, 46: 897.

[73] Wolff S. Filler Development Today and Tomorrow. *Kautsch. Gummi Kunstst.*, 1979, 32 (5): 312.

（王从厚、谢明秀译）

第8章
与轮胎性能有关的橡胶补强

新型轮胎胶料尤其胎面胶胶料的研究和开发的主要目的是持续提升轮胎质量，有助于节约燃油成本、提高行车的安全性和耐久性。因此，需要不断改进轮胎的三个性能：降低滚动阻力，提高抗滑性能，尤其是抗湿滑性能，改善耐磨性能。而轮胎的这三个性能又分别与胎面胶料的滞后损失、湿摩擦性能和磨耗密切相关。现已公认，填料与聚合物是影响轮胎这些性能的两个主要因素。事实上，轮胎工业发展至今，填料的作用已不仅限于“填充”，增加胶料体积和降低胶料成本，亦非限于一般意义上的“补强”，提高胶料模量和拉伸强度。实际上，填料已成为控制轮胎性能的一种功能性材料或组分。在这一章中，将对填料基本参数，诸如填料类型、用量、形态及表面特性对轮胎胶料性能的影响加以讨论。

8.1
滚动阻力

8.1.1 滚动阻力机理（滚动阻力和滞后损失之间的关系）

橡胶产品在动态应变期间的能量损耗非常重要。对于轮胎来讲，能量损耗直接与滚动阻力、牵引力和抗湿滑性能有关。

事实上，就轮胎应用而言，轮胎滚动中可使胶料产生重复性应变，是一个在不同温度和频率下的恒能量输入过程[1-3]。关于轮胎胎面，如 Medalia[4] 所言，其形变可近似分解为恒应变（弯曲）和恒应力（压缩）两种状态；因为在这两种状态下橡胶的滞后损失的几何平均值基本上与损耗因子 $\tan\delta$ 是成比例的，因此胎面胶的滞后损失也大致上与 $\tan\delta$ 成比例。

轮胎滚动阻力与整个轮胎在行驶过程中的形变有关。轮胎形变频率范围为 10～100Hz，温度范围为 50～80℃。就抗湿滑（湿抓着）性来讲，应力来自路面的阻力和胎面或接近胎面的橡胶的运动。这种运动的频率非常高，取决于路面的粗糙度，在室温下大约为 10^4～10^7 Hz [2,3]。显然胶料在不同频率和温度下，其动态滞后损失的任何变化都将影响轮胎的性能。轮胎的抗湿滑性能涉及的频率因太高而不能直接测量，不过通过时间-温度等效原理（或 WLF 温度-频率转换），可以把高频需要的性能通过建立性能主曲线的方法转化成低温下可测量的低频性能（如 1Hz 或 10Hz）进行测定。就填充的硫化胶来说，构成其弹性模量主曲线的平移因子，与构建黏性模量的平移因子并不完全相同[5]，因此对 $\tan\delta$ 的主曲线也是如此。不过，每种动态性能的主曲线都可按 WLF 温度-频率等效原理通过实验进行构建。

在 10Hz 下，不同轮胎性能在折合温度下的 $\tan\delta$（图 8.1）可作为轮胎胶料对聚合物[6] 和填料[7] 开发的评价标准。从黏弹性角度看，满足高性能轮胎需要的理想材料，需在 50～80℃（高温）下有较低的 $\tan\delta$ 值，以便减少滚动阻力和节能。而要想获得较高的抗滑性能和湿地抓着性，需要胶料在－20～0℃的温度（低温）下有较高的 $\tan\delta$ 值。因此填料对胶料温度相关性的影响对改善轮胎的性能至关重要。用于轮胎，尤其是胎面最理想的胶料应在高温下 $\tan\delta$ 值低而在低温下 $\tan\delta$ 值高。

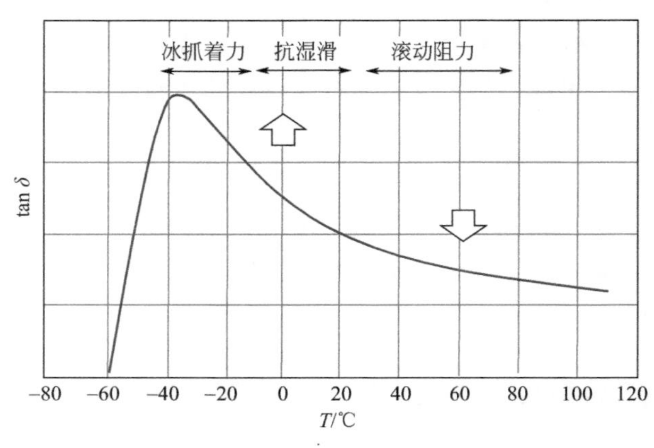

图 8.1　在 10Hz 下不同轮胎性能与 tan δ 的温度相关性示意图

由于本节的主题是讨论填料对轮胎滚动阻力的影响，而影响轮胎滚动阻力的主要胶料性能是其在高温下的动态性能 tan δ，但影响高温滞后损失的填料因素又直接影响胶料的低温 tan δ。因此在本节讨论填料对滚动阻力影响的同时也一起讨论影响抗湿滑性能的低温滞后损失。不过现已知道，影响轮胎抗湿滑性能涉及的因素要比胶料的单一性质复杂得多，这将在 8.2 节详细讨论。

8.1.2 填料对动态性能温度相关性的影响

8.1.2.1 填料用量的影响

在前面 7.2.5 节中曾以炭黑 N234 为例讨论了炭黑用量对胶料动态性能的温度相关性的影响（见图 7.15～图 7.17）[8]。可以看出，就轮胎应用而言，简单地减少填料用量，至少从滞后损失 tan δ 的观点来看可以很容易满足动态性能的需要[9]。其中纯胶硫化胶在较高温度下的滞后损失最低，滚动阻力也应最低；在低温下的滞后损失最高，其抗湿滑性亦应最佳。但在轮胎用胶料中，必须有足够的填料用量，以满足硫化胶的刚度、耐磨性能、可操纵性、抗撕裂性和强度的要求。这些性能不仅影响轮胎的使用寿命，而且还关系到操纵安全性，因为滞后损失性能可能不是控制轮胎抗滑和转弯性能的唯一因素。

图 7.17 的结果也表明，在不同温度范围内填料用量对 tan δ 的影响机理应该是不同的。如在第 7.2.5 节所论述，对给定的聚合物体系，填料聚结体的聚集是决定填充硫化胶滞后损失的主导因素。由于填料聚集，填料的有效体积分数会增加，暂时包容在聚集体里的橡胶也会增加，这部分橡胶将失去橡胶特性而更像填料。在高温下，橡胶处于橡胶态，在动态应变下虽然橡胶的滞后损失是低的，然而由于聚集体的破坏和重新形成会引起能量损耗，将导致硫化胶整体的滞后损失增加。在低温下，如果橡胶处于过渡态，填充硫化胶的能量损耗主要来自聚合物，加之填料聚集体在所给应变下不易破坏，填料的聚集会导致聚合物的有效体积减小，因此 tan δ 将会降低。另外，在过渡区一旦填料聚集体在动态应变下产生破坏和重建，聚集体内的聚合物会释放出来参与形变造成能量消耗，并改变聚集体的结构，从而导致滞后损失大大增加。因此，在有限的应变振幅范围内，填料聚集对 tan δ 的温度相关性的影响起主导作用。

8.1.2.2 填料形态的影响

除填料用量和填料表面特性外，影响填料聚集的主要参数是填料形态，即填料比表面积、粒子大小和填料结构。这些参数将通过不同的机理影响与轮胎性能相关的滞后损失。

(1) 比表面积的影响 已有大量文献报道，在常用填充量下随着炭黑表面积增加，Payne 效应增加[10-12]。Payne 效应增加表明细粒子（聚结体）炭黑在聚合物中有较强的聚集趋势。也有大量的文献报道，用 tan δ 表征的动态滞后损失随填料表面积增加而增加[1,10,13-15]。这一说法一般来讲在聚合物处于橡胶态温度时是正确的。曾用含一系列不同表面积的炭黑（50 份）的溶聚丁苯橡胶（Duradene 715）研究了硫化胶 tan δ 与双应变振幅（DSA）的相关性。所用炭黑的基本性质列于表 8.1。如图 8.2 所示，整个应变振幅范围内的高温 tan δ 随填料比表面积增加而上升。但在低温下（0℃）橡胶进入过渡区时，在很宽的应变振幅范围内，tan δ 随表面积的增加而降低（见图 8.3）。在一般的应变振幅（5% DSA）

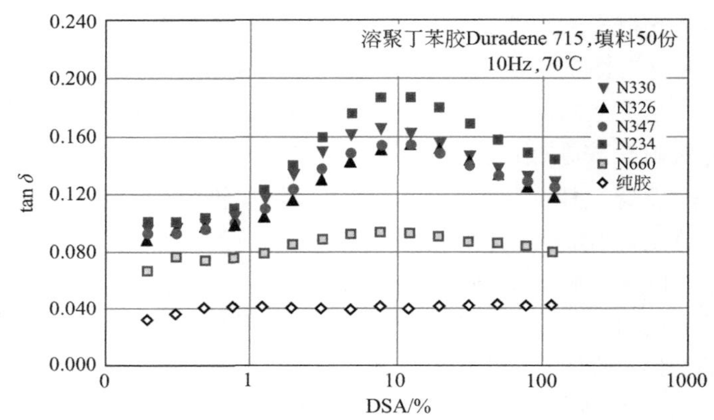

图 8.2　不同形态炭黑填充硫化胶的 tan δ 与应变的相关性（70℃）

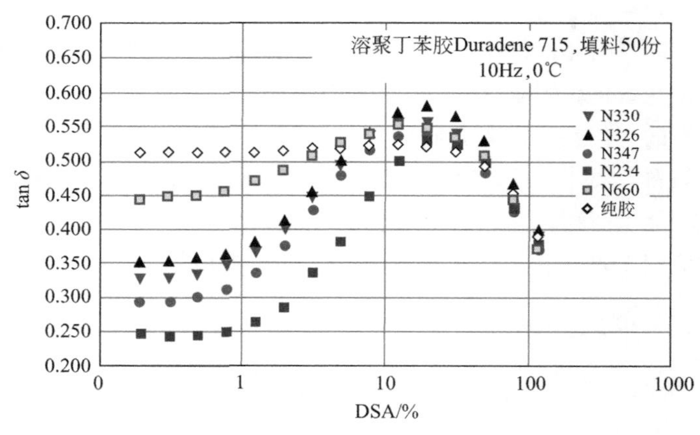

图 8.3　不同形态炭黑填充硫化胶的 tan δ 与应变的相关性（0℃）

表 8.1 炭黑的基本性质

炭黑	CTAB/(m^2/g)	DBP/(mL/100g)	CDBP/(mL/100g)
N660	37	90	74
N330	82	102	88
N326	83	72	69
N347	88	124	98
N234	119	125	103

和 10Hz 进行温度扫描时，也可观察到同样的结果。如图 8.4 所示，在 0℃附近有一个交叉温度点：温度高于该点，高比表面积的细粒子炭黑的 tan δ 较高；温度低于该点，tan δ 值则随炭黑表面积的减小而增大。这在不同温度下用 tan δ 对炭黑 CTAB 比表面积作图时看得更加清楚（图 8.5）。

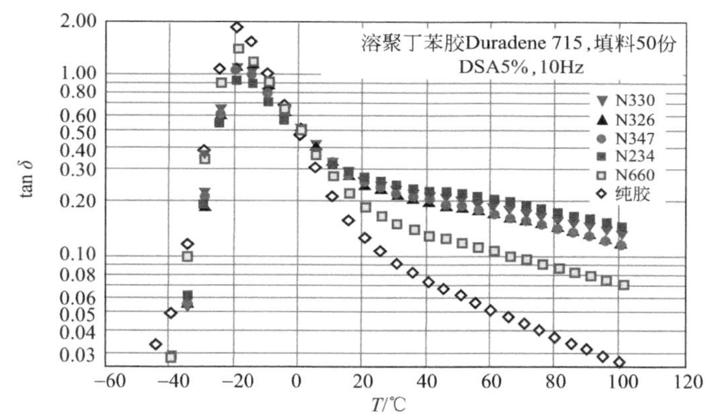

图 8.4 不同形态炭黑填充硫化胶的 tan δ 与温度的相关性

炭黑比表面积对动态滞后损失温度的影响，可以用填料聚集热力学和动力学解释。在热力学上，烃类聚合物是低表面能材料，而炭黑的表面能比较高。在室温下，用接触角方法测量的聚合物表面能色散组分，天然胶和乳聚丁苯胶 SBR1500 分别为 29.5mJ/m^2 和 28.8mJ/m^2。它们表面能的极性组分也很低[16]。虽然，这两种聚合物的表面能不能直接代表所用的溶聚丁苯胶，但是我们可以合理地假定它们表面能差异很小。相比之下，用不同方法测定炭黑和炭黑产品（甚至石墨）的表面能，数值要比这些聚合物高得多[17-22]。另外，炭黑表面能的色散组分和极性组分均随表面积的增加而增加[22,23]。因此按照公式(3.14)，填料聚结体间的相互吸引的趋势较高，所以细粒子炭黑会产生较多的填料聚集体。

因此，像用公式(2.134) 所表明的那样，当填料表面积增加时，填料-聚合物间的相互作用也会增加。由此可以设想：

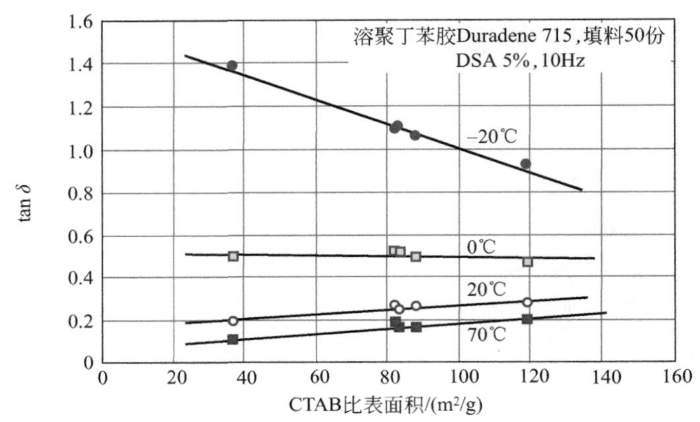

图 8.5 不同温度下 tan δ 随炭黑比表面积的变化

① 对细粒子炭黑而言，较强的聚合物-填料相互作用将使橡胶壳较厚。因为与大粒子炭黑相比，在相同填充量下，单位体积胶料中细粒子炭黑的界面面积比较大，聚合物运动性能降低（固化）的橡胶壳量也比较多。如前所述，这会增加填料的有效体积，进而会增大高温滞后损失和降低低温滞后损失。

② 由于聚合物-填料相互作用较强，以及填料-聚合物界面面积较大，因此会增大结合胶的总量，导致聚合物黏度增大。由于聚合物的黏度高与聚结体的有效体积大，可大幅降低细粒子炭黑的聚集速度。

对于上述热力学机理和动力学机理，就它们对填料聚集的影响而言，似乎相互矛盾。不过，当考虑到聚结体之间的距离时，炭黑表面积对填料聚集的影响会很大，因为在相同填料用量下，聚结体间的距离主要与比表面积有关，并与之成反比［见公式(3.9)］。炭黑的表面积越高，其聚结体间的距离越短，填料聚集就越多。这也能解释另一个现象，即对于加入各种不同炭黑的乳聚丁苯 SBR1500 硫化胶来讲，其高温（60℃）tan δ 值与聚结体间距离相关性很好[24]。同样，用从 N400 到 N200 用量不同的补强炭黑填充的丁苯胶 SBR1500 在 60℃动态试验（14.5%静态压缩，20% DSA 和 0.25Hz）得到的 tan δ 值和从 N900 到 N100 用量不同的炭黑填充的充油 SBR1712 硫化胶在 24℃动态试验（14.5%静态压缩，25% DSA 和 1Hz）得到的 tan δ 值均与所谓的填充量-界面面积参数有很好的相关性。这一参数是由 Caruthers，Cohen 和 Medalia 提出的[13]，其量纲为长度，可能与聚结体间距离有关。

(2) 结构的影响 很多人曾研究过炭黑结构对动态滞后损失，特别是损耗因子 tan δ 的影响。发现与一般炭黑相比，聚结体大小分布较宽的炭黑，不论是直接由反应炉制造的，还是将聚结体大小不同的炭黑并用得到的，在橡胶处于橡胶态时，其 tan δ 都比较低[24-31]。Kraus[25] 认为，这可能是炭黑聚集体的结构差异所致。由于炭黑结构对炭黑表面能没有明显影响[22]，Wang 等[24] 认为聚结体大小分布之所以影响 tan δ，主要是因为聚结体大小的分布加宽导致聚结体间距增加，致使产生较少的聚集体，从而 tan δ 值较低。

但是，在较高温度（高于室温）下，将 tan δ 对 DBP 吸收值（通常作为结构度量）的变化作图，发现损耗因子和炭黑结构之间相关性并不好[1,31]。图 8.2 和图 8.4 中三个 N300 系列炭黑（N326、N330 和 N347）具有相似的表面积，但具有不同的 DBP 吸收值（见表 8.1）。这种现象可能与填料结构对填料有效体积分数和填料聚集影响有关。从流体动力学上看，高结构炭黑形成的聚结体会包容更多橡胶而具有较高的有效填料体积分数，导致硫化胶具有较高的 G'和 G''。因此，既然 tan δ 是 G''和 G'的比值，由于结构原因造成的影响 tan δ 的流体力学因素即会消除。

另一方面，从填料聚集的观点看，填料结构对填料聚集体形成的影响有些复杂。由于橡胶包容在聚结体中，预计存在两种相反的影响：对于结构较高的炭黑［见第 3 章公式(3.9) 和 (3.19)］由于有效体积较高，聚结体间距小，会有利于聚集；聚结体的有效尺寸较大，会降低炭黑在聚合物中的扩散速率，不利于填料的聚集。

另外还表明，高结构炭黑的结合胶含量要比其相应的低结构炭黑的明显偏高[31-34]（图 5.8）。由于聚结体有效尺寸和聚合物黏度增加，会降低聚结体在聚合物中的扩散速度。由于混炼期间聚结体容易破坏，所以高结构炭黑的结合胶含量较高[34]。研究证实，在混炼后炭黑初级结构或聚结体大小明显降低[35-37]。Ban 和 Hess[38] 曾用电子显微镜（TEM）研究硫化胶和炭黑凝胶热解回收的炭黑，发现对于高结构炭黑来讲聚结体大小降低的现象更为明显（表 5.2）。在其它研究中也得到同样的结论[29,39,40]。显然，炭黑结构破坏至少有以下三种后果：

① 增加单位体积胶料中聚合物-填料界面；

② 产生新鲜表面；

③ 减小聚结体的尺寸。

高结构炭黑具有较高的结合胶含量，无疑与混炼过程中聚合物-填料界面面积增加和新生表面的表面活性较高或吸附能力较强有关。炭黑压缩实验表明，在相当高的压力（165.5 MPa）下对炭黑加压时，炭黑表面能和对化学物质的吸附能随表面积增加[41] 而明显提高[41,42]。Gessler 认为，新表面是新自由基源，能增加炭黑-聚合物的相互作用[43]。尽管在混炼过程中填料聚结体的破坏会产生更多的结合胶，从而抑制填料聚集；但聚结体尺寸变小和表面能增大却有利于聚集。由此看来，填料结构对填料聚集的影响很复杂，因此不能清楚地确定填料结构和动态滞后损失的相关性。

关于填料结构对低温滞后损失的影响，所得结果与高温下的有所不同。从图

8.3可看到，在0℃下较大应变振幅范围内，胶料滞后损失随炭黑结构降低而升高。从图8.4中也可以看出，在−20～5℃的温度范围内，较高结构炭黑的胶料给出较低的tan δ。低温下得到结果差别不太明显的情况也可能与应变振幅的不确定性有关，这在前面曾经谈到过。从橡胶的不同组分，即橡胶壳、包容胶和暂时包容胶对填充胶动态性能的影响也可得到同样的结果。在填充硫化胶中，这三类橡胶之间存在部分重叠，如图8.6所示，即部分包容胶也可能是暂时包容胶或橡胶壳，反之亦然。对于具有相同表面积和表面活性的炭黑来讲，如果填料聚集情况类似，或暂时包容胶量相同，则较高结构炭黑会包容更多的与暂时包容胶和橡胶壳不重叠的橡胶，导致橡胶有效体积分数较低。但在高温下不重叠的包容胶对tan δ产生的影响不会很大，因为高温下聚合物的滞后损失较低，对填充胶的总滞后损失影响很小。但在低温下，不重叠的包容胶会明显降低滞后损失，因为在过渡区内自由聚合物对能量损耗起重要作用。

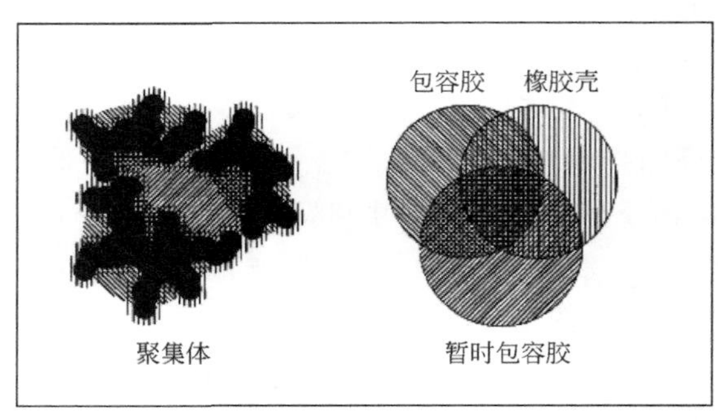

图8.6 与炭黑有关的不同类型橡胶重叠示意图

8.1.2.3 填料表面性质的影响

现已知道，胶料的动态性能，特别是动态滞后损失tan δ及其温度相关性在很大程度受填料性质的影响。填料的性质一方面是形态，即填料的比表面积和结构，这在前面已经讨论过，也有很好的综述[1]。另一方面是表面特性，即填料的表面化学及其反应性和表面物理化学。后者对填充硫化胶动态性能影响的重要性尚未得到应有的重视。例如，炭黑石墨化会明显改变其表面物理化学特性，能使炭黑在结构基本保持不变[44]但比表面积略有降低的情况下，使胶料滞后损失显著增加[45,46]。而用表面化学改性的方法[47]，也能在保持填料形态不变的情况下使胶料的模量和损耗因子发生较大变化。

(1) 炭黑石墨化对动态性能的影响 当炭黑在惰性气氛下于相当高的温度（如 2700℃左右）加热时，所有表面化学官能团都将分解[45,48-53]，而且石墨微晶的尺寸急剧增大[54-57]，产物一般称为石墨化炭黑。将石墨化炭黑混入聚合物时，该胶料在高应变下的模量非常低，拉伸应力小，耐磨性能极差。这些特性直接归因于聚合物-填料相互作用的降低。但就动态性能来讲，石墨化炭黑的弹性模量[46]、Payne 效应[12]，以及损耗模量和 tan δ 均高于其对应的未石墨化产品[58,59]。这似乎表明石墨化炭黑补强体系形成了更发达的但更弱（易破坏的）填料聚集体。若如此，石墨化炭黑应该也会对低温动态滞后损失产生影响，即石墨化炭黑补强橡胶应该有较低的 tan δ。

曾用 50 份炭黑 N330 和其对应的石墨化产品 N330G 填充硫化胶证实了上述观点。胶料用两种聚合物体系：一种为溶聚 SBR Duradene 715；一种为功能性溶聚 SBR NS 116（70 份）与 NS114（30 份）并用体系。NS 116 的聚合物链端全部为 4，4-双（二乙烯氨基）苯酮，并含有锡偶联剂，含 21%苯乙烯和 60%乙烯基丁二烯；NS 114 聚合物链端与 NS116 相同，也含锡偶联剂，但含 18%苯乙烯和 50%乙烯基丁二烯。图 8.7 为 tan δ 随温度变化的结果。这进一步证明石墨化炭黑具有较高的聚集趋势。在恒定应变振幅（5% DSA）和频率（10Hz）下，用石墨化炭黑的胶料，在高温下 tan δ 总是比较高的，而在低温下恰恰相反，且在某一温度下出现交叉点。交叉点的温度取决于聚合物的玻璃化转变温度 T_g。这是填料高度聚集体系的典型特征。

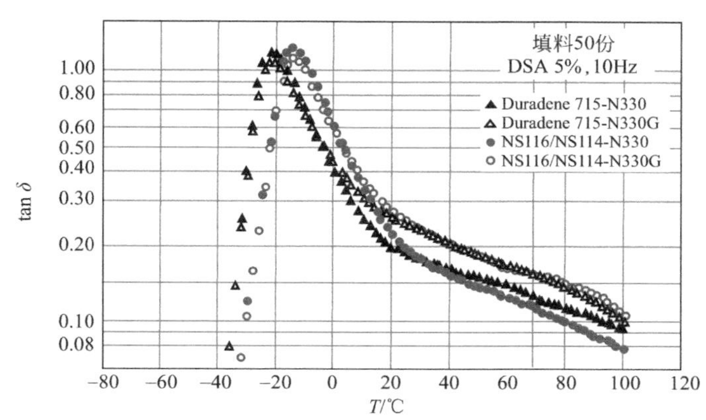

图 8.7 炭黑 N330 和石墨化炭黑 N330G 填充硫化胶的 tan δ 与温度的相关性

若把炭黑石墨化对动态滞后损失的影响归因于填料聚集体较弱而发达的结构，问题是这种聚集体是如何形成的。已有报道[22]，当炭黑石墨化时，其表面能的色散组分和极性组分都会大大降低，这会降低填料聚集的吸引力。不过，与聚合物相比，石墨化炭黑的表面能仍然很高[22]，这意味着即使表面能比未石墨化炭黑低，石墨化炭黑依然有较高的聚集趋势。另一方面，通过反相气相色谱法（IGC）测得的吸附能分布情况，也已证明在炭黑表面上有高能点，这是填料在弹性体中具有补强能力的主因。在石墨化过程中，由于石墨化基面边缘的消失和晶格缺陷的减少，这些高能点几乎完全消失[60]。因此，石墨化炭黑补强橡胶的结合胶含量大大减少[61]。例如，加入炭黑 N330 的 Duradene 715 胶料，在石墨化前后，其结合胶含量由 27.4%降至 3.6%。而就 NS116/NS114 并用体系而言，石墨化前在 N330 胶料中含有 24.5%的结合胶，而在石墨化后则检测不到结合胶。结合胶可以明显增加聚结体的有效尺寸，提升聚合物的黏度，因此未石墨化炭黑聚结体的聚集速度要低得多。另外，结合胶可以和聚合物基体缠绕在一起就像铁锚一样进一步降低炭黑的聚集。因此，与石墨化炭黑相比较，尽管从热力学观点看，未石墨化炭黑更容易形成聚集体，但这时动力学影响应该起到主导作用。所以，石墨化炭黑将形成更多的填料聚集体。此外，由于未石墨化炭黑的填料-填料相互作用较高，故聚结体之间不管是通过橡胶壳交接还是直接接触，一旦形成填料聚集体，就比石墨化炭黑的聚集体强。因此，综合考虑影响填料聚集的各种因素，可以预期石墨化炭黑形成的聚集体虽然比较弱但更多。

应该指出，也有人提出结合胶/缠结模型来解释填料对动态性能的影响[62]。在该模型中，炭黑通过对橡胶有效交联密度的影响，来实现对填充胶动态性能的影响，而该影响受橡胶与结合胶缠结控制。根据结合胶/缠结模型可预测，结合胶含量越高，吸附点越多，低应变模量越高，Payne 效应会更加明显。显然，这一模型不能合理地解释以下现象：在低应变下，石墨化炭黑填充胶的 Payne 效应较高，且弹性模量较高。与未石墨化炭黑相比较，炭黑石墨化后吸附点的数量和结合胶含量均急剧减少。此外，结合胶的概念与未硫化胶有关。如 Medalia 和 Kraus[63] 所述，“在填料混炼胶中，结合胶分子链段会深深延伸到聚合物中，与未吸附到炭黑表面的橡胶分子自由混合。硫化后，结合胶分子链段变成交联网络的一部分，与原先的自由橡胶浑然一体无法区分”。因此，在硫化胶中，虽然在填料表面或接近填料表面的聚合物链段的运动性大大降低，结合胶已经失去其可鉴别性。

(2) 炭黑和白炭黑在烃类橡胶中的比较 沉淀法白炭黑，作为白色补强填料在橡胶工业中应用已久。尽管白炭黑在鞋底胶料中能够 100%替代炭黑，但它在轮胎胶料中的应用却仅限于两类，一是改善崩花掉块的非公路轮胎的胎面胶；一是用于织物和钢丝帘线黏合胶以提高帘线表面与胶料的黏合性能[64]。即使是在这两种胶料中，白炭黑的用量也是较低的，一般加 10～15 份与炭黑并用。在轮胎用胶料，特别是胎面胶料中，白炭黑之所以不能完全替代炭黑作为主要填料，其原因是硫化性能差，加工性不好，硫化胶的破坏性能非常低。白炭黑补强橡胶之所以有这些特性，是因为其聚合物-填料相互作用较弱，填料-填料相互作用较强；两者均与其表面化学和物理化学性质有关。

炭黑表面是由某些无序碳和大量的石墨化微晶晶面组成的。在晶面的边缘和晶格缺陷处含有某些官能团（大部分为含氧基团）；而白炭黑表面主要为硅氧烷和硅羟基。从表面物理化学性质看，根据用 IGC 法测量不同化学物质的吸附研究，发现炭黑表面能的色散组分 γ_s^d 较高，而白炭黑的色散组分 γ_s^d 较低。相反，根据填料表面和极性化学物质之间的极性相互作用所计算的白炭黑表面能的极性组分（特殊组分）要比炭黑的高得多[22,65]。此外，Wang 等[22] 曾用模拟化合物的吸附能表征这两种填料的聚合物-填料相互作用和填料-填料相互作用。因为这些模拟化合物的吸附能与填料表面能的不同组分有关。如前所述，填料表面具有一定的极性，而烃类橡胶一般是非极性（或极性非常低）材料。对于非极性化学物质庚烷（C_7）来讲，其在填料上的吸附能越高，则说明填料表面能具有较高的非极性组分 γ_s^d，因而填料与烃类橡胶的相互作用越强。但对于高极性化学物质乙腈（MeCN）而言，若其在填料表面上的吸附能越高，则证明填料表面能的极性组分 γ_s^{sp} 越高，在烃类橡胶中填料聚结体-聚结体间的相互作用就越强。图 8.8 为乙腈的吸附能 ΔG_{MeCN}^0 和庚烷吸附能 $\Delta G_{C_7}^0$。显然，这两类填料处于不同的区域，亦即它们的表面特征差别非常明显。可以理解，若 $\Delta G_{C_7}^0$ 恒定，ΔG_{MeCN}^0 的增加会促进填料与烃类聚合物的不相容性，并提高填料聚结体的聚集。若 ΔG_{MeCN}^0 恒定，$\Delta G_{C_7}^0$ 越高，代表填料-聚合物相互作用越强。此外，在白炭黑表面上分布的硅羟基越多，较之炭黑而言，会导致白炭黑聚结体间产生较强的氢键作用和更强的填料聚集。另外，白炭黑填料-聚合物相互作用比较弱，致使胶料中结合胶含量较低[66,67]，亦有利于填料聚集。因此，在烃类橡胶中白炭黑填料聚集更加发达，结合力更强。事实上，Wolff 等[66,68] 曾在 NR 中加入比表面积和结构相似的白炭黑和炭黑，发现白炭黑胶料的 Payne 效应要比炭黑的高得多。这在第 7 章中曾经讨论过。

无疑，白炭黑的这些特征，使得损耗因子 tan δ 与温度有很强的相关性。图 8.9 为含炭黑和白炭黑溶聚 SBR 硫化胶在 5%DSA 和 10Hz 下得到的 tan δ 温度相关性[69]。不出所料，在过渡区白炭黑胶料的 tan δ 要比炭黑的低得多。在温度超过 20℃ 达到橡胶态以后，对于炭黑胶来讲，起始滞后损失依然较高，这主要是由于填料聚集体进行不断的破坏和重建而使能量损耗较大。而随温度继续上升，tan δ 逐渐下降。这主要是由于填料-填料相互作用以及填料-聚合物相互作用随温度升高而降低引起的。值得注意的是，与炭黑相反，从 30℃ 开始随温度上升，白炭黑填充胶的滞后损失增大，最终在大约 90℃ 下与炭黑曲线出现交叉点。由此可以再次推断在白炭黑胶料中，填料聚集体间的相互作用非常强从而使填料高度聚集。随温度升高，填料-填料相互作用变弱，导致在 5%DSA 周期性形变下可参与破坏和重建的填料聚集体比例增加，而这正是高温下能量消耗的主要原因。这个过程似乎尚未达到平衡，换句话说，在温度高达 100℃时的动态应变下，依然有一定数目的聚集体保持未变。这一现象与胶料黏度结果一致。曾有报道[66]，在相同表面积和类似结构条件下，尽管炭黑填充胶的结合胶含量较高，但白炭黑填充胶在 100℃下测得的 Mooney 黏度，以及用 Monsanto 流变仪在 150℃下测得的最小转矩均比用炭黑胶高出许多。这种现象应与白炭黑在橡胶中的聚集有关。

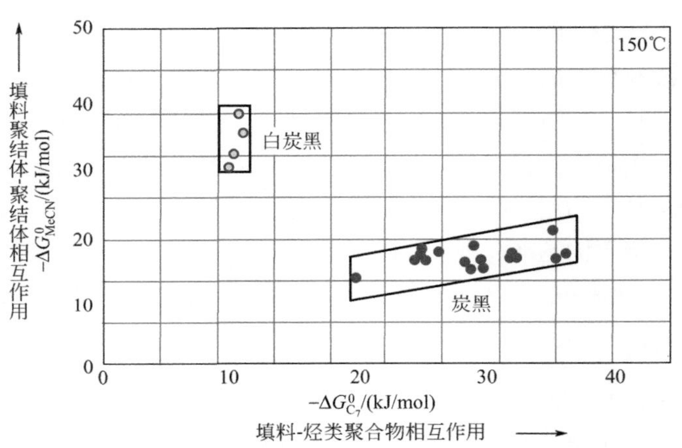

图 8.8 炭黑和沉淀法白炭黑的乙腈吸附能与庚烷吸附能[22]

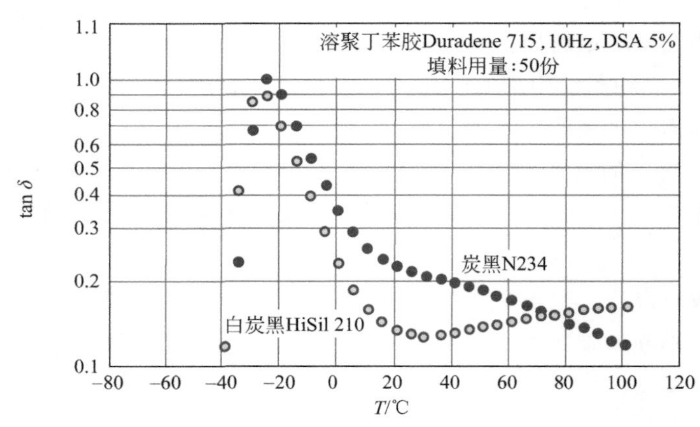

图 8.9 炭黑 N234 和沉淀法白炭黑 HiSil 210 填充硫化胶的 tan δ 与温度的相关性[69]

根据上述讨论，为降低白炭黑在橡胶中的聚集，以便使胶料的动态滞后损失达到最佳平衡，至少从热力学观点来讲可以考虑下列两种途径：

① 改变聚合物体系，增加白炭黑和聚合物之间的亲和性；

② 将白炭黑表面改性，增加与给定聚合物的相容性。

在讨论这两种方法前，我们首先要讨论两种填料并用对填充胶动态性能的影响。

(3) 填料并用的影响（白炭黑和炭黑并用，不加偶联剂） 当两种表面特征不同的填料并用时，不同填料聚结体间的相互作用会影响聚合物中填料的聚集，进而影响填充硫化胶的动态性能。当填料形态和用量等因素保持不变，两种填料并用时，填料的聚集是比在其中任何单一填料补强的胶料中是好还是差，亦或介于两者之间？以 F_1 和 F_2 代表填料 1 和填料 2，两种填料重新聚集的趋势可用填料聚集时的黏附能的变化 ΔW 予以估算（图 8.10）。

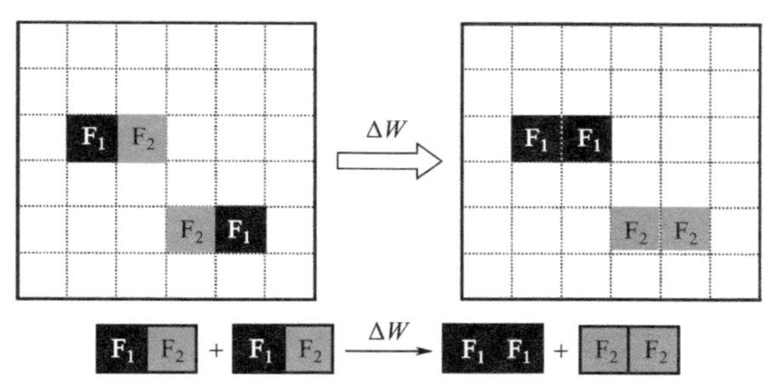

图 8.10 填料并用体系中，两种填料各自重新聚集过程所伴随的能量变化

与在填料聚集过程中的黏附能的推导相似[见公式(3.10)～(3.14)]，可得：

$$\Delta W=2\left[(\gamma_{f_1}^{d})^{1/2}-(\gamma_{f_2}^{d})^{1/2}\right]^2+2\left[(\gamma_{f_1}^{p})^{1/2}-(\gamma_{f_2}^{p})^{1/2}\right]^2$$
$$+\left[W_{f_1}^{h}+W_{f_2}^{h}-2W_{f_1f_2}^{h}\right]+\left[W_{f_1}^{ab}+W_{f_2}^{ab}-2W_{f_1f_2}^{ab}\right] \tag{8.1}$$

式中，γ^d是填料表面能的色散组分；γ^p 源自两个分子之间偶极-偶极相互作用和诱导偶极相互作用的极性组分；W^h是因氢键产生的黏附能；W^{ab} 是因酸-碱相互作用产生的黏附能；f_1和 f_2 代表填料 1 和 2，f_1f_2 代指填料 1 和 2 间的相互作用。这个公式表明，当弹性体填充有两种不同的填料时，只有当这两种填料在强度和性质上具有完全相同的表面能特征时，即 $\gamma_{f_1}^{d}=\gamma_{f_2}^{d}$，$\gamma_{f_1}^{p}=\gamma_{f_2}^{p}$，$W_{f_1}^{h}=W_{f_2}^{h}=W_{f_1f_2}^{h}$，$W_{f_1}^{ab}=W_{f_2}^{ab}=W_{f_1f_2}^{ab}$，方能使 $\Delta W=0$，这两种填料才能够在聚合物中自由共组形成联合填料聚集体。而当这两种填料之间的氢键黏附能 $W_{f_1f_2}^{h}$、酸-碱相互作用黏附能 $W_{f_1f_2}^{ab}$ 和/或其他极性相互作用黏附能高至足以补偿或超过同类填料之间黏附能时，$\Delta W<0$。此时这两种填料就能够优先形成联合填料聚集体。然而这些条件基本不大可能满足，尤其对于橡胶中常用的炭黑和白炭黑填料来说更是如此。故而可以预计，在胶料中形成两类填料聚集体或形成两种不同聚集体的混合物的可能性最大。至少从热力学的观点应如此，因为 ΔW 一般为正值。

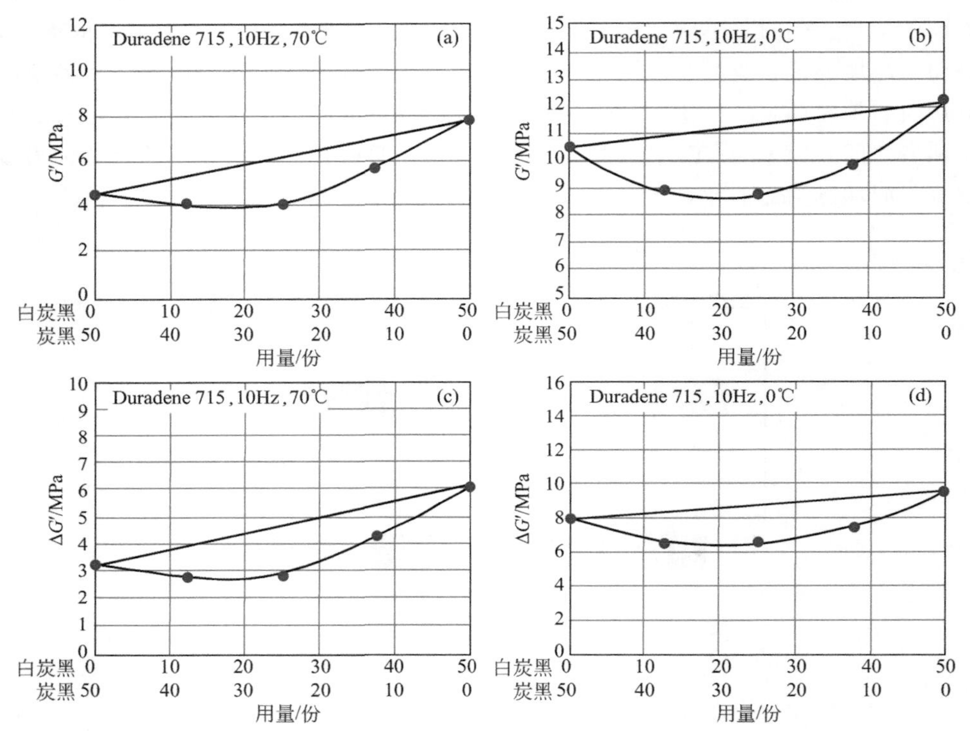

图 8.11 在 G'(0.2%DSA)和 $\Delta G'$随炭黑和白炭黑并用比例的变化

（基本配方：SSBR Duradene 715，100 份；填料，50 份）

以炭黑 N234（表面积 $119m^2/g$）和白炭黑 HiSil 210（表面积 $150m^2/g$）为例，曾研究了填料并用对填充硫化胶动态性能的影响[226]。所有填充胶填料用量都是 50 份。图 8.11 总结了填料组分对 G'（0.2% DSA）和 $\Delta G'$的影响。$\Delta G'$为 0.2%和 120%（DSA）两个应变下 G'的差值，代表 Payne 效应。随着炭黑/白炭黑并用比改变，在低应变振幅下的 G'和 Payne 效应不呈线性变化。这表明与单用其中任一种填料相比，在并用体系中随炭黑或白炭黑含量的增加，G'和 Payne 效应（$\Delta G'_{0.2\text{-}120}$）都会先降低，之后上升。换言之，两种填料并用并不是单用两种填料函数的简单加和，因为并用体系实验数据点总是位于加和线之下。

并用填料体系的 Payne 效应之所以与两种单一填料简单加和发生如此大的偏离，表明在并用填料体系中胶料会形成较少的填料聚集体。根据公式(8.1)，很容易解释这些结果。一方面，白炭黑和炭黑聚结体之间的相互作用，要比这两种填料聚结体本身任一种之间的都要弱。另一方面，虽然白炭黑的表面积要比炭黑的高，但会引起聚结体间的距离随白炭黑用量增加而降低；因为无论单用还是并用填料体系，填料总用量均相同，所以同种填料聚结体的间距也会在填料聚集中起到作用。虽然同种填料聚结体间具有较强的吸引势能，但在并用填料体系中，同种聚结体间的平均距离要比任何一种填料单用都大。根据填料聚集体形成的热力学和动力学，在并用填料体系中，聚结体的聚集概率会降低，所以低应变振幅下的 G' 和 Payne 效应都比较低。

另外，填料并用不仅会影响填料聚集体形成，还会影响硫化胶的动态滞后损失。图 8.12 为 70℃下测得的 tan δ 与应变振幅的相关性。填充炭黑的硫化胶，在约 8%双应变振幅处出现单一 tan δ 峰值；而白炭黑填充胶，直至最大应变振幅处 tan δ 值也未达到最大。相比之下，填充并用填料的硫化胶，好像有两个峰(或肩)，一个与炭黑一致，另一个在最大应变振幅下仍未出现。在纯白炭黑填充胶中也可观察到后者。若考虑到低应变下的 tan δ，在并用填料的硫化胶中，似乎存在三种填料聚集体，即炭黑填料聚集体、白炭黑填料聚集体和白炭黑-炭黑填料聚集体。由于填料-填料相互作用较弱，导致白炭黑-炭黑填料聚集体较弱，在低应变下很容易破坏和重建，因此胶料滞后损失要比单用填料填充高。所以，填料并用体系的 tan δ-DSA 曲线好像是这三种填料聚集体在动态应变下叠加的结果。

在 5% DSA 和 10Hz 下得到的 tan δ 与温度的相关性，也支持上述观点（图 8.13)。试验结果总结如下：

① 在较低温度下，炭黑用量多的并用体系，滞后损失要比纯炭黑胶高。白炭黑用量多的并用体系，tan δ 处于单用填料值之间；

② 在较高温度下，白炭黑用量多的并用体系，tan δ 值随温度增加而增加，但该现象不如纯白炭黑胶料显著。对炭黑用量多的并用体系而言，滞后损失随温度上升而下降，但下降速率要低于纯炭黑胶料。

所有这些结果均源自填料形成聚集体中发生的变化。不同填料间较弱的相互作用，以及聚集体的多类型，也会影响并用填料硫化胶的动态滞后损失与温度的相关性。

(4) 白炭黑表面改性的影响 白炭黑表面改性是改变表面特征以满足补强需求的最有效方法之一。在橡胶工业中有两种常用的方法，即：表面化学改性，以及在填料表面吸附某些化学试剂进行物理改性。

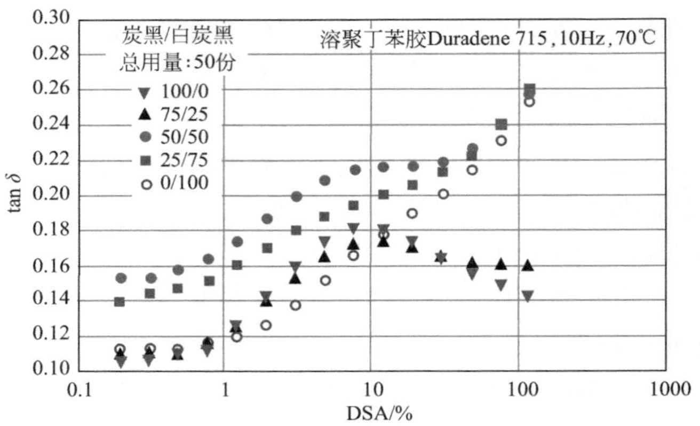

图 8.12 炭黑 N234/白炭黑 HiSil 210 并用填充硫化胶的 tan δ 与应变振幅的相关性

（70℃和 10Hz，配方与图 8.11 的相同）

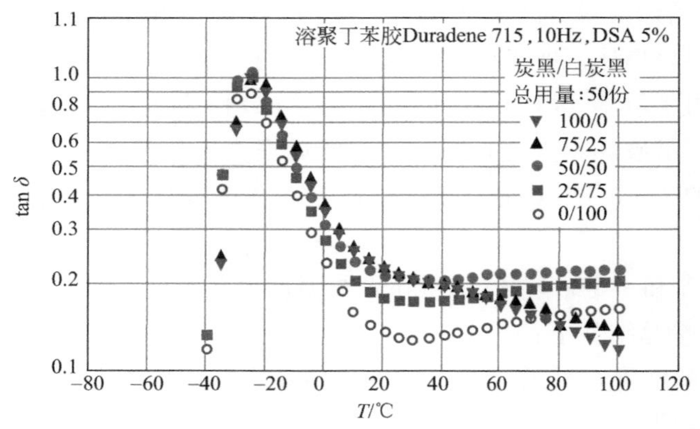

图 8.13 炭黑 N234/白炭黑 HiSil 210 并用填充硫化胶的 tan δ 与温度的相关性

（5%DSA 和 10Hz，配方与图 8.11 的相同）

① 物理吸附对表面改性的影响　向白炭黑填充胶中加入某些小分子化学物质时，它们可通过色散作用、极性作用、氢键、酸-碱相互作用等，强烈地吸附到白炭黑表面。这种物质很多，其中有乙二醇、丙三醇、三乙醇胺、仲胺以及二苯胍（DPG）或二邻甲苯胍（DOTG）和二甘醇（DEG）[70,71]。通常，这些物质的极性基团或碱性基团趋向于白炭黑表面；弱极性基团或烷基基团趋向于聚合

物，从而增加与烃类聚合物的亲和性。因此，这种改性会降低白炭黑的聚集程度，改善在聚合物中的分散性，降低胶料黏度和硫化胶硬度。至于动态性能，这种改性在降低动态模量的同时也能改善滞后损失的温度相关性。但由于聚合物-填料相互作用比较弱，所以在高补强胶料中很少采用这种方法。

② 白炭黑表面化学改性的影响　根据实际应用可对填料表面进行化学改性。在橡胶产品中，已有两类化学物质用于填料表面改性：一类是通过化学基团接枝改变填料的表面特性，该类物质不与聚合物发生化学反应，有时也称为单官能偶联剂；另一类接枝物不仅与填料表面反应，还可与聚合物反应，通常称为偶联剂或双官能偶联剂，它们可在填料表面和聚合物分子之间提供化学交联。

a. 单官能偶联剂对白炭黑的表面改性　通过表面化学改性改变了白炭黑的表面化学特性[72]，发现改性白炭黑可应用于诸多领域。根据填料聚集的热力学分析，以低聚物或聚合物链改性白炭黑，会明显改变白炭黑表面能的性质，使白炭黑表面与聚合物类似，进而消除了填料聚集的驱动力。虽然这种想法尚未实现，但白炭黑的某些表面改性可证明表面能对填料粒子在聚合物中的聚集有重要影响。

在这一方面曾做过很多工作[73-80]，但是发现，尽管以单官能偶联剂改性白炭黑可以大大提高填料的微观分散，降低胶料滞后损失，但聚合物-填料相互作用较弱，会降低静态模量和破坏性能，尤其是耐磨性能。

b. 用双官能团偶联剂对白炭黑的表面改性　所谓双官能团偶联剂，是指能在聚合物和填料表面之间进行分子桥连的一类化学物质，一般称为偶联剂。它们能提高聚合物-填料相互作用，改善填充胶性能。有很多种偶联剂，包括钛酸盐基偶联剂[81]、锆酸盐基偶联剂[82] 和其他金属配合物偶联剂，后者已应用在无机填料补强的聚合物复合材料中[81,83]。或许，对无机填料（特别是白炭黑）改性的最重要的偶联剂是具有通式 $X_{3-m}R_m Si(CH_2)_n Y$ 的产品，式中 X 为可水解基团，如卤素、烷氧基或乙酰氧基（醋酸基）；Y 是一种官能团，它或者本身能与聚合物直接进行化学反应，或者通过其他化学物质与橡胶反应。Y 也有可能是能与聚合物链产生强物理作用的化学基团。对 Y 基团而言，重要的硅烷偶联剂包括氨基、环氧基、丙烯酸盐、乙烯基和含硫基团，如巯基，硫氰酸盐和多硫化物[84-88]。双官能团硅烷偶联剂常含三个（$m=0$）X 基团，官能团 Y 通常处在 γ 位置（$n=3$）。实际上，对白炭黑补强的烃类橡胶来讲，最常用和最有效的偶联剂是 γ-巯基丙基三甲氧基硅烷和双（3-三乙氧基甲硅烷基丙基）四硫化物（TESPT）。实际上，就商业化偶联剂而言，为使白炭黑能用于轮胎胶料（特别是胎面胶），TESPT 是最常用的硅烷偶联剂。引入 TESPT 也是白炭黑在“绿胎”胎面胶中成功替代炭黑的关键因素[89,90]。

用 TESPT 改性白炭黑时，既可预改性[91]也可原位改性[92]，即在炼胶机中直接加入偶联剂。TESPT 的乙氧基与白炭黑表面的硅羟基，既可直接反应，又可先水解再反应[93,94]。在第二步，四硫化基因热处理和（或）受硫黄/促进剂体系的影响而断裂，在胶料混炼和硫化过程中与橡胶链反应，形成单硫键、双硫键和多硫键等共价键。

在白炭黑和橡胶间引入共价键，不仅会增强橡胶-填料间相互作用，还可提升胶料的抗破坏性能，特别是胶料的耐磨性能。TESPT 将白炭黑硅烷化可大大减少填料聚集的趋势，其主要机理是：

① 降低填料表面能，包括色散组分和极性组分。这不仅由于高极性的硅羟基数量减少，而且剩余硅羟基因 TESPT 层的存在而难以接近橡胶链。简言之，硅烷改性后，表面能降低，极性降低[73,80]。

② 增加结合胶含量，这是由于填料表面和聚合物间发生偶联反应造成的。此外在混炼温度较高和混炼时间较长时，也会发生非常轻微的聚合物交联。这会显著提高聚合物的黏度，并在聚合基体中出现一定数量的铁锚（结合胶）。相应地，这将阻碍填料聚结体的聚集而使聚集大大减少[67,68]，致使胶料的总体黏度可能会低于未硅烷化的胶料。

业已证实，结合胶因偶联反应而增加。在氨处理下，结合胶含量基本不变，因为氨只能消除物理吸附导致的结合胶，但不能使白炭黑和聚合物间的化学交联键断裂[34,68,95]。用 SBR 纯胶（无凝胶聚合物）证实，在较高温下（如 160℃下）混炼，会发生轻微的交联，形成凝胶。在 160℃高温下，向 SBR 纯胶中加入 3 份 TESPT，其凝胶含量在 5min 后快速增加，这必然是因为加入 TESPT（硫黄给予体）后发生的轻微交联。在密炼机中，发生这种交联反应主要取决于混炼温度和混炼时间。

引入偶联剂，会大大降低白炭黑聚集，从而改善胶料动态性能。白炭黑硅烷化后，胶料的 Payne 效应大大降低，甚至低于炭黑的结果[47]，动态滞后损失也大大改善。图 8.14 为在 5% DSA 和 10Hz 下，用改性白炭黑和炭黑填充硫化胶的 tan δ 值。两者均采用溶聚 SBR（Duradene 715）/ BR 并用体系（75/25），加入 25 份操作油和 75 份填料。填料分别为白炭黑（Zeosil 1165）和炭黑 N234。在白炭黑胶料中，加入 12 份 X50S（一种 50%TESPT 和 50%炭黑 N330 的混合物）作为偶联剂。可以看到，在约 −3℃处有一交叉点。这表明在高温和低温下，改性白炭黑胶料的滞后损失性能大大改善。这些结果结合较低的滚动阻力、较好的抗湿滑性能和类似的耐磨性能，与炭黑胶料相比较，理所当然地改善了轮胎用白炭黑填充胶的使用性能。

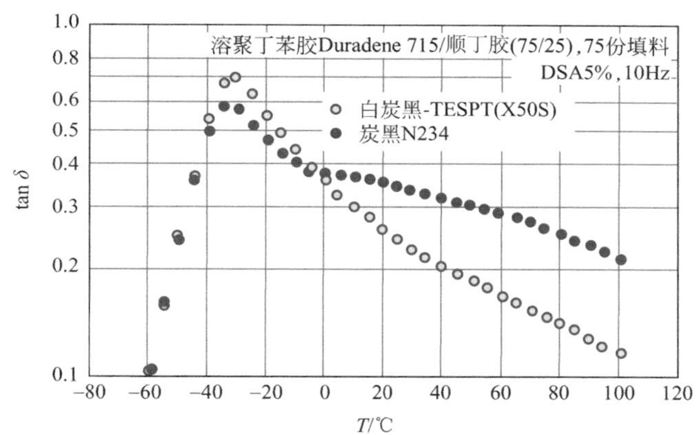

图 8.14 用白炭黑/TESPT（X50S）和炭黑 N234 填充硫化胶的 tan δ 温度相关性[69]

(5) 炭黑表面改性的影响

① 白炭黑和炭黑化学改性效率的差异　若白炭黑因表面改性而性能超过炭黑，那么炭黑是否也可通过表面改性而提升其性能呢？实际上，为了提高炭黑在烃类聚合物中的补强性能，已有人做了大量的工作。大多数改性工作集中于开发新型偶联剂。其中，最有效的偶联剂为苯丙呋咱（BFO）[96]、N,N′-双（2-甲基-2-硝丙基）-1，6-二氨基己烷（Sumifine 1162）[97] 和对氨基苯磺酰基叠氮化物（amine-BSA）[98]。可能更多的研究是使用硅烷偶联剂，特别是TESPT，增加聚合物-填料相互作用，降低填料-填料相互作用，改善橡胶补强[99-101]。虽已获得一些成果，例如改进了动态性能（特别是滞后损失），但较之白炭黑填充胶，用偶联剂改性炭黑填充胶效果不尽如人意。这种差异可能有多种因素。除偶联剂的性质外，只要涉及偶联反应，都是由填料表面化学决定的，即：

- 化学官能团的类型；
- 官能团与给定偶联剂的反应活性；
- 填料表面官能团的浓度；
- 填料表面官能团的分布。

白炭黑和炭黑表面不同，白炭黑表面均匀覆盖一层硅氧烷和多种硅羟基（孤立的、连位的、邻位的）[72]；而炭黑表面不仅含有氢（大都在芳香环上），还有多种不同的含氧基团，如苯酚、羧基、醌基、内酯基、酮基、邻位羟基内醚和吡喃酮等[102]。对给定的偶联剂，不同基团具有不同的反应活性。例如，对于TESPT，白炭黑表面上所有类型的硅羟基与乙氧基的缩合反应活性基本相同。但是，对于炭黑来讲，虽然炭黑表面硅烷化的化学机理还不是很明确，但对于各种官能团，化学性质差异很大，因此不同官能团的偶联反应活性也不同。由氧化炭黑的硅烷偶联反应可证实此观点。TESPT与硝酸氧化炭黑的反应效率，要比TESPT与气相臭氧氧化炭黑效率高得多；由于硝酸处理炭黑的羧基和酚基浓度要比臭氧氧化炭黑高很多，这表明TESPT与羧基和酚基的反应活性更高。对于其他偶联剂，反应活性基团主要为羧基、酚基[97,98]或内酯基[98]。

关于官能团浓度，像典型炉黑N220，如果炭黑表面的氧含量归一化为活性氧化物，如羧基或酚基，则表面官能团浓度约为1～2个（—COOH）/nm^2或2～4个（Si—OH）/nm^2[51]。实际上，Rivin等[52]已报道，炭黑N220表面官能团浓度约为3个（Si—OH）/nm^2和0.05个（—COOH）/nm^2。炭黑表面这种活性官能团的浓度要比白炭黑低得多。大多数用于橡胶工业的沉淀法白炭黑，其表面硅羟基浓度为4～7个/nm^2[103]。

炭黑和白炭黑的偶联改性效果不同，可能也与它们的微观结构不同有关。白炭黑为非结晶材料，其官能团（即孤立的，连位的，邻位的硅羟基）随机分布于填料表面（图8.15）。而炭黑聚结体由准石墨化微晶构成，如图2.1所示。其官能团仅位于石墨化基面的边缘。这说明除官能团活性和浓度不同外，在两种填料表面官能团的分布也不同。显然，这将导致偶联剂改性表面具有不同的覆盖率。在白炭黑表面由于硅羟基的随机分布，所以改性偶联剂会均匀地分布于白炭黑表面，表面覆盖度较好。就炭黑而言，改性偶联剂仅限于石墨化基面边缘，导致表面覆盖度较差。因此，白炭黑表面活性官能团浓度较高且随机分布，应是白炭黑在偶联反应上优于炭黑的关键。

根据上述讨论，为更好和更有效地对炭黑表面偶联改性，可采取某些对策，即开发新型偶联剂和（或）将炭黑表面改性使之适于偶联反应。对于炭黑填充胶，任何有效的新型偶联剂，除了在胶料加工温度下与聚合物分子有较高的反应活性，以及易于与炭黑石墨化基面边缘的官能团反应外，还必须易于在石墨化基面上反应，这样才能在炭黑表面进行随机的和均匀分布的偶联改性，偶联剂分子亦能在炭黑表面获得最佳覆盖度。如果可以改变炭黑的表面化学特性及表面微观结构，则其偶联效率也可以提高。

② 改性炭黑表面使之适于偶联反应　有的偶联剂只能与某些特定官能团反应，如TESPT和N,N′-双（2-甲基-2-硝丙基）-1,6-二氨基己烷（Sumifine 1162）[97]只能与氧基团反应，从填料的观点考虑，有两种方法可用于提高偶联效率和改善偶联接枝覆盖度：

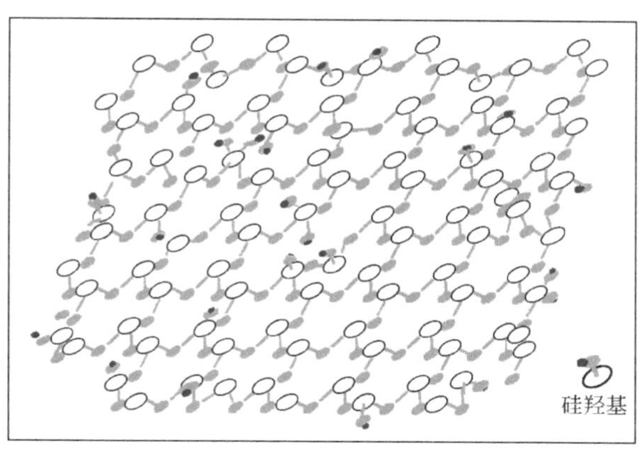

图 8.15　白炭黑的表面化学

- 减少石墨化微晶的尺寸；
- 对于给定偶联剂，增加填料表面活性官能团的浓度。

减少石墨化微晶的尺寸会增大微晶边缘和缺陷的密度，同时改善官能团的分布。有若干方法可用于改变炭黑表面微观结构和减少石墨化基面的尺寸：

- 改变炭黑生产反应炉设计和炭黑生产工艺条件；
- 用等离子体处理炭黑；
- 炭黑氧化；
- 用硅化合物对炭黑表面进行处理。

a. 改变炭黑生产工艺参数　石墨化微晶尺寸随炭黑粒子（或聚结体）增大而增加[22,104-106]。炭黑在反应炉内形成过程中，通过改变反应炉设计和调整工艺参数可减小微晶尺寸。这认为是增加炭黑表面活性的有效途径，但也必须考虑以下事实：由于胶料的加工性能要求，对轮胎用炭黑有局限性；炭黑的无定形或无序部分有随表面积增加而增大的趋势。关于后者，在橡胶补强中细粒子炭黑的无序部分含量增高所起的作用尚不清楚。如果填料粒子很小，由于石墨化微晶尺寸随聚结体粒子减小而减小[22,104]，所以在填料表面上会有高密度的微晶缺陷。在反应炉中反应终止后，在炭黑表面会形成更多的含氧基团。但就混炼而言，这会降低胶料的加工性，填料分散很差，使混炼成本增加，阻碍了该法的实际应用。

b. 等离子体处理　已有报道，当用某些等离子体（如空气，氨和氩）处理后，会破坏石墨化炭黑的精细组织结构，使石墨化表面的缺陷数量激增[107]。非石墨化炭黑也可观察到同样的结果。因为等离子体可对不同表面结构进行无差别轰击，既不优选石墨化基面，也不优选无序碳部分，在炭黑表面上的轰击是随机发生的。另外，通过选择适当的活性气体，可同时在炭黑表面接枝一些化学基团，为偶联反应提供活性表面[108]。Takeshita 等[108]在低温下用氧和空气作处理气体，进行真空等离子体处理，可在炭黑表面引入大量的-OH 基团。在硅烷偶联剂用量相同时，处理过的炭黑填充胶的室温滞后损失，要比未处理炭黑低很多。

虽然这种方法似乎很有吸引力，但大量生产是有问题的，因为它的成本高、效率低。

c. 炭黑氧化法　关于氧化处理法，无论是气相氧化，还是液相氧化，炭黑均因受氧的攻击而降解，产生不同的降解产物，其中大都为 CO_2[109]。因此，石墨化基面的尺寸降低，含氧基团浓度显著增加。当氧化炭黑与硅烷偶联剂并用时，通过 30℃下的 $\tan\delta$ 所测的生热会大幅降低[108]。这无疑与表面含氧基团的高偶联效率有关，使得填料微观分散良好，进而降低胶料的滞后损失。

然而应指出，与无定形碳相比，有序的微晶不易受到氧的攻击，故而在微晶尺寸大幅变小之前，可能会形成发达的微孔表面[109-111]。

(6) 炭-二氧化硅双相填料　从炭黑表面改性观点看，在炭黑反应炉中用物理和（或）化学两种方法，经共汽化或共生工艺，在炭黑表面引入某些化合物或杂原子，是另外一种降低微晶尺寸、增加炭黑表面晶格缺陷浓度的方法。另外，如果能选择适当的掺杂剂，并很好地控制掺杂反应，则可在炭黑表面掺杂嵌入某些偶联活性化合物。在炭黑结构中高浓度的表面缺陷和高活性的掺杂微区，都会大幅增强偶联反应。实际上，由美国 Cabot 公司[112]开发的炭-二氧化硅双相填料就是这种方法的成功范例。

顾名思义，炭-二氧化硅双相填料（CSDPF）由两相组成，分别为炭黑相和分散于炭黑相中的微细的白炭黑相（微区）[113]。这种填料的开发和商业化，是自 1942 年油炉法工艺问世以来的过去近 80 年间，在炭黑工业中发生的最重要事件之一。尽管在一般意义上，通过改变炭黑生产参数，可以调整炭黑的表面积、结构和表面活性等，但是在炭黑表面引入白炭黑相对普通炭黑而言，额外增加了一维。因此，填料的性质发生了改变，从而可以满足橡胶制品的不同性能需要。对于双相炭黑，白炭黑含量、微区尺寸、在聚结体中的分布和表面化学特性等的变化，都会大大影响填料-填料相互作用和聚合物-填料相互作用，以及与偶联剂的反应活性，进而大大影响填充胶的性能。事实上，与炭黑和白炭黑的物理混合并用相比，将双相炭黑应用到烃橡胶时，其特征是聚合物-填料相互作用较高；而与具有类似表面积的传统炭黑或白炭黑单用相比，双相炭黑胶的填料-填料相互作用较低[113]。

与具有相同白炭黑含量的炭黑/白炭黑并用填充胶相比，一系列炭-二氧化硅双相填料（CSDPF）填充胶的结合胶含量要更高，这说明炭-二氧化硅双相填料（CSDPF）填充胶中的聚合物-填料相互作用更强[113]。这种填料的高表面活性归因于炭黑相的表面微观结构变化。如前所述，当引入外来物质时，会在炭相石墨晶格中出现更多的表面缺陷和/或较小的微晶尺寸，作为吸附橡胶的活性中心。这种观点主要基于扫描隧道电子显微镜研究的定性分析结果。发现双相填料的表面形态与传统炭黑差异很大。从统计上看，CSDPF 有序碳结构（准石墨）的表面积要比相应的普通炭黑小[113]。

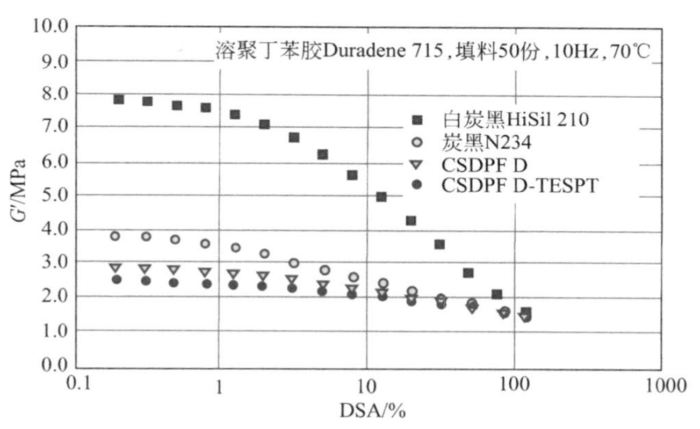

图 8.16 不同填料填充硫化胶的 G′与应变的相关性[113]

与相应的白炭黑和炭黑相比，CSDPF 填充胶转矩较低，填料混炼时间较短，说明 CSDPF 易于混炼，也说明掺杂后的 CSDPF 聚结体间的填料-填料相互作用，既比炭黑聚结体间的弱，又比白炭黑聚结体间的弱[113]。不管怎样，如图 8.16 所示，从填充硫化胶的应变相关性可以获得良好的证据：橡胶为溶聚丁苯胶 Duradene 715，采用三种填料（50 份），分别为 CSDPF（含硅 3.55%）、具有相似表面积和结构的未掺杂质炭黑以及白炭黑 Hi-Sil 210。虽然从化学组成观点上看，掺杂炭黑介于炭黑和白炭黑之间，但实际情况是，掺杂炭黑的 Payne 效应最低，使用偶联剂 TESPT 时更低。与其他两种填料相比，未加偶联剂的 CSDPF 的 Payne 效应之所以更低，是因为掺杂炭黑聚结体间的填料-填料相互作用较低。这种特性可能涉及多种机理，但最易于理解的是：当填料之间具有不同的表面特性，特别是表面能有差异时，它们之

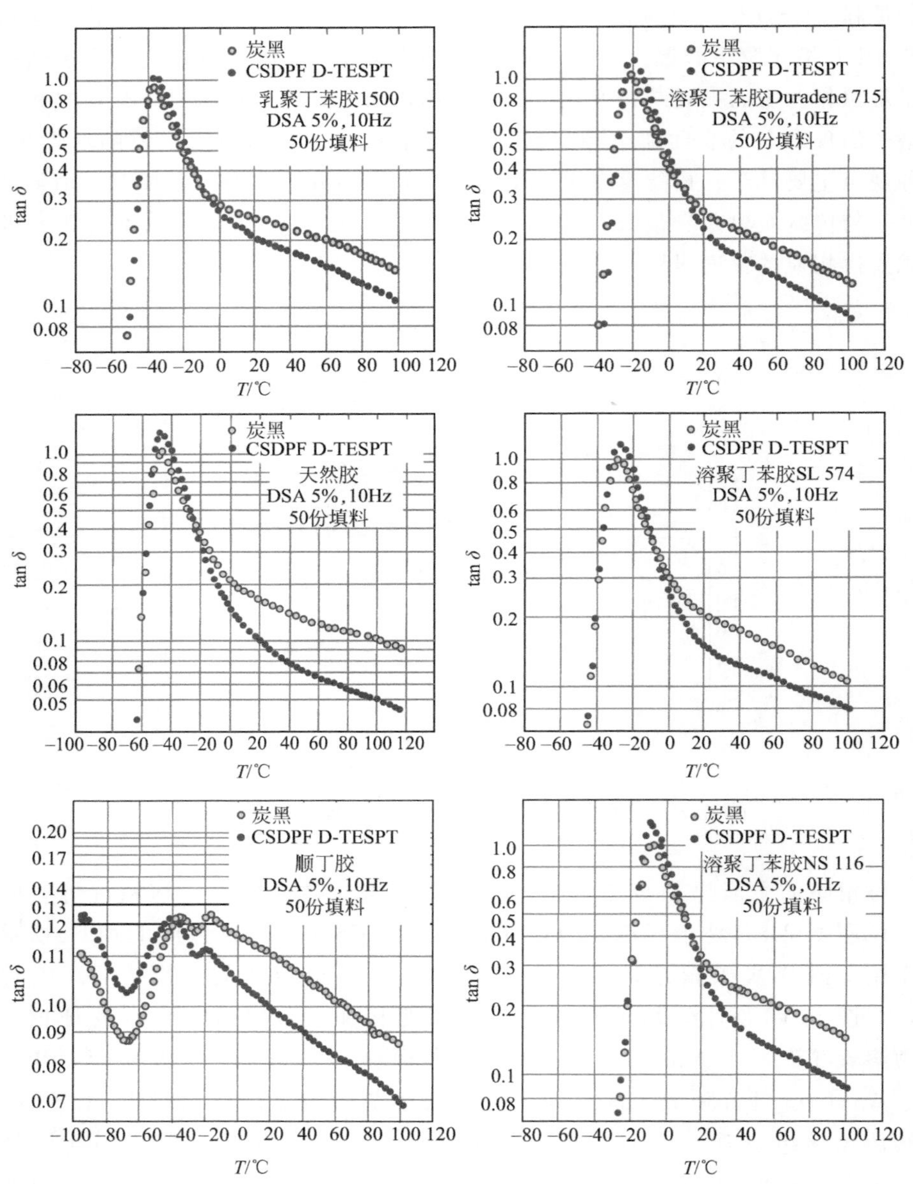

图 8.17 炭黑和 CSDPF/TESPT 填充不同橡胶的 tan δ 与温度相关性 [113]

间的相互作用较低。根据公式(8.1)，当 CSDPF 聚结体分散于聚合物中时，相邻聚结体之间白炭黑微区和炭黑相之间的相互作用，应该比炭黑聚结体间和白炭黑聚结体间相互作用都低。另外，由于掺杂，对于两个相邻的聚结体表面，发生同类型表面直接面对的比例和可能性均大大降低。再者，氢键是造成白炭黑聚结体间以及相邻 CSDPF 聚结体白炭黑微区间填料-填料相互作用高的主要原因，由于 CSDPF 聚结体白炭黑表面之间平均距离也较大，氢键作用也会变弱。此外，从聚集动力学观点看，CSDPF 的炭黑相表面活性较高，导致结合胶含量较多，也不利于填料聚集。

在 CSDPF 填充胶中，由于降低了填料聚集，预计将改善动态滞后损失的温度平衡性。据报道，对于所有类型弹性体来讲，虽然胶料中只掺杂 3.3 %的白炭黑，轮胎胎面胶在 70℃下的 tan δ 值均因掺杂白炭黑而明显降低，加入偶联剂 TESPT 后 tan δ 会更低。另一方面，由于引入双相填料，特别是有偶联剂 TESPT 时，低温滞后损失会大大提高。通过各种聚合物填充 CSDPF 硫化胶的 tan δ-温度曲线，对比相应的普通炭黑胶料曲线，可证实这种观察结果（图 8.17）。由图可见，在给定实验条件下，即 5% DSA 和 10Hz 下，对于所有聚合物体系，CSDPF 与其对应的未改性炭黑的 tan δ-温度曲线之间都存在一交叉点。填料改性并未改变 tan δ-温度曲线的 tan δ 峰值处的温度，但由于掺杂和偶联反应，低温下的 tan δ 峰值变大，高温下滞后损失降低。另外，曲线交叉点的温度对于不同的聚合物是不同的，表明曲线交叉点与聚合物的玻璃转化转变温度 T_g 关系很大。这一观点可由交叉点温度与玻璃化转变温度的关系所证实（图 8.18）。对于该特殊配方和工艺条件，聚合物存在一临界玻璃化转变温度，在该温度以下，CSDPF 填充硫化胶在 0℃的滞后损失则不能高于炭黑胶料。对于该特定体系和实验条件下，其临界玻璃化转变温度大约是−35℃。

另一方面，由于 CSDPF 本身的填料-填料相互作用比白炭黑和炭黑都要弱，所以当用偶联剂进一步改善胶料的滞后时，只需要加入较少量的偶联剂，即可达到与白炭黑填充胶同样的滞后水平。对于类似乘用车胎面胶（80 份填料和 32.5 份操作油）的配方，填充商业化 CSDPF-A（硅含量 4.88%）和 2 份 TESPT 的胶料，与含有 6.4 份 TESPT 的白炭黑胶料相比，前者高温滞后损失较低，低温滞后两者相当[114]（图 8.19）。

(7) 聚合物填料 根据公式(8.1)，要使填充胶中没有填料聚集，从表面能的角度看，理想的填料应该与聚合物具有相同的表面特性。有两种途径可以达到这一目的：用与聚合物相同的聚合物分子链对填料表面进行化学改性，使聚合物链成为填料的一部分，充分屏蔽填料表面，产生热力学均一的界面；填料与聚合物具有相同的化学组成，唯一区别是填料具有很高的体积模量。

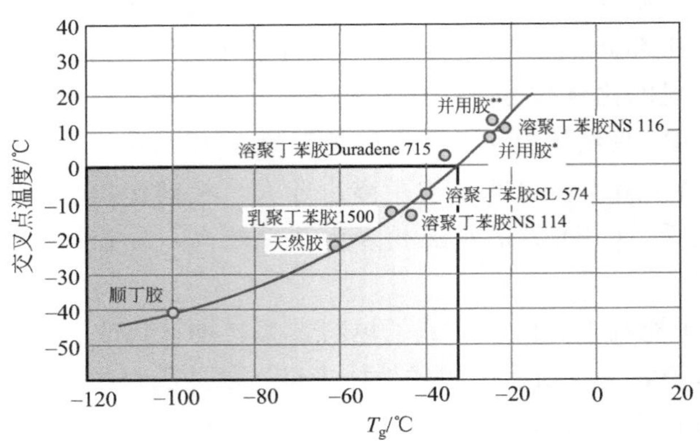

图 8.18 炭黑和 CSDPF/TESPT 填充硫化胶的交叉温度与各种橡胶 T_g的关系[113]

并用胶* 为 NS116/NS114-80/20；并用胶** 为 NS 116/NS 114-80/20，强力混炼

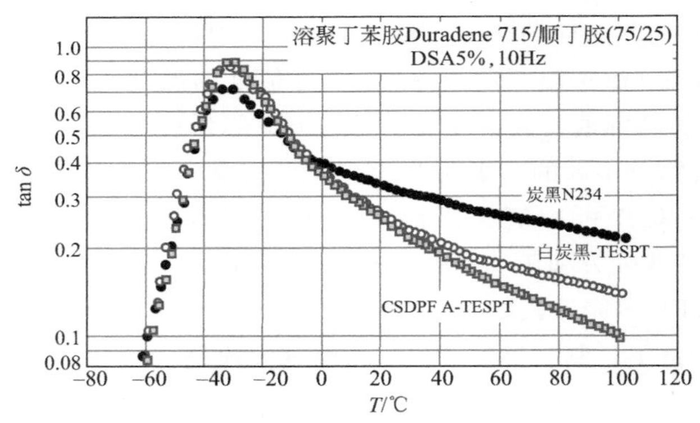

图 8.19 不同填料填充硫化胶 tan δ 与温度的相关性[114]

关于第一种途径，已有人开展大量工作，既可通过接枝反应，又可通过原位聚合反应，在填料表面特别是炭黑表面上引入聚合物链。关于炭黑[115-117]和无机填料[118]也有少量综论发表。聚合物包覆改性的填料在具有类似结构的聚合物中分散性良好。但大多应用研究与表面改性对复合物的静态力学性能和电性能的影响有关。对动态性能的影响研究很少。

关于第二种途径，要想得到组成和橡胶完全相同，而模量差异很大的填料是非常困难的。但是，可以制备化学组成和橡胶类似，但在使用温度下处在玻璃态或高交联态的细粒子材料。

曾用聚苯乙烯或苯乙烯-丁二烯（低浓度）的共聚物制备的微粒材料加入SBR胶中作为模拟填料，研究过橡胶的补强机理。这些填料揭示了较强相互作用（化学作用）和弱相互作用（物理作用）对填充胶的力学性能的影响[119]。

另一个例子是先将普通二烯烃类单体经乳液共聚合，之后经进一步交联可制备聚合物微凝胶[117]。Schuster 等[120]通过仔细控制实验条件，能够得到颗粒大小及其分布、表面化学和 T_g 明确的聚合物微凝胶填料（高分子填料）。当向聚合物中加入聚合物微凝胶填料时，发现填料聚集情况（用 Payne 效应表征）主要取决于聚合物的特性以及填料粒子的尺寸。将粒径 60 nm 的聚苯乙烯（PS）填料加入到与之化学组成相近的 SBR 中时，不出现 Payne 效应；而当 PS 填料加到 NR 中时，就会有明显的 Payne 效应（图 8.20）。毫无疑问，这是由填料表面化学组成和聚合物不同，进而引起填料发生不同程度的聚集所致。另一方面，向 NR 中加入大颗粒的 PS 填料（直径 400nm）可消除 Payne 效应。从填料聚集体形成动力学看，在恒定填料用量下，随着填料粒径增加，填料扩散常数减小（公式 3.17），填料粒子间距增加（公式 3.9），导致填料聚集程度减弱。

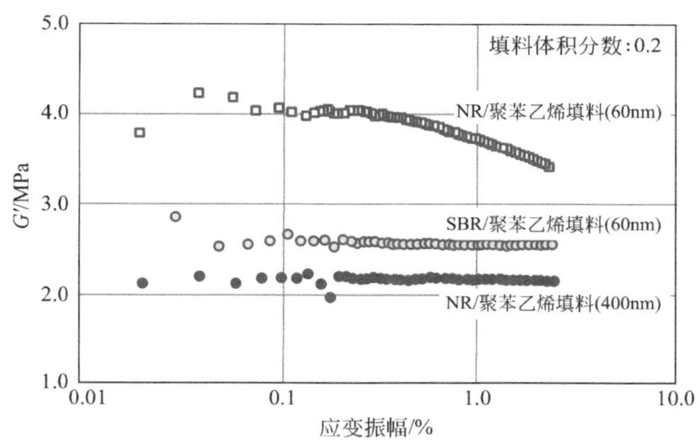

图 8.20　聚苯乙烯高分子填料填充 NR 和 SBR 硫化胶 G′与应变的相关性[120]

通过改变高分子填料的表面特性可进一步证实上述结果。发现，虽然用聚丁二烯-微凝胶（BR-微凝胶）填充 NR 时 Payne 效应很弱[120]，但当 BR-微凝胶表面经环氧化后，Payne 效应大幅增强，这是因为环氧化增加了填料表面特性与聚合物的差异（图 8.21）。

Nuyken 等[121]做过类似的研究。采用偶氮改性种子胶乳，他们能够合成高度交联的、具有 PMMA 内核和聚苯乙烯外壳的高分子填料。向 SBR 中加入 30%（质量分数）的这种填料时，其过氧化二异丙苯硫化胶，无明显 Payne 效应，且 tan δ 与应变相关性很小（图 8.22）。

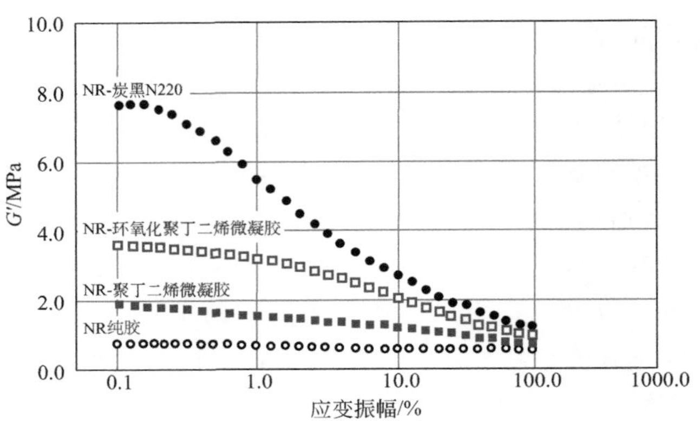

图 8.21　炭黑和高分子填料填充 NR 硫化胶的 G' 与应变的相关性[120]

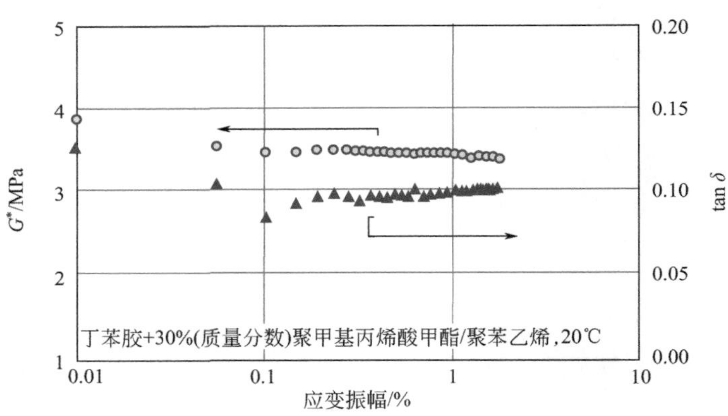

图 8.22　高分子填料 PMMA/PS 填充 SBR 硫化胶 20℃下的 G^* 和 tan δ 与应变的相关性[121]

8.1.3　混炼的影响

在实际胶料中，除了聚合物和填料之外，还有其他多种配合剂，每种配合剂都在加工、硫化或产品最终使用中起特定的作用。当这些配合剂与聚合物和填料混合在一起时，它们彼此相互作用形成复杂的复合物，本质上它们都是多相材料，每一相都具有不同的形态和组成。这些参数对复合物的性能有重要影响，它们会受到胶料加工工序的影响，如混炼、开炼、挤出、压延、成型和注塑等。在这些加工工序中，混炼或许比其他任何工序都更为关键。在此工序中，材料会发生某些基本的物理变化，或许还会发生一些化学反应，填料和其他配合剂的混入和分散也基本完成。

混炼是一个复杂的过程。控制混炼效率和质量的因素较多，如聚合物、填料、加工助剂等材料的易变性，以及设备设计和操作条件等。当胶料的配方和工艺设备选定的情况下，混炼条件对改进胶料的物理性能，尤其是动态性能起决定性的作用[122-124]。因此，本节将重点讨论混炼期间发生的基本物理过程和化学反应是如何影响填料聚集体形成以及影响胶料动态滞后损失的。

一般来讲，胶料混炼的质量将取决于混炼的温度、剪切应力和时间。混炼的标准是使填料的分散，尤其是宏观分散达到一定水平，胶料物理性能达到可以接受的程度并提高生产效率。在传统混炼中，一段混炼操作的设计是排胶时间略微超过填料混入时间[125]。一段混炼之后，下游设备（开炼机，挤出机，以及混入硫化剂的密炼机等）都是在较低温度（＜120℃）下进行后续工序，会使胶料分散更充分，以获得良好的物理性能。这就是说，在胶料硫化之前，各加工工艺主要是在较低温度下进行。但在高温下混炼时，可对多种橡胶的硫化胶物理性能产生一些有利的影响[126-129]。

Welsh 等[130]利用一系列高结构炭黑研究了高温延时混炼对轮胎胎面胶应用性能的影响。他们发现强力混炼胶的特征是门尼黏度和硬度较低，且高温滞后降低，低温滞后提高。这些都是填料聚集程度较低的表现。

Cabot 实验室已证实，对于普通炭黑和 CSDPF 两种填料填充的溶聚丁苯胶，强力混炼均可改善其滞后损失性能[114]。但就天然胶而言，用强力混炼制备的硫化胶，高温（70℃）滞后损失略高。天然胶胶料的这种出人意料的特性可能与聚合物特性有关。当用强力混炼工艺时，硫化胶性能较好，这是因为填料聚集程度降低。这表明强力混炼的温度和时间会影响混炼过程中的物理过程和化学过程，从而影响填料聚集体的形成。仅对聚合物和填料而言，尽管混炼可视为填料在聚合物中混入、分布和分散的过程，但表 8.2 中的过程也会同时发生，它们可能是控制填料聚集的主要因素。

在 5.1.7 节中曾讨论过，在混炼过程中，在填料分散的同时会形成结合胶。结合胶的形成主要来源于聚合物分子在填料聚结体上的物理吸附[34,38]，但也不能排除各种形式的化学吸附，特别是像天然胶这样的聚合物，具有较高的机械化学敏感性。在混炼过程中结合胶形成的很快[131,132]，随混炼时间的延长而连续增加，但形成的速率在下降。在混炼完后，此过程并未结束，因为在胶料停放期间，结合胶还会继续增加[35,36,127,133,134]。热处理和延长混炼时间都会加速这些过程。因为通过提高温度可增加聚合物链段的活动性，提升聚合物链的扩散速率，迁移至有利于物理吸附和化学吸附的位置。

表 8.2 混炼期间发生的物理过程和化学过程

填料在聚合物中的混入,分布和分散		
聚合物	聚合物-填料相互作用	填料
聚合物分子的凝胶化； 聚合物链的断裂	形成结合胶； 聚合物链在填料表面上的物理吸附和化学吸附； 与其他配合剂的相互作用	填料聚结体的破坏

有证据表明，在高温下聚合物会凝胶化。凝胶化与聚合物分子的交联有关(虽然无硫化剂存在)。因此，可以相信在高温下，特别是延长混炼时间时，在密炼机中会发生类似的化学过程。在填充胶中聚合物链以及聚合物凝胶可以交联到填料上。因此，一般来讲，用标准方法测量的结合胶包含两部分，即真正结合在填料表面上的结合胶和交联形成的凝胶，不管凝胶是否交联形成填料-凝胶。简而言之，强力混炼会增加由于聚合物交联而形成的结合胶含量。

在高剪切混炼过程中，分子链会发生断裂，该过程会受混炼强度的影响(见图 5.19 和 5.20)[135-143,192,193]。在第 3.5.3 节中已讨论，结合胶可有效降低填料聚结体聚集速率，而分子链断裂则有利于填料聚集体的形成。因为它既会减少结合胶的含量，也会在聚合物中引入更多的链端，这是聚合物材料机械滞后损失的来源之一。因此，高强力混炼有时对炭黑填充 NR 的动态滞后不利[114]。

混炼期间也会发生填料聚结体的破裂，结合胶的形成也与该过程有关。在强力混炼中，聚结体破坏应较明显。如前所述，高结构炭黑对此过程更加有利。所以它是结合胶较高的原因之一。因此，虽然用低结构炭黑也可以观察到相同的现象，但程度较低。

应指出的是，结合胶含量随强力混炼而增加，而胶料的黏度却不增加。事实上，在大多数情况下黏度是降低的[130]。Wang[226]认为这一矛盾是由于填料聚集造成的。由于橡胶暂时包容在聚集体内会增加填料的有效体积[66]，因此填料聚集会大大增加胶料的黏度。但在强力混炼中，在聚合物中由于填料聚结体聚集程度低，完全能够补偿因结合胶增加所带来的影响。所以整个胶料的黏度较低。该观点得到很多实验结果的支持。譬如白炭黑胶料，在用 TESPT 偶联剂后，结合胶含量提高了近 100%（无偶联剂为 21.1%，有偶联剂为 41.5%），但用 DEFO 塑性计所测的黏度下降 20%[67]。而含 50 份白炭黑的胶料，在加入 2.5 份 TESPT 后，门尼黏度从 150 降到 80[144]。这毫无疑问 TESPT 使黏度降低是由填料聚集程度降低造成的。

除混炼温度和时间外，配合剂的加入顺序也是影响橡胶性能的关键参数。已有报道，结合胶的形成随配合剂的混入顺序改变而变化很大[33,145]。

事实上，为了获得比较好的动态性能（特别是滞后与温度更好的相关性），对于炭黑和炭-二氧化硅双相填料填充胶，最优的混炼顺序是：首先将填料混入聚合物，然后加入操作油，随后再加入其他配合剂[114]。

使用偶联剂时，一种有效的方法是用偶联剂对填料表面预改性[99]。实际上，用各种硅烷预改性白炭黑已实现商业化[91]。预改性填料（特别是预改性白炭黑）有很多优点：偶联剂的效率比较高，混炼工序灵活，在混炼期间消除了乙醇的释放，降低水分含量等[146]。然而，当不得不对填料表面进行原位改性时（即偶联剂和填料在混炼过程中发生反应，这可能要比预改性产品更经济），应特别注意偶联剂和其他配合剂的混炼顺序。例如，就添加 TESPT 的白炭黑胶料而言，所有可能干扰偶联剂乙氧基团反应的配合剂都必须排除[92]。因此，对于两段混炼工艺（即在第二段只加入硫化剂时），应在其他配合剂加入前，将 TESPT 与白炭黑一起加入，充分利用两者的独立反应时间，以获得最好的改性效果。就多段混炼而言，硅烷最好在一段加入，以获得较好的动态滞后性能[147]。

加入操作油时，在加入油前，最好先加入偶联剂，因为操作油分子会占据填料表面，并干扰填料和偶联剂的反应[114]。但这对白炭黑胶料可能并不重要。在这种情况下，操作油和白炭黑表面之间相互作用较弱，由于白炭黑表面极性较高，因此可以促进硅烷偶联剂中乙氧基或其水解后的硅羟基与填料表面硅羟基的反应。不过这对炭黑填充胶可能是非常关键的，因为炭黑表面与操作油有很强的亲和性，这会阻隔活性中心接受偶联剂。在这种情况下，较好的混炼工序应该是，首先将偶联剂与填料一起加入聚合物中，随后加入操作油和其他配合剂。

8.1.4 预交联的影响

在 5.1.7.2 节中讨论了 MRPRA[148] 用几种硫黄给予体改性的聚合物-炭黑母炼胶而提高混炼胶结合胶的现象。他们发现在反应性混炼后，聚合物链上键合了一定数量的硫黄给予体，聚合物-填料相互作用提高，结合胶含量大幅增加，动态滞后损失（用 23℃时的 tan δ 表征）明显降低。尽管滞后损失低可能与填充胶的交联密度较高有关，因为硫黄给予体可作为额外的交联剂。但同样重要的是，结合胶含量高会抑制填料聚集，因而改善滞后损失。结合胶含量高可能来自聚合物改性，因为在聚合物链上接枝了某些官能团，这些接枝官能团的极性一般比烃类聚合物高，可以较强地吸附在填料表面上。另外，因为作为硫黄给予体会在高温时使胶料产生有效的交联而在一定程度上阻止填料在后续加工过程中聚集。

Terakawa 和 Muraoka[149] 在密炼机中将环氧化天然胶（ENR）和 50 份炭黑 N330 与己二胺进行混炼，与无二胺类交联剂胶料相比，结合胶含量较高，硫化胶的 Payne 效应大幅度减小，而 tan δ 降低。图 8.23 是两种硫化胶的 tan δ 与温度的相关性。可以看到，两条曲线在约 0℃时有一交叉点。他们认为，动态性能的改进主要是由交联密度的增加和聚合物-填料相互作用的增强造成的。事实上，虽然交联密度高与低滞后有关，但较低的 Payne 效应和 tan δ 温度曲线的交叉现象明确表明胶料中的填料聚集得到了抑制。如前所述，尽管加入胺类可能提高填料-聚合物间的相互作用，但在混炼过程中环氧基团与胺类发生交联反应的可能性更高。众所周知，环氧材料与胺类可在室温下发生交联反应，且交联反应速率随温度上升而大幅上升[150]。虽然文章中未说明混炼温度，但估计排胶温度高于 120℃。如是，聚合物应产生大量的凝胶。

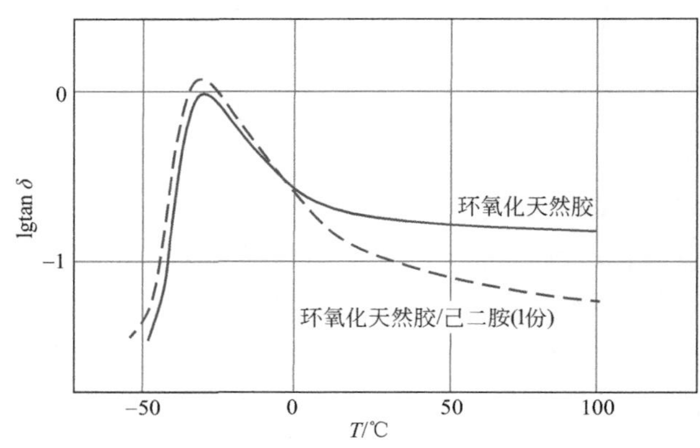

图 8.23　己二胺对炭黑 N330 填充 ENR 胶料的 tan δ 与温度相关性[149]

［ENR：环氧化天然橡胶，环氧化量为 25%（摩尔分数）］

Gerspacher 及其同事[151,152] 把所有硫化剂（包括硫黄和促进剂）加入密炼机中，使橡胶产生一定程度的交联。所得胶料具有较好的宏观分散和微观分散的同时，硫化胶的动态性能也得以改善。但当胶料交联程度较高时，将不能用传统设备完成后续加工，如开炼和挤出。

混炼早期加入交联剂的另一个优点与偶联剂有关。如在第 8.1.2.3 节所讲的那样，像 TESPT 这样的偶联剂有三个功能：一是改性填料表面以降低填料-填料相互作用；二是在填料表面和聚合物分子链之间引入共价键以加强聚合物-填料相互作用；三是产生较高的结合胶含量（包括聚合物凝胶）以防止填料聚集。第三个功能可以在混炼早期阶段加入额外的硫黄同时减少偶联剂的用量加以补偿[153]。这种情况下，单用硫黄的交联速度很低[154,155]，所以胶料黏度不会很快提高，通过调节混炼温度和时间，可将加工性控制在可接受的范围。

人们已经认识到，由于填料聚集主要发生在胶料的硫化阶段[156,126]，所以有必要改善胶料的硫化特征（即减少不必要的焦烧时间和增加硫化速率），这在动力学上也会抑制填料聚集。已有报道[114]，炭-二氧化硅双相填料填充的胶料，高温下 tan δ 与 Payne 效应随硫化体系中超促进剂四苄基二硫化秋兰姆（TBzTD）用量的增加而单调下降。虽然这会影响硫化胶的交联密度和交联键结构，进而改变硫化胶的动态性能；但受外加超促进剂的影响，焦烧时间变短，硫化速率变快，使聚合物的黏度快速上升，会有效地减缓并最终阻止填料聚集过程。

8.2 抗湿滑性能(摩擦)

众所周知，因为在湿滑过程中涉及的动态应变频率很高[3,6,157-159]，所以胎面胶在低温及可测频率下的动态滞后损失（即 tan δ）对于抗湿滑性能非常重要。研究发现，黏性模量和抗湿滑性能之间具有较好的相关性[160,161]，也有人用胶料动态模量的不同函数[162-164]或结合滑移试验中的磨耗，来拟合抗滑试验中的试验结果[165,166]。大多数研究人员都认为，胶料在基材上的摩擦由几种耗能组成，其中包括形变滞后、黏附、破坏（磨损或撕裂），甚至还有在水中的黏性剪切损耗[162,167,168]。普遍认为，前两个组分对于弹性体在刚性表面上的摩擦起着决定性的作用。这两个组分主要取决于硫化胶的动态性能，尤其是滞后损失和动态模量[162,167-170]。

“绿色”轮胎（以下简称“绿胎”）实现工业化生产后，发现其除了滚动阻力较低外，还具有较好的抗湿滑性能。某些研究认为，绿胎的这一特点是由硫化胶的动态性能决定的，如低温[158]、高频[171]条件下的 tan δ 较高及高速下 G'' 较高所致[160]。每种理论都曾成功地解释了他们的实验结果。然而后来发现，当使用新填料时，硫化胶的湿摩擦性能很难完全用动态性能来解释。例如，当乘用车胎胎面胶料中加入炭-二氧化硅双相填料（CSDPF 2000）时，其动态性能与配方类似但填料为白炭黑（偶联剂为 X50S）的胎面胶基本上是一致的，包括恒应变下动态性能的温度扫描数值（图 8.24），以及恒定温度下动态性能的应变扫描数值（图 8.25 和图 8.26）。根据 WLF 原理，由不同温度和频率得到的动态性能主曲线也表明，CSDPF 和白炭黑填充胶是相似的，但与炭黑硫化胶的主曲线相差很大[172]。然而，利用英国便携式抗滑性试验机（BPST）[173] 和 Grosch 磨耗摩擦试验机（GAFT）[174] 所测结果表明，CSDPF 填充乘用车胎面胶的抗湿滑性虽然比相应炭黑填充胶的好，但远不及白炭黑填充的胎面胶料。

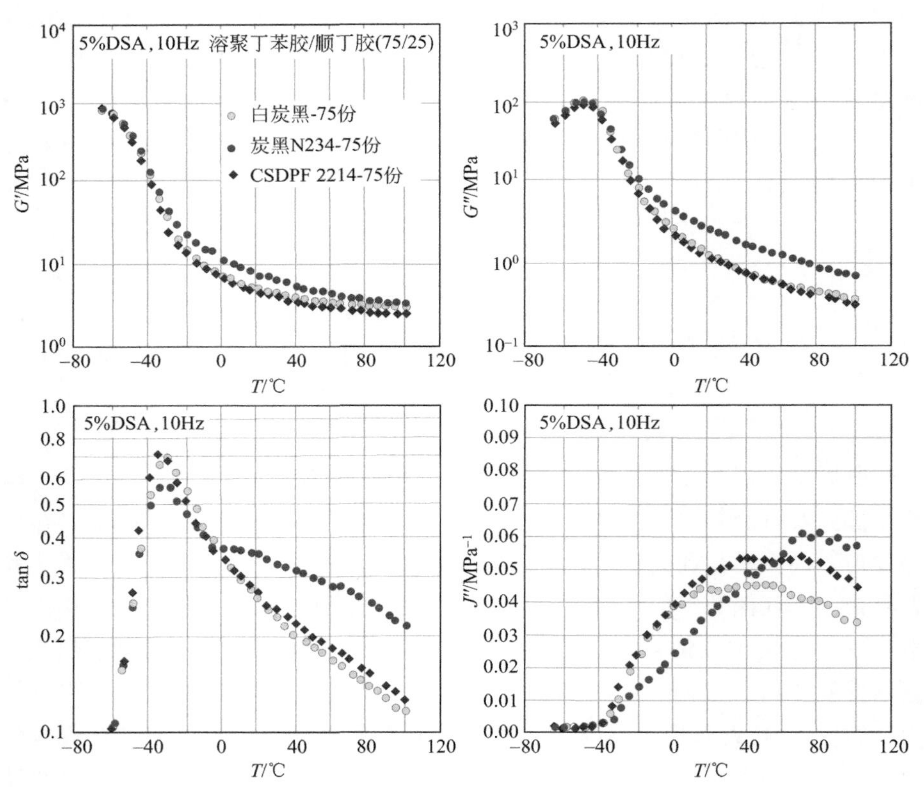

图 8.24　含不同填料的乘用车胎面胶动态性能与温度的相关性

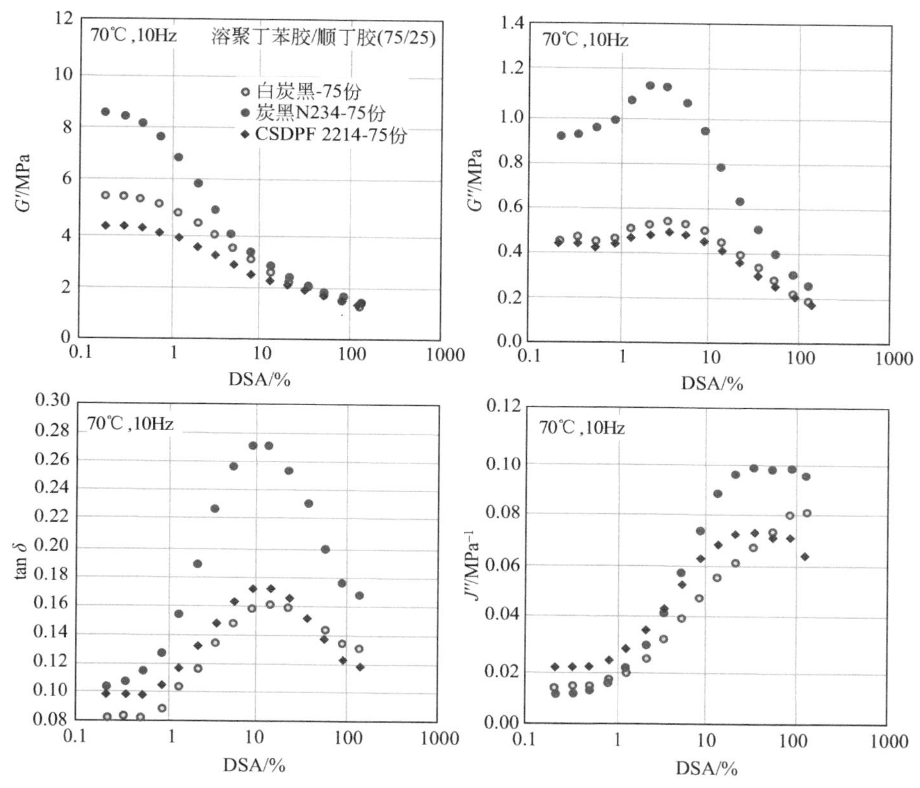

图 8.25　含不同填料的乘用车胎面胶在 70℃下动态性能与应变的相关性

另外，自从绿胎实现商用以来，对其抗湿滑性进行了许多研究工作，并积累了大量的实验室和轮胎试验结果。研究发现，白炭黑填充胶的抗滑性并非总比炭黑填充胶的好。例如，在类似于卡车轮胎的运行条件下，白炭黑轮胎抗湿滑性能就比较差[175]，而对乘用车而言，白炭黑轮胎在干路面上的抗滑性能也不好[176]。同样对乘用车轮胎来讲，用白炭黑作填料的抗湿滑性能也并非总是好的。表 8.3 中根据轮胎和汽车制造商以及填料供应商的结果归纳了白炭黑和炭黑的适宜使用条件。从中可以看到，抗湿滑性能所涉及的机理远比使用动态性能预期的复杂得多。显然，人们需要用一种统一的（非专属的）理论来解释所有填料对抗滑性能的影响，即各种不同填料引起的各种现象都应遵循一个通则或原理。

表 8.3　含炭黑和白炭黑胎面胶在不同条件下的抗湿滑性能对比

实验条件			炭黑	白炭黑
路面		干	+	−
		湿	+/−	−/+
抗湿滑性	路面结构	低 μ（0.2～0.5）	−	+
		高 μ（＞0.6）	+	−
	制动系统	抱死轮	+	−
		ABS（防抱死）	−	+
	温度	低	−	+
		相对较高	+	−
	速度	较低	+	−
		较高	−	+
	负荷	低	−	+
		高	+	−

注：+：有利；−：不利；μ 为摩擦系数。

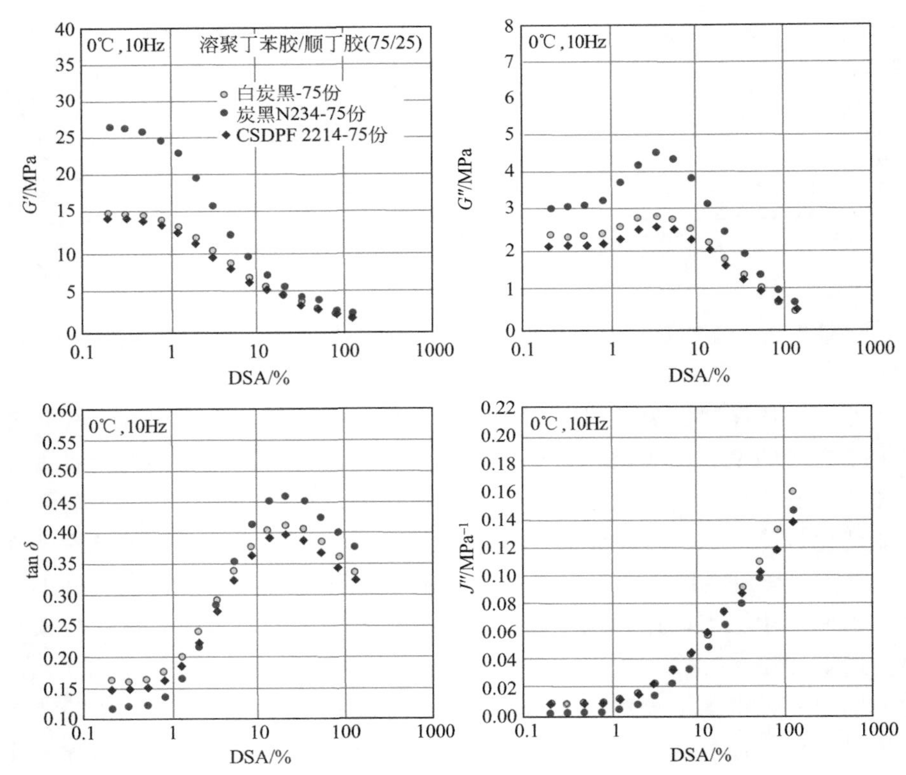

图 8.26　含不同填料的乘用车胎面胶在 0℃下动态性能与应变的相关性

尽管胎面胶的动态性能，即低温下的动态滞后损失和模量很重要，但润滑性能同样也很重要。涉及橡胶的液体润滑种类有四种：流体动力学润滑（HL）、弹性-流体动力学润滑（EHL）、微观弹性-流体动力学润滑（MEHL）以及界面润滑（BL）[175,177,178]。在不同试验条件下，微观弹性-流体动力学润滑（MEHL）对抗湿滑性能的影响取决于胎面胶料的组成，如聚合物和填料的性质，尤其是聚合物和填料的相互作用。

8.2.1 抗滑机理

8.2.1.1 摩擦和摩擦系数（静态摩擦和动态摩擦）

摩擦是阻碍两个接触面相对运动的阻力。摩擦力 F 与外部影响因素基本无关，只与两个表面之间的法向作用力 N 成正比，并遵循如下定律：

$$F=\mu N \tag{8.2}$$

式中，μ 是摩擦系数，与接触压力和接触面积无关。

摩擦系数存在两种形式。一是静摩擦系数，适用于静态试样，由产生运动所需的力除以将相对表面压合在一起的力；二是动摩擦系数，适用于运动试样，此系数是保持特定表面速度所需的力除以将两个压在一起的力。摩擦系数越小，物体滑行就越容易。动态摩擦系数随所施加的负荷、速度和温度的变化而变化[179]。

8.2.1.2 两个刚性表面之间的摩擦

刚性表面之间的摩擦力是假定两个刚性表面实际接触面积远远小于表观接触面积，因此接触点的压力非常大。两个金属表面相对滑动时，接触点紧密结合在一起，并受切向摩擦力的剪切作用。在这些条件下，摩擦系数是两种材料中较弱者的剪切强度与屈服压力之比[160]。如果硬固体表面与软表面接触，硬表面的凸起将压入软表面内，直至接触面积与屈服压力的乘积与局部法向反作用力相平衡。在切向力的作用下，软材料被划开。这种摩擦理论表明，摩擦系数 μ 是 τ_c/H 的比值，τ_c 是软材料的临界剪切应力，而 H 是软材料的硬度[180]。当两个粗糙表面紧密接触时，两相对表面相互交错的凸起滑移也会消耗摩擦能[181]。由此可知，摩擦系数还取决于其他因素，诸如材料表面的粗糙度。在所有这些情况下，材料的塑性形变也对摩擦系数起重要作用。

8.2.2 橡胶与刚性固体表面之间的摩擦

黏弹性材料在滑动过程中摩擦能的消耗是由固体内部滞后产生的。与固体材料（如金属）通过塑性流动消耗能量不同的是，橡胶的滞后过程一般只产生很少的塑性流动，因而产生有限的永久变形[181]。但处于橡胶态时，聚合物链的运动性很高，这决定了橡胶状聚合物的一般摩擦规律，尽管产生摩擦的两个主要因素也是黏附和形变（或滞后）。

8.2.2.1 干摩擦

(1) 黏附摩擦[2,168,182] 当橡胶压在硬表面上时，在实际接触面积上产生压力。接触面积取决于所施加的法向压力、橡胶的弹性模量以及相对表面的形态或微观和宏观粗糙度。尽管橡胶和刚性表面之间产生的摩擦力也包含黏附和变形(与硬表面一样)，但由于聚合物处于橡胶态时极易变形，所形成的实际接触面积与标称面积相当。因此，形成的实际接触面积会产生一定量的静摩擦，它是构成切向应力作用中运动阻力的一部分，而该阻力 F_a 是由聚合物在相对表面上的黏附所形成的，通常认为这是接触面表面分子相互作用的结果。然而，橡胶的滞后现象也起非常重要的作用。如混合理论（见下面）所述，这是由于在摩擦过程中分子黏附力的黏弹性本质所致[182]。即使聚合物与硬表面的黏附较弱，剪切过程中在接触界面处也会产生切向应力，有时甚至会超过本体的最大剪切应力。

现在有几种涉及黏附分量的弹性体摩擦理论。其中，由 Bulgin，Hubbard 和 Walters[2] 提出的所谓混合理论[182]尽管简单却具有代表性。在该理论中，一部分考虑了分子黏附产生黏着-滑移现象，另一部分则采用力学模型提出了一些观点，其基本概念如图 8.27 所示。当橡胶以速度 v 在硬表面上滑移时，假定在 A 点处发生“黏附”，并持续一段时间，其间系统移动的距离为 λ。之后在 A' 处脱离，又在新的位置 A 处黏附。在该过程中，由动态应变产生的总能耗等于摩擦的外部功 $F_{ad}\lambda$，式中 F_{ad} 是摩擦力。相应地，在法向负荷 W 作用下，黏附摩擦力由公式（8.3）描述：

$$F_{ad}=K\sigma_{ms}(W/H)\tan\delta \tag{8.3}$$

由 F/W 定义的黏附摩擦系数 μ_{ad} 为：

$$\mu_{ad}=K(\sigma_{ms}/H)\tan\delta \tag{8.4}$$

式中，K 是比例常数；σ_{ms} 是在单元面积上可产生的最大应力；H 是硬度（H 和 W 共同决定聚合物和刚性表面之间的实际总接触面积）；$\tan\delta$ 是损耗因子，是黏着-滑移过程中消耗的能量与储存的能量之比。显然，σ_{ms} 是由接触区域的黏附强度决定的。另一方面，尽管黏附摩擦阻力是由黏附性产生的，但 σ_{ms} 也取决于橡胶的黏弹性能 $\tan\delta$。这说明，黏附过程中摩擦能消耗主要是通过形变损耗（即黏弹滞后）产生的。黏附的作用是增大形变损耗的幅度[181]。

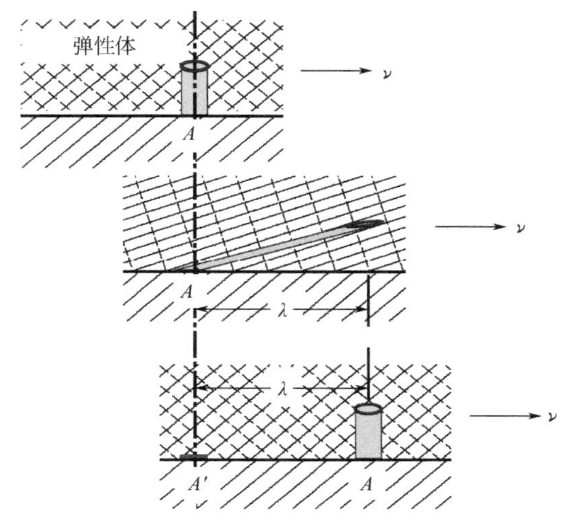

图 8.27 黏着-滑移摩擦机理示意图

就黏附而言，概念有些矛盾，部分是由于表述的原因。一般说来，“黏附”主要是指两个表面在没有任何外部作用的情况下黏合在一起。但是，对于固体表面而言，即使在很洁净的情况下，一般也不会粘到一起。另外，在考虑能量耗散机理时也有一些矛盾。因为克服黏附力时所需要的主要功是来自本征表面能 γ，金属的表面能约为 $1.0J/m^2$，而非极性或极性低的固体（如橡胶和聚合物）则为 $0.03J/m^2$。这对于所观察到的摩擦力而言太小了[181]。因此，如公式(8.4) 所示，能量耗散也是源自固体内的形变损耗。显然，用“切向相互作用”可能要比用“分子间相互作用”能更好地描述该过程。

(2) 滞后摩擦[168,183] 虽然摩擦的黏附组分也取决于材料的形变滞后，但仅限定在材料的表面，即只有橡胶的表层产生形变。对于形变或滞后摩擦而言，滞后效应由微观和宏观凸起（如汽车轮胎在路面上遇到的情况）导致的聚合物本体形变产生的。滞后摩擦原理可用所谓的“统一理论”来描述[183]。如图 8.28 所示，假若将橡胶压在一个凸起的物体上，在这种静态条件下，会形成无净侧力的弹性压力分布。此时的滞后摩擦为 0。但在水平推力的作用下，橡胶在凸起的前缘堆挤，在凸起最高点后的斜坡某处脱离接触。这样就形成了扭曲的压力分布，产生了与橡胶运动方向相反的净滞后摩擦力。当滑动速度不断增大，接触区进入一个新的位置，此时压力不对称的程度以及滞后摩擦力的幅度都将增大。进一步增加速度将使橡胶在接触区不断地收缩或拉伸，从而使摩擦力逐渐下降。以这种方式在粗糙表面产生的橡胶滞后被称为宏观滞后。当然滞后也有可能是与微观凸起的相互作用产生的，此时被称为微观滞后。但是，随着固体表面越来越光滑，微观滞后损失下降，直至达到一个特征光滑度，之后摩擦阻力完全由界面处的黏附产生。一般说来，当滑动速度为 v 时，滞后摩擦系数 μ_{hyst} 由下式决定[168]：

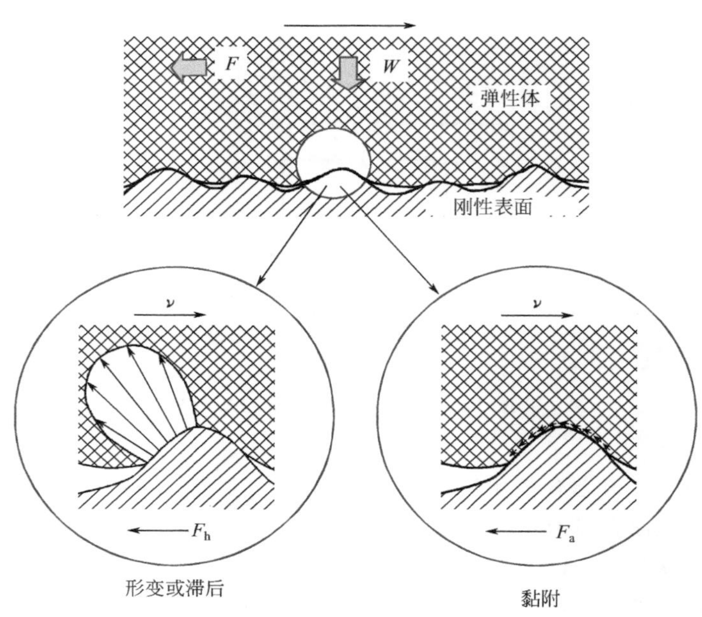

图 8.28 统一摩擦机理示意图

$$\mu_{hyst}=K'(p/E')^{n}\tan\delta \qquad (8.5)$$

式中，$n\geqslant 1$；p 是每个凸起上的平均压力；E'是橡胶弹性模量。该公式中，常数 K'与凸起上的不对称压力分布和速度有关[168,180,184]。

总之，就橡胶和刚性固体表面之间的摩擦而言，在所有涉及的机理中，橡胶的黏弹性起着决定性的作用。

8.2.2.2 湿摩擦

按照流体力学理论，在两个相对运动的固体表面之间引入一流体膜时将会膜内形成流体动力学压力，从而产生润滑效应。如果润滑膜的厚度大于固体表面凸起的高度，则在非密合高压接触下，摩擦阻力取决于流体力学机理和弹性流体力学（EHD）机理，见图 8.30(a)。如果固体表面硬度致使凸起形变基本上是弹性的，则固体形变能耗损失对摩擦力的贡献是不大的。此时的摩擦力主要取决于界面膜的剪切强度[181]。

在恒定应变速率和温度下，薄膜的剪切应力 τ 随压力 p 变化关系式如下；$\tau=\tau_1+Cp$，τ_1 和 C 是常数，该关系式适用于薄膜厚度从约 1.0mm 到几个单分子层。

(1) 弹性流体动力学润滑 弹性流体动力学润滑是指在流体动力学润滑过程中，固体弹性形变起着重要的作用[185]。这样就产生了经典流体动力学润滑没有考虑的两种效应：高压对流体润滑剂黏度的影响；弹性固体的局部明显形变。这些效应显著改变了润滑剂膜的形状，从而改变了接触区的压力分布。在这种情况下，产生的流体力学压力必须与相接触固体的弹性压力相匹配。在接触点处的弹性流体力学最终状态取决于基本的润滑理论和固体的弹性性能。因此，由弹性流体动力学效应产生的润滑剂膜厚度会大幅变化，这将影响从流体动力学润滑到界面润滑的转变。

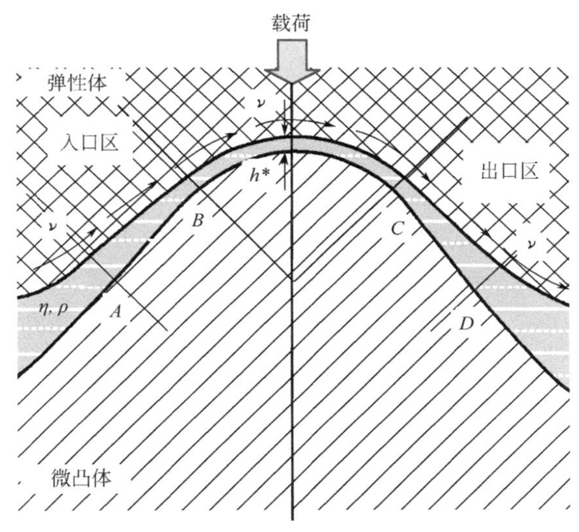

图 8.29 水膜厚度—弹性流体动力学效应

(2) 橡胶在刚性凸起上滑移时润滑剂膜的厚度 在有润滑剂的条件下，当弹性体在刚性体凸起上滑移时就会产生弹性流体动力学效应。如 Moore 所述[186]，这种效应可以用弹性体在负荷作用下于润滑的二维正弦形凸起表面上的滑移来表示（图 8.29）。无切向运动时，在法向负荷 W 作用下，凸起顶部的润滑剂会被挤出去。当以速度 v 作切向运动时，润滑剂膜入口区将产生向上的流体力学压力楔。由于该压力受到弹性体的反作用，所以会在垂直方向达到弹性流体力学平衡，在滑动过程中使弹性体表面产生稳态形变。假若薄膜的中心部分具有固定的厚度，并在出口区的压力快速下降。滑动过程中，B 点的厚度值下降至 h^*。当达到弹性流体力学平衡后，根据 Reynolds 流体力学润滑公式，Moore 推导出了以下关于 h^* 与弹性体模量 E 之间的关系式[187]：

$$h^* = f_{ws} [\eta\nu]^{1/2} \left[\frac{LR(1-\grave{\nu}^2)}{\pi WE} \right]^{1/4} \tag{8.6}$$

式中，η 为润滑剂黏度；L 为与纸面垂直的长度；R 为凸起的半径；W 为负荷；ν 为滑移速度；$\grave{\nu}$ 为弹性体的泊松比；f_{ws} 为楔的形状因子。可以看出，除了弹性体的模量外，润滑剂的薄膜厚度取决于滑移速度、基材表面粗糙度（与凸起的半径有关）以及润滑剂的黏度（与温度和负荷有关）。

(3) 界面润滑 实际情况中常常达不到流体润滑，尤其是滑移速度低或负荷较大的情况下。此时，润滑剂层破裂，表面被分子尺度的润滑剂膜分离。在这样的条件下（称为界面条件），有一层非常薄的润滑剂膜通过很强的分子黏附力黏附在基材上。润滑剂膜显然失去其本体流体性能[187]。在此情形下，水的本体黏度对摩擦性能基本失去作用。此时摩擦只受下层表面性质以及润滑剂化学组成的影响。界面润滑在工程上和轮胎使用中极为重要，因为，界面膜润滑的表面摩擦系数要远远高于流体润滑表面的摩擦系数[188]。

从流体动力学润滑向界面润滑的过渡是逐步完成的。随着滑移速度的下降或负荷的增加，将表面分开的润滑剂楔变得越来越薄，能够穿透薄膜的表面凸起的数量越来越多。在这些凸起的顶部，润滑是界面性的，从而使界面润滑随液体润滑的减少而逐渐增多[188]。因此，中间存在一过渡区，在过渡区内流体动力学润滑和界面润滑均存在。但是，这一过渡区的形成不仅取决于试验条件（包括润滑剂类型），而且在很大程度上还取决于固体表面的性质。

(4) 界面润滑在刚性体-刚性体表面和刚性体-弹性体表面之间的区别[189]

通常，在界面润滑条件下，总摩擦数 μ_{BL} 是其流体组分 μ_{liq}、固体组分 μ_{solid} 及形变组分 μ_{deform} 之和：

$$\mu_{BL} = \mu_{liq} + \mu_{solid} + \mu_{defom} \tag{8.7}$$

对于一个在刚性体表面上滑移的刚性表面，诸如金属在金属上滑移［图 8.30(c)］，摩擦力 F 可表达为在凸起顶部的固体摩擦力与在空隙里的液体摩擦力以及划损（形变）产生的划损作用力之和。

假若划损作用忽略不计，并且流体摩擦对摩擦力的影响远小于固体摩擦力，Moore 提出下式说明刚性体表面在刚性体表面上的摩擦系数[189]：

$$\mu_{BL} \ll \mu_{dry} \tag{8.8}$$

式中，μ_{dry} 是干条件下的摩擦系数。公式(8.8) 表明，摩擦系数因润滑而减小。但是，摩擦系数的减小还取决于润滑膜的界面性能，而界面性能则取决于固体的表面性质以及润滑剂本身的成分。

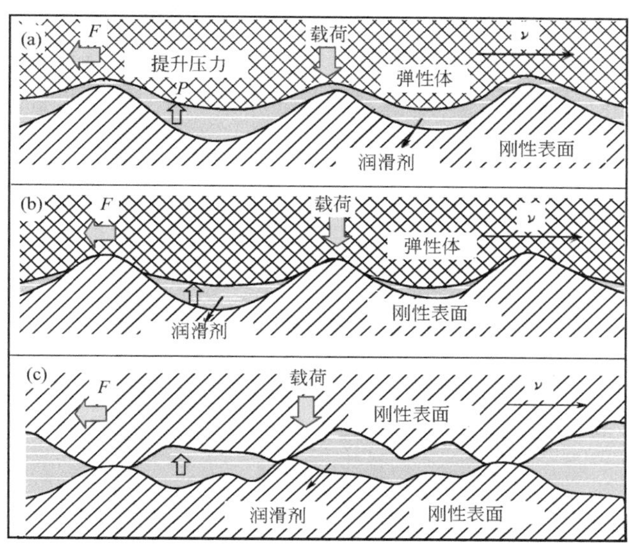

图 8.30 润滑示意图
(a) 弹性流体动力学润滑；(b) 界面润滑（弹性体在刚性体表面上）；
(c) 界面润滑（刚性体表面在刚性体表面上）

在有润滑剂的条件下，当弹性体在粗糙的硬质基材上滑移时，情况则大不相同。如果滑动速度低到足以忽略凸起顶部带走的流体，但同时高到足以在相邻凸起间的空隙中产生流体力学提升力时，就具备界面润滑的条件。但是，这种情况与图 8.30(c) 金属-金属不同，此时界面润滑表面间的液膜是连续的［图 8.30(b)］。在凸起顶部的液膜极薄，其性能与空隙中的本体润滑剂性能大不相同。由于凸起顶部附近的物理-化学相互作用，润滑剂可能会具有某些与在凸起处下陷弹性体有关的性能。通过分析干燥和界面润滑条件下滞后摩擦系数的相对大小，并比较了凸起顶部相互作用润滑剂层的剪切强度、干燥条件下凸起顶部的剪切强度、流体本体的剪切强度，Moore 认为在界面润滑条件下，弹性体在刚性体表面上滑移的摩擦系数为[189]：

$$\mu_{BL} \geqslant \mu_{dry} \tag{8.9}$$

这说明，与刚性体-刚性体体系不同，在弹性体-刚性体表面滑动系统中加入润滑剂后，在界面润滑状态下，滑动摩擦系数并不一定明显降低。

8.2.2.3 某些胎面材料摩擦性能的评述

在车辆制动过程中，轮胎抗滑性取决于胎面胶料在干、湿路面上摩擦力的大小。因此，有必要简单评述一下能够与路面接触的胎面胶中各种组分的基本摩擦数据。轮胎使用过程中，胎面磨损存在两种情况：一是表面完全由橡胶组成，即填料聚结体被橡胶膜包覆；二是部分表面有裸露的填料聚结体。研究胎面表面每种组分对总摩擦的贡献就可以推断使用过程中胎面胶料在路面上的摩擦特性。但这是很困难的，因为缺乏橡胶、白炭黑和炭黑等材料在实际路面（如玄武岩石板路或沥青路面）上的基本摩擦数据。因此，将以玻璃、炭材料和石墨作为白炭黑和炭黑的模拟材料，并以玻璃或金属作为路面或滑道的模拟材料来推断它们之间的摩擦数据。

(1) 炭和石墨 炭黑聚结体主要是由所谓准石墨结构的微晶和少量的无序（无定形）碳组成，因此可以将石墨和炭材料作为炭黑的模拟材料。众所周知，即使没有润滑剂，石墨在固体表面上的摩擦力也比较小。钢在石墨上的摩擦系数约为 $\mu=0.1$，即使在很高的温度下，这种摩擦力也不高。产生此现象的原因主要是由于石墨系层状结构。这种结构具有显著的各向异性，在与层面平行方向上，剪切强度非常低。对于非石墨炭表面而言，钢在炭上和炭在炭上的摩擦系数 μ 都约为 0.16，使用润滑剂时下降到 0.13[190]。

(2) 玻璃 因为化学性质相似，所以选取玻璃来模拟白炭黑。已经知道，干净玻璃在玻璃上的摩擦系数为 0.9，这远远高于炭材料在硬滑道上的摩擦系数。也有报道，在滑移过程中，从表面脱落的玻璃碎片已严重形变，这说明在玻璃面之间接触点处形成了很强的齿合，在滑移过程中这些齿合点不断地受到剪切[190]。

使用润滑剂时，摩擦力就会减小。如果用脂肪酸、醇和水作润滑剂，玻璃在玻璃上的摩擦系数 μ 则大于在钢上的摩擦系数。这证明这些润滑剂对玻璃的润滑效果较差。Sameshima 等人[191] 报道，干净玻璃在干净玻璃上的摩擦系数为 1.04，加上纯水后只产生较小的润滑效应，其摩擦系数值仅降为 0.9。

(3) 橡胶 由于橡胶易形变的特性，在与固体接触过程中，弹性体形成的实际接触面积与标称面积相当。这就使得橡胶和滑道之间贴附比较紧实，再加上橡胶在切向应力下产生严重形变，因此，摩擦力远大于刚性材料在刚性表面上的滑移摩擦。视滑移速度、温度和弹性体类型的不同，橡胶在玻璃表面上的摩擦系数可达 2.5～4[160,190]，而配合剂基本无影响，因为摩擦主要取决于橡胶的性质[190]。

润滑剂（如水）对摩擦的影响就要复杂得多。在流体动力学润滑的温度和滑移速度的范围内，摩擦主要取决于润滑剂的剪切强度或绝对黏度，此时摩擦力极低。由于弹性流体动力学效应，滑块在流体上滑移时产生一向上推的流体动力学压力。结果，相较于刚性滑块，形成了较厚的液膜。在相同滑移速度下，润滑剂薄膜较厚时剪切力较低，因而摩擦力较小。因此，对于同一刚性滑道而均为水润滑条件下，橡胶的摩擦系数要低于刚性物体。当液膜厚度降至一定厚度时，刚性滑面与刚性滑道表面凸起的顶部开始接触，进入混合润滑状态。此时，在相同的速度、温度和滑道表面粗糙度条件下，流体动力学润滑和界面润滑同时发生。对于水润滑的橡胶滑块而言，在产生流体动力学润滑的区域，由于弹性流体动力学效应，润滑剂会使滑块与滑道分离。在这种情况下，橡胶在玻璃上的摩擦力就小于玻璃在玻璃上的摩擦力。在界面润滑区域，橡胶在润滑玻璃和未润滑玻璃上的摩擦值相似［公式(8.9)］，其摩擦系数远高于玻璃在水润滑玻璃上的数值，如公式(8.8) 所示。

表 8.4 中列出了炭黑和白炭黑模拟材料在金属或玻璃上的摩擦系数[160,190,191]。

表 8.4　不同材料在钢和玻璃表面上的摩擦系数

	干表面	湿表面
炭黑①	0.1②，0.16③	0.13③
白炭黑④	1.04	0.9
橡胶④	2.5～4	与干表面类似，BL ≪0.1，EHL

① 在钢表面上。

② 在石墨表面上。

③ 硬的非石墨炭。

④ 在玻璃表面上。

注：BL 为界面润滑；EHL 为弹性流体动力学润滑。

(4) 用不同材料的表面特性预测填充胶在干、湿路面上的摩擦　基于上述关于橡胶及白炭黑和炭黑模拟材料在玻璃表面上摩擦理论和观察结果，同时根据胎面胶料的表面特性，可以预测不同条件下胎面胶的相对抗滑性能。将这些预测结果与轮胎在不同条件下的路面试验结果进行比较，将有助于理解不同材料在不同条件下的抗滑特性差异。

表 8.3 列出填充炭黑和白炭黑胎面胶抗湿性能对比的基本结果。若不考虑胶料的动态性能，则当白炭黑和炭黑都被聚合物覆盖时，预计两种胶的抗滑性能不会有大的差别；如果炭黑和白炭黑聚结体都暴露出来，则白炭黑填充的硫化胶在干、湿两种条件下抗滑性能都要好一些。在炭黑暴露在外，而白炭黑被橡胶膜覆盖的情况下，白炭黑硫化胶可能具有较低的抗湿滑性能及较高的抗干滑性能。这些推论与实验室和路面试验的观察结果并不一致。试验结果表明，炭黑硫化胶在干表面上具有较好的抗滑性能，但在湿表面上的抗滑性能较差。只有在炭黑聚结体被橡胶包覆，而白炭黑在表面裸露出来的情况下，才与抗滑试验中的结果是一致的。此推论需要通过实验加以验证。

8.2.2.4　填充硫化胶磨损表面的形态

通过总结在干、湿条件下摩擦的基本概念，以及对比胎面胶磨损表面和实际路面的模拟材料的摩擦系数，推测在湿滑试验中，在白炭黑填充胶的磨损面表层上存在裸露的白炭黑，但在炭黑填充胶的表面，填料聚结体表面依然覆盖着橡胶。通过测定填料表面能、填料对各种化学物质的吸附能，分析填充硫化胶的性能，以及用扫描电子显微镜（SEM）直接观察抗滑试验后胶料磨损表面，均支持这一推论。

(1) 炭黑和白炭黑之间聚合物-填料相互作用的比较 橡胶中填充刚性粒子，将在聚合物中产生不均匀应力分布。在拉伸情况下[192]，聚合物-填料相互作用强的硫化胶，其最大应力部位处于接近填料表面的聚合物内，这些部位可能是促成内部空洞的生成和裂口的引发点和增长点。因此，聚合物基本上不会立即从填料表面脱落，而是产生破裂。对于聚合物-填料相互作用较弱的硫化胶，填料和聚合物界面之间的结合力较低。按照界面分离机理，这时在填料表面将出现空洞，而不是在聚合物内产生破裂[193-195]。因此，在磨耗过程中，将使填料裸露在硫化胶磨损表面上。

众所周知，炭黑与烃类聚合物的相互作用要强于白炭黑，这一点不仅可从填料表面能特性证实，也可从其胶料补强性能证实。

如前所述，炭黑的一个特点就是表面能极高，尤其是色散组分 γ_s^d。炭黑 N234、白炭黑和 CSDPF 2214 的 γ_s^d 值列于表 8.5。不同化合物的吸附能与其分子占据面积 σ_m 的关系如图 5.21 所示。可以看到，炭黑的 γ_s^d 值比白炭黑的高 13 倍，而 CSDPF 的表面能比具有相似表面积的炭黑更高。聚合物-填料相互作用可用聚合物模拟化合物在填料表面的吸附自由能来表征。一般说来，轮胎中所用的聚合物是非极性或低极性材料，而非极性吸附质（如烷烃）在炭黑上的吸附能较高与炭黑的 γ_s^d 较高有关，表明其与烃类橡胶的相互作用较强，即与白炭黑相比，炭黑的聚合物-填料相互作用较强。

表 8.5 极性化合物在炭黑 N234、白炭黑 (ZeoSil 1165)和 CSDPF 2214 上的表面吸附自由能的极性组分 I^{sp} 和表面能的色散组分 γ_s^d

	炭黑 N234	白炭黑(ZeoSil 1165)	CSDPF 2214
试验温度/℃	180	180	180
γ_s^d/(mJ/m^2)	382	28	512
I^{sp}(乙腈)/(mJ/m^2)	173	278	202
I^{sp}(四氢呋喃)/(mJ/m^2)	96	271	86
I^{sp}(丙酮)/(mJ/m^2)	86	264	90
I^{sp}(乙酸乙酯)/(mJ/m^2)	48	206	53

填料混入橡胶后，炭黑和 CSDPF 与聚合物间较强的相互作用，也可通过较高的结合胶含量来证明[66,196]。结合胶是指未硫化填充胶中橡胶在良溶剂下不能

抽提的那部分聚合物，传统上用来衡量聚合物-填料相互作用的强弱。这些结果也为用差示扫描量热法（DSC）进行的聚合物-填料界面相互作用研究所证实。与白炭黑填充胶相比，炭黑填充胶的 T_g 约高 2℃[197]，而含 CSDPF 胶料的 T_g 又要比炭黑高一些。T_g 的增大是较强的物理吸附可使聚合物-填料相互作用增大，从而使界面处聚合物分子运动性降低所致。填充白炭黑的胶料，其聚合物-填料相互作用较弱的另一个证据是，在高伸长率（如 200%或 300%伸长下）下的应力相当低。在高伸长率下，填料聚集对模量的影响已消失，此时聚合物-填料相互作用在高伸长率下对应力起着重要作用。对于白炭黑而言，由于它与烃类聚合物的相互作用弱，导致聚合物分子在白炭黑表面上滑移、脱离，使硫化胶定伸应力下降[198]，而且也为橡胶拉伸下扫描电镜图所证实（图 6.26）。

虽然白炭黑胶料的聚合物-填料相互作用较弱，但在白炭黑胶料中加入了偶联剂时将使情况变得比较复杂。研究证明，在实际胎面胶料中加入偶联剂会显著增加聚合物填料之间的相互作用。可以观察到，使用偶联剂 TESPT 后，白炭黑填充胶中的结合胶含量和 300%定伸应力大大提高，均可达到或超越炭黑胶的水平。因此，白炭黑填充胶聚合物-填料相互作用弱的论断，在加入偶联剂后是不成立的。但是，这种聚合物-填料相互作用的改善是聚合物与填料表面之间形成了共价键所致。从吸附的观点来看，添加偶联剂不会增强聚合物和白炭黑之间的物理作用。这与聚合物-填料相互作用基本是物理作用的炭黑胶料的情况不同[34,38]。另一方面，对于比表面积约为 $170m^2/g$ 的白炭黑，TESPT 的实际用量约为白炭黑用量的 8%（质量分数）。如果所有偶联剂都可与白炭黑表面反应，则白炭黑表面的 TESPT 浓度约为 0.5 个分子/nm^2（或每 nm^2 白炭黑表面上有一个硅烷基团）。对于沉淀法白炭黑，表面硅羟基的浓度为 4～8 个/nm^2，这说明，只有少部分的硅羟基参与了偶联反应，因此也就只有小部分白炭黑的表面上覆盖着偶联剂。填料的大部分表面与聚合物之间是物理接触，这就使它们之间的相互作用较弱。DSC 的结果证实了这种观点，加入 8%TESPT 偶联剂对胶料的 T_g 无影响[197]。要使聚合物-填料相互作用满足拉伸模量和拉伸强度所需，似乎少量的强化学键便已足够。然而，材料仍可能在聚合物-填料界面处产生脱离，因为界面处的黏合能要低于聚合物的内聚能，因此可以推断在胶料磨损的表面上将有裸露的白炭黑。

不仅从这些直观的理由可推断在胶料的磨面上有裸露的白炭黑，而且胎面胶在湿润条件下的情况也会进一步证实这种观点。研究表明，对于高度硅烷化改性的白炭黑，极性很高的小分子物质（如乙腈）可以穿透改性接枝层，并吸附到白炭黑表面[80]。另外，在氨气氛中用甲苯作溶剂时，白炭黑胶料的结合胶含量大幅下降，其硫化胶的溶胀度大幅提高[66,198]。这是由于在白炭黑-聚合物界面处吸附了大量氨分子，致使聚合物从白炭黑表面分离。可以推测水也应有类似效应，因为它与白炭黑表面尤其是未偶联的硅羟基有强烈的氢键作用。对于炭黑而言，氨不会对结合胶含量以及硫化胶的溶胀度产生大的影响，水也是如此。这说明在湿润条件下，表层胶料由于吸附水其白炭黑-聚合物相互作用进一步弱化，而炭黑则不受影响。

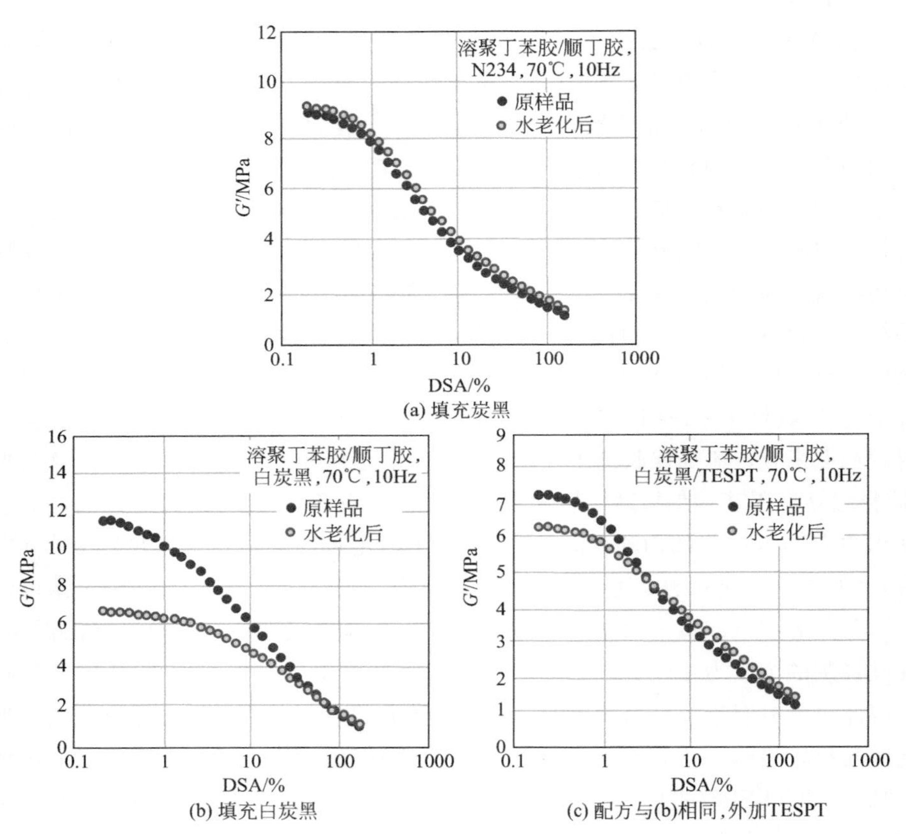

(a) 填充炭黑

(b) 填充白炭黑

(c) 配方与(b)相同，外加TESPT

图 8.31 炭黑和白炭黑填充硫化胶在 80℃水中浸泡 10d 后弹性模量与应变的相关性

水吸附对填充胶动态性能的影响，能更好地表明水在聚合物-白炭黑界面处的吸附。图 8.31 为白炭黑、TESPT 偶联白炭黑和炭黑 N234 填充硫化胶的应变相关性。可以看出，填充胶在 80℃水中浸泡 10d 后，TESPT 偶联白炭黑胶的 Payne 效应（低应变振幅和高应变振幅下的弹性模量之差）大幅下降，未偶联白炭黑胶的降幅更大，而炭黑却未观察到有此现象。将白炭黑硫化胶在水中浸泡后，Payne 效应的大幅降低进一步反映了水在硫化胶中白炭黑表面的吸附。现已公认，Payne 效应是填料聚集程度的度量。在低应变振幅下，填料聚集体未破坏，暂时包容在聚集体中的聚合物在应力下其特性像填料，因而填料的有效体积增大，致使模量增大。应变幅度增大，会导致填料聚集体破坏，使包容在聚集体里的橡胶释放出来参与形变，从而使填料的表观体积分数降低，相应地模量大幅下降[38]。填料表面吸附水后，聚结体之间的距离增大，填料-填料接触区的相互作用下降，从而使低应变下的模量及 Payne 效应下降。就炭黑而言，Payne 效应不发生变化，说明由于聚合物-填料相互作用强，炭黑极性低，所以在填料-聚合物界面处基本未吸附或吸附很少的水分子。尽管这些结果是在较高温度和较长浸泡时间下获得的，但结论仍适用于湿滑试验条件，因为在胶料的外皮处，水在胶料中的扩散距离极小，在橡胶与水接触后吸附应该很快完成。

总之，聚合物-白炭黑相互作用较弱及白炭黑表面的高极性，使得橡胶在滑移过程的剪切应力下从白炭黑表面剥离下来，形成白炭黑裸露表面。在湿条件下，由于水的吸附作用，这种情况更为突出。与之相反，因为炭黑表面极性小，且与聚合物的相互作用强，在此条件下的炭黑表面仍为橡胶覆盖。在很多情况下，白炭黑和炭黑填充硫化胶的表面特性，可通过其对某些硫化胶试验结果的影响进行判别。

(2) 湿条件下试样磨耗对摩擦系数的影响 研究发现，在湿条件下，用未预磨的试样在 Grosch 磨耗摩擦试验机（GAFT）上进行试验时，起初白炭黑和炭黑填充胶在磨砂玻璃表面上的摩擦系数没有任何的差别。但试验进行 50min 后，数据达到稳定状态。此时白炭黑胶的摩擦系数比炭黑胶高 15%（图 8.32）。曾认为这种差别是由这两种胶料的硫化程度不同所致，由于热传导的原因，试样表面胶料比内部胶料硫化程度高，这将导致试样表面交联键密度和交联键结构与试样内部不同。但这种说法与抗湿滑试验的结果并不一致。如果将炭黑和白炭黑填充胶试样的硫化时间再延长 10min，由 BPST 测得的抗湿滑性能却未发生任何变化。在试验过程中，抗滑性的变化更可能是由于胶料表面发生变化。在试验之前，白炭黑和炭黑填充硫化胶的表面均为聚合物覆盖，因而抗湿滑性没有明显的差别；而摩擦一定时间之后，白炭黑表面裸露在外，但炭黑表面并不裸露。根据以前的讨论，在此情况下白炭黑硫化胶的抗滑性要好于炭黑硫化胶。另外，从硫化胶极低的表面电导率的变化，也可得到一些关于硫化胶表面橡胶覆盖度的信息。对炭黑硫化胶而言，在表面抛光后其表面电导率显著增大，这也证明在抛光之前其表面被橡胶所覆盖。从这些现象可知，胶料的新表面富含聚合物[199]，原因可能有二：其一为填料-填料相互作用；其二为聚合物的表面能比填料低。从胶料表面能的观点看，橡胶表面富含聚合物会更稳定。白炭黑胶亦应如此。

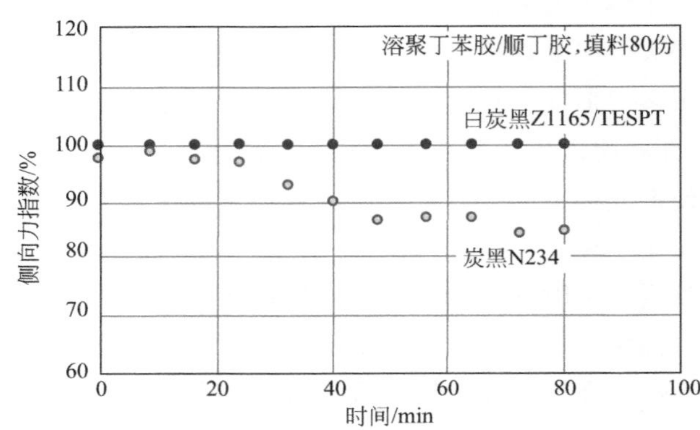

图 8.32 白炭黑和炭黑填充硫化胶在湿条件下 GAFT 试验时间对侧向力指数的影响

(3) 干、湿条件下填充硫化胶的耐磨性 炭黑和白炭黑填充胶的磨耗试验结果示于图 8.33。在干燥条件下的数据由卡博特磨耗试验机[200]在 50℃及 14%滑动比下测定。用 GAFT 在金刚砂表面（钝度 180）上测定抗湿摩擦性能时，在干表面上，白炭黑胶料的耐磨性稍低于炭黑胶料（88%对 100%），但在湿润条件下，白炭黑胶料耐磨指数要比炭黑低得多。尽管磨耗试验方法差异性可能会导致这种对比有一定程度的不确定性，但基本上可以确定，白炭黑胶料在湿条件下耐磨性较差可能是由于在界面处吸附了水，从而减弱了聚合物-填料之间的相互作用所致。

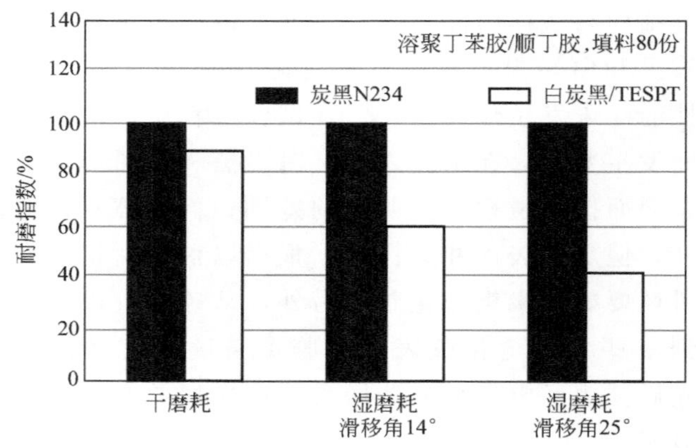

图 8.33 炭黑和白炭黑填充硫化胶的干耐磨性和湿耐磨性

(4) 抗湿滑试验过程中摩擦系数的变化 用 BPST 在湿条件下于磨砂玻璃表面进行摩擦试验的过程中，摩擦系数随实验次数的增加而下降。显然，胶料将玻璃表面的尖锐凸起打磨掉，变成光滑表面。也就是说，胶料可将玻璃表面抛光。这种现象对于炭黑胶料而言不太明显，但对于白炭黑填充的硫化胶却很显著。实际上，由于这一过程的影响很大，导致白炭黑胶料试验一定时间后，无法获得可重复的结果。造成此现象的原因有二：一是白炭黑和炭黑填充硫化胶由于表面状况不同而使其磨蚀性不同。如果胶料磨损表面上炭黑和白炭黑聚结体都被聚合物包覆，那么其磨蚀性就不会有大的差别。因此，白炭黑胶料摩擦系数的大幅下降可从两方面来解释：要么白炭黑和炭黑聚结体都裸露在表面上；要么白炭黑裸露，而炭黑被橡胶包覆。众所周知，因为白炭黑的硬度高，所以其磨蚀性更强。尽管这是事实，但并不一定是主要原因。因为按照该机理，这一抛光效应始终保持下来。但实际上对试验后的磨砂玻璃进行表面清理后发现，原来的摩擦系数基本上可以恢复。因此，摩擦系数下降的另一种原因是抗滑实验中磨掉的橡胶碎片黏附在基材凸起的顶部，覆盖了尖锐凸起。与炭黑相比，白炭黑胶料中聚合物-填料相互作用在湿的条件下较弱，因此试样在基材上滑移时，在剪切应力作用下可从填料表面磨下更多的橡胶碎片。

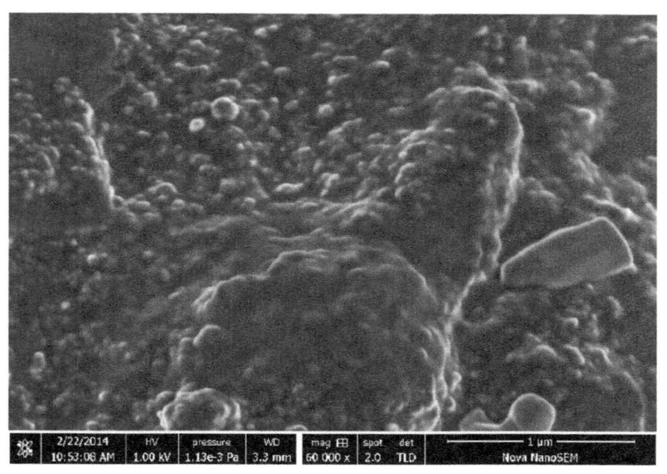

图 8.34 抗湿滑试验后炭黑填充胎面胶的表面 SEM 图

图 8.35　抗湿滑试验后白炭黑填充胎面胶的表面 SEM 图

(5) 磨损表面的 SEM 观察　抗湿滑试验后，用扫描电子显微镜（SEM）对硫化胶表面直接观察，证实了磨损表面存在裸露的白炭黑，而炭黑表面仍被橡胶覆盖。图 8.34 和图 8.35 分别为填充炭黑和白炭黑（加偶联剂）的乘用胎胎面胶的表面 SEM 形貌。与填充炭黑胎面胶表面相比，填充白炭黑胎面胶的磨面在亚微米级别，粗糙度明显较大。由图片可以看出，在所研究的表面范围内，填充炭黑试样中的表面更加均匀，而在填充白炭黑的试样表面显然有硬粒子。

上述讨论及实验结果都与提出的假设一致：即在填充胶磨损面的最表层上，白炭黑聚结体粒子裸露在外，而炭黑聚结体粒子则为橡胶所覆盖。这一结论将是以后讨论不同填料抗湿滑性能差别的基础。

8.2.3　轮胎的抗湿滑性能

如前所述，除填充硫化胶的动态性能外，流体动力学润滑（HL）、弹性流体动力学润滑（EHL，尤其是在微观尺度）和界面润滑（BL）机理对湿条件下的摩擦具有很重要的影响。这也表明，在抗湿滑试验后，硫化胶的磨损表面上形态差异很大。炭黑聚结体为橡胶膜所覆盖，而白炭黑聚结体则裸露在外。这将极大的影响轮胎在湿路面上的润滑机理，进而影响抗湿滑性能和抓地性能。

8.2.3.1　轮胎抗湿滑性能的三区概念

众所周知，当车辆在湿路面上制动时会产生滑移，这是因为在路面上有一层水膜。当水膜厚度超过几毫米时，就会发生动态水漂现象。此时就会在接地区前部的楔形区产生流体力学上推力。此楔形区从接地区前缘向后延伸[201]。但是，在正常湿气候和湿路面条件下，水膜一般要薄得多。就抗湿滑性而言，路面上极薄的水膜（约0.01～0.1mm）就足以通过弹性流体力学分离机理破坏胎面和路面之间的密切接触。在这种情况下，极薄水膜所产生的滑动现象被称为“黏性水漂”。实际上，黏性水漂问题是经常出现的，所以十分严重。当水膜厚度进一步减小到几个分子层的厚度时，比如阵雨刚开始时，就会产生界面润滑作用。如前所述，这类润滑不会使抗滑性能下降[202]。实际上，在胎面与路面的接触区，这些情况可能同时发生，但不同机理可能产生不同程度的影响。这将取决于路面状况、气候条件、速度、车辆、驾驶员习惯以及轮胎的设计。其中轮胎结构和材料设计（尤其是胎面胶的）是最重要的。

为了把流体动力学润滑（HL）理论应用于充气轮胎，最好的湿牵引力模型为“三区概念”。该概念由 Gough[203] 首先提出，用以描述车轮滑动。后来 Moore[204] 又将此概念推广，用于轮胎滚动。这一概念表明，当轮胎速度低于水漂极限速度时，轮胎接地面沿行驶方向可划分为以下三个显著不同的区域（图 8.36）[201]。

(1) 排水（水膜挤出）区 位于接地区的前部。在此区内，由于排水的惯性形成一水楔。水膜的厚度随胎面花纹块接地时产生的压力逐渐减小，最后将水膜挤出。此时发挥作用的主要机理是流体动力学润滑（HL）和弹性流体动力学润滑（EHL），但在该区产生的摩擦力极小。

(2) 过渡区 当通过排水区后，轮胎花纹块开始动态地覆盖路面上的大部分凸起。当与少数凸起接触时，即开始进入过渡区。在该区内，水膜逐渐破坏，其厚度降至几层水分子厚。因此，这是一个不同润滑机理共存的混合区。其中一部分是流体动力学润滑，一部分是界面润滑。在此区内，轮胎有效摩擦系数变化很大。摩擦系数从过渡区前沿黏性水滑的极小值到该区后端界面润滑时的最大值（与干摩擦相似）。

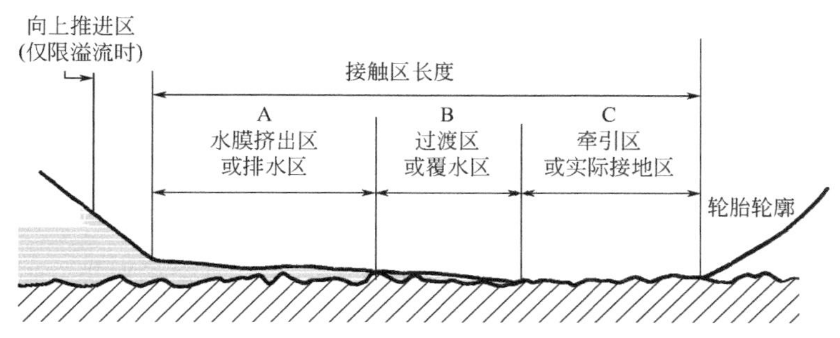

图 8.36 湿地条件下滚动轮胎与地面接触的三区概念

(3) 牵引区或实际接地区　此区从过渡区后端开始至接地区域的后端为止。几乎所有抗滑性能和牵引能力都产生于该区。此处润滑水膜已全部或基本排除。胎面小单元在路面上已达到垂直平衡。此区内以界面润滑机理为主。

总抗湿滑性能或牵引性能将取决于三区的相对大小和各区的摩擦力。因此，为了改善抗湿滑性能，应尽可能减小排水区和过渡区使牵引区最大化，并提高过渡区和牵引区的摩擦力。

8.2.3.2　三区中不同填料的影响

(1) 减小排水区　在任何水漂或滑动现象的研究中，最重要的是减小排水区。排水区的大小首先是由水膜挤出速度决定的。即对特定胎面小单元来讲，排水区的大小是由水膜挤出所需时间决定的。根据 Moore 的研究[205]，水膜挤出所需的时间 t_{sf} 为：

$$t_{sf}=\frac{L_{sf}}{v}=\frac{K_{sf}}{W}\times\frac{\eta A^2}{f(\varepsilon/h)h_i^2}\times\left[1-\frac{h_f^2}{h_i^2}\right] \tag{8.10}$$

式中，L_{sf} 为排水区的长度；v 为速度；W 为胎面小单元的法向负荷；η 为水的黏度；A 为胎面单元面积；h_i 为水膜初始厚度；h_f 为水膜最终厚度；K_{sf} 为与胎面单元形状有关的常数；$f(\varepsilon/h)$ 为一无量纲表面粗糙度参数，由如下多项式表示：

$$f(\varepsilon/h)=C_0+C_1(\varepsilon/h)+C_2(\varepsilon/h)^2+\cdots \tag{8.11}$$

式中，ε 为粗糙表面上凸起的峰-谷平均高度值；h 为水膜厚度；C_i（$i=0,1,2$ 等）为与特定路面几何形状有关的常数。

对于给定的轮胎设计，水膜挤出速度取决于初始水膜厚度、负荷、水的黏度和路面结构。如果挤出时间缩至最短，则在过渡区和牵引区产生适当抗湿滑性能的时间就会最大化。这一点通过选取排水能力高的路面纹理[206]和合理的路面凸起锐度[201]将十分容易实现。另一方面，对于给定路面，降低速度是获得优异抗湿滑性能的有效途径。综上可知，在该区胎面胶中的填料仅通过对水膜厚度的影响起作用。

(2) 减小过渡区和增大其界面润滑组分　在给定水膜挤出速度下，通过减小过渡区可使牵引区及与之相关的抗滑性能最大化。过渡区大小取决于下沉时间 t_d（橡胶下沉覆盖路面凸起过程中所需时间）。t_d 可由下式表达[205]：

$$t_d=\frac{L_d}{v}=\left[\frac{\rho d}{g}\right]^{1/2}\left[\frac{A}{E^*}\right]^{1/3}[R\cdot P_i]^{-1/6} \tag{8.12}$$

式中，L_d 为过渡区长度；ρ 为胎面小单元的密度；d 为胎冠厚度；g 为重力常数；R 为路面凸起的半径；P_i 为轮胎充气压力；E^* 为胎面胶复合模量。

该式表明，除路面结构或粗糙度和轮胎气压外，过渡区胎面胶复合模量对下沉时间 t_d 起重要作用。在相同速度下，提高胎面胶刚度，将减小过渡区，加大牵引区。

路面粗糙度可通过其形貌分形维数来表征。道路纹理结构是通过将纵坐标的平均值移动到间距或范围从微观到大至 1 到 2 厘米尺寸下进行分析的（图 8.37）[207]。Moore 强调了小尺度或微观粗糙度的重要性。要提高湿条件下轮胎胎面与路面之间的抓着力，提高湿牵引力和抗湿滑性，路面凸起顶部必须有适当的微观粗糙度。当没有这种微观粗糙度时，接地区域的橡胶在路面各个凸起上的滑移就会产生流体动力学压力楔，这将使路面凸起的顶部存有一层水膜。这种弹性流体力学作用在局部上将轮胎胎面与路面分离，从而产生危险的黏性水漂现象。

把弹性流体动力学润滑理论应用于分析局部微观粗糙度时，含白炭黑硫化胶的抗湿滑性能应比炭黑硫化胶的好，这是由于两种硫化胶表面特性不同所致。在这两种硫化胶中，炭黑聚结体被橡胶覆盖，而白炭黑表面是裸露的。所覆胶膜的模量比白炭黑裸露表面的模量低得多。按公式(8.12）及前面对水膜厚度的讨论[199,202]，在相同速度、路面结构和温度条件下，白炭黑产生的水膜比较薄，橡胶下沉覆盖路面凸起所需时间比较短。这表明水膜容易遭受白炭黑的破坏。因此，在过渡区，白炭黑胎面胶的界面润滑组分较多。虽然在界面润滑条件下白炭黑胎面胶在路面上的摩擦力稍小于干状态[202]，但它比流体动力学润滑条件下炭黑胎面胶的摩擦力大很多。由此可以断定白炭黑胶料在过渡区的摩擦系数较高。

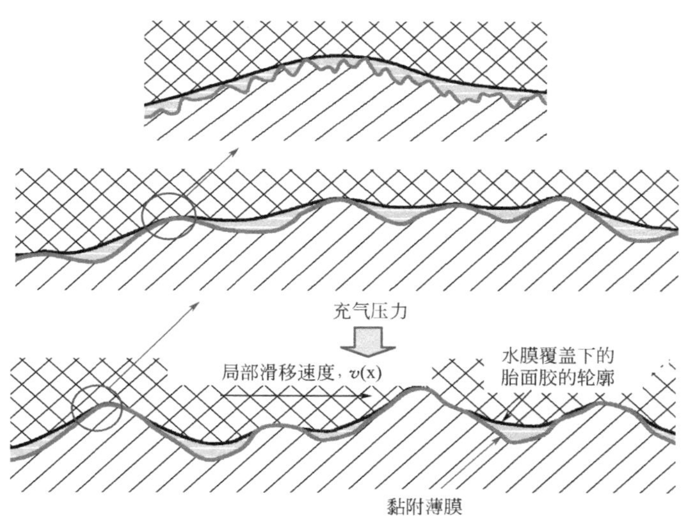

图 8.37　微观弹性流体动力学润滑与路面微观表面粗糙度的关系

(3) 增大牵引区　任何使牵引区相对大小增加的因素都会提高抗湿滑性能，

因为大部分摩擦力是在这一区内产生的。牵引区的润滑是界面润滑，因此白炭黑和炭黑硫化胶在界面润滑上的差异将反映在它们的抗湿滑性能上。白炭黑作为一种刚性材料，在界面润滑条件下的摩擦力比干状态稍小一些。橡胶则不同，它在界面润滑条件下的湿摩擦力与干摩擦力相比即使不大的话，也是相当的。由于在干路面上橡胶要比白炭黑的摩擦力高，根据白炭黑硫化胶和炭黑硫化胶磨耗面的特点不同，在牵引区内即便是在湿滑条件下，炭黑胶要优于白炭黑胶。因为这时与白炭黑相比，炭黑由于橡胶覆盖而在路面上的摩擦力比较大。但是应当指出，在这种条件下，摩擦力的形变组分亦起主要作用，因此硫化胶的动态性能同样重要。

总之，抗湿滑性取决于三个区域的分布比例及其各自不同的摩擦方式。不同填料对硫化胶抗湿滑性的影响与其在各区，特别是过渡区和牵引区的特性有关。从润滑的角度看，对比不同填料的抗湿滑性，排水区和过渡区较大的情况用白炭黑胎面胶轮胎较好；而牵引区较大时用炭黑胎面胶较合适。据此，在速度较快、路面光滑、排水区和过渡区为主的条件下，使用白炭黑胎面胶的乘用车轮胎将有较好的抗湿滑性能。如果牵引区较大，则用炭黑胎面胶比较有利。

8.2.3.3 影响抗湿滑性能的因素

在讨论抗湿滑性能的影响因素前，最好先介绍用于其测试的方法和设备。常用的仪器有英国便携式抗滑性试验机（BPST）、Grosch 磨耗摩擦试验机（GAFT）及轮胎在试验场的测试。

① BPST 试验　抗湿滑性能是用经改造的 BPST（British portable skid tester，英国便携式抗滑性试验机）在室温下进行（图 8.38）[173]。BPST 测试仪是摆锤式试验装置，用于测量橡胶块试样在标准条件下在湿平面上滑动时的能量损失。能量损失与接触力的积分用于计算摩擦系数。

② GAFT 试验　抗湿滑性也可用 GAFT（Grosch abrasion and friction tester）磨耗和摩擦试验机测量。该试验机是测量橡胶轮试样在粗糙转盘上，在给定负荷、速度、温度及在滑移角转动时的侧向力。

与车辆转弯时类似，试样胶轮压在转盘的表面上，转动过程中接触转盘的橡胶将沿行驶的路径逐渐产生一侧向形变（图 8.39）。在接触区的后端，随着负荷的下降，尤其是当达到摩擦力极限时，扭曲的橡胶块快速返回（自然位置），导致产生局部滑移。结果，由于在橡胶轮与转盘接触区内橡胶形变而产生一侧向力。形变的角度，即橡胶轮的平面与行进方向的夹角称为“滑移角”，但在产生侧向力的过程中并不涉及总体滑动。当滑移角固定时，产生的侧向力取决于摩擦系数、橡胶轮上施加的负荷及滑移角。侧向力指数（侧向力/垂直负荷）可由试验过程中产生的侧向力来计算。

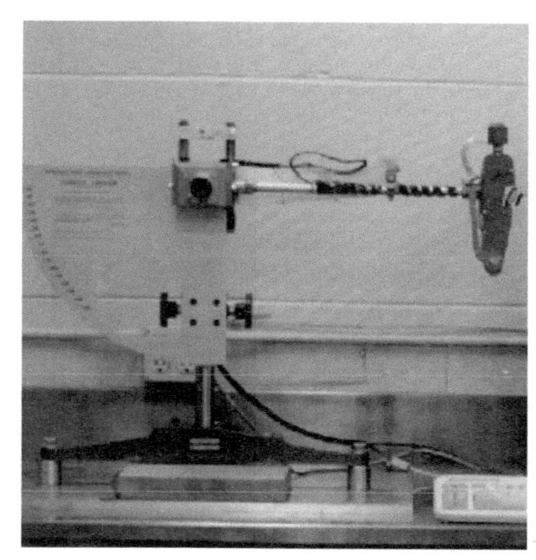

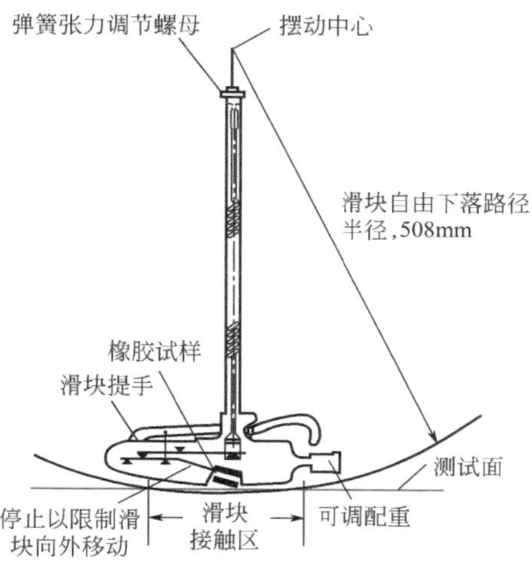

图 8.38 英国便携式抗滑性试验机（BPST）试验仪器

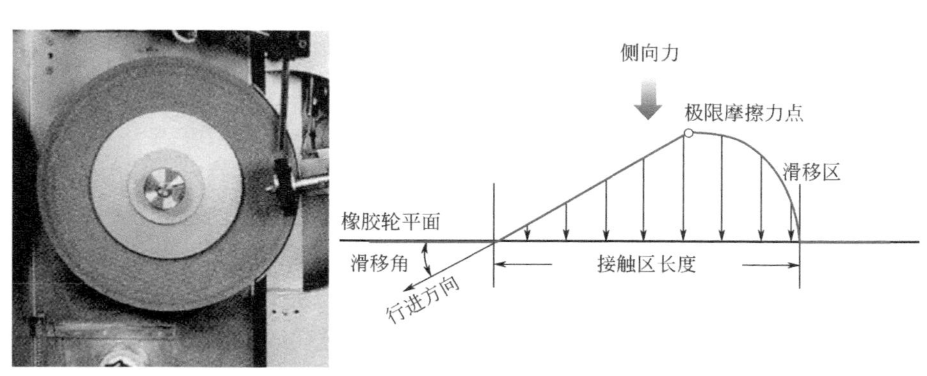

图 8.39 橡胶轮/基面接触区形变产生的侧向力

(1) 试验条件对抗湿滑性能的影响

① 速度　由公式(8.10) 和 (8.12) 可知，当温度、负荷、水膜厚度和路面等试验条件一定时，胎面胶的排水区和过渡区的长度与速度成正比。因此，当胎面胶与路面的接触长度不变时，随着速度的下降，牵引区长度将增加。速度较高时，由于白炭黑胶料破坏水膜的时间比较早，并使界面润滑组分增加，所以有利于抗湿滑

性能。随着速度降低，白炭黑相对于炭黑和 CSDPF 的优势会逐渐消失，因为排水区和过渡区在不断地减小，而牵引区却在不断地增大。从图 8.40 可以清楚地证明这一点。图中侧向力指数是根据 GAFT 在不同滑移角和水温下测得的侧向力，并以白炭黑胶料为参比计算出来的。例如，在温度为 2℃，速度为 1.87km/h 时，由炭黑胶料得到的侧向力指数比白炭黑胶料的约低 30%。但当速度降到 0.183km/h 时，这一差别减少到 10%左右。CSDPF 2214 的胶料也有类似的趋势。

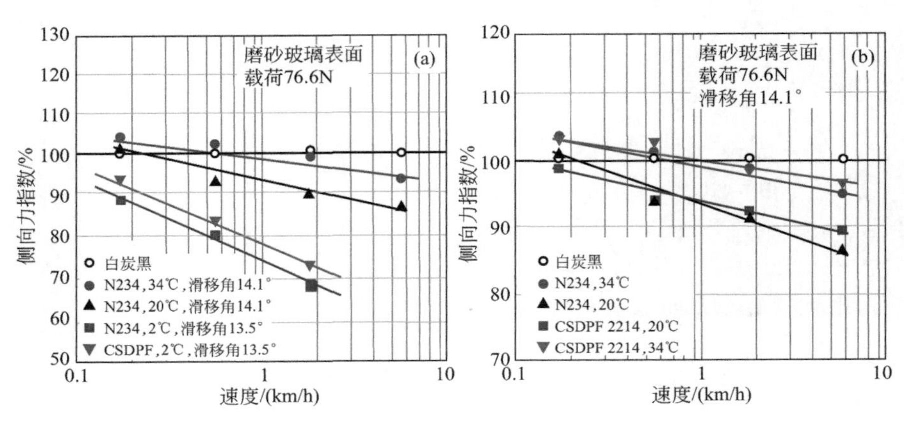

图 8.40 用 GAFT 测得的不同填料硫化胶的侧向力指数与速度的关系

② 温度 图 8.41 为两种转盘（即磨砂玻璃和金刚砂，钝度 180）在负荷 76.6N，转速 1.89km/h，滑移角 14.1°下所得的侧向力指数与温度（盐水从−2℃到 63℃）的关系。从中可以看出，随温度不断地升高，白炭黑在抗湿滑性能方面的优势也在逐渐减小。当温度超过 34℃后，白炭黑胶料在磨砂玻璃表面上的抗湿滑性比炭黑和 CSDPF 填充胶都低。这一结果很容易用滑动过程中各种润滑机理的温度相关性解释。

在湿条件下，温度变化可能会产生两种效应：当温度升高时，水的黏度以及填充胶的模量不断下降。从公式(8.10) 中可看出，水黏度的降低会使挤出水膜的时间大幅缩短，同时模量下降会使下沉覆盖时间延长[公式(8.12)]。这些效应会以不同的方式影响牵引区的长度。在高温下水膜挤出过程的快速完成会使牵引区不断增大，而大部分的抗滑性在牵引区产生。另一方面，高温下由于模量下降，过渡区延长而使牵引区缩短。温度对过渡区和牵引区相对大小的影响取决于挤出水膜的时间 t_{sf} 和胎面胶下沉覆盖时间 t_d。例如，温度从 0℃升高到 40℃时，水的黏度下降了 64%（从 1793μPa·s 下降到 653μPa·s），但试验所用胶料的模量仅下降 50%左右。然而，水膜挤出时间随水黏度的降低而线性缩短（公式 8.10），但下沉覆盖时间却随模量立方根的减少而延长（公式 8.12）。这说明，牵引区将因高温下水膜挤出过程的加快会显著延长，而高温使过渡区的延长并不很大。因此，高温对牵引区长度的影响是主要的，即高温对炭黑和 CSDPF 的抗湿滑性能是有利的。

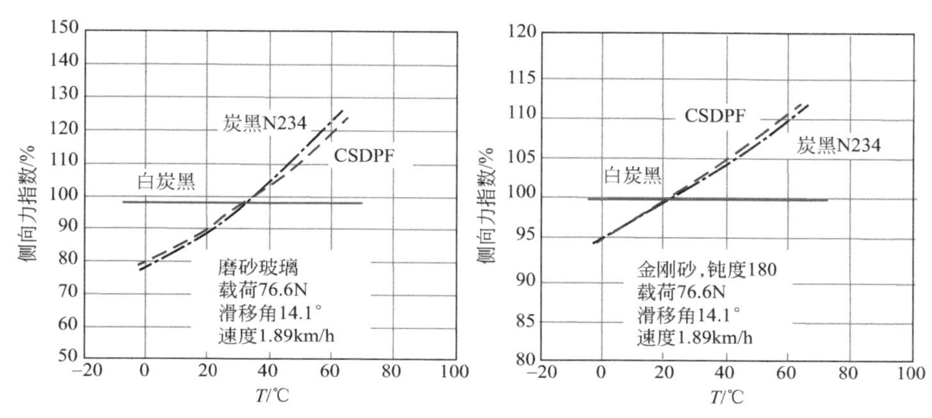

图 8.41 用 GAFT 测得的不同填料硫化胶的侧向力指数与温度的关系

也有人基于黏弹性机理解释不同填料填充胶的抗湿滑性能与速度和温度的相关性。Grosch[208]发现，在低速、高温下，白炭黑胶料的侧向力指数比炭黑胶料的小。而在高速、低温下则刚好相反。他将不同速度和温度下获得的侧向力指数对校正速度（即速度乘以由通用 WLF 公式计算的平移因子）作图得到了一主曲线。当校正速度较大时，白炭黑胶料的抗湿滑性较好，而校正速度较低时，炭黑胶料较好。他认为高速、低温下白炭黑胶料较高的侧向力指数是由其低温下动态滞后损失较炭黑胶料高所致。但是，当 CSDPF 填充胶的抗湿滑性能也纳入比较时发现，CSDPF 胶料的黏弹性与白炭黑胶料黏弹性相似，但它们的抗湿滑性并不一样。反之，CSDPF 胶料侧向力指数与炭黑胶料相似，但是两者的黏弹性差别却相当大（见图 8.24～图 8.26）。应该认为，在这种情况下，不同填料的抗湿滑性对速度和温度相关性的差别主要取决于润滑机理，而黏弹性能只是其中的一个因素。这至少在图 8.40、图 8.41 所涉及的试验条件（速度、温度）下是正确的。

③ 表面粗糙度　当粗糙度较大或路面凸起相对锐度较大的时候，可使橡胶和转盘表面之间的局部压力加大而达到较好的物理接触。这样即使在最苛刻的湿条件下也能达到最佳的静摩擦。但是转盘表面粗糙度最重要的作用是影响表面水膜的挤出时间。将 Reynolds 公式的液体挤出项用于粗糙表面时，水膜挤出速度

可表示为[186]：

$$\frac{\mathrm{d}h}{\mathrm{d}t}=-2.37\frac{Wh^3}{\eta A^2}[1+C_1(\varepsilon/h)+C_2(\varepsilon/h)+\cdots]=-C\frac{Wh^3}{\eta A^2}f(\varepsilon/h) \tag{8.13}$$

式中，C 为常数。由该公式可知，随表面粗糙度的增加，橡胶与转盘粗糙表面间的排水速度也将增大，因而水膜挤出时间大大缩短。另一方面，随转盘粗糙度的增大，对橡胶下沉覆盖时间的影响并不很大，因为 t_d 仅随凸起半径 R 的 6 次方根变化（公式 8.12）。因此 t_{sf} 的缩短将直接导致牵引区长度的增加。所以对于表面粗糙的路面，白炭黑相对于炭黑的优势就消失了。试验也证实了这一点。从图 8.41 可以看出，用 GAFT 在磨砂玻璃上于高速下测得的白炭黑与炭黑胶料侧向力指数之差较大，当改用金刚砂表面（比磨砂玻璃粗糙）时，这一差别明显下降。例如，在 0℃的磨砂玻璃面上炭黑胶料的侧向力指数比白炭黑胶料的低 21%，但在金刚砂表面上减小到 4.5%。在此试验中，CSDPF 的特性与炭黑的非常相似。另外，在三种填料的侧向力指数-温度曲线上有一个交叉点，在交叉点以上，炭黑和 CSDPF 的摩擦力比白炭黑的大。在磨砂玻璃面上，交叉点所对应的温度为 33℃，而在金刚砂表面上此温度下降到 20℃。尽管由于玻璃和金刚砂之间的物理性能差异而存在某种不确定性，但表面粗糙度应当是造成这些现象的主要原因。在粗糙表面上，排水区（公式 8.10）和过渡区（公式 8.12）的减小会使牵引区不断的增大，这对于炭黑和 CSDPF 2214 是有利的，在高温区更是如此，此时牵引区长度会进一步增大。

曾用装有防抱死制动系统（ABS）的乘用车研究了路面粗糙度对抗湿滑性能的影响。抗湿滑性能是用在水深为 1mm、气温为 11～15℃下测量的制动距离来评价的。图 8.42 为在 50km/h 和 60km/h 速度下测得的抗湿滑指数（制动距离指数）。从中可发现，在 0.1μm 的陶瓷板路面上，胎面胶采用不同填料的轮胎没有显著差别；但在 0.3μm 的玄武岩路面上，白炭黑胶料的抗湿滑性能明显高于炭黑和 CSDPF；而在更为粗糙的 0.4μm 的抛光水泥路面上，白炭黑和其它填料胎面胶的制动距离的差别稍有减小；随表面粗糙度的不断增大，这种差别进一步降低；在 0.8μm 的高摩擦沥青路面上，CSDPF 2214 胎面胶的抗湿滑性能则比白炭黑胶料的好。

④负荷　随着负荷的不断增大，界面润滑组分逐步增大，而弹性流体动力学润滑组分逐步下降。从公式(8.10）和（8.13）可知，水膜挤出时间与负荷成反比，因而随着负荷增大，水膜挤出速度也增加。负荷的增大，会引起排水区和过渡区长度的减小，增加牵引区的长度，因此炭黑和 CSDPF 胶料的抗湿滑性要比白炭黑胶料的好。GAFT 试验已证明了这一点。

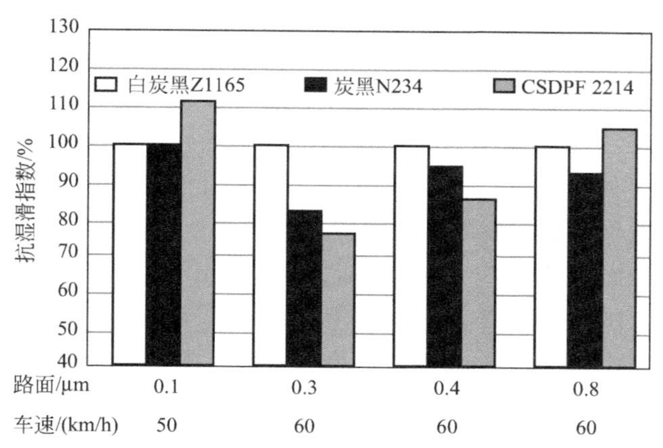

图 8.42　不同填料填充的乘用车胎面胶在不同路面上的抗湿滑指数

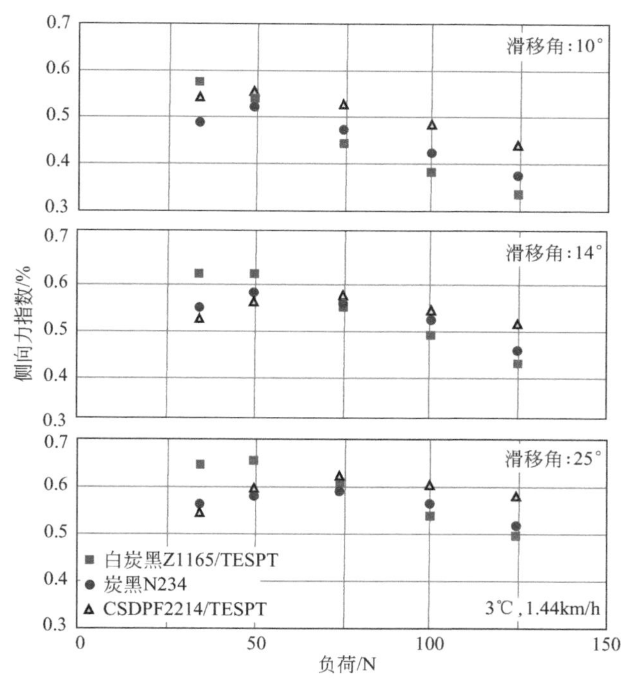

图 8.43　不同填料填充乘用车轮胎胎面胶在不同滑移角下侧向力指数与负荷的关系

图 8.43 为速度 1.44km/h、温度 3℃及不同滑移角下，在磨砂玻璃转盘上的负

荷对侧向力指数的影响。当负荷较低时（一般为乘用车胎的情况，约 40N)，白炭黑胶料的摩擦力最高。但随负荷不断的增加，其优势也在逐渐的减小。在高负荷时，CSDPF 胶料抗湿滑性最好，白炭黑胶料最差；对于滑移角为 14°时，交叉点出现在约 60N 处。炭黑也表现出相同的趋势，但交叉点出现在较高负荷处（75N 附近)。随负荷的增大，白炭黑胶料的抗湿滑性能下降，这可由三个润滑区相对大小的变化来解释。另外，在高负荷下 CSDPF 胶料产生的侧向力明显高于炭黑胶料，这表明可能存在其他更加重要的抗湿滑机理。其中，胶料的黏弹性可能与此有关。尽管在过渡区和牵引区胶料的动态性能都有一定的影响，但在牵引区中胶料动态性能则起主导作用。随负荷和牵引区的增大，动态滞后损失成为影响总体抗湿滑性的主要因素，这有利于 CSDPF。因为在低温下，相对炭黑而言，CSDPF 胶料的动态滞后损失较高，而且模量较低。

CSDPF 2214 在高负荷下的性能优于炭黑的原因是在低温下的高滞后损失和低模量，这一原理也应适用于白炭黑胶料，因为白炭黑胶料的黏弹性与 CSDPF 胶料的基本类似。但对于白炭黑胶料而言，由于裸露的白炭黑粒子在牵引区的摩擦较低，因此其在低温动态性能上的优势将被其在界面润滑方面的劣势所抵消。

如果在高负荷下 CSDPF 的性能比炭黑的好是其低温下动态性能较好所致，这种论点也适用于温度较高的情况，因为高温下水的黏度低，从而形成了更长的牵引区。但实际上，在高温下炭黑和 CSDPF 之间并没有大的差别（图 8.41)。其原因可能是在负荷研究过程中，试验温度是 3℃，而在温度研究中，交叉点温度约为 33℃，超过该温度后炭黑和 CSDPF 胶料的抗滑性能都高于白炭黑。在 33～63℃的温度范围内，CSDPF 2214 胶料的滞后要比炭黑胶料低得多，但是动态模量也较低，因此，在该试验中 CSDPF 2214 胶料并未体现其动态性能的优势。同时轮胎试验结果也支持了这种观点（图 8.42)。在粗糙路面和相对较低的温度下（11～15℃）测得的 CSDPF 2214 胶料抗湿滑性较高。这可能是由于其牵引区较长及低温下动态滞后较高造成的。

⑤滑移角　图 8.43 是当温度和速度恒定时，滑移角分别为 10°、14°和 25°下的侧向力指数随负荷的变化。随滑移角增加，胎面胶产生了较大的形变，因此总体侧向力指数增大，炭黑胶料相对于白炭黑胶料的优势在高负荷下逐步消失。在侧向力指数-负荷曲线中，在滑移角为 10°、14°和 25°时，炭黑与白炭黑曲线的交叉点负荷分别为 64N、75N 和 90N。交叉点负荷随滑移角的提高，可能是由于高滑移角下会快速达到摩擦极限，同时接触区后部的滑移在不断增大，致使试验胶轮与摩擦基面的接触面积逐渐减小所致。换句话说，随滑移角的增大，接触部分的牵引区不断减小，因而在侧向力生成中界面润滑的作用逐渐下降，这对于白炭黑填充胶是有利的。同时 CSDPF 2214 填充胶也观察到类似的现象，但即使滑移角较大时其抗滑性能也明显高于白炭黑和炭黑胶料。在滑移角为 10°、14°和 25°

时，CSDPF 2214 与白炭黑的交叉点负荷分别为 45N、60N 和 75N，明显低于白炭黑与炭黑的交叉点负荷。CSDPF 抗湿滑性能优于炭黑的原因当然是由其低温下的 tan δ 较高和模量较低所致，尽管从润滑机理来看，由于其表面的白炭黑覆盖率仅为 20%，抗湿滑性能并不一定好。

(2) 胶料性能和测试方法对抗湿滑性的影响

① 硫化胶硬度　与滞后损失在抗湿滑性能方面的重要性相比，胎面胶硬度的影响在文献中的讨论要少得多。目前，有关硬度对抗湿滑性影响的实验室研究和轮胎试验结果有相当大的差异。随着胶料硬度的增加，有些研究表明湿摩擦增大[209-214]，有些发现湿摩擦下降[209,215] 或没有影响[216,217]。这可能是由于其他胶料性能，尤其是滞后损失性能掩盖了硬度的影响，也可能与试验条件、路面/基体表面、水的深度、速度、负荷、试验设备等的差别有关，因为不同的条件会使润滑机理不同，而硬度在不同润滑机理中的作用也不同。

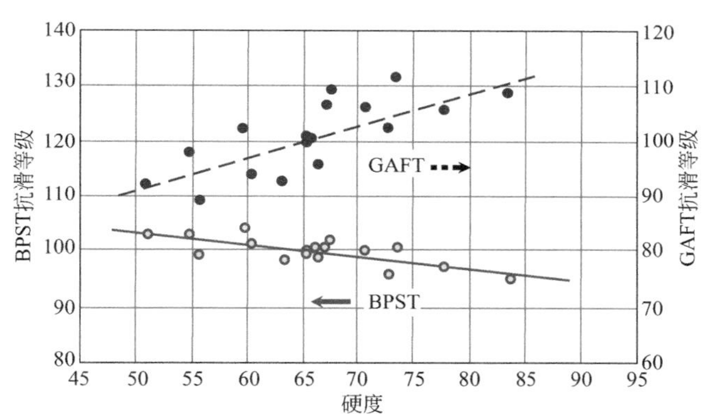

图 8.44　用 BPST 和 GAFT 测得的抗湿滑性与炭黑填充硫化胶硬度的关系

曾用 BPST 和 GAFT 研究过炭黑 N234 胎面胶硬度对抗湿滑性能的影响。试验中胶料的硬度是通过炭黑用量（50～80 份）、操作油用量（0～30 份）和硫黄用量（0.8～2 份）来调节的。BPST 试验是在 23℃下用磨砂玻璃进行的。而 GAFT 试验是在温度 5℃、负荷 50N、速度 0.2km/h、滑移角 14°的条件下，在金刚砂转盘上进行的。图 8.44 清楚地表明胶料硬度确实影响抗湿滑性能。然而 BPST 值随硬度增加线性下降，而 GAFT 值却随硬度的增加而上升。尽管数据相当分散，但变化趋势在较大的范围内都比较清楚。Veith 的研究[218] 表明，如果试验在界面润滑为主的条件下进行，则较软的橡胶由于实际接触面积增大将产生较大的摩擦；如果湿摩擦试验是在流体动力学润滑为主的条件下进行，则较硬的橡胶会产生较大的总摩擦系数。高硬度胶料的弹性形变小，有利于减小排水区，提高摩擦性能。虽然这可以解释 GAFT 的结果，因为在 GAFT 试验中，由于负荷及温度较低，流体动力学润滑可能起主要作用。但这很难解释 BPST 结果，尽管 GAFT 的试验胶轮是以一定的滑移角在转盘上转动，而 BPST 试样胶块是在磨砂玻璃上滑动。对两种试验来讲，硬度影响趋势的差异可能是因为在行进方向上橡胶与摩擦基面接触长度的不同造成的，当然也不能排除不同硬度胶料的滞后损失也可能不同。对于 GAFT 试验胶轮而言，负荷为 50N 时软胶料的接触区长度约 16mm，而硬胶料减小到 12mm。对于 BPST 试验，在滑动方向上，硬材料接触长度约为 1.2mm，软材料接触长度几乎为硬材料的 2 倍。因此，在 GAFT 试验中，随硬度的增加，水膜挤出增加界面润滑区的效应起主要作用。在这种情况下，尽管硬胶料在牵引区的摩擦系数较低，但硬胶料的抗湿滑性能是好的。对于 BPST 试验来讲，虽然滑动方向接触长度较短而使牵引区较小，但软胶料相对接触长度的显著增加会使湿摩擦总体上得到明显的改善。

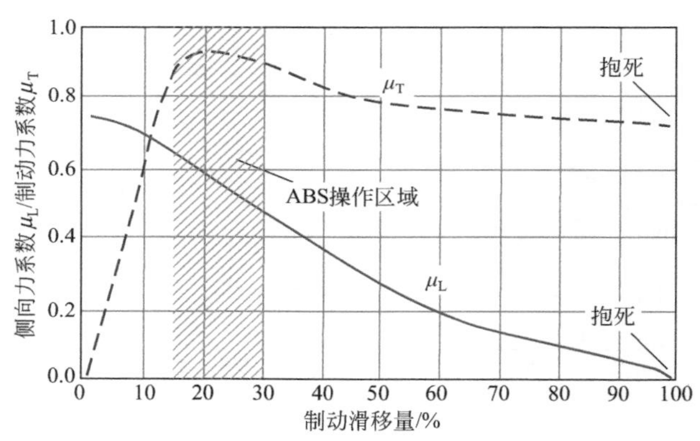

图 8.45　制动力系数和侧向力系数与制动滑移量的关系

② 制动系统—抱死轮制动系统与防抱死制动系统（ABS）的比较　刹车开始后，制动压力增加，在车轮上产生的制动力使车辆速度降低。车辆速度和车轮速度相差的百分数被定义为制动“滑移”。刹车后制动“滑移”不断增加，直至达到摩擦系数 μ-滑移曲线上的峰值附近。超过该峰值后，即使制动压力进一步增加，制动力非但不再增大，而实际上是逐渐下降的（图 8.45）。在该过程中，发生了从静摩擦向动摩擦的转变。轮胎抱死时的黏附摩擦系数最低。此时轮胎轮不再转动，制动滑移值达到 100%。另一方面，相应的侧向力在接近零滑移时最大，并单调地下降，直至轮胎抱死后亦即 100%滑移时降至为 0 的水平。这就是

为什么轮胎抱死时转向控制和方向稳定性丧失的原因。ABS 的目的是采用 3～5Hz 的周期性放松、再制动的动作，将制动力保持在接近峰值时的黏附水平。利用此系统，在达到较高制动力的同时还可获得足够高的转向控制能力。

白炭黑乘用车胎实现工业化生产后不久人们就认识到，白炭黑胎面胶优于炭黑胎面胶的抗湿滑性能只有在乘用车装有 ABS 并在光滑路面上行驶时才可体现出来。而当采用抱死轮制动系统时，炭黑胎面胶的抗湿滑性能就比较好。

根据 Moore 的理论[219]，在不出现水漂的情况下，如果水层厚度小到可以应用流体力学理论时，轮胎滚动时由于流体力学作用产生的分离力是滑动时的 2 倍。这是因为车轮滚动时，有两个表面（胎面和路面）可将水卷入楔形区，而车轮滑动时只有一个表面（路面）具有这种作用。当装有 ABS 时，由于轮胎间断性地滚动，牵引区较小，这有利于白炭黑。但是，当车轮抱死后，轮胎胎面在路面上连续滑动，形成较大的牵引区，此时因为界面润滑机理占主导地位，炭黑是最好的填料。

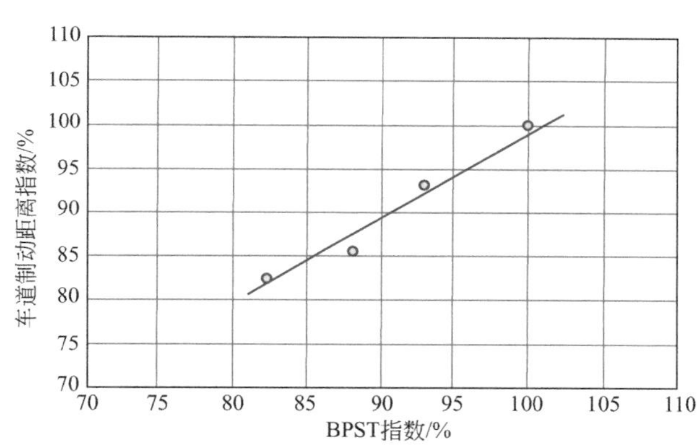

图 8.46　乘用车胎在湿沥青路面上（0.3μm）的制动刹车距离与 BPST 指数等级的关系

③ BPST 和 GAFT 与 ABS 的关系　据报道，BPST 测试结果与乘用车胎在实际路面测试中的摩擦峰值相关性很好[220]。由于 ABS 在峰值附近工作，所以装有 ABS 的车辆的抗湿滑性能可由 BPST 值来判断。实际上发现，在低 μ 值路面上测得的 ABS 制动距离与上述 BPST 在磨砂玻璃上的测试值之间有较好的相关性（图 8.46）。这是因为它们的润滑机理相同。此时微观弹性流体力学润滑在这两个试验中都起主要作用。

虽然用 BPST 和 GAFT 测量抗湿滑性时硬度的影响不同，但对于胶料硬度与标准乘用车胎面胶硬度相似时，如果试验在高速、低温、低负荷条件下的磨砂玻璃表面上进行，仍可用 GAFT 值来预测在低 μ 值路面上的 ABS 制动距离。此时，GAFT 结果主要取决于微观弹性流体力学润滑机理。

8.2.3.4 抗湿滑性新填料的开发

曾开发了一组由炭和二氧化硅组成的双相填料（CSDPF）。该填料是用类似生产炭黑的反应炉使炭黑和二氧化硅共生而成的[196,221]。第一个工业化的炭-二氧化硅双相填料是 CSDPF 2000。该填料可提高卡车胎的抗湿滑性能，相当于卡车胎在高负荷（约 100N）下的抗滑性能。CSDPF 的侧向力指数大大高于炭黑和白炭黑胶料（图 8.43）。另外，将该填料用于卡车 NR 胎面胶时，由 BPST 测得的抗湿滑性也明显高于白炭黑和炭黑胶料。因此，可将 CSDPF 2000 用于卡车胎来提高包括抗湿滑性能在内的综合性能[222]。但如前所述，虽然含 CSDPF 2000 的乘用车胎面胶的动态性能与白炭黑胶料的非常相似，但装有 ABS 的乘用车在光滑路面上行驶时抗湿滑性能则比较差。

用典型的乘用车胎面胶料进行不同填料对抗湿滑性影响的深入研究表明，在湿磨砂玻璃表面上由 BPST 测得的摩擦系数与白炭黑表面积密切相关（图 8.47）。由于白炭黑表面积与单位体积胶料内白炭黑-聚合物界面面积成正比，因此当白炭黑-聚合物界面面积较大时，其抗湿性能较好。按照 BPST 测量值与乘用车胎在湿光滑表面上 ABS 制动距离之间的关系，胶料中白炭黑-聚合物界面面积较大的填料将使装有 ABS 的车辆具有较好的抗湿滑性能。

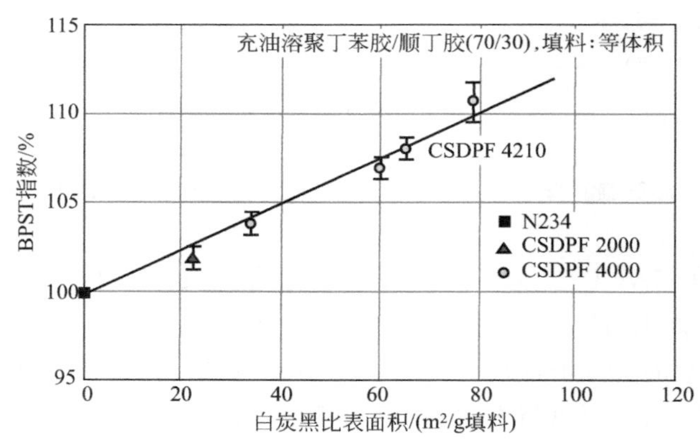

图 8.47 白炭黑比表面积对不同填料填充硫化胶抗湿滑性能的影响

为了改善乘用车轮胎的抗湿滑性，开发了一种称为 CSDPF 4000 的新型炭-二氧化硅双相填料。与早期的炭-二氧化硅双相填料相比，其表面的白炭黑含量大大提高[175,223]。从表 8.6 可见，CSDPF 4210 的白炭黑表面覆盖率为 55%，这远高于 CSDPF 2214，这是因其白炭黑含量既高又分布在表面上所致。在加入烃类橡胶中时，相比炭黑和白炭黑物理并用胶，CSDPF 4210 的特点是填料-聚合物相互作用更强，而填料-填料相互作用要比传统的炭黑和白炭黑弱。聚合物-填料之间相互作用较强的特点，可通过对聚合物模拟物在填料表面吸附能的比较得到证实[175]，而 CSDPF 4210 的填料-填料相互作用力较弱的特点，可由评价填料聚

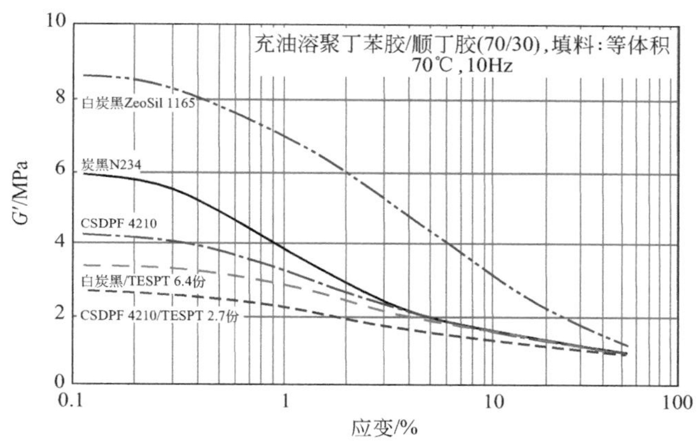

图 8.48　不同填料填充硫化胶的 G′与应变的相关性

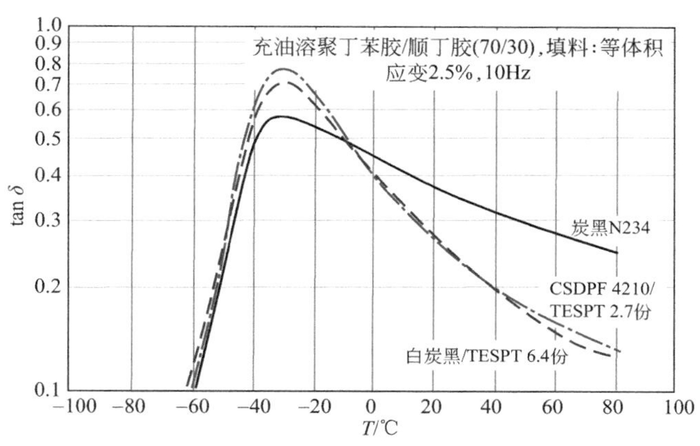

图 8.49　不同填料填充硫化胶的 tan δ 与温度的相关性

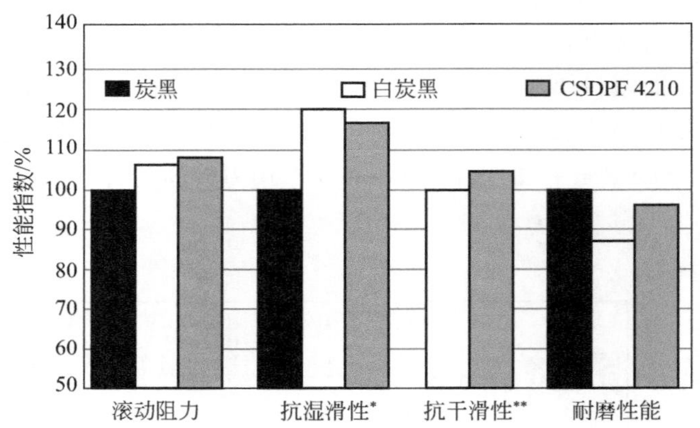

图 8.50 不同填料胎面胶的乘用车胎性能

表 8.6 典型炭黑、白炭黑和 CSDPF 的性能

项目	硅含量 /%		BET 表面积 /(m^2/g)		STSA /(m^2/g)		CDBP /(mL/100g)	白炭黑覆盖率① /%
填料	原状	HF②	原状	HF②	原状	HF②		
N234	N/A	N/A	122	122	118	118	101	NA
CSDPF 2214	4.8	0.72	154	295	121	150	101	21
CSDPF 4210	10.0	0.01	154	167	123	155	108	55
白炭黑 Z1165	46.7	N/A	168	N/A	132	N/A	NA	100

①CSDPF 白炭黑覆盖率由吸碘值和比表面积估算而得，其中比表面积为 NSA 和 STSA 的平均值。

②HF—氢氟酸处理。

集程度的“Payne 效应”鉴别[224,225]。从化学组成来看，虽然 CSDPF 4210 介于炭黑和白炭黑之间，但 Payne 效应在所有胶料中却是最低的（图 8.48）。现已认识到，CSDPF 较强的聚合物-填料之间的相互作用和较弱的填料-填料相互作用，可很好地平衡胶料磨耗性能和动态滞后（tan δ）对温度的相关性，即高温下滞后较低，而低温下滞后较高（图 8.49）。这样可使轮胎具有良好的耐磨性和较低的滚动阻力。除了这两方面的性能较好外，由于表面白炭黑覆盖率高，CSDPF 4000 填料对抗湿滑性能是非常有利的。用装有 ABS 的乘用车所作的数次路试结果已证明，填充 CSDPF 4210（白炭黑表面覆盖率为 55%）的胎面胶在光滑路面上的抗湿滑性能与白炭黑胶料相当（图 8.50）。这是因为虽然在弹性流体动力学润滑和微观弹性流体动力学润滑占主导的排水区和过渡区内，CSDPF 4210 的效率可能不如白炭黑，但却优于炭黑。在摩擦系数为界面润滑机理控制的牵引区内，CSDPF 4210 则优于白炭黑。在牵引区摩擦系数受界面润滑控制，由于聚合物-填料相互作用较强，至少有 45%聚结体表面被橡胶覆盖，所以 CSDPF 4210 应好于白炭黑。不过，在这方面可能不如炭黑有效。然而，在牵引区内摩擦的形变组分与胶料的动态性能也很重要。与炭黑相比，CSDPF 4210 在低温下的高滞后损失（图 8.49）和低动态模量将导致轮胎能耗较高，胎面胶与路面之间接触面积较大，这有利于界面润滑。因此与传统填料相比，由于 CSDPF 4210 具有杂化表面和较好的动态性能，因此可以预期在道路试验中会得到较好的综合性能。

8.3 填料对轮胎耐磨性能的影响

8.3.1 磨耗机理

根据 Medalia 的意见[252]，磨耗机理有下列几种：磨蚀或切刮磨耗（ACA）、本征或微型磨耗（ISS）、磨纹磨耗（PST）、打卷磨耗（ARF）、内裂磨耗（SPA）和机械化学降解（MCD），简介如下。

(1) 磨蚀或切刮磨耗（ACA） 这一机理认为在磨耗方向上通常会产生刮痕[227]。根据 Grosch 和 Schallamach 的观点[228]，如果磨耗过程是由于拉伸破坏引起的，则橡胶颗粒从橡胶本体上脱落是由于在经过路面凸起后橡胶表面发生了恶性撕裂，类似于在针刮后的撕裂现象。产生撕裂的可能性将取决于是否在形变的橡胶中由于弹性储能的释放而导致撕裂的引发和增长。使一割口增加单位面积所需能量为撕裂能 G，其临界值是严重撕裂能 G_c，该值取决于橡胶强度，而且与断裂时的能量密度 W_b 以及撕裂裂口尖端的直径 d 有关，所以：

$$G_c = W_b d \tag{8.14}$$

因此，磨耗速率应该取决于撕裂时断裂处的能量密度，而不是拉伸强度本身。

另外，橡胶在相同方向上连续磨耗时，趋向于通过除掉较大橡胶颗粒而产生磨耗。有关的效应是橡胶在高载荷下，试样前端产生严重撕裂并导致表层剥落。当压力高于一定值时，磨耗体积与法向负荷成正比，并用磨耗系数 A 来表示，其定义是单位法向应力和单位滑移距离下的磨耗体积。

在磨耗过程中，在给定的温度和速度下橡胶在磨面的摩擦可以用摩擦系数 μ 来描述。因此，可以用与负荷无关的比值 A/μ 来表征橡胶的磨耗行为。这就是单位能量耗散的磨耗体积，被称为磨耗性。因此，假设磨耗体积与断裂处能量密度的乘积与摩擦耗散能量成正比，或

$$A=k\mu/W_b \tag{8.15}$$

式中，k 为常数。

但问题在于如何解决W_b 的速率依赖性，因为拉伸强度测试应该以橡胶表面磨耗时类似的拉伸速率进行，估计每秒约拉伸 10000%。可以用一个特殊构造的仪器以这个速率量级进行拉伸实验。高拉伸速率下的拉伸断裂，也可用不同速率和温度下测得的数据通过 WLF 转换来估计。

(2) 本征或微型磨耗 (ISS) 无论是填充胶还是非填充胶，其磨耗通常涉及两种不同机理的竞争：其一通过断裂过程使微小的橡胶颗粒脱落（局部机械断裂-撕裂），亦称“本征磨耗”；其二通过机械氧化（软化）使橡胶发生化学降解。

Schallamach[229] 认为，由于在受影响的很小表面范围内，橡胶的物理性质不均一，因此在实际磨耗中表面损伤会出现不规则轨迹。当橡胶表面在路面凸起上滑移时，橡胶表面最薄弱处会发生损伤，造成损伤的无规性。此外，路面凸起的大小和水平也不尽相同，会引入额外的无规性。

对于此类磨耗，基本假设是在橡胶磨耗中，从橡胶本体上脱落下大小不一的颗粒，这里假设 a 为一长度值，该值与橡胶和路面凸起之间接触面积大小成比例。橡胶颗粒脱落的概率与橡胶表面处的拉伸应力成正比；橡胶颗粒脱落概率可由 F/a^2 描述，其中 F 是单个路面凸起产生的摩擦力。最后我们假定，沿磨耗方向路面凸起的分隔间距与接触长度 a 成正比。则单位移动距离的磨耗为：

$$A=ka^3(F/a^2)(1/a)=kF \tag{8.16}$$

式中，k 是常数。因此，磨耗与摩擦能量耗散成正比，且不同橡胶的磨损差异包含在常数 k 中。另一方面，粗糙路面上的摩擦力与法向载荷 W 大致成正比，因此下列方程也适用：

$$A=k'W/E \tag{8.17}$$

式中，k'是常数；E 是橡胶的模量。

在本征磨耗中，如公式(8.16) 所示，磨耗速率主要取决于摩擦力，且磨面和磨掉的颗粒大小也随摩擦力而变化。Gent 和 Pulford [230]用刀片在低摩擦力下试验，磨损较轻，磨面比较光滑，磨下来的颗粒较小，尺寸在 1～5μm。在高摩擦力下，磨损较快，磨面非常粗糙，磨下来的颗粒多数较大，平均直径超过

100μm。他们的实验研究证明，磨耗 A 和摩擦力 F 之间的关系可用下列通式表示，

$$A = k'' F^n \tag{8.18}$$

式中，系数 k'' 和指数 n 是所测特定材料的特征参数。对于非填充 SBR 和 BR 胶料，指数 n 分别约为 2.9 和 3.5。相比之下，炭黑填充胶 SBR 和 BR 的指数 n 要小得多，分别为 1.5 和 1.9，说明填充胶的磨耗速率与摩擦力的相关性较小。

另外还发现[230]某些胶料，如炭黑填充的 SBR、NR 和 EPM，在磨耗过程中会形成黏性和油性橡胶碎屑。这是由聚合物链的降解引起的。然而，炭黑填充的 BR 和 EPDM 胶料，只产生干燥的粒状胶屑，无化学降解迹象。

橡胶磨耗似乎是由两种完全不同的过程相互竞争控制的，即通过断裂使橡胶表面的微观颗粒脱落和橡胶的机械化学降解。我们推测，主导过程取决于橡胶材料对外界的相对抵抗性。填充炭黑后，胶料的刚度和强度均会增加，进而抑制撕裂。所以，像 NR 和 SBR 等易受后一种机理作用而分解的胶料，橡胶的机械化学降解是磨耗的主要模式。这些聚合物与氧（若存在）反应形成共振稳定自由基，转变为永久性链断裂。需指出，即使摩擦力保持不变，油性产物的存在似乎可以减少进一步磨耗。显然，油状产物起了作用。一方面，油性产品可充当黏性保护膜，减轻了撕裂力的局部集中，因为撕裂力可能是导致磨损颗粒脱落的原因。此外，油性碎屑粘在刀片的轨道上，可以减少摩擦，降低磨耗速度。在这方面，氧和温度对聚合物分子的降解起着重要作用。对于 BR 胶料，主链断裂形成的自由基会与聚合物自身进行反应，其结果是发生进一步交联，而非降解。因此，有氧与否对这种磨耗类型的影响很小。然而，当磨损碎片具有强烈的黏附性，但不是液体状时，它们会积聚成干燥的粒状胶屑。

（3）磨纹磨耗（PST） 当橡胶与磨料摩擦时，发现在适当的条件下，会形成一系列与磨耗方向垂直的近乎平行的脊状突起（脊线）。这种脊线被称为磨耗磨纹。在轮胎表面，特别是在驱动轮胎面上，也发现了类似的脊线，这些脊线与车辆的行进方向成一定角度。毫无疑问，轮胎脊线的物理特性与实验室产生脊线的物理特性非常相似[231]。

Southern 和 Thomas[232]使用剃须刀片作为刮磨装置进行了线接触刮磨，能够得到与典型多重粗糙度表面类似的磨耗磨纹。这为该模型本质提供了证据，并进一步深入了解了磨耗的详细机理。

示意图 8.51(a) 说明了磨耗磨纹的形成及其在刮刀作用下的形变方式[233]。当刮刀经过磨耗磨纹时，橡胶舌状物随刮刀拉动，在刮刀通过后放松复原。在该

过程中产生的应力会导致凹角处的裂口扩展，比如 P 和 Q 处。对于刮刀每一次刮磨，其裂口扩展均在与表面垂直的方向上产生一分量$\triangle x$。若表面已达到稳定状态，且磨耗磨纹保持恒定的整体外观，则刮刀每通过一次，橡胶表面厚度每次平均降低$\triangle x$。因此，单位表面积所刮掉的橡胶体积为$\triangle x$。

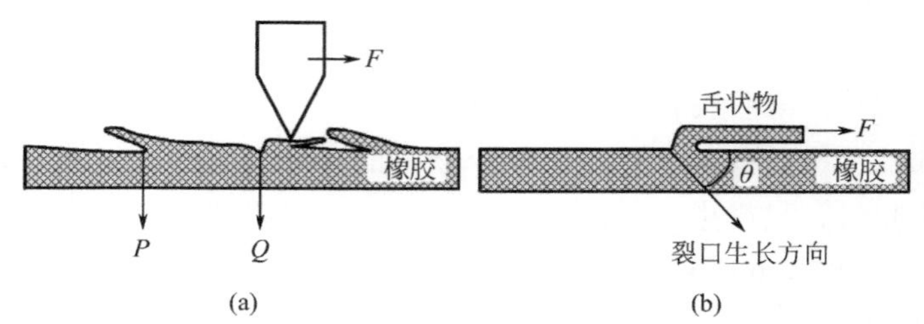

图 8.51 （a）磨耗磨纹及其随刮刀形变示意图；
（b）在刮刀刮磨力 F 下裂口增长模型（裂口生长方向与橡胶表面角度为 θ）[233]

为了应用断裂力学进行必要的分析，图 8.51(b) 将磨耗磨纹进行了一定程度的理想化变形。磨耗磨纹在样品表面上是均匀的，这是一个合理的近似，摩擦力 F 完全作用于磨耗磨纹的舌状物上。

采用断裂力学方法，需要计算裂纹以增量 $\mathrm{d}c$ 增长时所释放的机械能 $\mathrm{d}U$。这个能量释放速率被定义为撕裂能，用 G 表示，定义为产生单位新表面释放的能量：

$$G=\frac{1}{w}\times\frac{\mathrm{d}U}{\mathrm{d}c} \tag{8.19}$$

式中，w 为受力试样宽度。通过对撕裂和裂口扩展深入的研究发现，G 值决定裂口的扩展速率，与试样的整体形状和施加力的具体方式无关。因此，如果已知特定材料的撕裂能/裂口扩展关系，则可以预测任何类型试样的行为，前提是试样的 G 值可根据可测得的作用力计算。

由图 8.51(b) 可知，若裂口尖端在橡胶中扩展长度为 $\mathrm{d}c$，若橡胶舌状物的增长量不大，则力 F 在平行于橡胶表面的移动距离为 $\mathrm{d}c\ (1+\cos\theta)$。另外，垂直于橡胶表面的裂口扩展分量 $\mathrm{d}x$ 为 $\mathrm{d}c\sin\theta$。

这与 Rivlin 和 Thomas[234] 所描述的“简单扩展”或“裤型试验”的撕裂试验非常相似。对于上述条件，通过类似的分析，很容易给出撕裂能：

$$G=\frac{F}{w}(1+\cos\theta) \tag{8.20}$$

用撕裂能法研究了许多橡胶在重复应力下的裂口扩展行为，结果作如下处理：每个循环的裂口扩展长度 r 随每次循环中达到的最大撕裂能 G 值而变化[235,236]。对很多材料来讲，在合理 G 值范围（约为 $0.1\text{kN/m}<G<10\ \text{kN/m}$），其函数关系为：

$$r=BG^{\alpha} \tag{8.21}$$

式中，B 为常数；指数 α 为一变化值，对于天然胶大约为 2，对于非填充的非结晶橡胶（如 SBR）大约为 4 或更大[237]。因此用上述磨耗模型，车胎每转一圈磨掉的橡胶体积 A 为，

$$A=rsw\sin\theta \tag{8.22}$$

式中，s 是磨耗轮胎的周长。结合公式(8.20)～(8.22)，可用对数表达为：

$$\lg(A/sw\sin\theta)=\alpha\lg[(F(1+\cos\theta))/w]+\lg B \tag{8.23}$$

应指出公式(8.23) 不包含任意常数，并将磨耗试验中的测得值与橡胶的裂口扩展常数 α 和 B 相关联[236]。

从公式(8.22) 可以看出，磨耗深度损失取决于两个因素：裂口增长速率 r 和裂口在橡胶的扩展角度 θ。裂口扩展速率与撕裂能有关，撕裂能是橡胶的基本强度性质，但决定裂口扩展角度的因素尚不清楚。但似乎与磨耗磨纹的几何结构密切相关，而且从几何结构的研究来看，橡胶的大部分磨耗损失都发生在磨耗磨纹的陡坡表面[233]。

(4) 打卷磨耗 (ARF) 在打卷磨耗中，橡胶层经过机械化学降解（可能已吸收灰尘）后，在受摩擦作用下卷形成小圆柱，并脱落。Reznikovskii 和 Brodskii 认为[238]，用光滑摩擦物以法向力 N 压在橡胶表面上的某特定凸起上，并以速度 u 平行于橡胶表面移动（图 8.52），该橡胶凸起在接触区会发生复杂形变。在随后的移动过程中，橡胶凸起形变增大，使得阻碍形变的力增加，进而导致橡胶与光滑摩擦物接触面积增加。当接触区弹性力的切向分量等于摩擦力时，接触区开始整体滑动。如果橡胶没有所需要的强度，且摩擦力较大时，那么在接触区开始整体滑动之前，则橡胶形变最大处可能已产生破坏。其特点是，由于橡胶所处的受力环境比较复杂，破坏通常发生在材料表层最大应变处。而且，破坏开始时的外观是，其裂口与力的作用方向垂直。裂口一旦出现，后续生长所需作用力则比较小。裂口生长的方向较为复杂，取决于受力的性质，而且材料中存在的微观不均匀性也会引入一些随机因素。最可能的现象是橡胶渐进撕裂，允许接触区相对移动，但不会完全滑动。

如果在撕裂过程中，分离下来的橡胶层打成卷，那么上述移动形式是可行的。根据该机理，在滚动摩擦条件下将进行后续的运动，并伴随着橡胶的连续撕裂，橡胶碎片积聚并与母体分离而形成橡胶卷（图 8.52）。

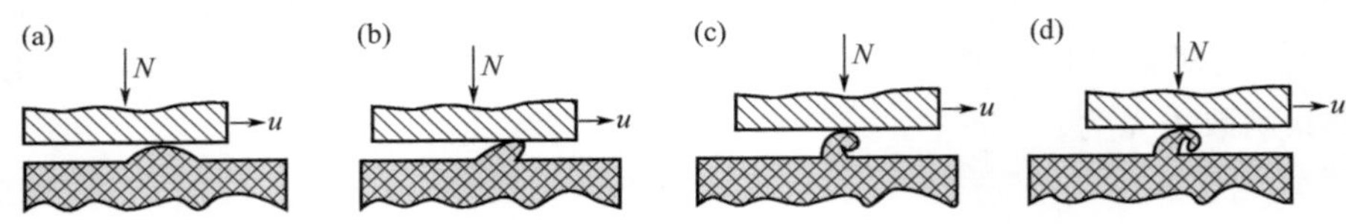

图 8.52　橡胶在光滑摩擦物上摩擦形成“打卷”的渐进过程[238]

橡胶碎片是处于受力状态的。引起橡胶碎片伸长的力，取决于橡胶碎片分离处对撕裂抵抗力。橡胶碎片伸长程度取决于其横截面，横截面通常是可变的，且以一种复杂的方式连接在一起，有数个因素决定了撕裂的增长方向。在临界伸长率处，橡胶碎片断裂导致橡胶卷脱离，从而完成摩擦磨耗的基本过程。

因此，很明显，打卷磨耗（ARF）只有在外部因素和橡胶特性同时符合条件时才会发生。此类磨耗更可能发生在撕裂强度较低的橡胶中，由于橡胶的强度特性在很大程度上取决于温度，所以滑动摩擦导致橡胶表层生热，也可能是一个极其重要的因素。在一定条件下，这种生热会使橡胶表层发生塑化，并表现出一种特征黏性，从而大大增加了有效摩擦力。

据上所述，Reznikovskii 等人[238,239]提出了一种接近定量分析打卷磨耗（ARF）过程的方法。在该分析方法中，用 β 表征耐磨性能，β 是摩擦功 W_f 与单位时间内磨损体积 dA/dt 的比值。摩擦功由不同组分组成：

$$W_f = W_t + W_e + W_r \tag{8.24}$$

式中，W_t 为从表面上撕裂橡胶碎片用的功；W_e 是拉伸橡胶碎片用的功；W_r 是在形成打卷过程中滞后损失所消耗的功。

决定打卷形成可能性的主要条件是：

$$W_f \leqslant \mu N u \tag{8.25}$$

式中，μ 为橡胶和磨蚀体之间的静力摩擦系数；N 为载荷；u 为速度。

如果 W_t 可根据 Rivlin，Thomas 和 Greensmith [240-243]等人的理论来表示，W_e 遵从弹性线性定律，W_r 是从 Bulgin 等人[244]的报告中导出的某种简化方程，则有：

$$\beta = f(G, E, D, a, b, r) \tag{8.26}$$

式中，G 为特征撕裂能；E 是弹性模量；D 是橡胶弹性（回弹性）；a、b 和 r 分别为磨下来的橡胶碎片的平均厚度、长度，以及橡胶卷的半径。

这些公式展示了橡胶形成打卷的磨耗强度与橡胶主要弹性松弛和强度特性之

间的关系。

(5) 内裂磨耗 (SPA) 由于上述 4 个磨耗理论均涉及橡胶颗粒因摩擦力而脱落以及聚合物的严重降解。Gent[245]在对上述 4 个机理质疑的基础上提出了内裂磨耗（SPA）机理。这些质疑是基于以下实验结果：

① 天然胶由于在高应变下结晶性强，抗裂口增长性能优异；但天然胶耐磨性能并不突出，与丁苯胶类似或稍差，丁苯胶在任何情况下均不结晶，抗裂口增长性能较差；

② 填充炭黑的胶料耐磨性显著提高，但在反复应力作用下，其抗裂口增长性能并不强；

③ 随着试验温度的升高，抗裂口增长性能迅速下降，而耐磨性能并未受到严重影响。

Gent 的内裂磨耗机理认为，硫化胶中含有微小的孤立空洞，它们太小以至于看不见。当橡胶中的球形空腔在受到内压作用时，会以高度非线性的方式膨大。对于服从类橡胶弹性简单动力学理论的材料，空隙压力 P 与空隙半径的膨胀比 λ 之间的关系如下[246,247]：

$$P/E=(5-4\lambda^{-1}-\lambda^{4})/6 \tag{8.27}$$

式中，E 为橡胶的拉伸（杨氏）弹性模量。该函数关系也可作为具有更加复杂弹性行为材料的参考[247]。预计在临界膨胀压力P_c（即 $5E/6$）下，空隙会无限制膨大。实际上，当橡胶达到最大膨大率时，空隙会撕裂，形成内部裂口。

如果假设弹性体含有微小的空洞，这些空洞会由于无限制的弹性膨胀而引起内部破坏。假若有空洞，那么一定是比较小的，否则会很容易观察到。但表面能会使非常小的空洞紧缩。所以橡胶中天然空洞的直径范围大约是 $0.1\sim1\mu m$[248]。公式(8.27) 为受压空洞与膨胀比的关系，但它与空洞的初始直径无关，所以只要空洞存在，其实际尺寸并不重要，当膨胀压力达到 $5E/6$ 时，它们将不可避免地变成比较大的内部裂口。

数项试验表明，这种假设橡胶内部空洞破裂的机理是合理的。将橡胶块用高压溶解气体或液体过饱和化处理，当过饱和压力超过临界值 $5E/6$ 时，橡胶块内部会出现可见的气泡[249,250]。每个气泡对应一个内部裂口。当将一橡胶块紧密地黏合在数块刚性平板之间后使其向两边拉（两两对拉），其状态类似于均匀的三轴拉伸。当应力处于临界内压 P_c 时，即出现较大的内部裂口[247]：

$$P_c=5E/6 \tag{8.28}$$

Gent 认为，在所有这些情况中，内部空隙破裂的临界压力与弹性模量 E 成正比，而不是与更传统的强度测量值成正比，这表明破坏是由弹性大小控制的。

因此，Gent 提出橡胶由于摩擦出现内裂，结果橡胶内部（表面以下）产生破坏。这个假设有几个有趣的推论。第一，显然刚度材料是不容易内裂的，如若满足式（8.28），至少它们应有足够的可伸展性。第二，因为橡胶耐内裂性能主要取决于橡胶的刚度，因此它与常规强度测量值的相关性不好。例如，硬度相似的胶料其内裂性能是相似的，即使它们的撕裂强度非常不同。此外，它对试验温度的依赖程度较低。因为相对于强度特性，胶料硬度（刚度）对温度的敏感性通常要小得多。因此，所有这些特征都与观察到的橡胶耐磨性一致。这证明磨耗是由与弹性有关的橡胶内裂（表面以下）造成的。

（6）机械化学降解（MCD） 机械化学降解（MCD）是橡胶磨耗中的普遍现象，可能同时涉及机械作用（橡胶分子的拉伸）和化学降解（包括热机理和氧化机理）作用。通过惰性气氛实验和改变抗氧化剂（在 NR 胶料中）用量，可以很好地证实氧气在促进降解和磨耗方面的作用。Schallamach[251]以炭黑 N330 填充的 NR 胶料，通过改变抗氧化剂（*N*-异丙基-*N*-苯基-对苯二胺，IPPD）的用量报道了气体类型和防老剂对磨耗的影响（图 8.53）。实验用有、无防老剂的两种胶料。实验时先在空气中磨耗之后，再在氮气中测量磨耗，然后在空气中再次测量磨耗速率。在砂轮上每磨 250 转后进行一次测定。然而，在氮气实验之后，空气中的第一个读数低于氮气中达到的水平。Schallamach 认为在氮气中未降解的橡胶仍然会磨耗，但会在瞬间出现油污化。油污化的原因必然与磨耗过程本身有关，应是氧气存在下橡胶的局部降解所致[251]。

如 Medalia 所述[252]，机械化学降解的影响是在疲劳磨耗条件下在样品的表面上产生一层油状黏层。这种现象发生在用炭黑填充的 NR、SBR 和 IR 胶料中；但是对于炭黑填充的 BR 胶料，机械化学降解形成的自由基会进行交联，因此胶料表面是干燥的。虽然有人认为油状黏层是由于胶料中操作油或填充油渗出所致，但已经证明，即使在不含油的胶料中也会出现。因此油状黏层必然是由上述降解所致。无氧情况下，炭黑填充的 NR 胶料会形成橡胶干粉而非油状物。现在很多试验证明，通过分子断裂可形成大分子自由基。应该注意的是，在磨耗测试中，如果形成油状黏层，磨轮将润滑，导致磨耗速度明显下降，给出误导的结果。但对于在路上跑的轮胎，油状黏层会黏附路上的灰尘，并几乎变干，然后形成卷或以其他方式磨掉。

综上所述，虽然文献中提出了许多机理，但以上这六种机理可能是最有代表性的。根据这些理论，影响橡胶制品（特别是轮胎）磨耗和耐磨性的硫化胶参数有摩擦系数、撕裂能、拉伸强度和拉伸弹性（杨氏）模量。低摩擦系数、高撕裂能、高撕裂强度、高模量和高硬度对耐磨性能都是有利的。

实际上，磨耗可通过不同的试验机测定，如 DIN 磨耗试验机、Akron 磨耗试验机、Pico 磨耗试验机、Lambourn 磨耗试验机和 Cabot 磨耗试验机。每种磨耗试验机的磨耗可能包括一种或多种磨耗机理，即这些机理之间并不冲突。对于不同的磨耗试验机，用一种磨耗机理解释时，多少会涉及其他的机理。因此，不同胶料的耐磨耗性可因磨耗试验机的不同而异。

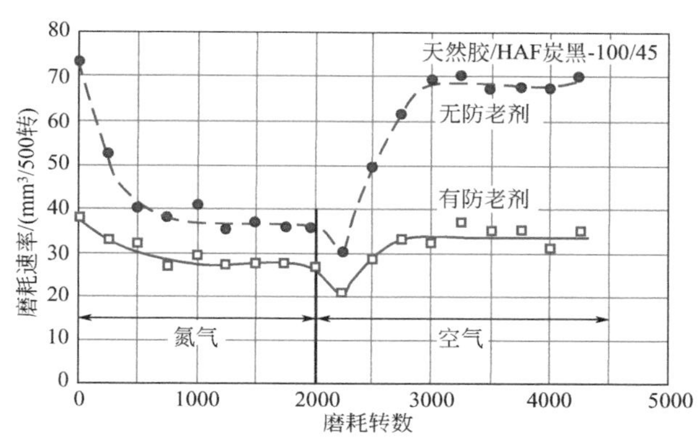

图 8.53　两种 NR 胶料在不同气氛下磨耗速率的变化

就道路上轮胎胎面磨耗来讲，结果将涉及各种机理，至于每种机理的相对重要性，则取决于路况（包括路面微观结构、温度、干湿程度）、轮胎打滑和负荷、轮胎结构和胎面胶料。

8.3.2　填料参数对磨耗的影响

8.3.2.1　填料用量的影响

在橡胶工业，特别是轮胎技术研究中，填料用量对填充硫化胶耐磨性能的影响一直是热点。Wolff 和 Wang[253] 利用 17 种不同炭黑填充的 SBR 硫化胶，构建了主曲线，描绘了 DIN 磨耗试验机所测得的磨耗（体积损耗）与 $f\phi$ 的关系，其中 f 是平移因子，ϕ 是填料体积分数（图 8.54）。可以看出，在所用填料用量范围内，即半补强（软质）炭黑的用量范围为 0～70 份，补强（硬质）炭黑为 0～50 份，磨耗随 $f\phi$ 的增加而单调下降。由于主曲线是通过将各个炭黑的磨耗-用量曲线横向移动来构建的，因此单独的填料-用量函数都遵循相同的模式，即磨耗随填料用量增加而减少，但减少速率逐渐降低。如果 $f\phi$ 可视作填料的有效体积，则影响填料有效性的其他因素，也会反映在所有炭黑的平移因子 f 中。

大多数橡胶磨耗研究的最终目的是提高轮胎胎面胶在路面上的耐磨性能。与实验室磨耗试验机所测的磨耗相比，相对于实验室磨耗来讲，轮胎磨耗涉及的磨耗机理将复杂得多[252]。

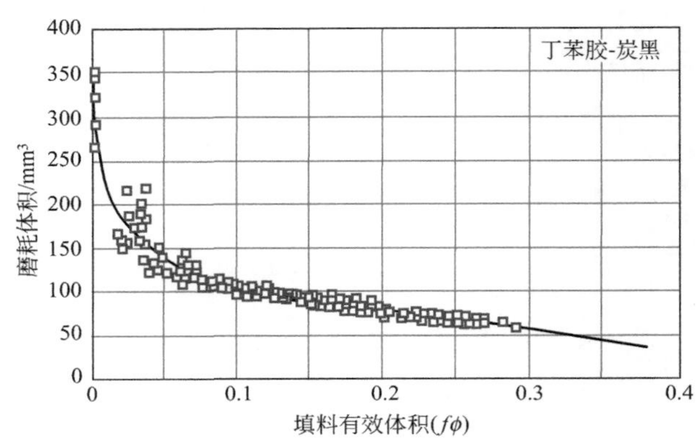

图 8.54　SBR 硫化胶料磨耗变化的主曲线

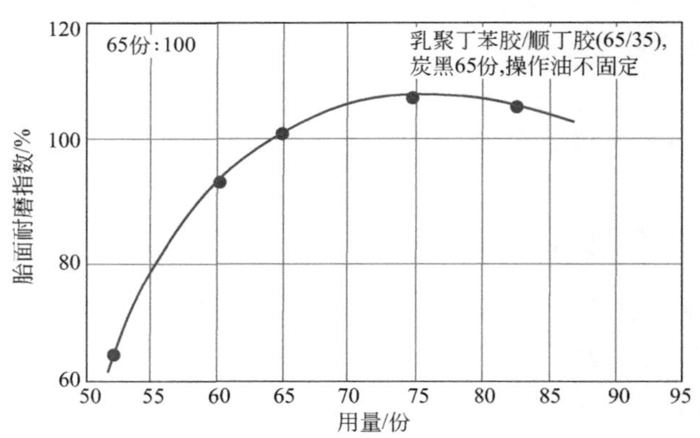

图 8.55　乘用车胎胎面耐磨性与炭黑填充量的关系[255]

Bulgin 和 Walters[254] 在“粗糙”路面上用拖车研究了各种条件下填料用量对轮胎胎面磨耗的影响，发现轮胎胎面耐磨性能随填料用量出现一最大值（图

8.55)。其他人也报道过类似的结果[255]。Veith 和 Chirico[256] 使用表面积为 $130m^2/g$、DBPA 为 124mL/100g 的炭黑，证实了最佳填料用量与磨耗苛刻度呈线性增加关系。磨耗速率最初减少，是由于：

- 在恒定转弯力下滑移角减小；
- 疲劳磨耗（本征磨耗）降低。

上述最大值之后降低是由于：

- 磨蚀及切割磨耗（ACA）增大，并成为主导机理[254]；
- 高填料用量下的拉伸强度降低，可能是由于“相邻颗粒之间存在严重的物理干扰”[257]；炭黑在聚合物中的分散较差；
- 滞后损失较高引起生热较高。

Grosch 和 Shallamach[258] 报道过，轮胎的胎面磨耗随表面温度增加而明显增加（图 8.56）。这在 NR 胎面胶料中更加明显，因为在高温下聚合物降解更加严重。

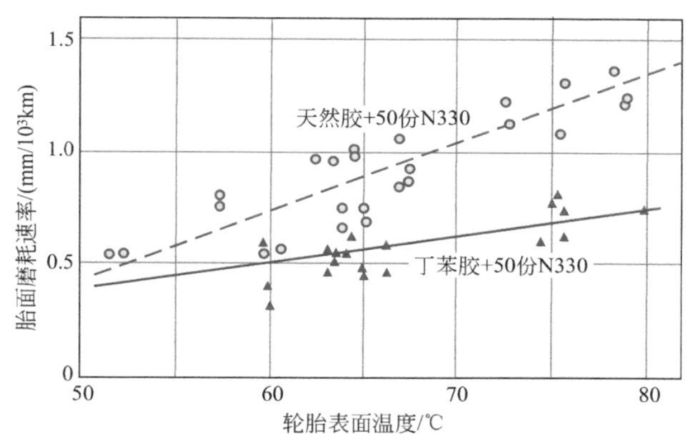

图 8.56 胎面磨耗速率与胎面温度的关系[258]

8.3.2.2 填料比表面积的影响

一般认为表面积是填料影响磨耗的最重要参数[259-263]。用高表面积炭黑填充的橡胶一般具有较高的耐磨耗性能，但是炭黑的表面积实际上不可能无限增加。如图 8.57 所示，在给定炭黑结构下，磨耗平移因子随表面积增加而增加，越过最大值后开始下降。因为填充 SBR 硫化胶的胶料磨耗（体积损耗）随填料有效体积 $f\phi$ 增加而一直下降，平移因子比较小的硫化胶，其胶料磨耗将随填料表面积增加而减小。越过 f 最大值后，高表面积炭黑对耐磨耗的负面影响应该与其分散比较差有关。这是由于高表面积炭黑的填料-填料间的相互作用较强，因为填料的表面能随表面积增加而增加（见 8.3.2.4）。另外，高表面积炭黑的聚结体尺寸比较小（见第 2 章），因此在混炼期间用于剪切聚集体的应力就降低。这也与胶料的生热增加有关，因为填充硫化胶的滞后随炭黑表面积增加而明显增加。这方面的论据可用 NR/炭黑的液相混炼证实。用这种混炼方法，填料分散可以得到很大改进，滞后可以减少，耐磨性能的最大值向高比表面积移动。

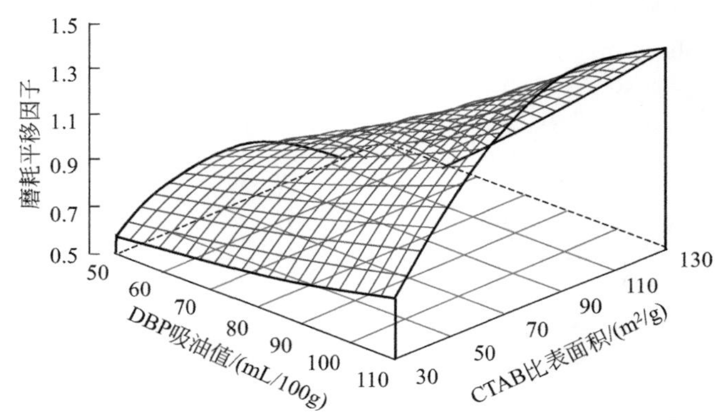

图 8.57 磨耗平移因子与 CTAB 比表面积和 CDBP 吸油值的关系（乳聚 SBR 硫化胶）

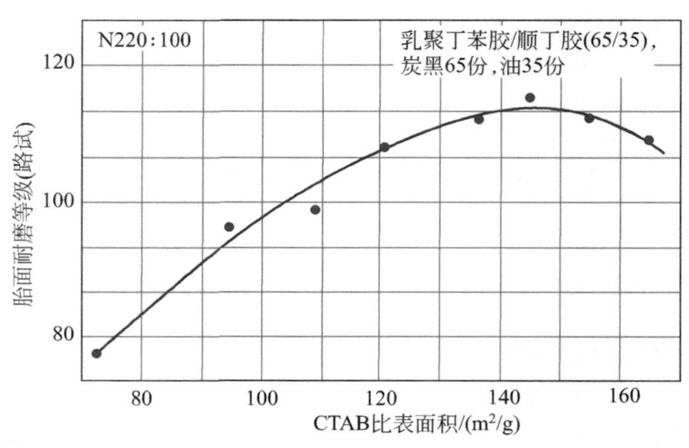

图 8.58 乘用车胎面磨耗与炭黑比表面积的关系[255]

路面试验也得到类似的结果，即表面积较高的炭黑可提高胎面的耐磨性。但在实际上也受到某些限制。如图 8.58 所示，过高的比表面积耐磨性能也有降低。在 65 份炭黑和 35 份操作油下，用于 SBR/BR 混合体系的最佳炭黑表面积（电镜测比表面积，EMSA）在 $130m^2/g$ 和 $150m^2/g$ 之间[255]。另外，Veith 和 Chirico[256] 用不同炭黑填充的 ESBR/BR 胶料，在不同苛刻度下进行了综合的研究。苛刻度是用单位行驶里程的胎面磨耗量来确定的。图 8.59 为在最小磨耗速率下的炭黑填充量（CBC_{min}）与苛刻度对数的关系。CBC_{min} 是从磨耗-负荷图中得到的。显然，对结构相同的炭黑来讲（CDBP 为 124mL/100g），为了在苛刻度较高的情况下获得最小的磨耗速率，表面积较低的炭黑（EMSA 为 $115m^2/g$）用量要比表面积较高的（EMSA 为 $143m^2/g$）用量更多一些。而在苛刻度较低的试验中，发现达到相同磨耗程度时的炭黑用量没有明显的差别。然而，在炭黑比表面积有限的范围内，Wilder 及其同事[264] 的研究结论是，无论对于子午胎还是斜交胎，高比表面积炭黑在高、低苛刻度下都好。而 Hess 等人[265] 甚至证明，在单一炭黑供应商的情况下，子午线轮胎的胎面耐磨指数与炭黑比表面积呈良好的线性关系。

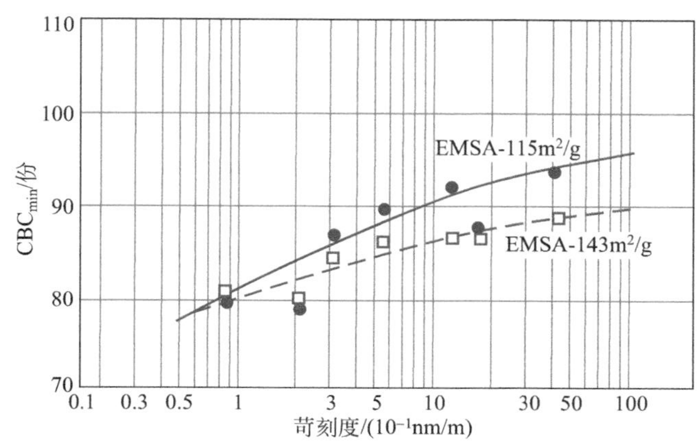

图 8.59 炭黑比表面积对 CBC_{min}-苛刻度关系的影响

8.3.2.3 填料结构的影响

除表面积外，填料的结构，特别是炭黑的结构是影响胶料磨耗的另一个重要参数。像在图 8.57 中所示，炭黑填充的 ESBR 胶料，其耐磨平移因子在恒定表面积下随压缩吸油值（CDBP）的增加而增加。这与许多研究结果是一致的，表明高结构炭黑耐磨耗性能比较高。在大多情况下，试验是在恒定填充量和相似表面积下进行的，结构较高的炭黑使耐磨性能的改善应与有效体积的增加有关。由于其包容胶较多，导致橡胶的模量和硬度增加。

填料结构对试验室耐磨性能影响结论与轮胎磨耗试验的观察结果也是相似的。Veith 和 Chirico [256] 发现，在所研究的全部磨耗速率范围内，最小磨耗速率下的炭黑填充量（CBC_{min}）与苛刻度的对数大约呈线性关系。在比表面积相同时（EMSA 为 130m^2/g），高结构（DBP 值为 133mL/100g）与低结构（DBP 值为 115mL/100g）炭黑的曲线基本上是平行的（图 8.60）。当用低结构炭黑（DBP 为 115mL/100g）时，必须加入更多的炭黑，以保证在任何苛刻度下维持最小磨耗速率。

然而，尽管高结构填料由于包容现象会使填料的有效用量增加（见公式 3.3～3.5），但填料用量本身除了影响模量和胎面磨耗外，还会影响其他性能。例如，高填料用量时生热高、滚动阻力高，因此要想获得最佳补强性能，使用炭黑时应遵从高结构、低用量原则[252]。

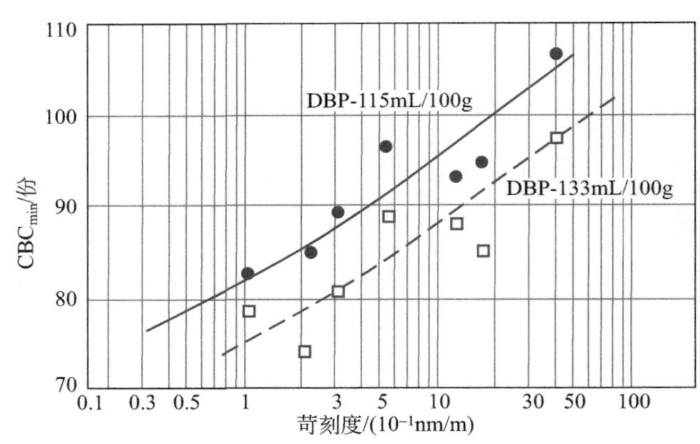

图 8.60　炭黑结构对 CBC_{min}-苛刻度关系的影响

8.3.2.4　聚合物-填料相互作用对磨耗的影响

目前对填充硫化胶磨耗的研究主要集中在填料的形态、填料的分散性和填料用量等方面，而表面活性对磨耗的影响研究却很少，尽管其对磨耗的影响早已被人们所认识。随着反相气相色谱（IGC）技术的应用，人们对填料表面活性或聚合物-填料相互作用在耐磨性能中的作用也进行了大量研究。现在已能较好地理解实践中观察到的与轮胎耐磨性能有关的基本现象。更重要的是，在此基础上可以进一步优化填充胶的耐磨性能。

(1) 与比表面积有关的聚合物-填料相互作用的影响 如第8.3.2.2节所述，高表面积填料填充胶通常耐磨性能较高，但当表面积超过某一极限值时，耐磨性能即不再继续提高[30,266]。实际上，比表面积很高的炭黑填充胶，其耐磨性能反而较差。如图8.58所示，在较低填料用量时，胶料耐磨性能随填料表面积增加而增加的现象可归因于几种机理，但均与填料-聚合物间的有效界面面积增加有关。这也可能与聚合物-填料相互作用有关，因为填料表面能的色散组分随表面积而增加（图2.56）[22]。在炭黑填充的丁苯胶（SBR）硫化胶中，利用电子显微镜直接观察聚合物与填料聚结体的分离应力，亦可证实高表面积炭黑的聚合物-填料相互作用比较强[267]。很高比表面积炭黑填充胶的耐磨性能较差，可能是由于填料聚结体的间距减小导致炭黑分散性变差造成的，因填料聚结体间距与填料表面积成反比[24]。高表面积炭黑的分散性较差，可能也与填料-填料相互作用增加有关。在考虑不同材料之间的黏附能时，由 W_a^{fp} 决定的聚合物-填料相互作用，随填料表面能色散组分 γ_f^d 的平方根而变化（公式5.1）。而以填料表面之间内聚能表征的填料-填料相互作用 W_c^{ff} 却随 γ_f^d 线性增加：

$$W_c^{ff}=2\gamma_f^d \tag{8.29}$$

此公式表明，随炭黑表面积增加，填料表面能色散组分 γ_f^d 亦增加，因此，填料-填料相互作用的增速要比聚合物-填料作用更快，使细粒子炭黑更加难以分散，导致磨耗速率增加。

对不同表面积炭黑很难证明其表面能对耐磨性能的影响，因为很难将比表面积的影响与形态的影响区分开。因此研究炭黑经简单热处理后对耐磨性能的影响，可以排除形态差异对耐磨性能的作用。

(2) 炭黑热处理的影响 当炭黑在惰性气体（此处用氮气）中加热时，直至900℃（远低于炭黑的石墨化温度），炭黑的 γ_f^d 随温度提高而增大［图8.61(a)］。表面能的变化与表面化学特性的变化有关。业已证实[52]，在200℃以上时炭黑上的酸性基团数目开始减少[268]；在热处理过程中（200～800℃），含氧基团分解，伴随 CO_2 和CO放出[52]。因此，可以假定，在加热过程中含氧基团分解后，产生高能点，而且原先被含氧基团遮蔽的原始高能点也会暴露出来。这表明，就聚合物-填料相互作用而言，含氧基团的活性低得多，在低极性或非极性聚合物中尤其如此。当将50份热处理炭黑N234加入乳聚丁苯胶（ESBR）时，在热处理温度达到600℃之前，硫化胶的耐磨性能逐渐改善。热处理温度超过600℃之后，即使其 γ_f^d 继续升高，硫化胶的耐磨性能也逐渐下降［图8.61(a)］。Brown等[269]也曾报道过类似的结果。由于在所用温度范围内炭黑的结构形态不会发生变化，而炭黑热处理对填充硫化胶耐磨性能的影响只能根据其表面特性来解释。如前所述，采用较低温度热处理的炭黑硫化胶的耐磨性能提高，必然是由于 γ_f^d 所表征的聚合物-填料相互作用大大增强所致。采用更高温度热处理炭黑，硫化胶的耐磨性能下降应由填料分散较差所致，这是 γ_f^d 很高而导致填料-填料相互作用增强的缘故。实际上，温度600℃以上处理过的炭黑，以分散度分析仪测量炭黑在硫化胶中的未分散面积随处理温度升高而增大［图8.61（b)］。此时，提高聚合物-填料相互作用对耐磨性能的有利效应已被填料分散性变差所抵消。

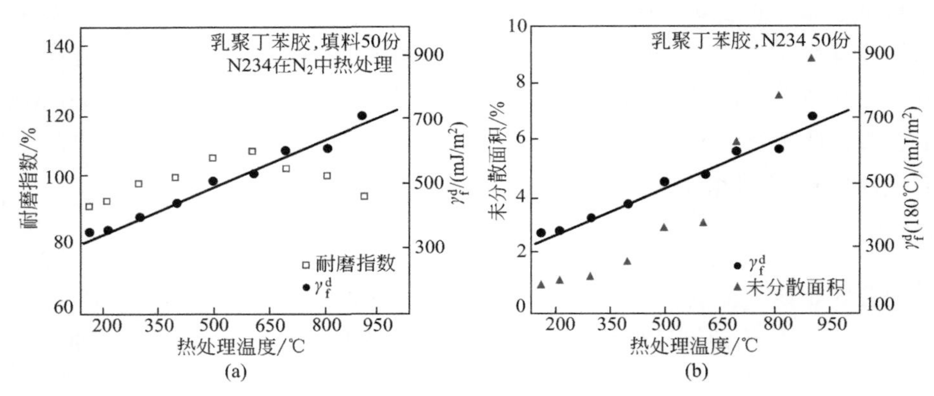

图8.61 炭黑N234热处理温度对其 γ_f^d、填充ESBR硫化胶的耐磨性能以及炭黑在胶料中分散的影响

(3) 炭黑氧化的影响 为进一步证实炭黑表面含氧官能团对聚合物-填料相互作用的影响，有人研究了氧化炭黑的表面能。将炭黑N234用硝酸（每100份炭黑用30份65%的酸）氧化后，在180℃下的 γ_f^d 下降26%。实验结果表明，填充50份这种氧化过炭黑的SSBR硫化胶在磨耗试验机14%滑移率时耐磨性能下降了38%。实际上，由氧化和在惰性气氛中热处理造成的聚合物-填料相互作用，与电子显微镜观察的黏附强度结果相当一致[267]。热氧化和化学氧化使通用炉法炭黑（GPF，N660）与BR胶料的黏附力下降。炭黑表面脱氧后，聚合物和炭黑间的黏附力又会提高。

(4) 化学物质在炭黑表面物理吸附的影响 用化学物质的物理吸附改性可以进一步证实填料表面特性对耐磨性能的影响。Dannenberg 等[270]用表面活性剂十六烷基三甲基溴化铵（CTAB）对炭黑 N339 进行改性。这种改性可以把表面活性剂加到密炼机中进行，也可将其预先吸附到炭黑表面上。改性后尽管提高了填料的分散性，但用 Akron 磨耗试验机测得的耐磨性能显著变差（表 8.7）。图 8.62 为 150℃下测定的改性炭黑 N234 庚烷吸附能与 CTAB 吸附量的关系。可以看到，即使 CTAB 吸附量低于单分子层吸附量，炭黑的表面活性也将大大降低，导致耐磨性能下降。

表 8.7 炭黑 N339 吸附 CTAB 对 Akron 磨耗试验机耐磨性能的影响

项目	炭黑 N339			
CTAB	无	2.25 份加入混炼胶	吸附 0.9%	吸附 4.3%
结合胶含量/%	32.6	31.3	24.5	18.0
耐磨指数/%	100.0	67.2	63.8	52.9

注：配方（份）：SBR 1500：100，炭黑：50，氧化锌：3；硬脂酸：1.5；防老剂：1；操作油：8；促进剂 CBS：1.25；硫黄：1.25。

用一系列蛋白质处理的炭黑，其表面特性变化与耐磨性能的相关性也证实了这一效应。当炭黑用天然胶中蛋白质的模拟化合物（牛血清白蛋白）的水溶液处理时，其 γ_f^d 降低（图 8.62），因此聚合物-填料相互作用降低，进而导致耐磨性能明显下降（图 8.63）[271]。

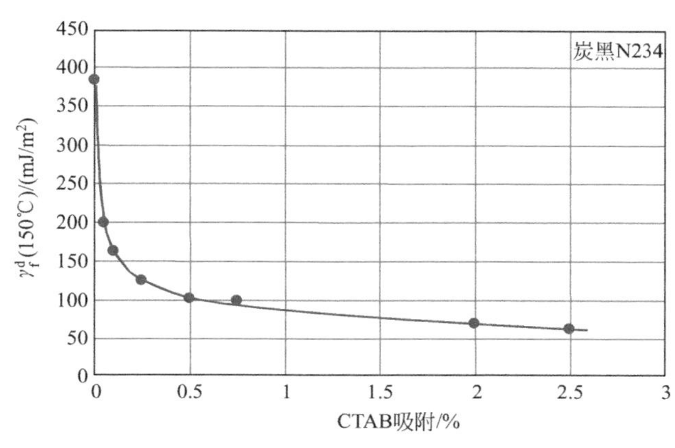

图 8.62 表面能色散组分 γ_f^d 随炭黑 N234 表面 CTAB 吸附量的变化

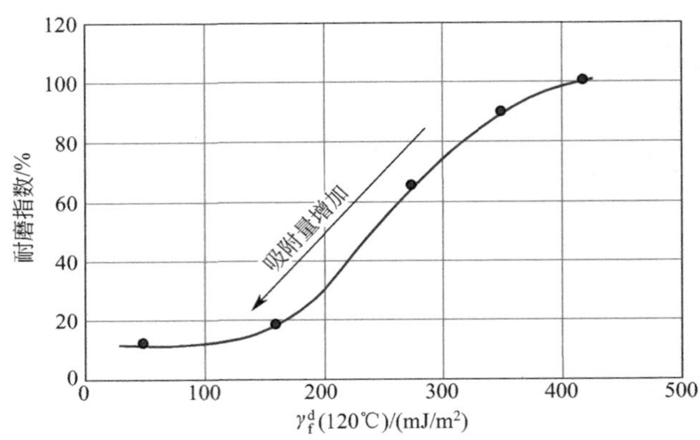

图 8.63 蛋白质处理 N234 的 γ_f^d 与其填充 NR 胶料耐磨性能的关系

8.3.2.5 炭黑混炼加料顺序的影响

与截面积相同的烷烃相比极性化合物的吸附能比较高。烷烃可以看作是烃类聚合物和操作油的模拟化合物（图 5.21）。这表明，当炭黑与极性配合剂（如抗氧化剂和硬脂酸）接触时，炭黑的可用表面积，以及填料表面吸附聚合物的活性中心数量均会明显减少。这些配合剂分子一旦吸附到填料表面上，就很难被聚合物链置换。操作油的极性低，与聚合物有很好的相容性。因此，操作油与聚合物分子间对填料表面高能活性点的争夺，使得混炼加料顺序变得也很重要。从聚合物-填料相互作用的观点看，炭黑填充胶混炼程序的最优方式应该是先将填料和聚合物混合均匀后，再加入操作油和其他配合剂。例如，对于加入 75 份炭黑 N234 及 25 份操作油的典型 SSBR/BR（75/25）乘用车胎面胶，待炭黑混入聚合物后再加油制得胎面胶的耐磨性能显著高于同时加入油和炭黑制得的胎面胶（图 8.64）。

8.3.2.6 白炭黑与炭黑的比较

自从细粒子白炭黑实现工业化生产以来，白炭黑生产商一直想将其应用于轮胎。直到最近白炭黑才成为轮胎胎面胶中主要填料，原因之一是其耐磨性能非常差。这一点可用不同化合物吸附能所表示的表面特性来解释（图 5.21）。与炭黑相比，白炭黑与极性化合物之间的相互作用非常强，而与烷烃的相互作用非常弱。这表明白炭黑与烃类橡胶的相互作用非常弱。如图 8.65 所示，很弱的聚合物-填料相互作用是造成白炭黑硫化胶耐磨性能较低的最重要因素。不加偶联剂的白炭黑，在典型乘用车胎面胶中的耐磨性能，要比炭黑胶低 70%左右。加之动态性能较差和加工性能不好，阻碍了白炭黑在胎面胶中的应用[68,272]。

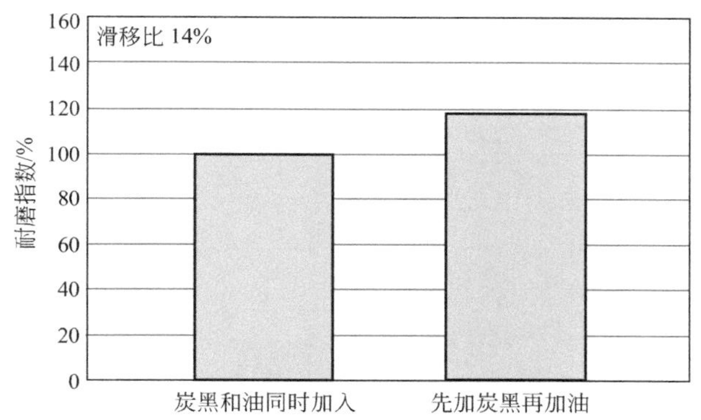

图 8.64　混炼顺序对炭黑填充硫化胶耐磨性能的影响[271]

在 Michelin 的“绿胎”胎面胶专利中，除滚动阻力低和抗湿滑性能好外，声称胎面寿命和耐用性可与传统轮胎相媲美。这表明其胎面耐磨性能已与炭黑胶料相当。从材料的观点看，这种胶料的特点如下：

① 聚合物为溶聚丁苯橡胶（SSBR）和 BR 的并用胶；

② 白炭黑是填料体系的主要组分；

③ 用双官能团的硅烷 TESPT 作聚合物和填料间的偶联剂。

在白炭黑轮胎配方中，所用的偶联剂是 X50S（一种 50%TESPT 和 50%炭黑 N330 的混合物）。其中，应用含硫硅烷偶联剂是关键技术。通过有机硅烷表面改性，可以降低白炭黑表面能的极性组分，因此能有效降低填料聚集，从而改善胶料的加工性能和动态性能。聚合物-填料之间也通过多硫化物基团形成化学键合，可有效地补偿聚合物-填料间较弱的相互作用。因此，胶料耐磨性能显著提高（图 8.65），从而使白炭黑能作为主填料用于乘用车胎面胶[272]。

8.3.2.7　白炭黑在乳聚 SBR 胶料中的应用

Michelin 专利介绍的白炭黑胎面胶的特点之一是主要聚合物为溶聚丁苯胶（SSBR）。然而，对于典型的乘用车胎面胶，主要聚合物是乳聚丁苯胶（ESBR）；尽管 SSBR 胶料已商业化几十年，并且 SSBR 在滚动阻力和防滑方面有优势，虽然并不突出，但已得到公认[190]。鉴于 ESBR 加工性好、成本低，因此自白炭黑胎面胶问世以来，轮胎生产商一直想方设法将 ESBR 用于白炭黑胎面胶中，但是目前溶聚橡胶（包括 BR）仍然是白炭黑轮胎的唯一聚合物。实际上，耐磨性能较差是白炭黑 ESBR 硫化胶的主要缺陷。ESBR 的耐磨性能较差与聚合物-填料相互作用较弱有关。与 SSBR 胶料不同，ESBR 的这一缺点尚不能用偶联反应进行有效的补偿（图 8.66）。即使加入高用量的偶联剂，其耐磨性能也比不上炭黑硫

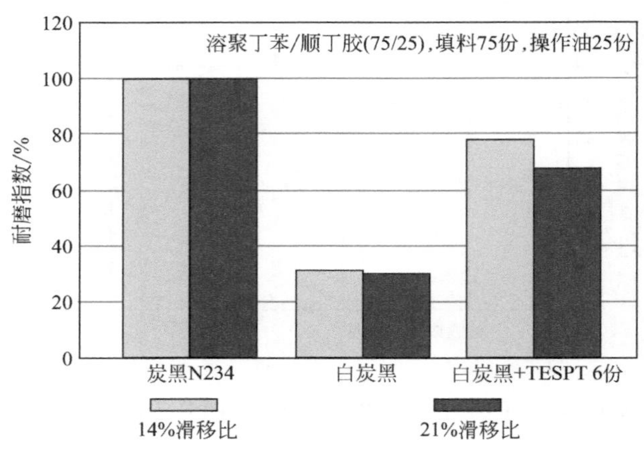

图 8.65 炭黑 N234、白炭黑和白炭黑/TESPT 填充胶的耐磨性能

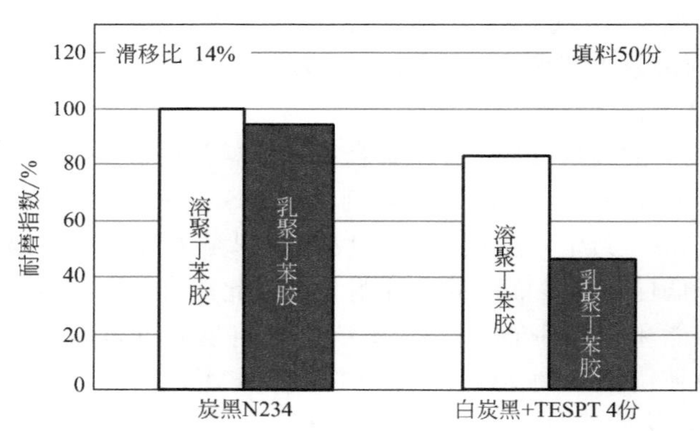

图 8.66 填充炭黑 N234 和白炭黑/TESPT 的溶聚丁苯和乳聚丁苯硫化胶的耐磨性能对比

化胶。造成白炭黑-ESBR 硫化胶耐磨性能较差的因素有几种。首先是偶联剂的效率。由于白炭黑表面与极性化合物的相互作用较强（图 5.21 和表 8.8），在 SSBR 轮胎胎面胶中，偶联剂在极性作用下容易迁移到填料表面上，促进偶联反应，并在聚合物和填料间通过偶联反应形成化学键，有效地补偿较弱的聚合物-填料相互作用。但是，就 ESBR 胎面胶而言，乳聚丁苯橡胶（ESBR）生产过程中所用的非橡胶杂质会干扰偶联反应。众所周知，ESBR 中约有 5%～8%的非橡胶成分，它们主要是表面活性剂。由于白炭黑表面极性极高，很容易与这些物质的极

性基团作用，而使其非极性或低极性基团与聚合物接触。换言之，ESBR 中的表面活性剂很容易吸附在填料表面上，降低聚合物-填料相互作用。这些表面活性剂还会屏蔽白炭黑表面上的硅羟基，阻碍其化学偶联反应。此外，在 TESPT 中多硫化物基团和/或其分解产物的极性要比橡胶烃高，在胶料中，它们可能优先与非橡胶成分（如表面活性剂）结合，这也降低了偶联剂和聚合物之间的反应。因此，即使偶联剂用量比较高，也不能有效地改善 ESBR 胶料的聚合物-填料相互作用。在开发卡车胎白炭黑胎面胶时出现的问题进一步证实了这一观点。

表 8.8 某些极性化合物在炭黑 N234、白炭黑（ZeoSil 1165）和 TESPT-改性白炭黑上表面能的色散组分 γ_f^d 和某些化合物吸附能的极性组分 I^{sp}

	炭黑 N234	白炭黑	白炭黑	白炭黑/TESPT
试验温度/℃	180	180	130	130
γ_f^d/(mJ/m^2)	382	28	47	36
I^{sp}(苯)/(mJ/m^2)	93	73	111	40
I^{sp}(乙腈)/(mJ/m^2)	173	278		
I^{sp}(四氢呋喃)/(mJ/m^2)	74	271		
I^{sp}(丙酮)/(mJ/m^2)	86	264		
I^{sp}(乙酸乙酯)/(mJ/m^2)	48	206		
I^{sp}(氯仿)/(mJ/m^2)	72	39		

8.3.2.8 白炭黑在 NR 胶料中的应用

虽然白炭黑已和溶聚丁苯胶（SSBR）一起用于乘用车轮胎胎面胶以改善滚动阻力和抗湿滑性能，但将白炭黑作为主要填料用于载重轮胎尚未完全成功[273]。白炭黑用于载重轮胎的主要缺点也是耐磨性能差。在过去几十年中，载重轮胎的子午化导致 NR 使用比例上升[274]。首先，由于 NR 具有良好的生胶强度和黏性，这对于载重子午线轮胎成型极为重要。其次，载重子午线轮胎的小角度钢丝帘线带束层使得胎冠部刚度较高，导致包容锐利障碍物的能力不足。这使得轮胎比较容易刺伤和崩花掉块，在超载和路况较差时尤为严重。这又进一步促使在载重子午线轮胎胎面胶中加大 NR 用量[275]。虽然造成含白炭黑载重轮胎胎面胶的性能较差的因素比较多，但主要与白炭黑的表面特性有关。在以 NR 为主的载重轮胎胎面胶中，源自 NR 胶乳中的非橡胶组分会干扰聚合物-填料相互作用，这与 ESBR 中表面活性剂的影响类似。在干橡胶中，有 5%以上的非橡胶组分，它们主要是蛋白质、脂肪酸、磷脂、其他酯类物质及其降解产物。由于这些非橡胶组分极易吸附到白炭黑表面上，所以会减弱聚合物-填料相互作用，并降低偶联剂效率。例如，即使 TESPT 与白炭黑的质量比高达 15/100 时，胶料的耐磨性能改善也不大[276,277]。同时，由于白炭黑的表面特性，许多呈极性的硫化配合剂会吸附到白炭黑表面。此外，白炭黑的表面酸性要比炭黑高得多。这些效应使胶料硫化性能变差，进而使硫化速率减慢、交联效率降低。因此，为了能得到合适的交联密度和硫化动力学，必须加大硫化剂的用量。对于只填充白炭黑的NR胶料，次磺酰胺促进剂用量高达2.8～3.6份，硫黄用量高达1.7～2.0份；与之相比，对于填充炭黑的NR胶料，次磺酰胺促进剂与硫黄用量分别为1～1.4份和0.8～1.2份[196,222]。高用量的硫化配合剂，再加上高用量的TESPT，会使橡胶链上的环状硫化物、含硫促进剂侧挂基和偶联剂侧挂基增加。这会导致聚合物链的改性，从而显著降低聚合物链的柔性，使其耐磨性能变差。此外，由于白炭黑的加工性能较差，尤其是混炼性能比较差，填料的分散时间增加。加之NR对机械氧化降解非常敏感，延长混炼时间会使NR因分子链断裂而导致分子量急剧下降。用热处理进行预偶联反应时，情况尤为严重，胶料的耐磨性能会受到进一步损害。如图8.67所示，虽然使用了高用量的偶联剂，对于填充50份白炭黑和6份TESPT的硫化胶，其耐磨性能也要比炭黑硫化胶低40%左右[175]。

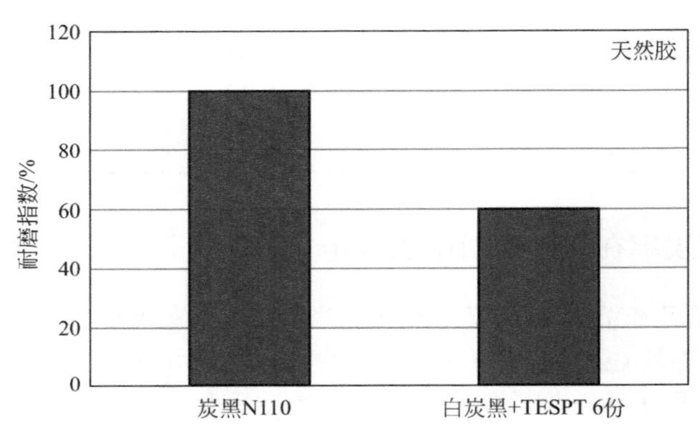

图8.67 炭黑N110和白炭黑/TESPT填充NR胶料的耐磨性能

8.3.2.9 CSDPF对耐磨性能的影响

与炭黑和白炭黑相比，在混入烃类聚合物以后，炭-二氧化硅双相填料CSDPF 2000和CSDPF 4000的特点是：填料-填料相互作较低，聚合物-填料相互作用较高。通过比较聚合物的模拟化合物在填料表面上的吸附能，可证实双相填料在烃类聚合物中聚合物-填料相互作用较强。图8.68为庚烷在三种填料表面的吸附自由能。图中展示了两种双相填料CSDPF 2000和CSDPF 4000的结果，并与炭黑N234和白炭黑以不同比例并用填料的结果作对比。若忽略表面积的差异，白炭黑含量相同时，双相填料都有较高的吸附能。双相填料表面活性较高归因于炭黑相的表面微观结构变化。当炭黑相中掺入了杂质时，可能使炭黑相的石墨微晶尺寸减小，并且在石墨晶格中引入较多的缺陷，微晶的边缘和晶格缺陷认为是吸附橡胶的活性中心[22]。已通过扫描隧道显微镜研究予以证实。CSDPF 表面有序碳结构（准石墨化）在统计意义上面积比较小，可直接说明炭黑相中有更多的活性中心[175]。当需要用偶联剂增强 CSDPF 中白炭黑相与聚合物的相互作用时，其用量应比白炭黑胶料低得多。实际上，CSDPF 4000 的白炭黑表面覆盖率较高，用于乘用车胎面胶料，以获得与白炭黑胎面胶相似的滚动阻力和抗湿滑性能，同时具有良好的耐磨性能（图 8.50）。在以 NR 为主体橡胶的载重轮胎胎面胶中，CSDPF 2000 的白炭黑表面覆盖率较低，它是最适宜的填料，可赋予轮胎优异的湿摩擦系数[278]，较低的滞后损失，以及与炭黑胶相当的耐磨性能（图 8.69）。

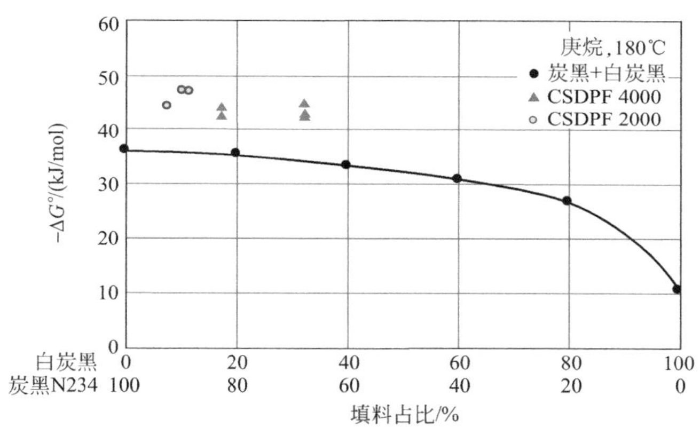

图 8.68　180°C 下庚烷在不同填料表面上的吸附自由能

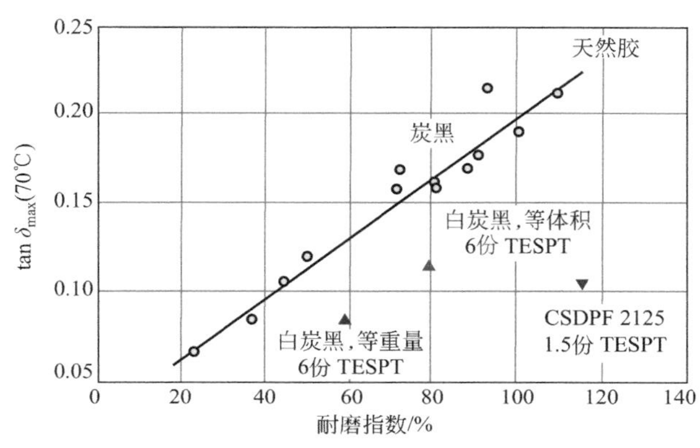

图 8.69　填充不同填料 NR 的滞后损失和耐磨性能

参考文献

[1] Medalia A I. Effect of Carbon Black on Dynamic Properties of Rubber Vulcanizates. *Rubber Chem. Technol.*, 1978, 51: 437.

[2] Bulgin D, Hubbard D G, Walters M H. *Proc. Rubber Technol. Conf. 4th*, London, 1962: 173.

[3] Saito Y. New Polymer Development for Low Rolling Resistance Tyres. *Kautsch. Gummi Kunstst.*, 1986, 39: 30.

[4] Medalia A I. Heat Generation in Elastomer Compounds Causes and Effects. *Rubber Chem. Technol.*, 1991, 64: 481.

[5] Duperray B, Leblanc J L. The Time-temperature Superposition Principle as Applied to Filled Elastomers. *Kautsch. Gummi Kunstst.*, 1982, 35: 298.

[6] Nordsiek K H. The Integral Rubber Concept-an Approach to an Ideal Tire Tread Rubber. *Kautsch. Gummi Kunstst.*, 1985, 38: 178.

[7] Wolff S, Wang M-J. Chapter 6 & Chapter 9. In: Donnet J-B, Bansal R C, Wang M-J (Editors). Carbon Black, Science and Technology. 2nd ed. New York: Marcel Dekker, 1993.

[8] Wang M-J. presented at a workshop "Praxis und Theorie der Verstärkung von Elastomeren," Hanover, Germany, Jun. 27-28, 1996.

[9] Grosch K A. The Rolling Resistance, Wear and Traction Properties of Tread Compounds. *Rubber Chem. Technol.*, 1996, 69: 495.

[10] Hess W M, P. C. Vegvari, and R. A. Swor, Carbon Black in NR/BR Blends for Truck Tires. *Rubber Chem. Technol.*, 1985, 58: 350.

[11] Ulmer J D, Chirico V E, Scott C E. The Effect of Carbon Black Type on the Dynamic Properties of Natural Rubber. *Rubber Chem. Technol.*, 1973, 46: 897.

[12] Ayala J A, Hess W M, Dotoson A O, et al. New Studies on the Surface Properties of Carbon Blacks. *Rubber Chem. Technol.*, 1990, 63: 747.

[13] Caruthers J M, Cohen R E, Medalia A I. Effect of Carbon Black on Hysteresis of Rubber Vulcanizates Equivalence of Surface Area and Loading. *Rubber Chem. Technol.*, 1976, 49: 1076.

[14] Pastel A C, Jackson D C. Poster presented at IRC' 91, Essen, Jun. 24-27, 1991.

[15] Patel A C, Lee K W. Characterizing Carbon Black Aggregate via Dynamic and Performance Properties. *Elastomerics*, 1990, 122 (3), 14; 1990, 122 (4): 22.

[16] Wang M-J, Etude du Renforcement des élastomères par les Charges: Effet Exercé par l'emploi de Silices Modifiées par Greffage de Chaines Hydrocarbonées. Sc. D. Dissertation, Université de Haute Alsace, Mulhouse, France, 1984.

[17] Staszezuk P. *Mater. Phys.*, 1980, 14: 279.

[18] Zettlemoyer A C. Hydrophobic Surfaces, F. M. Fowkes, Ed., Academic Press, 1969: 9.

[19] Cazeneuve C. Thesis de Docteur Ingénieur, Université de Haute Alsace, Mulhouse, France, 1980.

[20] Donnet J-B, Brendle M, Dhami T L, et al. Plasma Treatment Effect on the Surface Energy of Carbon and Carbon Fibers. *Carbon* 1986, 24: 757.

[21] Guilpain G. Etude de traitements superficiels de fibres de carbone par voie électrolytique. Ph. D. Thesis, Université de Haute Alsace, Mulhouse, France, 1988.

[22] Wang M-J, Wolff S, Donnet J-B. Filler-Elastomer Interactions. Part III. Carbon-Black-Surface Energies and Interactions with Elastomer Analogs. *Rubber Chem. Technol.*, 1991, 64: 714.

[23] Donnet J-B, Lansiger C M. Characterization of Surface Energy of Carbon Black Surfaces and Relationship to Elastomer Reinforcement. *Kautsch. Gummi Kunstst.*, 1992, 45 (6): 459.

[24] Wang M-J, Wolff S, Tan E-H. Filler-Elastomer Interactions. Part VIII. The Role of the Distance between Filler Aggregates in the Dynamic Properties of Filled Vulcanizates. *Rubber Chem. Technol.*, 1993, 66: 178.

[25] Kraus G. *Proc. Int. Rubber Conf.*, Brighton, U. K., 1977, Paper 21.

[26] Janzen J, Kraus G. *Proc. Int. Rubber Conf.*, Brighton, U. K., 1972, G7-1.

[27] Stacy C J, Chirico V E, Kraus G. Effect of Carbon Black Structure Aggregate Size Distribution on Properties of Reinforced Rubber. *Rubber Chem. Technol.*, 1975, 48: 538.

[28] Hess W M, Chirico V E. Elastomer Blend Properties-Influence of Carbon Black Type and Location. *Rubber Chem. Technol.*, 1977, 50: 301.

[29] McDonald G C, Hess W M. Carbon Black Morphology in Rubber. *Rubber Chem. Technol.*, 1977, 50: 842.

[30] Shieh C-H, Mace M L, Ouyang G B, Branan J M, et al. Meeting of the Rubber Division, ACS, Toronto, Canada, May 21-24, 1991.

[31] Brennan J J, Jermyn T E, Boostra B B. Carbon Black-Polymer Interaction: a Measure of Reinforcement. *J. Appl. Polym. Sci.*, 1964, 8: 2687.

[32] Dannenberg E M. Bound Rubber and Carbon Black Reinforcement. *Rubber Chem. Technol.*, 1986, 59: 512.

[33] Leblanc J L, Hardy P, Leblanc J L, et al. Evolution of Bound Rubber During the Storage of Uncured Compounds. *Kautsch. Gummi Kunstst.*, 1991, 44: 1119.

[34] Wolff S, Wang M-J, Tan E-H. Filler-Elastomer Interactions. Part VII. Study on Bound Rubber. *Rubber Chem. Technol.*, 1993, 66: 163.

[35] Hess W M, Chirico V E, Burgess K A. Carbon-black Morphology in Rubber. *Kautsch. Gummi Kunstst.*, 1973, 26: 344.

[36] Heckman F A, Medalia A I. *J. Inst. Rubber Ind.* 1969, 3: 66.

[37] Gessler A M. Effect of Mechanical Shear on the Structure of Carbon Black in Reinforced Elastomers. *Rubber Chem. Technol.*, 1970, 43: 943.

[38] Ban L L, Hess W M. Current Progress in the Study of Carbon Black Microstructure and General Morphology. Interactions Entre les Elastomères et les Surfaces Solides Ayant Une Action Renforçant, *Colloques Int. C. N. R. S.*, Paris, France, 1975, No. 231: 81.

[39] Nakata T. The Theory and Application of Filler Reinforcement. *Nippon Gomu Kyokaishi*, 1985, 58: 713.

[40] Herd C R, Mcdonald G C, Hess W M. Morphology of Carbon-Black Aggregates: Fractal Versus Euclidean Geometry. *Rubber Chem. Technol.*, 1992, 65: 107.

[41] Wolff S, Wang M-J, Tan E-H, et al. Surface Energy of Fillers and its Effect on Rubber Reinforcement. *Kautsch. Gummi Kunstst.*, 1994, 47: 780.

[42] Wang W, Haidar B, Vidal A, et al. Study of Surface Activity of Carbon Black by Inverse Gas Chromatography. IV: Effect of Mechanical Action on Surface Activity of Carbon Black. *Kautsch. Gummi Kunstst.*, 1994, 47: 238.

[43] Gessler A M. *Proc. Int. Rubber Conf.*, Brighton, England, 1967: 249.

[44] Boonstra B B. Chapter 7. In: Blow C M, Hepburn C (Editors). Rubber Technology and Manufac-

ture. 2nd ed. London: Butterworth Sci., 1982.

[45] Rivin D. Use of Lithium Aluminum Hydride in the Study of Surface Chemistry of Carbon Black. *Rubber Chem. Technol.*, 1963, 36: 729.

[46] Tan E-H. Ph. D. Thesis, Université de Haute Alsace, Mulhouse, France, 1992.

[47] Wolff S, Wang M-J, Tan E-H. Filler-Elastomer Interactions. Part X. The Effect of Filler-elastomer and Filler-filler Interaction on Rubber Reinforcement. *Kautsch. Gummi Kunstst.*, 1994, 47: 102.

[48] Dannenberg E M. *Rubber Age (NY)*, 1966, 98 (9): 82.

[49] Bansal R C, Donnet J-B. Chapter 4. In: Donnet J-B, Bansal R C, Wang M-J (Editors). Carbon Black, Science and Technology. 2nd ed. New York: Marcel Dekker, 1993.

[50] Puri B R, Bansal R C. Iodine Adsorption Method for Measuring Surface Area of Carbon Blacks. *Carbon*, 1965, 3: 227.

[51] Donnet J-B, Voet A. Chapter 8. Carbon Black, New York: Marcel Dekker, 1976.

[52] Rivin D. Surface Properties of Carbon. *Rubber Chem. Technol.*, 1971, 44: 307.

[53] Shaeffer W D, Smith W R, Polley M H. Structure and Properties of Carbon Black-changes Induced by Heat Treatment. *Ind. Eng. Chem.*, 1953, 45: 1721.

[54] Franklin R E. *Acta Crystallogr.* 1950, 3: 1907; 1950, 4: 253.

[55] Heckman F A. Microstructure of Carbon Black. *Rubber Chem. Technol.*, 1964, 37: 1245.

[56] Hess W M, Herd C R. Chapter 3. In: Donnet J-B, Bansal R C, Wang M-J (Editors). Carbon Black, Science and Technology. 2nd ed. New York: Marcel Dekker, 1993.

[57] Wang M-J, Wolff S, Freund B. Filler-Elastomer Interactions. Part XI. Investigation of the Carbon-Black Surface by Scanning Tunneling Microscopy. *Rubber Chem. Technol.*, 1994, 67: 27.

[58] Zerda T W, Xu W, Yang H, et al. Meeting of the Rubber Division, ACS, Anaheim, California, May 6-9, 1997.

[59] Wolff S. Chemical Aspects of Rubber Reinforcement by Fillers. *Rubber Chem. Technol.*, 1996, 69: 325.

[60] Wang M-J, Wolff S. Filler-Elastomer Interactions. Part VI. Characterization of Carbon Blacks by Inverse Gas Chromatography at Finite Concentration. *Rubber Chem. Technol.*, 1992, 65: 890.

[61] Kraus G. Chapter 4. Reinforcement of Elastomers, New York: Interscience, 1965: 140.

[62] Funt J M. Dynamic Testing and Reinforcement of Rubber. *Rubber Chem. Technol.*, 1988, 61: 842.

[63] Medalia A I, Kraus G. Chapter 8. In: Mark J E, Erman B, Eirich F R (Editors). Science and Technology of Rubber. 2nd ed. San Diego: Academic Press, 1994.

[64] Wolff S, Görl U, Wang M-J, et al. Silica-based Tread Compounds. *Eur. Rubber J.*, 1994, 176 (11): 16.

[65] Wang M-J, Wolff S, Donnet J-B. Filler-Elastomer Interactions. Part I. Silica Surface Energies and Interactions with Model Compounds. *Rubber Chem. Technol.*, 1991, 64: 559.

[66] Wolff S, Wang M-J. Filler-Elastomer Interactions. Part IV. The Effect of the Surface Energies of Fillers on Elastomer Reinforcement. *Rubber Chem. Technol.*, 1992, 65: 329.

[67] Wolff S, Wang M-J. *Proc. Int. Conf. Carbon Black*, Mulhouse, France, Sept. 27-30, 1993: 133.

[68] Wolff S, Wang M-J, Tan E-H. Surface Energy of Fillers and its Effect on Rubber Reinforcement. *Kautsch. Gummi Kunstst.*, 1994, 47: 873.

[69] Wang M-J, Patterson W J. *Proc. Int. Rubber Conf.* Manchester, June 17-20, 1996, paper no. 43.

[70] Tan E-H, Wolff S, Haddeman M, Grewatta H P, et al. Filler-Elastomer Interactions. Part IX. Performance of Silicas in Polar Elastomers. *Rubber Chem. Technol.*, 1993, 66: 594.

[71] Hofmann W. Chapter 4. Rubber Technology Handbook, Munich: Hanser Publishers, 1989.

[72] Iler P K. The Chemistry of Silica, New York: Interscience, 1979.

[73] Donnet J-B, Papirer E, Vidal A, et al. presented at Rubbercon' 88, Oct. 10-14, 1988, Sydney, Australia.

[74] Vidal A, Shi Z H, Donnet J-B. Modification of Carbon Black Surfaces: Effects on Elastomer Reinforcement. *Kautsch. Gummi Kunstst.*, 1991, 44: 419.

[75] Vidal A, Papirer E, Wang M-J, et al. Modification of Silica Surfaces by Grafting of Alkyl Chains. I-Characterization of Silica Surfaces by Inverse Gas-solid Chromatography at Zero Surface Coverage. *Chromatographia*, 1987, 23: 121.

[76] Papirer E, Vidal A, Wang M-J, et al. Modification of Silica Surfaces by Grafting of Alkyl Chains. II-Characterization of Silica Surfaces by Inverse Gas-solid Chromatography at Finite Concentration. *Chromatographia*, 1987, 23: 279.

[77] Iler P K. Relation of Particle Size of Colloidal Silica to the Amount of a Cationic Polymer Required for Flocculation and Surface Coverage. *J. Colloid Interface Sci.*, 1971, 37: 364.

[78] Ribio J, Kitchener A J. The Mechanism of Adsorption of Poly (ethylene oxide) Flocculant on Silica. *J. Colloid Interface Sci.*, 1976, 57: 132.

[79] Mewis J. Rheology of Concentrated Dispersions. *Adv. Colloid Interface Sci.*, 1976, 6: 173.

[80] Wang M-J, Wolff S. Filler-Elastomer Interactions. Part V. Investigation of the Surface Energies of Silane-Modified Silicas. *Rubber Chem. Technol.*, 1992, 65: 715.

[81] Monte S J, Sugerman G. Meeting of the Rubber Division, ACS, Chicago, Illinois, Oct. 5-7, 1982.

[82] Monte S J. Ken-React Preference Manual-Titanate, Zirconate and Aluminate Coupling Agents, Second revised edition, Kenrich Petrochemicals, Inc., 1993.

[83] Metal-Acid Esters-Chelates, Hüls, AG. 1992.

[84] Wang M-J, Vidal A, Papirer E, et al. Modification of Silica Surfaces by Grafting of Alkyl Chains. Part III. Particle/particle Interactions: Rheology of Silica Suspensions in Low Molecular Weight Analogs of Elastomers. *Colloids Surf.*, 1989, 40: 279.

[85] Plueddemann E P. Silane Coupling Agents, New York: Plenum Press, 1982.

[86] Mittal K L. Silanes and Other Coupling Agents, vs. P, Utrecht, 1992.

[87] Donald G W. *Rubber Age* 1970, 102 (4): 66.

[88] Grillo T A. *Rubber Age* 1971, 103 (8): 37.

[89] Ranney M W, Pageno C A, Ziemiansky L P. *Rubber World*, 1970, 163: 54.

[90] Roland R. Rubber Compound and Tires Based on Such a Compound, European patent, EP0501227A1, 1992.

[91] Degussa AG, Silanized Silicas Coupsil, *Technical Information Bulletin*, No. 6031, Sept. 1, 1995.

[92] Wolff S. Optimization of Silane-Silica OTR Compounds. Part 1: Variations of Mixing Temperature and Time during the Modification of Silica with Bis- (3-Triethoxisilylpropyl) -Tetrasulfide. *Rubber Chem. Technol.*, 1982, 55: 967.

[93] Thurn F, Wolff S. *Proc. Int. Rubber Conf.*, *Munich*, Sept. 2-5, 1974.

[94] Wolff S. Presented at the First Franco-German Rubber Symposium, Obernai, France, Nov. 14-16, 1985.

[95] Polmanteer K E, Lentz C W. Reinforcement Studies-Effect of Silica Structure on Properties and

Crosslink Density. *Rubber Chem. Technol.*, 1975, 48: 795.

[96] Graves D F. Benzofuroxans as Rubber Additives. *Rubber Chem. Technol.*, 1993, 66: 61.

[97] Yamaguchi T, Kurimoto I, Ohashi K, et al. Novel Carbon Black/rubber Coupling Agent. *Kautsch. Gummi Kunstst.*, 1989, 42: 403.

[98] González L, Rodríguez A, de Benito J L, et al. A New Carbon Black-Rubber Coupling Agent to Improve Wet Grip and Rolling Resistance of Tires. *Rubber Chem. Technol.*, 1996, 69: 266.

[99] Wolff S, Görl U. Carbon Blacks Modified with Organosilicon Compounds, Method of Their Production and Their Use in Rubber Mixtures, US patent, US5159009, Oct. 27, 1992.

[100] Wolff S, Görl U. The Influence of Modified Carbon Blacks on Viscoelastic Compound Properties. *Kautsch. Gummi Kunstst.*, 1991, 44: 941.

[101] Swor R A, Taylor R L. Use of Silane Coupling Agent with Carbon Black to Enhance the Balance of Reinforcement Properties of Rubber Compounds, US patent, US5494955, Feb. 27, 1996.

[102] Boehm H P. Some Aspect of the Surface Chemistry of Carbon Black, Presented at The Second International Conference on Carbon Black, Mulhouse, France, Sept. 27-30, 1993.

[103] Wagner M P. Reinforcing Silicas and Silicates. *Rubber Chem. Technol.*, 1976, 49: 703.

[104] Austin A E. *Proc. Conf. Carbon*, 3rd. 1958: 389.

[105] Boehm H P. *Adv. Catal.*, 1968, 16: 161.

[106] Herd C R. Meeting of the Rubber Division, ACS, Montreal, Canada, May 5-8, 1996.

[107] Wang W, Vidal A, Donnet J-B, et al. Study of Surface Activity of Carbon Black by Inverse Gas Chromatography. III: Superficial Plasma Treatment of Carbon Black and its Surface Activity. *Kautsch. Gummi Kunstst.*, 1993, 46: 933.

[108] Takeshita M. Mukai U, Sugawara T. (to Bridgestone), Rubber Composition for Tires, US patent, US4820751, Apr. 11, 1981.

[109] Kinoshita K. Chapter 4. Carbon, Electrochemical and Physico-Chemical Properties. New York: John Wiley & Sons, Inc., 1988.

[110] Donnet J-B, Bouland J C. *Rev. Gen. Caout.*, 1964, 41: 407.

[111] Donnet J-B, Shultz J, Eckhardt A. Etude de la microstructure d'un noir de carbone thermique. *Carbon*, 1968, 6: 781.

[112] Mahmud K, Wang M-J, Francis R A, Belmont J. Elastomeric Compounds Incorporating Silicon-treated Carbon Blacks, US patent, WO/1996/037547, 1996.

[113] Wang M-J, Mahmud K, Murphy L, et al. Meeting of the Rubber Division, ACS, Anaheim, California, May 6-9, 1997.

[114] Wang M-J, Patterson W J, Brown T A, et al. Meeting of the Rubber Division, ACS, Anaheim, California, May 6-9, 1997.

[115] Ohkita K. Grafting of Carbon Black, Japan: Rubber Dig. Co., 1982.

[116] Ohkita K. *Polymer Dig.*, 1993, No. 10, 3.

[117] Tsubokawa N. Functionalization of Carbon Black by Surface Grafting of Polymers. *Prog. Polym. Sci., Chem.*, 1992, 17: 417.

[118] Kroker R, Schneider M, K. Hamann. Polymer Reactions on Powder Surfaces. *Prog. Org. Coat.*, 1972, 1: 23.

[119] Morton M, Healy J C, Denecour R L. *Proc. Int. Rubber. Conf.*, Brighton, 1967: 175.

[120] Schuster R H. Educ. Symp.，Paper F.，Meeting of the Rubber Division，ACS，Montreal，Canada，May 5-8，1996.

[121] Nuyken O，Ko S，Voit B，et al. Core-shell Polymers as Reinforcing Polymeric Fillers for Elastomers. *Kautsch. Gummi Kunstst.*，1995，48：784.

[122] Johnson P S. Rubber Products Manufacturing Technology，Bhowmick A K，Hall M M，Benarey H A，Eds.，New York：Marcel Dekker，1994.

[123] Nakajima N. Mixing and Viscoelasticity of Rubber（Part 1）. *Int. Polym. Sci. Technol.* 1994，21（11）：T/47-67.

[124] Yoshida T. Foundations of Rubber Kneading. *Nippon Gomu Kyokaishi* 1992，65：325.

[125] Funt J M. Meeting of the Rubber Division，ACS，Cleveland，Ohio，Oct. 1-4，1985.

[126] Gerke R H，Ganzhorn G H，Howland L H，et al. Manufacture of Rubber，US patent，US2118601A，May 24，1938.

[127] Dannenberg E M，Collyer H J，*Ind. Eng. Chem.*，1949，41：1067.

[128] Dannenberg E M，Carbon Black Dispersion and Reinforcement. *Ind. Eng. Chem.*，1952，44：813.

[129] Barton B C，Smallwood H M，Ganzhorn G H. Chemistry in Carbon Black Dispersion. *J. Polym. Sci.*，1954，13：487.

[130] Welsh F E，Richmond B R，Keach C B，et al. Meeting of the Rubber Division，ACS，Philadelphia，Pennsylvania，May 2-5，1995.

[131] Cotton G R. Mixing of Carbon Black with Rubber. II. Mechanism of Carbon Black Incorporation. *Rubber Chem. Technol.*，1985，58：774.

[132] Boonstra B B. Mixing of Carbon Black and Polymer：Interaction and Reinforcement. *J. Appl. Polym. Sci.*，1967，11：389.

[133] Gessler A M. *Rubber Age*，1969，101（12）：54.

[134] Berry J P，Cayré P J. The Interaction between Styrene-butadiene Rubber and Carbon Black on Heating. *J. Appl. Polym. Sci.*，1960，3：213.

[135] Wang M-J. Studies on Basic Properties of Several Antioxidants. Technical Bulletin，BRDIRI，May 1975.

[136] Crowther B G，Edmondson H M. Chapter 8. In：Blow C M（Editor）. Rubber Technology and Manufacture. Cleveland，Ohio：CRC Press，1971.

[137] Kraus G，Gruver J T. Molecular Weight Effects in Adsorption of Rubbers on Carbon Black. *Rubber Chem. Technol.*，1968，41：1256.

[138] Villars D S. Studies on Carbon Black. III. Theory of Bound Rubber. *J. Polym. Sci.*，1956，21：257.

[139] Stickney P B，McSweeney E E，Mueller W J. Bound-Rubber Formation in Diene Polymer Stocks. *Rubber Chem. Technol.*，1958，31：369.

[140] Watson W F. Combination of Rubber and Carbon Black on Cold Milling. *Ind. Eng. Chem.*，1955，47：1281.

[141] Ashida M，Abe K，Watanabe T. *Nippon Gomu. Kyokaishi*，1976，49：11.

[142] Cotton G R. Influence of Carbon Black Activity on Processability of Rubber Stocks，Part I. *Cabot report*，74-C-4，Sept.，1974.

[143] Cotten G R. Mixing of Carbon Black with Rubber，IV. Effect of Carbon Black Characteristics. *RUBBEREX 86 Proceeding*，*ARPMA*，Apr. 29-May 1，1986.

[144] Degussa，Reforcing Agent Si 69，X50-S，X50.

[145] Donnet J B, Wang W, Vidal A, et al. Study of Surface Activity of Carbon Black by Inverse Gas Chromatography. II: Effect of Carbon Black Thermal Treatment on Its Surface Characteristics and Rubber Reinforcement. *Kautsch. Gummi Kunstst.*, 1993, 46: 866.

[146] Görl U, Panenka R. Silanisierte Kieselsäuren: eine neue Produktklasse für zeitgemässe Mischungsentwicklung. *Kautsch. Gummi Kunstst.*, 1993, 46: 538.

[147] Patkar S D, Evans L R, Waddel W H. presented at International Tire Exhibition and Conference, Akron, Ohio, Sept. 10-12, 1996.

[148] MRPRA, Functionalization of Elastomers by Reactive Mixing," Research Disclosure, 308, Jun., 1994.

[149] Terakawa K, Muraoka K. *Proc. Int. Rubber Conf.*, Kobe, Japan, Oct. 23-27, 1995, Paper no. P24.

[150] Hamerton I. Recent Developments in Epoxy Resins. *RAPRA Rev. Rep.*, (Report 91), 1996, 8: 7.

[151] Wampler W A, Gerspacher M, Yang H H, et al. *Rubber Plast. News*, Apr. 24, 1995, 24 (28): 45.

[152] Gerspacher M. *Proc. Int. Rubber Conf.* Manchester, June 17-20, 1996, Paper no. 44.

[153] Cruse R W, Hofstetter M H, Panzer L M, et al. Meeting of the Rubber Division, ACS, Louisville, KY, Oct. 8-11, 1996.

[154] Hofmann W. Chapter 2. Vulcanization and Vulcanizing Agents. London: Maclaran & Sons, 1967.

[155] Coran A Y. Chapter 7. In: Mark J E, Erman B, Eirich F R (Editors) . Science and Technology of Rubber. 2nd ed. San Diego: Academic Press, 1994.

[156] Böhm G G A, Nguyen M N. Flocculation of Carbon Black in Filled Rubber Compounds. I. Flocculation Occurring in Unvulcanized Compounds During Annealing at Elevated Temperatures. *J. Appl. Polym. Sci.*, 1995, 55: 1041.

[157] Heinrich G. Dynamics of Carbon Black Filled Networks, Viscoelasticity, and Wet Skid Behavior. *Kauts, Gummi Kunsts.*, 1992, 45: 173.

[158] Heinrich G, Glave L, and Stanzel M. Material-und Reifenphysikalische Aspekte bei der Kraftschlu-ßoptimi erung von Nutzfahrzeugreifen *VDI Berichte*. 1995, 1188: 49.

[159] P. Roch. *Kauts, Gummi Kunsts*. 1995, 48: 430.

[160] Grosch K A. The Rolling Resistance, Wear and Traction Properties of Tread Compounds. *Rubber Chem. Technol.*, 1996, 69: 495.

[161] Nahmias M, Serra A. Correlation of Wet Traction with Viscoelastic Properties of Passenger Tread Compounds. *Rubber World*, 1997, 216 (6): 38.

[162] Veith A G. Meeting of the Rubber Division, ACS, Cleveland, Ohio, Oct. 17-20, 1995.

[163] Futamura S. Effect of Material Properties on Tire Performance Characteristics-Part II, Tread Material. *Tire Sci. Technol.*, 1990, 18 (1): 2.

[164] Kawakami S, Hirakawa H, Misawa M. Interpretation of Wet Friction Coefficient by the Viscoelastic Nature of Rubber. *J. Soc. Rubber. Ind. Jpn.*, 1988, 61: 722.

[165] Takino H, Nakayama R, Yamada Y, et al. Viscoelastic Properties of Elastomers and Tire Wet Skid Resistance. *Rubber Chem. Technol.*, 1997, 70: 584.

[166] Takino H, Takahashi H, Yamano K, et al. Effects of Carbon Black and Process Oil on Viscoelastic Properties and Tire Wet Skid Resistance. *Tire Sci. Technol.*, 1998, 26: 241.

[167] Veith A G. Tire Traction vs. Tread Compound Properties-How Pavement Texture and Test Conditions Influence the Relationship. *Rubber Chem. Technol.*, 1996, 69: 654.

[168] Moore D F. Chapter 2. The Friction and Lubrication of Elastomers. Oxford: Pergamon Press, 1972.
[169] A. Le Gal, Yang X, Kluppel M. Evaluation of Sliding Friction and Contact Mechanics of Elastomers Based on Dynamic-Mechanical Analysis. *J. Chem. Phys.*, 2005, 123 (014704): 1.
[170] O. Le Maître," La Résistance au Roulement des Pneumatiques: Une Concéquence du Comportement Viscoélastique de Ses Matériaux".
[171] Kabayashi N, Furuta I. Comparison between Silica and Carbon Black in Tire Tread Formulation. *J. Soc. Rubber. Ind. Jpn.*, 1997, 70: 147.
[172] Wang M-J, Lu S X, Mahmud K. Carbon-Silica Dual-Phase Filler, a New-generation Reinforcing Agent for Rubber. Part VI. Time-Temperature Superposition of Dynamic Properties of Carbon-Silica-Dual-Phase-Filler-Filled Vulcanizates. *J. polymer Sci.*, *Part B*, *Polymer Physics*, 2000, 38: 1240.
[173] Ouyang G B, Tokita N, Shieh C H. Carbon Black Effects on Friction Properties of Tread Compound Using A Modified ASTM-E303 Pendulum Skid Tester. Meeting of the Rubber Division, ACS, Denver, Colorado, May 18-21, 1993.
[174] Grosch K A. Abrasion of Rubber and Its Relation to Tire Wear. *Rubber Chem. Technol.*, 1992, 65: 78.
[175] Wang M-J, Kutsovsky Y, Zhang P, et al. New Generation Carbon-Silica Dual Phase Filler Part I. Characterization and Application to Passenger Tire. *Rubber Chem. Technol.*, 2002, 75: 247.
[176] Wang M-J. New Developments in Carbon Black Dispersion. *Kautsch*, *Gummi Kunstst.*, 2005, 58: 626.
[177] Wang M-J, Kutsovsky Y. Effect of Fillers on Wet Skid Resistance of Tires. Part I: Water Lubrication Vs. Filler-Elastomer Interactions. *Rubber Chem. Technol.*, 2008, 81: 552.
[178] Wang M-J, Kutsovsky Y. Effect of Fillers on Wet Skid Resistance of Tires. Part II: Experimental Observations on Effect of Filler-Elastomer Interactions on Water Lubrication. *Rubber Chem. Technol.*, 2008, 81: 576.
[179] Fatigue and Tribological Properties of Plastics and Elastomers. Plastics Design Library, Morris, NY, 1995.
[180] Sarkar A D. Chapter 10. Friction and Wear. London: Academic Press, 1980: 244.
[181] Johnson K L. In: Dowson D, Taylor C M, Godet M, et al. (Editors). Friction and Traction. Guildford, UK: Westbury House, 1981: 3.
[182] Moore D F. Chapter 9. The Friction and Lubrication of Elastomers. Oxford: Pergamon Press, 1972.
[183] Kummer H W. Unified Theory of Rubber and Tire Friction, Eng. Res. Bulletin B-94, The Pennsylvania State University, Jul., 1966.
[184] Moore D F. Chapter 10. The Friction and Lubrication of Elastomers. Oxford: Pergamon Press, 1972.
[185] Dowson D. Paper 1, Elastohydrodynamic Lubrication, *Proce. Inst. Mech. Engrs*, 1965-6, 180: Part 3B, P7.
[186] Moore D F. Chapter 7. The Friction and Lubrication of Elastomers. Oxford: Pergamon Press, 1972.
[187] Moore D F. Chapter 7. Principles and Applications of Tribology. Oxford: Pergamon Press, 1975.
[188] Bowden F P, Tabor D. Chapter 9. The Friction and Lubrication of Solids. Oxford, 1950: 176.
[189] Moore D F. Chapter 5. The Friction and Lubrication of Elastomers. Oxford: Pergamon Press, 1972.
[190] Bowden F P, Tabor D. Chapter 8. The Friction and Lubrication of Solids. Oxford, 1950: 163.

[191] Sameshima J, Akamatu H, Isemura T. *Rev. Physical Chem.*, 1940, 37: 90.
[192] Oberth A E, Bruenner R S. Tear Phenomena around Solid Inclusions in Castable Elastomers. *Trans. Soc. Rheol.*, 1965, 9: 165.
[193] Gent A N. Detachment of an Elastic Matrix from a Rigid Spherical Inclusion. *J. Mater. Sci.*, 1980, 15: 2884.
[194] Nicholson D W. On the Detachment of a Rigid Inclusion from an Elastic Matrix. *J. Adhesion*, 1979, 10: 255.
[195] Kinloch A J, Young R J. Chapter 10. Fracture Behavior of Polymers. London: Applied Science, 1983.
[196] Wang M-J, Mahmud K, Murphy L J, et al. Carbon-Silica Dual Phase Filler, a New Generation Reinforcing Agent for Rubber-Part I. Characterization. *Kautsch. Gummi Kunstst.*, 1998, 51: 348.
[197] Whitehouse R S. *Cabot report*, CIM- 99-27, Nov. 17, 1998.
[198] Wolff S, Wang M-J, Tan E H. Filler-Elastomer Interactions. Part X. The Effect of Filler-Elastomer and Filler-Filler Interaction on Rubber Reinforcement. *Kautsch. Gummi Kunsts.*, 1994, 47: 102.
[199] Tokita N. private communication.
[200] Shieh C H, Funt J M, Ouyang G B (to Cabot Corporation), Method of Abrading. US Patent 4, 995, 197, 1991.
[201] Moore D F. Tire Traction Under Elastohydrodynamic Conditions. "Friction and Traction", Dowson D, Taylor C M, Godet M and Berthe D, Eds., Guildford, UK: Westbury House, 1981: 221.
[202] Wang M-J, Kutsovsky Y. Effect of Fillers on Wet Skid Resistance of Tires. Part I: Water Lubrication vs. Filler-Elastomer Interactions. *Rubber Chem. Technol.*, 2008, 81 (4): 552; Effect of Fillers on Wet Skid Resistance of Tires. Part II: Experimental Observations on Effect of Filler-Elastomer Interactions on Water Lubrication. *Rubber Chem. Technol.*, 2008, 81 (4): 576.
[203] Gough V E. Friction of Rubber on Lubricated Surfaces. *Rev. Gen. Caoutch*, (Discussion of Paper by D. Tabor) 1959, 36: 1409.
[204] Moore D F. A review of squeeze films. *Wear*, 1965, 8: 245.
[205] Moore D F. The Logical Design of Optimum Skid-Resistant Surface. *Proc. Highway Res. Board Report*, 1968, 101: 39.
[206] Moore D F. The Measurement of Surface Texture and Drainage Capacity of Pavements. *Internat. Colloq. Techn. Univ.* Berlin, 1968.
[207] Yandell W O, Taneerananon P, Zankin V. Frictional Interaction of Tire and Pavement. Walter J E and Meyer W E, Eds., Philadelphia: ASTM, 1983: 304.
[208] Grosch K A. Laborbestimmung der Abrieb-und Rutschfestigkeit von Laufflächenmischungen-Teil I: Rutschfestigkeit. *Kautsch. Gummi Kunstst.*, 1996, 49: 432.
[209] Veith A G. Measurement of Wet cornering Traction of Tires. *Rubber Chem. Technol.*, 1971, 44: 962.
[210] Giles C G, Sabey B E, Cardew K H F. Development and Performance of the Portable Skid-Resistance Tester. *Rubber Chem. Technol.*, 1965, 38: 840.
[211] Hallman R W, Brunot C A. A Proposed Method for Wet-Skid Evaluation. *Rubber Age*, 1964, 95: 886.
[212] Sarbach D V, Hallman R W, Brunot C A. Wet Skid-Laboratory vs Road Tests. *Rubber Age*, 1965, 97: 76.

[213] French T, Patton R G. *Proc. Fourth Rubber Technol. Conf.* London, 1963: 196.

[214] Grime G, Giles C G. *Proc. Inst. Mech. Engrs.*, (*Automobile Division*), (1954-55), 1: 19.

[215] Bevilacqua E M, Percarpio E P. Lubricated Friction of Rubber. I. Introduction. *Rubber Chem. Technol.*, 1968, 41: 832.

[216] Bassi A C. Measurements of Friction of Elastomers by the Skid Resistance Tester. *Rubber Chem. Technol.*, 1965, 38: 112.

[217] Sabey B E, Lupton G N. Friction on Wet Surfaces of Tire-Tread-Type Vulcanizates. *Rubber Chem. Technol.*, 1964, 37: 878.

[218] Veith A G. Tire-Road-Rainfall-Vehicles The Friction Connection. P3. In: Frictional Interaction of Tire and Pavement. In: Meyer W E and Walter J D (Editor). ASTM Special Technical Publication 793. ASTM, 1983.

[219] Moore D F. Chapter 5. The Friction of Pneumatic Tires. Amsterdam: Elsevier Scientific Publishing Co., 1975.

[220] Giustino J M, Emerson R J. Instrumentation of the British Portable Skid Tester. Meeting of the Rubber Division, ACS, Toronto, Canada, May 10-12, 1983.

[221] Mahmud K, Wang M-J, Francis R A. Elastomeric Compounds Incorporating Silicon-Treated Carbon Blacks. US Patent 5,830,930; Elastomeric Compounds Incorporating Silicon-Treated Carbon Blacks and Coupling Agents. US Patent 5,877,238 (to Cabot Corp, 1998 and 1999); Mahmud K and Wang M-J. Method of Making a Multi-Phase Aggregate Using a Multi-Stage Process. US Patent 5,904,762; Method of Making a Multi-Phase Aggregate Using a Multi-Stage Process. US Patent 6,211,279 (to Cabot Corp., 1999 and 2001).

[222] Wang M-J, Zhang P, Mahmud K. Carbon-Silica Dual Phase Filler, a New Generation Reinforcing Agent for Rubber: Part IX. Application to Truck Tire Tread Compound. *Rubber Chem. Technol.*, 2001, 74: 124.

[223] Mahmud K, Wang M-J, Kutsovsky Y. Method of Making a Multi-Phase Aggregate Using a Multi-Stage Process. US Patent 6, 364, 944 (to Cabot Corp., 2002).

[224] Payne A R. The Dynamic Properties of Carbon Black-Loaded Natural Rubber Vulcanizates. Part I. *J. Polym. Sci.*, 1962, 6: 57; Payne A R, Whittaker R E. Low Strain Dynamic Properties of Filled Rubbers. *Rubber Chem. Technol.*, 1971, 44: 440.

[225] Wang M-J. Effect of Polymer-Filler and Filler-Filler Interactions on Dynamic Properties of Filled Vulcanizates. *Rubber Chem. Technol.*, 1998, 71: 520.

[226] Wang M-J. Application of Inverse Gas Chromatography to the study of Rubber Reinforcement. Chapter 3. In: Hardin M and Papirer E (Editor). Powders and Fibers: Interfacial Science and Applications. Boca Raton, FL: CRC Press, 2006.

[227] Bulgin D and Walters M H. The Abrasion of Elastomer Under Laboratory and Service Conditions. *Proc. 5th Intern. Rubber Conf.*, Brighton, UK, 1967: 445.

[228] Grosch K A and Schallamach A. Relation between Abrasion and Strength of Rubber. Inst. Rubber Ind. *Trans. IRI*, 1965, 41: 80.

[229] Schallamach A. Chapter 13. In: Bateman L (Editor). The Chemistry and Physics of Rubber-Like Substance. London: Mclaren, 1963.

[230] Gent A N, Pulford C T R. Mechanisms of Rubber Abrasion. J. *Appl. Polym. Sci.*, 1983, 28: 943.

[231] Schallamach A. *Trans. IRI*, 1952, 28, 256. Abrasion pattern on rubber. Rubber chemistry and technology, 1953.
[232] Southern E, Thomas A G. Studies of Rubber Abrasion. *Plast. Rubber: Mater. Appl.*, 1978, 3: 133.
[233] Southern E, Thomas A G. Studies of Rubber Abrasion. *Rubber Chem. Technol.*, 1979, 52: 1008.
[234] Rivlin R S, Thomas A G. Rupture of Rubber. I. Characteristic Energy for Tearing. *J. Polymer Sci.*, 1953, 10: 291.
[235] Thomas A G. Rupture of Rubber. V. Cut Growth in Natural Rubber Vulcanizates. *J. Polymer Sci.*, 1958, 31: 467.
[236] Lake G J, Lindley P B. Ozone Cracking, Flex Cracking and Fatigue of Rubber. *Rubber J.*, 1964, 146 (11): 30.
[237] Lindley P B, Thomas A G. *Proc. 4th Rubber Technol. Conf.* IRI, London, 1963: 428.
[238] Reznikovskii M M, Brodskii G I. Abrasion of Rubber. D. I. James, Ed., Palmerton Publishing, Co., 1964: 14.
[239] M. M. Reznikovskii. Abrasion of Rubber, D. I. James, Ed., Palmerton Publishing, Co., 1964: 119.
[240] Rivlin R S, Thomas A G. Rupture of Rubber. I. Characteristic Energy for Tearing. *J. Polymer Sci.*, 1953, 10: 291.
[241] Thomas A G. Rupture of Rubber. II. The Strain Concentration at an Incision. *J. Polymer Sci.*, 1955, 18: 177.
[242] Greensmith H W, Thomas A G. Rupture of Rubber. III. Determination of Tear Properties. *J. Polymer Sci.*, 1955, 18: 189.
[243] Greensmith H W. Rupture of Rubber. IV. Tear Properties of Vulcanizates Containing Carbon Black. *J. Polymer Sci.*, 1956, 21 (98): 175.
[244] Bulgin D, Hubbard G. Rotary Power Loss Machine. *Trans. IRI*, 1958, 34: 201.
[245] Gent A N. A Hypothetical Mechanism for Rubber Abrasion. *Rubber Chem. Technol.*, 1989, 62: 750.
[246] Green A E, Zerna W. Theoretical Elasticity. London: Oxford University Press, 1960, Section 3. 10.
[247] Gent A N, Lindley P B. Internal Rupture of Bonded Rubber Cylinders in Tension. *Proc. R. Soc. London, Ser.*, 1958, A249: 195.
[248] Gent A N, Tompkins D A. Surface Energy Effects for Small Holes or Particles in Elastomers. *J. Polym. Sci.*, 1969, Part A, 27: 1483.
[249] Gent A N, Tompkins D A. Nucleation and Growth of Gas Bubbles in Elastomers. *J. Appl. Phys.*, 1969, 40: 2520.
[250] R. L. Denecour, A. N. Gent, Bubble Formation in Vulcanized Rubbers. *J. Polym. Sci.*, 1968, Part A, 27: 1853.
[251] Schallamach A. Abrasion, Fatigue, and Smearing of Rubber. *J. Appl. Polym. Sci.*, 1968, 12: 281.
[252] Medalia A I. Effects of Carbon Black on Abrasion and Treadwear. *Kauts. Gummi Kunsts.*, 1994, 47: 364.
[253] Wolff S, Wang M-J. Physical Properties of Vulcanizates and Shift Factors. *Kauts. Gummi Kunsts.*, 1994, 47: 17.
[254] Bulgin D, Walters M H. *Proc. 5th Intern. Rubber Conf.*, Brighton, UK, 1967: 445.
[255] Shien C H, Mace M L, Ouyang G B, et al. Meeting of the Rubber Division, ACS, Toronto, May 21-24, 1991.

[256] Veith A G, Chirico A E. A Quantitative Study of the Carbon Black Reinforcement System for Tire Tread Compounds. *Rubber Chem. Technol*, 1979, 52: 748.
[257] Mullins L H. The Chemistry and Physics of Rubber-Like Substances. Bateman L, Ed., London: McLaren, 1963: 322.
[258] Grosch K A, Shallamach A. Tyre Wear at Controlled Slip. *Wear*, 1961, 4: 356.
[259] Studebaker M L. Chapter 12. In: Kraus G (Editor). Reinforcement of Elastomers. New York: Wiley Intersci., 1965.
[260] Wolff S. *Kautschukchemikalien und Füllstoffe in der modernen Kautschuktechnologi.*, Eiterbildungsstudium Kautschuktechnologie, Universität Hannover, 1989/1990.
[261] Bulgin D. Reinforcement of Rubbers and Plastics by Particulate Fillers. *Composite*, 1971, 2 (3): 165.
[262] Dizon E S. Processing in an Internal Mixer as Affected by Carbon Black Properties. *Rubber Chem. Technol.*, 1976, 49: 12.
[263] Dannenberg E M. *Rubber Age*, 1966, 98: 82.
[264] Wilder C R, Haws J R, Cooper W T. Effects of Carbon Black Types on Treadwear of Radial and Bias Tires at Variable Test Severities. *Rubber Chem. Technol.*, 1981, 54: 427.
[265] Hess W M, Ayala J A, Vegvari P C, et al. The Influence of Carbon Black Properties on Tread Performance. *Kautsch. Gummi Kunstst.*, 1988, 41: 1215.
[266] Cotton G R, Dannenberg E M. A Method for Evaluation of Carbon Blacks and Correlation with Road Wear Ratings. *Tire Sci. Technol.*, TSTCA, 1974, 2 (3): 211.
[267] Hess W M, Lyon F, Burgess K A. Einfluss der Adhäsion zwischen Ruß und Kautschuk auf die Eigenschaften der Vulkanisate. *Kautsch. Gummi Kunstst.*, 1967, 20: 135.
[268] Garten V A and Weiss D E. A New Interpretation of the Acidic and Basic Structures in Carbons. II. The Chromene-Carbonium Ion Couple in Carbon. *Aust. J. Chem.*, 1957, 10: 309.
[269] Brown W A, Patel A C. *Proc. Intern. Rubber Conf.*, G5, 1981.
[270] Dannenberg E M, Papirer E, Donnet J B. in "Interactions Entre les Elastomeres et les Surfaces Solides Ayant Une Action Renforcante" Collogues Internationaux du C. N. R. S., 1975.
[271] Wang M-J. Effect of Filler-Elastomer Interaction on Tire Tread Performance, Part III. Effect on Abrasion. *Kauts. Gummi Kunsts.*, 2008, 61: 159.
[272] Wolff S, Görl U, Wang M-J. Silica-based Tread Compounds: Background and Performance. Paper presented at the TYRETECH' 93 Conference, Basal, Switzerland, Oct. 28-29, 1993.
[273] Freund B. *Eur. Rubber J.*, Sept. 34, 1998.
[274] Watson P J. TireTech' 99, 1999.
[275] Knill R B, Shepherd D J, Urbon J P, et al. *Proc. Int. Rubb. Conf.*, 1975, Volume V, RRIM, Kuala Lumpur, 1976.
[276] Wolff S. Meeting of the Rubber Division, ACS, New York, Apr. 8-11, 1986.
[277] Wolff S, Panenka R. presented at IRC'85, Kyoto, Japan, Oct. 15-18, 1985.
[278] Bomal Y, Cochet P, Dejean B, Gelling I, Newell R. Influence of Precipitated Silica Characteristics on the Properties of a Truck Tyre Tread, Ⅱ, *Kautsch. Gummi Kunstst.*, 1998, 51: 259.

（王从厚、赵文荣译）

第 9 章

轮胎用新补强材料的发展

9.1 炭黑的化学改性

对胎面胶而言，细粒子填料对橡胶的补强是十分重要的。从 20 世纪 70 年代中期开始，人们迫切需要在改善轮胎耐磨性能的同时降低滚动阻力，以减少车辆的燃油消耗。直到 80 年代末，橡胶生产商从材料着手，对滚动阻力的降低做出了很大的贡献。低滞后橡胶的开发，诸如锡偶联和化学改性的 SBR 和 BR 等功能性聚合物，对炭黑胶料滞后损失的降低是十分有效的。这是由于功能材料与填料表面的某些活性点在混炼中发生化学反应，使填料的分散得到改善。另一方面，差不多在同一时期，偶联剂的广泛应用使得细粒子白炭黑在烃类橡胶中的宏观及微观分散大大提高，同时橡胶-填料的相互作用也得到显著改善。与炭黑胶料相比，用改性白炭黑胶料制造的轮胎滚动阻力大大降低，而耐磨性能也可以接受。

白炭黑改性的成功应用也为炭黑的表面改性指出了方向。实际上，对于炭黑的表面改性从 20 世纪的 50 年代即有报道，包括化学物质在填料表面的物理吸附、热处理、等离子体处理、氧化以及化学接枝和聚合物接枝等[1-5]。其中，Cobot 公司利用取代芳胺或脂肪胺的重氮衍生物的分解，在炭黑表面接上取代的芳环或脂肪链[6,7]，诸如氨基、阴离子或阳离子基团、烷基、聚乙氧基、乙烯基和多硫基团等。4，4′-二硫代二苯胺（APDS）是其中一种改性化合物，用其改性的炭黑可以应用于橡胶中改善胶料。

APDS 改性炭黑的表面能色散组分大大减小，因而炭黑聚集的驱动力降低，炭黑的微观分散提高[8]。同时，在硫化过程中，二硫键与聚合物分子会发生反应，使填料与聚合物之间形成化学键合。动态性能测试的结果已经证实了表面改性能够有效抑制填料聚集，这主要是由于化学交联在增强聚合物-填料相互作用的同时，也能够降低填料-填料相互作用[9]。将APDS改性炭黑、未改性炭黑以及硅烷偶联剂改性白炭黑在典型的乘用胎胎面配方中进行了对比。填充胶Payne效应[10,11]如图9.1所示。APDS改性炭黑的Payne效应最低，TESPT改性白炭黑次之，未改性炭黑填充胶的Payne效应最高。Payne效应是填料聚集程度的度量。这说明填充APDS改性炭黑的胶料中，填料聚集程度是最低的。结果，70℃下APDS改性炭黑和TESPT改性白炭黑的tan δ应变扫描曲线（图9.2）以及它们的温度扫描的结果都非常相似。因此，APDS改性炭黑的动态性能与TESPT

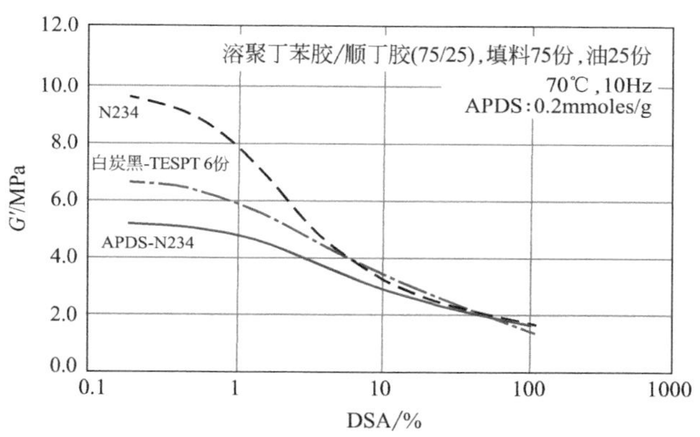

图9.1 不同填料硫化胶G′的应变相关性

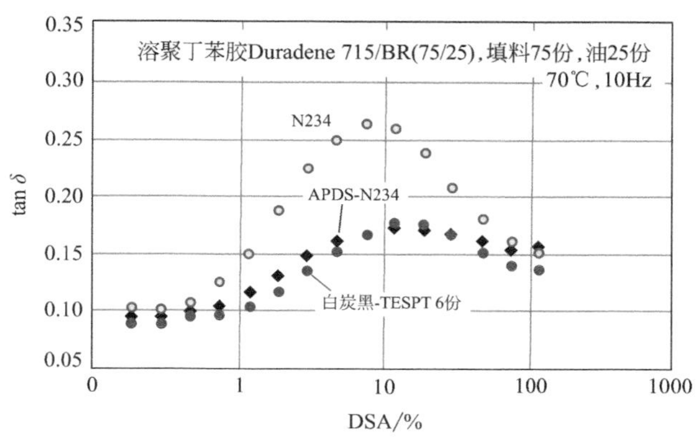

图9.2 不同填料硫化胶70℃下tan δ的应变相关性

改性白炭黑的相当。众所周知，与传统炭黑相比，TESPT 改性白炭黑的动态滞后较低，从而滚动阻力较小。此外，化学改性炭黑能够与聚合物通过双硫官能团形成化学键，增强聚合物-填料相互作用，进而提高胶料的耐磨性能（图 9.3）。

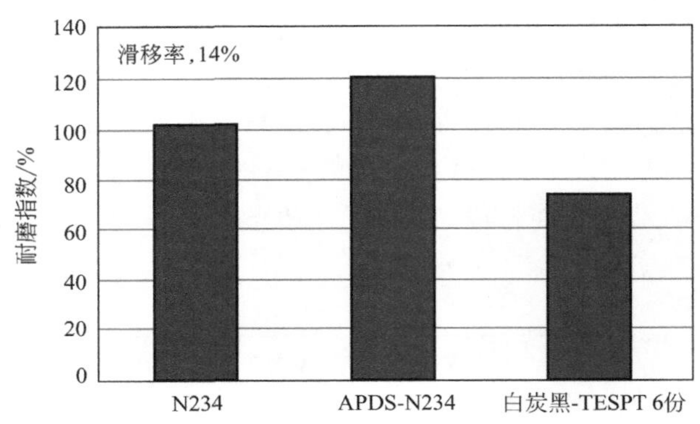

图 9.3　不同填料硫化胶的耐磨性能

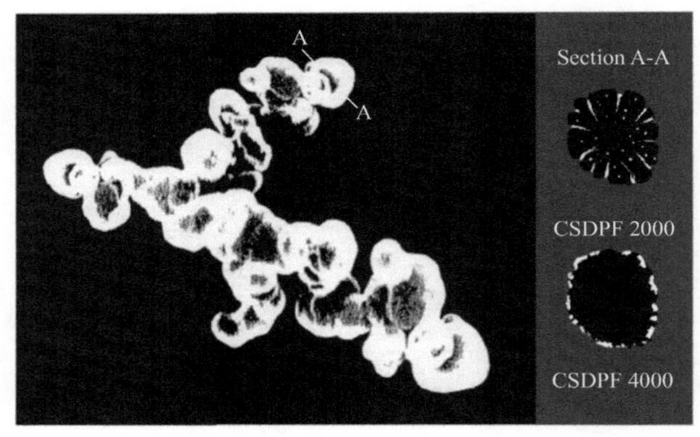

图 9.4　CSDPF 聚结体示意图

9.2
炭-二氧化硅双相填料 (CSDPF)

在 20 世纪 90 年代，人们利用白炭黑和/或金属氧化物与炭黑在反应炉中共生，制造了一系列双相或多相填料。图 9.4 为已商品化的炭-二氧化硅双相填料（CSDPF）ECOBLACK^{TM} XXXX。这些产品根据二氧化硅在聚结体中分布形式的不同，分为 2XXX 和 4XXX 两个系列。在 CSDPF 2XXX 的聚结体中，炭和二氧化硅在炭黑微晶的尺度上共混。而对于 CSDPF 4XXX，二氧化硅更多地分布在聚结体表面。根据聚结体形貌和二氧化硅含量等参数，每个系列的产品又细分成若干等级。

双相填料依据产品系列、粒子尺寸、结构度和硅含量进行分类，命名由 CSDPF 作为前缀和 4 个数字组成。第一个数字代表生产工艺：2 代表材料由一段工艺生产[12-15]，4 代表材料由多段工艺生产[16,17]。第二个数字代表填料的粒子尺寸，对应着炭黑的 ASTM 标准编号。对 CSDPF 2XXX 来说，第三个数字代表结构度，0 表示低结构，1 表示正常结构，2 表示高结构，最后一个数字代表硅含量，相应数据如表 9.1 所示。对 CSDPF 4XXX 来说，硅含量由最后两个数字来代表。

表 9.1 在 CSDPF 命名法中数字代表白炭黑含量

CSDPF 2XXX		CSDPF 4XXX	
末尾数字	硅含量(质量分数)/%	末尾数字	硅含量(质量分数)/%
0	0.1～0.9	00	[illegible]0.9
1	1.0～1.9	01	1.0～1.9
2	2.0～2.9	02	2.0～2.9
3	3.0～3.9	03	3.0～3.9
4	4.0～4.9	04	4.0～4.9
5	5.0～5.9	05	5.0～5.9
6	6.0～6.9	06	6.0～6.9
7	7.0～7.9	07	7.0～7.9
8	8.0～8.9	08	8.0～8.9
9	9.0～9.9	09	9.0～9.9
		10	10.0～10.9
		11	11.0～11.9
		12	12.0～12.9
		…	…
		19	19.0～19.9
		20	20.0～20.9

9.2.1 化学特性

表 9.2 列出了典型 CSDPF 2XXX 和 4XXX 材料的基本性质，并与传统填料进行对比。由于 4XXX 系列的二氧化硅含量较高且分布形式不同，CSDPF 4XXX 的二氧化硅表面覆盖率比 CSDPF 2XXX 高得多。这一点可以从氢氟酸萃取后的

二氧化硅含量和比表面积的变化得到证实。因为在氢氟酸萃取过程中，白炭黑相可以溶解，而炭黑相保持不变。在氢氟酸处理后，CSDPF 2XXX 仍保留了大部分二氧化硅，但比表面积大大增加，这说明二氧化硅相分布于整个聚结体中。而对于 4XXX 来讲，经过氢氟酸处理后，比表面积改变很小，并且二氧化硅组分几乎都被除去，由此表明在 4XXX 中，二氧化硅相主要位于聚结体表面。通过配备有 X 射线能量色散光谱仪的扫描透射电子显微镜（STEM/EDX）获得的照片以及碳元素和硅元素的分布图可以证实以上结论[18,19]。

表 9.2 典型炭黑和 CSDPF 的特性参数

填料	硅含量/%		NSA 表面积/(m^2/g)		STSA/(m^2/g)		CDBP /(mL/100g)	二氧化硅覆盖率/%
	原样	HF 处理	原样	HF 处理	原样	HF 处理		
N134	—	—	146	—	134	—	104	—
N234	—	—	122	122	118	118	100	—
CSDPF 2124	4.1	0.85	171	251	133	146	115	20
CSDPF 4210	10.0	0.01	154	167	123	155	108	55
白炭黑 Z1165	46.7	—	168	—	132	—	—	100

此外，通过透射电子显微镜观测灰化前后的样品，也可以考察二氧化硅相的分布情况。图 9.5 即为同一 CSDPF 2XXX 聚结体灰化前后的照片，灰化后只留下二氧化硅组分。从图中可以看出二氧化硅相均匀地分布在聚结体中。然而，CSDPF 4XXX 聚结体灰化后得到的图像完全不同（图 9.6）：二氧化硅相以一种类似于壳的状态保留下来，这种壳的形状与未灰化的聚结体轮廓相似，由此说明二氧化硅相紧密附着在炭黑表面上，且二氧化硅相的表面覆盖率较高。

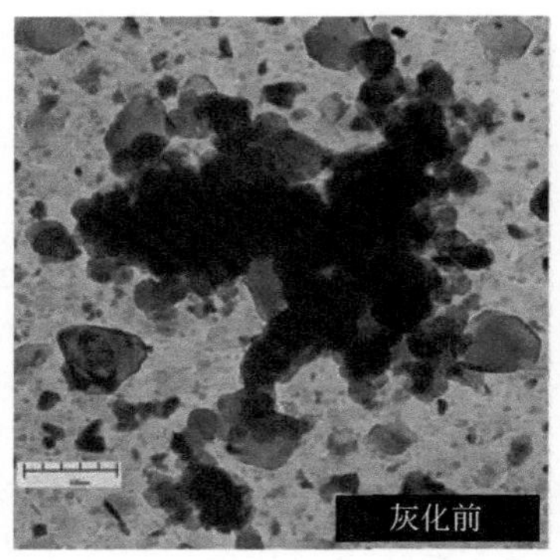

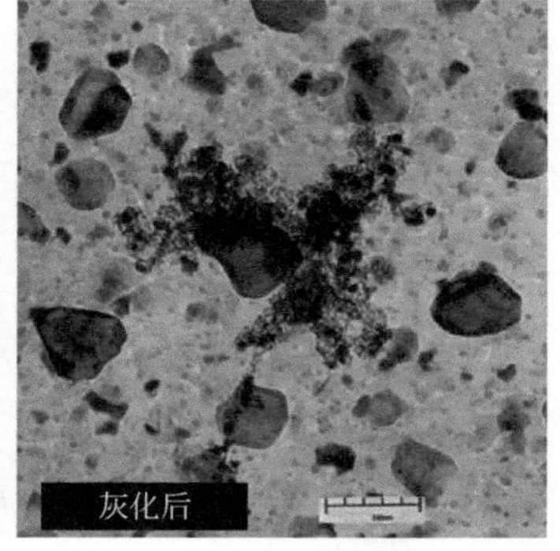

图 9.5 灰化前后 CSDPF 2XXX 聚结体的 TEM 图像

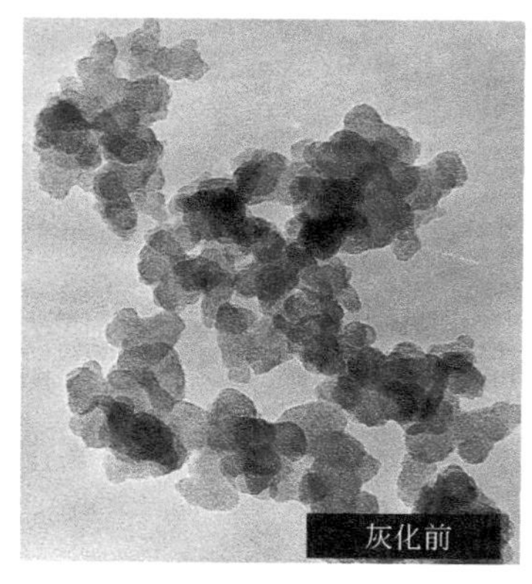

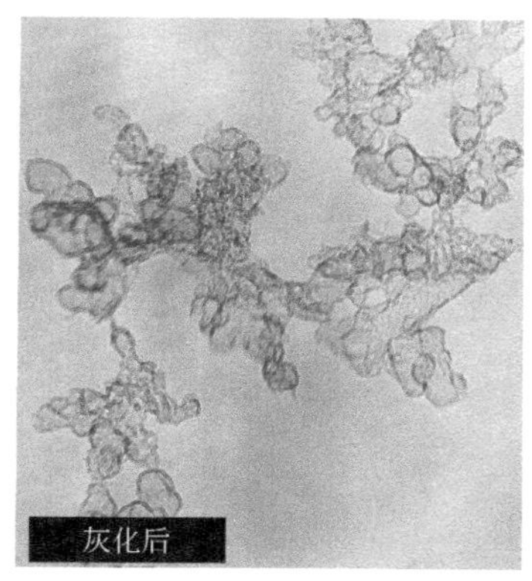

图 9.6 灰化前后 CSDPF 4XXX 聚结体的 TEM 图像

9.2.2 胶料特性

在烃类橡胶中，CSDPF 2XXX 和 CSDPF 4XXX 的聚合物-填料相互作用比相应的炭黑和白炭黑的物理混合物要强，且填料-填料相互作用比普通炭黑或白炭黑的要弱。通过对比烃类聚合物的模拟化合物在填料表面的吸附能，可以证实双相填料在烃类聚合物中的确具有更强的聚合物-填料相互作用[20]。曾用反相气相色谱（IGC）测量了烃类聚合物的模拟化合物正庚烷的吸附自由能[21]。图 5.15 也比较了 CSDPF 2XXX 和 4XXX 与相应的炭黑和白炭黑并用胶料的结合胶含量。不考虑比表面积的差异，白炭黑含量相同时，双相填料的吸附能和结合胶含量都明显高于炭黑和白炭黑的物理混合物。CSDPF 较高的表面活性与炭黑相的杂原子有关。这使得石墨晶格缺陷增加，微晶尺寸变小，从而增加了碳晶面边缘的数量。碳晶面的边缘和晶格缺陷是吸附橡胶的活性点[22]。

弹性模量 G' 与应变振幅的关系（图 9.7）可以证实，CSDPF 2XXX 和 CSDPF 4XXX 的填料-填料相互作用较弱。尽管从化学组分的角度来说，两种双相填料介于炭黑和白炭黑之间，但实际实验结果却是这两种新填料的 Payne 效应最小。这一独特的性能是由于它们具有杂化表面，而同类表面的接触较少所致。从表面能的角度出发，不同类表面之间的相互作用小于同类表面之间的相互作用[23]。高温下，CSDPF 较强的聚合物-填料相互作用和较弱的填料-填料相互作用，可使填充胶在耐磨性能和滞后损失之间达到更好的平衡，从而使轮胎的耐磨性能和滚动阻力都有相应的改善。另外，由于双相填料的二氧化硅组分较少且炭黑相的表面活性较高，所以配合所需的硅烷偶联剂比白炭黑少得多。尽管两种双相填料都可以有效地应用于乘用胎胎面配方中，但考虑到不同轮胎的综合性能要求，CSDPF 4XXX 适用于轿车胎，而 CSDPF 2XXX 更适于卡车胎胎面（见 8.1.2.3、8.2.3.4 和 8.3.2.9）。

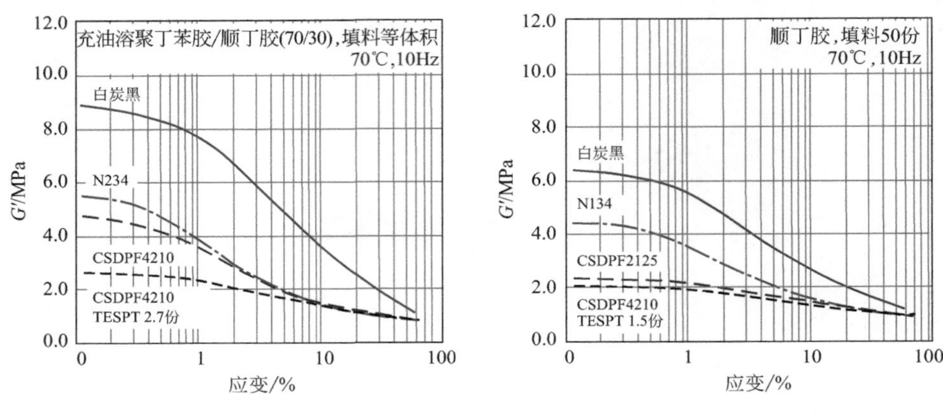

图 9.7　不同填料硫化胶 G'的应变相关性

9.2.3　CSDPF 4000 在乘用胎中的应用

由于 CSDPF 4XXX 的二氧化硅处于聚结体表面而具有较高的表面覆盖率，有利于提高轮胎的抗湿滑性能，因此很适用于轿车胎。与卡车胎相比，轿车胎在使用过程中接地面小、负载低。因此，对于行驶于湿路面的车辆（特别是装有 ABS 系统的车辆）来说，其排水区和过渡区相对更大。但与炭黑和 CSDPF 2XXX 相比，CSDPF 4XXX 中的白炭黑由于具有较高的表面覆盖率，可以减小排水区和过渡区（类似于白炭黑），因而增大轮胎在湿路面上的牵引区。现已知道在牵引区，界面润滑占主导作用，这对于炭黑填料是有利的。因此在湿路面上，虽然 CSDPF 4XXX 像白炭黑一样在排水区和过渡区没有优势，但由于其增加了牵引区，最终弥补了在湿地牵引性的损失。此外，在牵引区由于 CSDPF 4XXX 填料提高了胎面胶的动态性能（如低温下的高滞后和较低模量等），因此与炭黑填充胶相比，CSDPF 4XXX 填充胶的界面润滑摩擦更大。综合分析，应用 CSDPF 4XXX 胎面配方轮胎的抗湿滑性能最终是有利的。另一方面，白炭黑胶料的耐磨性能明显低于炭黑胶。这主要是由于白炭黑的填料-聚合物相互作用较弱造成的。即使采用溶聚橡胶和高剂量的偶联剂其结果也是一样。然而，由于 CSDPF 中炭相较高的表面活性，以上不利因素都得到了解决。图 8.50 对比了轿车胎不同胎面配方的各种性能。从图中可以看出对于装有 ABS 的车辆，CSDPF 4210 与白炭黑胎面配方相比，其滚阻性能相似，湿抓着性能接近，但干抓着性能更好，同时耐磨性能明显优于白炭黑胶料。而当使用 CSDPF 代替炭黑时，在不明显降低耐磨性能和干地牵引性能的情况下，轮胎的滚动阻力和抗湿滑性得到了显著改善[18]。

9.2.4 CSDPF 2000 在卡车胎中的应用

耐磨性能是卡车胎首要的性能要求，与乘用车胎一样，降低滚动阻力和提高抗湿滑性能同样也是卡车胎所需要的。然而与乘用车胎不同，白炭黑在卡车胎胎面配方中的应用非常少，这主要是由于卡车胎与乘用车胎使用的聚合物不同所致。乘用胎胎面主要使用溶聚丁苯胶，而天然胶由于其低生热和抗撕裂高的特性，是卡车胎的主要橡胶[24,25]。由于天然胶中非胶组分含量较高，同时白炭黑表面极性较大，所以即使采用偶联剂也不能有效地改进聚合物-填料之间的相互作用，所以填充白炭黑的天然胶耐磨性能较差[26]。对于 CSDPF 2000 系列，由于其表面白炭黑覆盖率低，同时炭黑表面活性高，可以大大弥补白炭黑配方中由于偶联效率低而使聚合物-填料相互作用较弱的缺点。所以 CSDPF 2000 系列非常适合于卡车胎。当用 CSDPF 2XXX 代替炭黑时，并不会降低耐磨性能，特别是用高比表面积和高结构的 CSDPF 2124 和 CSDPF 2125（图 8.69）。另外，由于 CSDFP 的填料-填料相互作用较弱，即使在偶联剂用量很少的情况下，也能更好地平衡不同温度下的动态性能。总之，CSDPF 2XXX 能够降低胶料在高温下的滞后损失，从而降低轮胎的滚动阻力，

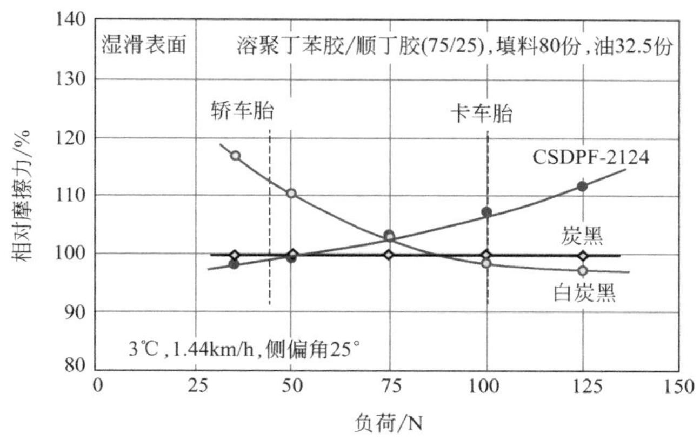

图 9.8 不同填料硫化胶用 GAFT 测试仪测得的相对摩擦力与载荷相关性

同时抗湿滑性能也有所提高。造成这一现象的主要原因是：对于卡车胎来说，由于轮胎尺寸和承受的负载较大，相对于排水区和过渡区，其牵引区的长度是影响湿抓着性能最主要的因素。此时抗湿滑性能主要由胶料动态性能影响的界面润滑控制。在界面润滑条件下，CSDPF 2XXX 填充胶低温下的高滞后会增加能量损耗，同时较低的弹性模量又会增加轮胎与地面的接触面积[26]。以上两方面的因素都会使轮胎抗湿滑性能提高。这从图 9.8 所示的摩擦力与负荷的相关性上也可得到证实。通过以上分析可以看出，CSDPF 2XXX 对于以天然胶为主的卡车胎来说是一种非常好的填料，能够保证轮胎具有最好的综合性能。

9.3 连续液相混炼工艺制造天然胶/炭黑母炼胶

在胶料加工的过程中，混炼是最关键的工序。此阶段除了材料基本的物理变化及有时发生的一些化学反应外，最主要的作用是将填料和其他成分混合、分布和分散在聚合物中。传统方法是采用多段混炼或连续混炼将填料与固体橡胶混合[27]。

最近几十年间，人们一直尝试用直接混合胶乳和填料浆液，然后再进行化学凝固的方法生产炭黑母胶。目前已商品化的产品无一例外地采用了多段法工艺。与干法混炼相比，这种工艺均能改善填料的分散。但是较长的混合和凝固时间却降低了生产效率。对于 NR 而言，其胶乳中的某些非胶组分，特别是蛋白质，还会吸附在填料表面而影响聚合物与填料的相互作用。

卡博特弹性体复合材料（CEC，又称 E^2C）是采用独特的连续液相混炼凝固工艺制备的 NR 炭黑母炼胶。在此工艺中，炭黑的混合、分散和分布可在很短的时间内完成。与常用的干法混炼和多段湿法混炼工艺相比，这种液相混炼工艺具有如下优点：

① 混炼程序简化；

② 由于减少了混炼设备、能源和劳动力投入，因此降低了混炼成本；

③ 无需处理游离炭黑而减少粉尘污染；

④ 填料分散优异且与填料形态无关；

⑤ 改善了硫化胶性能；

⑥ 提高了资金效率；

⑦ 使连续混炼更加容易。

本节除介绍 CEC 的生产过程，还将就其加工和物理性能与干法混炼胶料进行比较。

9.3.1 混炼、凝固和脱水的机理

CEC 的生产过程如图 9.9 所示，该过程包括炭黑浆液制备、NR 胶乳存放、炭黑浆液与胶乳混合和凝固、凝固物脱水、干燥和后处理及包装等步骤。

炭黑以机械方式充分分散在水中（不加任何表面活性剂）制得炭黑浆液。炭黑浆液高速注入混合及凝聚器内与 NR 胶乳在湍流状态下连续地混合与凝聚。聚合物与填料的混合及凝固在不到 50ms 内完成。此过程中不添加任何化学助剂。

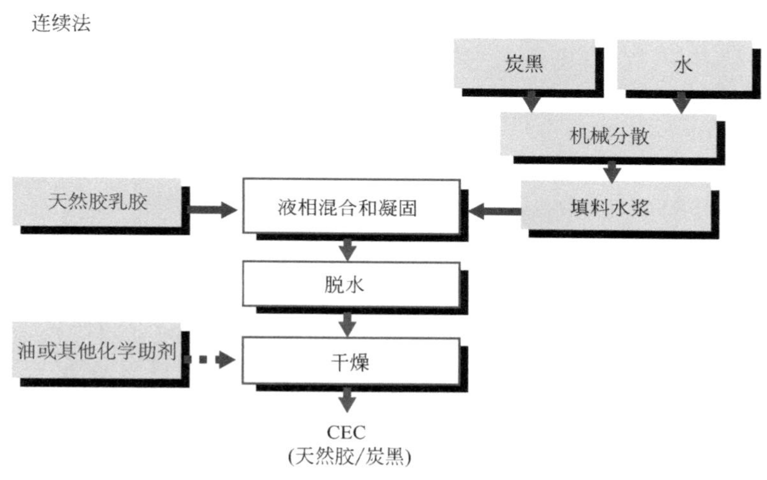

图 9.9 CEC 的生产工艺流程

凝聚物经挤出机脱水后，连续喂入干燥机进一步将其含水量降低至 1%以下。材料在干燥机内停留的时间为 30～60s。在整个干燥过程中，材料温度只在很短的一段时间（5～10s）处于 140～150℃，也就是说在干燥过程中基本上可以避免 NR 发生热氧降解。在干燥过程中，还加入了少量的防老剂作为材料的储存稳定剂。在此阶段还可选择性地加入一些小料，如氧化锌、硬脂酸、防老剂和蜡。

干燥后的材料即可进行压片、切割或造粒。

CEC 生产工艺的关键是快速的混合和凝固以及高温短时间的干燥。这样可以使聚合物-填料相互作用不受影响，并有效地避免聚合物降解，从而获得优异的材料性能。

9.3.2 配合特性

CEC的特点之一是填料已分散得非常好，因此，在使用CEC时，配方设计人员不再需要考虑炭黑的分散问题。因为普通混炼胶与CEC的流变行为和性能要求不同，所以为了充分发挥CEC的独特性能，混炼其他配合剂，如防老剂、蜡、油、促进剂和硫化剂时，就需要采取与普通橡胶截然不同的程序。但具体的混炼参数还要依据胶料品种、混炼设备、后加工及产品性能要求及其他因素确定。

与纯胶和干法混炼的母炼胶相比，CEC的黏度较高，这主要是由存放过程中的胶料硬化引起的，特别是填充大量高比表面积炭黑的胶料，如胎面胶，其硬化更加明显。除了填料的流体动力学效应外，还有3种物理作用会导致CEC硬化，它们是聚合物凝胶化、结合胶的形成和炭黑的聚集，但这些作用都会在短时间内达到平衡。

① 聚合物凝胶化 这与纯NR储存过程中的硬化一样，可能是由于聚合物链上通过生物化学反应形成的醛基与非胶组分之间发生缩合，导致橡胶黏度增大。类似效应也可能在CEC中发生[28]。

② 结合胶的形成 这与在聚合物中加入炭黑后聚合物链会吸附在填料表面有关。干法混炼胶在储存过程中结合胶不断生成，只是在存放初期迅速增加，而大约1个月后逐渐达到平衡[29]。结合胶的生成可使填料的有效体积增大，而且吸附在填料表面上的聚合物链段的运动性大大降低，将显著提高胶料的黏度[29-31]。较高的黏度也与被吸附的聚合物链与基体中的聚合物分子的缠结有关。

③ 炭黑的聚集 胶料在储存过程中，填料通过彼此之间相互作用会发生聚集。特别是在储存早期，结合胶还未完全形成的情况下更是如此。包容在聚集体中的橡胶（暂时包容胶）将失去至少是部分失去橡胶的特性，其行为像填料[23]导致填料的表观体积分数明显增大，因此胶料的黏度大幅度提高。

某些化合物，如羟胺，能与聚合物链上的醛基发生缩合反应，从而有效防止纯NR的储存硬化效应[32]。然而，CEC中的填料将使这些化合物在防止CEC储存硬化方面的效果不大。

结合胶含量的多少可以表征聚合物-填料相互作用的强弱。而这种相互作用是决定橡胶补强效果的一个重要参数。任何妨碍结合胶生成的行为都将导致橡胶性能，特别是耐磨性能变差。

应当指出的是，在CEC中加入某些小料，如硬脂酸、防老剂、油和蜡时会使CEC的黏度有所下降，这有助于CEC的混炼。

① 塑炼效率 与干法混炼的母炼胶相比，CEC的特点是在塑炼或后续加工

过程中 CEC 的门尼黏度下降得比较快。这可能与 CEC 的高黏度有关，因为黏度高可使胶料在混炼中受到更大的剪切力，有利于机械-氧化塑炼和聚集体的破坏，使暂时包容橡胶释放出来。塑炼后的 CEC 不但很容易达到与干法混炼胶同样的黏度水平，而且黏度的稳定性更好，这表现为储存过程中胶料的门尼黏度变化很小（见图 9.10）。后文还将指出，如果不大幅度缩短混炼时间，断链过程很可能导致 CEC 胶料过炼。

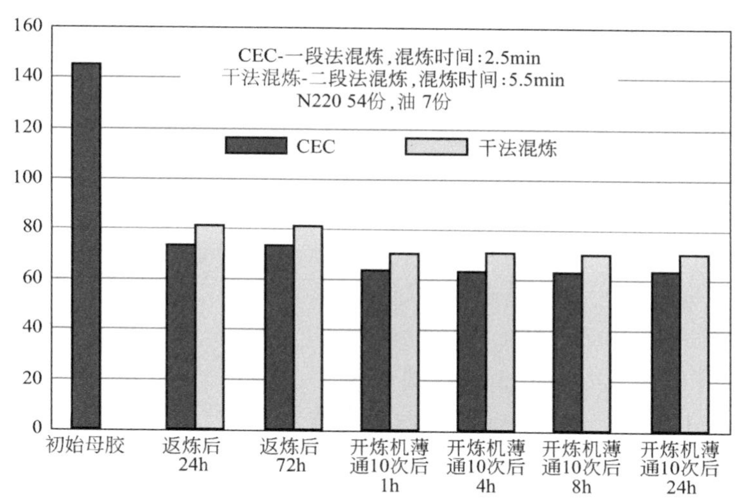

图 9.10 密炼机（Banbury-1.6L）混炼和开炼机（6"）返炼对胶料门尼黏度的影响

② CEC 的包装形式　通常，将高黏度材料直接投入密炼机会产生很大的转矩。在实际操作中，为防止憋车，通常需要烘胶或者用开炼机进行塑炼。为了简化混炼程序并将转矩降至最低，可将 CEC 制成“疏松”的胶块。在这种胶块中含有一定量的空隙，除了容易破胶外，在破胶早期，CEC 在转子和密炼室壁间啮合剪切时，这些空隙可显著降低功率峰值。因此使用疏松胶包时可以不经烘胶或预塑炼而直接投入密炼机中。其他包装形式，如造粒也可解决母炼胶初始黏度较高带来的混炼问题。

③ 混炼设备　所用密炼机主要有两种，切向型密炼机和啮合型密炼机。这两种密炼机结构上的差别主要是两个转子的外直径旋转轨迹是否交叉。这两种密炼机都可用来混炼 CEC。切向型密炼机的特点是炼胶室的有效容积大，填充系数高，喂料和排胶速度快，单位能耗生产效率高[33]。啮合式密炼机的优点是塑炼效率高、温度控制好、油料吃料快和配合剂分散好。因此，与干法混炼一样，用

不同密炼机混炼 CEC 时也要对填充系数、喂料时间、转子转速、压砣压力和混炼周期等混炼参数进行相应的调整。

④ 混炼程序　CEC 的混炼也采用与常规混炼类似的两段混炼，也可用一段混炼。二段混炼时 CEC 投入密炼机后首先破胶，经短时间塑炼后加入小料，如硫化活化剂、防老剂、蜡和油。通常，加入小料后便排胶，然后在开炼机上或第二段混炼时加入硫化剂。而一段法混炼则是将硫化剂与小料一同加入或是在加入小料后立刻加入硫化剂。

⑤ 二段法混炼

CEC 塑炼：CEC 投入密炼机后的塑炼是非常关键的过程。在此期间，CEC 的黏度显著下降，这对添加化学助剂和后续加工是十分必要的。塑炼时间的长短主要取决于目标门尼黏度，目标门尼黏度又取决于后续混炼和加工的要求。以轮胎胎面胶为例，采用冷喂料挤出机进行挤出，略微延长塑炼时间有利于提高挤出胶质量。塑炼时间还与其他成分的吃料时间和分散性有关。根据设备类型、转子转速和胶料配方的不同，塑炼时间一般在 30～90s 之间。如果投胶量和上顶栓压力发生变化，也可能需要微调塑炼时间。

添加小料和油：对于只含橡胶和炭黑的 CEC，塑炼后就要加入氧化锌、硬脂酸、防老剂和蜡等小料。非熔融型的粉状小料在干法混炼胶和 CEC 中的吃料和分散没有明显差异，而油状小料的表现略有不同。这里的油状材料包括油、液体化学助剂和在混炼温度下可以熔融的固体材料，如硬脂酸、蜡和某些防老剂。刚加入油状小料时，这些小料实质上起到润滑剂的作用，胶料不再受到转子的拉伸和剪切，因此在转子之间和转子与密炼室壁之间就不产生胶料的转移，也就没有能量输入到聚合物中去。直到油状小料被吸收到橡胶中，混炼才继续进行，因此油状小料的润滑时间，或称吃料时间，取决于它们在橡胶中的吸收速度。

在实际操作中，延长塑炼时间可缩短打滑时间。在允许范围内增大投料量也可以加速油状小料的吃入。当塑炼温度相对较高时，打滑时间随温度的升高而缩短，如有可能，提高转子转速也可有效缩短打滑时间。图 9.11 所示为含 50 份炭黑 N234 的 CEC 在 F270 密炼机中的混炼功率曲线。

吃料完毕后，即可排胶至开炼机、单螺杆挤出机或双螺杆挤出机进一步混合，然后冷却并下片或造粒。这些都与干法混炼的操作一样。

CEC 加工过程中添加油状助剂可降低其黏度并避免打滑，从而使混炼更容易。对于包含除硫化剂外所有小料的 CEC 胶料，混炼中这一阶段的作用只是塑炼，因此如果预混油状助剂，则可显著提高混炼效率。在混炼试验中，预混入硬脂酸的 CEC 打滑时间缩短 0.5～1min。预混硬脂酸 CEC 与未预混的相比，采用

F50-4WST 和 Intermix K-2A Mark 5 啮合型密炼机进行第一段混炼时，混炼周期短 25%～30%。

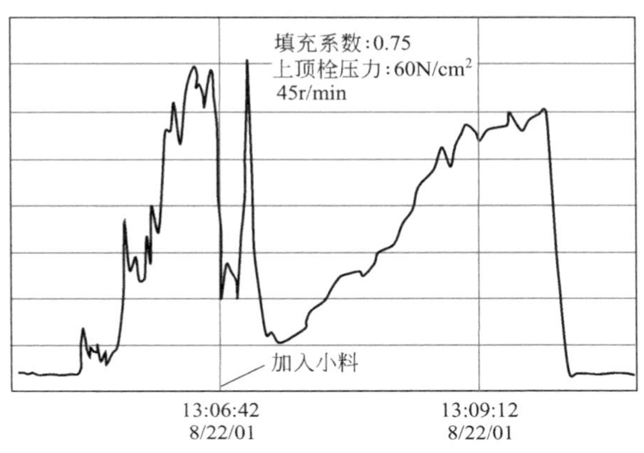

图 9.11　F270 密炼机混炼 CEC 典型功率曲线

第二段混炼：CEC 二段法混炼的第二段主要用来加入硫化剂，其混炼程序与干法混炼相同。

⑥ 一段法混炼　由于塑炼及所有小料的吃料和分散都在密炼机中一次性完成，因此一段法混炼可提高生产效率，但前提是能够将各个组分分散，并满足后续加工的性能要求。采用一段法混炼时，硫化剂可以和其他助剂一起加入或在其后加入。排胶温度通常限制在 125℃以下以防预硫化和焦烧。

能量输入和温度也是决定一段法混炼效果的关键参数。在输入足够的能量以保证各组分分散并降低胶料黏度的同时，还必须控制加入硫化剂及之后工序的温度，以保证后续工序，如挤出、压延和成型的加工安全性。

当密炼机转速不可调，冷却效率也不够高时，应该选用较低的转速以使胶料温度保持在合适的范围内，例如采用与二段法混炼中第二段相近的转速。这样会使其混炼周期长于二段法中第一段的时间，但仍小于二段法的整体周期。

当密炼机转速可调并配备有强力冷却系统时，一段法就能显著提高混炼效率、缩短混炼周期。此时，可以在高转速下完成胶料塑炼以及除硫化剂外所有小料的投料和混炼。当转速降低时，胶料在密炼机内冷却，在一定时间内降温至可以加入硫化剂并混炼的范围。强力冷却型的密炼机可以达到极好的冷却效果。就此而言，啮合型密炼机塑炼效率高、胶料与密炼机冷却系统的接触面积大，因而比切向型密炼机更有优势。

如果在 CEC 中预加小料，那么将使其一段法混炼更加容易。另外，由于 CEC 胶料的黏度较低，因此其容易加工，混炼温度也较低。

⑦ 混炼周期　前面已经提及，混炼周期取决于各种配合剂的分散和胶料的目标黏度。混炼周期过短导致胶料黏度大，胶料中可能仍有未得到充分塑炼的成分，从而导致挤出物表面粗糙，这种情况在用冷喂料挤出机时尤为严重。如果采用热喂料挤出方式，在用开炼机对胶料进行预热时，各组分还可以进一步塑炼，因此在密炼机中的混炼周期可以适当缩短。

胶料过炼会使门尼黏度降至很低，但这会对胶料的性能，特别是黏弹性产生显著的负面影响。同时，较严重的机械-氧化作用会影响胶料的耐老化性能。低黏度还将使硫化过程中填料的聚集更容易，从而增大胶料的滞后损失[34]。如果这种胶料用于轮胎，特别是胎面，将增大轮胎的滚动阻力。但如果某些工序需要较低黏度的胶料，如钢丝胶，用 CEC 就格外具有优势。

一般来讲，CEC 的混炼周期比传统混炼缩短 30%～70%，这与传统混炼的具体程序有关。

总之，CEC 是一种在传统炼胶设备中很容易混炼的独特材料，为了最大限度地利用其特性提高生产效率、实现性能优势，就必须了解 CEC 与众不同的混炼特性。

9.3.3 硫化特性

通常，CEC 胶料的硫化特性与干法混炼胶相似，只是焦烧时间稍短，硫化速率略高，这一般是由于它们的水分含量不同导致的。水能使促进剂加速分解为活性中间体，如次磺酰胺可分解为胺和 2-巯基苯并噻唑，从而使硫化的起步和硫化速率显著提高。水分在 CEC 和干法混炼胶中对硫化特性的影响基本相同。

图 9.12 为水分含量对填充炭黑 N234 胶料焦烧时间的影响。在胶料中加入水或混炼前将 NR 和 CEC 在烘箱中烘干可以改变终炼胶中的水分含量（焦烧试验前测定）。很明显，CEC 和干法混炼胶的焦烧时间随水分含量的变化几乎是一致的。CEC 中水分的含量为 0.5%～1%。

9.3.4 CEC 硫化胶的物理性能

9.3.4.1 应力-应变特性

通常，采用相同配方时，CEC 硫化胶在高伸长率（100%和 300%）时的定伸应力与干法混炼胶相近。统计结果表明，与干法混炼胶相比，CEC 的拉伸强度略高，扯断伸长率略大，硬度低 1.5～2.5。

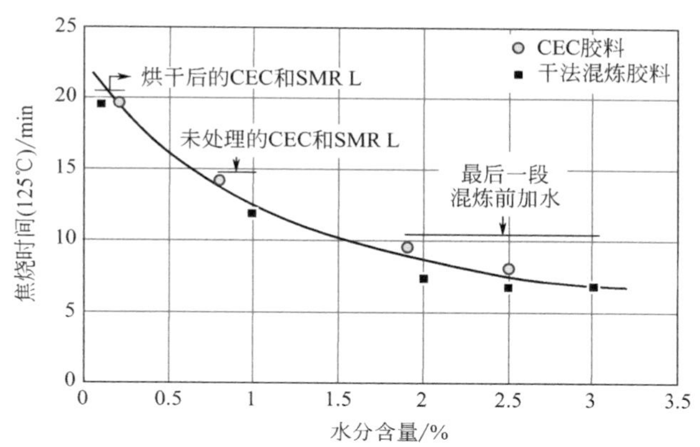

图 9.12　水分含量对 CEC 和干法混炼胶焦烧时间的影响

9.3.4.2　耐磨性能

一般而言，填充少量易分散炭黑时，CEC 的耐磨性能与干法混炼胶相当，而填充分散性较差的大比表面积和/或低结构炭黑时，CEC 的耐磨优势就表现出来，特别是在炭黑填充量较大的情况下。

图 9.13 为滑移率为 7%时，用卡博特磨耗试验机（兰伯恩式）测定的炭黑 N134 填充量对胶料耐磨性能的影响。CEC 和干法混炼胶（用常用于胎面的 SMR 20 制备）两者的耐磨指数都随炭黑用量的增加而增大，通过最大值后减小。高用量时胶料的耐磨性能的下降可能涉及多种机理，诸如含胶率降低、硬度迅速增加和耐疲劳性变差等，但炭黑分散性差应对耐磨性下降起很重要的作用。在高填充量下 CEC 卓越的填料分散使其耐磨性比干法混炼的高填充量胶好得多。同样是由于填料分散性的改善，CEC 工艺可使耐磨性能的最高值时的填料用量往高用量推移。

实际上，为了平衡耐磨性、抗湿滑性和其他性能，有些胶料，如胎面胶的硬度要被控制在一个相对较小的范围内。对于给定的炭黑，一般通过调整炭黑量和油的用量达到要求的硬度。当保持硬度不变，耐磨性能随填料和油的用量变化的曲线是不同的。图 9.14 为滑移率为 7%时，炭黑 N234 和油的用量对硬度为 65 的胶料耐磨性能的影响。干法混炼胶的耐磨指数无一例外地随炭黑和油用量的增加而下降，而 CEC 硫化胶的耐磨指数有一最大值。这是因操作油的吸附对聚合物-填料相互作用的影响所致，因为聚合物-填料相互作用是控制胶料耐磨性能最重要的参数之一。在干法混炼胶中，油在炭黑表面的吸附会妨碍聚合物-填料间的相互作用；而在 CEC 中，由于聚合物链在炭黑表面上的吸附在凝固时就已经完成，因此 CEC 混炼过程中加操作油对聚合物-填料间相互作用的影响就小得多。这一点可通过测定加油对结合胶含量的影响来证实。图 5.23 为不同油含量 CEC 和干法混炼胶结合胶含量的差异。该结果由 200 组对比试验数据统计分析得出，每组试验都包括配方相同的一个 CEC 胶料和一个干法混炼胶料。对于所有含油和不含油胶料，CEC 胶料中的结合胶含量都较高，而且油的含量越大，结合胶含量的差异越显著。油和炭黑填充量较高时 CEC 胶料耐磨性能下降的主要原因是含胶率迅速降低。

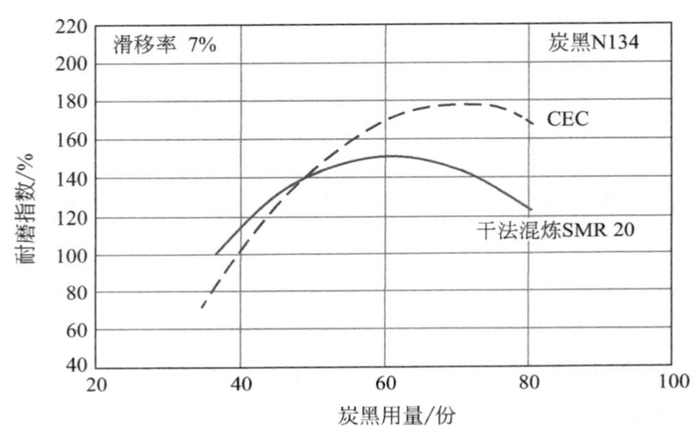

图 9.13 炭黑用量对 CEC 和干法混炼胶耐磨性能的影响

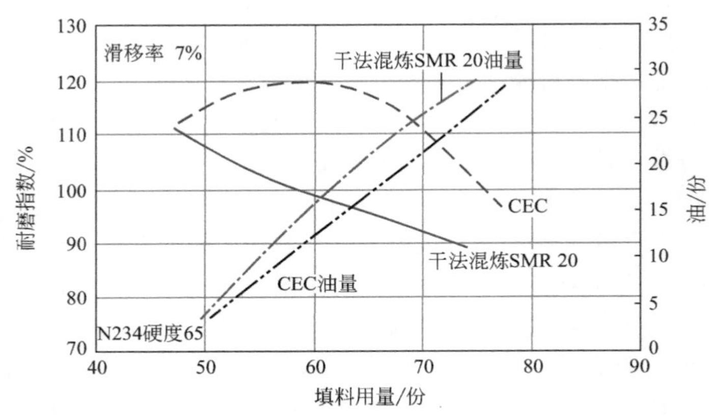

图 9.14 炭黑和油对硬度为 65 的胶料耐磨性能的影响

9.3.4.3 高温下的动态滞后损失

CEC 硫化胶最重要的特征之一是其高温（50～80℃）下滞后损失较低。由于轮胎滚动阻力与高温下滞后损失之间有很好的相关性，因此 CEC 有望用于生产低滚阻和低生热轮胎。

图 9.15 为 60℃下应变振幅扫描中 tan δ 最大值的下降趋势，这组实验采用了 8 种炭黑，比表面积为 110～200m^2/g，DBP 值为 52～116mL/100g，用量为 30～75 份，油填充量为 0～30 份，共计 340 种胶料。由图 9.15 可见，当相同配方的 CEC 和干法混炼胶比较时，CEC 硫化胶的 tan δ 平均要低 8%。含油（油用量 5～30 份）和高油（油用量 10～30 份）配方进行比较时，此数值分别提高到 10.2%和 13.4%。CEC 胶料滞后损失小的主要原因是炭黑微观分散的改善，即填料聚集受到抑制。这一点可由 Payne 效应，即低应变振幅和高应变振幅下测得的动态模量的差异所证实[33]。前面提及的这 340 个胶料中，CEC 硫化胶在 0.1%和 60%应变振幅下的 Payne 效应比平均值低约 9%（见图 9.16），而且油含量越高，差别越大。

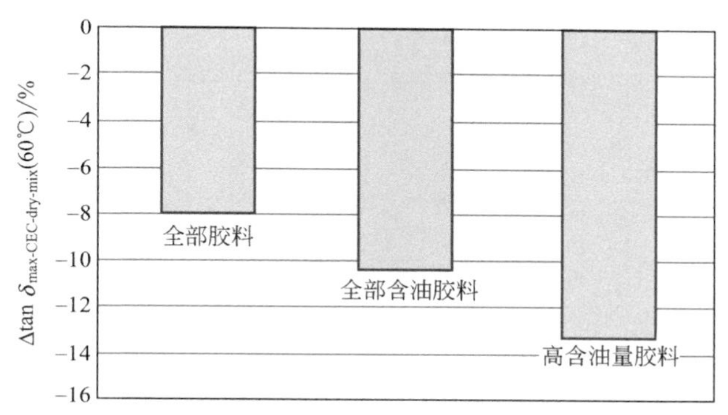

图 9.15 60℃下油对滞后性能的影响

将胶料调整到同样硬度时，也观察到类似的结果。如图 9.17 所示，以填充炭黑 N234 的 NR 胶料为例，CEC 胶料的滞后损失总是较低的，而且填充剂和油的用量越大，越是如此。

弹性与滞后试验结果是一致的。由图 9.18 可见，针对一系列炭黑和填料用量，用 Zwick 试验机测得的回弹值与 $\psi\phi/\rho$（所谓的填充界面面积）的关系。此处 ψ 为界面面积，其值等于 $\rho S\phi$，ρ 为填料的密度，S 为比表面积，ϕ 为胶料中填料的体积分数。Caruthers，Cohen 和 Medalia[35] 发现 $\psi\phi$ 与滞后及弹性之间有很好的相关性。如图 9.18 所示，相同 $\psi\phi/\rho$ 值的 CEC 胶料的平均回弹值比常规干法混炼胶高 3%左右，即相对升高 5%～10%。较高的回弹值和较低的滞后损失使 CEC 胶料的生热较低。当配方相同时，用 CEC 生产的轮胎在耐久性试验中，比市售载重轮胎的胎面温升低 10℃，耐久寿命提高 17%。

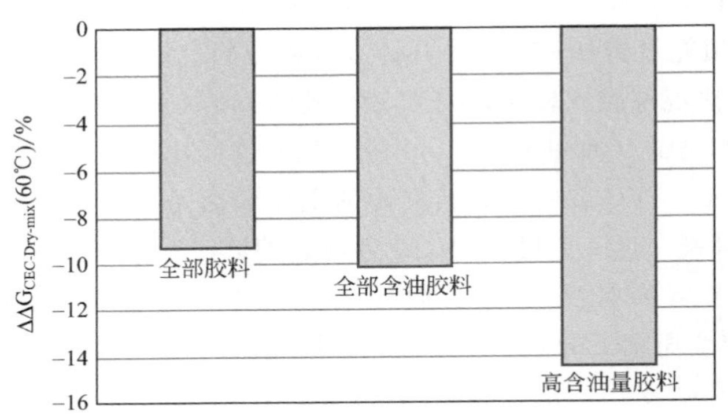

图 9.16　60℃下油对 Payne 效应的影响

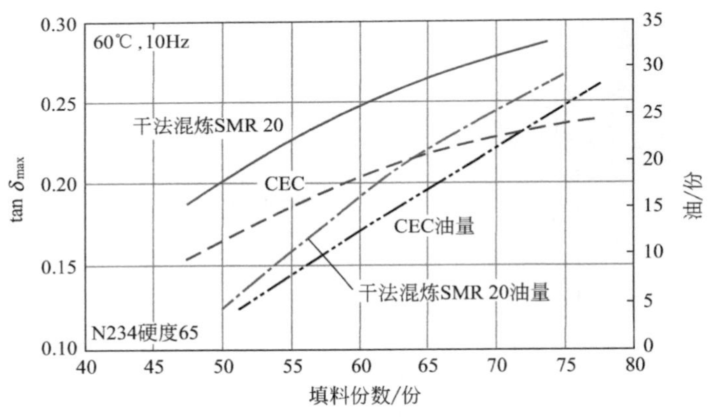

图 9.17　炭黑和油用量对固定硬度胶料滞后性能的影响

9.3.4.4　耐切割性

用 Cabot 非公路装备模拟装置对 CEC 胶料生产的轮胎进行了崩花掉块测试，轮胎规格为 6.90×9 英寸，帘布层使用尼龙 6。该轮胎经胎面翻新，翻新胶料中分别填充炭黑 N234、N220、N231 和 REGAL 660（属 N220 系列，比表面积为 $112m^2/g$，DBP 吸收值为 52mL/100g 的低结构炭黑）。通过考察轮胎在模拟场地运行过程中因切割、崩块和磨损造成的尺寸大于 3.2mm 的缺陷数目来评定其耐切割等级，结果如图 9.19 所示。与传统胶料相比，CEC 胶料的耐切割性能明显提高，采用低结构炭黑时更是如此。一般低结构炭黑可赋予胶料更高的撕裂强度，但在干法混炼胶料中由于其分散性很差，这一优点被抵消掉了。干法混炼胶添加 REGAL660 炭黑时，其耐切割性甚至还不如添加炭黑 N231 的胶料，但采用 CEC 工艺却可将该炭黑耐切割方面的优势发挥出来。

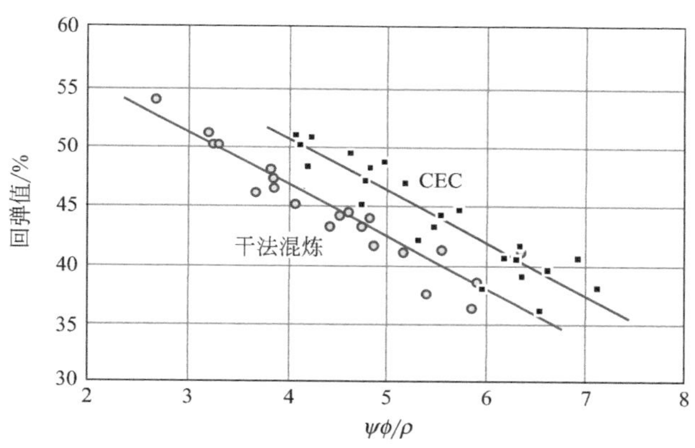

图 9.18 CEC 和干法混炼胶的回弹值对比

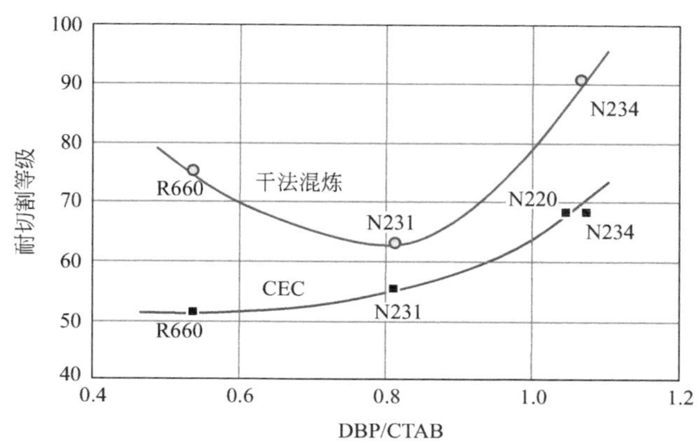

图 9.19 CEC 和干法混炼胶耐切割性对比（耐切割等级越低越好）

9.3.4.5 耐屈挠疲劳性能

CEC 胶料中优异的炭黑分散和较低的生热，使得 CEC 的耐疲劳性能大大提高。与传统胶料相比，CEC 的平均压缩疲劳寿命提高 90%以上，这一优点将大大提高某些橡胶制品，如减震制品、雨刷器、胶带及轮胎胎侧的使用寿命。

9.4 连续液相混炼工艺制造合成胶/白炭黑母炼胶

在轮胎工业的发展史上，绿胎的出现无论在技术上还是在社会经济效益上都是一次重大突破，其特点是滚动阻力低，抗湿滑性能好，耐磨性能也达到一定的水平[36,37]。

绿胎胎面胶的特点是：填料为沉淀法白炭黑并加入硅烷偶联剂，橡胶则为溶聚丁苯胶与顺丁胶的并用体系，促进剂除次磺酰胺之外又加了二苯胍作为助促进剂。

硅烷偶联剂的使用是为了使填料表面改性，降低其表面极性，增加填料与橡胶之间的亲和性，从而减少填料聚结体在橡胶中的聚集。其目的是使硫化胶在高温下（诸如 60 ℃）的滞后损失（tan δ）下降而使轮胎的滚动阻力降低。填料聚集程度的下降也会导致硫化胶在低温下 tan δ 上升，从而改善轮胎的抗湿滑性能，尤其当车辆在湿路面上行驶时，增加轮胎接地牵引区的摩擦力（见 8.2.3）[23,38,39]。在使用白炭黑时硅烷偶联剂的另一功能是通过在填料和橡胶分子之间建立化学键合，增加橡胶和填料之间的相互作用，以提高轮胎的耐磨性能（见 8.3.2）[40]。因为较之通用的填料炭黑而言，白炭黑与轮胎用橡胶之间的相互作用非常低[41,42]。

在绿胎配方中溶聚丁苯胶取代乳聚丁苯胶时可以增加胎面胶的耐磨性能。因为溶聚丁苯胶的聚合物-填料相互作用比乳聚丁苯胶强（见 8.3.2）[43]。

白炭黑表面的极性来自其表面的硅羟基（邻位、偕位及孤立硅羟基），它们的酸性和促进剂及硫化活性剂在填料表面的吸附使硫化速率和交联键的产率大大下降。因此碱性较强的二苯胍促进剂的应用将有助于硫化速率的提高和交联键密度的增加。

传统白炭黑混炼胶是采用干法工艺、多段混炼制备的。该工艺缺点是：

① 混炼中密炼机磨损严重；

② 填料分散较差，即使用高分散性白炭黑亦然；

③ 胶料黏性较高，容易黏附密炼机室壁、转子或开炼机辊筒；

④ 混炼胶的加工性能较差，挤出物口型膨胀大，表面粗糙；

⑤ 硫化胶和轮胎耐磨性能较相应的炭黑填充胶差。

近年来，怡维怡橡胶研究院发明了橡胶/白炭黑连续液相混炼技术[44-50]。对应工业化产品名称为 EVEC®(Eco-Visco-elastomer composite)。与干法混炼的白炭黑胶料相比，EVEC 的特点是：

① 填料的分散优异；

② 硅烷偶联剂的效率高。其表现为母胶中聚合物-填料间的相互作用强，填料-填料间的相互作用弱，填料在橡胶中聚集程度较小。

这些特点将对橡胶的加工性能、应力-应变性能、动态性能、摩擦和磨耗性能及轮胎性能产生显著的影响。

9.4.1 EVEC 的制造工艺

EVEC 工艺流程如图 9.20 所示。橡胶溶液可直接来源于上游橡胶合成工厂，或由干胶在溶胶罐中制备。干胶在溶剂中溶解后，得到均一、有一定黏度的橡胶溶液。同时，将白炭黑加入溶剂中分散制备浆液。

在一个特殊装置中，橡胶溶液和白炭黑浆液在高压高速的湍流状态下混合。白炭黑、硅烷偶联剂、助剂和橡胶的分散非常均匀。然后混合液注入脱挥装置中，在高温低压条件下去除溶剂，溶剂回收利用。这项技术不仅可以增强填料和聚合物间相互作用，而且可以降低填料和填料间相互作用。

连续液相混炼技术可以实现零排放、低能耗和混炼胶的高性能。

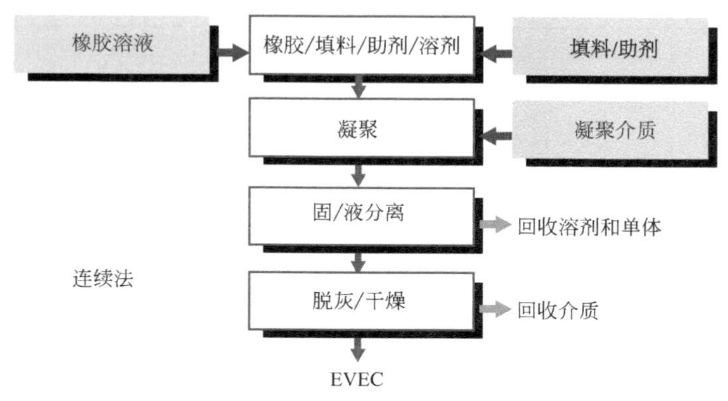

图 9.20 EVEC 合成工艺简图

9.4.2 混炼胶性能

可用典型的白炭黑乘用车胎胎面胶配方来评价 EVEC 性能（表 9.3）。所用橡胶为充油溶聚丁苯胶和顺丁胶并用体系。参比胶料为炭黑和白炭黑填充胶。EVEC-L 配方与干法混炼的白炭黑胶料完全相同。EVEC-H 中增加 6 份白炭黑[51]。干法工艺采用三段混炼。混炼胶和硫化胶性能见表 9.4。

表 9.3 胎面胶配方 单位：份

	炭黑 N234	白炭黑干法	EVEC-L	EVEC-H
充油溶聚丁苯	96.3	96.3	96.3	96.3
顺丁橡胶	30	30	30	30
白炭黑 NS165MP	—	78	78	84
炭黑 N234	78	—	—	—
TESPT	—	6.4	6.4	6.4
油	1.8	1.8	1.8	1.8
氧化锌	3.5	3.5	3.5	3.5
硬脂酸	2	2	2	2
蜡	1	1	1	1
防老剂 RD	1.5	1.5	1.5	1.5
防老剂 6PPD	2	2	2	2
促进剂 DPG	—	2.1	2.1	2.1
促进剂 CBS	1.35	2	2	2
硫黄	1.4	1.4	1.4	1.4

表 9.4 胶料性能

	炭黑 N234	白炭黑干法	EVEC-L	EVEC-H
结合胶含量/%	44.5	75.3	67.5	68.2
门尼黏度[ML(1+4)100℃]	66	74	68	68
焦烧时间(t_5)/min	25.4	24.0	18.6	18.2
室温硬度(邵尔 A)	68	66	57	62
60℃硬度(邵尔 A)	66	65	56	59
T100/MPa	2.2	2.6	2.2	2.8
T300/MPa	10.3	12.2	14.3	17.3
T300/T100	4.7	4.7	6.5	6.2
拉伸强度/MPa	16.7	16.4	19.8	19.5
扯断伸长率/%	452	409	348	324
撕裂性能/(N/mm)	40	46	36	35
室温回弹/%	30.2	36.3	42.1	40
60℃回弹/%	42	55	60	60
压缩生热(ΔT)/℃	62.2	32.2	24.5	28.2
SS-tan δ_{max}(60℃)	0.318	0.164	0.103	0.111
耐磨指数/%	100	83	105	117

9.4.2.1 结合胶含量

表 9.4 中列出了各种混炼胶的性能。从结合胶含量可以看到，干法白炭黑混炼胶的结合胶最高，其次是 EVEC-H 和 EVEC-L，炭黑混炼胶的结合胶最低。以前的研究表明，与比表面积相似的炭黑相比，含相同用量白炭黑丁苯混炼胶的结合胶含量低得多[52]。这与其聚合物-填料相互作用较弱有关。白炭黑由于其表征填料-聚合物相互作用的表面能的非极性组分（γ_f^d）较炭黑低得多，当胶料未加硅烷偶联剂时结合胶应比炭黑低。但当白炭黑胶料中加入双官能硅烷偶联剂（诸如 TESPT）时，白炭黑胶料的结合胶含量大大增加，甚至高于炭黑混炼胶。这固然由于白炭黑与橡胶之间的偶联反应而使聚合物-填料相互作用增加有关，但偶联剂分子中的四（或多）硫化物在胶料混炼热处理过程中可使橡胶分子之间产生交联而产生凝胶，从而导致结合胶含量上升。EVEC 中结合胶较干法胶低的原因似乎并非填料硅烷化程度较低所致，可能是在 EVEC 中硅烷偶联剂绝大部分吸附在白炭黑表面，其多硫化物难以使橡胶基体中分子链之间产生交联，从而橡胶分子凝胶化的可能性大大下降，致使结合胶较低。

9.4.2.2 混炼胶黏度

门尼黏度的情况与结合胶类似，即干法白炭黑混炼胶门尼黏度最高，其次是 EVEC，而炭黑胶黏度虽然最低，但与 EVEC 的黏度差别不大。

对于给定橡胶的混炼胶，除去填料用量及填料本身性质之外，影响胶料门尼黏度的因素有填料在橡胶中的微观聚集状态、结合胶含量和凝胶含量。如图 9.21（a）所示，如果填料聚结体充分分散且不发生聚集，胶料的门尼黏度是最低的。如果填料聚结体产生聚集，聚集体在测定黏度时不能被破坏，聚集体中的暂时包容胶不能释放出来，致使填料的有效体积进一步提高而造成黏度上升［图 9.21（b)］。结合胶的形成也可以增加门尼黏度［图 9.21（c)］。而当结合胶分子与橡胶基体中的分子产生轻微交联而形成凝胶时，门尼黏度的增加更为显著［图 9.21（d)］。综上所述，炭黑胶料的黏度可用图 9.21（b）和（c）表示，而干法混炼白炭黑胶料的高黏度应当来自图 9.21（b)～(d）的效应。EVEC 的情况应与图 9.21（c）相似。

9.4.2.3 压出特性

相对于干法混炼胶，EVEC-L 压出时口型膨胀较小而且表面外观好（图 5.42)。这与其结合胶及黏度较低、橡胶分子交联较少有关。在这种情况下，橡胶分子在挤出过程中的应力松弛较快。

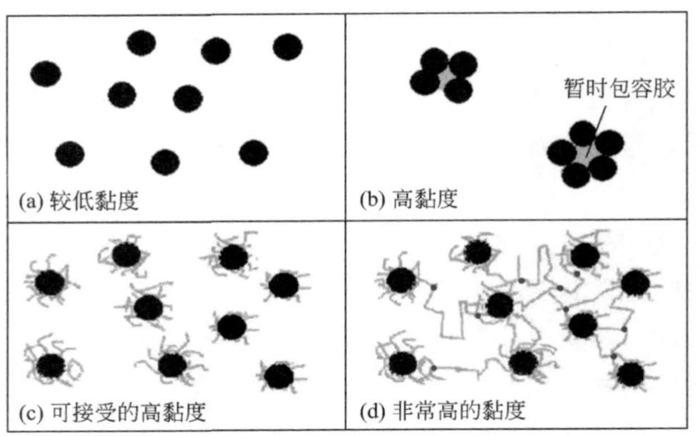

图 9.21 影响混炼胶黏度的因素

9.4.2.4 硫化特性

混炼胶的硫化特性示于图 9.22。可以看出，虽然炭黑胶和 EVEC-L 两者的硫化体系相差较大，但它们的硫化曲线相似，只是在交联诱导期内的最低转矩 ML（即胶料的黏度）有较大差别。相反，尽管两种白炭黑胶料的硫化体系完全相同，但硫化特性相差较大。

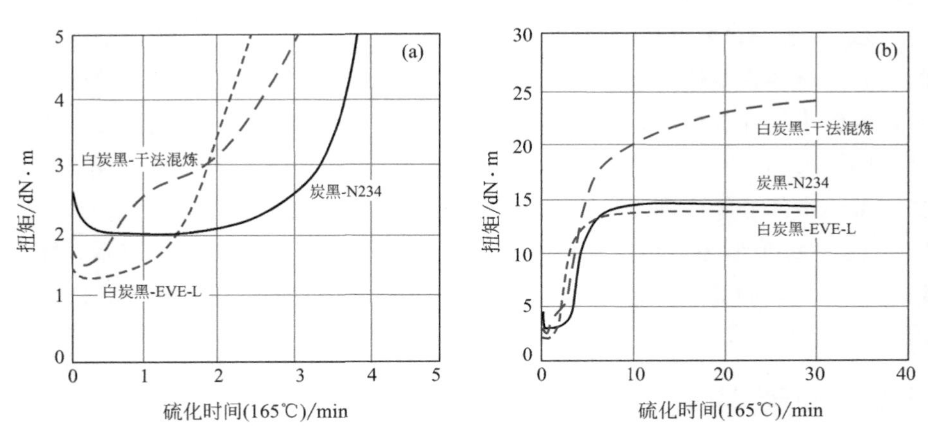

图 9.22 不同胎面混炼胶硫化特性的比较

在诱导期内，流变曲线有较大不同［图 9.22 (a)］。最低转矩（ML）常用来表征混炼胶黏度。可以看到，EVEC-L 的 ML 最低，而炭黑胶料 ML 最高。虽然干法混炼白炭黑门尼黏度最高，但其 ML 则介于其余两者之间。

这些差别可能与实验温度及剪切应变振幅的不同有关。在门尼黏度试验中，转子是以每分钟两转的速度在模腔中单方向旋转。而在无转子硫化仪中，其扭转振动角度为 0.5°，频率为 1.7Hz。前者的振幅为无限大，而后者则非常小。此外，实验温度亦不相同，前者为 100℃，而后者是 165℃。炭黑胶料的高 ML 值和低门尼黏度可能与填料聚集有关。填料聚集体中的橡胶不受外力影响，跟填料类似。所以，填料的有效体积增加，门尼黏度升高。无论是从热力学还是动力学角度考虑，炭黑的高表面能和胶料的低结合胶含量都会使填料聚集更加严重，尤其是在高温条件下。在流变测试中，形变小，填料聚集体不能破坏，所以炭黑胶料的 ML 值较高。在门尼黏度测试过程中，形变是无限大的，填料聚集体基本上全部破坏，所以炭黑胶料的门尼黏度最低。EVEC 的 ML 值低的原因是既无凝胶，填料聚集程度又低所造成的。

一般来说，硫化曲线分为几个阶段：诱导期、起步、欠硫、正硫化和过硫。典型的硫化曲线呈“S”型，炭黑胶料和 EVEC 就是这种类型。干法混炼白炭黑胶料在诱导期呈现一个凸起（图 9.22）[53]。凸起的出现似乎表明，在诱导期内产生了除硫化交联之外的过程，这一过程大概是填料的聚集。聚集使黏度增加的效应叠加到胶料硫化曲线上，形成凸起。然而这一现象在 EVEC 硫化曲线中并未出现。其原因应是胶料中的偶联剂基本上都吸附在填料表面上使其表面改性比较充分[43]。如前所述，这增加了填料和橡胶的亲和性和相容性，大大降低了填料聚集的驱动力，致使填料的聚集并不显著。干法混炼白炭黑配方虽与 EVEC-L 相同，但是表面改性不充分，填料聚集仍比较严重。对于炭黑胶料而言，早期的研究发现，混炼胶中的填料在高温硫化的交联诱导期内也会产生聚集[54]。但由于其结合胶较少，又无偶联剂引发的早期交联，其聚集可能相当快，致使在试验初期就已形成。这种聚集应叠加到原来混炼胶的黏度上，导致混炼胶最低转矩较高。诚然，这一现象在门尼黏度测试过程中也应发生，但由于温度较低，而应变速度较大，所以形成速度较慢，在测试的时间范围内（即加热 1min，转子转动 4min，共 5min）尚未形成显著的聚集[54]。

对于炭黑和 EVEC-L 胶料来讲，过硫阶段转矩没有明显变化。但对干法混炼的白炭黑胶料而言，转矩一直在上升，仅其速度大大下降而已。此种现象称为“模量上升（Marching modulus）”。其原因应是混炼胶中部分未吸附在白炭黑表面的硅烷偶联剂仍保留在橡胶基体中，随加热的进行，其多硫化物可使橡胶分子链继续交联，导致转矩缓慢上升。前面曾经提及，在 EVEC-L 胶料中，偶联剂基本上都吸附在填料表面，而极少或无偶联剂存在于橡胶基体中，所以当硫化体系所造成的交联结束后，转矩不再上升。

如果上述推论合理的话，在填料表面吸附的硅烷偶联剂在长时间硫化中似乎对橡胶的交联没有贡献，或者吸附在填料表面的硫载体与橡胶的反应对转矩不起作用。

9.4.3 硫化胶特性

9.4.3.1 硬度

对于配方相同的白炭黑硫化胶而言，EVEC-L 的硬度要比干法混炼胶料低得多，而比炭黑胶的硬度低的更多。增加 6 份白炭黑，EVEC 的硬度虽有所增加，但仍较干法混炼硫化胶硬度低（表 9.4）。

在第 6.2.2 节中已讨论，硬度与胶料在形变非常低时测定的杨氏模量有关。如图 6.7 所示，在拉伸应力-应变曲线的原点处的斜率为杨氏模量。在如此低的形变下，填料的聚集体不能破坏，由于在聚集体中暂时包容胶不能参与橡胶的形变而使填料的表观体积增加，因而杨氏模量及硬度上升。炭黑胶中的填料聚集程度最高，其次为干法白炭黑胶，而 EVEC 的填料聚集最少。这一点，与后面动态弹性模量随应变振幅增加而下降的观察结果是一致的。

9.4.3.2 应力-应变特性

影响硫化胶定伸应力的因素除交联键密度和填料的用量之外，主要与填料的分散、填料的形态（结构和比表面积）、填料在橡胶中的聚集状态和填料与橡胶的相互作用有关。当硫化胶拉伸时，聚集体产生破坏，暂时包容胶释放出来参与形变，致使模量下降。换言之，低伸长率下，填料聚集越严重，模量越高。当伸长率低于 50%，干法混炼白炭黑硫化胶（不加硅烷偶联剂）模量最高，其次为炭黑硫化胶和白炭黑硫化胶（加入硅烷偶联剂），EVEC-L 模量最低。当伸长率超过 50%，随伸长率的增加，聚集体的破坏将使模量下降，定伸应力上升减慢。如图 6.7 所示，当伸长率超过 125%，模量排序反转：EVEC＞干法混炼白炭黑硫化胶（加入偶联剂）＞炭黑硫化胶。

在低伸长率下，填料聚集对模量贡献大，在高伸长率下，填料聚集体破坏，暂时包容胶释放，此时影响硫化胶模量的因素，除交联密度、填料用量和结构（与聚集体内暂时包容胶相关）外，填料和聚合物相互作用这一因素也需要考虑。

根据 Dannenberg[55,56] 提出的模型，非填充硫化胶交联点间的分子链长度是随机分布的。因此，在拉伸试验过程中，短链首先断裂，然后随链长度的增加逐次断裂，最后只有少数橡胶分子承受应力。在这种情况下，拉伸强度很低。如果短链在发生应力集中时产生滑移，将应力分担至相邻交联点上，那么短链就不会过早断裂，在试片断裂前一直存在。这样由更多分子链承受应力，拉伸强度增加。

填充硫化胶的情况有些复杂。滑移过程示意图见图 9.23，在这个模型中，沿应力方向，填料粒子间距离可分为三个阶段。拉伸从第一阶段开始，AA′链发生滑移，第二阶段 BB′链绷紧，随后 BB′链发生滑移，第三阶段，所有链都达到最大伸长状态，平均分担应力。

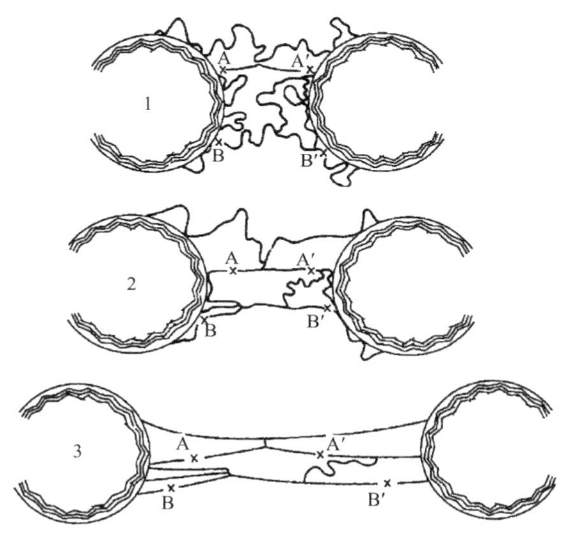

图 9.23　Dannenmberg 填充硫化胶的分子取向和拉伸模型[55,56]

从这个模型中可以看出，高应力可归因于滑移的能量。所以，应力随伸长率的增加主要取决于填料和聚合物间相互作用点。对没有添加硅烷偶联剂的白炭黑干法混炼胶料，聚合物和填料间相互作用力最低，所以模量较低，添加硅烷偶联剂后，模量快速增加，EVEC 的聚合物和填料间相互作用最强，模量增加幅度最大（图 6.10）。

当伸长率继续增加时，高应力可导致滑移，甚至使橡胶分子链从填料表面剥离，产生空洞以消除局部应力集中[57]。另一方面，橡胶从填料表面剥离可导致硫化胶模量降低。这可以解释炭黑硫化胶在高应变下的高应力现象。加偶联剂的白炭黑胶，一定数量的橡胶分子链被偶联剂固定在填料表面而不能滑移，因而定伸应力增加，其值甚至超过炭黑胶（图 6.10）。另一方面，在高伸长率下，橡胶网络及填料表面应力集中点越来越多。与干法混炼的白炭黑/偶联剂胶料相比，由于在 EVEC 中硅烷偶联剂的效率较高，亦即单位填料表面积上橡胶分子链通过偶联反应固定在填料表面上的数目较多，而且填料在胶料中的分散也比较均匀，因而在高伸长率下使填料与橡胶界面及网络中的应力集中区域在硫化胶中均匀分布，而使整个胶料平均分担形变应力，应力集中处的应力相应降低。干法混炼白炭黑胶料，由于硅烷化效率低，填料聚集严重，剥离和空洞很容易形成，在高伸长率下应力较低。

这一观点也可以从 SEM 对填充硫化胶拉伸过程中的观察得到证实（图 9.24）。由高伸长率硫化胶的 SEM 图可以清楚看到，当干法混炼的白炭黑胶料伸长率达 300%而应力为 12.2MPa 时，硫化胶即出现较多的空洞。但伸长率 330%及应力为 17.3MPa 的 EVEC-L 仍无明显的空洞产生。

在第 6.2.3 节中已讨论过，影响硫化胶定伸应力的因素有交联键密度、填料的形态及其用量和填料在橡胶中的聚集状态。由于这几种因素对低伸长率和高伸长率下的定伸应力都有相同的影响，而且填料聚集在较低形变（诸如 100%伸长率）下即已基本消除，因此高伸长率下定伸应力（如伸长率 300%的应力 T300）与低伸长率下的定伸应力（如伸长率 100%的应力 T100）比值曾作为聚合物与填料之间相互作用的度量（见 6.2.3）。所以，我们可以推断，填充硫化胶中聚合物和填料间相互作用排序为：白炭黑干法（无硅烷偶联剂）＜炭黑＜白炭黑干法（添加硅烷偶联剂）＜EVEC。

9.4.3.3 拉伸强度和扯断伸长率

相对于干法混炼的白炭黑硫化胶，EVEC 硫化胶的拉伸强度较高（表 9.4）。强度较高的原因可能是其填料分散优异（图 4.12），因为强力性能与胶料中的缺陷有关。另一方面，优异的微观填料分散（图 9.27）让更多分子链有效承担应力，拉伸强度高。

与高伸长率下应力的机理一致，当硫化胶拉伸到一定程度后，在网络中的某些分子链已经拉直，如果填料粒子和网络连接处的相互作用较弱而能使分子链沿填料表面滑移或从填料脱离时，由于表面应力集中点的降低，致使网络分子链的应力较均匀的分布而使网络继续伸长而不断裂。如果继续拉伸时分子链可以从表面脱开并形成空洞而降低橡胶网络中的应力集中，使大量网络分子链沿应力方向取向形成纤维状结构。在这种条件下定伸应力比较低，而伸长率可以很高而不断裂。白炭黑不加硅烷偶联剂即为这种情况（图 9.24）。这也是炭黑胶料扯断伸长率相对较低的原因，因为相对白炭黑来讲，炭黑的橡胶与填料的相互作用较高。

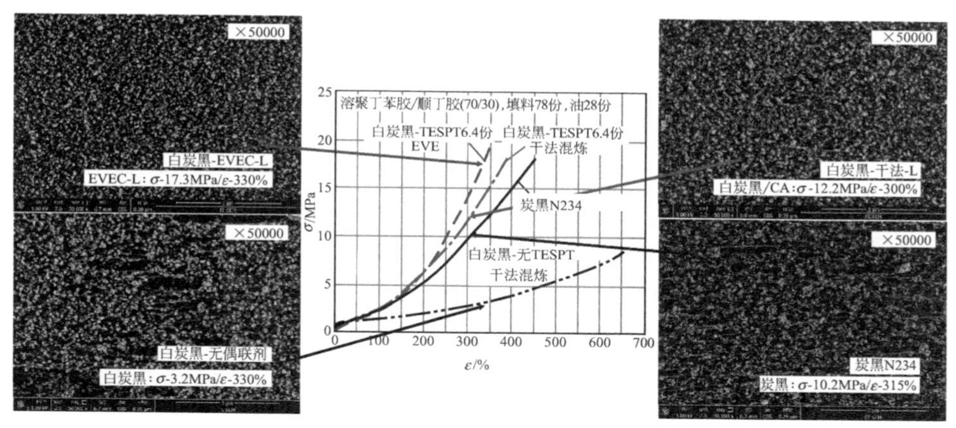

图 9.24 不同填充体系硫化胶在 300%伸长率下的 SEM 图（×50000）

在加偶联剂的白炭黑胶料中，橡胶分子链以化学键的形式与填料表面相结合。随着硫化胶的拉伸，橡胶网络分子链拉伸到一定程度后难以沿填料滑移或断开，由于橡胶分子链的有限伸张性，网络结构所承受的应力迅速上升。干法混炼白炭黑胶料在混炼过程中填料分散不充分形成缺陷，加上网络结构的束缚，扯裂伸长率比炭黑胶料低。

EVEC 虽然拉伸强度高，但是扯断伸长率是最低的。这是因为 EVEC 硅烷化效率高，聚合物填料间相互作用强，而且填料的宏观分散和微观分散都比较均匀。由此减少了分子链在填料表面的滑移和剥离，应力集中无法消除。

9.4.3.4 撕裂强度

与天然胶和异戊胶相比，用于乘用车胎的丁苯胶和顺丁胶的抗撕裂性能都较差。在撕裂实验中，应力集中点处于裂口引发和扩展的前端，此处变形大，分子链呈有序排列结构，如天然胶和异戊橡胶形成结晶，无定形丁苯橡胶和顺丁橡胶分子链也会规整排列。对炭黑填充胶而言，聚合物填料间相互作用的性质是物理性的，分子链在填料表面的滑移和剥离有助于分子链取向。分子链的取向方向与应力方向平行，与裂口增长方向垂直，所以抗撕裂性能高。对白炭黑/硅烷偶联剂体系，聚合物填料间相互作用来源于共价键，抑制了撕裂前端的分子链取向，造成抗撕裂强度降低。对于 EVEC 而言，由于聚合物填料间相互作用更强，这种效应会更加明显（表 9.4）。

9.4.3.5 动态性能

(1) 应变扫描

① 弹性模量　60℃及 10Hz 下的 Payne 效应示于图 9.25[58]。与炭黑填充胶相比，白炭黑并用硅烷偶联剂后，填料和聚合物表面能差异降低，聚合物和填料间相互作用增强，Payne 效应较低。在 EVEC 中，硅烷化效率有所提高，填料的聚集进一步受到抑制。这一结论可以从高倍电子显微镜观察得到证实（图 9.26 和 9.27）。从微观上看，白炭黑聚集体在 EVEC 中的分散十分均匀，而在干法混炼的硫化胶中填料的聚集比较明显。这与硫化胶杨氏模量的结果也是一致的。

② 黏性模量　图 9.28 为几种硫化胶 G''随应变振幅增加的变化情况。对所有胶料而言，G''在低形变时随应变增加而上升，在形变 2%～3%的范围内出现最大值，之后迅速下降。在动态形变过程中损耗模量是由填料聚集体的不断破坏和重生而产生的能量损耗所致[58,59]。在低形变下，由于聚集体的破坏和重生比较少，因而能量损失不多，G''较低。随着形变的增加，聚集体的破坏及重生增加，损耗模量亦上升。当在较高的形变下破坏的聚集体来不及重生时，能量损耗即会减少，导致 G''下降。因此，硫化胶填料聚集越严重，整个应变范围内的 G''也就越高。这也是为什么 60℃的损耗模量炭黑胶料最高，而 EVEC 最低的原因。

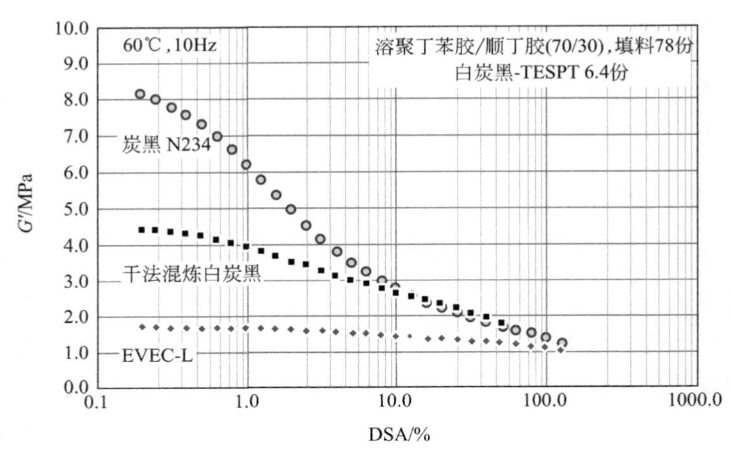

图 9.25　不同胎面硫化胶 G'的应变相关性

③ 损耗因子 $\tan\delta$　损耗因子 $\tan\delta$ 为黏性模量与弹性模量之比。根据 8.1.1

的讨论，轮胎的滚动阻力与60℃条件下 tan δ 有很好的相关性。在这一温度下，橡胶本身处于橡胶态，其熵弹性较高，滞后损失较低，胶料在周期性应变下能量消耗的主要原因是填料聚集体结构的变化，因此填料的聚集程度决定了 tan δ 的高低。图 9.29 为60℃及10Hz动态应变下 tan δ 随动态应变振幅的变化。在给定的应变范围内，炭黑胶料的 tan δ 最高，干法混炼白炭黑次之，EVEC-L 最低。这与图 9.25 的 Payne 效应是一致的。一般认为，轮胎的滚动阻力可用60℃应变扫描中所得 tan δ 的最大值（tan δ_{max}）进行预估[43]。表 9.4 为各硫化胶 tan δ_{max} 的比较。可以看出，干法混炼白炭黑胶的 tan δ_{max} 较炭黑胶降低了48%，而 EVEC-L 在干法混炼胶的基础上又下降了20%。

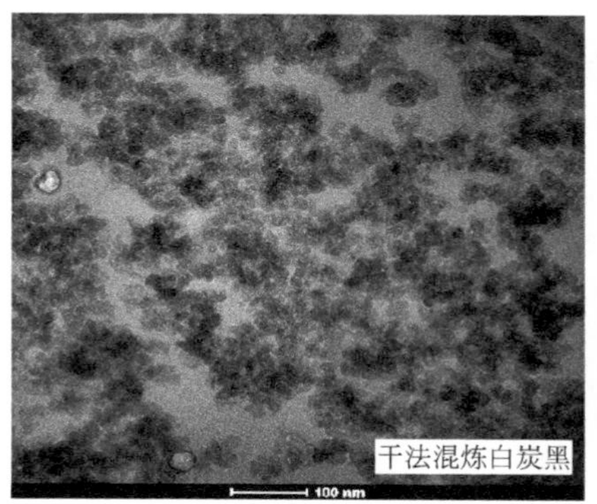

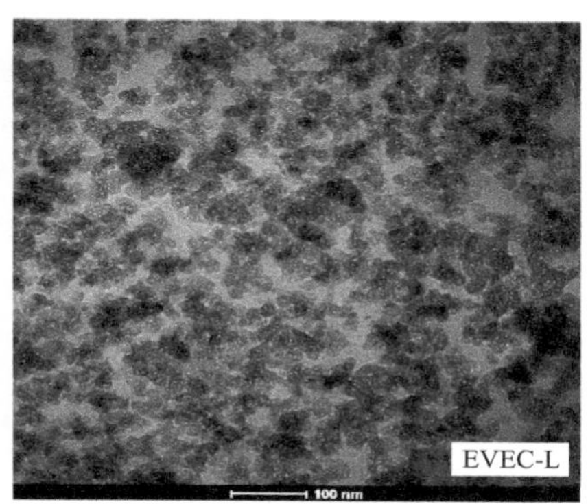

图 9.26 白炭黑干法混炼胶与 EVEC-L 的 TEM 影像（放大50000倍）

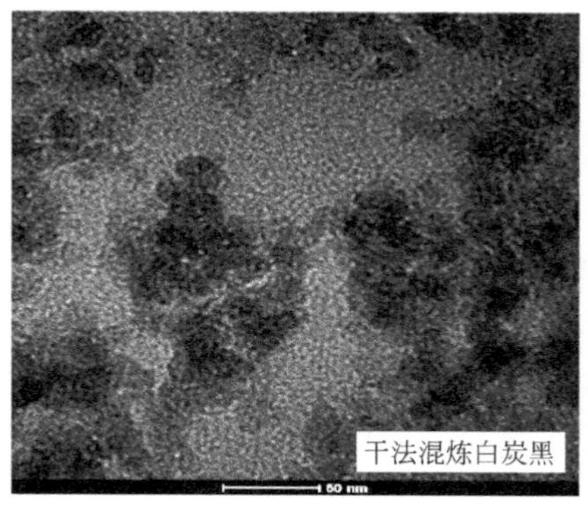

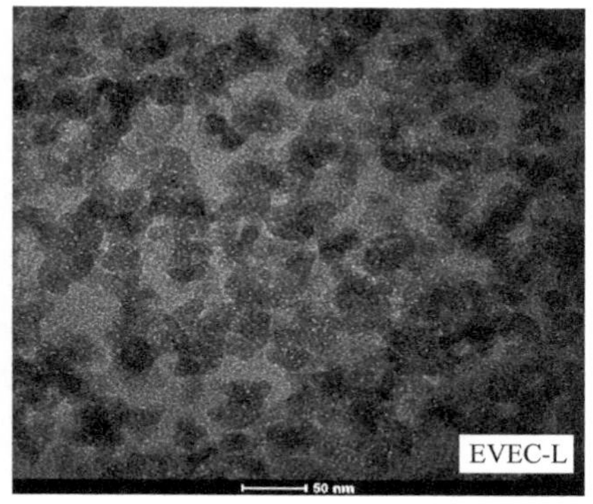

图 9.27 白炭黑干法混炼胶与 EVEC-L 的 TEM 影像（放大100000倍）

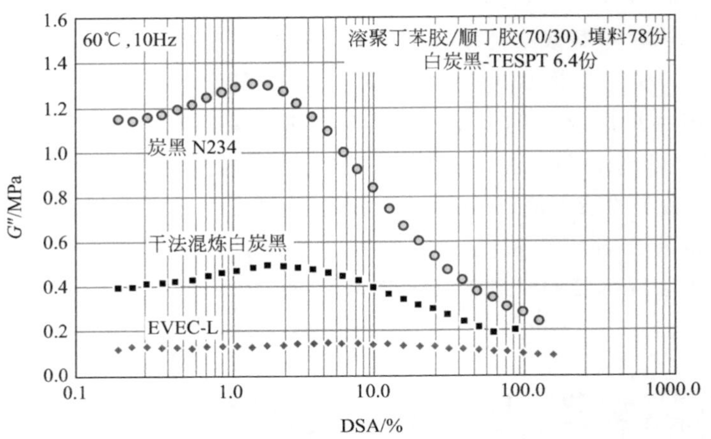

图 9.28 不同胎面硫化胶 G'' 的应变相关性

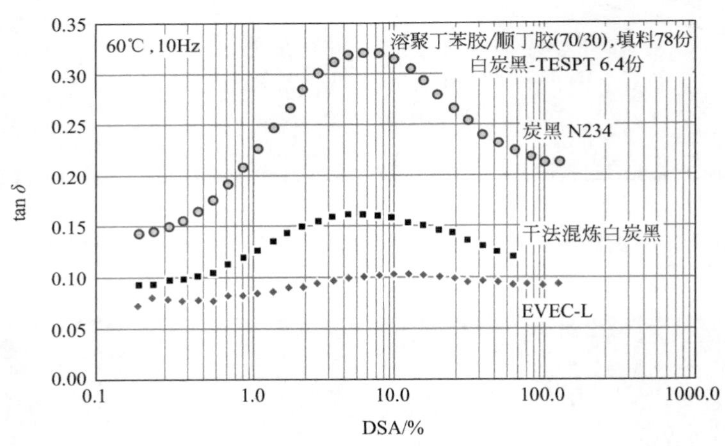

图 9.29 不同胎面硫化胶 $\tan\delta$ 的应变相关性

④ 损耗柔量 J'' 损耗柔量 J''的定义为 $J''=G''/G^{*2}$。在损耗柔量中，强调了材料刚性对能量损耗的作用。即刚性越高，在动态应变过程中应力恒定时的能量损耗越低 [公式 (7.12)]。

在形变频率 10Hz 及温度 60℃下 J''随应变的变化示于图 9.30。可以看到，随着应变的增加，J''均上升。在应变非常低的条件下（<1%），炭黑胶料的 J''最低，而 EVEC-L 最高。但随着应变的增加，炭黑胶料的 J''上升最快，并在

2%～3%的应变振幅处超过 EVEC-L。在高应变区域，炭黑胶的损耗柔量大大高于 EVEC。EVEC 由于刚性更低，所以 J''比干法混炼白炭黑胶要高，但是这种差别也随应变振幅的增加逐渐变小。

(2) 动态性能的温度相关性

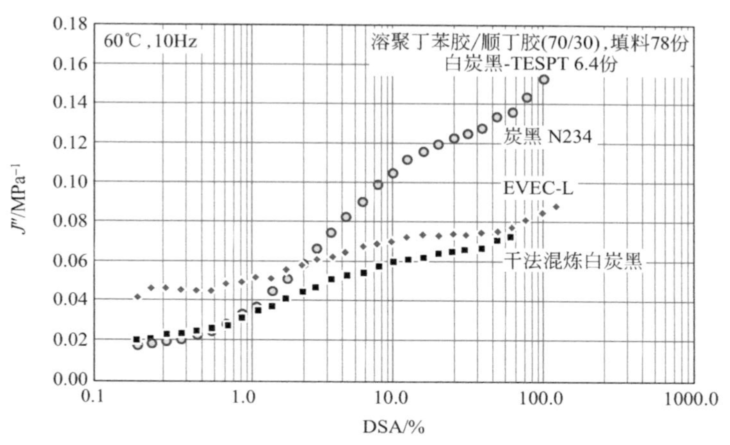

图 9.30 不同胎面硫化胶 J'' 的应变相关性

图 9.31～图 9.34 分别为 G'、G''、$\tan\delta$ 和 J''在频率 10Hz 和应变振幅 1%下随温度的变化。在整个测试的范围内，可以看出，在恒定的应变振幅下，随着温度的增加不同硫化胶之间 G'和 G''的排列顺序基本上没有发生变化，即炭黑胶料的最高，其次是干法混炼白炭黑胶而 EVEC-L 胶的数值最低。

在低温下 EVEC-L 胶的 $\tan\delta$ 最高，其次是干法混炼的白炭黑胶，而炭黑胶的 $\tan\delta$ 最低。随着实验温度的上升，它们的差别逐渐减小。在高温下，EVEC-L 的 $\tan\delta$ 值最低，而炭黑胶的数值最高。对于这一特定的聚合物体系，其交叉点发生在 8℃左右（图 9.33）。如在 7.2.5 节中讨论过的情况一样[43]，这一现象的产生也是由于填料聚集造成的。单从胶料动态性能而言，一般认为轮胎的抗湿滑性能与其胎面胶低温（诸如 0℃）下的 $\tan\delta$ 有关。$\tan\delta$ 越高，抗湿滑性能越好。在这一方面，白炭黑胶料，尤其是 EVEC 具有一定的优势，但是影响抗湿滑的因素比较复杂，并非单一因素能够决定的（见 8.2）。由图 9.34 可以看到，J''随温度的变化也是由低温到高温逐渐上升，而在－3～－10℃达到转折点。之后炭黑胶仍缓慢上升，而 EVEC 略有下降趋势，干法混炼白炭黑胶则有点轻微上升。在整个测试温度范围内，EVEC 的损耗柔量最高，当温度高于 30℃，炭黑胶的损耗柔量比干法白炭黑胶要高。

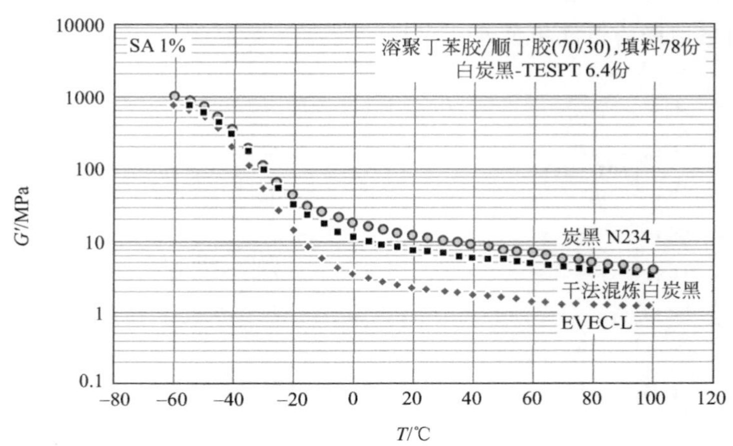

图 9.31　不同胎面硫化胶动态性能-G′的温度相关性

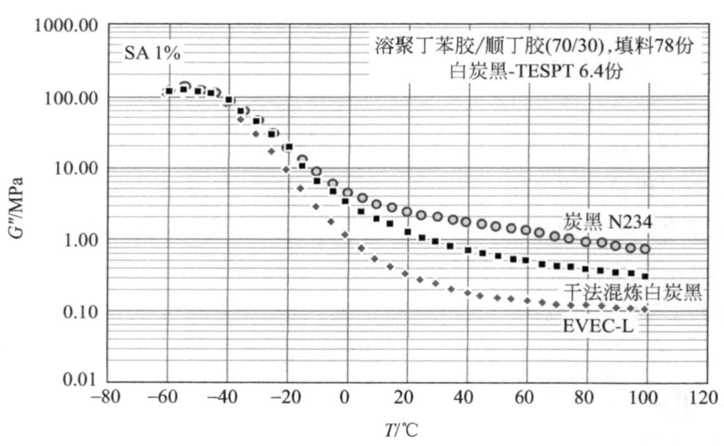

图 9.32　不同胎面硫化胶动态性能-G″的温度相关性

不同胶料 J''存在差别的原因仍然主要是填料在橡胶中的聚集。根据 J''的定义和前面所讲的填料聚集对胶料弹性及黏性模量的影响，在橡胶过渡区的中低温部分，炭黑胶的 $\tan\delta$ 最低，而 G'和 G''最高，当然 G^* 也是最高的，所以 J''最低。相反，对 EVEC-L 而言由于其填料聚集最少，$\tan\delta$ 最高，但 G'和 G''最低，

所以导致 J''最高。在高温橡胶态区，由于炭黑胶的滞后损失高得多，而聚集体随着温度的上升破坏的比较快，所以G''和G'因之G^*的下降速率也比较高，因而J''一直上升。仍然由于 EVEC-L 的填料聚集较少，所以高温下的G'和G''因之G^*下降的较慢，所以J''略有降低。使 EVEC-L 的J''略有下降的另一原因可能是由于填料聚集少，在高温下动态应变下，大部分橡胶未包容在聚集体内，根据橡胶的熵弹性理论，随着温度的上升这部分胶的模量将升高，从而也对 EVEC-L 随温度升高而J''下降的现象作出某些贡献。

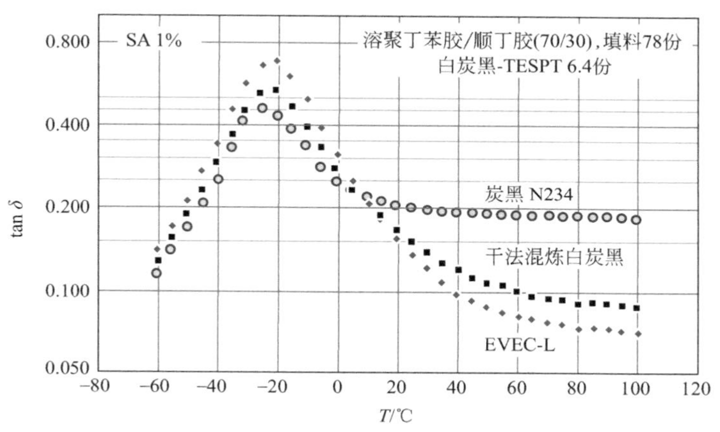

图 9.33　不同胎面硫化胶动态性能-tan δ 的温度相关性

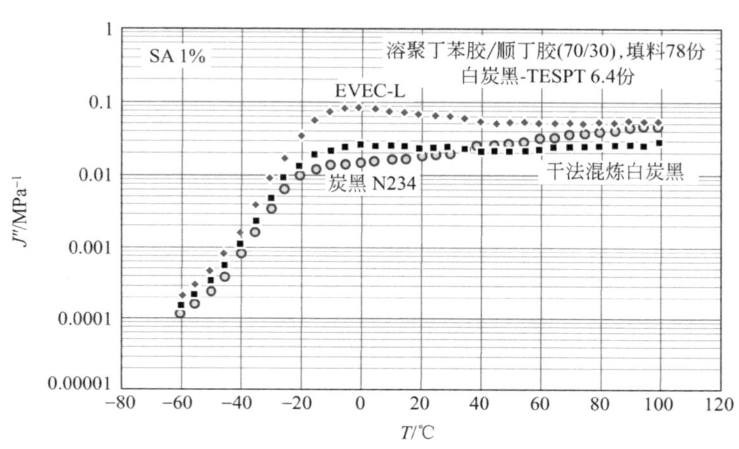

图9.34　不同胎面硫化胶动态性能-J″ 的温度相关性

EVEC 的 J''在中低温下比较高的特点可能有利于轮胎的抗湿滑性能及操纵性能。众所周知，抗滑性能与轮胎与路面的摩擦力有关，而橡胶与干固体表面的摩擦力 F 或摩擦系数 μ 主要分为两组分：滞后损失组分和黏附组分。根据 Moore 的理论[60]，摩擦系数的滞后组分 μ_h 为：

$$\mu_h \cong K(P^n/E'^{n-1})J'' \tag{9.1}$$

式中，$n \geqslant 1$；K 为常数；P 是在每个固体表面突起上的平均压力；E'为弹性模量。公式（8.5）中橡胶的复合模量近似地用弹性模量代替[61]。

摩擦系数的黏附组分 μ_a 可用公式（8.4）表示：

$$\mu_a \cong K'\sigma_{ms}J'' \tag{9.2}$$

式中，K'为常数；σ_{ms} 为在橡胶剪切时单位表面上可能保持的最大应力，在公式（8.4）中的橡胶硬度可近似的用公式（9.2）中的复合模量代替。上述摩擦系数两个组分的公式（8.4）和（8.5）是在固体干表面上推导出来的。可以看到，损耗柔量的增加也可以使摩擦系数的滞后组分和黏附组分都增加。应该说明，由于橡胶在干固体表面上的摩擦所涉及的形变频率很高，频率范围大约在 10^5～10^8 Hz。根据橡胶所特有的 WLF 温度-时间等效原理，在实验室中可以用低温（诸如 0～20℃）下的 J''来预估轮胎在干路面上的抗滑性能和操纵性能。亦即在低温下的 J''值越高，抗干滑性能及操纵性能越好。也就是说，在这些硫化胶中 EVEC 的抗干滑性能和操控性能应该是比较好的。

虽说抗湿滑性能与低温下的 $\tan\delta$ 有关，但实际上影响抗湿滑性能的因素是比较复杂的。早期的工作表明，除了在低温下的动态滞后损失及模量之外，水的液动润滑尤其是微观弹性液动润滑也有很重要作用[38,39]。

在第 8.2.3 节中已经讨论过，当车辆在湿路面上刹车时，轮胎胎面的接地区可分为三个部分：前部为排水区，后部为牵引区，而中间是过渡区。在前面的排水区内，其润滑机理为弹性-液动润滑，摩擦系数很低。在后方的牵引区内，水膜已排出，其润滑机理为界面润滑，摩擦系数很高，是整个轮胎乃至整个车辆的抗湿滑来源。而中间的过渡区的摩擦系数介于排水区和牵引区之间。因此降低排水区和过渡区而增加牵引区的长度和提高在该区的摩擦系数，是改善轮胎抗湿滑性能的主要手段。如果牵引区和过渡区长度固定的话，提高牵引区内的摩擦系数则成为提高抗湿滑性的关键。现已知道，当排水之后，牵引区的润滑变为界面润滑，其摩擦系数与在干路面上的摩擦系数相同甚至更高［公式（8.9)］，根据公式（9.1）和（9.2），硫化胶的 J''成为影响抗湿滑性能的主要参数之一。与干滑性能相比，抗湿滑所涉及的环境温度要低，实测的抗湿滑性应该与低温（诸为 0～20℃）下的 J''有一定的相关性。根据 J''的温度相关性（图 9.34），在低温区域，EVEC 的 J''最高，干法混炼白炭黑胶次之，传统的炭黑胶最低。因此我们可以期待 EVEC 在轮胎抗湿滑性能方面有较好的表现。

(3) 回弹和压缩生热 如表 9.4 所示，在室温和 60℃，炭黑胶料的回弹性是最低的，其次是干法混炼的白炭黑/硅烷偶联剂胶料，EVEC-L 的回弹最高。

压缩生热是用定负荷压缩疲劳试验机测定的。所用负荷为 1MPa，冲程 4.45mm，压缩频率为 30Hz。所得数值为试样底部的温度（表 9.4）。显然，炭黑胶料在实验过程中温度上升最高，EVEC 生热最低，干法白炭黑胶料介于两者之间。

9.4.3.6 耐磨性能

表 9.4 也列出了用 Akron 磨耗试验机得到的耐磨指数，与炭黑胶料相比传统加硅烷偶联剂的白炭黑胶的耐磨性能明显较低。而 EVEC-L 的耐磨性却高于炭黑胶。并且当 EVEC 中的填料用量增加时，耐磨性能进一步改善。

对于橡胶相同的胎面胶而言，影响耐磨性能的主要配合剂是填料。而就填料来讲，填料的用量及其在橡胶中的分散、填料的形态（比表面积及结构）和聚合物和填料间相互作用是最重要的因素[40]。由于炭黑与白炭黑两者之间表面特性的差别，传统炭黑胶料的耐磨性能大大优于白炭黑胶料。加入硅烷偶联剂后干法混炼白炭黑胶料的耐磨性能虽然大大提高，但仍不及炭黑胶。EVEC 硫化胶在填料用量相同的情况下，耐磨性能不但优于干法混炼白炭黑，而且较炭黑胶明显提高。其原因除前面所讲的填料分散优异之外，也与它们的聚合物-填料相互作用进一步改善有关。白炭黑填料的聚合物-填料相互作用主要来自它们之间通过偶联剂形成的化学键。由于 EVEC 中的硅烷偶联剂的效率较高，所以聚合物-填料间的相互作用无疑会得以加强。这可从 SEM 电镜照片（图 9.24）和 T300/T100 得到证实。如前所述，与传统的白炭黑胶料相比，EVEC-L 的 T300/T100 增加了 38%。但需要指出，由于磨耗的条件和苛刻度不同，实验室测试的数据与轮胎实际里程试验的结果相差较大，甚至有时出现相反的结果。但是多次路试结果表明，表 9.3 中胶料路试耐磨性能排序与表 9.4 中阿克隆耐磨指数是一致的，但是不同胶料间的差别更大。

9.5 粉末橡胶

为简化混炼胶的生产和降低混炼成本，20 世纪 70 年代首次实现了自流动粉末状母胶的制备[62]。与 CEC 工艺类似，该项技术使传统类型填料表现出一些更好的应用性能，并于 20 世纪 90 年代得到了进一步发展。粉末橡胶技术不仅可应用于多段混炼，同样可较好地适用于连续混炼工艺。

9.5.1 粉末橡胶的生产

粉末橡胶的主要生产过程如图 9.35 所示[63]。首先制备稳定橡胶乳（NR 胶乳、乳聚橡胶胶乳或乳化的溶聚橡胶胶乳）。然后加入已经事先根据填料粒子尺寸精确调节好的填料浆液，一起加入的还有各种小料。随后，在搅拌容器中通过强烈搅拌将上述橡胶乳液和填料浆液混合。并向混合液中加入调整混合液 pH 值的助剂，使填料粒子被聚合胶乳均匀地包围，进而产生共沉淀。为防止沉淀颗粒发生粘连聚合，可加入少量填料在橡胶粉末周围形成有效分离层。如有必要，产品水溶液可于均化罐中进行数小时的熟化。进一步离心去除大部分的水，并干燥使产品的水分含量小于 1%。最后得到可自由流动状的粉末产品。

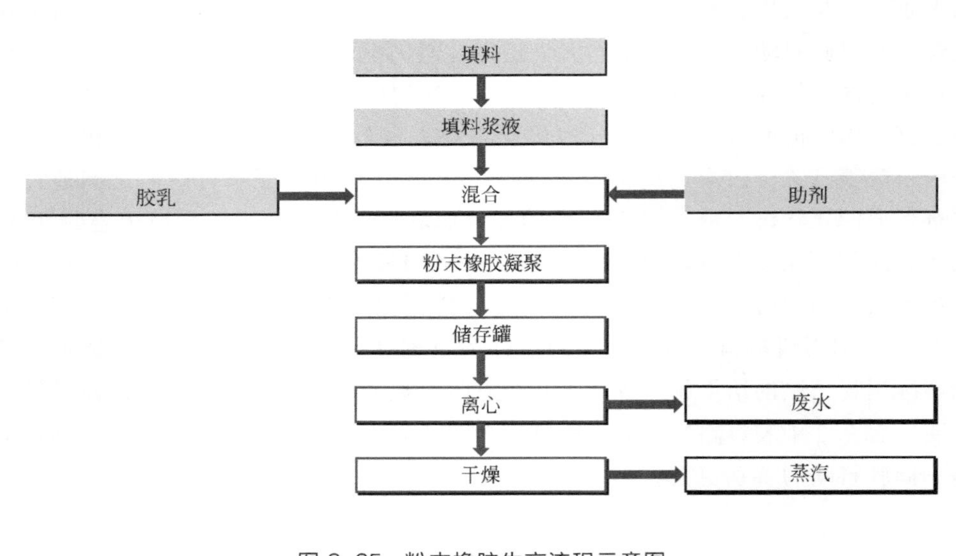

图 9.35 粉末橡胶生产流程示意图

9.5.2 粉末橡胶的混炼

通过用常规的多段（密炼或开炼）和连续混炼工艺使粉末橡胶与其他助剂进

行混炼。采用密炼机混炼时，建议用改进的倒置工艺加入其他助剂。由于混炼较短的时间即可得到高质量的分散，因此建议减少混炼步骤，缩短混炼时间。

由于橡胶母炼胶的可自由流动特性，粉末橡胶尤其适用于已在热塑性材料制造中长期应用的连续混炼工艺。在使用粉末橡胶时，所有配合剂都可加入连续挤出混炼机中，可在较短的时间内获得与开炼机或密炼机效果相当的剪切作用。

9.5.3 粉末橡胶的性质

(1) 炭黑填充粉末橡胶 与传统混炼胶相比，炭黑填充粉末橡胶具有如下特点：乳液聚合 SBR/炭黑粉末橡胶的填料分散更好，结合胶更高；不同剪切速率的口型膨胀更小。对于硫化胶而言，粉末橡胶具有相当或更好的回弹、硬度和滞后等物理性能。此外，较好的填料分散使其 DIN 磨耗性能也得到较大改善[63,64]。

在天然胶混炼配方中，填料份数比标准配方少 3 份时，即可得到相当的混炼胶黏度。同时，粉末橡胶硫化胶与标准配方具有相近的应力-应变特性，且回弹更高、滞后更低。

(2) 白炭黑填充 ESBR 粉末橡胶 当乘用车胎采用全白炭黑填充胎面胶时，其缺点之一就是橡胶加工性能太差，特别是混炼。如前所述，此类胶料的另一特点是使用溶液聚合橡胶，如溶聚丁苯胶（SSBR）和 BR[65]。对于乳聚丁苯胶（ESBR）而言，由于其生产过程有表面活性剂和极性物质残留在橡胶中，该类小分子物质极有可能影响硅烷偶联剂与橡胶链的偶联反应，降低聚合物-填料相互作用，从而造成胎面胶耐磨性能变差[66,67]，因此乳聚 SBR 在全白炭黑填充胎面胶中应用不多。当采用粉末橡胶工艺时，白炭黑可在接触乳聚橡胶前先完成硅烷化反应，从而克服以上问题[68]。事实上，白炭黑和硅烷偶联剂在填料浆液制备过程中已进行了混合。由于两类物质极性不同，二者并不能形成均相体系。因此，在填料浆液中需要加入相转换剂。当加入橡胶乳液后，白炭黑/硅烷偶联剂/橡胶体系在酸的作用下进行凝聚。该凝聚过程仅发生在水相中，即单相体系。在凝聚过程中，已经吸附硅烷偶联剂的白炭黑被橡胶包裹。凝聚结束后，多余的水可通过机械方法进行分离，并对产品进行干燥。在此干燥过程中，有机硅烷与白炭黑表面进行化学反应，并释放出乙醇。白炭黑/硅烷偶联剂/ESBR 粉末橡胶可与其他助剂在传统密炼机和连续混炼机中混合，且均可简化混炼工艺。与传统混炼胶相比，白炭黑填充粉末橡胶具有更好的填料分散，较高的门尼黏度和较小的口型膨胀。其硫化胶具有拉伸强度和300%定伸应力较高，滞后损失较低，用DIN磨耗试验机测得的耐磨性能也比较好。

9.6 其他填料

9.6.1 淀粉

20世纪90年代末，固特异公司推出了一种新型轮胎，其胎面配方中含有一定量的淀粉基填料-BioTred[69]。此类淀粉填料以淀粉/增塑剂复合材料形式使用，为改善聚合物-填料间相互作用需用高剂量硅烷偶联剂。

淀粉，$(C_6H_{10}O_5)_n$，是由两种聚合物混合而成的天然产物：一种为直链淀粉，由200～1000个葡萄糖分子经α-1,4-糖苷键首尾连接而成的长直链化合物；一种为支链淀粉，由约20个葡萄糖单元经α-1，6-糖苷键支化连接而成的相对较短的分子链（如图9.36）。大多数淀粉材料含有25%直链分子和75%支链分子[70]。

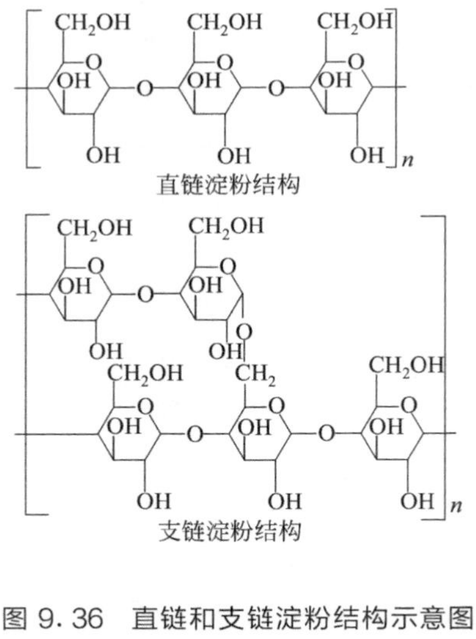

图9.36 直链和支链淀粉结构示意图

淀粉在自然界中以颗粒状存在，具有准晶体结构。因生产原材料的不同，淀粉颗粒直径一般在 1～150μm 之间。玉米淀粉为主要的商用淀粉材料，可应用于新型轮胎中，其颗粒尺寸约为 5～26μm，平均直径为 15μm。

由于淀粉软化温度较高（≥200℃）且颗粒尺寸较大，而传统的混炼温度在150～170℃之间，此温度下淀粉未发生熔融，不能与聚合物均匀混合，因此不能使用常规设备直接进行混炼[71]。随后，研究者们提出了一种新的混炼方法：即将淀粉、聚合物增塑剂和一些助剂进行预混，形成淀粉复合材料。用这种复合材料可在一般密炼机中与橡胶和其他助剂直接进行混炼[72]。常用的聚合物增塑剂有聚（乙烯-乙烯醇）、乙烯-缩水甘油酯、醋酸乙烯酯及与淀粉相容性好的纤维素。淀粉和增塑剂之间可发生较强的化学或物理相互作用，从而降低淀粉复合材料的软化温度，使其在混炼过程中与聚合物及其他配合剂进行充分的混合[71,73]。

需要强调的是，淀粉并不能作为轮胎胎面胶的主要填料。据报道，与炭黑类胎面胶相比，少量的淀粉-硅烷偶联剂复合材料并没有为胶料带来显著的性能优势。众所周知，在橡胶混炼中，无论是淀粉还是其它填料，硅烷偶联剂的使用均可有效改善填料的分散，减少填料的聚集。与纯炭黑硫化胶相比，当大量使用硅烷偶联剂时，硫化胶在高温下的 tan δ 可下降约 21%。

文献报道在胎面胶配方中，当采用淀粉/增塑剂复合材料部分代替炭黑或白炭黑时（如 30%），轮胎的滚动阻力明显降低。这可能是由于淀粉/增塑剂复合材料降低了复合胶料的滞后损失，减轻了轮胎重量所致。同时与传统纯炭黑轮胎相比，含淀粉/增塑剂复合材料的轮胎还具很好的抗湿滑性能和相当的耐磨性能[73]。

9.6.2 有机黏土

近年来，层状硅酸盐，特别是蒙脱石型，得到了人们的广泛关注[74-78]，它可与有机铵盐发生了阳离子交换，其中包括铵盐封端型液体橡胶[79,80]。该类材料有时被称为纳米黏土。经阳离子交换后的黏土具有亲油性，可改善其在有机聚合物中的分散，并有利于硅酸盐层的剥离，从而形成潜在的具有高纵横比的填料。因此与炭黑和白炭黑相比，填料聚集在低填充量时即可发生。在橡胶补强应用方面，与传统填料填充量相当时即可提高拉伸性能。此类填料的另一个优点是气体通过率较低，可应用于气密层。缺点是有机黏土经常使滞后损失升高，因而损耗因子和压缩永久变形加大。人们试图通过添加硅烷偶联剂或与其他填料并用，以保留有机黏土的优点，克服其缺点。

参考文献

[1] Wang M-J, Morris M. Rubber Technologist' s Handbook, Volume 2. UK: Smithers Rapra, 2009.

[2] Wolff S, Görl U. Carbon Blacks Modified with Organosilicon Compounds, Method of Their Production and Their Use in Rubber Mixtures. US Patent, 5159009, 1992.

[3] Keoshkerian B, Georges M K, Drappel S V. Ink Jettable Toner Compositions and Processes for Making and Using. US Patent, 5545504, 1996.

[4] Catia B, Vittorio B, Gianfranco D T. Polymer Composition Including Destructured Starch and an Ethylene Copolymer. US Patent, 5409973, 1995.

[5] Joyce G A, Little E L. Thermoplastic Composition Comprising Chemically Modified Carbon Black and Their Applications. US Patent, 5708055, 1998.

[6] Belmont J A. Process for Preparing Carbon Materials with Diazonium Salts and Resultant Carbon Products. US Patent, 5554739, 1996.

[7] Belmont J A, Amici R M, Galloway C P. Reaction of Carbon Black with Diazonium Salts, Resultant Carbon Black Products and Their Uses. US Patent, 5851280, 1998.

[8] Wang M-J. New Developments in Carbon Black Dispersion. *Kautsch. Gummi Kunstst*, 2005, 58 (12): 626.

[9] Tokita N, Wang M-J, Chung B, et al. Future Carbon Blacks and New Concept of Advanced Filler Dispersion. *J. Soc. Rubber Ind.*, 1998, 71 (9): 522.

[10] Payne A R. The Dynamic Properties of Carbon Black-loaded Natural Rubber Vulcanizates. Part I. *J. Polym. Sci.*, 1962, 6 (19): 57.

[11] Payne A R, Whittaker R E. Low Strain Dynamic Properties of Filled Rubbers. *Rubber Chem. Technol.*, 1971, 44 (2): 440.

[12] Mahmud K, Wang M-J, Francis R A. Elastomeric Compounds Incorporating Silicon-Treated Carbon Blacks. US Patent, 5830930, 1998.

[13] Mahmud K, Wang M-J, Francis R A. Elastomeric Compounds Incorporating Silicon-treated Carbon Blacks and Coupling Agents. US Patent, 5877238, 1999.

[14] Mahmud K, Wang M-J. Method of Making a Multi-phase Aggregate Using a Multi-stage Process. US Patent, 6211279, 2000.

[15] Mahmud K, Wang M-J. Method to Improve Traction Using Silicon-treated Carbon Blacks. US Patent, 5869550, 1999.

[16] Mahmud K, Wang M-J. Method of Making a Multi-phase Aggregate Using a Multi-stage Process. US Patent, 6364944, 2002.

[17] Mahmud K, Wang M-J, Francis R A. Method of Making a Multi-phase Aggregate Using a Multi-stage Process. US Patent, 5904762, 1999.

[18] Wang M-J, Kutsovsky Y, Zhang P, et al. New Generation Carbon-silica Dual Phase Filler Part I. Characterization and Application to Passenger Tire. *Rubber Chem. Technol.*, 2002, 75 (2): 247.

[19] Murphy L J, Wang M-J, Mahmud K. Carbon-Silica Dual Phase Filler: Part V. Nano-Morphology. *Rubber. Chem. Technol.*, 2000, 73 (1): 25.

[20] Wang M-J, Kutsovsky Y, Zhang P, et al. Using Carbon-silica Dual Phase Filler-Improve Global Compromise Between Rolling Resistance, Wear Resistance and Wet Skid Resistance for

Tires. *Kautsch. Gummi Kunstst.*, 2002, 55 (1-2): 33.

[21] Wang M-J, Tu H, Kutsovsky Y, et al. Carbon-Silica Dual Phase Filler, A New Generation Reinforcing Agent for Rubber: Part VIII. Surface Characterization by IGC. *Rubber. Chem. Technol.*, 2000, 73 (4): 666.

[22] Wang M-J, Mahmud K, Murphy L J, et al. Carbon-silica dual phase filler, a new generation reinforcing agent for rubber-Part I. Characterization. *Kautsch. Gummi Kunstst.*, 1998, 51 (5): 348.

[23] Wang M-J. Effect of polymer-filler and filler-filler interactions on dynamic properties of filled vulcanizates. *Rubber Chem. Technol.*, 1998, 71 (3): 520.

[24] Knill R B, Shepherd D J, Urbon J P, et al. *Proceedings of the International Rubber Conference*, 1975.

[25] Mahmud K, Wang M-J. Reznek S R, et al. Elastomeric Compounds Incorporating Partially Coated Carbon Blacks. US Patent, 5916934, 1999.

[26] Wang M-J, Zhang P, Mahmud K. Carbon-silica Dual Phase Filler, a New Generation Reinforcing Agent for Rubber: Part IX. Application to Truck Tire Tread Compound. *Rubber. Chem. Technol.*, 2001, 74 (1): 124.

[27] Wang M-J, Wang T, Wong Y L, et al. NR/Carbon Black Masterbatch Produced with Continuous Liquid Phase Mixing. *Kautsch. Gummi Kunstst.*, 2002, 55 (7-8): 388.

[28] Gregiry M J, Tan A S. Proc. Int. Rubber Conf. 1975, 4: 28.

[29] Leblanc J L. *IRC'* 98, 1998.

[30] Westlinning H, Kautschuk V F. *D. K. G*, 1962.

[31] Smit P P A. Le Renforcement des Élastomères et les Surfaces Solides Ayant Une Action Reforçante. *Colloques Internationaux du la CNRS*, 1975: 231.

[32] Chin P S. Viscosity Stabilized Heveaerumb., *J. Rubber Res. Inst.* 1969, 22 (1): 56.

[33] Nortey N O. Enhanced Mixing in the Intermeshing Batch Mixer. *Meeting of Rubber Division*, 1998: 70.

[34] Wang T, Wang M-J, Shell J, et al. The Effect of Compound Processing on Filler Flocculation [J]. *Kautsch. Gummi Kunstst.*, 2000, 53: 497.

[35] Caruthers J M, Cohen R E. Effect of Carbon Black on Hysteresis of Rubber Vulcanizates: Equivalence of Surface Area and Loading. *Rubber Chem. Technol.*, 1976, 49: 1076.

[36] Roland R. Rubber Compound and Tires Based on such a Compound. Europe Patent, 0501227A1, 1992.

[37] Roland R. Copolymer Rubber Composition with Silica Filler, Tires Having a Base of Said Composition and Method of Preparing Same. US Patent, 5227425, 1993.

[38] Wang M-J, Kutsovsky Y. Effect of Fillers on Wet Skid Resistance of Tires. Part Ⅰ: Water Lubrication VS. Filler-Elastomer Interactions. *Rubber Chem. Technol.*, 2008, 81: 552.

[39] Wang M-J, Kutsovsky Y. Effect of Fillers on Wet Skid Resistance of Tires. Part Ⅱ: Experimental Observations on Effect of Filler-Elastomer Interactions on Water Lubrication. *Rubber Chem. Technol.*, 2008, 81: 576.

[40] Wang M-J. Effect of Filler-Elastomer Interaction on tire Tread Performance Part Ⅲ. *Kautsch. Gummi Kunstst.*, 2008, 61: 159.

[41] Wang M-J, Wolff S. Filler-Elastomer interactions. Part Ⅲ. Carbon-Black-Surface Energies and Interactions with Elastomer Analogs. *Rubber Chem. Technol.*, 1991, 64: 714.

[42] Wolff S, Wang M-J. Filler-Elastomer Interactions. Part Ⅳ. The Effect of the Surface Energies of Fillers on Elastomer Reinforcement. *Rubber Chem. Technol.*, 1992, 65: 329.

[43] Wollf S. *The International Conference of the Deutsche Kautschuk-Gesellschaft*, 1974.

[44] Wang M-J, Song J J, Dai D Y. Continuous Manufacturing Method for Rubber Masterbatch, Rubber Masterbatch Prepared by Using Continuous Manufacturing Method and Rubber Product. China Patent, 201310027024.1, 2013.

[45] Wang M-J, Song J J, Dai D Y. Continuous Manufacturing Process for Rubber Mastrbatch and Rubber Masterbatch Prepared Therefrom. China Patent, 201310338268.1, 2013.

[46] Wang M-J, Song J J, Dai D Y. Continuous Manufacturing Process for Rubber Mastrbatch and Rubber Masterbatch Prepared Therefrom. China Patent, 201310337560.1, 2013.

[47] Wang M-J, Song J J, Dai D Y. Continuous Manufacturing Process for Rubber Mastrbatch and Rubber Masterbatch Prepared Therefrom. China Patent, 201310337779.1, 2013.

[48] Wang M-J, Song J J, Dai D Y. Continuous Manufacturing Process for Rubber Mastrbatch and Rubber Masterbatch Prepared Therefrom. China Patent, 201310337559.9, 2013.

[49] Wang M-J, Song J J, Dai D Y. Continuous Manufacturing Process for Rubber Mastrbatch and Rubber Masterbatch Prepared Therefrom. China Patent, 201310337578.1, 2013.

[50] Wang M-J. *Tire Technology EXPO*, 2016.

[51] Wang M-J, Song J, Wang Z, et al. *The Fall 2019 196th Technical Meeting of the Rubber Division. ACS*, 2019.

[52] Wolff S, Wang M-J, Tan E-H. Surface Energy of Fillers and Its Effect on Rubber Reinforcement. Part 2, *Kautsch. Gummi Kunstst.*, 1994, 47 (12): 873.

[53] Hofman W. Vulcanization and Vulcanizing Agents. London: Maclaren & Sons, 1967.

[54] Wang M-J. Filled Rubber vs. Gum. *12th Fall Rubber Colloquium*, *Hannover*, 2016: 22.

[55] Dannenberg E M. Molecular Slippage Mechanism of Reinforcement., *Trans. Inst. Rubber Ind.*, 1966, 42: 26.

[56] Dannenberg E M. The Effects of Surface Chemical Interactions on the Properties of Filler-Reinforced Rubbers. *Rubber Chem. Technol.*, 1975, 48 (3): 410.

[57] Bryant K C, Bisset D C. *Rubber Technol. Conf.*, *3rd Conf*, 1954: 655.

[58] Wang M-J. The Role of Filler Networking in Dynamic Properties of Filled Rubber. *Rubber Chem. Technol.*, 1999, 72 (2): 430.

[59] G. Kraus, Mechanical Losses in Carbon Black Filled Rubbers., *Appl. Polym*, *Appl. Polym. Symp.*, 39, 75 (1984).

[60] Moore D F. The Friction and Lubrication of Elastomers. Oxford: Pergamon Press, 1972.

[61] Bulgin D, Hubbard D G, Walters M H. *Proc. Rubber Technol. Conf. 4th*, 1962: 173.

[62] Nordseik K H Berg G. *Kautsch. Gummi Kunstst.*, 1975, 28: 397.

[63] Görl U, Nordseik, K H, Berg G. Rubber/Filler Batches in Powder Form- Contribution to the Simplified Production of Rubber Compounds., *Kautsch. Gummi Kunstst.*, 1998, 51: 250.

[64] Görl U, Schmitt M. *Rubber World*, Powder Rubber-a New Raw Material Generation for Simplifying Production., 2001, 224: 1.

[65] Roland R. Rubber Compound and Tires Based on such a Compound. Europe Patent, 0501227, 1992.

[66] Wang M.-J. In Powders and Fibers: Interfacial Science and Applications, ed. M. Nardin and E. Papirer, Marcel Dekker Inc., 2006.

[67] Wang M-J, Zhang P, Mahmud K. Carbon-Silica Dual Phase Filler, a new Generation Reinforcing A-

gent for Rubber- Part IX. Application to Truck Tire Tread Compound. *Rubber Chem. Technol.*, 2001, 74 (1): 124.
[68] Görl U. *Meeting of the Rubber Division*, ACS, 2002: 11.
[69] Trade Publication, Eur. Rubber J., 183, 34 (2001).
[70] R. L. Whistler and J. R. Daniel in Encyclopedia of Chemical Technology, 4th Ed. Vol. 22, p. 699, John Wiley and Sons, New York, 1997.
[71] Corvasce F G, Linster T D, Thielen G. Europe Patent: 795581B1, 2001.
[72] C. Bastioli, V. Bellotti, and G. Del Tredici, inventors; Butterfly S. R. L., assignee; WO91/02025, 1991.
[73] Sandstrom P H. Rubber Containing Starch Reinforcement and Tire Having Component Thereof. Europe Patent, 1074582A1, 2001.
[74] Zhang L, Wang Y, Wang Y, et al. Morphology and Mechanical Properties of Clay/styrene-Butadiene Rubber Nanocomposites. *J. Appl. Polym. Sci.*, 2000, 78 (11): 1873-1878.
[75] Du M, Guo B, Lei Y, et al. Carboxylated Butadiene-Styrene Rubber/halloysite Nanotube Nanocomposites: Interfacial Interaction and Performance. *Polymer*, 2008, 49 (22): 4871.
[76] Lvov Y, Wang W, Zhang L, et al. Halloysite Clay Nanotubes for Loading and Sustained Release of Functional Compounds. *Adv. Mater.*, 2016, 28 (6): 1227.
[77] Du M, Guo B, Jia D. Newly Emerging Applications of Halloysite Nanotubes: a Review. Polym. Int., 2010, 59 (5): 574.
[78] Guo B, Chen F, Lei Y, et al. Styrene-butadiene Rubber/halloysite Nanotubes Nanocomposites Modified by Sorbic Acid. *Appl. Surf. Sci.*, 2009, 255 (16): 7329.
[79] Ganter M, Gronski W, Semke H, et al. Surface-compatibilized Layered Silicates-A Novel Class of Nanofillers for Rubbers with Improved Mechanical Properties. *Kautsch. Gummi Kunstst.*, 2001, 54 (4): 166.
[80] Gronski W, Schon F. *Proceedings of the International Rubber Conference*, 2003: 297.

（王从厚、姚冰译）

第 10 章

硅橡胶的补强

硅橡胶是一类以聚二甲基硅氧烷（PDMS）为骨架的弹性体，与其他弹性体的明显区别是主链无碳原子。硅橡胶有优异的耐高低温性能和化学稳定性。它的玻璃化转变温度很低，主链有很高的化学惰性，可以在−100～300℃温度范围内使用。由于主链缺少双键，且硅氧键键能较高，所以硅橡胶有很好的抗氧、抗臭氧和耐许多化学物质的性能。硅橡胶种类繁多，改变分子量、分子量分布、末端官能团，甚至用苯基或乙烯基替代部分甲基都可以得到不同的硅橡胶。苯基会进一步改善硅橡胶耐低温性能，而低浓度的乙烯基则有利于促进过氧化物的交联反应。除过氧化物硫化外，铂催化的加成反应也是硅橡胶的主要交联类型。尽管硅橡胶具有优异的化学稳定性和耐温性，但纯胶的力学性能很差，尤其是拉伸强度、撕裂强度和耐磨性很低。因此，在实用的橡胶制品中，填料补强必不可少。

虽然硅橡胶的补强原理与其他弹性体类似，但仍存在一些显著差异，需做单独讨论。硅橡胶以白炭黑为主填料，如果使用炭黑，也仅作为次要填料，以改善外观、紫外线吸收、导电性或某些特定性能，这在常用弹性体中是非常特殊的。从 20 世纪 40 年代硅橡胶实现商业化以来，人们就认识到白炭黑是硅橡胶的理想补强剂。原因很有可能是白炭黑表面的硅羟基与硅橡胶的硅氧烷主链有天然的亲和力。

以白炭黑而非炭黑作为主填料，很容易生产非黑色的硅橡胶制品。而且无定形白炭黑和硅橡胶的折射率相近，如果使用分散性好的细粒子白炭黑做补强剂，就有可能制备出完全透明的橡胶制品。这已成为硅橡胶的一个重要特性，特别是在医学领域。

10.1 气相法与沉淀法白炭黑基本概况

用于橡胶补强的白炭黑有两种：气相法白炭黑和沉淀法白炭黑。如第 1 章所述，这两种白炭黑虽制造工艺不同，但两者的初级粒子尺寸都很小，而且有聚结粒子结构，均可适用于橡胶补强。尽管气相法白炭黑的生产成本明显高于沉淀法白炭黑，但是气相法白炭黑一直是硅橡胶的主要填料。当然，在需要平衡成本和性能时，也大量使用沉淀法白炭黑。

气相法白炭黑更加适用于硅橡胶补强，这与其制造工艺相关。

（1）由于气相法白炭黑生产温度非常高，相邻硅羟基易于缩合脱除水分子，因此表面硅羟基的浓度较低。由于硅羟基数目减少，孤立硅羟基（不能与相邻硅羟基形成氢键）的比例更高。人们普遍认为孤立硅羟基对白炭黑/硅橡胶的相互作用有很大影响。红外测试表明，与邻位硅羟基或偕位硅羟基相比，孤立硅羟基与硅氧烷主链中氧原子的相互作用更强[1]。

（2）另一方面，气相法白炭黑中硅羟基浓度低，对水的亲和力低于沉淀法白炭黑。残留在白炭黑表面上的水会严重干扰白炭黑与聚合物的相互作用。而沉淀法白炭黑中脱除吸附的水是比较困难的。

（3）沉淀法白炭黑是在水中合成的，生产过程的最后一步是从水中分离白炭黑。这会导致粒子间产生很强的毛细管作用力，从而使白炭黑更难在聚合物中分散。喷雾干燥工艺和所谓“高分散”白炭黑的出现，可缓解这一问题，但沉淀法白炭黑仍不如气相法白炭黑分散性好，因为气相法白炭黑从未接触过液态水。

（4）气相法白炭黑的化学纯度较高。沉淀法白炭黑含有不少钠或其他金属和离子，如硫酸盐和氯化物，在某些条件下会对硅橡胶产生负面影响。

10.2 白炭黑和硅橡胶之间的相互作用

聚合物与填料相互作用在橡胶补强中起着至关重要的作用。目前有两种方法表征白炭黑与硅橡胶的相互作用。第一种是白炭黑表面各种官能团类型和浓度的化学表征。第二种方法是表面能分析。白炭黑表面官能团的化学分析主要利用红外光谱和核磁共振波谱等手段。可确定的官能团有四种：硅氧烷、孤立硅羟基、偕位硅羟基和邻位硅羟基（图 10.1）。虽然已证明沉淀法白炭黑具有较高浓度的偕位硅羟基和邻位硅羟基，而气相法白炭黑表面具有较高浓度的硅氧烷和孤立硅羟基[2]，但对于给定类型的白炭黑，硅羟基浓度与硅橡胶相互作用之间没有明显的相关性。

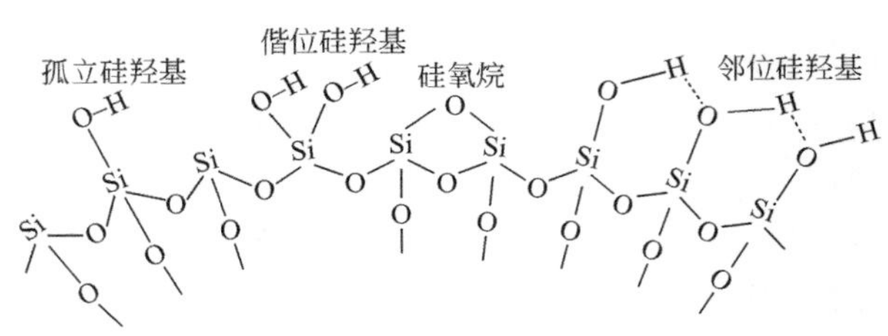

图 10.1 白炭黑表面孤立硅羟基、偕位硅羟基、邻位硅羟基和硅氧烷示意图

10.2.1 反相气相色谱法表征表面能

如第 2 章所述，从物理学角度讲，表面活性可以通过测量填料的表面能来确定。表面能的变化决定了吸附量和吸附能。两种材料之间的相互作用是由它们的表面自由能决定的。众所周知，分子之间存在着多种相互作用，如色散作用、偶极-偶极作用、诱导偶极-偶极作用、氢键作用和酸碱作用。它们产生不同类型的内聚力，这是表面自由能的来源。材料的表面自由能可以表示为若干分量的总和，每一分量对应一种分子相互作用（色散、极性、氢键等）。由于色散力的影响是普遍的，因此表面自由能的色散组分 γ^{d} 尤其重要。在反相气相色谱测试中，用一系列同系物做探针分子，可以测定表面能的色散组分。第 2 章介绍了该方法及其理论基础。图 10.2 所示为一系列表面积 90～420m^2/g 的未经处理的气相法白炭黑的色散表面能，单位为 mJ/m^2[3]。表 2.9 为所测试气相法白炭黑的具体规格。可见，表面能随比表面积的增大而增大。对炭黑系列也观察到了类似的效应。

但是白炭黑与炭黑不同，极性相互作用，尤其是氢键，对白炭黑和硅橡胶的相互作用有重要影响。为了更直接地测量这种效应，用 IGC 法测定了六甲基二硅氧烷（HMDS）的吸附自由能。HMDS 是 PDMS 聚合物的模拟化合物；它是二甲基（硅基）重复单元的端甲基二聚体。从图 10.3 可以看出，测得的 HMDS 吸附自由能也随着表面积的增加而上升。用乙腈和四氢呋喃测定吸附自由能的极性组分，这些参数也随着白炭黑的比表面积的增大而增大[3]。因此，虽然通过IGC还没有证实特定的相互作用类型，但很显然，随着气相法白炭黑的比表面积的增加，白炭黑与PDMS之间的相互作用能也随之增加。

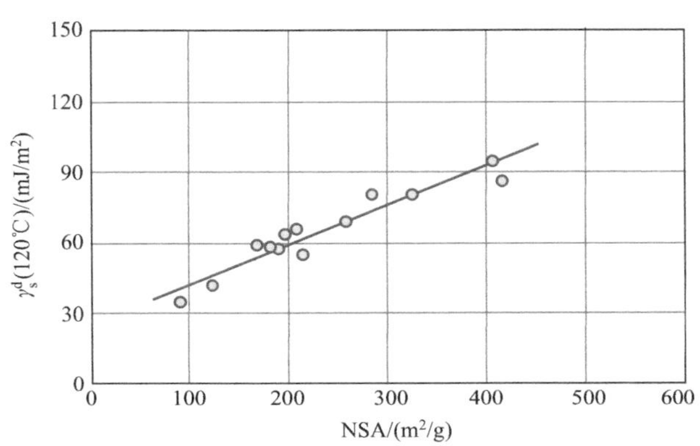

图 10.2　反相气相色谱（IGC）测定气相法白炭黑的色散表面能与氮吸附比表面积的关系

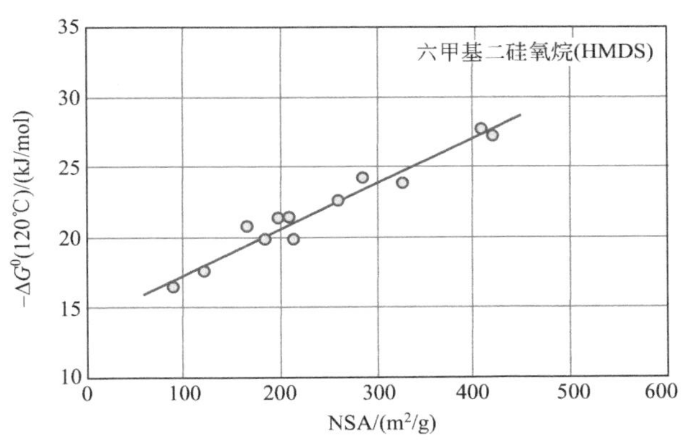

图 10.3　硅橡胶模拟物 HMDS 在未处理气相法白炭黑表面的吸附自由能与氮吸附比表面积的关系

10.2.2　白炭黑-硅橡胶体系中的结合胶

关于白炭黑填充硅橡胶的结合胶，已有大量研究。结合胶的定义和重要性在

第 5 章已讨论。PDMS/白炭黑混炼后结合胶含量增加非常缓慢，很长时间后才达到平衡[4]。从动力学角度的深入研究表明，结合胶与基于扩散和聚合物随机吸附的模型非常吻合[5]。

在白炭黑-硅橡胶体系中，白炭黑表面的硅羟基与聚合物的硅氧烷键可以形成氢键，因此填料对聚合物产生很强的吸附作用力。在测定结合胶时，若加入含强氢键的氨水，可以优先吸附在白炭黑表面，使硅橡胶脱附。用该方法证明了白炭黑表面的结合胶主要是通过氢键作用进行物理吸附[6]。然而，如果将白炭黑-硅橡胶混炼胶在 130～280℃之间加热，则聚合物与填料会发生缩合反应形成化学键[7]。

对不同比表面积气相法白炭黑在乙烯基封端的 PDMS 结合胶研究表明，填料有一临界比表面积，约为 $170m^2/g$，低于此临界比表面积时，溶剂萃取过程中不能形成黏附凝胶[3]。高于临界比表面积，结合胶含量似乎随着白炭黑比表面积的增加而减少（图 5.25）。其机理在 5.1.7.4 节曾做过详细讨论。

10.3
皱片硬化

众所周知，填料与弹性体混炼后，混炼胶的门尼黏度随放置时间的延长而增加（5.2.4 节）。这种现象被称为储存硬化，通常持续数天后，趋于平稳。对于白炭黑填充的硅橡胶，这种硬化现象通常更为严重。它被称为皱片硬化，在混炼后可以持续数周。表 10.1 所示是典型高黏度橡胶混合物的塑性增长幅度。虽然增加白炭黑的用量会导致塑性增加，但是对新混炼胶而言，用量的影响远低于储存时间的影响。室温下储存 1 个月后，其塑性增加了 4～7 倍。此外，从表 10.1 还可以看出，大部分的塑性增长发生在前 14 天。

温度和聚合物分子量对皱片硬化的影响已有报道[8]。皱片硬化过程的活化能为 16.8kJ/mol[9]，这说明它是一种物理作用而非化学作用。除了填料聚集外，一些研究还发现，硬化是由于聚合物与白炭黑表面硅羟基之间的氢键作用引起的[10,11]。当填料粒子之间的距离足够小时，聚合物链在相邻粒子上的吸附，加上正常的聚合物缠结，会导致刚度的大幅度增加，这可以通过混炼胶的门尼黏度和塑性的增加得以证明。硬化效应的大小由多种因素决定，特别是：聚合物性质，如分子量和末端基团等；白炭黑性质，特别是比表面积和结构；白炭黑表面可发生作用的硅羟基。

能屏蔽白炭黑表面硅羟基的物质，可以显著抑制皱片硬化。甚至水作为短期抗硬化剂也是有效的[2]。

表 10.1 高分子量甲基封端 PDMS 与不同用量 Cabo-O-Sil MS 75D 气相法白炭黑混炼胶的 Williams 塑性随时间的变化

白炭黑填充量/份	22	24	26	28	30	32	34	36	38
初始塑性	19	24	51	52	49	39	55	59	56
1d 后塑性	34	38	64	64	73	73	70	71	72
7d 后塑性	79	83	147	148	159	166	181	184	217
14d 后塑性	146	153	155	161	179	189	206	213	245
28d 后塑性	149	156	171	176	195	206	227	234	275

在硅橡胶的实际应用中，人们发现为使硅橡胶具有可加工性，有必要减少皱片硬化。为了实现这一目标，一般会采用两种方法：第一种是在混炼过程中使用加工助剂；第二种是使用预处理的白炭黑。

10.4 白炭黑表面改性

在有机弹性体中，白炭黑表面改性的目的通常有两个：一是减少粒子-粒子之间的相互作用，提高填料分散；二是加强聚合物和填料之间的结合，特别是在硫化过程中。后者使用偶联剂这一术语代替“表面改性剂”。在硅橡胶中，由于白炭黑与硅氧烷主链之间的相互作用比较强，无需进行化学偶联。白炭黑填料表面处理的目的仅仅是减少粒子-粒子间相互作用，降低皱片硬化。为此，使用不同的化学试剂进行改性。表面改性剂通常被称为增塑剂、加工助剂或抗皱片硬化剂。与有机弹性体中的偶联剂一样，表面改性剂可以原位添加，即在白炭黑与聚合物的混炼阶段，也可以对白炭黑进行预处理。

许多化学物质可作为 PDMS-白炭黑体系的原位增塑剂，包括各种表面活性剂。然而，使用最广的增塑剂是低分子量羟基封端的 PDMS。在与高分子量 PDMS 的混合过程中，较小的增塑剂分子能更快地扩散，并迅速与白炭黑表面接触。当它们接触时，端羟基能够确保增塑剂在白炭黑表面产生较强吸附作用，占据白炭黑表面的硅羟基位置，从而限制高分子量聚合物的吸附。这也会导致填料-填料相互作用降低，从而减少填料聚集，当然这也能大大降低皱片硬化。虽然被吸附的低分子量 PDMS 与本体聚合物本质上是相同的，但分子量低意味着相邻粒子之间的聚合物分子链几乎不可能产生桥联，连在相邻白炭黑粒子上的聚合物分子间的缠结也大大减少[8,12]。由于硅橡胶的皱片硬化效应是由这三种机理造成的，所以低分子量增塑剂对硬化效应有很强的抑制作用。

如果在配方中使用过多加工助剂，则会降低硫化胶的力学性能。而另一方面，如果使用量不足，皱片硬化会成为一个严重的现实问题。因此，增塑剂或加工助剂的用量通常是根据胶料中的聚合物-填料界面面积来确定的，这显然取决于白炭黑的用量及其比表面积。

白炭黑的预改性是一种可行的原位表面改性的替代方法。一般来说，它的优点是使表面改性更加均匀和可控，并且改性剂的效率更高。然而，与原位改性相比，它通常会增加总成本。人们已制备大量表面预改性的白炭黑，并投入商业生产。其中一些已经在其他文章进行了综述[2]。大多数有效的表面改性均涉及硅烷，通过硅氧烷键连接，如硅氮烷或烷氧基硅烷。最简单的白炭黑改性是表面羟基被三甲基硅烷所取代（图 10.4）。如果改性水平足够高，三甲基硅烷会使白炭黑变成疏水的。从实用方面看，这种表面化学改性可以大大减少填料聚集和与硅氧烷聚合物的相互作用，从而降低黏度，减少皱片硬化。然而，如果改性水平太高，则没有足够的硅羟基与聚合物相互作用，这将导致力学性能如拉伸强度的降低[1,13]。因此，表面改性程度存在一个最佳值，既能使硅橡胶具有良好的加工性能，同时又能保证硫化胶具有高的力学性能。

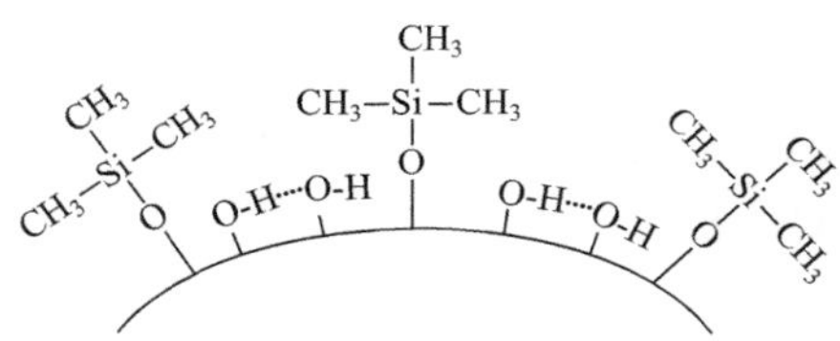

图 10.4　化学改性的白炭黑表面，部分硅羟基已被三甲基硅烷取代

10.5
白炭黑的形态特性

无论是气相法白炭黑还是沉淀法白炭黑，它们的形态与炭黑相比并没有太大的区别，但是形态特性表征方法，两者有些不同。

10.5.1 比表面积

比表面积是填料的一个最重要的性质，它可以量化聚合物和填料之间的界面大小，是填料发挥补强作用的重要指标。将白炭黑混入聚合物后，在刚性固相和软相弹性体之间形成一个界面，而界面的总面积取决于填料的用量和比表面积[见公式（3.1）]。因此，在填料用量不变的条件下，高比表面积的白炭黑会导致胶料中聚合物-填料的总界面面积增加。在橡胶-填料界面处会出现一些已知现象，比如对聚合物和其他添加剂的吸附。此外，表面积在很大程度上与填料中初始粒子的平均粒径有关，这在许多补强机理中也很重要。尽管这些理论对炭黑和白炭黑都适用，但所用的表征方法并不完全一样。

氮气吸附法测定的BET比表面积是测定白炭黑表面积最常用的方法，它测量的是可吸附氮气的填料的总表面积。第2章介绍了该方法及其原理。硅橡胶补强用白炭黑（无论是气相法还是沉淀法）的氮吸附表面积在90～400m^2/g范围内[3,11]。从数量级上看，这一范围与橡胶中使用的炭黑类似，特别是比较体积比表面积而不是重量比表面积时（白炭黑的密度比炭黑高20%左右）。在橡胶用炭黑的表征中，更常用的是STSA比表面积，因为它能更精确地反映出橡胶聚合物可接触到的比表面积。然而，对于白炭黑而言，很少采用STSA比表面积。这是因为STSA计算只适用于特定的表面性质，而对于白炭黑而言，其表面化学和活性的差异将导致该方法所得结果并不可靠。据报道，改良版的CTAB试验可用于测量白炭黑的“外”表面积，但该方法尚未广泛应用（见第2章）。虽然对白炭黑而言，通常并不测量其外表面积，但这一概念仍然很重要。从数项研究来看，橡胶胶料的某些性质（如模量）在比表面积小于250m^2/g时随白炭黑比表面积的增加而增加；当比表面积大于250m^2/g后，增加比表面积，这些性质几乎不变[3,11]。图10.5是硅橡胶300%伸长率下的应力（T300）随白炭黑比表面积变化的例子。利用TEM对气相法白炭黑的初始粒径的研究表明，初始粒径与比表面积呈反比；当比表面积大于250m^2/g时，初始粒径几乎不再变化。表面积的变化主要归因于表面粗糙度，尽管这方面的直接证据并不充分。

10.5.2 气相法白炭黑的结构特性

填充胶的许多力学性能可以用填料聚结体中的包容胶加以解释。当填料分散在硅橡胶中时，填充在填料聚结体内部空隙的聚合物部分不能充分参与宏观变形。这部分橡胶以包容胶的形式被固定（至少部分被固定），使其行为更像填料而不是聚合物基体。因此，不管在流变还是应力-应变行为方面，填料的有效体积都显著增加。

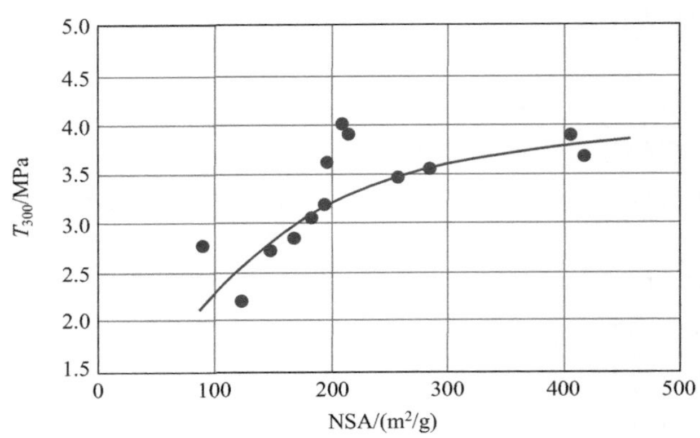

图 10.5 硅橡胶中 300%伸长率的应力（T300）与白炭黑氮吸附比表面积的关系（白炭黑用量均为 38 份）

对于白炭黑结构对硅橡胶性能影响的认识仍不足，主要是由于以下原因：首先，目前还没有简单、可靠的直接表征气相法白炭黑结构的方法，尽管从透射电子显微镜中可以看到气相法和沉淀法白炭黑的颗粒都是由结构清晰的聚结体组成。用于炭黑结构测定的方法，即吸油法，并不适用于白炭黑。孔隙率测量通常用于表征沉淀法及其他湿法白炭黑。Carman 表面积是用气体填充床的方法测定的[13]，已被用于间接测量气相法白炭黑的结构[14]。图 10.6 为低结构和高结构

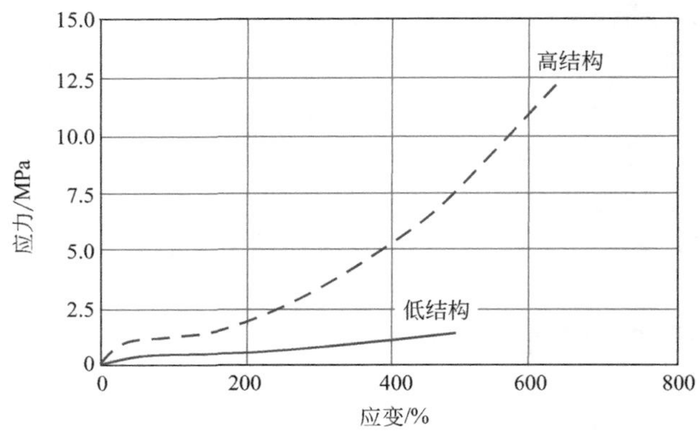

图 10.6 低结构和高结构白炭黑填充硅橡胶的应力-应变曲线（两种填料的初级粒子粒径均为 5.8nm，但是孔体积分别为 0.6mm³/g 和 5.8mm³/g）

白炭黑填充硅橡胶的应力-应变曲线，这两种白炭黑初始粒子粒径相同。这项研究表明了填料结构的重要性，特别是对于拉伸模量[15]。在这项研究中，为了突出结构差异的影响，所有的填料粒子都采用三甲基硅烷进行表面改性，且填料用量固定为 20 份。

白炭黑结构的认知相对较少的另一个原因是，在气相法白炭黑制造过程中，不改变表面积而调整白炭黑结构是比较困难的。这是气相法白炭黑和炭黑在形态上的主要区别之一。

10.6 硅橡胶的混炼和加工

硅橡胶胶料的混炼条件与有机弹性体大不相同。例如，与密炼机混炼相比，硅橡胶胶料一般采用较长的混炼时间，剪切速率也比较低。硅橡胶的混炼时间可长达一个小时，尽管部分时间内剪切力非常小或者为零。这与典型的有机橡胶混炼时间形成鲜明对比，后者混炼时间一般为几分钟。造成这个差异的原因有许多。

(1) 通常采用气相法白炭黑作为补强剂。气相法白炭黑的蓬松性质意味其吃料时间相对较长。

(2) 硅橡胶对白炭黑表面的润湿较慢。升高温度能够加快润湿过程，但仍然比多数有机聚合物需要的时间更长。

(3) 相比于商品化橡胶典型的密炼机混炼，硅橡胶胶料的剪切引起的摩擦生热低得多。亦即胶料的加热主要依靠密炼机的热传导，而这种热传导是比较慢的。

(4) 硅橡胶胶料一般需要将气泡和水分完全除去。这通常需要高于 100℃减压来实现。

通过改变螺杆转速从 5r/min 到 70r/min，Morris 等[3]研究了恒定温度(25℃)不同挤出速率下气相法白炭黑填充的硅橡胶复合物的挤出物外观。挤出物经硫化，其表面粗糙度用一种便携式光泽度计（Micro-TRI-Gloss，Byk Gardner 制造）在 60°下测量。光泽度的实验结果根据光在表面上的反射得到。随着表面变得粗糙，光散射增加而光泽减少。图 10.7 为挤出物的光泽度随白炭黑比表面积变化的结果，所用挤出物在 35r/min 下挤出，在 177℃烘箱内硫化 5min。当白炭黑的比表面积在 $170m^2/g$ 和大约 $300m^2/g$ 之间时，随着比表面积的增大，挤出物的表面粗糙度迅速增加；当白炭黑的比表面积大于 $300m^2/g$ 时，材料表面的光滑程度稍有改善。

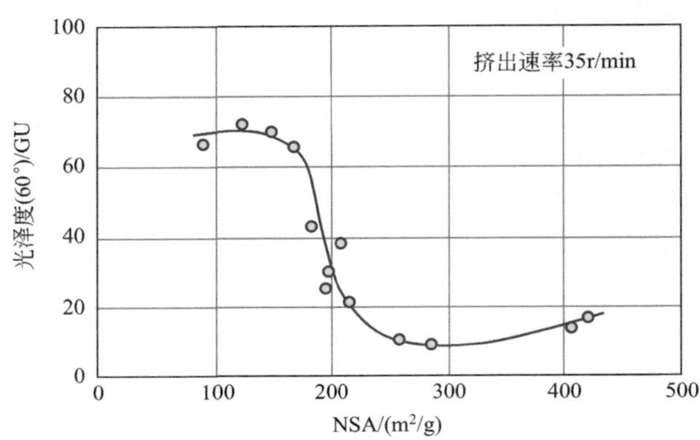

图 10.7 挤出物表面粗糙度与气相法白炭黑氮吸附比表面积的关系

白炭黑的比表面积较低时，挤出物的表面粗糙度似乎变化不大。在其他挤出速率下［图 10.8（a)］，随着挤出速率的增大，表面光泽度降低。也可以直观地目测挤出物表面的整体外观［图 10.8（b)］，可以看出，目测评级与采用光泽度计测量的表面光泽度具有良好的相关性。

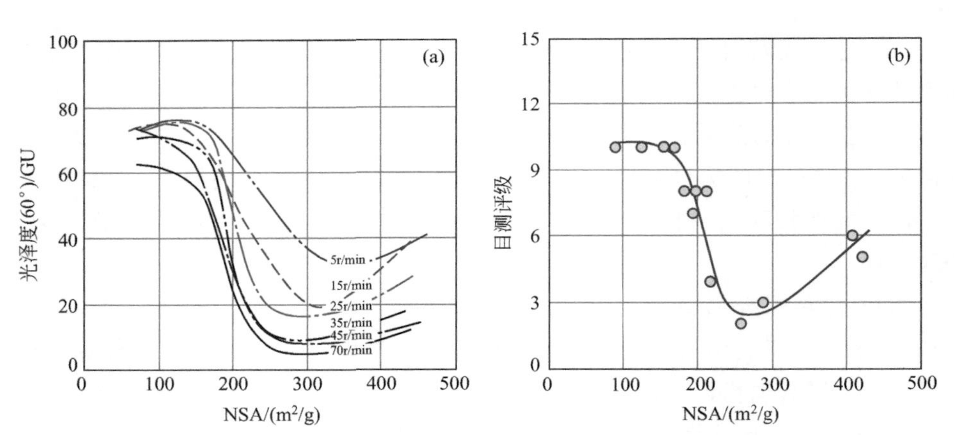

图 10.8 挤出物表面粗糙度与气相法白炭黑氮吸附比表面积的关系

当白炭黑的比表面积较低时，填料粒子之间的聚合物桥联最少，白炭黑比表面积的增加使得结合胶含量提高，胶料的弹性记忆效应有所增大；但是填料聚集增加趋向于降低弹性记忆效应，从而大幅抵消前者的影响。当白炭黑的比表面积大于临界值时，聚合物桥联变得明显，填料粒子作为额外交联点的效应起主要作用，导致挤出物的外观较差。当白炭黑的表面积较高时，高度发达的填料聚集的影响占主导地位，同时结合胶含量减少，使得挤出物的外观有所改善。

由于挤出物的表面粗糙度受挤出速率的影响很大，也测量了胶料的临界挤出速率。在 60°下表面光泽度低于 30 时，挤出物的表面被视为粗糙的。临界挤出速率也可以目测估计。图 10.9 中的结果包含一些从低挤出速率的结果外推的数据，因为即使在最高挤出速率（70r/min）下，挤出物的表面粗糙度仍低于所设定的标准。正如预期的那样，测试结果与目测结果基本一致：临界速率随比表面积的增加而减小，经过一个最小值，而后稍有增大。这种变化趋势在目测评级中更为明显。实测的数据与目测结果通常具有良好的相关性，如图 10.10 所示，但白炭黑 S17D 填充的胶料的结果明显异常。对于这种白炭黑，光泽度计测量的临界挤出速率极低，而目测的临界速率甚至高于 70r/min，也就是说，所有的挤出物看起来都很光滑。此外，低挤出速率下，S17D 胶料的光泽度是最低的。随着挤出速率的增大，S17D 填充胶料的光泽度下降得非常少，而其他胶料的光泽度迅速下降。由不同方法测得的等级结果之间的矛盾可能与表面粗糙度的范围相关。光泽度计测量的表面粗糙度在微米级别，而目测评级测量的是较大尺度的畸变。图 10.11 的照片可以说明这种效应。低挤出速率下，白炭黑 S17D 胶料的挤出物的表面粗糙度在微米级别是较高的，而在高挤出速率下的畸变较小。造成这种特殊性质的原因尚不完全清楚，可能是因为粒子的结构导致高度发达的填料聚集体。有文献[16]证明 S17D 胶料与其他白炭黑胶料相比，填料聚集的程度更高，但是这些聚集体在应变作用下很容易被打破。

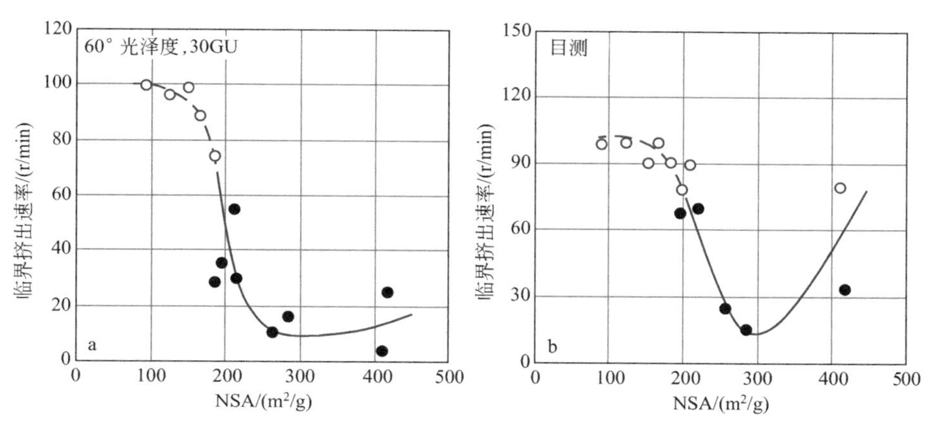

图 10.9　表征表面粗糙度的临界挤出速率与白炭黑的氮吸附比表面积的关系
（空心符号表示从实测挤出速率下的结果外推得到的数据）

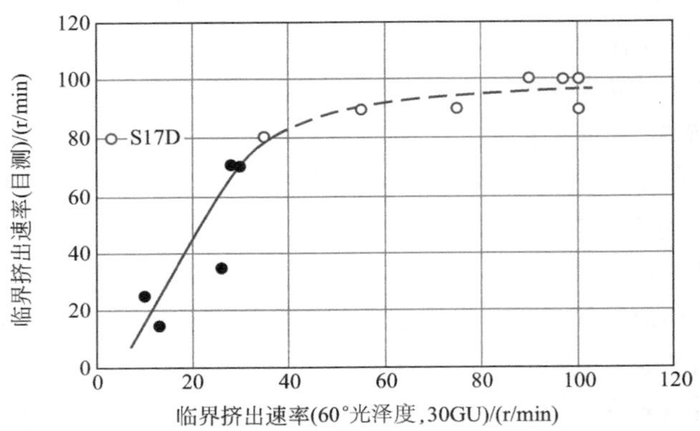

图 10.10 临界挤出速率：目测与光泽度计测量结果的对比

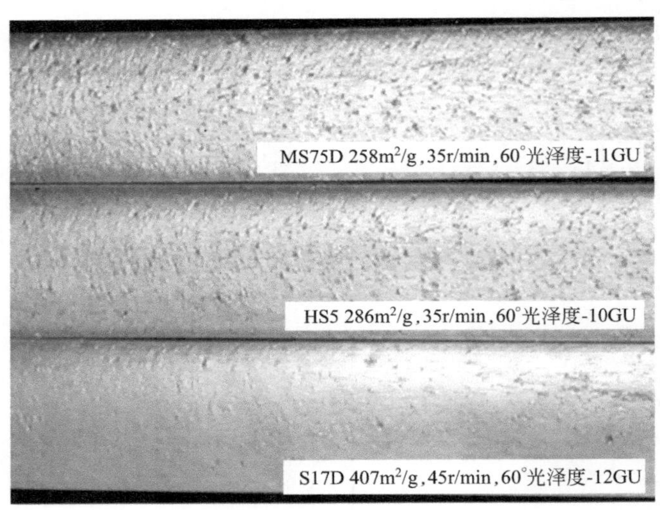

图 10.11 60°光泽度相近的挤出物的表面粗糙度

填料的比表面积和挤出速率对挤出物的表面粗糙度的影响可以基于它们对胶料的弹性响应或者弹性记忆效应的影响来解释，5.3.3 节已对此进行讨论。人们已经认识到，挤出物的表面外观与弹性恢复相关。弹性恢复是由长链分子在口模中受到剪切而取向产生的应力的不完全释放引起的。挤出物的畸变随未释放的应力的增加而增大，在某些情况下，甚至可能导致挤出物的完全破裂（熔体破裂）。对于一个给定的胶料，高温能够有效缩短聚合物的松弛时间，低挤出速率下，聚合物在口模中有足够的时间进行松弛，二者共同作用以减少挤出物的弹性恢复，使得挤出物的表面更为光滑。从聚合物方面看，影响未填充弹性体的表面粗糙度的主要因素是弹性体分子的缠结，而这反过来取决于它们的分子量及其分布。由于弹性记忆效应只在橡胶相发生，对任何给定的聚合物而言，添加填料通常能够改善挤出物的表面粗糙度。另一方面，由于聚合物分子的吸附，填料聚结体可能起到多官能交联点的作用，使得胶料的弹性增加。

10.7 白炭黑在硅橡胶中的分散

与所有的填充胶料一样，填料在硅橡胶胶料中很好的分散十分重要。由于白炭黑与硅橡胶的折射率相近，有时能用光散射法测定填料的分散。然而，只要适当地选择光照和测试的角度，仍然有可能采用光学反射方法来测量填料的分散，就像炭黑分散度仪所用的方法那样。这是因为炭黑分散度仪测试并不是像光学透射方法那样确切地“看见”未分散的填料粒子。它所测量的实际上是由未分散的填料粒子引起的表面粗糙度或表面不规则度。人们也开发了其他的方法来测量硅橡胶混炼胶的表面粗糙度，作为表征填料分散状况的一种方式。其中一种方法是测量挤出表面的光泽度[3]。但要注意，如果硅橡胶硫化胶是用过氧化物硫化的，过氧化物硫化剂的某些结晶性的降解产物可能残留在胶料中，从而使填料分散测试结果不准确。通常，这些残余物一般经 200℃左右下充分后硫化而除去。

图 10.12 是通过目测的一系列经后硫化硅橡胶硫化胶的填料分散评级。数字越高，分散越好。可以看出，随着白炭黑的比表面积增加至 $250m^2/g$ 左右，填料的分散性变差；比表面积超过 $250m^2/g$ 之后，填料的分散性变化不大。基于第 4 章讨论过的炭黑的情形进行预估，填料的分散性随比表面积的增大通常呈下降趋势。比表面积较高时，填料的分散性趋于平稳，这与初级粒子的尺寸在比表面积高于约 $250m^2/g$ 之后变化不大是一致的。这时比表面积的提高可能与填料表面纳米级的粗糙度相关，并不会影响填料的可分散性。

对于白炭黑在硅橡胶中的宏观分散的文献比较少。部分原因是通常采用的混炼时间较长，以及白炭黑往往是经过表面改性的。这两个因素导致白炭黑的宏观分散程度高于炭黑填充的其他橡胶，也是生产商业化产品所必需的。另一方面，由于白炭黑与硅橡胶的折射率相近，往往看不见分散不好的白炭黑。此外，白炭黑的微观分散十分重要，但与其他聚合物一样，微观分散常用间接的方式测量，例如通过动态力学性能来衡量（见 10.9 节）。

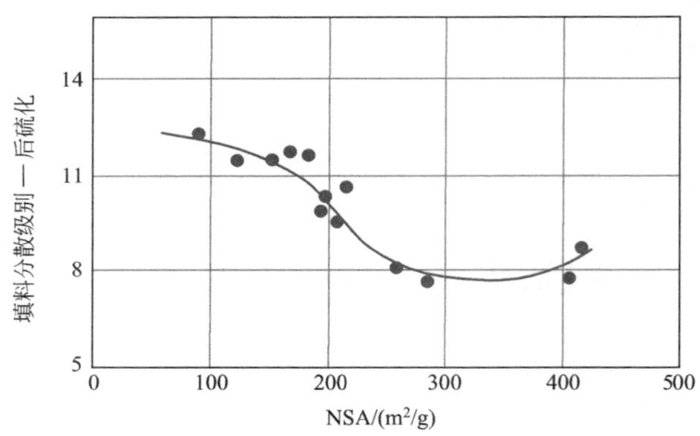

图 10.12　后硫化硅橡胶硫化胶的填料分散度与氮吸附比表面积的关系
（填充 38 份气相法白炭黑）

10.8 静态力学性能

10.8.1　拉伸模量

向弹性体中添加硬质、补强型填料的初始效应是提高刚度。硬度和静态模量的增加可以反映出刚度的提高。当在典型高黏度橡胶（HCR）硅橡胶中不断增加气相法白炭黑的用量，其力学性能的变化如表 10.2 所示。随着填料用量的增加，静态模量稳步、单调的上升，硬度（邵尔 A 硬度）表现出相同的规律。对于上述样品，随着模量的增加，拉伸强度与撕裂强度也增加，而扯断伸长率略有下降。这是白炭黑对硅橡胶产生补强作用的明确表现。随着填料用量进一步增加，可以预料到模量会随之增加而拉伸强度会下降。换言之，白炭黑对硅橡胶的补强机理与炭黑对烃类橡胶的补强机理是类似的。

表 10.2　气相法白炭黑 Cab-O-Sil MS-75 D 用量对硅橡胶硫化胶性能的影响

白炭黑用量/份	22	24	26	28	30	32	34	36	38
撕裂强度/(kN/m)	7.88	8.93	9.63	10.86	11.21	12.08	12.96	13.66	15.06
T50/MPa	0.47	0.47	0.56	0.57	0.59	0.64	0.68	0.70	0.77
T100/MPa	0.60	0.61	0.71	0.72	0.74	0.78	0.83	0.84	0.89
T200/MPa	0.92	0.90	1.15	1.14	1.17	1.24	1.34	1.32	1.37
T300/MPa	1.46	1.43	1.92	1.92	1.94	2.12	2.28	2.20	2.31
T400/MPa	2.26	2.28	3.09	3.10	3.08	3.48	3.63	3.53	3.76
T500/MPa	3.31	3.47	4.59	4.66	4.69	5.24	5.39	5.16	5.74
拉伸强度/MPa	4.36	4.79	5.14	5.52	6.27	6.45	6.68	6.73	7.11
扯断伸长率/%	592	590	536	546	587	567	570	591	564
邵尔 A 硬度	41	42	45	45	48	49	51	53	55
压缩永久变形/%	8	9	8	8	11	11	10	10	11

如前所述（见图 10.5），当用量一定时，气相法白炭黑的比表面积对硅橡胶性能的影响与炭黑在烃类橡胶中的影响是类似的。有人[11]用比表面积 50～250m^2/g 的沉淀法白炭黑做过类似研究，发现比表面积与拉伸模量之间存在很好的相关性。对炭黑而言，以压缩吸油值（CDBP）表征的结构度也是影响拉伸模量的重要因素。但在白炭黑的表征中压缩吸油值（CDBP）与吸油值（DBP）并不常用。但关于沉淀法白炭黑对硅橡胶补强的研究表明，DBP 值与拉伸模量间也存在良好的正相关性[11]。这种效应是否受到比表面积的影响尚不清楚。也有人[12]比较了三种气相法白炭黑，它们具有相似的氮吸附比表面积，但空气透过法（Carman）比表面积是不同的，结果发现硬度、模量和拉伸强度随空气透过法比表面积的增加而增加。空气透过法比表面积也是对聚结体结构的一种间接度量。图 10.6 是两种结构差异非常大的白炭黑的实验结果。可以看出，白炭黑形态的效应似乎与炭黑类似。但是对于给定比表面积的气相法白炭黑，其结构的变化范围比炭黑小得多。

人们曾对白炭黑表面化学性质对拉伸模量的影响，做过大量研究。Maxson 和 Lee[17]率先考察了白炭黑表面改性对拉伸性能的影响程度。正如前文所述，不论采用原位还是预处理的方式对高活性白炭黑表面进行化学改性，都能对胶料的性能产生巨大的影响。图 10.13 为几种经不同表面处理的 20 份气相法白炭黑填充硅橡胶的应力-应变曲线[18]。可以看到，提高填料补强性能的关键是在硫化过程中形成较强的聚合物-填料相互作用力。图 10.13 中所示改性白炭黑 3 是用四甲基二乙烯基二硅氮烷改性的，乙烯基通过化学键固定在白炭黑表面。在使用过氧化物硫化时，这些官能团可以与聚合物分子发生键合作用。新引入的这些官能团的影响比仅是简单地提高交联键密度的影响要大得多。未改性的白炭黑表面存在大量硅羟基，可形成氢键。乙烯基改性的白炭黑与未改性的白炭黑通过不同的机理都可以与聚合物分子产生较强的键合作用，这两种白炭黑填充的胶料的模量是近似的。但乙烯基改性白炭黑的填料-填料相互作用很弱，在混炼过程中更容易分散，混炼胶黏度更低，这在实际生产过程中具有很大的优点[18]。

填充胶具有应力软化效应。硫化胶被拉伸到一定应变并恢复后，当第二次或更多次被拉伸时，只要应变未超过第一次拉伸所达到的最大应变，应力始终小于第一次拉伸时相同应变下所对应的应力值，该现象称为“Mullins 效应”[19]，此效应在本书 6.3 节中讨论过。该效应的基本特征与炭黑填充的其他弹性体中的是相同的。目前于不同温度下硅橡胶体系 Mullins 效应曲线拟合度最高的模型是基于聚合物分子链的有限伸张性建立的。当分子链接近伸张极限时，它们演变为非高斯系统，导致模量升高。当超过伸张极限后，分子链在填料表面发生滑移或者脱附，引起模量的下降。硅橡胶体系的结果与 Bueche 所建的模型拟合度很好[20]，从该模型中可以估算填料粒子间的距离 b。由 Bueche 模型计算的 b 值要小于 AFM 估算出的填料粒子间的距离，但是与 AFM 所得最小值是接近的。Clement 等认为影响 Mullins 效应的主要因素是胶料中白炭黑高浓度区域。在他们的模型中，将硫化胶内部分为富白炭黑和贫白炭黑两种区域。当对硫化胶施加一定应变时，在富白炭黑区域内，白炭黑形变较小，由于应变放大，聚合物形变更大。当应变增大之后，贫白炭黑区域才会发生形变（如图 10.14）[20]。用这种理论模型可以很好解释为何分散差的胶料的 Mullins 效应更加显著。

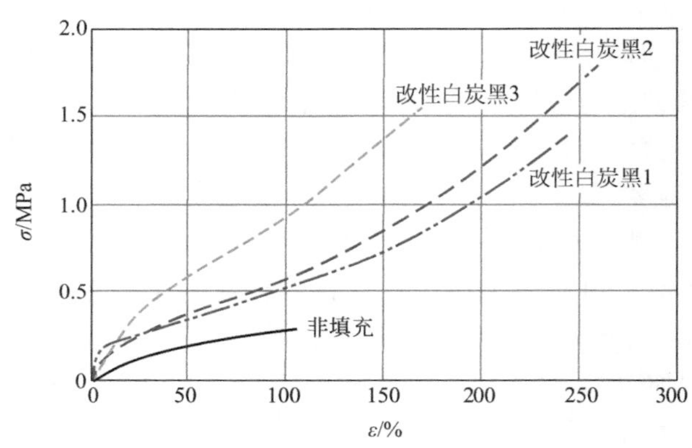

图 10.13　不同表面处理的白炭黑填充硅橡胶的应力-应变曲线

（分子量 118000；　20 份气相法白炭黑）

改性白炭黑 1—六甲基二硅氮烷；改性白炭黑 2—Aerosil R972-二氯二甲基硅烷；

改性白炭黑 3—四甲基二乙烯基二硅氮烷

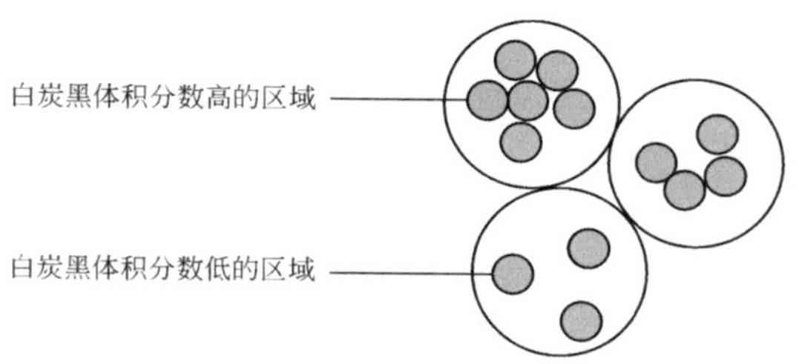

图 10.14　白炭黑体积分数变化示意图（灰色圆圈为白炭黑颗粒，白色区域为聚合物基质）

10.8.2　拉伸强度和扯断伸长率

图 10.15 为不同比表面积白炭黑填充的硅橡胶在常温和常规拉伸速率下测定

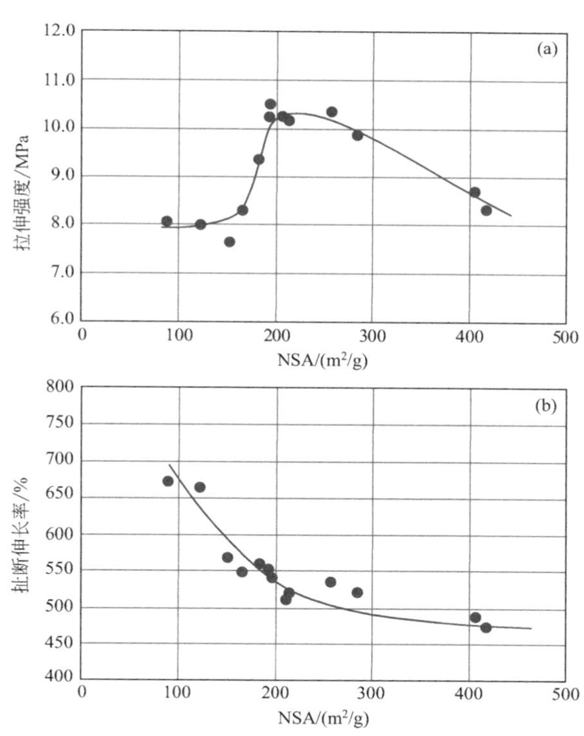

图 10.15　不同氮吸附比表面积白炭黑（38 份）填充硅橡胶的拉伸强度（a）和扯断伸长率（b）

的拉伸强度和扯断伸长率与白炭黑比表面积的关系。可以看到扯断伸长率随比表面积的增加而单调下降，但拉伸强度与比表面积的关系则比较复杂。在比表面积不超过 $170m^2/g$ 时，拉伸强度无明显变化；当比表面积超过 $170m^2/g$ 后，拉伸强度迅速增加，在 $200m^2/g$ 左右出现最大值，然后随比表面积的增加而下降。低比表面积白炭黑填充的硫化胶，拉伸强度较低，是由于其填料-聚合物相互作用较小。进一步说，这与聚合物-填料界面面积较小、加工助剂对填料表面覆盖率较高、填料表面能较低等有关系。当对硫化胶施加更大拉伸应力，聚合物分子链更容易从填料表面脱离，硫化胶中的裂口更容易增长和连接。随着比表面积的增加，聚合物-填料相互作用和聚合物-填料界面面积均会增加。这会有效减少孔洞的生成，并且利于聚合物分子链在填料表面发生滑移，以消除应力集中[21,22]。在高比表面积下胶料拉伸强度下降，可能是由于填料分散较差导致的。在这种情况下，未分散的填料作为硫化胶中的缺陷，容易导致裂口的生成。裂口逐渐增大、合并，最终导致硫化胶在较低强度下就发生断裂。当比表面积超过 $250m^2/g$ 时，缺陷的尺寸或数量的增加对拉伸强度的影响要比白炭黑粒子减小的影响更为显著。

10.8.3 压缩永久变形

对用于密封的任何橡胶来说，压缩永久变形是一项重要的性能指标。通常硅橡胶压缩永久变形的测试条件是在 175℃下压缩 22h。在此温度下，任何非永久的、非共价交联键都会发生重排，进而导致胶料发生永久变形。通常硅橡胶的压缩永久变形范围非常宽，最严重的可以导致硫化胶丧失密封功能。Cochrane 和 Lin[12] 曾报道未作任何处理的气相法白炭黑填充硅橡胶的压缩永久变形可以高达 80%。压缩永久变形与白炭黑的比表面积有着密切关系。当白炭黑的比表面积从 $100m^2/g$ 增加至 $400m^2/g$ 时，压缩永久变形可从 45%增加至 80%。提高白炭黑的结构（空气透过法测定，Carman 表面积）同样也会增加胶料的压缩永久变形。而使用预处理的白炭黑则可以使胶料的压缩永久变形降至最低。以上结果均可以从填料引起的有效交联对整体交联网络的影响来解释。当使用未预处理的高比表面积白炭黑时，两个填料颗粒之间聚合物分子链的桥联或者通过氢键吸附在相邻填料粒子的分子链的缠结，是整体交联网络的重要组成部分。另一方面，如果降低比表面积，填料粒子之间的空间距离会增加；如果对表面进行预处理，聚合物分子与白炭黑表面之间的氢键数量会减少。这些效应均会使填料造成的有效交联减少，而过氧化物硫化所生成的碳-碳交联键的数目则会相对上升。

当使用沉淀法白炭黑而非气相法白炭黑时，压缩永久变形与白炭黑的比表面积和结构有同样密切关系[11]。另外，对沉淀法白炭黑来说，pH 值也是一项重要的影响因素。当 pH 值为酸性时（低于 5），压缩永久变形与 pH 值相关性很强，pH 值越低，压缩永久变形越大。这可由化学效应来解释。当 pH 值很低时，白炭黑表面可以引发一种酸催化的分子链断裂，使分子链发生重排，分子量下降，两者都使压缩永久变形增加。

10.9 动态力学性能

填充胶弹性模量随动态应变的增加而下降的现象通常被称为“Payne 效应”。如第 7 章所述，Payne 效应与填料的聚集相关。填料的聚集导致包容胶或暂时包容胶的生成。Payne 效应在硫化胶的实际使用过程中具有重要的意义，因为损耗模量或黏性模量 G''的最大值与弹性模量 G'从低应变到高应变的变化值是相关的[23,24]。这也就是说 Payne 效应明显的硫化胶，其损耗模量相对于储能模量而言是较高的，这也导致了在循环形变过程中更多的能量以热的形式予以耗散。Clement 等[25] 在白炭黑填充硅橡胶胶料的研究中发现，硅橡胶也具有上述相同的特性。填充了 10～60 份白炭黑的硅橡胶硫化胶具有典型的 Payne 效应。G''最大值与 $\Delta G'$，即低应变下弹性模量与高应变下平台区弹性模量的差值，具有线性关系，如图 10.16 所示。即使在最低的填充份数下，填料体积份数为 0.04 时，Payne 效应同样存在，这已经低于报道的渗流点[26]。

图 10.17 为不同比表面积气相法白炭黑填充相同份数的硅橡胶的 Payne 效应，测试频率 1.7Hz，测试温度 30℃。动态模量随应变振幅的增加而表现出典型的 Payne 效应特征[3]。Payne 效应的大小以最小应变下 G'与 98%应变下 G'的差值表示。可以看到，Payne 效应的大小与白炭黑的比表面积（见表 2.9）紧密相关。根据上述所讨论的固定填充量时比表面积的影响或者固定比表面积时填充份数的影响，均可以看出，聚合物和填料之间界面面积大小是影响胶料 Payne 效应大小的主要因素。

目前普遍认为 Payne 效应主要与聚合物基质中填料的聚集情况有关（即使并非唯一因素）。如前所述，聚集体中暂时包容胶的存在可以增加胶料中填料的有效体积份数，导致硫化胶模量升高。当应变达到中等程度或者更高时，聚集体在一定程度上被破坏，释放出暂时包容胶，从而使硫化胶的模量下降。因此，Payne 效应可以用于衡量填料聚集程度或微观分散情况。从图 10.18 中可以看出，对于两种比表面积最高的白炭黑，即使比表面积相似，Payne效应也是截然不同的。这表明S17D填充硫化胶中填料聚集比HS-5的更为显著。但白炭黑S17D聚集体更容易被打破，这从其硫化胶G'更快的随应变增加而下降可以看出。由此可见，除了填料的比表面积，一些其他因素也显著影响了填料的聚集。

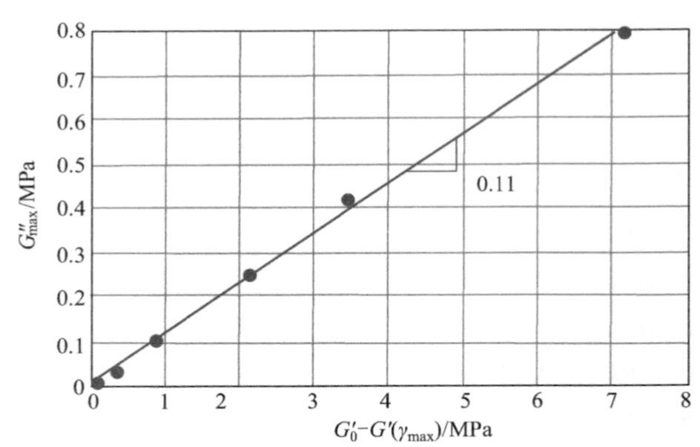

图 10.16 室温下不同份数A300-t白炭黑填充胶料的G''最大值与G'下降值的关系

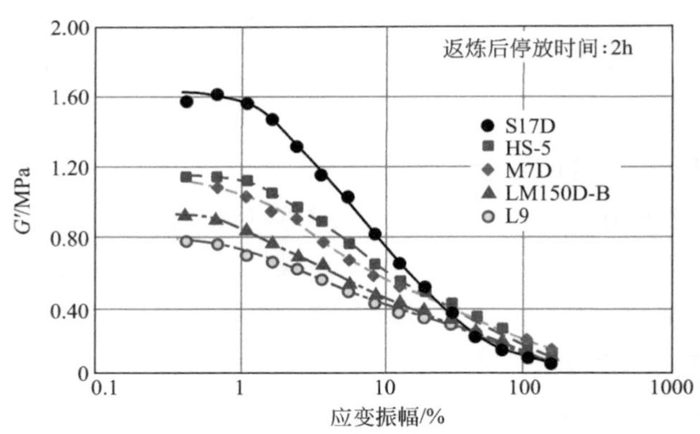

图 10.17 不同比表面积气相法白炭黑填充（38份）硅橡胶弹性模量与动态应变振幅的关系（气相法白炭黑比表面积如表2.9所示）

前面已经讲过，填料表面化学性质是另一重要影响因素。使用预改性白炭黑替代未改性白炭黑后，硅橡胶Payne效应明显下降[25]。这可以归因于填料表面改性后大大地抑制了由氢键所产生的较强的填料-填料相互作用。当加工助剂和未改性白炭黑一起使用时（原位处理），也可以观察到相似的现象。但是与原位处理相比，预改性白炭黑可更有效地降低填料之间的相互作用，从而降低 Payne 效应[25]。

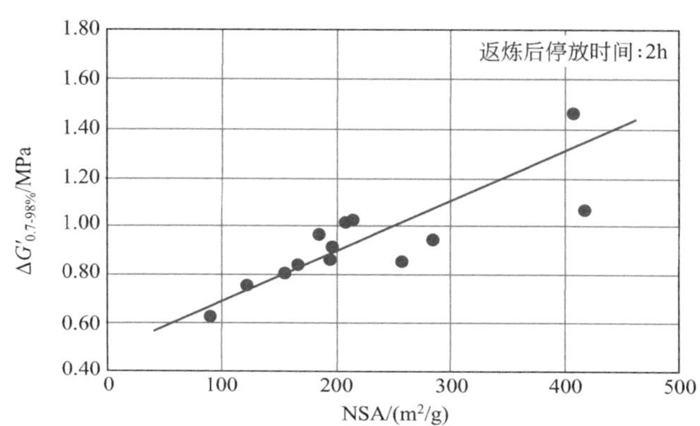

图 10.18 Payne 效应与白炭黑氮吸附比表面积的关系（恒定份数白炭黑填充硅橡胶）

人们也曾考察了温度对白炭黑填充硅橡胶的动态模量的影响。当温度升高，低应变下 G' 与平台区 G' 都会下降，这与炭黑填充体系是一致的。弹性的熵效应表明模量会随温度的升高而增加，而这与观察到的结果相矛盾，因此这一过程是热焓机理主导的。根据文献中报道的多种力学模型[27]对硅橡胶-白炭黑体系的实验结果进行分析，可以看出 Payne 效应产生的根本原因既不完全是 Kraus[28]和 Huber 与 Vilgis[29]提出的填料网络结构的破坏-重建机理，也不完全是 Maier 和 Goritz[30]提出的橡胶分子链在填料表面的吸附-再生理论。但是运用 Wang[31]所提出的模型，在硅橡胶/白炭黑界面到聚合物基质之间，橡胶分子链存在一个运动性变化的梯度，则可以很好的解释白炭黑填充硅橡胶的 Payne 效应。该模型是唯一能够解释硅橡胶的温度效应、填料体积份数效应以及短时间内 Payne 效应恢复的理论[25,27]。

参考文献

[1] Boonstra B, Cochrane H, Dannenberg E. Reinforcement of Silicone Rubber by Particulate Silica. *Rubber Chem. Technol.*, 1975, 48: 558.

[2] Warrick E L, Pierce O R, Polmanteer K E, Saam J C. Silicone Elastomer Developments 1967-1977. *Rubber Chem. Technol.*, 1979, 52: 437.

[3] Morris M D, Wang M-J, Kutsovsky Y. Effect of Surface Area of Fumed Silica on Silicone Rubber Reinforcement. Paper # 49 Presented at the spring 167th Technical Meeting ACS Rubber Division, San Antonio, TX, 2005.

[4] Cohen-Addad J P, Huchot P, Jost P, Pouchelon A. Hydroxyl or Methyl Terminated Poly (dimethylsiloxane) Chains: Kinetics of Adsorption on Silica in Mechanical Mixtures. *Polymer*, 1989, 30: 143.

[5] Levresse P, Feke D L, Manas-Zloczower I. Analysis of the Formation of Bound Poly (dimethylsiloxane) on Silica. *Polymer*, 1998, 39: 3919.

[6] Wolf S, Wang M-J, and Tan E-H. Filler-Elastomer Interactions. Part VII. Study on Bound Rubber. *Rubber Chem. Technol.*, 1993, 66: 163.

[7] Li Y-F, Xia Y, Xu D, Li G. *J. of Applied Polymer Science*, 1981, 19: 3069.

[8] DeGroot J V, Macosko C W. Aging Phenomena in Silica-Filled Polydimethylsiloxane. *J. Colloid Interface Sci.*, 1999, 217: 86.

[9] Vondracek P, Schatz M. Bound Rubber and "Crepe Hardening" in Silicone Rubber. *J. Appl. Polym. Sci.*, 1977, 21: 3211.

[10] Aranguren M I, Mora E, DeGroot J V, Macosko C W. Effect of Reinforcing Fillers on the Rheology of Polymer Melts. *J. Rheol.*, 1992, 36: 1165.

[11] Okel T A, Waddell W H. Effect of Precipitated Silica Physical Properties on Silicone Rubber Performance. *Rubber Chem. Technol.*, 1995, 68: 59.

[12] Cochrane H, Lin C S. The Influence of Fumed Silica Properties on the Processing, Curing, and Reinforcement Properties of Silicone Rubber. *Rubber Chem. Technol.* 1993, 66: 48.

[13] Carman P C, Malherbe P., *J. Soc. Chem. Ind London*, 1950, 69: 134.

[14] DeGroot J V. *ACS Rubber Division Meeting*, *Orlando*, 1999, Paper No. 94.

[15] Polmanteer K E, Lentz C W. Reinforcement Studies-Effect of Silica Structure on Properties and Crosslink Density. *Rubber Chem. Technol.*, 1975, 48: 795.

[16] Wang M-J, Morris M D, Kutsovsky Y. Effect of Fumed Silica Surface Area on Silicone Rubber Reinforcement. *Kautsch. Gummi Kunsts.*, 2008, 61: 107.

[17] Maxson M T, Lee C L. Effects of Fumed Silica Treated with Functional Disilazanes on Silicone Elastomers Properties. *Rubber Chem. Technol.*, 1982, 55: 233.

[18] Aranguren M I, Mora E, Macosco C W, Saam J. Rheological and Mechanical Properties of Filled Rubber: Silica-Silicone. *Rubber Chem. Technol.*, 1994, 67: 820.

[19] Clement F, Bokobza L, Monnerie L. On the Mullins Effect in Silica-Filled Polydimethylsiloxane Networks. *Rubber Chem. Technol.*, 2001, 74: 847.

[20] Bueche F. Mullins Effect and Rubber-Filler Interaction. *J. Appl. Polym. Sci.*, 1961, 5: 271.

[21] Dannenberg E M. *Trans. Inst. Rubber Ind.* 1966, 42: T26.

[22] Dannenberg E M. The Effects of Surface Chemical Interactions on the Properties of Filler-Reinforced Rubbers. *Rubber Chem. Technol.*, 1975, 48: 410.

[23] Payne A R, *J Polym. Sci.*, 1962, 6: 57.

[24] Payne A R, Whittaker R E. Low Strain Dynamic Properties of Filled Rubbers. *Rubber Chem. Technol.*, 1971, 44: 440.

[25] Clement F, Bokobza L, Monnerie L. Investigation of the Payne Effect and its Temperature Dependence on Silica-Filled Polydimethylsiloxane Networks. Part I: Experimental Results. *Rubber Chem.*

Technol., 2005, 78: 211.

[26] Pouchelon A, and Vondracek P. Semiempirical Relationships Between Properties and Loading in Filled Elastomers. *Rubber Chem. Technol.*, 1989, 62: 788.

[27] Clement F, Bokobza L, Monnerie L. Investigation of the Payne Effect and its Temperature Dependence on Silica-Filled Polydimethylsiloxane Networks. Part II: Test of Quantitative Models. *Rubber Chem. Technol.*, 2005, 78: 232.

[28] Kraus G. *J. Appl. Polym. Sci.-Appl. Polym. Symp.*, 1984, 39: 75.

[29] Huber G, Vilgis T A, Heinrich G. Universal Properties in the Dynamical Deformation of Filled Rubbers. *J. Phys: Condens. Matter*, 1996, 8 (29): L409.

[30] Maier P G, Goritz D. *Kautsch. Gummi Kunsts.*, 1996, 49: 18.

[31] Wang M-J, Effect of Polymer-Filler and Filler-Filler Interactions on Dynamic Properties of Filled Vulcanizates. *Rubber Chem. Technol.*, 1998, 71: 520.

（张丹译）